합격률 및 시험 일정 안내

● ● 2024년 합격률 알아보기 (발행일 현재 큐넷에서 2025년 합격률 미공지)

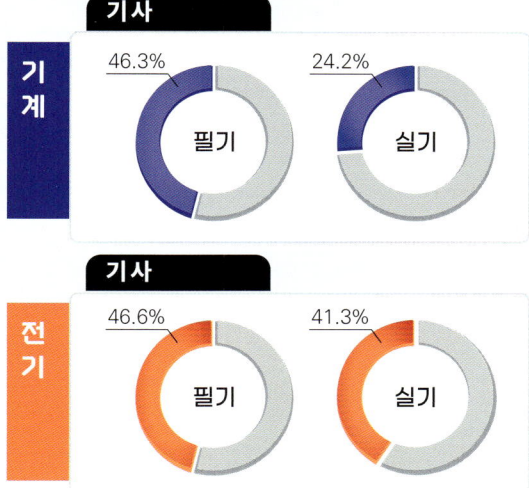

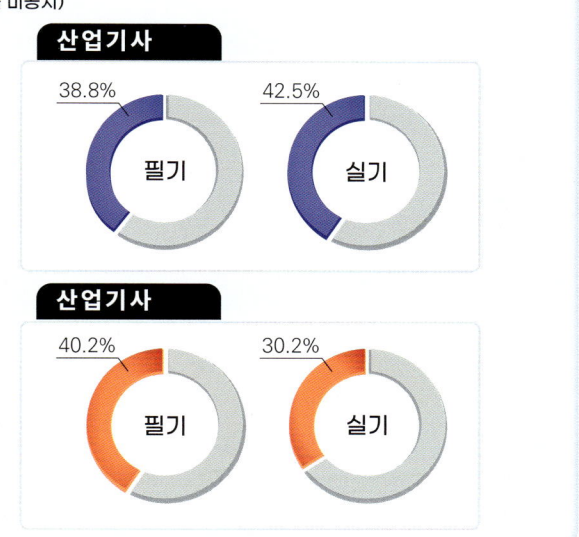

● ● 2026년 시험일정 <고용노동부 공고 제2025-387호>

※ 정확한 시험 일정과 관련된 정보는 한국산업인력공단(Q-Net)에서 확인하시길 바랍니다.

합격으로 입증할 오직 초격차만의 가치

2025년 모든 회차 수록
2025년 기출문제 전 회차를 수록하여
최신 출제 경향을 정확하게 파악할 수 있습니다.

문제별 배점 기재
다양한 난이도의 문제에 적응하고 대비할 수 있습니다.

풍부한 해설과 꿀팁 암기법
초격차가 제시하는 꿀팁과 풍부한 해설로
해당 내용을 완벽하게 마스터할 수 있습니다.

신유형 문제
새로운 유형에 대한 적응력을 높여 실전에서
자신있게 문제를 해결할 수 있습니다.

모아's Pick! Plus N제
15개년 기출문제를 주제별로 엄선한
Plus N제를 통해 기출 유형을 폭넓게 경험하고
대비할 수 있습니다.

다회독으로 마스터하기
다회독에 최적화된 초격차만의 구성으로
편리한 반복학습이 가능합니다.

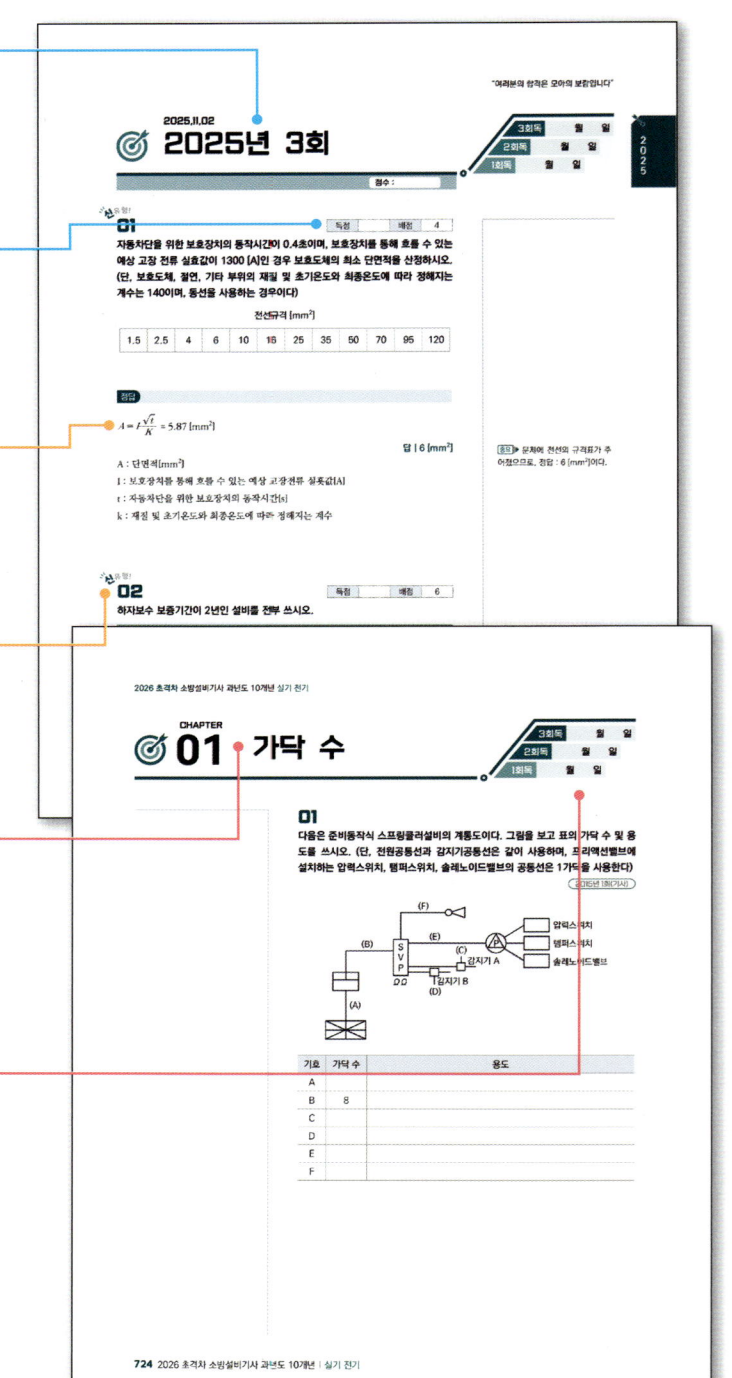

소방설비기사 실기 전기 학습방법

●● 자동화재탐지설비

최소 3문제 이상은 상시 출제되는 소방설비기사(전기)실기에서 가장 핵심이 되는 파트입니다. 자동화재탐지설비의 설치기준을 꼭 암기해야 하며, 수평적 경계구역과 수직적 경계구역 산정기준을 학습한 후 도면을 보고 몇 개의 경계구역인지도 직접 산정할 수 있어야 합니다. 또한 발신기의 구조와 설치기준을 모두 체크하고, 정온식 감지기, 차동식 감지기, 연기감지기 등 모든 감지기의 설치기준과 더불어 도면을 보고 몇 개의 감지기를 설치해야 하는지 직접 계산할 수 있어야 합니다. 마지막으로 수신기 설치기준과 P형수신기의 시험 목적과 가부판정을 이해할 수 있어야 하며, 자동화재탐지설비 자체의 이해를 통한 암기가 동반되어야 합니다.

●● 가닥 수 및 공사

수신기 설치기준이 개정되기 전에는 자동화재탐지설비의 가닥 수가 큰 배점으로 출제가 되었지만, 수신기 설치기준이 개정된 이후 자동화재탐지설비의 가닥 수 문제는 출제되지 않고 있습니다. 그럼에도 불구하고 언제든 출제될 수 있는 중요한 부분이기 때문에 자동화재탐지설비의 가닥 수 산정에 대한 문제는 반드시 학습해야 합니다. 가스계 소화설비와 습식 스프링클러설비, 준비작동식 스프링클러설비, 제연설비의 가닥 수 산정을 완벽히 이해하고 문제에 적용할 수 있어야 합니다. 또한 도면을 보고 어떤 부품이 사용되었는지 판별할 수 있어야 하며, 공사 부품이 어떠한 목적으로 사용되는지도 꼭 체크해야 합니다.

●● 시퀀스

최근에는 과거에 출제된 시퀀스 문제를 변형하여 출제되고 있습니다. 또한 과거에는 특정 부분만 채울 수 있어야 하는 문제가 출제되었다면 최근에는 조건을 보고 시퀀스를 전부 그릴 수 있도록 난이도가 상향되었습니다. 따라서 과년도 시퀀스 문제의 경우 단순 암기하는 학습이 아닌, 각 접점별, 논리기호별 어떤 특성을 가지고 있는지에 대한 이해가 먼저 선행되어야 합니다.

●● 계산문제

최근엔 전기기사에 출제되었던 문제들이 출제되고 있으며, 계산문제의 난이도가 높아지고 있습니다. 예를 들어 과거에는 전동기 하나를 사용하였을 때의 역률개선을 위한 콘덴서 용량을 구하는 문제가 출제되었다면, 현재는 여기에 전동기 하나를 추가 설치하여 합성역률을 구한 후 역률개선을 위한 콘덴서 용량을 구하는 문제가 출제되고 있기 때문에 단순 문답 형식의 공부가 아닌, 어떤 계산공식을 언제 써야 하는지 확실히 이해하고 접근을 해야 풀 수 있습니다. 또한 필기 전기일반 과목에서 계산문제로 출제되었던 문제들 역시 최근 출제되고 있습니다.

●● 말문제

최근 말문제의 비중이 커지고 있습니다. 자동화재탐지설비, 비상방송설비, 비상경보설비 및 단독경보형감지기, 누전경보기, 가스누설경보기, 유도등, 비상콘센트설비 등 전기설비뿐만 아니라 이산화탄소설비, 스프링클러설비, 제연설비 등 기계설비에서도 말문제가 출제되고 있기 때문에 전기설비와 더불어 기계설비도 핵심이 되는 내용들 위주로 반드시 암기해야 합니다.

●● 기타

최근 KEC 내용도 출제되고 있으므로 최근 출제된 문제의 경우엔 핵심이론에 수록된 관련 내용들까지 반드시 암기해야 합니다.

초격차로 압도적인 합격의 격차를 만들다!
- <초격차>로 공부했던 선배 합격생들의 리얼 합격 스토리 -

"비전공자도 이해할 수 있는 초격차!"

비전공자인 저한테는 다소 전기분야가 어려웠습니다. 하지만 외우는 꿀팁이나 노하우 등 상세한 설명 덕분에 자연스럽게 암기가 되었고, 사진과 함께 설명된 부분이 이해하는데 도움이 가장 많이 되었던 것 같습니다. 처음에 도전할 때는 소방에 대한 기본적인 지식도 모르고 막막했지만 모아의 체계적인 커리큘럼이 저에게 큰 힘이 되어 주었습니다. 비전공자인 저도 처음에 이해를 못하고 지루했지만 반복 끝에 점점 저의 지식이 쌓이는게 느껴졌고 약간의 흥미가 생기면서 그 결과 소방설비기사(전기분야) 필기/실기 한번에 합격이라는 좋은 결과를 얻을 수 있었습니다.

2025년 2회 합격자 조○○

2025년 2회 합격자 주○○

"이론-기출 다회독으로 끝내는 초격차!"

기계 전공이라서 전기 분야에 대한 두려움이 있었습니다. 강조한 핵심용어와 기준치들을 반복 암기하는 것부터 시작했습니다. 계산 문제는 빈출 문제로 단원별 정리가 잘 되어 있어 반복 풀이를 했습니다. 전체 틀을 이해하려고 이론 한번 쭉 학습하고, 두 번째 볼 때는 중요 개념과 계산 문제 부분은 먼저 문제를 풀고 이해 안되는 부분을 다시 학습하여 가성비를 높였습니다. 기출문제는 시험을 본다는 기분으로 먼저 문제를 풀다보니 반복 문제에서는 실수를 하지 않고 몸으로 이해가 되었습니다. 체득할 때까지 반복한 게 복이 되어 운좋게 합격할 수 있었습니다.

"체계적인 학습이 가능한 초격차!"

중요한 부분을 집중적으로 공부하고 반복학습한 것이 시험 중 기억을 끄집어내는 데 큰 도움이 되었습니다. 공부하기 좋은 모아 교재의 구성도 한몫 하였습니다. 요약 노트가 불필요하다고 느꼈고 시간도 아낄 수 있었습니다. 먼저 교재의 목차 순서를 외우고 그 각각의 내용을 연상하는 방법으로 공부하였습니다. 이로써 공식의 헷갈림을 방지할 수 있었습니다. 모아의 커리큘럼과 교재를 절대적으로 신뢰하면 합격은 자동적으로 따라 온다고 말씀 드리고 싶습니다.

2024년 2회 합격자 김○○

2024년 1회 합격자 장○○

"효율적인 학습이 가능한 초격차!"

저는 전기공학을 전공한 40대 직장인으로 소방설비 쌍기사를 목표로 소방설비기사 기계분야에 도전하였습니다. 처음엔 공식을 이해하는데 어려움이 있었습니다. 하지만 해당 공식이 어떻게 수식화 되었는지 쉽게 개념 정리가 되어 차근차근 이해할 수 있었습니다. 이전 기출문제를 폭 넓게 분석하여 가장 중요하고 핵심적인 문제들만 주제별로 담아놓은 과년도 7개년과 Plus N제 교재로 학습한 것이 가장 도움이 되었습니다. 초격차 과년도 7개년 교재로 계산기를 사용하여 직접 혼자 풀 수 있을 때까지 학습하고 그렇게 과년도 7개년을 5회독 하였습니다. 그 결과 시험에 합격하는 좋은 결과를 얻을 수 있었습니다.

소방설비기사 실기 전기 과년도 10개년

2026 초超 격格 자差

황모아 · 오민정

모아북스

CONTENTS

2025년
- 1회 | 2025.04.20 6
- 2회 | 2025.07.19 25
- 3회 | 2025.11.02 45

2024년
- 1회 | 2024.04.27 68
- 2회 | 2024.07.28 88
- 3회 | 2024.11.02 112

2023년
- 1회 | 2023.04.23 142
- 2회 | 2023.07.22 167
- 4회 | 2023.11.05 193

2022년
- 1회 | 2022.05.07 224
- 2회 | 2022.07.24 245
- 4회 | 2022.11.19 264

2021년
- 1회 | 2021.04.24 292
- 2회 | 2021.07.22 314
- 4회 | 2021.11.13 337

2020년
- 1,2회 | 2020.05.09 364
- 3회 | 2020.07.25 383
- 4회 | 2020.10.10 405
- 5회 | 2020.11.14 426

2019년
1회	2019.04.14	452
2회	2019.06.29	472
4회	2019.11.09	493

2018년
1회	2018.04.15	518
2회	2018.06.30	539
4회	2018.11.10	562

2017년
1회	2017.04.16	584
2회	2017.06.25	605
4회	2017.11.11	629

2016년
1회	2016.04.17	654
2회	2016.06.26	677
4회	2016.11.12	697

Plus N제
CHAPTER 01	가닥 수	724
CHAPTER 02	시퀀스	737
CHAPTER 03	기타	748
CHAPTER 04	소방시설 도시기호	763

격차를 뛰어넘어 압도적인 격차를 만들다

2025

1회	2025.04.20
2회	2025.07.19
3회	2025.11.02

2025년 1회

2025.04.20

01   배점 5

유도전동기 IM을 현장 측과 제어실 측 어느 쪽에서도 기동 및 정지제어가 가능하도록 배선하시오.

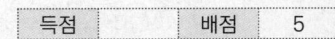

정답

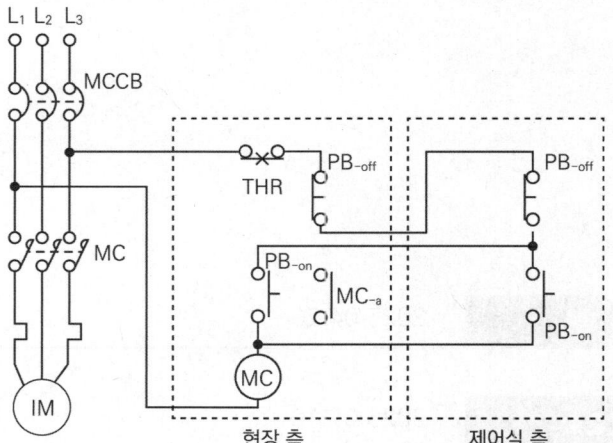

> **TIP**
> - 현장 측과 제어실 측 어느 쪽에서도 기동이 가능하도록 하기 위해 PB₋on스위치를 현장 측과 제어실 측에 각각 넣어준다.
> - 자기유지접점은 해당 PB₋on스위치와 병렬로 하나를 넣어준다.
> - PB₋off스위치는 현장 측과 제어실 측에 각각 직렬로 하나씩 넣어준다.

📌 **핵심이론** 전동기 운전회로(원방조작기동제어방식)

- 기동버튼 : 병렬연결 및 자기유지
- 정지버튼 : 직렬연결
- 분기 시 : "•"를 찍음
- MS 코일 : MS$_{-a}$로 표기(R 코일 : R$_{-a}$로 표기)
- 현장 측과 제어반 측이 있음

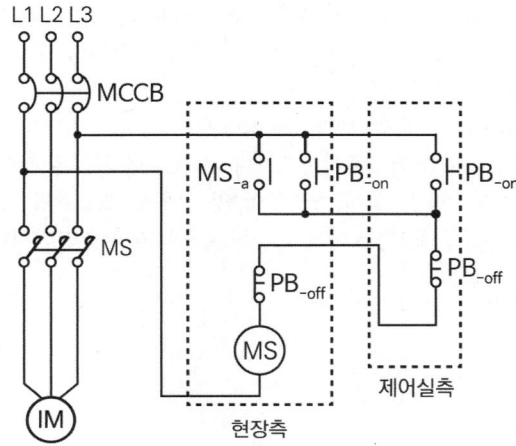

02

배점 5

화재발생 시 화재를 검출하기 위해 감지기를 설치한다. 이때 축적기능이 없는 것으로 설치해야 하는 감지기 3가지를 쓰시오.

①
②
③

정답

① 급속한 연소확대가 우려되는 장소에 사용되는 감지기
② 교차회로방식에 사용되는 감지기
③ 축적기능이 있는 수신기에 연결하여 사용하는 감지기

> **핵심이론** 자동화재탐지설비 및 시각경보장치의 화재안전기술기준(NFTC 203)
>
> 2.4.3 감지기는 다음의 기준에 따라 설치해야 한다. 다만 교차회로방식에 사용되는 감지기, 급속한 연소 확대가 우려되는 장소에 사용되는 감지기 및 축적기능이 있는 수신기에 연결하여 사용하는 감지기는 축적기능이 없는 것으로 설치해야 한다.
> 2.4.3.1 감지기(차동식 분포형의 것을 제외한다)는 실내로의 공기유입구로부터 1.5 [m] 이상 떨어진 위치에 설치할 것
> 2.4.3.2 감지기는 천장 또는 반자의 옥내에 면하는 부분에 설치할 것
> 2.4.3.3 보상식 스포트형 감지기는 정온점이 감지기 주위의 평상시 최고온도보다 20 [℃] 이상 높은 것으로 설치할 것
> 2.4.3.4 정온식 감지기는 주방·보일러실 등으로서 다량의 화기를 취급하는 장소에 설치하되, 공칭작동온도가 최고주위온도보다 20 [℃] 이상 높은 것으로 설치할 것
> 2.4.3.5 차동식 스포트형·보상식 스포트형 및 정온식 스포트형 감지기는 그 부착높이 및 특정소방대상물에 따라 다음 표 2.4.3.5에 따른 바닥면적마다 1개 이상을 설치할 것

03   배점 6

그림과 같이 전선의 굵기가 균일하고 부하가 송전단에서부터 말단에 이르기까지 균등하게 분포되고 있는 평등 부하 분포의 경우 다음 각 물음에 답하시오.

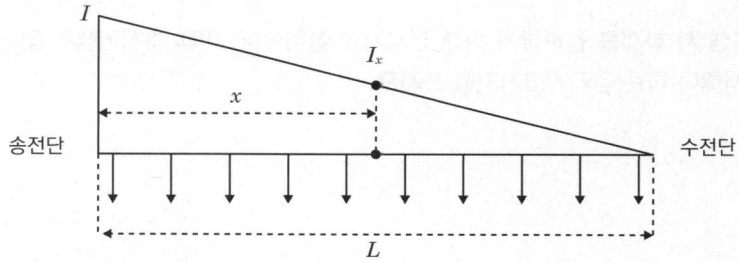

가. 송전단으로부터 거리 x인 점에서의 전류 [I_x]를 구하시오.

나. 전선의 단위 길이당 저항을 r이라고 할 때 전력 손실 P를 구하시오.

정답

가. 계산과정

$L - x : I_x = L : I$

$I_x \times L = (L-x) \times I$

$\therefore I_x = \dfrac{L-x}{L} \times I = \left(1 - \dfrac{x}{L}\right) \times I$

답 | $\left(1 - \dfrac{x}{L}\right)I$

나. 계산과정

$P = I^2 r = I_x^2 r$

$\int_0^L (I_x^2 r)dx = \int_0^L \left[\left(1-\dfrac{x}{L}\right)I\right]^2 \times r\, dx$

$= \int_0^L \left(1 - \dfrac{x}{L}\right)^2 I^2 r\, dx = I^2 r \int_0^L \left(1 - \dfrac{x}{L}\right)^2 dx$

$= I^2 r \int_0^L \left(1 - 2\dfrac{x}{L} + \dfrac{x^2}{L^2}\right) dx$

$= I^2 r \left[x - \dfrac{2}{L} \times \dfrac{1}{2}x^2 + \dfrac{1}{L^2} \times \dfrac{x^3}{3} \right]_0^L$

$= I^2 r \left(\dfrac{1}{3}L - 0 \right)$

$= \dfrac{I^2 r L}{3}$

답 | $\dfrac{I^2 rL}{3}$

04

배점 5

50 [Hz], 35 [kW], 4극인 3상 380 [V] 농형 유도전동기의 회전수가 1000 [rpm]일 때 발생하는 토크를 계산하시오.

정답

계산과정

[풀이1]

$P = 9.8 \times 2\pi \times \dfrac{N}{60} \times \tau$

(이때 P는 극수가 아닌 정격출력 [kW]이다)

따라서, $35000 = 9.8 \times 2\pi \times \dfrac{1000}{60} \times \tau$ $\therefore \tau = 34.13 [kg \cdot m]$

[풀이2]

토크 = 0.975(35000/1000) = 34.13 [kg·m]

답 | 34.13 [kg·m]

05

다음 도시기호에 대해 의미하는 바를 쓰시오.

① 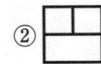 ② ③ ④

> ✓
> • 동그라미 두 개 안에 B가 적혀 있으면 화재 경보벨
> • 동그라미 한 개 안에 B가 적혀 있으면 비상벨
> ※ 본 교재에 부록으로 수록된 [소방시설 도시기호] 참조

정답

① 감지선
② 중계기
③ 정온식 스포트형 감지기
④ 비상벨

06

피난구유도등에 관한 다음 물음에 답하시오.

가. 피난구유도등을 설치해야 하는 장소 4가지를 쓰시오.
  ①
  ②
  ③
  ④

나. 피난구유도등은 피난구의 바닥으로부터 높이 (①) 이상으로서 (②)에 인접하도록 설치해야 한다.

정답

가. ① 옥내로부터 직접 지상으로 통하는 출입구 및 그 부속실의 출입구
  ② 직통계단·직통계단의 계단실 및 그 부속실의 출입구
  ③ ①, ②에 따른 출입구에 이르는 복도 또는 통로로 통하는 출입구
  ④ 안전구획된 거실로 통하는 출입구
나. ① 1.5 [m]
  ② 출입구

📌 핵심이론 피난구유도등

① 설치장소
  ㄱ. 옥내로부터 직접 지상으로 통하는 출입구 및 그 부속실 출입구
  ㄴ. 직통계단·직통계단의 계단실 및 그 부속실의 출입구
  ㄷ. 'ㄱ'과 'ㄴ'에 따른 출입구에 이르는 복도 또는 통로로 통하는 출입구
  ㄹ. 안전구획된 거실로 통하는 출입구
  ㅁ. 피난층으로 향하는 피난구의 위치를 안내할 수 있도록 'ㄱ' 또는 'ㄴ'의 출입구 인근 천장에 'ㄱ' 또는 'ㄴ'에 따라 설치된 피난구유도등의 면과 수직이 되도록 피난구유도등을 추가로 설치(다만 'ㄱ' 또는 'ㄴ'에 따라 설치된 피난구유도등이 입체형인 경우 제외)
  ㅂ. 위에 따라 추가로 설치하는 피난구유도등은 피난구의 식별이 용이하도록 피난구 방향의 화살표가 함께 표시된 것으로 설치해야 한다.
② 설치높이 : 바닥으로부터 높이 1.5 [m] 이상 위치에 설치
③ 추가 설치 : 피난층으로 향하는 피난구의 위치를 안내할 수 있도록 '①'의 'ㄱ' 또는 '①'의 'ㄴ'의 출입구 인근 천장에 설치된 피난구유도등의 면과 수직이 되도록 피난구유도등을 추가로 설치하여야 한다. 다만 피난구유도등이 입체형인 경우에는 그러하지 아니함

07 [배점 7]

다음 각 감지기 부착높이에 따른 적응성이 있는 감지기를 쓰시오.

가. 높이 20 [m] 이상 설치 시

나. 높이 15 [m] 이상 20 [m] 미만 설치 시

정답

가. ① 불꽃감지기
  ② 광전식 분리형 중 아날로그방식
  ③ 광전식 공기흡입형 중 아날로그방식
나. ① 이온화식 1종
  ② 광전식 (스포트형, 분리형, 공기흡입형) 1종
  ③ 연기복합형
  ④ 불꽃감지기

> **핵심이론** 감지기의 부착높이별 설치기준

부착높이	감지기의 종류
8 [m] 이상 15 [m] 미만	• 차동식 분포형 • 이온화식 1종 또는 2종 • 광전식(스포트형, 분리형, 공기흡입형) 1종 또는 2종 • 연기복합형 • 불꽃감지기
15 [m] 이상 20 [m] 미만	• 이온화식 1종 • 광전식(스포트형, 분리형, 공기흡입형) 1종 • 연기복합형 • 불꽃감지기
20 [m] 이상	• 불꽃감지기 • 광전식(분리형, 공기흡입형) 중 아날로그방식

※ 부착높이가 높아지면 열감지기는 적응성이 없어진다(열은 올라가다가 식어버리기 때문에).
※ 불꽃감지기는 부착높이에 따라 어디든지 적응성이 있다.

08 배점 5

정온식 감지선형 감지기의 색상별 공칭작동온도를 쓰시오.

가. 백색

나. 청색

다. 적색

> **정답**

가. 80 [℃] 미만

나. 80 [℃] 이상 ~ 120 [℃] 미만

다. 120 [℃] 이상

> **핵심이론** 정온식 감지기

- 공칭작동온도(스포트형) : 60 [℃] 이상 ~ 150 [℃] 이하(60 [℃] 이상 80 [℃] 이하는 5 [℃] 간격/ 80 [℃] 이상 ~ 150 [℃] 이하는 10 [℃] 간격)
- 공칭작동온도(감지선형) : 백색(80 [℃] 미만), 청색(80 [℃] 이상 ~ 120 [℃] 미만), 적색(120 [℃] 이상)

09

무선통신보조설비의 증폭기 및 무선중계기 설치기준 3가지를 쓰시오.

①

②

③

정답

① 상용전원은 전기가 정상적으로 공급되는 축전지설비, 전기저장장치(외부 전기에너지를 저장해두었다가 필요한 때 전기를 공급하는 장치) 또는 교류전압의 옥내 간선으로 하고, 전원까지의 배선은 전용으로 할 것

② 증폭기의 전면에는 주회로 전원의 정상 여부를 표시할 수 있는 표시등 및 전압계를 설치할 것

③ 증폭기에는 비상전원이 부착된 것으로 하고 해당 비상전원용량은 무선통신보조설비를 유효하게 30분 이상 작동시킬 수 있는 것으로 할 것

④ 증폭기 및 무선중계기를 설치하는 경우에는 「전파법」 제58조의2에 따른 적합성평가를 받은 제품으로 설치하고 임의로 변경하지 않도록 할 것

⑤ 디지털방식의 무전기를 사용하는데 지장이 없도록 설치할 것

핵심이론

2.3 옥외안테나

2.3.1.1 건축물, 지하가, 터널 또는 공동구의 출입구(「건축법 시행령」 제39조에 따른 출구 또는 이와 유사한 출입구를 말한다) 및 출입구 인근에서 통신이 가능한 장소에 설치할 것

2.3.1.2 다른 용도로 사용되는 안테나로 인한 통신장애가 발생하지 않도록 설치할 것

2.3.1.3 옥외안테나는 견고하게 파손의 우려가 없는 곳에 설치하고 그 가까운 곳의 보기 쉬운 곳에 "무선통신보조설비 안테나"라는 표시와 함께 통신 가능거리를 표시한 표지를 설치할 것

2.3.1.4 수신기가 설치된 장소 등 사람이 상시 근무하는 장소에는 옥외안테나의 위치가 모두 표시된 옥외안테나 위치표시도를 비치할 것

2.4 분배기 등

2.4.1 분배기·분파기 및 혼합기 등은 다음의 기준에 따라 설치해야 한다.

2.4.1.1 먼지·습기 및 부식 등에 따라 기능에 이상을 가져오지 않도록 할 것

2.4.1.2 임피던스는 50 [Ω]의 것으로 할 것

2.4.1.3 점검에 편리하고 화재 등의 재해로 인한 피해의 우려가 없는 장소에 설치할 것

10 신유형!

득점	배점
	5

연기감지기 중 공기흡입형 감지기에 대한 다음 각 물음에 답하시오.

가. (1) 공기흡입형 감지기의 동작원리를 간단히 쓰시오.

　　(2) 공기흡입형 감지기의 정의를 쓰시오.

나. 공기흡입장치는 공기배관망에 설치된 가장 먼 샘플링지점에서 감지부분까지 몇 초 이내에 연기를 이송할 수 있어야 하는가?

정답

가. (1) 연소초기단계의 열분해 시 생성된 초미립자의 연기를 감지구역 내에 설치된 흡입배관을 통하여 흡입기에 의해 감지헤드로 흡입시켜 미립자를 분석하여 화재신호를 발생한다.

　　(2) 감지기 내부에 장착된 공기흡입장치로 감지하고자 하는 위치의 공기를 흡입하고 흡입된 공기에 일정한 농도의 연기가 포함된 경우 작동하는 것

나. 120초 이내

★ 핵심이론 광전식 공기흡입형 감지기(Air Sampling-type Detector : ASD)

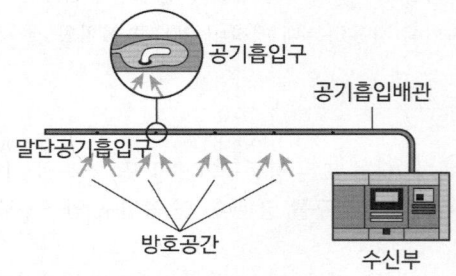

- 정의 : 감지기 내부에 장착된 공기흡입장치로 감지하고자 하는 위치의 공기를 흡입하고 흡입된 공기에 일정한 농도의 연기가 포함된 경우 작동하는 것
- 설치장소 : 전산실 또는 반도체공장 등
- 동작원리
  ① 감지구역 내에 설치된 흡입배관을 통하여 감지헤드로 공기흡입
  ② 연기 미립자를 분석하여 화재신호를 발생한다.
- 연기이송시간(공기배관망에 설치된 가장 먼 지점부터 수신기까지 연기전달시간) : 120초 이내

11 [배점 3]

휴대용 비상조명등에 대한 다음 괄호를 채우시오.

가. 대규모점포(지하상가 및 지하역사는 제외한다)와 영화상영관에는 보행거리 (㉠) 이내마다 3개 이상 설치

나. 지하상가 및 지하역사에는 보행거리 (㉡) 이내마다 3개 이상 설치

다. 건전지 및 충전식 배터리의 용량은 (㉢)분 이상 유효하게 사용할 수 있는 것으로 할 것

정답

㉠ 50 [m] ㉡ 25 [m] ㉢ 20

핵심이론

2.1.2 휴대용 비상조명등은 다음의 기준에 적합해야 한다.
2.1.2.1 다음 각 기준의 장소에 설치할 것
2.1.2.1.1 숙박시설 또는 다중이용업소에는 객실 또는 영업장 안의 구획된 실마다 잘 보이는 곳(외부에 설치 시 출입문 손잡이로부터 1 [m] 이내 부분)에 1개 이상 설치
2.1.2.1.2 「유통산업발전법」제2조 제3호에 따른 대규모점포(지하상가 및 지하역사는 제외한다)와 영화상영관에는 보행거리 50 [m] 이내마다 3개 이상 설치
2.1.2.1.3 지하상가 및 지하역사에는 보행거리 25 [m] 이내마다 3개 이상 설치
2.1.2.2 설치높이는 바닥으로부터 0.8 [m] 이상 1.5 [m] 이하의 높이에 설치할 것
2.1.2.3 어둠속에서 위치를 확인할 수 있도록 할 것
2.1.2.4 사용 시 자동으로 점등되는 구조일 것
2.1.2.5 외함은 난연성능이 있을 것
2.1.2.6 건전지를 사용하는 경우에는 방전방지조치를 해야 하고, 충전식 배터리의 경우에는 상시 충전되도록 할 것
2.1.2.7 건전지 및 충전식 배터리의 용량은 20분 이상 유효하게 사용할 수 있는 것으로 할 것
2.2 비상조명등의 제외
2.2.1 다음의 어느 하나에 해당하는 경우에는 비상조명등을 설치하지 않을 수 있다.
2.2.1.1 거실의 각 부분으로부터 하나의 출입구에 이르는 보행거리가 15 [m] 이내인 부분
2.2.1.2 의원·경기장·공동주택·의료시설·학교의 거실
2.2.2 지상 1층 또는 피난층으로서 복도나 통로 또는 창문 등의 개구부를 통하여 피난이 용이한 경우 숙박시설로서 복도에 비상조명등을 설치한 경우에는 휴대용 비상조명등을 설치하지 않을 수 있다.

12

득점 | 배점 8

그림의 특정소방대상물 평면도를 보고 각 물음에 답하시오. (단, 건축물의 주요구조부는 내화구조이며 층의 높이는 4.5 [m]이고 차동식 스포트형 감지기 1종을 설치한다)

가. 각각의 구역에 대해 감지기 개수를 산정하시오.

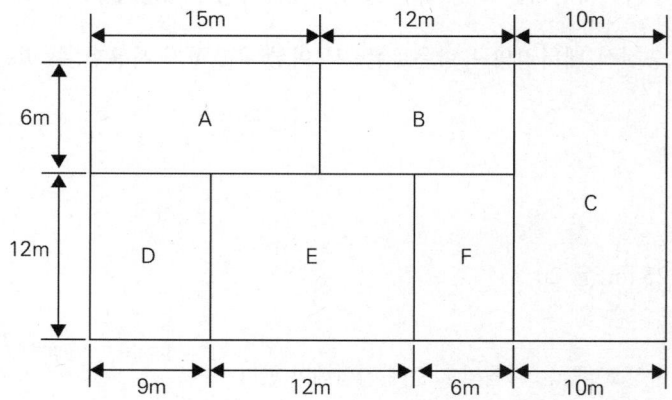

나. 총 경계구역 수를 구하시오.

정답

가.

구역	계산과정	답
A구역	$\dfrac{15 \times 6}{45} = 2$	2개
B구역	$\dfrac{12 \times 6}{45} = 1.6$	2개
C구역	$\dfrac{10 \times (6+12)}{45} = 4$	4개
D구역	$\dfrac{9 \times 12}{45} = 2.4$	3개
E구역	$\dfrac{12 \times 12}{45} = 3.2$	4개
F구역	$\dfrac{6 \times 12}{45} = 1.6$	2개

나. $\dfrac{(15+12+10) \times (6+12)}{600} = 1.11$

∴ 2 경계구역

📌 **핵심이론** 감지기 설치면적

□ 열감지기 설치면적 (단위 : [m²])

부착높이 및 특정소방대상물의 구분		감지기의 종류						
		차동식 스포트형		보상식 스포트형		정온식 스포트형		
		1종	2종	1종	2종	특종	1종	2종
4 [m] 미만	내화구조	90	70	90	70	70	60	20
	기타구조	50	40	50	40	40	30	15
4 [m] 이상 8 [m] 미만	내화구조	45	35	45	35	35	30	
	기타구조	30	25	30	25	25	15	

□ 연기감지기 설치면적 (단위 : [m²])

부착높이	감지기의 종류	
	1종 및 2종	3종
4 [m] 미만	150	50
4 ~ 20 [m] 미만	75	-

※ 연기감지기는 복도 및 통로에 있어서는 보행거리 30 [m](3종에 있어서는 20 [m])마다, 계단 및 경사로에 있어서는 수직거리 15 [m](3종에 있어서는 10 [m])마다 1개 이상으로 할 것

13

배점 9

다음 괄호 안을 채우시오.

가. (㉠)이란 특정소방대상물 중 화재신호를 발신하고 그 신호를 수신 및 유효하게 제어할 수 있는 구역을 말한다.

나. (㉡)란 감지기·발신기 또는 전기적인 접점 등의 작동에 따른 신호를 받아 이를 수신기에 전송하는 장치를 말한다.

다. (㉢)란 화재 시 발생하는 열, 연기, 불꽃 또는 연소생성물을 자동적으로 감지하여 수신기에 화재신호 등을 발신하는 장치를 말한다.

라. (㉣)란 수동누름버턴 등의 작동으로 화재신호를 수신기에 발신하는 장치를 말한다.

마. (㉤)란 자동화재탐지설비에서 발하는 화재신호를 시각경보기에 전달하여 청각장애인에게 점멸형태의 시각경보를 하는 것을 말한다.

바. (ⓑ)란 감지기 또는 발신기로부터 발하여지는 신호를 직접 또는 중계기를 통하여 공통신호로서 수신하여 화재의 발생을 당해 소방대상물의 관계자에게 경보하여주는 것을 말한다.

사. (ⓢ)란 감지기 또는 발신기로부터 발하여지는 신호를 직접 또는 중계기를 통하여 고유신호로서 수신하여 화재의 발생을 당해 소방대상물의 관계자에게 경보하여주는 것을 말한다.

아. (ⓞ)란 감지기 또는 발신기로부터 발하여지는 신호를 직접 또는 중계기를 통하여 공통신호로서 수신하여 화재의 발생을 해당 소방대상물의 관계자에게 경보하여 주고 자동 또는 수동으로 옥내·외소화전설비, 스프링클러설비, 물분무소화설비, 포소화설비, 이산화탄소소화설비, 할로겐화합물소화설비, 분말소화설비, 배연설비 등의 가압송수장치 또는 기동장치 등을 제어하는(이하 "제어기능"이라 한다) 것을 말한다.

자. (ⓩ)란 감지기 또는 발신기로부터 발하여지는 신호를 직접 또는 중계기를 통하여 고유신호로서 수신하여 화재의 발생을 해당 소방대상물의 관계자에게 경보하여 주고 제어기능을 수행하는 것을 말한다.

정답

㉠ 경계구역, ㉡ 중계기, ㉢ 감지기, ㉣ 발신기, ㉤ 시각경보장치, ㉥ P형 수신기, ㉦ R형 수신기, ㉧ P형 복합식 수신기, ㉨ R형 복합식 수신기

핵심이론 수신기의 형식승인 및 제품검사의 기술기준 용어의 정의
감지기의 형식승인 및 제품검사의 기술기준 용어의 정의

1. "P형 수신기"란 감지기 또는 발신기로부터 발하여지는 신호를 직접 또는 중계기를 통하여 공통신호로서 수신하여 화재의 발생을 당해 소방대상물의 관계자에게 경보하여주는 것을 말한다.
2. "R형 수신기"란 감지기 또는 발신기로부터 발하여지는 신호를 직접 또는 중계기를 통하여 고유신호로서 수신하여 화재의 발생을 당해 소방대상물의 관계자에게 경보하여주는 것을 말한다.
3. "GP형 수신기"란 P형 수신기의 기능과 가스누설경보기의 수신부 기능을 겸한 것을 말한다. 다만 가스누설경보기의 수신부의 기능중 가스농도 감시장치는 설치하지 않을 수 있다.
4. "GR형 수신기"란 R형 수신기의 기능과 가스누설경보기의 수신부 기능을 겸한 것을 말한다. 다만 가스누설경보기의 수신부의 기능 중 가스농도 감시장치는 설치하지 않을 수 있다.
5. "방폭형"이란 폭발성 가스가 용기내부에서 폭발하였을때 용기가 그 압력에 견디거나 또는 외부의 폭발성 가스에 인화될 우려가 없도록 만들어진 형태의 제품을 말한다.

6. "방수형"이란 그 구조가 방수구조로 되어 있는 것을 말한다.
7. "P형 복합식 수신기"란 감지기 또는 발신기로부터 발하여지는 신호를 직접 또는 중계기를 통하여 공통신호로서 수신하여 화재의 발생을 해당 소방대상물의 관계자에게 경보하여 주고 자동 또는 수동으로 옥내·외소화전설비, 스프링클러설비, 물분무소화설비, 포소화설비, 이산화탄소소화설비, 할로겐화합물소화설비, 분말소화설비, 배연설비 등의 가압송수장치 또는 기동장치 등을 제어하는(이하 "제어기능"이라 한다) 것을 말한다.
8. "R형 복합식 수신기"란 감지기 또는 발신기로부터 발하여지는 신호를 직접 또는 중계기를 통하여 고유신호로서 수신하여 화재의 발생을 해당 소방대상물의 관계자에게 경보하여 주고 제어기능을 수행하는 것을 말한다.
9. "GP형 복합식 수신기"란 P형 복합식 수신기와 가스누설경보기의 수신부 기능을 겸한 것을 말한다.
10. "GR형 복합식 수신기"란 R형 복합식 수신기와 가스누설경보기의 수신부 기능을 겸한 것을 말한다.

14

배점 6

다음은 자동화재탐지설비 및 시각경보장치의 화재안전기술기준에 따른 경계구역기준이다. 괄호 안에 들어갈 알맞은 말을 쓰시오.

가. 계단(직통계단 외의 것에 있어서는 떨어져 있는 상하 계단의 상호 간의 수평거리가 (㉠) 이하로서 서로 간에 구획되지 아니한 것에 한한다. 이하 같다)·경사로(에스컬레이터경사로 포함)·엘리베이터 승강로(권상기실이 있는 경우에는 권상기실)·린넨슈트·파이프 피트 및 덕트 기타 이와 유사한 부분에 대하여는 별도로 경계구역을 설정하되, 하나의 경계구역은 높이 45 [m] 이하(계단 및 경사로에 한한다)로 하고, 지하층의 계단 및 경사로(지하층의 층수가 한 개 층일 경우는 제외한다)는 별도로 하나의 경계구역으로 해야 한다.

- 외기에 면하여 상시 개방된 부분이 있는 차고·주차장·창고 등에 있어서는 외기에 면하는 각 부분으로부터 (㉡) 미만의 범위 안에 있는 부분은 경계구역의 면적에 산입하지 않는다.

- 스프링클러설비·물분무등소화설비 또는 (㉢)의 화재감지장치로서 화재감지기를 설치한 경우의 경계구역은 해당 소화설비의 방호구역 또는 (㉣)과 동일하게 설정할 수 있다.

정답

㉠ 5 [m] ㉡ 5 [m] ㉢ 제연설비 ㉣ 제연구역

핵심이론

2.1 경계구역

2.1.1 자동화재탐지설비의 경계구역은 다음의 기준에 따라 설정해야 한다. 다만 감지기의 형식승인 시 감지거리, 감지면적 등에 대한 성능을 별도로 인정받은 경우에는 그 성능인정범위를 경계구역으로 할 수 있다.

2.1.1.1 하나의 경계구역이 2 이상의 건축물에 미치지 않도록 할 것

2.1.1.2 하나의 경계구역이 2 이상의 층에 미치지 않도록 할 것. 다만 500 [m²] 이하의 범위 안에서는 2개의 층을 하나의 경계구역으로 할 수 있다.

2.1.1.3 하나의 경계구역의 면적은 600 [m²] 이하로 하고 한 변의 길이는 50 [m] 이하로 할 것. 다만 해당 특정소방대상물의 주된 출입구에서 그 내부 전체가 보이는 것에 있어서는 한 변의 길이가 50 [m]의 범위 내에서 1000 [m²] 이하로 할 수 있다.

보충▶ 직통계단(Direct Stairs)이란 건축물의 모든 층(피난층(Shelter Floor) 제외)에서 피난층 또는 지상으로 직접 연결되는 계단

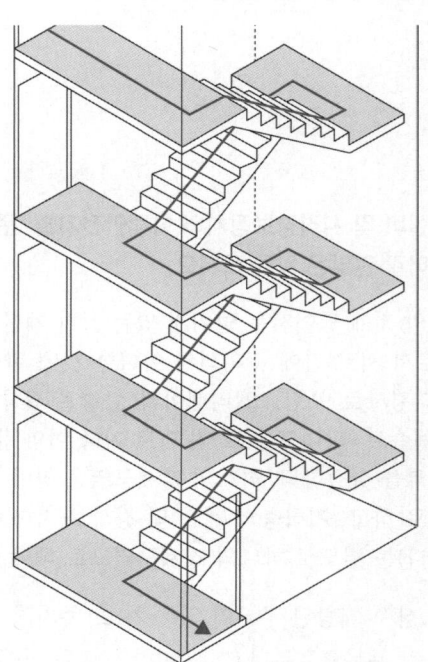

15

득점 □ 배점 5

다음 회로를 보고 단자전압 Vcd를 구하시오. (이때 주파수는 60 [Hz]이다)

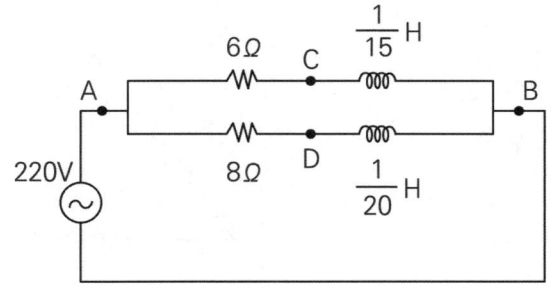

정답

☑ 계산과정

$X_{L_1} = wL_1 = 2\pi f L_1 = 2\pi \times 60 \times \dfrac{1}{15\pi} = j8$

$X_{L_2} = wL_2 = 2\pi f L_2 = 2\pi \times 60 \times \dfrac{1}{20\pi} = j6$

$I_1 = \dfrac{220}{6+j8}$

$I_2 = \dfrac{220}{8+j6}$

$V_C = I_1 R_1 = \dfrac{220}{6+j8} \times 6 = \dfrac{1320}{6+j8}$

$V_D = I_2 R_2 = \dfrac{220}{8+j6} \times 8 = \dfrac{1760}{8+j6}$

$\therefore V_{CD} = V_D - V_C = 61.6[V]$

답 | 61.6 [V]

다음과 같은 Y결선회로와 등가인 △결선회로 R_{ac}, R_{ab}, R_{bc} 저항값[Ω]을 구하시오.

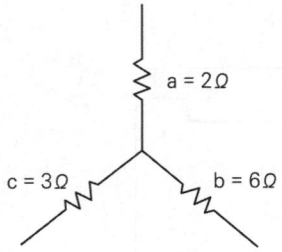
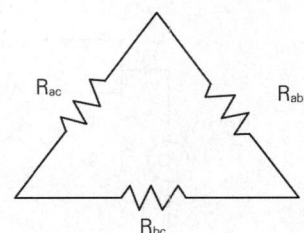

정답

☑ 계산과정

R_{ac} : $R_{ac} = \dfrac{R_a R_b + R_b R_c + R_c R_a}{R_b} = \dfrac{2 \times 6 + 6 \times 3 + 3 \times 2}{6} = 6$ 답 | 6 [Ω]

R_{ab} : $R_{ab} = \dfrac{R_a R_b + R_b R_c + R_c R_a}{R_c} = \dfrac{2 \times 6 + 6 \times 3 + 3 \times 2}{3} = 12$ 답 | 12 [Ω]

R_{bc} : $R_{bc} = \dfrac{R_a R_b + R_b R_c + R_c R_a}{R_a} = \dfrac{2 \times 6 + 6 \times 3 + 3 \times 2}{2} = 18$ 답 | 18 [Ω]

△ → Y 변환	Y → △ 변환
$R_a = \dfrac{R_1 R_2}{R_1 + R_2 + R_3}\,[\Omega]$	$R_1 = \dfrac{R_a R_b + R_b R_c + R_c R_a}{R_b}\,[\Omega]$
$R_b = \dfrac{R_2 R_3}{R_1 + R_2 + R_3}\,[\Omega]$	$R_2 = \dfrac{R_a R_b + R_b R_c + R_c R_a}{R_c}\,[\Omega]$
$R_c = \dfrac{R_3 R_1}{R_1 + R_2 + R_3}\,[\Omega]$	$R_3 = \dfrac{R_a R_b + R_b R_c + R_c R_a}{R_a}\,[\Omega]$
평형부하인 경우 : $Z_Y = \dfrac{1}{3} Z_\triangle\,[\Omega]$	평형부하인 경우 : $Z_\triangle = 3 Z_Y\,[\Omega]$

17

피난구유도등이 바닥으로부터 2 [m] 위치에 있을 때 바닥면의 조도가 20 [lx]였다. 이 유도등을 0.5 [m] 밑으로 내려서 설치했을 때의 바닥면 조도는 몇 [lx]인지 계산하시오.

정답

☑ 계산과정

수직조도 $E = \dfrac{I}{r^2}$

따라서 조도와 거리는 제곱에 반비례한다.

바닥으로부터 2 [m] 위치에 있는 피난구유도등을 0.5 [m] 밑으로 내려서 설치하면 그때의 바닥으로부터의 높이는 1.5 [m]가 되므로, 비례식은 아래와 같다.

$$20 : \dfrac{1}{2^2} = x : \dfrac{1}{1.5^2}$$

$$\dfrac{1}{4}x = 20 \times \dfrac{1}{1.5^2}$$

$$\therefore x = 20 \times \dfrac{1}{1.5^2} \times 4 = 35.56\,[lx]$$

답 | 35.56 [lx]

보충 ▶ 수평면조도 $E_h = \dfrac{I}{r^2}\cos\theta$

18

거실통로유도등의 설치기준 2가지를 쓰시오.

①
②

정답

① 거실의 통로에 설치할 것. 다만 거실의 통로가 벽체 등으로 구획된 경우에는 복도통로유도등을 설치할 것

② 구부러진 모퉁이 및 보행거리 20 [m]마다 설치할 것

③ 바닥으로부터 높이 1.5 [m] 이상의 위치에 설치할 것. 다만 거실통로에 기둥이 설치된 경우에는 기둥 부분의 바닥으로부터 높이 1.5 [m] 이하의 위치에 설치할 수 있다.

> **핵심이론**
>
> 2.3.1.1 복도통로유도등은 다음의 기준에 따라 설치할 것
> 2.3.1.1.1 복도에 설치하되 2.2.1.1 또는 2.2.1.2에 따라 피난구유도등이 설치된 출입구의 맞은편 복도에는 입체형으로 설치하거나, 바닥에 설치할 것
> 2.3.1.1.2 구부러진 모퉁이 및 2.3.1.1.1에 따라 설치된 통로유도등을 기점으로 보행거리 20 [m]마다 설치할 것
> 2.3.1.1.3 바닥으로부터 높이 1 [m] 이하의 위치에 설치할 것. 다만 지하층 또는 무창층의 용도가 도매시장·소매시장·여객자동차터미널·지하역사 또는 지하상가인 경우에는 복도·통로 중앙부분의 바닥에 설치해야 한다.
> 2.3.1.1.4 바닥에 설치하는 통로유도등은 하중에 따라 파괴되지 않는 강도의 것으로 할 것
> 2.3.1.3 계단통로유도등은 다음의 기준에 따라 설치할 것
> 2.3.1.3.1 각 층의 경사로 참 또는 계단참마다(1개 층에 경사로 참 또는 계단참이 2 이상 있는 경우에는 2개의 계단참마다)설치할 것
> 2.3.1.3.2 바닥으로부터 높이 1 [m] 이하의 위치에 설치할 것
> 2.3.1.4 통행에 지장이 없도록 설치할 것
> 2.3.1.5 주위에 이와 유사한 등화광고물·게시물 등을 설치하지 않을 것
> 2.4 객석유도등 설치기준
> 2.4.1 객석유도등은 객석의 통로, 바닥 또는 벽에 설치해야 한다.
> 2.4.2 객석 내의 통로가 경사로 또는 수평로로 되어 있는 부분은 식 (2.4.2)에 따라 산출한 개수(소수점 이하의 수는 1로 본다)의 유도등을 설치해야 한다.
>
> $$\frac{객석 통로의 직선부분 길이(m)}{4} - 1$$
>
> 2.4.3 객석 내의 통로가 옥외 또는 이와 유사한 부분에 있는 경우에는 해당 통로 전체에 미칠 수 있는 개수의 유도등을 설치해야 한다.

2025년 2회

2025.07.19

01

소방시설공사업법에 따른 소방공사 감리의 종류 중 상주공사감리대상에 대한 다음 괄호 안에 알맞은 것을 쓰시오.

가. 연면적 (㉠)제곱미터 이상의 특정소방대상물(아파트는 제외)

나. 지하층을 포함한 층수가 (㉡) 이상으로서 (㉢) 이상인 아파트에 대한 소방시설의 공사

정답

㉠ 3만

㉡ 16층

㉢ 500세대

보충 공사감리 대상 ★★★

종류	대상	방법
상주 감리	• 연면적 3만 [m²] 이상(아파트 제외) • 16층(지하층 포함) 이상으로 500세대 이상 아파트	• 정한기간에 현장 상주 • 감리업무 수행, 감리일지 작성 • 1일 이상 일탈 시 발주확인·업무대행
일반 감리	• 상주감리 이외 공사현장	• 배치기간에 현장 업무, 주 1회 이상 • 감리업무 수행, 감리일지 작성 • 14일 이내 수행 불가 시 대행자 지정 • 대행자 주 2회 이상 배치, 업무내용통보

02

배점 5

역률이 82 [%]이며 용량이 500 [kW]인 유도전동기가 있다. 이 유도전동기의 역률을 개선하기 위해 역률개선용 콘덴서 200 [kVA]를 추가 설치할 경우 개선된 역률 [%]을 구하시오.

정답

✓ 계산과정

$$Q_c = P\left(\frac{\sqrt{1-\cos\theta_1^2}}{\cos\theta_1} - \frac{\sqrt{1-\cos\theta_2^2}}{\cos\theta_2}\right)$$

$$200 = 500\left(\frac{\sqrt{1-0.82^2}}{0.82} - \frac{\sqrt{1-x^2}}{x}\right)$$

∴ $x = 95.84\,[\%]$

답 | 95.84 [%]

핵심이론 역률개선용 콘덴서용량을 구하는 식

□ 전동기용량 구하는 식

$$P = \frac{9.8KQ[m^3/s]H}{\eta} = \frac{9.8K \times Q[m^3/min] \times H}{\eta \times 60}\,[kW]$$

P : 전동기용량 [kW], K : 여유계수, Q : 유량
H : 전양정 [m], η : 효율, t : 시간 [s]

□ 역률개선용 콘덴서용량 구하는 식

$$Q_c = P\left(\frac{\sqrt{1-\cos\theta_1^2}}{\cos\theta_1} - \frac{\sqrt{1-\cos\theta_2^2}}{\cos\theta_2}\right)$$

Q_C : 콘덴서용량 [kVA], P : 유효전력[kW]
$\cos\theta_1$: 개선 전 역률, $\cos\theta_2$: 개선 후 역률

03

다음은 열반도체식 차동식 분포형 감지기의 감지부 설치 바닥면적 기준표이다. 빈칸을 채우시오.

부착높이 및 특정소방대상물의 구분		감지기의 종류(단위 : [m²])		비고
		1종	2종	
8 [m] 미만	내화구조	( )	( )	부착높이가 8 [m] 미만이고, 바닥면적이 왼쪽 표에 따른 면적 이하인 경우에는 1개
	기타구조	( )	( )	
8 [m] 이상 15 [m] 미만	내화구조	50	36	
	기타구조	( )	( )	

정답

부착높이 및 특정소방대상물의 구분		감지기의 종류(단위 : [m²])		비고
		1종	2종	
8 [m] 미만	내화구조	(65)	(36)	부착높이가 8 [m] 미만이고, 바닥면적이 왼쪽 표에 따른 면적 이하인 경우에는 1개
	기타구조	(40)	(23)	
8 [m] 이상 15 [m] 미만	내화구조	50	36	
	기타구조	(30)	(23)	

보충 열반도체식

- 작동원리 : 화재 시 급격한 온도 상승 → 반도체 온도차 따른 열기전력 발생 → 미터 릴레이전류 흐름 → 접점 동작 → 화재신호
- 설치기준 : 검출부에 접속하는 감지부는 2개 이상 15개 이하

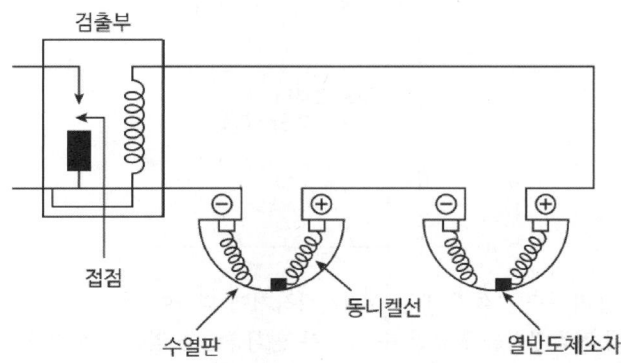

04

배점 6

청각장애인용 시각경보장치의 설치기준 3가지를 쓰시오.

① ② ③

정답

① 복도·통로·청각장애인용 객실 및 공용으로 사용하는 거실에 설치하며, 각 부분에서 유효하게 경보를 발할 수 있는 위치에 설치
② 공연장·집회장·관람장 또는 이와 유사한 장소에 설치하는 경우에는 시선이 집중되는 무대부 부분 등에 설치
③ 바닥으로부터 2 [m] 이상 ~ 2.5 [m] 이하의 높이에 설치할 것. 단, 높이가 2 [m] 이하는 천장에서 0.15 [m] 이내의 장소에 설치

핵심이론 | 시각경보장치의 설치기준

- 복도·통로·청각장애인용 객실 및 공용으로 사용하는 거실에 설치하며, 각 부분에서 유효하게 경보를 발할 수 있는 위치에 설치할 것
- 공연장·집회장·관람장 또는 이와 유사한 장소에 설치하는 경우에는 시선이 집중되는 무대부 부분 등에 설치할 것
- 바닥으로부터 2 [m] 이상 ~ 2.5 [m] 이하의 높이에 설치할 것. 단, 천장높이가 2 [m] 이하는 천장에서 0.15 [m] 이내의 장소에 설치

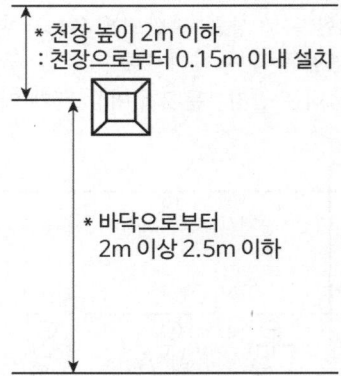

- 광원은 전용의 축전지설비 또는 전기저장장치에 의하여 점등되도록 할 것(단, 시각경보기에 작동전원을 공급할 수 있도록 형식승인을 얻은 수신기를 설치한 경우는 제외)

05

배점 6

자동화재탐지설비의 중계기 설치기준 3가지를 쓰시오.

① ② ③

정답

① 수신기에서 직접 감지기회로의 도통시험을 행하지 아니할 때는 수신기와 감지기 사이에 설치할 것
② 조작 및 점검이 편리하고 화재 및 침수 등의 재해로 인한 피해를 받을 우려가 없는 장소에 설치할 것
③ 수신기에 의하여 감시되지 아니하는 배선을 통하여 전력을 공급받는 것에 있어서는 전원 입력 측의 배선에 과전류차단기를 설치하고 해당 전원의 정전이 즉시 수신기에 표시되는 것으로 하며, 사용전원 및 예비전원의 시험을 할 수 있도록 할 것

06

배점 5

P형 수신기와 감지기와의 배선회로에서 릴레이저항은 500 [Ω], 감시전류 1.17 [mA]이며 종단저항이 20 [kΩ]일 때 동작전류를 구하시오.

정답

☑ 계산과정

- $I_{감시} = \dfrac{회로전압}{종단저항 + 릴레이저항 + 배선저항}$

- $I_{동작} = \dfrac{회로전압}{릴레이저항 + 배선저항}$

배선저항 $= \dfrac{24}{감시전류} - 릴레이저항 - 종단저항$

$= \dfrac{24}{1.17 \times 10^{-3}} - 500 - 20000 = 12.82 [\Omega]$

$I_{동작} = \dfrac{회로전압}{릴레이저항 + 배선저항} = \dfrac{24}{500 + 12.82} = 0.0468 [A] = 46.8 [mA]$

핵심이론 감시전류 및 동작전류공식

- $I_{감시} = \dfrac{회로전압}{종단저항 + 릴레이저항 + 배선저항}$

- $I_{동작} = \dfrac{회로전압}{릴레이저항 + 배선저항}$

07

배점 5

3선식 배선에 의하여 상시 충전되는 유도등의 전기회로에 점멸기를 설치하는 경우에는 어느 때에 점등되도록 하여야 하는지 그 기준을 5가지 쓰시오.

① ② ③ ④ ⑤

정답

① 자동화재탐지설비의 감지기 또는 발신기가 작동되는 때
② 비상경보설비의 발신기가 작동되는 때
③ 상용전원이 정전되거나 전원선이 단선되는 때
④ 방재업무를 통제하는 곳 또는 전기실의 배전반에서 수동으로 점등하는 때
⑤ 자동소화설비가 작동되는 때

핵심이론 유도등

- 3선식 유도등 점등조건(3선식 배선회로에 점멸기를 설치하는 경우 다음 경우에 점등되어야 함)
  - 자동화재탐지설비의 감지기 또는 발신기가 작동되는 때
  - 비상경보설비의 발신기가 작동되는 때
  - 상용전원이 정전되거나 전원선이 단선되는 때
  - 방재업무 통제하는 곳 또는 전기실 배전반에서 수동점등 때
  - 자동소화설비가 작동되는 때
- 유도등의 결선방법 및 특징
  - 유도등 2선식과 3선식

구분	2선식	3선식
배선	(회로도)	(회로도)
점등상태	상시 점등	평상시는 소등상태, 비상시에만 점등
충전상태	점등상태에서만 충전 가능	소등상태에서도 충전 가능

- 유도등 2선식과 3선식 특징

2선식	3선식
• 평상시는 상시 점등	• 평상시는 소등상태, 비상시에만 점등
• 전선소모 적음	• 전선소모 많음
• 전력소모 많음	• 전력소모 적음
• 원격스위치 불필요	• 원격스위치 필요

08

득점 [　　] 배점 [6]

다음은 누전경보기에서 사용되는 용어에 대한 정의이다. (　　) 안에 알맞은 용어를 쓰시오.

가. (㉠)란 내화구조가 아닌 건축물로서 벽, 바닥 또는 천장의 전부나 일부를 불연재료 또는 준불연재료가 아닌 재료에 철망을 넣어 만든 건물의 전기설비로부터 누설전류를 탐지하여 경보를 발하며 변류기와 수신부로 구성된 것을 말한다.

나. (㉡)란 변류기로부터 검출된 신호를 수신하여 누전의 발생을 해당 특정 소방대상물의 관계인에게 경보하여주는 것(차단기구를 갖는 것을 포함한다)을 말한다.

다. (㉢)란 경계전로의 누설전류를 자동적으로 검출하여 이를 누전경보기의 수신부에 송신하는 것을 말한다.

정답

㉠ 누전경보기
㉡ 수신부
㉢ 변류기

핵심이론 누전경보기 용어의 정의

- "누전경보기"란 내화구조가 아닌 건축물로서 벽, 바닥 또는 천장의 전부나 일부를 불연재료 또는 준불연재료가 아닌 재료에 철망을 넣어 만든 건물의 전기설비로부터 누설전류를 탐지하여 경보를 발하는 기기로서, 변류기와 수신부로 구성된 것을 말한다.
- "수신부"란 변류기로부터 검출된 신호를 수신하여 누전의 발생을 해당 특정소방대상물의 관계인에게 경보하여주는 것(차단기구를 갖는 것을 포함한다)을 말한다.
- "변류기"란 경계전로의 누설전류를 자동적으로 검출하여 이를 누전경보기의 수신부에 송신하는 것을 말한다.
- "경계전로"란 누전경보기가 누설전류를 검출하는 대상 전선로를 말한다.
- "과전류차단기"란 「전기설비기술기준의 판단기준」 제38조와 제39조에 따른 것을 말한다.
- "분전반"이란 배전반으로부터 전력을 공급받아 부하에 전력을 공급해주는 것을 말한다.
- "인입선"이란 「전기설비기술기준」 제3조 제1항 제9호에 따른 것으로서, 배전선로에서 갈라져서 직접 수용장소의 인입구에 이르는 부분의 전선을 말한다.
- "정격전류"란 전기기기의 정격출력상태에서 흐르는 전류를 말한다.

09 [배점 6]

비상콘센트설비의 설치대상 3가지를 쓰시오.

①

②

③

정답

① 층수가 11층 이상인 특정소방대상물로서 11층 이상의 층
② 지하 3층 이상이고, 지하층의 바닥면적의 합계가 1000 [m²] 이상인 지하 전 층
③ 터널길이 500 [m] 이상

핵심이론 | 비상콘센트설비

□ 설치대상

소방대상물	설치대상
층수가 11층 이상인 특정소방대상물	11층 이상의 층
지하층의 층수가 3층 이상이고, 지하층의 바닥면적의 합계가 1000 [m²] 이상인 것	지하층의 모든 층
터널	길이 500 [m] 이상
위험물 저장 및 처리시설 중 가스시설 또는 지하구는 제외	

□ 전원회로 설치기준
- 전원회로 : 단상교류는 220 [V], 공급용량은 1.5 [kVA] 이상
- 전원회로는 각 층에 2 이상이 되도록 설치. 다만 설치하여야 할 층의 비상콘센트가 1개인 때에는 하나의 회로로 할 수 있다.
- 전원회로는 주배전반에서 전용회로로 할 것. 다만 다른 설비의 회로의 사고에 따른 영향을 받지 아니하도록 되어 있는 것은 그러하지 아니하다.
- 전원으로부터 각 층의 비상콘센트에 분기되는 경우에는 분기배선용 차단기를 보호함 안에 설치할 것

10

다음 진리표를 보고 각 물음에 답하시오.

A	B	C	X
0	0	0	0
0	1	0	1
0	0	1	0
1	0	1	1
1	0	0	0
1	1	0	1
1	0	0	1
1	1	1	0

가. 가장 간략화한 논리식을 계산과정을 포함하여 나타내시오.

나. 위의 논리식을 유접점회로로 나타내시오.

다. 위의 논리식을 무접점회로로 나타내시오.

정답

가. 출력 X가 1인 경우만 보면

$$X = \overline{A}B\overline{C} + A\overline{B}\overline{C} + AB\overline{C} + A\overline{B}C$$
$$= B\overline{C}(\overline{A}+A) + A\overline{B}(C+\overline{C})$$
$$= B\overline{C} + A\overline{B}$$
$$\therefore X = B\overline{C} + A\overline{B}$$

나.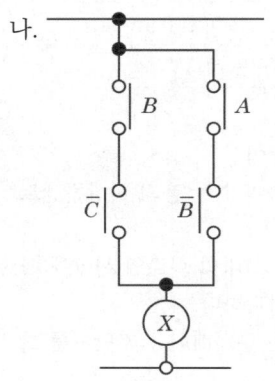

다.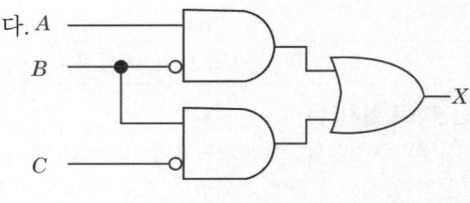

📌 **핵심이론** 논리회로

게이트	논리회로	논리식	시퀀스회로	진리표		
AND	A, B → X	X = A · B = AB	A, B, X_a	A	B	X
				0	0	0
				0	1	0
				1	0	0
				1	1	1
OR	A, B → X	X = A + B	A∥B, X_a	A	B	X
				0	0	0
				0	1	1
				1	0	1
				1	1	1
NOT	A → X	X = $\overline{A}$	A, X_b	A	X	
				0	1	
				1	0	

11

배점 5

다음의 동작설명에 따라 미완성 시퀀스회로를 완성하시오. (단, 접점 및 스위치에는 접점 명칭을 반드시 기입해야 하며, PB-on 1개, PB-off 1개, MC-a 1개, MC-b 1개, T-a 1개, T-b 1개, THR-a 1개, THR-b 1개, MC 1개, T 1개, RL 1개, GL 1개, YL 1개를 사용한다)

[제어회로 동작 설명]
1. 전원을 투입하면 표시램프 GL이 점등되도록 한다.
2. 누름버튼스위치 PB-on을 누르면 전자접촉기 MC가 여자되며 전동기가 기동된다.
3. 이때 MC 자기유지접점에 의해 PB-on에서 손을 떼어도 전동기는 계속 기동된다.
4. 또한 MC-a접점에 의해 RL이 점등되어 전동기 운전이 표시된다.
5. 전자접촉기 MC-b접점에 의해 GL이 소등된다.
6. 또한 MC가 여자되면 동시에 타이머 T가 통전되어 타이머 설정시간 후에 T-b접점이 떨어져서 전자접촉기 MC가 소자된다.
7. PB-off스위치를 누르면 초기상태로 돌아간다.
8. 전동기에 과전류가 흐르면 열동계전기 THR-b접점이 떨어져서 전동기가 정지하며, 이때 경고등 YL이 점등한다.

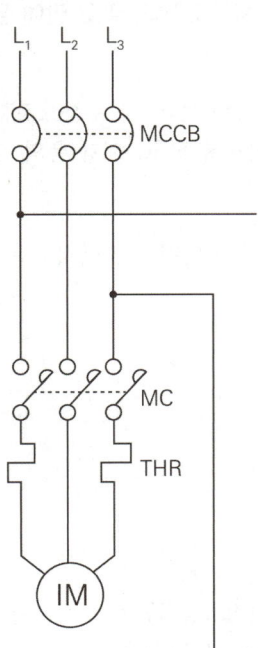

정답

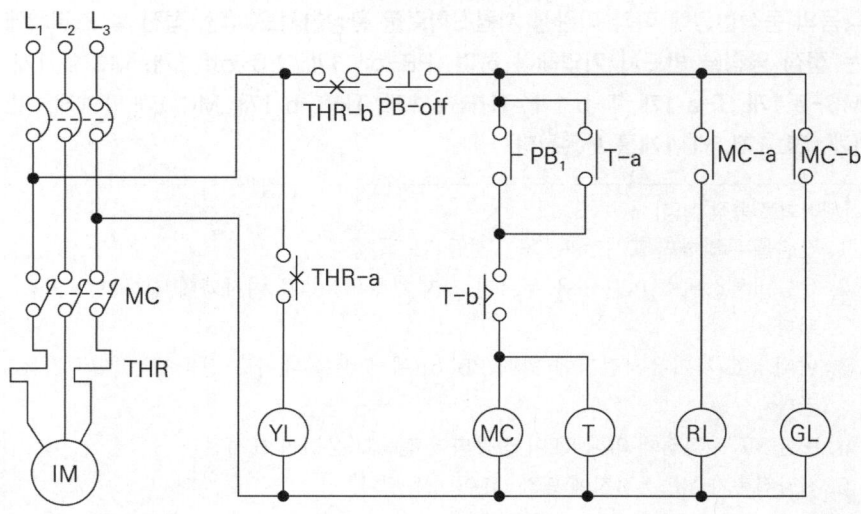

12
배점 4

자동화재탐지설비의 화재안전기준 중 지구음향장치의 설치기준이다. 괄호 안에 들어갈 알맞은 말을 쓰시오.

가. 지구음향장치는 특정소방대상물의 (㉠) 설치하되, 해당 층의 각 부분으로부터 하나의 음향장치까지의 (㉡)가 25 [m] 이하가 되도록 하고, 해당 층의 각 부분에 유효하게 경보를 발할 수 있도록 설치할 것

나. 음향의 크기는 부착된 음향장치의 중심으로부터 (㉢) 떨어진 위치에서 (㉣) 이상이 되는 것으로 할 것

정답

㉠ 층마다   ㉡ 수평거리   ㉢ 1 [m]   ㉣ 90 [dB]

★ 핵심이론 음향장치 및 시각경보장치

(1) 주음향장치 : 수신기의 내부 또는 그 직근에 설치할 것
(2) 지구음향장치 : 특정소방대상물의 층마다 설치, 해당 특정소방대상물의 각 부분으로부터 하나의 음향장치까지의 수평거리가 25 [m] 이하가 되도록 하고, 해당 층의 각 부분에 유효하게 경보를 발할 수 있도록 설치(기둥 또는 벽이 설치되지 아니한 대형공간의 경우 지구음향장치는 설치 대상 장소의 가장 가까운 장소의 벽 또는 기둥 등에 설치)

(3) 음향장치 구조 및 성능
 ① 정격전압의 80 [%] 전압에서 음향을 발할 수 있는 것으로 할 것
 ② 음량은 부착된 음향장치의 중심으로부터 1 [m] 떨어진 위치에서 90 [dB] 이상이 되는 것으로 할 것
 ③ 감지기 및 발신기의 작동과 연동하여 작동할 수 있는 것으로 할 것

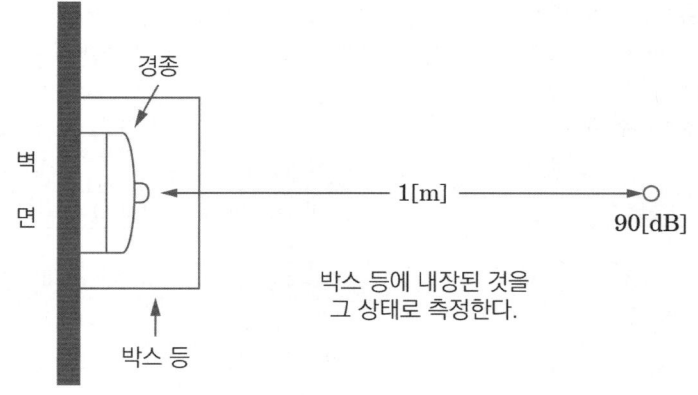

13 [배점 5]

다음은 유도등 및 유도표지의 화재안전기술기준에 따른 유도표지 설치기준이다. 괄호 안을 채우시오.

가. 계단에 설치하는 것을 제외하고는 각 층마다 복도 및 통로의 각 부분으로부터 하나의 유도표지까지의 보행거리가 (㉠) 이하가 되는 곳과 구부러진 모퉁이의 벽에 설치할 것

나. 피난구유도표지는 (㉡)에 설치하고, (㉢)는 바닥으로부터 높이 1 [m] 이하의 위치에 설치할 것

다. 주위에는 이와 유사한 등화·광고물·게시물 등을 설치하지 않을 것

라. 유도표지는 부착판 등을 사용하여 쉽게 떨어지지 않도록 설치할 것

마. (㉣)의 유도표지는 외광 또는 조명장치에 의하여 상시 조명이 제공되거나 (㉤)에 의한 조명이 제공되도록 설치할 것

정답

㉠ 15 [m] ㉡ 출입구 상단 ㉢ 통로유도표지 ㉣ 축광방식 ㉤ 비상조명등

핵심이론 유도표지의 설치기준

□ 유도표지 설치기준
유도표지는 계단에 설치하는 것을 제외하고, 각 층마다 복도 및 통로의 각 부분으로부터 하나의 유도표지까지 보행거리가 15 [m] 이하가 되는 곳과 구부러진 모퉁이의 벽에 설치

□ 최소 설치개수 구하는 식 (소수점 절상)

구분	공식
객석유도등	$\dfrac{\text{객석통로의 직선부분의 길이 [m]}}{4} - 1$
유도표지	$\dfrac{\text{구부러진 곳이 없는 부분의 보행거리 [m]}}{15} - 1$
복도통로유도등, 거실통로유도등	$\dfrac{\text{구부러진 곳이 없는 부분의 보행거리 [m]}}{20} - 1$

14   배점 3

연기감지기의 설치기준에 대하여 다음 (   ) 안의 빈칸을 채우시오.

가. 감지기는 벽 또는 보로부터 (㉠) [m] 이상 떨어진 곳에 설치할 것

나. 천장 또는 반자 부근에 (㉡)가 있는 경우에는 그 부근에 설치할 것

정답

㉠ 0.6 ㉡ 배기구

핵심이론 연기감지기 설치기준

□ 연기감지기 설치 (단위 : [m²])

부착높이	감지기의 종류	
	1종 및 2종	3종
4 [m] 미만	150	50
4 [m] 이상 20 [m] 미만	75	-

※ 감지기는 복도 및 통로에 있어서는 보행거리 30 [m](3종에 있어서는 20 [m])마다, 계단 및 경사로에 있어서는 수직거리 15 [m](3종에 있어서는 10 [m])마다 1개 이상으로 할 것

- 천장 또는 반자가 낮은 실내 또는 좁은 실내에 있어서는 출입구의 가까운 부분에 설치할 것
- 천장 또는 반자부근에 배기구가 있는 경우에는 그 부근에 설치할 것
- 감지기는 벽 또는 보로부터 0.6 [m] 이상 떨어진 곳에 설치할 것

15

| 득점 | | 배점 | 5 |

차동식 스포트형 감지기 2종을 부착높이 3.5 [m]이며, 내화구조이며 바닥면적 500 [m²]인 곳에 설치하려고 한다. 최소 설치 수량을 산정하시오.

정답

차동식 스포트형 감지기 2종을 내화구조 부착높이 3.5 [m]에 설치하는 경우 설치면적기준은 70 $[m^2]$이다.

따라서, $\dfrac{500}{70} = 7.14$

7.14 → 절상해서 8개

핵심이론 감지기 설치면적

□ 열감지기 설치면적 (단위 : [m²])

부착높이 및 특정소방대상물의 구분		감지기의 종류						
		차동식 스포트형		보상식 스포트형		정온식 스포트형		
		1종	2종	1종	2종	특종	1종	2종
4 [m] 미만	내화구조	90	70	90	70	70	60	20
	기타구조	50	40	50	40	40	30	15
4 [m] 이상 8 [m] 미만	내화구조	45	35	45	35	35	30	
	기타구조	30	25	30	25	25	15	

□ 연기감지기 설치면적 (단위 : [m²])

부착높이	감지기의 종류	
	1종 및 2종	3종
4 [m] 미만	150	50
4 [m] 이상 20 [m] 미만	75	-

※ 감지기는 복도 및 통로에 있어서는 보행거리 30 [m](3종에 있어서는 20 [m])마다, 계단 및 경사로에 있어서는 수직거리 15 [m](3종에 있어서는 10 [m])마다 1개 이상으로 할 것

16

다음은 자동화재탐지설비의 평면도이다. 다음 조건을 참고하여 표의 산출식 및 총 물량을 산출하시오.

[조건]
천장의 높이는 4 [m]이고 반자는 없으며 발신기세트와 수신기는 바닥으로부터 1.2 [m] 높이에 설치되어 있으며, 배선의 할증은 10 [%]를 적용한다.

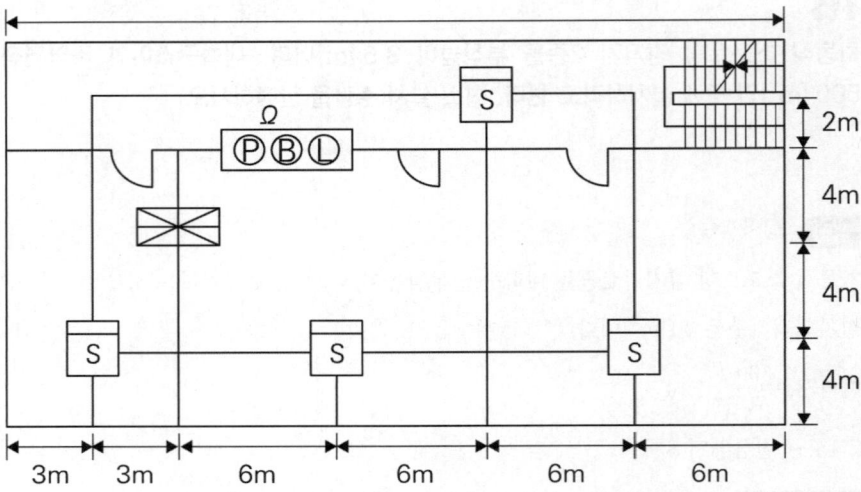

구분		산출식	총물량
전선관 16 [C]	감지기와 감지기 간		
	감지기와 발신기 간		
전선 (HFIX 1.5 [mm²])	감지기와 감지기 간		
	감지기와 발신기 간		
전선관 22 [C]	발신기와 수신기 간		
전선 (HFIX 2.5 [mm²])	발신기와 수신기 간		

정답

☑ 해설

구분		산출식	총물량
전선관 16 [C]	감지기와 감지기 간	6 + 6 + 6 + 3 + 4 + 4 + 2 + 6 + 6 + 6 + 3 + 4 + 4 + 2 = 62 [m]	72.8 [m]
	감지기와 발신기 간	6 + 2 + (4 − 1.2) = 10.8 [m]	
전선 (HFIX 1.5 [mm^2])	감지기와 감지기 간	(62 * 2) * 1.1 = 136.4 [m]	183.92 [m]
	감지기와 발신기 간	(10.8 * 4) * 1.1 = 47.52 [m]	
전선관 22 [C]	발신기와 수신기 간	(6 + 4) + (4 − 1.2) * 2 = 15.6 [m]	15.6 [m]
전선 (HFIX 2.5 [mm^2])	발신기와 수신기 간	15.6 * 6 * 1.1 = 102.96 [m]	102.96 [m]

17

| 득점 | | 배점 | 5 |

어느 건축물의 1층과 2층에 설치된 유도등과 전동기의 부하와 조건이 다음 표와 같으며 단상 교류 220 [V]로 공급된다. 1층 설비는 분전반으로부터 45 [m] 떨어져 있을 때, 1층에 공급되는 전선의 최소 굵기 [mm^2]를 구하시오. (단, 전압강하는 6 [V]이다)

1층	유도등 : 20 [W] 15개	역률 : 0.9
	펌프 전동기 : 3500 [VA] 1대	역률 : 0.85
2층	유도등 : 25 [W] 15개	역률 : 0.8
	펌프 전동기 : 3200 [VA] 1대	역률 : 0.85

정답

$$e = \frac{35.6LI}{1000A}$$

$$P_a = \frac{P}{\cos\theta} = \frac{20 \times 15}{0.9} = 333.33\,[VA]$$

$$P_T = 3500 + 333.33 = 3833.33\,[VA]$$

$$P_T = VI \quad \therefore I = \frac{P_T}{V} = \frac{3833.33}{220} = 17.42 \, [A]$$

$$\therefore A = \frac{35.6 \times 45 \times 17.42}{1000 \times 6} = 4.65 \, [mm^2]$$

여기서 L : 선로길이 [m], I : 전부하전류 [A]
e : 한 선의 전압강하 [V], A : 전선의 단면적 [mm²]

18 　　　　　　　　　　　　　　　　　　　　　　　　　득점 □   배점 10

P형 수신기의 최말단 발신기까지 500 [m] 떨어진 지상 6층, 연면적 5000 [m²]의 공장에 자동화재탐지설비를 설치하였다. 경종, 표시등이 각 층에 2회로(전체 12회로)이며 일제경보방식일 때 다음 각 물음에 답하시오. (단, 표시등 40 [mA/개], 경종 50 [mA/개]를 소모하고, 전선은 2.5 [mm²]를 사용한다)

가. 표시등 총 소요전류는 몇 [A]인가?

나. 경종 총 소요전류

다. 총 소요전류

라. 2.5 [mm²]의 전선을 사용하여 최말단 경종이 작동하였다고 가정하였을 때 전압강하는 최대 몇 [V]인지 계산하시오.

마. 경종작동 여부를 답하시오.

바. HFIX 전선의 이름을 쓰시오.

사. 자동화재탐지설비 및 시각경보장치의 화재안전기준상, 우선경보방식에서 1층 화재 시 경보가 발하는 층을 쓰시오.

정답

가. 나. 다. 계산과정

구분	계산과정
가. 표시등	40 × 6 × 2 = 480 [mA]
나. 경종	50 × 6 × 2 = 600 [mA]
다. 총 소요전류	480 + 600 = 1080 [mA] = 1.08 [A]

라. $e = \dfrac{35.6LI}{1000A} = \dfrac{35.6 \times 500 \times 1.08}{1000 \times 2.5} = 7.69\,[V]$

마. 계산과정 : V = 24 - 7.69 = 16.31 [V]

바. 450/750 [V] 저독성 난연 가교폴리올레핀 절연전선

사. 발화층, 직상 4개의 층, 지하층

핵심이론 축전지용량 구하는 식

□ 전압강하
- 단상 2선식 $e = V_s - V_r = 2IR$ [V]
- 3상 3선식 $e = V_s - V_r = \sqrt{3}\,IR$ [V]

e : 전압강하 [V], V_s : 정격전압 [V], V_r : 단자전압 [V]

□ 전압강하(조건에 저항이 없을 때)

전기방식	전압강하
단상 2선식	$e = \dfrac{35.6LI}{1000A}$
3상 3선식	$e = \dfrac{30.8LI}{1000A}$
3상 3선식	$e = \dfrac{30.8LI}{1000A}$
단상 3선식, 3상 4선식	$e = \dfrac{17.8LI}{1000A}$

여기서 L : 선로길이 [m], I : 전부하전류 [A]
e : 한 선의 전압강하 [V], A : 전선의 단면적 [mm²]

□ 전선의 약호 명칭

약호	명칭
DV	인입용 비닐절연전선
OW	옥외용 비닐절연전선
RB	고무절연전선
IV	600 [V] 비닐절연전선
HIV	600 [V] 2종 비닐절연전선
HFIX	450/750 [V] 저독성 난연가교 폴리올레핀 절연전선
CV	가교폴리에탈렌 절연비닐 외장케이블
E	접지선
GV	접지용 비닐절연전선

> **중요**
> - [자동화재탐지설비 음향장치 구조 및 성능]에서 "정격전압의 80 [%] 전압에서 음향을 발할 수 있는 것으로 할 것"에 위배되므로 작동이 불가하다.
> - 정격전압의 80 [%] = 24 × 0.8 = 19.2

> **핵심이론** 경보방식

▫ 우선경보방식

발화층	11층 이상인 특정소방대상물 (공동주택일 경우 16층 이상)
2층 이상	발화층, 직상 4개 층
1층	발화층, 직상 4개 층, 지하층
지하층	발화층, 직상층, 기타 지하층

▫ 일제경보방식
소규모 소방대상물에서 화재 시 전 층에 동시 경보

2025년 3회

2025.11.02

01

자동차단을 위한 보호장치의 동작시간이 0.4초이며, 보호장치를 통해 흐를 수 있는 예상 고장 전류 실효값이 1300 [A]인 경우 보호도체의 최소 단면적을 산정하시오. (단, 보호도체, 절연, 기타 부위의 재질 및 초기온도와 최종온도에 따라 정해지는 계수는 140이며, 동선을 사용하는 경우이다)

전선규격 [mm²]

| 1.5 | 2.5 | 4 | 6 | 10 | 16 | 25 | 35 | 50 | 70 | 95 | 120 |

정답

$A = I\dfrac{\sqrt{t}}{K}$ = 5.87 [mm²]

답 | 6 [mm²]

A : 단면적[mm²]
I : 보호장치를 통해 흐를 수 있는 예상 고장전류 실횻값[A]
t : 자동차단을 위한 보호장치의 동작시간[s]
k : 재질 및 초기온도와 최종온도에 따라 정해지는 계수

중요 ▶ 문제에 전선의 규격표가 주어졌으므로, 정답 : 6 [mm²]이다.

02

하자보수 보증기간이 2년인 설비를 전부 쓰시오.

자동화재탐지설비	화재알림설비	소화용수설비	소화활동설비
비상경보설비	비상방송설비	피난기구 유도등	비상조명등
무선통신보조설비	자동소화장치	옥내소화전설비	
스프링클러설비	물분무등소화설비	상수도소화용수설비	

정답

- 피난기구, 유도등
- 비상경보설비, 비상조명등, 비상방송설비
- 무선통신보조설비

📌 핵심이론 하자보수 ★★★

1) 관계인은 하자보수 보증기간 이내에 소방시설 하자 발생 시 공사업자에게 그 사실을 알려야 함
2) 통보받은 공사업자는 3일 이내 하자보수 또는 하자보수계획을 관계인에게 서면으로 알려야 함
3) 관계인은 공사업자가 다음에 해당하는 경우에는 소방본부장·서장에게 그 사실을 알릴 수 있음
   (1) 3일 이내에 하자보수를 이행하지 아니한 경우
   (2) 3일 이내에 하자보수계획을 서면으로 알리지 아니한 경우
   (3) 하자보수계획이 불합리하다고 인정되는 경우
4) 소방시설 하자보수 보증기간 ★★★

> 암기 ▶ 2년 피비무

2년	3년
• 피난기구, 유도등 • 비상경보설비, 비상조명등, 비상방송설비 • 무선통신보조설비	• 자동소화장치 • 옥내·옥외소화전설비 • 스프링클러설비, 간이스프링클러설비 • 물분무등소화설비 • 자동화재탐지설비 • 상수도소화용수설비 • 소화활동설비(무선통신보조설비 제외) • 화재알림설비

---

03 〈신유형!〉

배점 7

플로트스위치에 의한 펌프모터의 레벨제어에 관한 다음 각 물음에 답하시오.

조건

1. 자동일 경우 플로트스위치가 붙으면 RL램프가 점등되고 전자접촉기 MC가 여자되어 GL램프가 소등되며, 펌프모터가 작동한다.
2. 수동일 경우 누름버튼스위치 PB-ON을 ON시키면 전자접촉기 MC이 여자되어 RL램프가 점등되고 GL램프가 소등되며 펌프모터가 작동한다.
3. 수동일 경우 누름버튼스위치가 PB-OFF를 OFF시키거나 계전기 THR이 작동하면 RL램프가 소등되고 GL램프가 점등되며 펌프모터가 정지한다.
   (자동운전 시에도 열동계전기가 동작하면 전동기가 정지한다)

가. 미완성도면을 완성하시오.

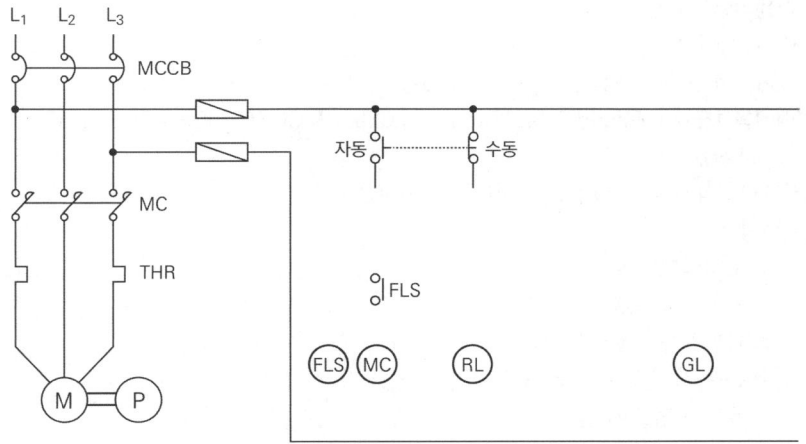

나. 다음 약호의 명칭을 쓰시오
  (1) MCCB :
  (2) THR :

정답

가. 미완성도면을 완성하시오.

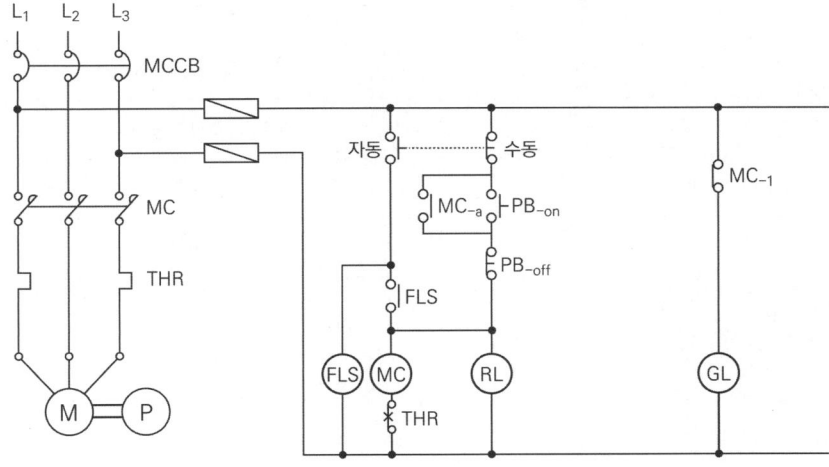

나. (1) MCCB : 배선용차단기
  (2) THR : 열동형과전류계전기

📌 핵심이론 | 시퀀스

□ 자동제어기구 번호
- 49 : 열동계전기(= 열동형 계전기)
- 88 : 전동장치 운전용 개폐기(보조기용 접촉기)

□ 배선용 차단기(Molded-case Circuit Breaker : MCCB(= MCB = NFB, No Fuse Breaker))
- 목적 : 과전류, 단락전류 차단(재사용 가능)
- 특징
  ① 소형이고 경량이다.
  ② 기기의 신뢰도가 크다.
  ③ 과전류에 대한 차단성능이 우수하다.
  ④ 동작 시 수동으로 복귀가 간단하다.
  ⑤ 퓨즈가 필요치 않다.
  ⑥ 기기의 수명이 길다.

심벌	명칭
	배선용 차단기
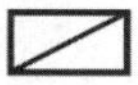	포장퓨즈
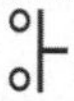	수동조작 자동복귀접점
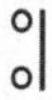	보조스위치 접점(계전기접점)
	수동복귀접점
	한시동작접점(타이머)
	기계적 접점(리밋스위치)
M	3상전동기
P	펌프

04

차동식 분포형 감지기의 종류 3가지를 쓰시오.

①

②

③

[정답]

① 공기관식, ② 열전대식, ③ 열반도체식

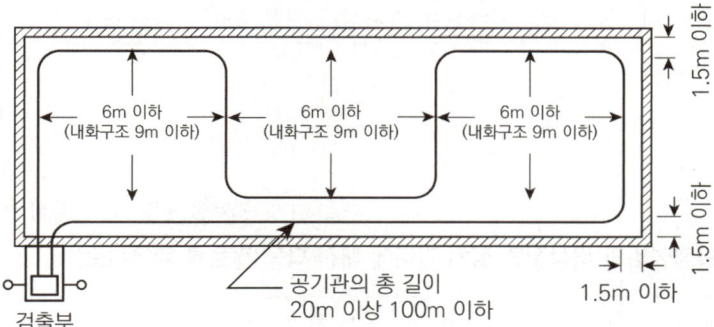

[공기관식]

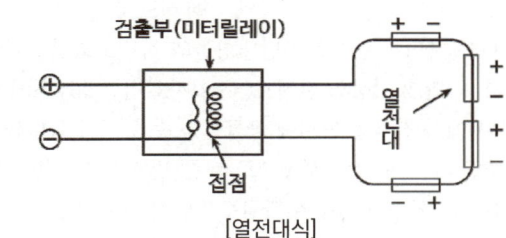

[열전대식]

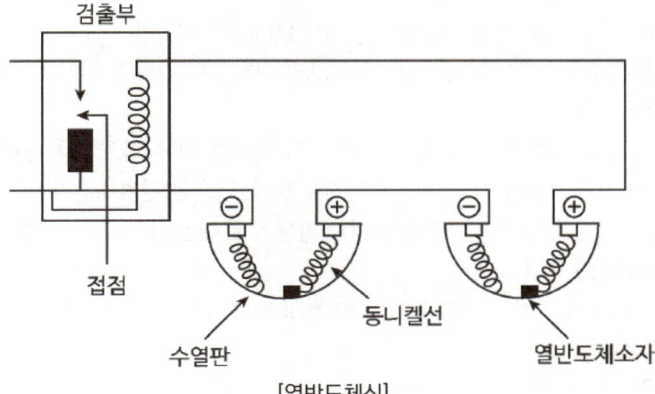

[열반도체식]

> **핵심이론** 감지기 종류
>
> - 열 감지기 : 화재에 의해 발생되는 열을 감지하여 화재신호를 발신하는 감지기
>   ① 차동식 스포트형 감지기(1종, 2종) : 공기팽창방식, 열기전력 이용방식, 열반도체 이용방식
>   ② 차동식 분포형 감지기(1종, 2종) : 공기관식, 열전대식, 열반도체식
>   ③ 정온식 스포트형 감지기(특종, 1종, 2종)
>   ④ 정온식 감지선형 감지기(특종, 1종, 2종)
>   ⑤ 보상식 스포트형 감지기(1종, 2종)
> - 연기 감지기 : 화재에 의해 발생되는 연기를 감지하여 화재신호를 발신하는 감지기
>   ① 이온화식 스포트형 감지기(1종, 2종, 3종)[축적, 비축적]
>   ② 광전식 감지기(1종, 2종, 3종) : 스포트형, 분리형, 공기흡입형[축적, 비축적]
> - 복합형 감지기 : 열 복합식, 연기 복합식, 불꽃 복합식
> - 불꽃 감지기 : 자외선식, 적외선식, 자외선/적외선 겸용식

05

배점 6

옥내소화전설비의 비상전원 설치 기준에 대한 다음 괄호를 채우시오.

> 1. 특별고압수전 또는 고압수전일 경우에는 전력용 변압기 2차 측의 주차단기 1차 측에서 분기하여 전용배선으로 하되, 상용전원의 상시공급에 지장이 없을 경우에는 주차단기 2차 측에서 분기하여 (㉠)배선으로 할 것
> 2. 다음의 어느 하나에 해당하는 특정소방대상물의 옥내소화전설비에는 비상전원을 설치해야 한다. 다만 2 이상의 변전소(「전기사업법」 제67조에 따른 변전소를 말한다. 이하 같다)에서 전력을 동시에 공급받을 수 있거나 하나의 변전소로부터 전력의 공급이 중단되는 때에는 자동으로 다른 변전소로부터 전원을 공급받을 수 있도록 상용전원을 설치한 경우와 가압수조방식에는 비상전원을 설치하지 않을 수 있다.
>   (1) 층수가 7층 이상으로서 연면적 (㉡) [m²] 이상인 것
>   (2) (1)에 해당하지 않는 특정소방대상물로서 지하층의 바닥면적 합계가 (㉢) [m²] 이상인 것
> 3. 비상전원은 자가발전설비, 축전지설비(내연기관에 따른 펌프를 사용하는 경우에는 내연기관의 기동 및 제어용 축전지를 말한다) 또는 전기저장장치(외부 전기에너지를 저장해 두었다가 필요한 때 전기를 공급하는 장치)로서 다음의 기준에 따라 설치해야 한다.
>   2.5.3.1 점검에 편리하고 화재 및 침수 등의 재해로 인한 피해를 받을 우려가 없는 곳에 설치할 것
>   2.5.3.2 옥내소화전설비를 유효하게 (㉣)분 이상 작동할 수 있어야 할 것

2.5.3.3 상용전원으로부터 전력의 공급이 중단된 때에는 자동으로 비상전원으로부터 전력을 공급받을 수 있도록 할 것
2.5.3.4 비상전원(내연기관의 기동 및 제어용 축전기를 제외한다)의 설치장소는 다른 장소와 (⑩)할 것. 이 경우 그 장소에는 비상전원의 공급에 필요한 기구나 설비 외의 것(열병합발전설비에 필요한 기구나 설비는 제외한다)을 두어서는 안 된다.
2.5.3.5 비상전원을 실내에 설치하는 때에는 그 실내에 (⑭)을 설치할 것

정답

1. ㉠ 전용
2. ㉡ 2000, ㉢ 3000
3. ㉣ 20, ⑩ 방화구획, ⑭ 비상조명등

선생님 TIP

최근 옥내소화전설비, 스프링클러설비, 가스계소화설비의 설치 기준에 관해 한두 문제씩 출제되고 있으므로 기출문제로 출제된 부분이라도 반드시 학습하고 갑시다!

06

배점 4

제어백효과에 대해 설명하시오.

정답

서로 다른 두 금속을 접속하여 접속점에 온도차를 주면 열기전력이 발생하는 효과

핵심이론 열전효과(Thermodelctric Effect) 열과 전기 사이의 관계를 나타내는 효과

효과	설명
제어백효과 (Seebeck Effect : 제백효과)	(1) 서로 다른 두 금속을 접속하여 접속점에 온도차를 주면 열기전력이 발생하는 효과 (2) 온도변화에 따른 열팽창률이 다른 두 금속을 붙여 사용하는 방법 (3) 다른 종류의 금속선으로 된 폐회로의 두 접합점의 온도를 달리하였을 때 발생하는 효과
펠티에효과 (Peltier Effect)	두 종류의 금속으로 된 회로에 전류를 흘리면 각 접속점에서 열의 흡수 또는 발생이 일어나는 현상
톰슨효과 (Thomson Effect)	균질의 철사에 온도구배가 있을 때 여기에 전류가 흐르면 열의 흡수 또는 발생이 일어나는 현상

07

다음 도시기호의 명칭을 쓰시오.

가. →

나. S I

다. S P

배점 6

정답

가. 통로유도등
나. 이온화식 감지기(스포트형)
다. 광전식 연기감지기(스포트형)

명칭	도시기호	명칭	도시기호
기동누름버튼	Ⓔ	화재경보벨	Ⓑ
이온화식 감지기 (스포트형)	S I	시각경보기 (스트로브)	◇
광전식 연기감지기 (아날로그)	S A	수신기	✕
광전식 연기감지기 (스포트형)	S P	부수신기	⊟
경보부저	BZ	중계기	▭
제어반	✕	표시등	◐
표시반	⊟	피난구유도등	⊗
회로시험기	⊙	통로유도등	→

08

자동화재탐지설비에 대한 다음 괄호 안에 알맞은 말을 쓰시오.

가. 전원회로의 배선은 (㉠)에 따르고 그 밖의 배선은 (㉡) 또는 (㉢)에 따를 것

나. 하나의 공통선에 접속할 수 있는 경계구역은 (㉠)개 이하로 할 것

다. 자동화재탐지설비의 감지기회로의 전로저항은 (㉠) [Ω] 이하가 되도록 해야 하며, 수신기의 각 회로별 종단에 설치되는 감지기에 접속되는 배선의 전압은 감지기 정격전압의 (㉡) [%] 이상이어야 할 것

라. 감지기회로에는 도통시험을 위한 (㉠)을 설치할 것

정답

가. ㉠ 내화배선, ㉡ 내화배선, ㉢ 내열배선
나. ㉠ 7
다. ㉠ 50, ㉡ 80
라. ㉠ 종단저항

핵심이론 자동화재탐지설비 및 시각경보장치의 화재안전기술기준(NFTC 203)

2.8 배선

2.8.1 배선은 「전기사업법」 제67조에 따른 「전기설비기술기준」에서 정한 것 외에 다음의 기준에 따라 설치해야 한다.

2.8.1.1 전원회로의 배선은 「옥내소화전설비의 화재안전기술기준(NFTC 102)」 2.7.2의 표 2.7.2(1)에 따른 내화배선에 따르고, 그 밖의 배선(감지기 상호 간 또는 감지기로부터 수신기에 이르는 감지기회로의 배선을 제외한다)은 「옥내소화전설비의 화재안전기술기준(NFTC 102)」 2.7.2의 표 2.7.2(1) 또는 표 2.7.2(2)에 따른 내화배선 또는 내열배선에 따를 것

2.8.1.2 감지기 상호 간 또는 감지기로부터 수신기에 이르는 감지기회로의 배선은 다음의 기준에 따라 설치할 것

2.8.1.2.1 아날로그식, 다신호식 감지기나 R형 수신기용으로 사용되는 것은 전자파 방해를 받지 않는 실드선 등을 사용해야 하며, 광케이블의 경우에는 전자파 방해를 받지 아니하고 내열성능이 있는 경우 사용할 것. 다만 전자파 방해를 받지 않는 방식의 경우에는 그렇지 않다.

2.8.1.2.2 2.8.1.2.1 외의 일반배선을 사용할 때는 「옥내소화전설비의 화재안전기술기준(NFTC 102)」 2.7.2의 표 2.7.2(1) 또는 표 2.7.2(2)에 따른 내화배선 또는 내열배선으로 사용할 것

2.8.1.3 감지기회로의 도통시험을 위한 종단저항은 다음의 기준에 따를 것

2.8.1.3.1 점검 및 관리가 쉬운 장소에 설치할 것

2.8.1.3.2 전용함을 설치하는 경우 그 설치 높이는 바닥으로부터 1.5 [m] 이내로 할 것
2.8.1.3.3 감지기회로의 끝부분에 설치하며, 종단감지기에 설치할 경우에는 구별이 쉽도록 해당 감지기의 기판 및 감지기 외부 등에 별도의 표시를 할 것
2.8.1.4 감지기 사이의 회로의 배선은 송배선식으로 할 것
2.8.1.5 전원회로의 전로와 대지 사이 및 배선 상호 간의 절연저항은 「전기사업법」 제67조에 따른 「전기설비기술기준」이 정하는 바에 의하고, 감지기회로 및 부속회로의 전로와 대지 사이 및 배선 상호간의 절연저항은 1경계구역마다 직류 250 [V]의 절연저항측정기를 사용하여 측정한 절연저항이 0.1 [MΩ] 이상이 되도록 할 것
2.8.1.6 자동화재탐지설비의 배선은 다른 전선과 별도의 관·덕트(절연효력이 있는 것으로 구획한 때에는 그 구획된 부분은 별개의 덕트로 본다)·몰드 또는 풀박스 등에 설치할 것. 다만 60 [V] 미만의 약 전류회로에 사용하는 전선으로서 각각의 전압이 같을 때에는 그렇지 않다.
2.8.1.7 P형 수신기 및 G.P형 수신기의 감지기 회로의 배선에 있어서 하나의 공통선에 접속할 수 있는 경계구역은 7개 이하로 할 것
2.8.1.8 자동화재탐지설비의 감지기회로의 전로저항은 50 [Ω] 이하가 되도록 해야 하며, 수신기의 각 회로별 종단에 설치되는 감지기에 접속되는 배선의 전압은 감지기 정격전압의 80 [%] 이상이어야 할 것

09 배점 5

가로 30 [m], 세로 25 [m], 높이 4 [m]인 사무실에 평균조도 150 [lx]를 얻기 위해 전광속 2400 [lm]의 40 [W] 형광등을 사용할 때 필요한 등개수를 계산하시오. (단, 조명률 60 [%], 유지율 80 [%]이고, 기타 요인은 무시한다)

정답

☑ 계산과정

$$EAD = FUN \rightarrow N = \frac{EAD}{FU}$$

E : 조도[lx], A : 단면적[m²], D : 감광보상률($\frac{1}{M}$) [%]

M : 유지율, F : 광속[lm], U : 조명률[%], N : 등개수

※ 감광보상률 : 빛이 감소(먼지 등)를 보상해주는 비율

- 형광등수(개) = $\dfrac{150 \times (30 \times 25) \times \dfrac{1}{0.8}}{2400 \times \dfrac{60}{100}} = 97.66$

따라서 98개

단상 2선식 배전선로의 전압강하의 근사값을 구하고자 한다. 이때 사용하는 식 $e = \dfrac{(a)LI}{1000A}$ 에서 (a)의 값을 유도하시오.

전류	I
선로 길이	L
전선 단면적	A
연동선 고유저항	1/58
도전율	97%

정답

$e = 2IR$

$R = \rho \dfrac{L}{A} = \dfrac{1}{58} \times \dfrac{100}{97} \times \dfrac{L}{A}$

$\therefore e = 2I \times \dfrac{1}{58} \times \dfrac{100}{97} \times \dfrac{L}{A} = \dfrac{35.55LI}{1000A}$

따라서 (a) : 35.55

핵심이론 저항 : R [Ω]

1) 전류의 흐름을 방해하는 소자를 저항이라 한다.

2) 수식 : $R = \rho\dfrac{l}{A} = \rho\dfrac{l}{\pi r^2} = \rho\dfrac{l}{\pi\left(\dfrac{D}{2}\right)^2} = \rho\dfrac{l}{\dfrac{\pi D^2}{4}} = \rho\dfrac{4l}{\pi D^2}$ [Ω]

$\rho\,[\Omega \cdot mm^2/m,\ \Omega \cdot m]$: 도선의 고유저항, $A\,[m^2]$: 도체의 단면적
$l\,[m]$: 도선의 길이, $r\,[m]$: 전선의 반경, $D\,[m]$: 전선의 직경

3) 컨덕턴스 : 저항의 역수
   (1) 전류가 흐르는 정도로서 저항이 가지고 있는 특성의 반대이다.
   (2) $G = \dfrac{1}{R}\,[S = \Omega^{-1} = \mho]$ 　　단위 : 지멘스[S] 또는 모우[℧]

4) 도전율(전도율)
   (1) 고유저항의 역수로서, 물질에서 전류가 잘 흐르는 정도를 나타내는 물리량
   (2) $\sigma = \dfrac{1}{\rho}\,[\mho/m]$

보충 각 도체의 고유저항 ★★

- 국제 표준 연동선의 고유저항
  $\rho = \dfrac{1}{58} \times 10^{-6}$
  $= 1.7241 \times 10^{-8}\,[\Omega \cdot m]$
- 경동선의 고유저항
  $\rho = \dfrac{1}{55} \times 10^{-6}\,[\Omega \cdot m]$
- 알루미늄선의 고유저항
  $\rho = \dfrac{1}{35} \times 10^{-6}\,[\Omega \cdot m]$

11

다음 그림과 같은 건물의 경계구역 수를 계산하시오.

득점 | 배점 6

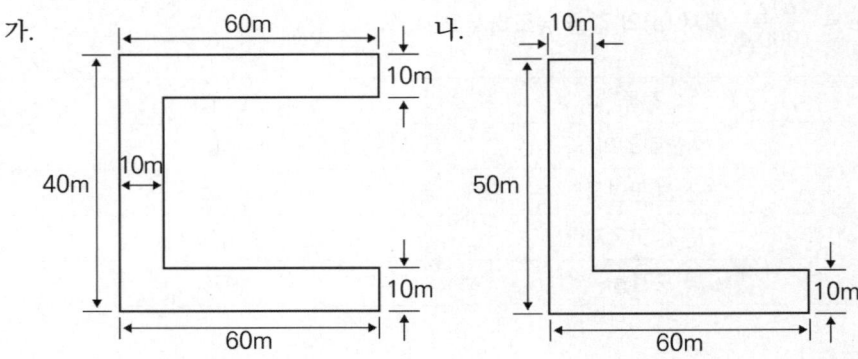

정답

가. $50 \times 10 = 500 \, [m^2]$
$40 \times 10 = 400 \, [m^2]$
$50 \times 10 = 500 \, [m^2]$
따라서 3경계구역

나. $50 \times 10 = 500 \, [m^2]$
$50 \times 10 = 500 \, [m^2]$
따라서 2경계구역

핵심이론 자동화재탐지설비 경계구역 설정기준(수평적 경계구역)

- 하나의 경계구역이 2개 이상의 건축물에 미치지 않도록 할 것
- 하나의 경계구역이 2개 이상의 층에 미치지 않도록 할 것
  다만 500 [m²] 이하의 범위 안에서 2개의 층을 하나의 경계구역으로 할 수 있음
- 하나의 경계구역 면적 600 [m²] 이하로 하고 한 변의 길이는 50 [m] 이하로 할 것
  다만 해당 특정소방대상물의 주된 출입구에서 그 내부 전체가 보이는 것에 있어서는 한 변의 길이가 50 [m]의 범위 내에서 1000 [m²] 이하로 할 수 있음

12

득점 | 배점 5

일시적으로 발생된 열, 연기 또는 먼지 등으로 연기감지기가 화재신호를 발신할 우려가 있는 곳에 축적기능 등이 있는 자동화재탐지설비의 수신기를 설치하여야 한다. 이 경우에 해당하는 장소 3가지를 쓰시오. (단, 축적식 제외)

①

②

③

정답

① 특정소방대상물 또는 그 부분이 지하층·무창층 등으로서 환기가 잘되지 아니한 곳
② 실내면적이 40 [m²] 미만인 장소
③ 감지기 부착면과 실내 바닥과의 거리가 2.3 [m] 이하인 곳

핵심이론 축적형 수신기 설치장소(비화재보 우려장소)

- 특정소방대상물 또는 그 부분이 지하층·무창층 등으로서 환기가 잘되지 아니한 곳
- 실내면적이 40 [m²] 미만인 장소
- 감지기의 부착면과 실내바닥과의 거리가 2.3 [m] 이하인 장소

13

득점 | 배점 6

표에 그려진 감지기 개략도를 보고 감지기 분류 중 알맞은 것을 쓰시오.

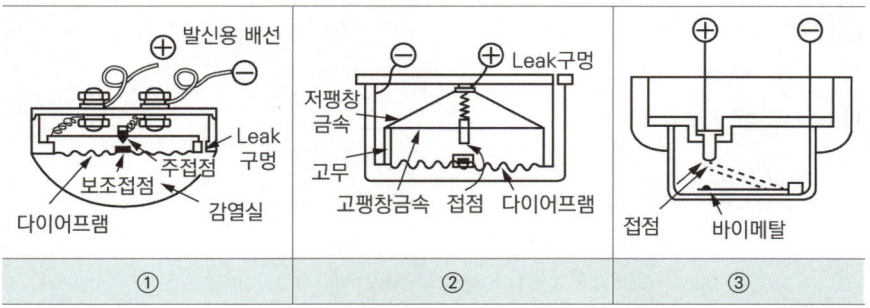

| ① | ② | ③ |

> **정답**
>
> ① 차동식, ② 보상식, ③ 정온식
>
> - 차동식 : 일국소의 열효과를 검출하여 감지부와 검출부가 통합되어 있는 구조
> - 보상식 : 차동식 감지기 성능 + 정온식 감지기 성능
> - 정온식 : 화재 시 열에 의해 주위 온도가 감지기가 작동되는 공칭작동온도가 될 경우 이를 감지하는 방식

14

| 득점 | | 배점 | 8 |

연기감지기의 설치기준에 대하여 다음 ( ) 안의 빈칸을 채우시오.

가.

부착높이	감지기의 종류	
	1종 및 2종	3종
4 [m] 미만	150	(㉠)
4 [m] 이상 (㉡) [m] 미만	75	-

나. 감지기는 복도 및 통로에 있어서는 보행거리 (㉢) [m](3종에 있어서는 (㉣) [m])마다, 계단 및 경사로에 있어서는 수직거리 (㉤) [m](3종에 있어서는 (㉥) [m])마다 1개 이상으로 할 것

다. 감지기는 벽 또는 보로부터 (㉦) [m] 이상 떨어진 곳에 설치할 것

> **정답**
>
> 가. ㉠ 20, ㉡ 20
>
> 나. ㉢ 30, ㉣ 20, ㉤ 15, ㉥ 10
>
> 다. ㉦ 0.6

핵심이론 경보방식

□ 열감지기 설치면적   (단위 : [m²])

부착높이	감지기의 종류	
	1종 및 2종	3종
4 [m] 미만	150	50
4 [m] 이상 20 [m] 미만	75	-

※ 감지기는 복도 및 통로에 있어서는 보행거리 30 [m](3종에 있어서는 20 [m])마다, 계단 및 경사로에 있어서는 수직거리 15 [m](3종에 있어서는 10 [m])마다 1개 이상으로 할 것

- 천장 또는 반자가 낮은 실내 또는 좁은 실내에 있어서는 출입구의 가까운 부분에 설치할 것
- 천장 또는 반자부근에 배기구가 있는 경우에는 그 부근에 설치할 것
- 감지기는 벽 또는 보로부터 0.6 [m] 이상 떨어진 곳에 설치할 것

15

득점 ___ 배점 6

다음 그림과 같은 복도에 연기감지기 2종과 3종의 개수를 산정하여 각각 그려 넣으시오.

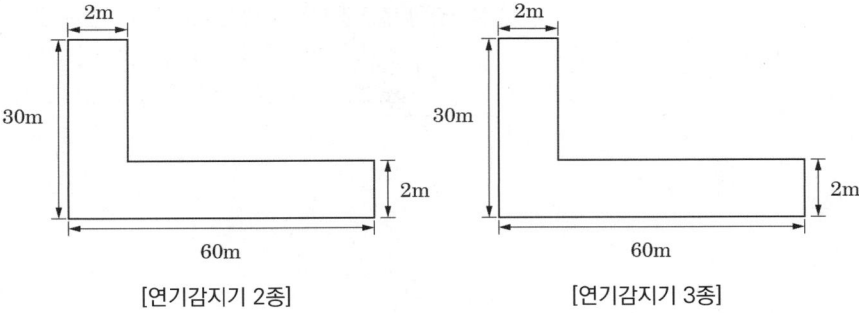

[연기감지기 2종]   [연기감지기 3종]

정답

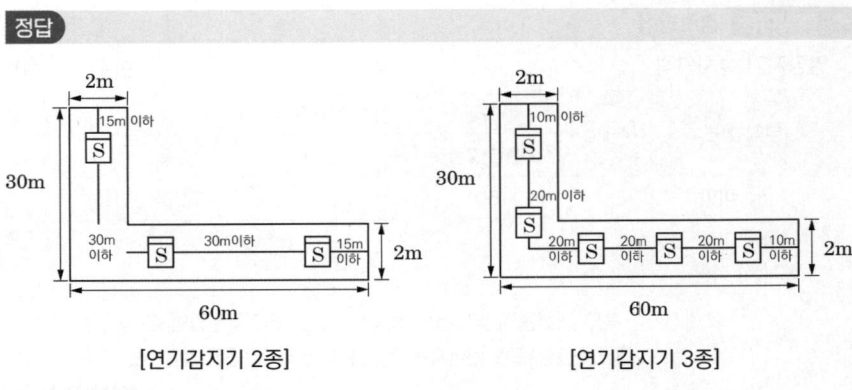

[연기감지기 2종] [연기감지기 3종]

핵심이론 연기감지기 설치

복도이므로 면적기준을 적용하지 않고, 길이기준을 적용하여 감지기 수량을 산정한다.

(단위 : [m²])

부착높이	감지기의 종류	
	1종 및 2종	3종
4 [m] 미만	150	50
4 [m] 이상 20 [m] 미만	75	-

※ 감지기는 복도 및 통로에 있어서는 보행거리 30 [m](3종에 있어서는 20 [m])마다, 계단 및 경사로에 있어서는 수직거리 15 [m](3종에 있어서는 10 [m])마다 1개 이상으로 할 것

※ 해당 문제와 같이 복도 끝부분에 있어서는 위의 기준에 절반(2종은 30 [m]의 절반인 15 [m], 3종은 20 [m]의 절반인 10 [m] 이하일 것

신유형! 16

배점 6

습식 스프링클러설비의 전기적 계통도를 보고 보기에서 골라 계통도를 완성하시오.

보기
- 펌프기동
- 습식밸브 개방
- 배관 내 유수
- 압력챔버 압력 스위치
- 건식밸브 개방
- 폐쇄형 헤드 개방
- 유수검지장치
- 2차측 압축공기 배출

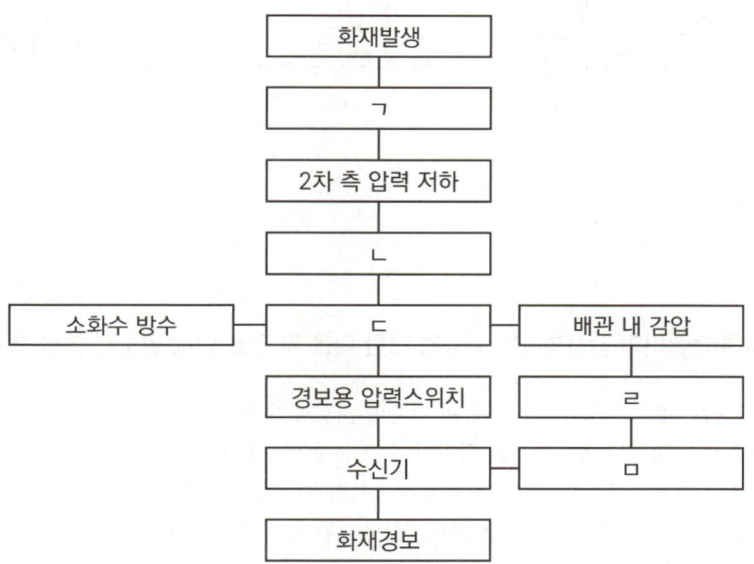

정답

ㄱ. 폐쇄형 헤드 개방

ㄴ. 습식밸브 개방

ㄷ. 배관 내 유수

ㄹ. 압력챔버 압력 스위치

ㅁ. 펌프기동

☑ 습식 스프링클러 설비 구성

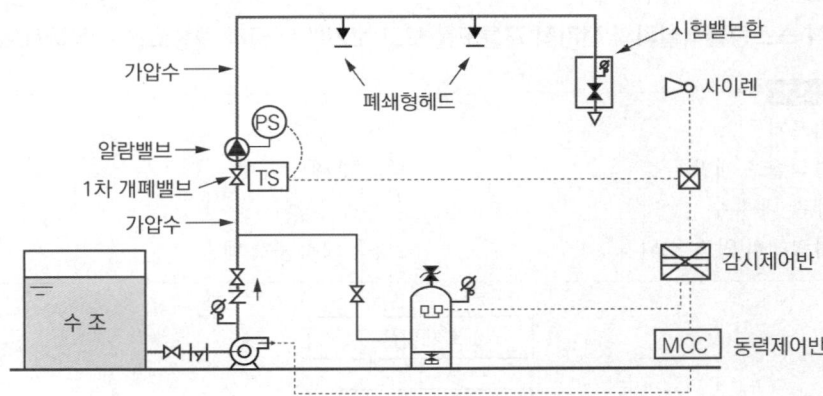

17 | 득점 | 배점 5 |

옥내소화전설비의 감시제어반 기능에 대한 다음 각 괄호 안에 알맞은 말을 쓰시오.

> 2.6.2 감시제어반의 기능은 다음의 기준에 적합해야 한다.
> 2.6.2.1 각 펌프의 작동여부를 확인할 수 있는 (㉠) 및 (㉡)기능이 있어야 할 것
> 2.6.2.2 각 펌프를 자동 및 수동으로 작동시키거나 중단시킬 수 있어야 할 것
> 2.6.2.3 비상전원을 설치한 경우에는 상용전원 및 비상전원의 공급여부를 확인할 수 있어야 할 것
> 2.6.2.4 수조 또는 물올림수조가 (㉢)로 될 때 표시등 및 음향으로 경보할 것
> 2.6.2.5 다음의 각 확인회로마다 (㉣) 및 (㉤)을 할 수 있도록 할 것
> (1) 기동용수압개폐장치의 압력스위치회로
> (2) 수조 또는 물올림수조의 (㉥)감시회로
> (3) 2.3.10에 따른 개폐밸브의 폐쇄상태 확인회로
> (4) 그 밖의 이와 비슷한 회로

정답

㉠ 표시등 ㉡ 음향경보
㉢ 저수위 ㉣ 도통시험
㉤ 작동시험 ㉥ 저수위

핵심이론 옥내소화전설비의 화재안전기술기준(NFTC 102)

2.6 제어반

2.6.1 소화설비에는 제어반을 설치하되, 감시제어반과 동력제어반으로 구분하여 설치해야 한다. 다만, 다음의 어느 하나에 해당하는 경우에는 감시제어반과 동력제어반으로 구분하여 설치하지 않을 수 있다.

2.6.1.1 2.5.2의 각 기준의 어느 하나에 해당하지 않는 특정소방대상물에 설치되는 옥내소화전설비

2.6.1.2 내연기관에 따른 가압송수장치를 사용하는 옥내소화전설비

2.6.1.3 고가수조에 따른 가압송수장치를 사용하는 옥내소화전설비

2.6.1.4 가압수조에 따른 가압송수장치를 사용하는 옥내소화전설비

---

18 [배점 5]

논리식 $Y = (\overline{A} + B + \overline{C})(A + \overline{B} + C)$ 에 대한 다음 각 물음에 답하시오.

접점 표기방식		접속점 표기방식	
	⊸⊸	┼•	┼
a접점	b접점	접속	비접속

가. 유접점회로를 완성하시오.

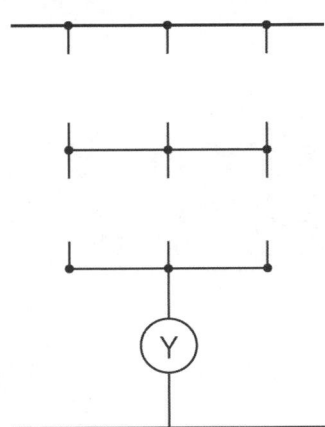

나. 논리식을 NAND회로만을 사용하여 무접점 회로로 그리시오. (3입력 NAND 2개, 2입력 NAND 5개 사용)

정답

가.

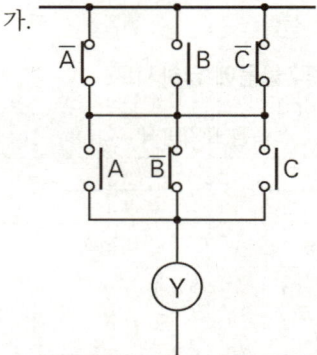

나.
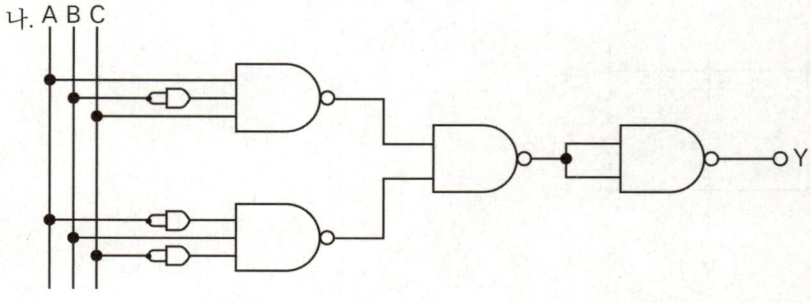

핵심이론 논리회로

□ 드 모르간의 정리

논리식	논리식
$\overline{A+B} = \overline{A} \cdot \overline{B}$	$\overline{A \cdot B} = \overline{A} + \overline{B}$

□ 논리회로

명칭	논리식	논리회로	유접점회로
AND회로	$X = A \times B$ $X = A \cdot B$	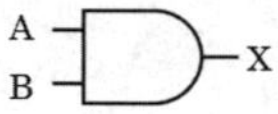 A, B 입력 AND 게이트 → X	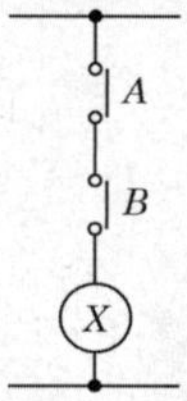 A, B 직렬, X
OR회로	$X = A + B$	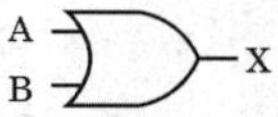 A, B 입력 OR 게이트 → X	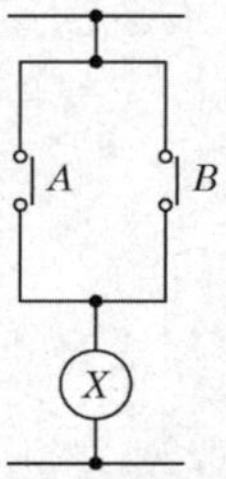 A, B 병렬, X
NOT회로	$X = \overline{A}$	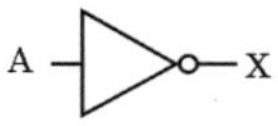 A 입력 NOT 게이트 → X	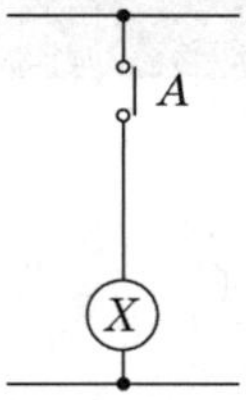 A (b접점), X

격차를 뛰어넘어 압도적인 격차를 만들다

2024

1회	2024.04.27
2회	2024.07.28
3회	2024.11.02

2024년 1회

01 배점 8

축전지설비에 대한 다음 각 물음에 답하시오.

가. 다음은 연축전지에 대한 방전과 충전 반응식이다. 괄호 안에 들어갈 화학식을 쓰시오.

$$PbO_2 + 2H_2SO_4 + Pb \underset{충전}{\overset{방전}{\rightleftarrows}} (\qquad) + 2H_2O + PbSO_4$$

나. 연축전지와 알칼리축전지의 허용전압 [V/cell]을 각각 쓰시오.

다. 다음 회로(개략도)는 어떠한 충전방식인지 쓰시오.

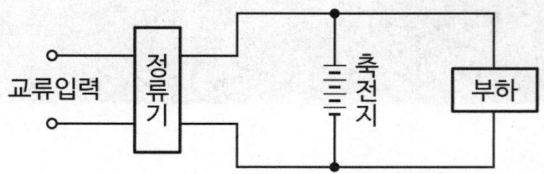

라. 비상용 조명설비의 부하가 60 [W] 100등, 30 [W] 70등이 있다. 방전시간은 30분이며, 연축전지 HS형 100셀, 허용 최저전압 195 [V], 최저축전지온도 5 [℃]일 때 축전지의 용량을 구하시오. (단, 전압은 200 [V]이고 보수율은 0.8이며, 용량환산시간계수는 1.2이다)

정답

가. $PbO_2 + 2H_2SO_4 + Pb \underset{충전}{\overset{방전}{\rightleftarrows}} (PbSO_4) + 2H_2O + PbSO_4$

답 | $PbSO_4$

나. 연축전지 : 2 [V/cell], 알칼리축전지 : 1.2 [V/cell]

다. 부동충전방식

TIP ▶ 화답 | 응식을 완성하기 위해서는 반응물과 생성물의 계수를 맞춰준다.

라. $I = \dfrac{P}{V} = \dfrac{(60 \times 100) + (30 \times 70)}{200} = 40.5[\text{A}]$

축전지용량 $C = \dfrac{1}{L}KI = \dfrac{1}{0.8} \times 1.2 \times 40.5 = 60.75[\text{Ah}]$

답 | 60.75 [Ah]

핵심이론 축전지 설비

□ 축전지용량 구하는 식

$C = \dfrac{1}{L}KI\,[\text{Ah}]$

C : 축전지용량 [Ah], L : 보수율(용량저하율)
K : 용량환산시간 [h], I : 방전전류 [A]

□ 충전방식

구분	특징
보통충전방식	필요할 때마다 표준시간율로 충전하는 방식
급속충전방식	단시간에 보통 충전전류의 2~3배의 전류로 충전하는 방식
세류충전방식	축전지의 방전을 보충하기 위해 부하를 OFF한 상태에서 미소전류로 항상 충전하는 방식
균등충전방식	각 축전지의 전위차를 보정하기 위해 1~3개월마다 1회 충전하는 방식
부동충전방식	• 축전지의 자기방전을 보충함과 동시에 상용부하에 대한 전력 공급은 충전기가 부담하도록 하되 충전기가 부담하기 어려운 일시적인 대전류 부하는 축전지로 부담하는 방식 • 축전지와 부하를 충전기에 병렬로 접속하여 사용하는 방식 • 예비전원 설비 중 가장 많이 사용되는 방식
회복충전방식	축전지의 과방전, 가벼운 설페이션현상 또는 방치상태 등에서 기능회복을 위해 실시하는 방식

□ 연축전지의 고장과 불량현상의 추정원인

고장	불량현상	추정원인
초기고장	전셀의 전압불균형이 크고, 비중이 낮다.	사용 개시 시의 충전 부족
	단전지 전압의 비중저하, 전압계 역접	역접속(극성을 반대로 충전)
우발고장	전해액변색, 충전하지 않고 정치 중에도 다량으로 가스발생	불순물이 혼입되었을 때
	전해액의 감소가 빠르다.	실온이 높다.

TIP ▶ 설페이션현상 : 배터리를 방전상태로 방치해두면 극판 표면에 유백색의 결정이 생긴다. 이 결정은 부도체의 황산납이며, 이와 같은 현상을 설페이션현상이라고 한다.

□ 2차 충전전류 구하는 식

$$2차\ 충전전류\ [A] = \frac{축전지\ 정격용량\ [Ah]}{축전지\ 공칭용량\ [h]} + \frac{상시부하\ [VA]}{표준전압\ [V]}$$

□ 축전지 종류별 특성

구분	연축전지	알칼리축전지
기전력 [V]	2.05 ~ 2.08	1.32
공칭전압 [V]	2.0	1.2
공칭용량 [Ah]	10	5
방전종지전압 [V]	1.6	0.96
충전시간	길다.	짧다.
기계적 강도	약하다.	강하다.
수명 [년]	5 ~ 15	15 ~ 20
종류	페이스트식, 클래드식	소결식, 포켓식

※ 정격방전률 [h] = 축전지공칭용량 [Ah]

02   배점 4

가로 20 [m] 세로 15 [m]인 방재센터의 조명율은 50 [%]이며 40개의 조명이 설치되어 있다. 광속을 구하시오. (단, 평균조도는 100 [lx]이며 조명유지율은 85 [%]이다)

정답

✓ 계산과정

$EAD = FUN$

$F = \dfrac{AED}{UN} = \dfrac{(20 \times 15) \times 100 \times \dfrac{1}{0.85}}{0.5 \times 40} = 1764.71\ [lm]$

답 | 1764.71 [lm]

F : 광속 [lm], U : 조명률 [%], N : 등가구 수
A : 단면적 [m²], E : 조도 [lx], D : 감광보상률($\dfrac{1}{M}$) [%], M : 유지율

TIP ▶ 감광보상률 : 빛이 감소(먼지 등)를 보상해주는 비율

중요 ▶ 과거에는 조명수(등가구 수)를 구하는 문제가 출제되었는데 2024년 1회차는 변형되어 처음으로 광속을 구하는 문제가 출제되었다.

03

감지기 부착높이가 15 [m] 이상 20 [m] 미만일 때 설치 가능한 감지기 3가지를 쓰시오.

①

②

③

배점 4

정답

① 이온화식 1종

② 광전식(스포트형, 분리형, 공기흡입형) 1종

③ 연기복합형

④ 불꽃감지기

핵심이론 | 감지기의 부착높이별 설치기준

부착높이	감지기의 종류
8 [m] 이상 15 [m] 미만	• 차동식 분포형 • 이온화식 1종 또는 2종 • 광전식(스포트형, 분리형, 공기흡입형) 1종 또는 2종 • 연기복합형 • 불꽃감지기
15 [m] 이상 20 [m] 미만	• 이온화식 1종 • 광전식(스포트형, 분리형, 공기흡입형) 1종 • 연기복합형 • 불꽃감지기
20 [m] 이상	• 불꽃감지기 • 광전식(분리형, 공기흡입형) 중 아날로그방식

※ 부착높이가 높아지면 열감지기는 적응성이 없어진다(열은 올라가다가 식어버리기 때문에).
※ 불꽃감지기는 부착높이에 따라 어디든지 적응성이 있다.

04

배점 4

지상 10 [m] 되는 곳에 1000 [m³]의 저수조가 있다. 이 저수조에 양수하기 위하여 15 [kW]의 전동기를 사용한다면 몇 분 후에 저수조에 물이 가득 차는지 구하시오. (단, 펌프 효율은 80 [%] 이고, 여유계수는 1.2이며, 답을 적을 때 소수 첫째자리에서 버리시오)

정답

☑ 계산과정

- $P = \dfrac{9.8KQH}{\eta\, t} = \dfrac{9.8 K \times Q[m^3/min] \times H}{\eta \times 60}$

$\therefore t = \dfrac{9.8 \times K \times Q \times H}{\eta \times P} = \dfrac{9.8 \times 1.2 \times 1000 \times 10}{0.8 \times 15} = 9800\,[s]$

$= \dfrac{9800}{60} = 163.33\,[min]$

답 | 163 [min]

핵심이론 전동기용량을 구하는 식

$$P = \dfrac{9.8KQH}{\eta\, t} = \dfrac{9.8 K \times Q[m^3/min] \times H}{\eta \times 60}\,[kW]$$

P : 전동기용량 [kW], K : 여유계수, Q : 유량 [m³]
H : 전양정 [m], η : 효율, t : 시간 [s]

05

배점 6

다음은 비상콘센트설비의 화재안전기술기준에 대한 내용이다. 다음 각 물음에 답하시오.

가. 하나의 전용회로에 설치하는 비상콘센트가 7개일 경우 전선의 용량은 비상콘센트 몇 개의 공급용량을 합한 용량 이상의 것으로 해야 하는가?

나. 비상콘센트의 보호함 상부에 설치하는 표시등 색상을 쓰시오.

다. 비상콘센트설비의 전원부와 외함 사이를 500 [V] 절연저항계로 측정하였더니 30 [MΩ]이었다. 적합 여부와 그 이유를 쓰시오.

정답

가. 3개

나. 적색

다. 절연저항값이 20 [MΩ] 이상이므로 적합하다.

핵심이론 비상콘센트설비

□ 설치기준
- 바닥으로부터 높이 0.8 [m] 이상 1.5 [m] 이하의 위치에 설치할 것
- 비상콘센트의 배치는 아파트 또는 바닥 면적이 1000 [m^2] 미만인 층은 계단의 출입구(계단의 부속실을 포함하며 계단이 2 이상 있는 경우에는 그중 1개의 계단을 말한다)로부터 5 [m] 이내에, 바닥면적 1000 [m^2] 이상인 층(아파트를 제외한다)은 각 계단의 출입구 또는 계단부속실의 출입구(계단의 부속실을 포함하며 계단이 3 이상 있는 층의 경우에는 그중 2개의 계단을 말한다)로부터 5 [m] 이내에 설치하되, 그 비상콘센트로부터 그 층의 각 부분까지의 거리가 다음의 기준을 초과하는 경우에는 그 기준 이하가 되도록 비상콘센트를 추가하여 설치할 것
  ① 지하상가 또는 지하층의 바닥면적의 합계가 3000 [m^2] 이상인 것은 수평거리 25 [m]
  ② ①에 해당하지 아니하는 것은 수평거리 50 [m]

□ 전원회로
- 전원회로 : 단상교류는 220 [V], 공급용량은 1.5 [kVA] 이상
- 전원회로는 각 층에 2 이상이 되도록 설치. 다만 설치하여야 할 층의 비상콘센트가 1개인 때에는 하나의 회로로 할 수 있다.
- 전원회로는 주배전반에서 전용회로로 할 것. 다만 다른 설비의 회로의 사고에 따른 영향을 받지 아니하도록 되어 있는 것은 그러하지 아니하다.
- 전원으로부터 각 층의 비상콘센트에 분기되는 경우에는 분기배선용 차단기를 보호함 안에 설치할 것
- 콘센트마다 배선용 차단기(KS C 8321)를 설치하여야 하며, 충전부가 노출되지 아니하도록 할 것
- 개폐기에는 "비상콘센트"라고 표시한 표지를 할 것
- 비상콘센트용의 풀박스 등은 방청도장을 한 것으로서, 두께 1.6 [mm] 이상의 철판으로 할 것
- 하나의 전용회로에 설치하는 비상콘센트는 10개 이하로 할 것. 이 경우 전선용량은 각 비상콘센트(비상콘센트가 3개 이상인 경우에는 3개)의 공급용량을 합한 용량 이상의 것으로 하여야 한다.

□ 비상콘센트설비의 전원부와 외함 사이의 절연저항 및 절연내력기준
- 절연저항 : 500 [V] 절연저항계로 측정할 때 20 [MΩ] 이상일 것
- 절연내력 : 절연내력은 전원부와 외함 사이에 정격전압이 150 [V] 이하인 경우에는 1000 [V]의 실효전압을, 정격전압이 150 [V] 초과인 경우에는 그 정격전압에 2를 곱하여 1000을 더한 실효전압을 가하는 시험에서 1분 이상 견디는 것으로 할 것

□ 보호함 설치기준
- 보호함에는 쉽게 개폐할 수 있는 문을 설치할 것
- 보호함 표면에 "비상콘센트"라고 표시한 표지를 할 것
- 보호함 상부에 적색의 표시등을 설치할 것. 다만 비상콘센트의 보호함을 옥내소화전함 등과 접속하여 설치하는 경우에는 옥내소화전함 등의 표시등과 겸용할 수 있다.

06 배점 4

감지기회로의 도통시험을 위한 종단저항 설치기준 3가지를 쓰시오.

①
②
③

정답

① 점검 및 관리가 쉬운 장소에 설치할 것
② 전용함 설치 시 바닥으로부터 1.5 [m] 이내의 높이에 설치할 것
③ 감지기회로의 끝부분에 설치하며, 종단감지기에 설치할 경우에는 구별이 쉽도록 해당 감지기의 기판 및 감지기 외부 등에 별도의 표시를 할 것

핵심이론 감지기회로 도통시험을 위한 종단저항 설치기준

- 점검 및 관리가 쉬운 장소에 설치할 것
- 전용함 설치 시 바닥으로부터 1.5 [m] 이내의 높이에 설치할 것
- 감지기회로의 끝부분에 설치하며, 종단감지기에 설치할 경우에는 구별이 쉽도록 해당 감지기의 기판 및 감지기 외부 등에 별도의 표시를 할 것

[중요] 종단저항의 설치기준에는 바닥으로부터 몇 [m] 이상이라는 기준이 없다.

07

다음과 같은 시퀀스회로에서 타이머 T_1, T_2, 릴레이 X_1, X_2, 표시등 PL에 대한 타임차트를 완성하시오. (단, T_1은 1초, T_2는 2초이며 버튼을 누르는 기계적인 시간지연은 없다)

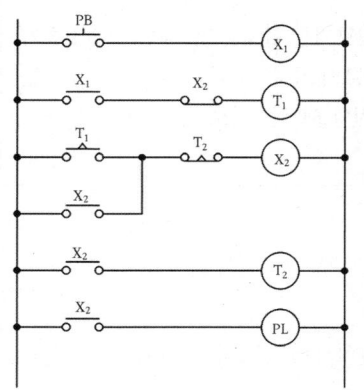

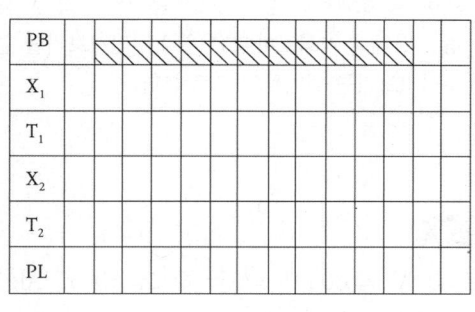

정답

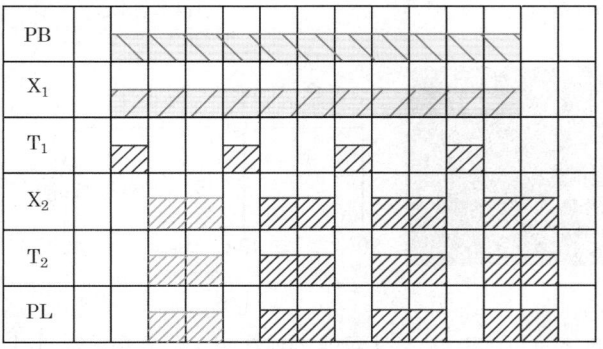

08

배점 6

다음은 누전경보기의 화재안전기술기준 중 설치방법에 관한 내용이다. 빈 칸에 알맞은 답을 쓰시오.

> 경계전로의 정격전류가 (㉠)를 초과하는 전로에 있어서는 1급 누전경보기를, (㉡) 이하의 전로에 있어서는 (㉢) 또는 (㉣) 누전경보기를 설치할 것. 다만 정격전류가 (㉤)를 초과하는 경계전로가 분기되어 각 분기회로의 정격전류가 (㉥) 이하가 되는 경우 당해 분기회로마다 (㉦) 누전경보기를 설치할 때에는 당해 경계전로에 (㉧) 누전경보기를 설치한 것으로 본다.

정답

㉠ 60 [A], ㉡ 60 [A], ㉢ 1급, ㉣ 2급, ㉤ 60 [A], ㉥ 60 [A], ㉦ 2급, ㉧ 1급

핵심이론 | 누전경보기

□ 경계전로 정격전류에 따른 구분

정격전류	60 [A] 초과	60 [A] 이하
경보기 종류	1급	1급 또는 2급

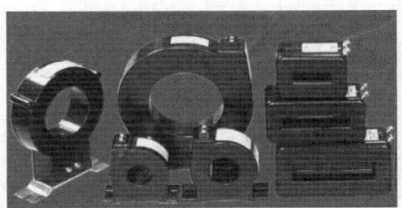
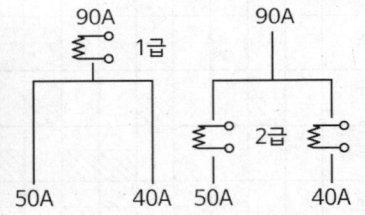

□ 누전경보기 전원
- 전원은 분전반으로부터 전용회로로 하고, 각 극에 개폐기 및 15 [A] 이하의 과전류차단기(배선용 차단기에 있어서는 20 [A] 이하의 것으로 각 극을 개폐할 수 있는 것)를 설치할 것
- 전원을 분기할 때에는 다른 차단기에 따라 전원이 차단되지 아니하도록 할 것
- 전원의 개폐기에는 누전경보기용임을 표시한 표지를 할 것

09

다음과 같이 두 입력 A와 B가 주어질 경우 논리 소자의 명칭과 출력에 대한 진리표를 완성하시오. (단, 각각의 세로가 모두 맞아야 정답이다)

명칭		〈예시〉 AND	①	②	③	④	⑤	⑥	⑦
입력									
A	B								
0	0	0							
0	1	0							
1	0	0							
1	1	1							

정답

명칭		〈예시〉 AND	NAND	OR	NOR	NOR	OR	NAND	AND
입력									
A	B								
0	0	0	1	0	1	1	0	1	0
0	1	0	1	1	0	0	1	1	0
1	0	0	1	1	0	0	1	1	0
1	1	1	0	1	0	0	1	0	1

10

> 득점 | 배점 3

다음은 비상콘센트설비의 화재안전기술기준에관한 내용이다. 빈칸에 알맞은 내용을 쓰시오.

가. 비상콘센트설비의 전원회로는 단상교류 (①)인 것으로서, 그 공급용량은 1.5 [kVA] 이상인 것으로 할 것

나. 비상콘센트의 플러그접속기는 (②)(KS C 8305)을 사용해야 한다.

다. 비상콘센트의 플러그접속기의 (③)에는 접지공사를 해야 한다.

정답

① 220 [V], ② 접지형 2극, ③ 칼받이의 접지극

핵심이론 | 비상콘센트 설비의 화재안전성능기준(NFPC 504)

□ 비상콘센트설비의 전원회로 설치기준
  • 전원회로
    ① 각 층에 2 이상 설치, 비상콘센트 1개만 설치 시는 전원회로 1개만 설치 가능
    ② 단상교류 220 [V], 공급용량 1.5 [kVA] 이상
  • 전원회로 주배전반에서 전용회로로 할 것
  • 하나 전용회로 설치 비상콘센트는 10개 이하(전선의 용량은 최대 3개)
  • 전원으로부터 각 층의 비상콘센트에 분기되는 경우에는 분기배선용 차단기를 보호함 안에 설치
  • 콘센트마다 배선용 차단기를 설치하여야 하며, 충전부가 노출되지 아니하도록 할 것
  • 개폐기 "비상콘센트"라고 표시한 표지를 할 것
  • 비상콘센트용의 풀박스 등은 방청도장을 한 것으로서, 두께 1.6 [mm] 이상의 철판으로 할 것

□ 비상콘센트설비의 전원회로 기타기준
  • 비상콘센트 플러그접속기는 접지형 2극 플러그접속기를 사용해야 함
  • 비상콘센트 플러그접속기의 칼받이의 접지극에는 접지공사를 해야 함

11

다음은 단독경보형 감지기의 화재안전성능기준 중 설치기준에 관한 내용이다. 괄호 안에 들어갈 말을 쓰시오.

가. 각 실(이웃하는 실내의 바닥 면적이 각각 30 [m²] 미만이고, 벽체의 상부의 전부 또는 일부가 개방되어 이웃하는 실내와 공기가 상호 유통되는 경우에는 이를 1개의 실로 본다)마다 설치하되, 바닥면적 (㉠) [m²]를 초과하는 경우에는 (㉡) [m²]마다 (㉢) 이상 설치할 것

나. 최상층의 (㉠)의 천장(외기가 상통하는 계단실의 경우 제외)에 설치할 것

다. (㉠)를 주전원으로 사용하는 단독경보형 감지기는 정상적인 작동상태를 유지할 수 있도록 주기적으로 (㉡)를 교환할 것

라. 상용전원을 주전원으로 사용하는 단독경보형 감지기의 (㉠)는 제품검사에 합격한 것을 사용할 것

정답

가. ㉠ 150, ㉡ 150, ㉢ 1개
나. ㉠ 계단실
다. ㉠ 건전지, ㉡ 건전지
라. ㉠ 2차 전지

핵심이론 | 단독경보형 감지기의 설치기준

- 각 실(이웃하는 실내의 바닥 면적이 각각 30 [m²] 미만이고, 벽체의 상부의 전부 또는 일부가 개방되어 이웃하는 실내와 공기가 상호 유통되는 경우에는 이를 1개의 실로 본다)마다 설치하되, 바닥면적 150 [m²]를 초과하는 경우에는 <u>150 [m²] 마다 1개 이상 설치할 것</u>
- 최상층의 계단실의 천장(외기가 상통하는 계단실의 경우 제외)에 설치할 것
- 건전지를 주전원으로 사용하는 단독경보형 감지기는 정상적인 작동상태를 유지할 수 있도록 건전지를 교환할 것
- 상용전원을 주전원으로 사용하는 단독경보형 감지기의 2차 전지는 제품검사에 합격한 것을 사용할 것

12

다음은 1개의 램프를 2개소에서 점등과 소등이 가능하도록 하는 3로스위치이다. 3로스위치의 배선을 완성하시오.

득점 | 배점 6

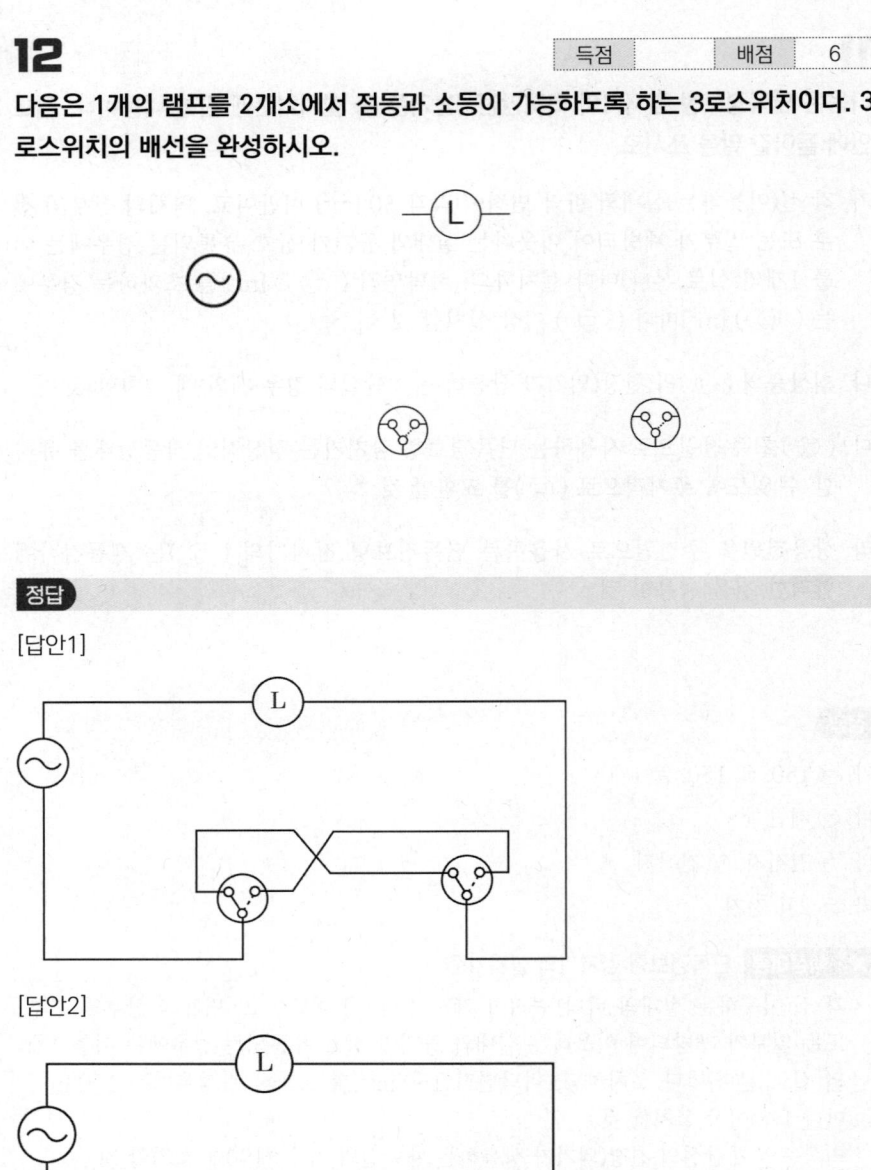

정답

[답안1]

[답안2]

> **참고** 3로스위치 = 점멸기

등에 들어오는 전원선은 2가닥이며, 3로스위치와 연결된 것은 3가닥이다.

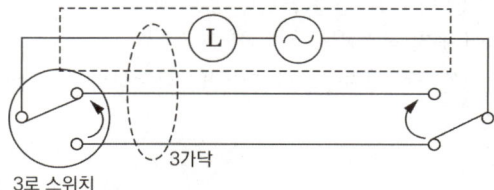

13

배점 8

특정소방대상물에 공기관식 차동식 분포형 감지기를 설치하고자 할 때 다음 물음에 답하시오.

가. 일반구조일 경우와 내화구조일 경우의 공기관 상호 간의 거리는 각각 몇 [m] 이하이어야 하는지 쓰시오.

① 일반구조 :

② 내화구조 :

나. 하나의 검출부에 접속하는 공기관의 길이는 몇 [m] 이하인지 쓰시오.

다. 검출부의 바닥으로부터의 높이 설치 조건을 상세히 쓰시오.

라. 각 감지구역마다 공기관의 노출부분의 길이는 몇 [m] 이상이어야 하는지 쓰시오.

> **정답**

가. ① 일반구조 : 6 [m]
　　② 내화구조 : 9 [m]
나. 100 [m]
다. 바닥으로부터 0.8 [m] 이상 1.5 [m] 이하의 위치
라. 20 [m]

핵심이론 공기관식 차동식 분포형 감지기 설치기준

□ 공기관식
- 작동원리 : 감열실 내 온도 상승(급격한 온도 상승) → 공기관 내부 공기 팽창 → 다이어프램 밀어 올려 접점 붙음
- 구조 : 수열부 – 공기관, 검출부 – 리크구멍(비화재보방지), 다이어프램, 접점, 시험장치

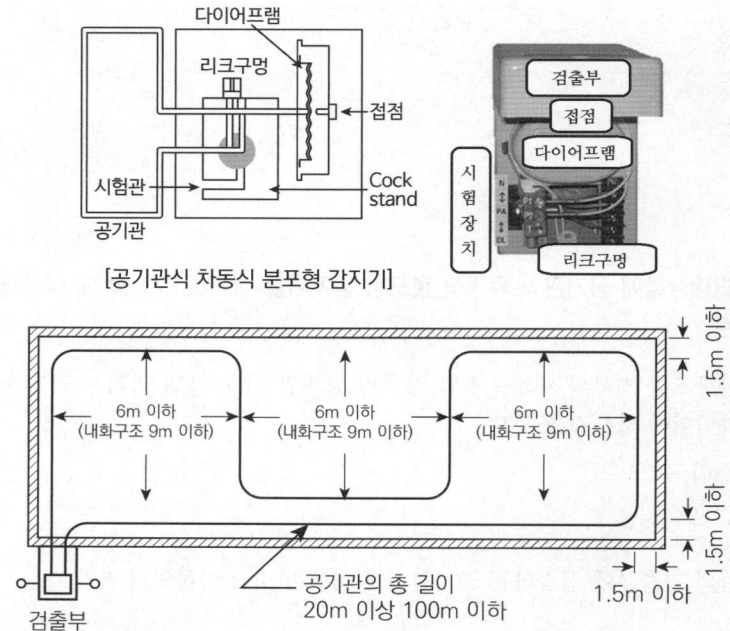

[공기관식 차동식 분포형 감지기]

- 공기관의 노출부분은 감지구역마다 20 [m] 이상이 되도록 할 것
- 공기관과 감지구역의 수평거리는 1.5 [m] 이하가 되도록 할 것
- 공기관 상호 간의 거리는 6 [m](내화구조 9 [m]) 이하가 되도록 할 것
- 공기관은 도중에서 분기하지 않도록 할 것
- 하나의 검출부에 접속하는 공기관 길이는 100 [m] 이하로 할 것
- 검출부는 바닥에서 0.8 [m] 이상 ~ 1.5 [m] 이하에 위치하며, 5° 이상 경사되지 않도록 할 것

14

누전경보기의 화재안전기술기준 중 전원에 대한 기준 3가지를 쓰시오.

① ② ③

정답

① 전원은 분전반으로부터 전용회로로 하고, 각 극에 개폐기 및 15 [A] 이하의 과전류차단기(배선용 차단기에 있어서는 20 [A] 이하의 것으로 각 극을 개폐할 수 있는 것)를 설치할 것
② 전원을 분기할 때에는 다른 차단기에 따라 전원이 차단되지 아니하도록 할 것
③ 전원의 개폐기에는 누전경보기용임을 표시한 표지를 할 것

핵심이론 | 누전경보기

▫ 경계전로 정격전류에 따른 구분

정격전류	60 [A] 초과	60 [A] 이하
경보기 종류	1급	1급 또는 2급

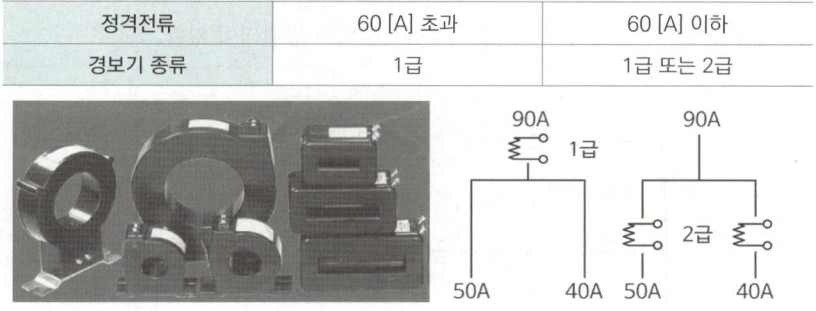

▫ 누전경보기 전원
- 전원은 분전반으로부터 전용회로로 하고, 각 극에 개폐기 및 15 [A] 이하의 과전류차단기(배선용 차단기에 있어서는 20 [A] 이하의 것으로 각 극을 개폐할 수 있는 것)를 설치할 것
- 전원을 분기할 때에는 다른 차단기에 따라 전원이 차단되지 아니하도록 할 것
- 전원의 개폐기에는 누전경보기용임을 표시한 표지를 할 것

▫ 변류기(영상변류기, ZCT)
- 경계전로의 누설전류 자동 검출하여 이를 누전경보기의 수신부에 송신

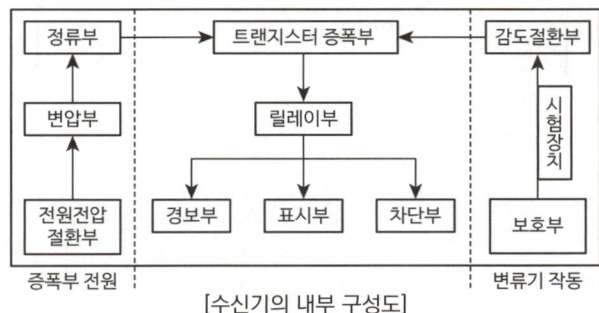

[수신기의 내부 구성도]

15

득점	배점
	5

비상방송을 할 때 자동화재탐지설비의 지구음향장치의 작동을 정지시킬 수 있는 미완성 결선도를 범례 및 조건을 참고하여 완성하시오.

범례

- ⊶ : 작동스위치
- ⊷ : 절환스위치
- ⊶⊷ : 정지스위치
- Ⓧ : 계전기
- ⊟ : 감지기
- Ⓑ : 경종

조건

(1) 작동스위치를 누르거나 화재에 의하여 감지기가 작동되면 계전기 X_1이 여자되어 자기유지 되며 X_{1-a}접점에 의하여 경종이 작동된다.
(2) 정지스위치를 누르면 계전기 X_1이 소자되고 경종이 작동을 정지한다.
(3) 작동스위치 또는 감지기에 의하여 경종 작동 중 절환스위치를 비상방송설비 쪽으로 이동하면 계전기 X_2가 여자되고 X_{2-b}접점에 의하여 경종이 작동을 정지한다.
(4) 평상시에는 절환스위치가 자동화재탐지설비에 연결되어 있다.

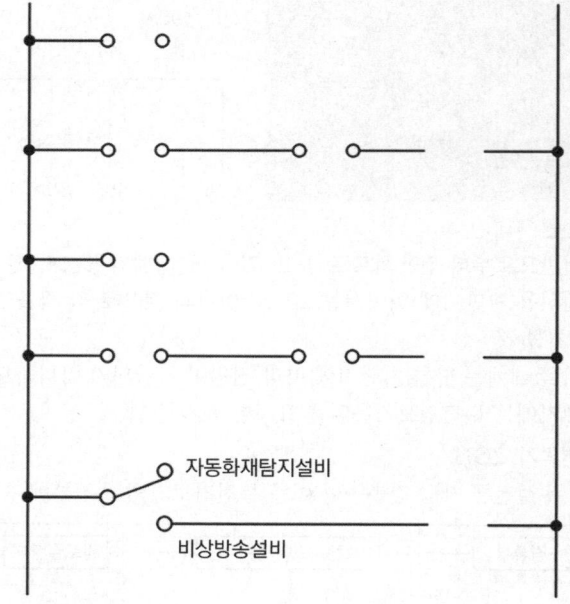

정답

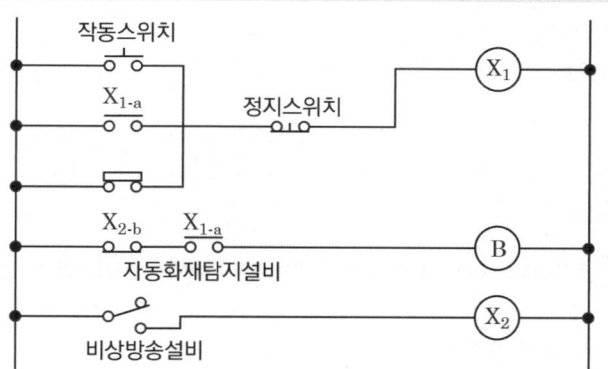

16

배점 8

화재에 의한 열, 연기 또는 불꽃(화염) 이외의 요인에 의해 자동화재탐지설비가 작동하여 화재경보를 발하는 것을 '비화재보'라 한다. 즉, 자동화재탐지설비가 정상적으로 작동하였다고 하더라도 화재가 아닌 경우의 경보를 '비화재보'라 하며, 비화재보의 종류는 다음과 같이 구분할 수 있다.

조건
(1) 설비의 자체결함이나 오조작 등에 의한 경우(False Alarm)
  - 설비 자체의 기능상 결함
  - 설비의 유지관리 불량
  - 실수나 고의적인 행위가 있을 때
(2) 주위 상황이 대부분 순간적으로 화재와 같은 상태(실제 화재와 유사한 환경이나 상황)로 되었다가 정상상태로 복귀하는 경우(일과성 비화재보 : Nuisance Alarm)

위 설명 중 (2)항의 일과성 비화재보(Nuisance Alarm)로 볼 수 있는 Nuisance Alarm에 대한 방지대책을 4가지만 쓰시오.

①
②
③
④

> **중요** 과거에는 군데군데 채우는 문제가 출제되었지만, 2024년도에는 변형문제로 난이도가 높아져서 해당 도면의 전부를 채우는 문제가 출제되었다.

정답

① 설치장소별 적응성이 있는 감지기 설치
② 축적형 감지기 설치
③ 연기감지기의 설치 최소화
④ 다신호식 감지기 사용
⑤ 경년변화에 따른 유지보수

> **핵심이론** 비화재보 우려 장소에 설치할 수 있는 감지기(축적형 수신기와 같이 사용할 수 없는 감지기)
> - 불꽃감지기
> - 정온식 감지선형 감지기
> - 분포형 감지기
> - 복합형 감지기
> - 광전식 분리형 감지기
> - 아날로그방식 감지기
> - 다신호방식 감지기
> - 축적형 감지기

17 [배점 6]

자동화재탐지설비의 음향장치 설치기준에 대한 사항이다. 층수가 11층(공동주택의 경우 16층) 이상의 특정소방대상물 또는 그 부분에 있어서 화재 발생으로 인하여 경보가 발하여야 하는 층을 빈칸에 표시하시오. (단, 경보표시는 ●를 사용한다)

7층	●					
6층	●	●				
5층	●	●	●			
4층	●	●	●			
3층	화재 발생●	●	●			
2층		화재 발생●	●			
1층			화재 발생●	●		
지하 1층			●	화재 발생●	●	●
지하 2층			●	●	화재 발생●	●
지하 3층			●	●	●	화재 발생●

정답

7층	●						
6층	●	●					
5층	●	●	●				
4층	●	●	●				
3층	●	●	●				
2층		●	●				
1층			●	●			
지하 1층			●	●	●	●	
지하 2층			●	●	●	●	
지하 3층			●	●	●	●	

핵심이론

경보방식

□ 우선경보방식

발화층	11층 이상인 특정소방대상물 (공동주택일 경우 16층 이상)
2층 이상	발화층, 직상 4개 층
1층	발화층, 직상 4개 층, 지하층
지하층	발화층, 직상층, 기타 지하층

□ 일제경보방식
소규모 소방대상물에서 화재 시 전층에 동시 경보

18

배점 5

극수가 4극이고 60 [Hz]인 전동기가 있다. 다음 물음에 답하시오.

가. 동기속도는 몇 [rpm]인가?

나. 회전속도가 1730 [rpm]일 때 슬립은 몇 [%]인가?

정답

가. $N_s = \dfrac{120f}{P} = \dfrac{120 \times 60}{4} = 1800$ [rpm]

나. $N = N_s(1-s)$

$1730 = 1800(1-s)$

∴ $s = 0.0389$

∴ 3.89 [%]

핵심이론 동기속도

- 동기속도 구하는 식 : $N_s = \dfrac{120f}{P}$ [rpm]

- 회전속도 구하는 식 : $N = \dfrac{120f}{P}(1-S)$ [rpm]

N_s : 동기속도 [rpm], N : 회전속도 [rpm]
f : 주파수 [Hz], P : 극수, S : 슬립

2024.07.28
2024년 2회

01 배점 6

다음은 자동화재탐지설비의 화재안전기준에서의 배선 관련 사항이다. 각 물음에 답하시오.

가. 감지기회로 및 부속회로의 전로와 대지 사이 및 배선 상호 간의 절연저항은 1 경계구역마다 직류 250 [V]의 절연저항측정기를 사용하여 측정하였을 때 절연저항이 몇 [MΩ] 이상이 되도록 하여야 하는가?

나. 자동화재탐지설비의 GP형 수신기의 감지기회로의 배선에 있어서 하나의 공통선에 접속할 수 있는 경계구역은 몇 개 이하이어야 하는지 쓰시오.

다. 종단저항의 설치기준 2가지를 쓰시오.
　①
　②

정답

가. 0.1 [MΩ] 이상

나. 7개 이하

다. ① 점검 및 관리가 쉬운 장소에 설치할 것
　　② 전용함 설치 시 바닥으로부터 1.5 [m] 이내의 높이에 설치할 것
　　　※ 종단저항의 설치기준에는 바닥으로부터의 높이 몇 [m] 이상이라는 기준이 없음

핵심이론 자동화재탐지설비

□ 감지기 상호 간 또는 감지기로부터 수신기에 이르는 감지기 배선
- 아날로그식, 다신호식 감지기나 R형 수신기용으로 사용되는 것은 전자파 방해를 받지 않는 실드선 등을 사용해야 하며, 광케이블의 경우에는 전자파 방해를 받지 아니하고 내열성능이 있는 경우 사용할 것. 다만 전자파 방해를 받지 않는 방식의 경우에는 그렇지 아니하다.
- 1.항 외의 일반배선을 사용할 때는 「옥내소화전설비의 화재안전기술기준(NFTC 102)」에 따른 내화배선 또는 내열배선으로 사용할 것

▫ 감지기회로의 도통시험을 위한 종단저항
• 점검 및 관리가 쉬운 장소에 설치할 것
• 전용함을 설치하는 경우 그 설치높이는 바닥으로부터 1.5 [m] 이내로 할 것
• 감지기회로의 끝부분에 설치하며, 종단감지기에 설치할 경우에는 구별이 쉽도록 해당 감지기의 기판 및 감지기 외부 등에 별도의 표시를 할 것

▫ 기타
• 감지기 사이의 회로의 배선은 송배선식으로 할 것
• 전원회로의 전로와 대지 사이 및 배선 상호 간의 절연저항은 「전기사업법」 제67조에 따른 「전기설비기술기준」이 정하는 바에 의하고, 감지기회로 및 부속회로의 전로와 대지 사이 및 배선 상호 간의 절연저항은 1경계구역마다 직류 250 [V]의 절연저항측정기를 사용하여 측정한 절연저항이 0.1 [MΩ] 이상이 되도록 할 것
• 자동화재탐지설비의 배선은 다른 전선과 별도의 관·덕트(절연효력이 있는 것으로 구획한 때에는 그 구획된 부분은 별개의 덕트로 본다)·몰드 또는 풀박스 등에 설치할 것. 다만 60 [V] 미만의 약 전류회로에 사용하는 전선으로서 각각의 전압이 같을 때에는 그렇지 않다.
• P형 수신기 및 G.P형 수신기의 감지기회로의 배선에 있어서 하나의 공통선에 접속할 수 있는 경계구역은 7개 이하로 할 것
• 자동화재탐지설비의 감지기회로의 전로저항은 50 [Ω] 이하가 되도록 해야 하며, 수신기의 각 회로별 종단에 설치되는 감지기에 접속되는 배선의 전압은 감지기 정격전압의 80 [%] 이상이어야 할 것

02

| 득점 | | 배점 | 5 |

옥내소화전설비의 비상전원으로 자가발전설비 또는 축전지설비를 설치할 때 비상전원 설치기준 5가지를 쓰시오.

①
②
③
④
⑤

정답

① 점검에 편리하고 화재 및 침수 등의 재해로 인한 피해를 받을 우려가 없는 곳에 설치
② 옥내소화전설비를 유효하게 20분 이상 작동할 수 있을 것
③ 상용전원으로부터 전력의 공급이 중단된 때에는 자동으로 비상전원으로부터 전력을 공급받을 수 있을 것
④ 비상전원의 설치장소는 다른 장소와 방화구획하여야 하며, 그 장소에는 비상전원의 공급에 필요한 기구나 설비 외의 것을 두지 말 것(단, 열병합발전설비에 필요한 기구나 설비 제외)
⑤ 비상전원을 실내에 설치하는 때에는 그 실내에 비상조명등 설치

핵심이론 옥내소화전설비 비상전원 설치기준

- 점검에 편리하고 화재 및 침수 등의 재해로 인한 피해를 받을 우려가 없는 곳에 설치할 것
- 옥내소화전설비를 유효하게 20분 이상 작동할 수 있어야 할 것
- 상용전원으로부터 전력의 공급이 중단된 때에는 자동으로 비상전원으로부터 전력을 공급받을 수 있도록 할 것
- 비상전원의 설치장소는 다른 장소와 방화구획할 것 이 경우 그 장소에는 비상전원의 공급에 필요한 기구나 설비 외의 것(열병합발전설비에 필요한 기구나 설비는 제외한다)을 두어서는 아니 된다.
- 비상전원을 실내에 설치하는 때에는 그 실내에 비상조명등을 설치할 것

03 배점 7

그림의 특정소방대상물 평면도를 보고 각 물음에 답하시오. (단, 건축물의 주요구조부는 내화구조이며 층의 높이는 4.5 [m]이고 차동식 스포트형 감지기 1종을 설치한다)

가. 각각의 구역에 대해 감지기 개수를 산정하시오.

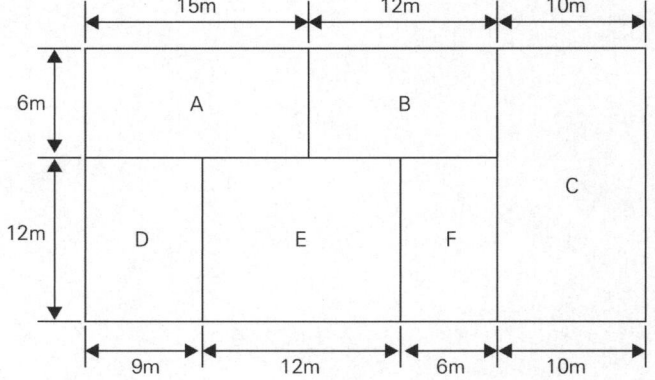

구역	계산과정	답
A구역		
B구역		
C구역		
D구역		
E구역		
F구역		

나. 총 경계구역 수를 구하시오.

정답

가.

구역	계산과정	답
A구역	$\frac{15 \times 6}{45} = 2$	2개
B구역	$\frac{12 \times 6}{45} = 1.6$	2개
C구역	$\frac{10 \times (6+12)}{45} = 4$	4개
D구역	$\frac{9 \times 12}{45} = 2.4$	3개
E구역	$\frac{12 \times 12}{45} = 3.2$	4개
F구역	$\frac{6 \times 12}{45} = 1.6$	2개

나. $\frac{(15+12+10) \times (6+12)}{600} = 1.11$

∴ 2 경계구역

핵심이론 감지기 설치면적

□ 열감지기 설치면적
(단위 : [m²])

부착높이 및 특정소방대상물의 구분		감지기의 종류						
		차동식 스포트형		보상식 스포트형		정온식 스포트형		
		1종	2종	1종	2종	특종	1종	2종
4 [m] 미만	내화구조	90	70	90	70	70	60	20
	기타구조	50	40	50	40	40	30	15
4 [m] 이상 8 [m] 미만	내화구조	45	35	45	35	35	30	
	기타구조	30	25	30	25	25	15	

□ 연기감지기 설치면적
(단위 : [m²])

부착높이	감지기의 종류	
	1종 및 2종	3종
4 [m] 미만	150	50
4 ~ 20 [m] 미만	75	–

※ 연기감지기는 복도 및 통로에 있어서는 보행거리 30 [m](3종에 있어서는 20 [m])마다, 계단 및 경사로에 있어서는 수직거리 15 [m](3종에 있어서는 10 [m])마다 1개 이상으로 할 것

04
득점 ___ 배점 8

공기관식 차동식 분포형 감지기의 설치도면이다. 다음 각 물음에 답하시오. (단, 주요구조부를 내화구조로 한 소방대상물인 경우이다)

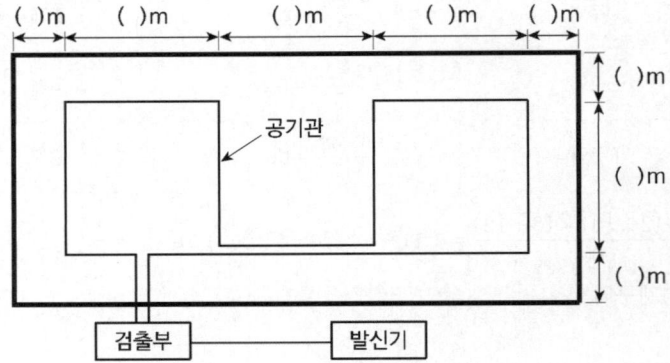

가. 내화구조일 경우 공기관 상호 간의 거리와 감지구역의 각 변과의 거리는 몇 [m] 이하가 되도록 하여야 하는지 도면의 (   ) 안에 쓰시오.

나. 공기관 노출부분의 길이는 몇 [m] 이상이 되어야 하는지 쓰시오.

다. 종단저항을 발신기에 설치할 경우 차동식 분포형 감지기의 검출기와 발신기 간에 연결해야 하는 전선의 가닥 수를 도면에 표기하시오.

라. 검출부의 설치높이를 쓰시오.

마. 검출부분에 접속하는 공기관의 길이는 몇 [m] 이하로 하여야 하는지 쓰시오.

바. 공기관의 재질을 쓰시오.

사. 검출부의 경사도는 몇 도 이하이어야 하는지 쓰시오.

정답

가, 다.
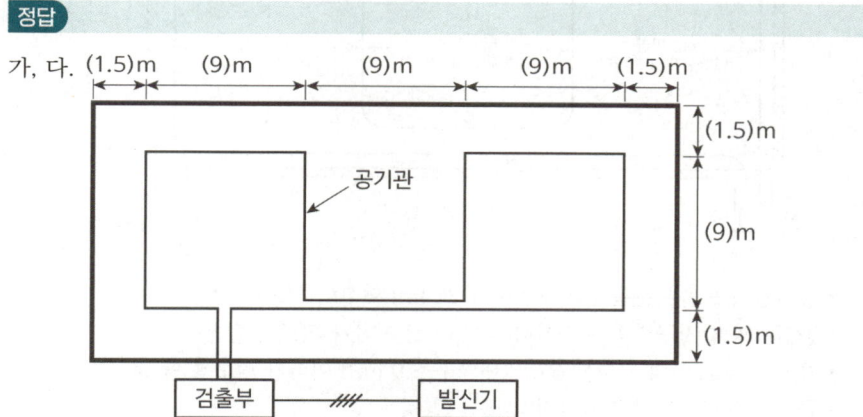

나. 20 [m]
라. 바닥에서 0.8 [m] 이상 1.5 [m] 이하
마. 100 [m]
바. (중공)동관
사. 5 도

핵심이론 공기관식 차동식 분포형 감지기 설치기준

□ 공기관식
- 작동원리 : 감열실 내 온도 상승(급격한 온도 상승) → 공기관 내부 공기 팽창 → 다이어프램 밀어 올려 접점 붙음
- 구조 : 수열부 – 공기관, 검출부 – 리크구멍(비화재보방지), 다이어프램, 접점, 시험장치

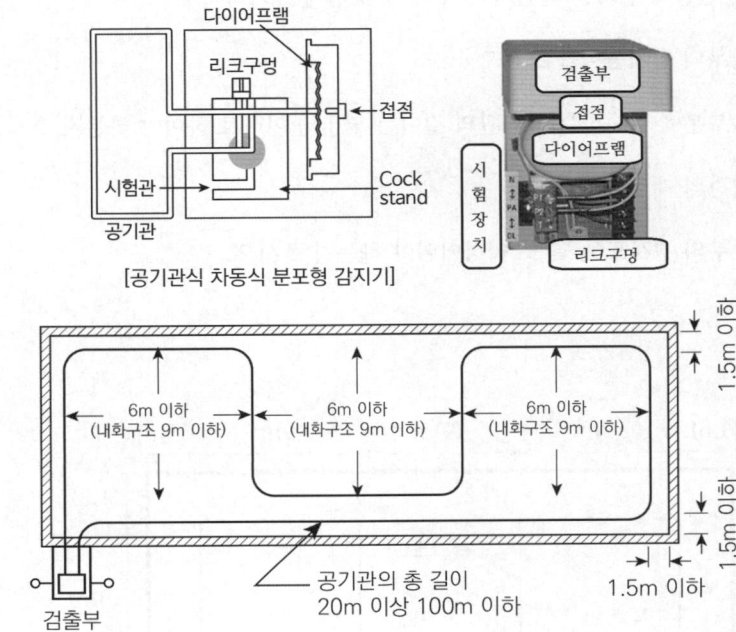

[공기관식 차동식 분포형 감지기]

- 공기관의 노출부분은 감지구역마다 20 [m] 이상이 되도록 할 것
- 공기관과 감지구역의 수평거리는 1.5 [m] 이하가 되도록 할 것
- 공기관 상호 간의 거리는 6 [m](내화구조 9 [m]) 이하가 되도록 할 것
- 공기관은 도중에서 분기하지 않도록 할 것
- 하나의 검출부에 접속하는 공기관 길이는 100 [m] 이하로 할 것
- 검출부는 바닥에서 0.8 [m] 이상 ~ 1.5 [m] 이하에 위치하며, 5° 이상 경사되지 않도록 할 것

05

지상 25 [m]가 되는 곳에 수조가 있다. 이 수조에 분당 20 [m³]의 물을 양수하는 펌프용 전동기를 설치하여 3상전력을 공급하려고 한다. 단상변압기 2대로 V결선하여 이용하고자 할 때 단상변압기 1대 용량 [kVA]을 구하시오. (단, 펌프효율이 70 [%]이고, 펌프 측 동력에 15 [%]의 여유를 두며, 펌프용 3상 농형 유도전동기의 역률은 85 [%]로 가정한다)

배점 5

정답

✓ 계산과정

가. $P = \dfrac{9.8 K \times Q[m^3/\text{min}] \times H}{\eta \, t} = \dfrac{9.8 \times 1.15 \times 20 \times 25}{0.7 \times 60} \fallingdotseq 134.17 \,[\text{kW}]$

답 | 134.17 [kW]

나. $P_v = \dfrac{P}{\sqrt{3} \cos\theta} = \dfrac{134.17}{\sqrt{3} \times 0.85} \fallingdotseq 91.13 \,[\text{kVA}]$

답 | 91.13 [kVA]

✓ 해설

📌 핵심이론 ▎ 전동기용량 계산식

□ 전동기용량을 구하는 식

$$P = \dfrac{9.8 KQH}{\eta \, t} = \dfrac{9.8 K \times Q[m^3/\text{min}] \times H}{\eta \times 60} \,[\text{kW}]$$

P : 전동기용량 [kW], K : 여유계수, Q : 유량 [m³]
H : 전양정 [m], η : 효율, t : 시간 [s]

□ V 결선 시 변압기 1대의 용량

$P_V = \dfrac{P}{\sqrt{3} \cos\theta} \,[kVA]$

P : 전동기용량 [kW], P_v : V 결선 시 단상변압기 1대의 용량 [kVA], $\cos\theta$: 역률

중요 ▶

- 15 [%]의 여유를 둔다고 하였으므로, K여유계수에 1.15을 대입한다.
- 분당 20 [m³]의 물을 양수하므로, 60으로 나누어서 '초당'기준으로 대입한다.

06

다음은 한국전기설비규정(KEC)에서 규정하는 전기적 접속에 대한 내용이다. 괄호 안에 알맞은 말을 넣으시오.

배점 4

가. 배선설비가 바닥, 벽, 지붕, 천장, 칸막이, 중공벽 등 건축구조물을 관통하는 경우 배선설비가 통과한 후에 남는 개구부는 관통 전의 건축구조 각 부재에 규정된 (　　　)에 따라 밀폐하여야 한다.

나. 내화성능이 규정된 건축구조부재를 관통하는 (　　　)는 위에서 요구한 외부의 밀폐와 마찬가지로 관통 전에 각 부의 내화등급이 되도록 내부도 밀폐하여야 한다.

다. 관련 제품 표준에서 자기소화성으로 분류되고 최대 내부단면적이 (　　　) [mm²] 이하인 전선관, 케이블트렁킹 및 (　　　)은 다음과 같은 경우라면 내부적으로 밀폐하지 않아도 된다.

　(1) 보호등급 IP33에 관한 KS C IEC 60529(외곽의 방진 보호 및 방수 보호 등급)의 시험에 합격한 경우

　(2) 관통하는 건축 구조체에 의해 분리된 구획의 하나 안에 있는 배선설비의 단말이 보호등급 IP33에 관한 KS C IEC 60529(외함의 밀폐 보호등급 구분(IP코드))의 시험에 합격한 경우

라. 배선설비는 그 용도가 (　　　)을 견디는 데 사용되는 건축구조부재를 관통해서는 안 된다. 다만 관통 후에도 그 부재가 하중에 견딘다는 것을 보증할 수 있는 경우는 제외한다.

정답

가. 내화등급
나. 배선설비
다. 710, 케이블덕팅시스템
라. 하중

핵심이론 화재의 확산을 최소화하기 위한 배선설비의 선정과 공사

□ 한국전기설비규정
　232.3.6 화재의 확산을 최소화하기 위한 배선설비의 선정과 공사
　1. 화재의 확산위험을 최소화하기 위해 다음에 따라 공사하여야 한다.
　　가. 배선설비는 건축구조물의 일반 성능과 화재에 대한 안정성을 저해하지 않도록 설치하여야 한다.

나. 최소한 KS C IEC 60332-1-2(화재 조건에서의 전기/광섬유케이블시험)에 적합한 케이블 및 자기소화성으로 인정받은 제품은 특별한 예방조치 없이 설치할 수 있다.

다. KS C IEC 60332-1-2(화재 조건에서의 전기/광섬유케이블시험)의 화염 확산을 저지하는 요구사항에 적합하지 않은 케이블을 사용하는 경우는 기기와 영구적 배선설비의 접속을 위한 짧은 길이에만 사용할 수 있으며, 어떠한 경우에도 하나의 방화구획에서 다른 구획으로 관통시켜서는 안 된다.

라. KS C IEC 60439-2(저전압 개폐장치 및 제어장치 부속품), KS C IEC 61537-A(케이블 관리 - 케이블 트레이 시스템 및 케이블 래더 시스템), KS C IEC 61084(전기설비용 케이블 트렁킹 및 덕트시스템) 시리즈 및 KS C IEC 61386(전기설비용 전선관 시스템) 시리즈 표준에서 자기소화성으로 분류되는 제품은 특별한 예방조치 없이 시설할 수 있다. 화염 전파를 저지하는 유사 요구사항이 있는 표준에 적합한 그 밖의 제품은 특별한 예방조치 없이 시설할 수 있다.

마. KS C IEC 60439-2(저전압 개폐장치 및 제어장치 부속품), KS C IEC 60570(등기구 전원 공급용 트랙 시스템), KS C IEC 61537-A(케이블 관리 - 케이블 트레이 시스템 및 케이블 래더 시스템), KS C IEC 61084(전기설비용 케이블 트렁킹 및 덕트시스템) 시리즈 및 KS C IEC 61386(전기설비용 전선관 시스템) 시리즈 및 KS C IEC 61534(파워트랙시스템) 시리즈 표준에서 자기소화성으로 분류되지 않은 케이블 이외의 배선설비의 부분은 그들의 개별 제품표준의 요구사항에 모든 다른 관련 사항을 준수하여 사용하는 경우 불연성 건축 부재로 감싸야 한다.

2. 배선설비 관통부의 밀봉

가. 배선설비가 바닥, 벽, 지붕, 천장, 칸막이, 중공벽 등 건축구조물을 관통하는 경우 배선설비가 통과한 후에 남는 개구부는 관통 전의 건축구조 각 부재에 규정된 내화등급에 따라 밀폐하여야 한다.

나. 내화성능이 규정된 건축구조부재를 관통하는 배선설비는 제1에서 요구한 외부의 밀폐와 마찬가지로 관통 전에 각 부의 내화등급이 되도록 내부도 밀폐하여야 한다.

다. 관련 제품 표준에서 자기소화성으로 분류되고 최대 내부단면적이 710 [mm^2] 이하인 전선관, 케이블트렁킹 및 케이블덕팅시스템은 다음과 같은 경우라면 내부적으로 밀폐하지 않아도 된다.
  (1) 보호등급 IP33에 관한 KS C IEC 60529(외곽의 방진 보호 및 방수 보호 등급)의 시험에 합격한 경우
  (2) 관통하는 건축 구조체에 의해 분리된 구획의 하나 안에 있는 배선설비의 단말이 보호등급 IP33에 관한 KS C IEC 60529(외함의 밀폐 보호 등급 구분(IP코드))의 시험에 합격한 경우

라. 배선설비는 그 용도가 하중을 견디는 데 사용되는 건축구조부재를 관통해서는 안 된다. 다만 관통 후에도 그 부재가 하중에 견딘다는 것을 보증할 수 있는 경우는 제외한다.

마. "가" 또는 "나"를 충족시키기 위한 밀폐 조치는 그 밀폐가 사용되는 배선설비와 같은 등급의 외부영향에 대해 견디고, 다음 요구사항을 모두 충족하여야 한다.
  (1) 연소 생성물에 대해서 관통하는 건축구조부재와 같은 수준에 견딜 것
  (2) 물의 침투에 대해 설치되는 건축구조부재에 요구되는 것과 동등한 보호등급을 갖출 것
  (3) 밀폐 및 배선설비는 밀폐에 사용된 재료가 최종적으로 결합 조립되었을 때 습성을 완벽하게 막을 수 있는 경우가 아닌 한 배선설비를 따라 이동하거나 밀폐 주위에 모일 수 있는 물방울로부터의 보호 조치를 갖출 것
  (4) 다음의 어느 한 경우라면 (3)의 요구사항이 충족될 수 있다.
    (가) 케이블 클리트, 케이블 타이 또는 케이블 지지재는 밀폐재로부터 750 [mm] 이내에 설치하고 그것들이 밀폐재에 인장력을 전달하지 않을 정도까지 밀폐부의 화재측의 지지재가 손상되었을 때 예상되는 기계적 하중에 견딜 수 있다.
    (나) 밀폐방식 그 자체가 지지 기능을 갖도록 설계한다.

07 [배점 4]

아래 그림은 차동식 스포트형 감지기의 구조에 관한 것이다. 번호에 따른 명칭과 역할을 간단히 쓰시오.

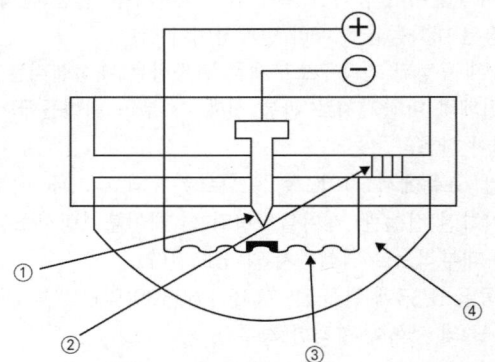

정답

① 고정접점, ② 리크구멍, ③ 다이어프램, ④ 감열실

핵심이론 : 차동식 스포트형 감지기 구조

- 동작원리 : 화재 발생 시 감열부의 공기가 팽창하여 다이어프램을 밀어 올려 접점을 붙게 함으로써 수신기에 신호를 보낸다.

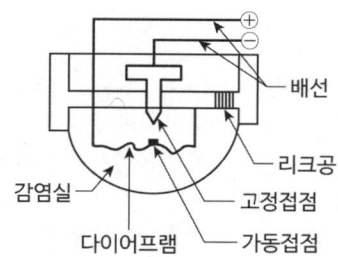

1. 감열실 : 열을 유효하게 받음
2. 다이어프램 : 공기팽창에 의해 접점이 잘 밀려 올라가도록 함
3. 고정접점 : 가동접점과 접촉되어 화재신호 발신
4. 리크구멍(리크공) : 감지기의 비화재보를 방지하기 위하여

08

이산화탄소소화설비의 음향경보장치를 설치하려고 한다. 다음 물음에 답하시오.

가. 방호구역 또는 방호대상물이 있는 구획의 각 부분으로부터 하나의 확성기까지 수평거리는 몇 [m] 이하인지 쓰시오.

나. 소화약제 방사 개시 후 몇 분 이상 경보를 발하여야 하는지 쓰시오.

정답

가. 25 [m] 이하

나. 1분 이상

> **핵심이론** 이산화탄소소화설비의 화재안전기술기준(NFTC 106)
>
> ▫ 음향경보장치
> - 수동식 기동장치를 설치한 것은 그 기동장치의 조작과정에서, 자동식 기동장치를 설치한 것은 화재감지기와 연동하여 자동으로 경보를 발하는 것으로 할 것
> - 소화약제의 방출개시 후 1분 이상 경보를 계속할 수 있는 것으로 할 것
> - 방호구역 또는 방호대상물이 있는 구획 안에 있는 자에게 유효하게 경보할 수 있는 것으로 할 것
>
> ▫ 기동장치
> 이산화탄소소화설비의 수동식 기동장치는 다음의 기준에 따라 설치해야 한다. 이 경우 수동식 기동장치의 부근에는 소화약제의 방출을 지연시킬 수 있는 방출지연스위치(자동복귀형 스위치로서 수동식 기동장치의 타이머를 순간 정지시키는 기능의 스위치를 말한다)를 설치해야 한다.
> - 전역방출방식은 방호구역마다, 국소방출방식은 방호대상물마다 설치할 것
> - 해당 방호구역의 출입구 부근 등 조작을 하는 자가 쉽게 피난할 수 있는 장소에 설치할 것
> - 기동장치의 조작부는 바닥으로부터 0.8 [m] 이상 1.5 [m] 이하의 위치에 설치하고, 보호판 등에 따른 보호장치를 설치할 것
> - 기동장치 인근의 보기 쉬운 곳에 "이산화탄소소화설비 수동식 기동장치"라는 표지를 할 것
> - 전기를 사용하는 기동장치에는 전원표시등을 설치할 것
> - 기동장치의 방출용 스위치는 음향경보장치와 연동하여 조작될 수 있는 것으로 할 것

09 | 득점 | 배점 5 |

소방시설 설치 및 관리에 관한 법령상 가스누설경보기를 설치해야 하는 대상 5가지를 쓰시오. (단, 가스시설이 설치된 경우만 해당한다)

정답

문화 및 집회시설, 종교시설, 운수시설, 판매시설, 의료시설, 운동시설, 장례시설, 숙박시설, 노유자시설, 수련시설, 창고시설 중 물류터미널

10

다음은 비상콘센트 보호함에 대한 설치기준이다. ( ) 안에 알맞은 답을 쓰시오.

가. 보호함에는 쉽게 개폐할 수 있는 (㉠)을 설치할 것

나. 보호함 (㉡)에 "비상콘센트"라고 표시한 표지를 할 것

다. 보호함 상부에 (㉢)색의 (㉣)을 설치할 것. 다만 비상콘센트의 보호함을 옥내소화전함 등과 접속하여 설치하는 경우에는 (㉤) 등의 표시등과 겸용할 수 있다.

정답

㉠ 문, ㉡ 표면, ㉢ 적, ㉣ 표시등, ㉤ 옥내소화전함

핵심이론 | 비상콘센트설비

▫ 설치기준
- 바닥으로부터 높이 0.8 [m] 이상 1.5 [m] 이하의 위치에 설치할 것
- 비상콘센트의 배치는 아파트 또는 바닥면적이 1000 [m²] 미만인 층은 계단의 출입구(계단의 부속실을 포함하며 계단이 2 이상 있는 경우에는 그중 1개의 계단을 말한다)로부터 5 [m] 이내에, 바닥면적 1000 [m²] 이상인 층(아파트를 제외한다)은 각 계단의 출입구 또는 계단부속실의 출입구(계단의 부속실을 포함하며 계단이 3 이상 있는 층의 경우에는 그중 2개의 계단을 말한다)로부터 5 [m] 이내에 설치하되, 그 비상콘센트로부터 그 층의 각 부분까지의 거리가 다음의 기준을 초과하는 경우에는 그 기준 이하가 되도록 비상콘센트를 추가하여 설치할 것
  ① 지하상가 또는 지하층의 바닥면적의 합계가 3000 [m²] 이상인 것은 수평거리 25 [m]
  ② ①에 해당하지 아니하는 것은 수평거리 50 [m]

▫ 비상콘센트설비의 전원부와 외함 사이의 절연저항 및 절연내력기준
- 절연저항 : 500 [V] 절연저항계로 측정할 때 20 [MΩ] 이상일 것
- 절연내력 : 절연내력은 전원부와 외함 사이에 정격전압이 150 [V] 이하인 경우에는 1000 [V]의 실효전압을, 정격전압이 150 [V] 초과인 경우에는 그 정격전압에 2를 곱하여 1000을 더한 실효전압을 가하는 시험에서 1분 이상 견디는 것으로 할 것

▫ 보호함 설치기준
- 보호함에는 쉽게 개폐할 수 있는 문을 설치할 것
- 보호함 표면에 "비상콘센트"라고 표시한 표지를 할 것
- 보호함 상부에 적색의 표시등을 설치할 것. 다만 비상콘센트의 보호함을 옥내소화전함 등과 접속하여 설치하는 경우에는 옥내소화전함 등의 표시등과 겸용할 수 있다.

11

자동화재탐지설비 배선의 공사방법 중 내화배선 공사방법에 대한 다음 (   )를 완성하시오.

(1) 금속관·2종 금속제 가요전선관 또는 (㉠)에 수납하여 내화구조로 된 벽 또는 바닥 등에 벽 또는 바닥의 표면으로부터 (㉡)의 깊이로 매설하여야 한다.
　가. 배선을 내화성능을 갖는 배선전용실 또는 배선용 샤프트·피트·덕트 등에 설치하는 경우
　나. 배선전용실 또는 배선용 샤프트·피트·덕트 등에 다른 설비의 배선이 있는 경우에는 이로부터 (㉢) 이상 떨어지게 하거나 소화설비의 배선과 이웃하는 다른 설비의 배선 사이에 배선지름(배선의 지름이 다른 경우에는 지름이 가장 큰 것을 기준으로 한다)의 (㉣) 이상의 높이의 불연성 격벽을 설치하는 경우
(2) 내화전선은 (㉤) 공사의 방법에 따라 설치해야 한다.

정답

㉠ 합성수지관, ㉡ 25 [mm], ㉢ 15 [cm], ㉣ 1.5배, ㉤ 케이블

핵심이론 | 소방배선 공사방법

- 내화배선 : 금속관·2종 금속제 가요전선관 또는 합성수지관에 수납하여 내화구조로 된 벽 또는 바닥 등에 벽 또는 바닥의 표면으로부터 25 [mm] 이상의 깊이로 매설
- 내열배선 : 금속관·금속제 가요전선관·금속덕트 또는 케이블 공사방법
- 다만 다음 각 기준에 적합하게 설치하는 경우에는 그러하지 아니하다.
  ① 배선을 내화성능을 갖는 배선전용실 또는 배선용 샤프트·피트·덕트 등에 설치하는 경우
  ② 배선전용실 또는 배선용 샤프트·피트·덕트 등에 다른 설비의 배선이 있는 경우에는 이로부터 15 [cm] 이상 떨어지게 하거나 소화설비의 배선과 이웃하는 다른 설비의 배선 사이에 배선지름(배선의 지름이 다른 경우에는 가장 큰 것을 기준으로 한다)의 1.5배 이상의 높이의 불연성 격벽을 설치하는 경우
- 내화전선·내열전선은 케이블 공사의 방법에 따라 설치

12

공구를 사용하는 데 따른 손실비용을 의미하는 공구손료 적용범위를 쓰시오.

정답

인력품(노임할증과 작업시간 증가에 의하지 않은 품할증 제외)의 3 [%]까지 계상

핵심이론 소방시설공사의 견적

□ 공구손료
- 공구손료는 일반공구 및 시험용 계측기구류의 손료로서 공사 중 상시 일반적으로 사용하는 것을 말함
- 인력품(노임할증과 작업시간 증가에 의하지 않은 품할증 제외)의 3 [%]까지 계상
- 특수공구(철골공사, 석공사 등) 및 검사용 특수계측기류의 손료는 별도 계상

□ 잡재료 및 소모재료
- 소량이나 작은 금액의 재료
- 잡재료 : 볼트류, 너트류, 플러그류, 작은나사, 목나사, 단자류(8 [mm^2] 이하), 못, 슬리브(Sleeve), 스테이플(Staple), 새들(Saddle), 보수재료 등
- 소모재료 : 땜납, 페이스트(Paste), 테이프류, 가솔린, 오일, 절연 니스, 방청 도료, 용접봉, 왁스, 아세틸렌가스, 산소가스 등
- 주재료비와 직접재료비(전선, 케이블 및 배관자재비)의 2 ~ 5 [%]까지 계상

13

비상콘센트설비의 상용전원회로의 배선은 다음과 같은 경우 어디에서 분기하여 전용배선으로 하는지 쓰시오.

정답

가. 저압수전인 경우 : 인입개폐기 직후

나. 고압수전 또는 특고압수전인 경우 : 전력용 변압기 2차 측의 주차단기 1차 측 또는 2차 측에서 분기하여 전용배선으로 할 것

핵심이론 비상콘센트설비

□ 상용전원회로의 배선
• 저압수전 : 인입개폐기 직후

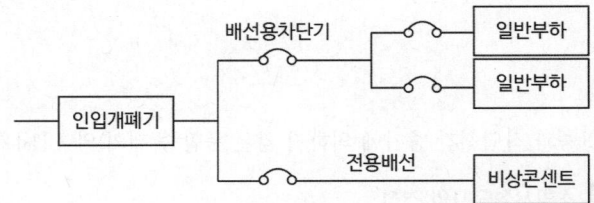

• 고압수전 또는 특고압수전 : 전력용 변압기 2차 측의 주차단기 1차 측 또는 2차 측에서 분기하여 전용배선으로 할 것

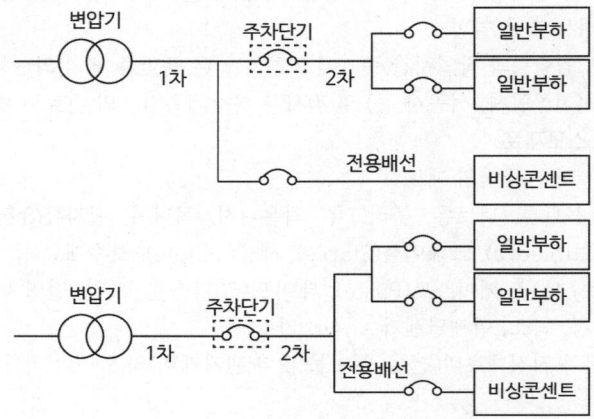

□ 비상콘센트의 설치기준
• 바닥으로부터 높이 0.8 [m] 이상 1.5 [m] 이하의 위치에 설치
• 비상콘센트의 배치
  ① 아파트 또는 바닥 면적이 1000 [m²] 미만인 층 : 계단의 출입구(계단의 부속실을 포함하며 계단이 2 이상 있는 경우에는 그중 1개의 계단을 말한다)로부터 5 [m] 이내
  ② 바닥면적 1000 [m²] 이상인 층(아파트를 제외) : 각 계단의 출입구 또는 계단 부속실의 출입구(계단의 부속실을 포함하며 계단이 3 이상 있는 층의 경우에는 그중 2개의 계단을 말한다)로부터 5 [m] 이내에 설치하되, 그 비상콘센트로부터 그 층의 각 부분까지의 거리가 다음 각 목의 기준을 초과하는 경우에는 그 기준 이하가 되도록 비상콘센트를 추가하여 설치할 것
• 비상콘센트 설치 수평거리
  ① 지하상가 또는 지하층 바닥면적 합계가 3000 [m²] 이상인 것 : 수평거리 25 [m]
  ② 그 외 : 수평거리 50 [m]
□ 전원부와 외함 사이의 절연저항 및 절연내력기준
• 절연저항 : 500 [V] 절연저항계로 측정할 때 20 [MΩ] 이상일 것

- 절연내력 : 절연내력은 전원부와 외함 사이에 정격전압이 150 [V] 이하인 경우에는 1000 [V]의 실효전압을, 정격전압이 150 [V] 초과인 경우에는 그 정격전압에 2를 곱하여 1000을 더한 실효전압을 가하는 시험에서 1분 이상 견디는 것으로 할 것
  ① 정격전압 150 [V] 이하 : 1000 [V]의 실효전압
  ② 정격전압이 150 [V] 초과 : (정격전압 × 2) + 1000 [V] = 실효전압
  ③ 실효전압시험에서 1분 이상 견디는 것으로 할 것

14

제어백효과를 이용한 열전대식 차동식 분포형 감지기에 대한 다음 각 물음에 답하시오.

가. 제어백효과에 대해 설명하시오.

나. 열전대 정의를 쓰시오.

다. 열전대 재료로 가장 우수한 금속을 쓰시오.

정답

가. 서로 다른 두 금속을 접속하여 접속점에 온도차를 주면 열기전력이 발생하는 효과
나. 열기전력을 이용하기 위해서 사용하는 두가지의 금속선
다. 백금

핵심이론 열전효과(Thermodelctric Effect) : 열과 전기 사이의 관계를 나타내는 효과

효과	설명
제어백효과 (Seebeck Effect) : 제백효과	(1) 서로 다른 두 금속을 접속하여 접속점에 온도차를 주면 열기전력이 발생하는 효과 (2) 온도변화에 따른 열팽창률이 다른 두 금속을 붙여 사용하는 방법 (3) 다른 종류의 금속선으로 된 폐회로의 두 접합점의 온도를 달리하였을 때 발생하는 효과
펠티에효과 (Peltier Effect)	두 종류의 금속으로 된 회로에 전류를 흘리면 각 접속점에서 열의 흡수 또는 발생이 일어나는 현상
톰슨효과 (Thomson Effect)	균질의 철사에 온도구배가 있을 때 여기에 전류가 흐르면 열의 흡수 또는 발생이 일어나는 현상

백금(Pt)
온도에 따른 저항이 거의 비례 (저항값의 변화가 예측 가능), 데이터 해석 및 보정이 용이

15 [배점 6]

다음은 누전경보기의 형식승인 및 제품검사의 기술기준에 대한 내용이다. 각 물음에 답하시오.

가. 전구는 사용전압의 몇 [%]인 교류전압을 20시간 연속하여 가하는 경우 단선, 현저한 광속변화, 흑화, 전류의 저하 등이 발생하지 아니하여야 하는가?

나. 전구는 몇 개 이상을 병렬로 접속하여야 하는가?

다. 누전경보기의 공칭작동전류치는 몇 [mA] 이하여야 하는가?

정답

가. 130 [%]

나. 2개

다. 200 [mA]

핵심이론 ▎누전경보기의 형식승인 및 제품검사의 기술기준

□ 표시등

가. 전구는 사용전압의 130 [%]인 교류전압을 20시간 연속하여 가하는 경우 단선, 현저한 광속변화, 흑화, 전류의 저하 등이 발생하지 아니하여야 한다.

나. 소켓은 접촉이 확실하여야 하며 쉽게 전구를 교체할 수 있도록 부착하여야 한다.

다. 전구는 2개 이상을 병렬로 접속하여야 한다. 다만 방전등 또는 발광다이오드의 경우에는 그러하지 아니한다.

라. 전구에는 적당한 보호카바를 설치하여야 한다. 다만 발광다이오드의 경우에는 그러하지 아니한다.

마. 전화재의 발생을 표시하는 표시등(이하 "누전등"이라 한다)이 설치된 것은 등이 켜질 때 적색으로 표시되어야 하며, 누전화재가 발생한 경계전로의 위치를 표시하는 표시등(이하 "지구등"이라 한다)과 기타의 표시등은 다음과 같아야 한다.

  1) 지구등은 적색으로 표시되어야 한다. 이 경우 누전등이 설치된 수신부의 지구등은 적색외의 색으로도 표시할 수 있다.

  2) 기타의 표시등은 적색외의 색으로 표시되어야 한다. 다만 누전등 및 지구등과 쉽게 구별할 수 있도록 부착된 기타의 표시등은 적색으로도 표시할 수 있다.

바. 주위의 밝기가 300 [lx]인 장소에서 측정하여 앞면으로부터 3 [m] 떨어진 곳에서 켜진 등이 확실히 식별되어야 한다.

□ 공칭작동전류치
① 누전경보기의 공칭작동전류치(누전경보기를 작동시키기 위하여 필요한 누설전류의 값으로서 제조자에 의하여 표시된 값을 말한다. 이하 같다)는 200[mA] 이하이어야 한다.
② 제1항의 규정은 감도조정장치를 가지고 있는 누전경보기에 있어서도 그 조정범위의 최소치에 대하여 이를 적용한다.

16

그림과 같은 논리회로를 보고 각 물음에 답하시오.

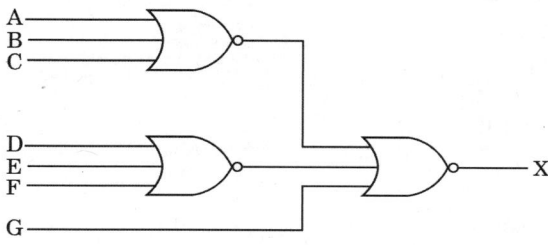

가. 논리식으로 표현하시오.

나. AND gate 1개, OR gate 2개, NOT gate 1개를 이용한 등가회로로 그리시오.

다. 유접점(릴레이)회로로 그리시오.

정답

가. $X = (A+B+C) \cdot (D+E+F) \cdot \overline{G}$

☑ 해설
$X = \overline{\overline{(A+B+C)} + \overline{(D+E+F)} + G}$
$= (A+B+C) \cdot (D+E+F) \cdot \overline{G}$

나.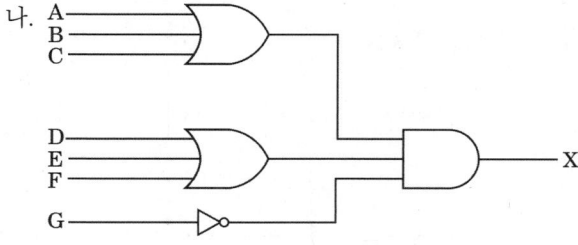

다.

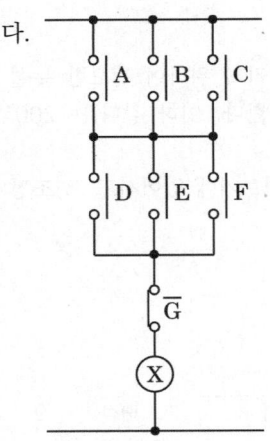

📌 핵심이론 논리회로

□ 드 모르간의 정리

논리식	논리식
$\overline{A+B} = \overline{A} \cdot \overline{B}$	$\overline{A \cdot B} = \overline{A} + \overline{B}$

□ 논리회로

명칭	논리식	논리회로	유접점회로
AND회로	$X = A \times B$ $X = A \cdot B$		
OR회로	$X = A + B$		
NOT회로	$X = \overline{A}$		

17

배점 8

수위실에서 600 [m] 떨어진 지하 1층, 지상 5층에 연면적 5000 [m²]의 공장에 자동화재탐지설비를 설치하였다. 경종, 표시등이 각 층에 2회로(전체 12회로)일 때 다음 물음에 답하시오. (단, 표시등 30 [mA/개], 경종 50 [mA/개]를 소모하고, 전선은 2.5 [mm²]를 사용한다)

[출제 오류로 인한 문제 수정]

가. 표시등 및 경종의 최대 소요전류와 총 소요전류는 각각 몇 [A]인가?

구분	계산과정
표시등	
경종	
총 소요전류	

나. 2.5 [mm²]의 전선을 사용하여 경종이 작동하였다고 가정하였을 때 최말단에서의 전압강하는 최대 몇 [V]인지 계산하시오.

○ 계산과정 :

○ 답 :

다. 자동화재탐지설비의 음향장치는 정격전압의 몇 [%] 전압에서 음향을 발할 수 있어야 하는지 쓰시오.

라. 경종작동 여부를 답하시오.

○ 계산과정 :

○ 답 :

정답

가.

구분	계산과정	
표시등	• 계산 : 30 × 12 = 360 [mA] = 0.36 [A]	• 답 : 0.36 [A]
경종	• 계산 : 50 × 12 = 600 [mA] = 0.6 [A]	• 답 : 0.6 [A]
총 소요전류	• 계산 : 0.36 + 0.6 = 0.96 [A]	• 답 : 0.96 [A]

• 일제경보방식이므로 화재 시 동작되는 경종은 총 6개의 층 × 2개 = 12개이다.
• 표시등은 상시 점등이므로 6개의 층 × 2개 = 12개이다.

나. 계산과정 : $e = \dfrac{35.6LI}{1000A} = \dfrac{35.6 \times 600 \times 0.96}{1000 \times 2.5} = 8.202 ≒ 8.2 \,[V]$

답 | 8.2 [V]

다. 80 [%]

라. 계산과정 : V = 24 - 8.2 = 15.8 [V]

답 | 정격전압 80 [%] 미만(19.2 [V])이므로 작동 불가

- 최말단인 지상5층에 설치된 경종의 전압은 출력전압 24 [V]에서 전압강하 8.2 [V]를 뺀 15.8 [V]이다. 이때 [자동화재탐지설비 음향장치 구조 및 성능]에서 "정격전압의 80 [%] 전압에서 음향을 발할 수 있는 것으로 할 것"에 위배되므로 작동이 불가하다.
- 정격전압의 80 [%] = 24 × 0.8 = 19.2

핵심이론 축전지용량 구하는 식

□ 전압강하
- 단상 2선식 $e = V_s - V_r = 2IR$ [V]
- 3상 3선식 $e = V_s - V_r = \sqrt{3}IR$ [V]

e : 전압강하 [V], V_s : 정격전압 [V], V_r : 단자전압 [V]

□ 전압강하(조건에 저항이 없을 때)

전기방식	전압강하
단상 2선식	$e = \dfrac{35.6LI}{1000A}$
3상 3선식	$e = \dfrac{30.8LI}{1000A}$
3상 3선식	$e = \dfrac{30.8LI}{1000A}$
단상 3선식, 3상 4선식	$e = \dfrac{17.8LI}{1000A}$

여기서 L : 선로길이 [m], I : 전부하전류 [A]
e : 한 선의 전압강하 [V], A : 전선의 단면적 [mm²]

□ 전선의 약호 명칭

약호	명칭
DV	인입용 비닐절연전선
OW	옥외용 비닐절연전선
RB	고무절연전선
IV	600 [V] 비닐절연전선
HIV	600 [V] 2종 비닐절연전선
HFIX	450/750 [V] 저독성 난연가교 폴리올레핀 절연전선
CV	가교폴리에탈렌 절연비닐 외장케이블
E	접지선
GV	접지용 비닐절연전선

18

P형 1급 수신기와 감지기와의 배선회로에서 종단저항은 4.7 [$k\Omega$], 배선저항은 28 [Ω], 릴레이 저항은 12 [Ω], DC 24 [V]일 때 다음 각 물음에 답하시오.

가. 감시전류 [mA]
- 계산과정 :
- 답 :

나. 동작전류 [mA]
- 계산과정 :
- 답 :

정답

☑ 계산과정

가. 감시전류

$$I = \frac{24}{12+28+(4.7 \times 10^3)} = 0.00506[A] = 5.06[mA]$$

답 | 5.06 [mA]

나. 동작전류

$$I = \frac{24}{12+28} = 0.6[A] = 600[mA]$$

답 | 600 [mA]

핵심이론 : 감시전류 및 동작전류공식

- I감시 = $\dfrac{\text{회로전압}}{\text{종단저항} + \text{릴레이저항} + \text{배선저항}}$
- I동작 = $\dfrac{\text{회로전압}}{\text{릴레이저항} + \text{배선저항}}$

보충
- 감시전류를 구할 때는 종단저항까지 거치기 때문에 종단저항을 고려해야 한다. 이때 종단저항은 실무에서 [$k\Omega$]단위를 사용하는데, 계산할 때는 [Ω]단위로 환산하여서 대입해준다.
- 동작전류를 구할 때는 감지기가 동작한 경우로서, 단락이 된 상태이기 때문에 종단저항을 거치지 않는다.

2024년 3회

01 배점 8

다음 도면과 보기, 조건을 보고 물음에 답하시오.

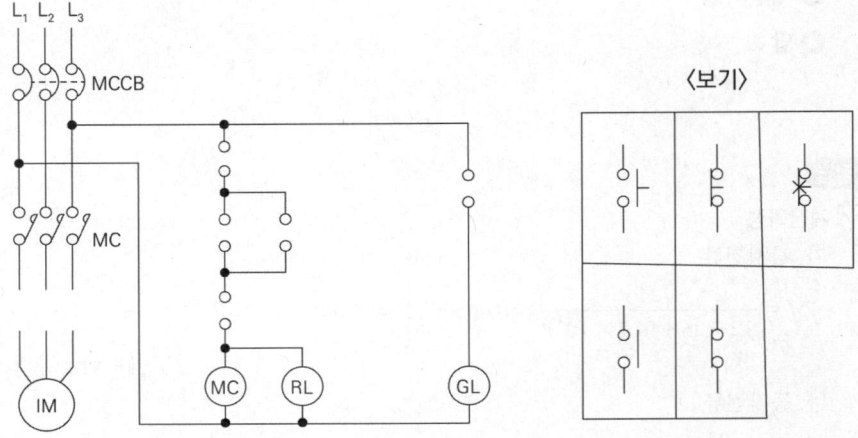

1. 전원이 투입되면 GL이 점등한다.
2. PB-on버튼을 누르면 MC가 여자되어 MC-a접점에 의해 자기유지되고 전동기가 동작한다. 이때 RL이 점등하며 MC-b에의해 GL등은 소등된다.
3. PB-off버튼을 누르면 원상복귀한다.
4. THR(열동계전기)가 동작하면 전동기는 멈춘다.

가. 〈보기〉를 이용하여 보조회로를 그리시오.

나. 주회로를 완성하시오.

다. 열동계전기가 동작하는 경우 1가지를 쓰시오.

정답

가. 나.

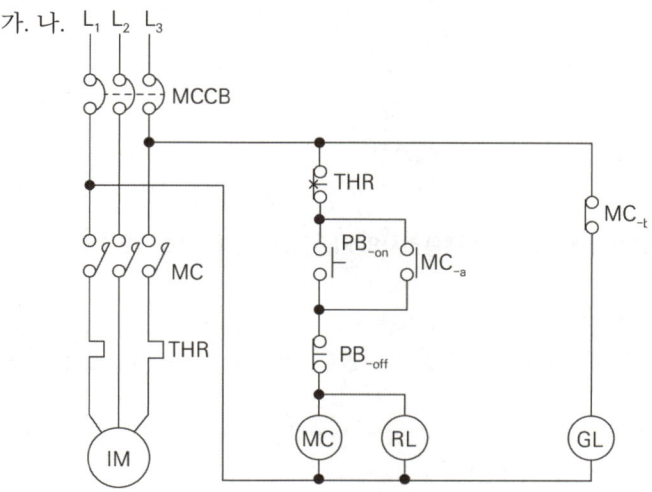

- 열동계전기를 L_1, L_2, L_3 모두 그려도 정답이다.
- 열동계전기 기호를 ┗로 표시해도 정답이다.

다. 전동기에 과부하가 걸릴 때

열동계전기는 과전류가 흐르면 열에 의해 바이메탈이 휘어지게 되어 전류를 차단한다.

핵심이론

시퀀스 해석
GL등은 전원이 투입되면 점등하는 전원표시등이다.
RL등은 PB_{-on}버튼을 누르고 MC가 여자되면 점등한다.
PB_{-on}버튼은 자동복귀동작이기 때문에 자기유지접점 MC_{-a}를 PB_{-on}과 병렬로 그려 주어야 하며, MC_{-a} 접점과 직렬로는 $PB-off$버튼을 그려준다.

02

배점 5

누전경보기의 형식승인 및 제품검사의 기술기준에 따라 다음 각 질문에 답하시오.

가. 감도조정장치를 갖는 누전경보기에 있어서 감도조정장치의 조정범위는 최대치는 몇 [A]인지 쓰시오.

나. 변류기는 출력단자에 부하저항을 접속하고, 경계전로에 당해 변류기의 정격전류의 150 [%]인 전류를 흘린 상태에서 경계전로의 개폐를 (   )회 반복하는 경우 그 출력전압치는 공칭작동전류치의 42 [%]에 대응하는 출력전압치 이하이어야 한다. (   ) 안에 들어갈 알맞은 숫자를 쓰시오.

다. 변류기는 DC 500 [V]의 절연저항계로 시험을 하는 경우 5 [MΩ] 이상이어야 한다. 측정 시 어디와 어디 간을 측정해야 하는지 쓰시오.

정답

가. 1 [A]

나. 5회

다. 1) 절연된 1차권선과 2차권선 간의 절연저항
   2) 절연된 1차권선과 외부금속부 간의 절연저항
   3) 절연된 2차권선과 외부금속부 간의 절연저항

📌 핵심이론 누전경보기의 형식승인 및 제품검사의 기술기준 [시행 2022.12.1.]

제7조(공칭작동전류치)
① 누전경보기의 공칭작동전류치(누전경보기를 작동시키기 위하여 필요한 누설전류의 값으로서 제조자에 의하여 표시된 값을 말한다. 이하 같다)는 200 [mA] 이하이어야 한다.
② 제1항의 규정은 감도조정장치를 가지고 있는 누전경보기에 있어서도 그 조정범위의 최소치에 대하여 이를 적용한다.

제8조(감도조정장치) 감도조정장치를 갖는 누전경보기에 있어서 감도조정장치의 조정범위는 최대치가 1 [A]이어야 한다.

제11조(온도특성시험) 변류기는 옥내형인 것은 (-10 ± 2) [℃]에서 (50 ± 2) [℃]까지, 옥외형인 것은 (-20 ± 2) [℃]에서 (50 ± 2) [℃]까지의 주위온도에서 기능에 이상이 생기지 아니하여야 한다.

제12조(전로개폐시험) 변류기는 출력단자에 부하저항을 접속하고, 경계전로에 당해 변류기의 정격전류의 150 [%]인 전류를 흘린 상태에서 경계전로의 개폐를 5회 반복하는 경우 그 출력전압치는 공칭작동전류치의 42 [%]에 대응하는 출력전압치 이하이어야 한다.

제13조(단락전류강도시험) 변류기는 출력단자에 부하저항을 접속한 다음 경계전로의 전원 측에 과전류차단기를 설치하여, 경계전로에 당해 변류기의 정격전압에서 단락역률이 0.3에서 0.4까지인 2500 [A]의 전류를 2분 간격으로 약 0.02초간 2회 흘리는 경우 그 구조 및 기능에 이상이 생기지 아니하여야 한다.

제14조(과누전시험) 변류기는 1개의 전선을 변류기에 부착시킨 회로를 설치하고 출력단자에 부하저항을 접속한 상태로 당해 1개의 전선에 변류기의 정격전압의 20 [%]에 해당하는 수치의 전류를 5분간 흘리는 경우 그 구조 또는 기능에 이상이 생기지 아니하여야 한다.

제15조(노화시험) 변류기는 (65 ± 2) [℃]인 공기 중에 30일간 놓아두는 경우 그 구조 및 기능에 이상이 생기지 아니하여야 한다.

제16조(방수시험) 옥외형 변류기는 (23 ± 2) [℃], 상대습도 (50 ± 5) [%]의 상태에 24시간 방치한 후 (23 ± 2) [℃]의 맑은 물에 48시간 침지시키는 경우 내부에 물이 고이지 않아야 하며, 기능 및 절연저항시험에 이상이 생기지 아니하여야 한다.

제17조(진동시험) 변류기는 전원을 인가하지 아니한 상태에서 IEC 60068-2-6의 시험방법에 따라 다음 각 호의 규정에 의한 시험을 실시하는 경우 그 구조 및 기능에 이상이 생기지 아니하여야 한다.
  1. 주파수 범위 : (10 ~ 150) [Hz] 〈개정 2011.7.13.〉
  2. 가속도 진폭 : 10 [m/s^2]
  3. 축수 : 3
  4. 스위프 속도 : 1 [옥타브/min]
  5. 스위프 사이클 수 : 축당 20

제18조(충격시험) 변류기는 다음 각 호의 1의 시험을 실시하는 경우 그 구조 및 기능에 이상이 생기지 아니하여야 한다.
  1. 임의의 방향으로 최대가속도 50 [g](g는 중력가속도를 말한다)의 충격을 5회 가하는 시험
  2. 길이 300 [mm], 지름 3 [mm]의 강철선의 한쪽 끝을 충격지점과 수직이 되도록 지지시키고, 다른 쪽 끝에 무게 1 [kg]의 강철구 추를 매달아 이를 지지점과 수평이 되는 위치에서 송판의 중앙에 변류기를 부착시킨 반대편으로 자연낙하시켜 통전상태의 변류기에 15회의 충격을 가하는 시험

제19조(절연저항시험) 변류기는 DC 500 [V]의 절연저항계로 다음 각 호에 의한 시험을 하는 경우 5 [MΩ] 이상이어야 한다.
  1. 절연된 1차권선과 2차권선 간의 절연저항
  2. 절연된 1차권선과 외부금속부 간의 절연저항
  3. 절연된 2차권선과 외부금속부 간의 절연저항

제20조(절연내력시험) 제19조의 규정에 의한 시험부위의 절연내력은 60 [Hz]의 정현파에 가까운 실효전압 1500 [V](경계전로 전압이 250 [V]를 초과하는 경우에는 경계전로 전압에 2를 곱한 값에 1 [kV]를 더한 값)의 교류전압을 가하는 시험에서 1분간 견디는 것이어야 한다.

제21조(충격파내전압시험) 변류기는 1차권선과 외부금속 사이 및 1차권선 상호 간에 파고치 6 [kV], 파두장 0.5 [μs] 이상 1.5 [μs] 이하 및 파미장 32 [μs] 이상 50 [μs] 이하인 충격파전압을 정 및 부로 각각 1회 가하는 경우 기능에 이상이 생기지 아니하여야 한다.

제22조(전압강하방지시험) 변류기(경계전로의 전선을 그 변류기에 관통시키는 것은 제외한다)는 경계전로에 정격전류를 흘리는 경우 그 경계전로의 전압강하는 0.5 [V] 이하이어야 한다.

03 [배점 6]

축전지에 대한 다음 각 질문에 답하시오.

가. 자기방전량만을 항상 충전하는 충전방식을 무엇이라 하는가?

나. 비상용 조명부하가 200 [V] 50 [W] 80등, 30 [W] 70등이 있다. 방전시간은 30분이며, 연축전지 HS형 110셀, 허용 최저전압 190 [V], 최저축전지온도 5 [℃]일 때 축전지용량을 구하시오. (단, 경년용량저하율은 0.8이며 용량환산시간은 1.2이다)

다. 연축전지와 알칼리축전지의 공칭전압은 몇 [V/셀]인가?
  1) 연축전지
  2) 알칼리축전지

정답

가. 세류충전방식

나. 1) $I = \dfrac{P}{V} = \dfrac{(50 \times 80) + (30 \times 70)}{200} = 30.5$ [A]

  2) 축전지용량 $C = \dfrac{1}{L}KI = \dfrac{1}{0.8} \times 1.2 \times 30.5 = 45.75$ [Ah]

  경년용량저하율 = 보수율이며 문제에서 주어지지 않더라도 0.8임을 암기한다.

다. 1) 연축전지 : 2.0 [V/셀]
  2) 알칼리축전지 : 1.2 [V/셀]

핵심이론 축전지 설비

□ 축전지용량 구하는 식

$$C = \dfrac{1}{L}KI \text{ [Ah]}$$

  C : 축전지용량 [Ah]
  L : 보수율(용량저하율)
  K : 용량환산시간 [h]
  I : 방전전류 [A]

□ 축전지 공칭전압 구하는 식

$$\text{공칭전압 [V/셀]} = \dfrac{\text{허용최저전압}(V)}{\text{셀수}}$$

□ 충전방식

구분	특징
보통충전방식	필요할 때마다 표준시간율로 충전하는 방식
급속충전방식	단시간에 보통 충전전류의 2~3배의 전류로 충전하는 방식
세류충전방식	축전지의 방전을 보충하기 위해 부하를 OFF한 상태에서 미소전류로 항상 충전하는 방식
균등충전방식	• 각 축전지의 전위차를 보정하기 위해 1~3개월마다 1회 충전하는 방식 • 균등충전전압 : 2.4~2.5 [V]
부동충전방식	• 축전지의 자기방전을 보충함과 동시에 상용부하에 대한 전력 공급은 충전기가 부담하도록 하되 충전기가 부담하기 어려운 일시적인 대전류 부하는 축전지로 부담하는 방식 • 축전지와 부하를 충전기에 병렬로 접속하여 사용하는 방식 • 예비전원 설비 중 가장 많이 사용되는 방식
회복충전방식	축전지의 과방전, 가벼운 설페이션현상 또는 방치상태 등에서 기능회복을 위해 실시하는 방식

□ 2차 충전전류 구하는 식

$$2차\ 충전전류\ [A] = \frac{축전지\ 정격용량\ [Ah]}{축전지\ 공칭용량\ [h]} + \frac{상시부하\ [VA]}{표준전압\ [V]}$$

□ 축전지 종류별 특성

구분	연축전지	알칼리축전지
기전력 [V]	2.05~2.08	1.32
공칭전압 [V]	2.0	1.2
공칭용량 [Ah]	10	5

TIP ▶ 설페이션현상 : 배터리를 방전상태로 방치해두면 극판 표면에 유백색의 결정이 생긴다. 이 결정은 부도체의 황산납이며, 이와 같은 현상을 설페이션현상이라고 한다.

TIP ▶ 연축전지와 알칼리축전지의 공칭전압값과 공칭용량값은 암기해 둘 것

04

다음 도면을 보고 각 물음에 답하시오. (단, 경종과 표시등 공통선을 같이 하며, 화재로 인하여 하나의 층의 지구음향장치 배선이 단락되어도 다른 층의 화재통보에 지장이 없도록 각 층 배선상에 유효한 조치를 하였다)

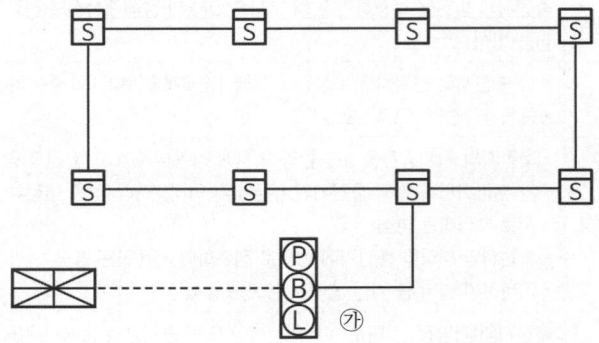

가. ㉮는 수동으로 화재신호를 발신하는 P형 발신기세트이다. 발신기세트와 수신기 간의 배선길이가 15 [m]인 경우 전선은 총 몇 [m]가 필요한지 산출하시오. (단, 층고, 할증 및 여유율 등은 고려하지 않는다)

O 계산과정 :

O 답 :

나. 상기 건물에 설치된 감지기가 2종인 경우 8개의 감지기가 최대로 감지할 수 있는 감지구역의 바닥 면적 [m²] 합계를 구하시오. (단, 천장높이는 5 [m]인 경우이다)

O 계산과정 :

O 답 :

다. 감지기와 감지기 간, 감지기와 P형 발신기세트 간의 길이가 각각 10 [m]인 경우 전선관 및 전선물량을 산출과정과 함께 쓰시오. (단, 층고, 할증 및 여유율 등은 고려하지 않는다)

품명	규격	산출과정	물량 [m]
전선관	16 [C]		
전선	2.5 [mm²]		

> 정답

가. 계산과정

15 × 6가닥 = 90 [m]

답 | 90 [m]

발신기와 수신기간의 가닥 수는 6가닥이므로 15 [m] × 6 = 90 [m]이다(지구, 공통, 응답, 경종, 표시등, 경종표시등공통선).

나. 계산과정

75 × 8 = 600 [m²]

답 | 600 [m²]

연기감지기 2종은 부착높이 4 [m] 이상 20 [m] 미만일 때(문제에서 천장높이가 5 [m]라고 주어졌음) 바닥면적 75 [m²]당 1개를 설치하므로, 75 × 8 = 600 [m²]이다.

다.

품명	규격	산출과정	물량 [m]
전선관	16 [C]	10 × 9 = 90 [m]	90 [m]
전선	2.5 [mm²]	10 × 8 × 2 + 10 × 4 = 200 [m]	200 [m]

감지기의 전선은 주로 1.5 [mm²]를 사용하는 것이 맞으나, 문제에서 2.5 [mm²]라고 명시하였으므로 문제에 맞게 풀어준다.

✓ 해설

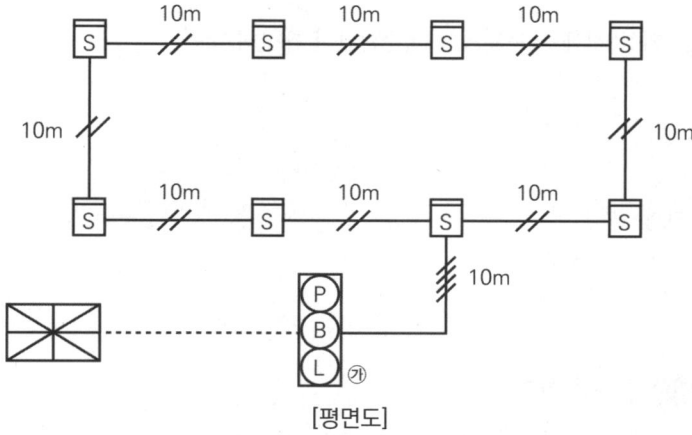

[평면도]

구분	산출내역	수신기와 발신기세트 사이의 물량을 제외한 길이 [m]
전선관	감지기와 감지기 사이의 거리 10 [m] × 8 = 80 [m] 감지기와 발신기세트 사이의 거리 10 [m] × 1 = 10 [m]	90 [m]
전선	감지기와 감지기 사이의 거리 10 [m] × 8 × 루프 2가닥씩 = 160 [m] 감지기와 발신기세트 사이의 거리 10 [m] × 1 × 루프를 제외한 나머지 4가닥 = 40 [m]	200 [m]

핵심이론 연기감지기 설치면적

(단위 : [m²])

부착높이	감지기의 종류	
	1종 및 2종	3종
4 [m] 미만	150	50
4~20 [m] 미만	75	-

05 배점 6

3상 전동기가 220 [V]로 기동하고 있다. 기동전류는 135 [A], 기동토크는 150 [%]일 때 다음 각 질문에 답하시오.

가. Y-△ 기동 시에 기동전류는 몇 [A]인지 계산하시오.

나. Y-△ 기동 시에 기동토크는 몇 [%]인지 계산하시오.

정답

☑ 계산과정
  가. 135/3 = 45 [A]
  나. 150/3 = 50 [%]

☑ 해설
핵심이론 Y-△ 기동

※ 3상 유도전동기의 기동 시

Y-△방식으로 하면 기동전류, 소비전력, 기동토크가 전부 $\frac{1}{3}$로 감소한다.

TIP $I_Y = \frac{1}{3} I\triangle$

06

비상조명등의 화재안전성능에 대한 내용 중 다음 각 물음에 답하시오.

가. 괄호에 들어갈 알맞은 말을 쓰시오.

  (1) 조도는 비상조명등이 설치된 장소의 각 부분의 바닥에서 (①) 이상이 되도록 할 것

  (2) 예비전원을 내장하는 비상조명등에는 평상시 점등 여부를 확인할 수 있는 (②)를 설치하고 해당 조명등을 유효하게 작동시킬 수 있는 용량의 축전지와 예비전원 충전장치를 내장할 것

나. 예비전원을 내장하지 아니하는 비상조명등의 비상전원 설치기준 3가지를 쓰시오.

정답

가.

①	②
1럭스 (= 1 [lx])	점검스위치

나. 1) 점검에 편리하고 화재 및 침수 등의 재해로 인한 피해를 받을 우려가 없는 곳에 설치할 것
  2) 상용전원으로부터 전력의 공급이 중단된 때에는 자동으로 비상전원으로부터 전력을 공급받을 수 있도록 할 것
  3) 비상전원의 설치장소는 다른 장소와 방화구획할 것
  4) 비상전원을 실내에 설치하는 때에는 그 실내에 비상조명등을 설치할 것

★ 핵심이론 비상조명등의 화재안전성능기준(NFPC 304) [시행 2022.12.1.]

제4조(설치기준) ① 비상조명등은 다음 각 호의 기준에 따라 설치해야 한다.

1. 특정소방대상물의 각 거실과 그로부터 지상에 이르는 복도·계단 및 그 밖의 통로에 설치할 것
2. 조도는 비상조명등이 설치된 장소의 각 부분의 바닥에서 1럭스 이상이 되도록 할 것
3. 예비전원을 내장하는 비상조명등에는 평상시 점등 여부를 확인할 수 있는 점검스위치를 설치하고 해당 조명등을 유효하게 작동시킬 수 있는 용량의 축전지와 예비전원 충전장치를 내장할 것

4. 예비전원을 내장하지 아니하는 비상조명등의 비상전원은 자가발전설비, 축전지설비 또는 전기저장장치(외부 전기에너지를 저장해두었다가 필요한 때 전기를 공급하는 장치)를 다음 각 목의 기준에 따라 설치하여야 한다.
   가. 점검에 편리하고 화재 및 침수 등의 재해로 인한 피해를 받을 우려가 없는 곳에 설치할 것
   나. 상용전원으로부터 전력의 공급이 중단된 때에는 자동으로 비상전원으로부터 전력을 공급받을 수 있도록 할 것
   다. 비상전원의 설치장소는 다른 장소와 방화구획할 것
   라. 비상전원을 실내에 설치하는 때에는 그 실내에 비상조명등을 설치할 것
5. 제3호와 제4호에 따른 예비전원과 비상전원은 비상조명등을 20분 이상 유효하게 작동시킬 수 있는 용량으로 할 것. 다만 지하층을 제외한 층수가 11층 이상의 층 등의 특정소방대상물의 경우에는 그 부분에서 피난층에 이르는 부분의 비상조명등을 60분 이상 유효하게 작동시킬 수 있는 용량으로 해야 한다.

07 배점 6

광전식 감지기의 다음 각 물음에 답하시오.

가. 산란광식(광전식 스포트형 감지기) 동작원리를 쓰시오.

나. 감광식(광전식 분리형 감지기) 동작원리를 쓰시오.

다. 광전식 스포트형 감지기의 적응 장소 2가지를 쓰시오. (단, 연기가 멀리 이동해서 감지기에 도달하는 장소이다)

정답

가. 화재발생 시 연기에 의해 빛이 산란되어 수광부 내로 들어오는 것을 감지하여 동작
나. 화재발생 시 연기에 의해 수광부로 들어오는 빛의 양(수광량)이 감소하는 것을 감지하여 동작
다. 계단, 경사로

핵심이론 — 자동화재탐지설비 및 시각경보장치의 화재안전기술기준(NFTC 203) [시행 2022.12.1.]

2.4.6 2.4.1 단서에도 불구하고 일시적으로 발생한 열·연기 또는 먼지 등으로 인하여 화재신호를 발신할 우려가 있는 장소에는 표 2.4.6(1) 및 표 2.4.6(2)에 따라 해당 장소에 적응성 있는 감지기를 설치할 수 있으며, 연기감지기를 설치할 수 없는 장소에는 표 2.4.6(1)을 적용하여 설치할 수 있다.

〈표 2.4.6(2) 설치장소별 감지기의 적응성〉

| 환경 상태 | 적응 장소 | 적응 열감지기 ||||| 적응 연기감지기 ||||| 불꽃감지기 | 비고 |
		차동식 스포트형	차동식 분포형	보상식 스포트형	정온식	열아날로그식	이온화식 스포트형	광전식 스포트형	이온아날로그식 스포트형	광전아날로그식 스포트형	광전식 분리형	광전아날로그식 분리형		
5. 연기가 멀리 이동해서 감지기에 도달하는 장소	계단, 경사로	-	-	-	-	-	-	○	-	○	○	○	-	광전식 스포트형 감지기 또는 광전아날로그식 스포트형 감지기를 설치하는 경우에는 당해 감지기회로에 축적기능을 갖지 않는 것으로 할 것

[비고] 1. "○"는 당해 설치장소에 적응하는 것을 표시
2. "◎" 당해 설치장소에 연기감지기를 설치하는 경우에는 당해 감지회로에 축적기능을 갖는 것을 표시
3. 차동식 스포트형, 차동식 분포형, 보상식 스포트형 및 연기식(당해 감지기회로에 축적기능을 갖지 않는 것) 1종은 감도가 예민하기 때문에 비화재보 발생은 2종에 비해 불리한 조건이라는 것을 유의할 것
4. 차동식 분포형 3종 및 정온식 2종은 소화설비와 연동하는 경우에 한해서 사용할 것
5. 광전식 분리형 감지기는 평상시 연기가 발생하는 장소 또는 공간이 협소한 경우에는 적응성이 없음
6. 넓은 공간으로 천장이 높아 열 및 연기가 확산하는 장소로서 차동식 분포형 또는 광전식 분리형 2종을 설치하는 경우에는 제조사의 사양에 따를 것
7. 다신호식 감지기는 그 감지기가 가지고 있는 종별, 공칭작동온도별로 따르고 표에 따른 적응성이 있는 감지기로 할 것
8. 축적형 감지기 또는 축적형 중계기 혹은 축적형 수신기를 설치하는 경우에는 2.4에 따를 것

08
배점 6

옥내소화전설비의 화재안전기술기준 중 전원설치에 관한 사항이다. 괄호 안에 들어갈 알맞은 말을 쓰시오.

가. 저압수전인 경우에는 (①)의 직후에서 분기하여 전용배선으로 해야 하며, 전용의 전선관에 보호되도록 할 것

나. 옥내소화전설비를 유효하게 (②) 이상 작동할 수 있어야 할 것

다. 비상전원을 실내에 설치하는 때에는 그 실내에 (③)을 설치할 것

정답

①	②	③
인입개폐기	20분	비상조명등

TIP 옥내소화전설비, 가스계소화설비, 스프링클러설비의 화재안전기준의 간단한 말문제가 매년 매회차 한 문제 이상 출제되고 있으므로 반드시 암기할 것

핵심이론 옥내소화전설비의 화재안전기술기준(NFTC 102) [시행 2022.12.1.]

2.5 전원

2.5.1 옥내소화전설비에는 그 특정소방대상물의 수전방식에 따라 다음의 기준에 따른 상용전원회로의 배선을 설치해야 한다. 다만 가압수조방식으로서 모든 기능이 20분 이상 유효하게 지속될 수 있는 경우에는 그렇지 않다.

2.5.1.1 저압수전인 경우에는 인입개폐기의 직후에서 분기하여 전용배선으로 해야 하며, 전용의 전선관에 보호되도록 할 것

2.5.1.2 특별고압수전 또는 고압수전일 경우에는 전력용 변압기 2차 측의 주차단기 1차 측에서 분기하여 전용배선으로 하되, 상용전원의 상시 공급에 지장이 없을 경우에는 주차단기 2차 측에서 분기하여 전용배선으로 할 것. 다만 가압송수장치의 정격입력전압이 수전전압과 같은 경우에는 2.5.1.1의 기준에 따른다.

2.5.2 다음의 어느 하나에 해당하는 특정소방대상물의 옥내소화전설비에는 비상전원을 설치해야 한다. 다만 2 이상의 변전소(「전기사업법」 제67조에 따른 변전소를 말한다. 이하 같다)에서 전력을 동시에 공급받을 수 있거나 하나의 변전소로부터 전력의 공급이 중단되는 때에는 자동으로 다른 변전소로부터 전원을 공급받을 수 있도록 상용전원을 설치한 경우와 가압수조방식에는 비상전원을 설치하지 않을 수 있다.

2.5.2.1 층수가 7층 이상으로서 연면적 2000 [m²] 이상인 것

2.5.2.2 2.5.2.1에 해당하지 않는 특정소방대상물로서 지하층의 바닥면적 합계가 3000 [m²] 이상인 것

2.5.3 2.5.2에 따른 비상전원은 자가발전설비, 축전지설비(내연기관에 따른 펌프를 사용하는 경우에는 내연기관의 기동 및 제어용 축전지를 말한다) 또는 전기저장장치(외부 전기에너지를 저장해두었다가 필요한 때 전기를 공급하는 장치)로서 다음의 기준에 따라 설치해야 한다.
2.5.3.1 점검에 편리하고 화재 및 침수 등의 재해로 인한 피해를 받을 우려가 없는 곳에 설치할 것
2.5.3.2 옥내소화전설비를 유효하게 20분 이상 작동할 수 있어야 할 것
2.5.3.3 상용전원으로부터 전력의 공급이 중단된 때에는 자동으로 비상전원으로부터 전력을 공급받을 수 있도록 할 것
2.5.3.4 비상전원(내연기관의 기동 및 제어용 축전기를 제외한다)의 설치장소는 다른 장소와 방화구획할 것. 이 경우 그 장소에는 비상전원의 공급에 필요한 기구나 설비 외의 것(열병합발전설비에 필요한 기구나 설비는 제외한다)을 두어서는 안 된다.
2.5.3.5 비상전원을 실내에 설치하는 때에는 그 실내에 비상조명등을 설치할 것

09

사무실 바닥면적은 700 [m²]이며 천장의 높이는 4 [m], 내화구조인 건물이 있다. 이 사무실에 차동식 스포트형(2종) 감지기를 설치할 때 감지기 최소 수량을 산정하시오.

정답

$$\frac{700}{35} = 20 \quad \therefore \ 20개$$

- 경계구역 면적을 고려하여 350/35 = 10개, 350/35 = 10개
  ∴ 20개라고 작성하여도 정답
- 차동식 스포트형 2종을 4 [m] 이상에 설치 시 바닥면적 35 [m²]마다 설치한다.

핵심이론 감지기 설치면적

□ 열감지기 설치면적 (단위 : [m²])

부착높이 및 특정소방대상물의 구분		감지기의 종류						
		차동식 스포트형		보상식 스포트형		정온식 스포트형		
		1종	2종	1종	2종	특종	1종	2종
4 [m] 미만	내화구조	90	70	90	70	70	60	20
	기타구조	50	40	50	40	40	30	15
4 [m] 이상 8 [m] 미만	내화구조	45	35	45	35	35	30	
	기타구조	30	25	30	25	25	15	

□ 연기감지기 설치면적 (단위 : [m²])

부착높이	감지기의 종류	
	1종 및 2종	3종
4 [m] 미만	150	50
4 ~ 20 [m] 미만	75	-

※ 연기감지기는 복도 및 통로에 있어서는 보행거리 30 [m](3종에 있어서는 20 [m])마다, 계단 및 경사로에 있어서는 수직거리 15 [m](3종에 있어서는 10 [m])마다 1개 이상으로 할 것

10

[득점]   [배점 5]

비상경보설비 및 단독경보형 감지기의 화재안전성능기준에 대한 다음 각 괄호 안에 들어갈 알맞은 말을 쓰시오.

가. 각 실마다 설치하되, 바닥면적이 (①) [m²]를 초과하는 경우에는 (①) [m²]마다 1개 이상 설치할 것. 다만 이웃하는 실내의 바닥면적이 각각 (②) [m²] 미만이고 벽체의 상부의 전부 또는 일부가 개방되어 이웃하는 실내와 공기가 상호유통되는 경우에는 이를 (③)개의 실로 본다.

나. 최상층의 (④)의 천장(외기가 상통하는 (④)의 경우를 제외한다)에 설치할 것

다. 상용전원을 주전원으로 사용하는 단독경보형 감지기의 (⑤)는 법 제40조에 따라 제품검사에 합격한 것을 사용할 것

정답

①	②	③
150	30	1
④	⑤	
계단실	2차전지	

🔑 핵심이론 비상경보설비 및 단독경보형 감지기의 화재안전기술기준(NFTC 201) 〈시행 2022.12.1.〉

2.2 단독경보형 감지기

2.2.1 단독경보형 감지기는 다음의 기준에 따라 설치해야 한다.

2.2.1.1 각 실(이웃하는 실내의 바닥면적이 각각 30 [m²] 미만이고 벽체의 상부의 전부 또는 일부가 개방되어 이웃하는 실내와 공기가 상호 유통되는 경우에는 이를 1개의 실로 본다)마다 설치하되, 바닥면적이 150 [m²]를 초과하는 경우에는 150 [m²]마다 1개 이상 설치할 것

2.2.1.2 계단실은 최상층의 계단실 천장(외기가 상통하는 계단실의 경우를 제외한다)에 설치할 것

2.2.1.3 건전지를 주전원으로 사용하는 단독경보형 감지기는 정상적인 작동상태를 유지할 수 있도록 주기적으로 건전지를 교환할 것

2.2.1.4 상용전원을 주전원으로 사용하는 단독경보형 감지기의 2차전지는 법 제40조에 따라 제품검사에 합격한 것을 사용할 것

11

배점 6

변압기 전부하 시 8 [kW]이며 이때의 효율은 80%이다. 전부하의 1/4인 2 [kW]일 때 다음 각 질문에 답하시오.

가. 전부하 시 8 [kW] 이며 전부하의 1/4인 2 [kW]일 때 동손과의 관계를 구하시오. (단, 출력 2 [kW]일 때 변압기 효율은 80 [%]로 변함이 없다)

나. 전부하 시 동손과 철손의 값을 각각 구하시오.

(1) 동손 :   (2) 철손 :

정답

가. 2 [kW]일 때의 부하율 $m = \dfrac{2}{8} = \dfrac{1}{4}$

동손 P_c은 부하율의 제곱에 비례하므로,

2 [kW]일 때의 동손 $P_{c2} = \left(\dfrac{1}{4}\right)^2 P_{c1}$

따라서 $P_{c1} = 16 P_{c2}$

(이때 P_{c1} : 전부하 시 동손, P_{c2} : 2 [kW] 시 동손)

나. 효율 $\eta = \dfrac{출력}{입력} = \dfrac{출력}{출력 + 손실(동손 + 철손)}$

(1) 전부하 시 효율 $= \dfrac{8}{8 + P_i + P_c} = 0.8$

∴ $P_i + P_c = 2$

(2) 2 [kW] 시 효율 $= \dfrac{2}{2 + 25\,[\%]\,부하(1/4\,부하)일 \text{ 때의 손실}} = 0.8$

25 [%]일 때의 손실 $= 0.5 [kW]$ ∴ $P_i + \dfrac{1}{16} P_c = 0.5 [kW]$

∴ (1)과 (2)를 연립하여 풀면

P_c(동손) $= 1.6 [kW]$

P_i(철손) $= 0.4 [kW]$

핵심이론 변압기 손실

1) 변압기 손실

(1) 무부하손실 : 철손(히스테리시스 손실, 와전류손실), 유전체손

(2) 부하손실(가변손실) - 동손(저항손, 구리손), 표류 부하손

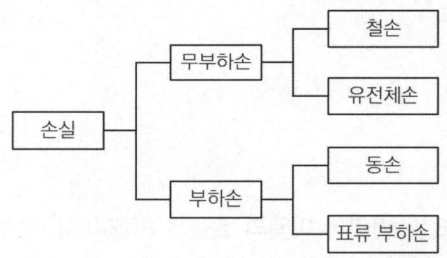

① 철손 : 자속의 시간적 변화로 인해 발생되는 손실로서 히스테리시스 손과 와류손이 있다(히스테리시스 손 : 규소강판 사용, 와류 손 : 성층철심 사용).

② 동손(저항손) : 권선의 저항에 의해 생기는 손실

③ 표류 부하손 : 변압기 권선에서 누설자속에 의해 철심 외함이나 볼트 등에서 발생되는 손실

④ 유전체손 : 유전체 특성에 의해 발생되는 손실

2) 변압기 실측효율

입력과 출력을 직접 측정하여 나타낸 효율

$$\eta = \dfrac{출력}{입력} \times 100 [\%]$$

12

경보설비에 해당하는 설비 8가지를 쓰시오.

득점 ____ 배점 8

① 　　　　　　② 　　　　　　③
④ 　　　　　　⑤ 　　　　　　⑥
⑦ 　　　　　　⑧

정답

① 단독경보형 감지기, ② 비상경보설비, ③ 시각경보기, ④ 자동화재탐지설비,
⑤ 비상방송설비, ⑥ 자동화재속보설비, ⑦ 통합감시시설, ⑧ 누전경보기,
⑨ 가스누설경보기, ⑩ 화재알림설비

핵심이론 설비

구분	정의
소화설비	물 또는 그 밖의 소화약제를 사용하여 소화하는 기계·기구·설비
경보설비	화재 발생 사실을 통보하는 기계·기구·설비
피난구조설비	화재 시 피난하기 위해 사용하는 기구·설비
소화용수설비	화재를 진압하는 데 필요한 물을 공급·저장하는 설비
소화활동설비	화재를 진압하거나 인명구조 활동을 위해 사용하는 설비

□ 경보설비 종류
- 단독경보형 감지기
- 비상경보설비
    ① 비상벨설비
    ② 자동식 사이렌설비
- 시각경보기
- 자동화재탐지설비
- 비상방송설비
- 자동화재속보설비
- 통합감시시설
- 누전경보기
- 가스누설경보기
- 화재알림설비

13

배점 3

바닥 면적이 15 [m] × 5 [m]이며 높이는 3 [m]인 전기실에 이산화탄소소화설비를 설치한다. 이때 설치해야 하는 연기감지기 수량을 산정하시오.

정답

$$\frac{15 \times 5}{150} = 0.5$$

∴ 절상해서 1개이지만

가스계소화설비는 교차회로방식을 사용하므로 $1 \times 2 = 2$개이다.

핵심이론 감지기 설치면적

□ 열감지기 설치면적 (단위 : [m²])

부착높이 및 특정소방대상물의 구분		감지기의 종류						
		차동식 스포트형		보상식 스포트형		정온식 스포트형		
		1종	2종	1종	2종	특종	1종	2종
4 [m] 미만	내화구조	90	70	90	70	70	60	20
	기타구조	50	40	50	40	40	30	15
4 [m] 이상 8 [m] 미만	내화구조	45	35	45	35	35	30	
	기타구조	30	25	30	25	25	15	

□ 연기감지기 설치면적 (단위 : [m²])

부착높이	감지기의 종류	
	1종 및 2종	3종
4 [m] 미만	150	50
4 [m] 이상 20 [m] 미만	75	-

※ 감지기는 복도 및 통로에 있어서는 보행거리 30 [m](3종에 있어서는 20 [m])마다, 계단 및 경사로에 있어서는 수직거리 15 [m](3종에 있어서는 10 [m])마다 1개 이상으로 할 것

- 해당 실에 연기감지기를 설치한다고 하였으므로, 연기감지기 수량에 2를 곱하여 산정한다.
- 문제에서 연기감지기 몇종의 언급이 없으면 일반적으로 2종을 설치한다.

14 득점 ☐ 배점 6

특정소방대상물에 설치된 소방시설등을 구성하는 어느 하나에 해당하는 것의 전부 또는 일부를 개설, 이전 또는 정비하는 공사는 소방시설공사의 착공신고를 하여야 한다. 다만 고장 또는 파손 등으로 인하여 작동시킬 수 없는 소방시설을 긴급히 교체하거나 보수하여야 하는 경우에는 신고하지 않을 수 있다. 어느 하나에 해당하는 것 3가지를 쓰시오.

①
②
③

정답

① 수신반
② 소화펌프
③ 동력제어반, 감시제어반

핵심이론 소방시설공사업법 시행령

제4조(소방시설공사의 착공신고 대상)

3. 특정소방대상물에 설치된 소방시설등을 구성하는 다음 각 목의 어느 하나에 해당하는 것의 전부 또는 일부를 개설(改設), 이전(移轉) 또는 정비(整備)하는 공사. 다만 고장 또는 파손 등으로 인하여 작동시킬 수 없는 소방시설을 긴급히 교체하거나 보수하여야 하는 경우에는 신고하지 않을 수 있다.
    가. 수신반(受信盤)
    나. 소화펌프
    다. 동력제어반
    라. 감시제어반

- 수신기, 소방펌프라고 쓰지 말 것
- 동력제어반이라고만 적어도 정답
- 다만 고장·파손 등으로 인하여 작동시킬 수 없는 소방시설을 긴급히 교체하거나 보수하여야 하는 경우에는 신고하지 않을 수 있음

15

배점 6

3상 유도전동기의 역률 80 [%], 용량 100 [kVA]의 펌프가 있다. 여기에 역률 60 [%], 용량 50 [kVA]의 전동기를 추가로 설치하여 전동기 합성 역률을 90 [%]로 개선하고자 하는 경우 필요한 전력용 콘덴서용량[kVA]을 구하시오.

정답

〈각각의 유효전력과 무효전력 구하기〉

첫 번째 전동기 $P_a = 100[kVA], P = 80[kW], P_r = 60[kVAR]$

추가한 전동기 $P_a = 50[kVA], P = 30[kW], P_r = 40[kVAR]$

〈합성전력 및 역률 구하기〉

1. 합성유효전력 $P = 110[kW]$
2. 합성무효전력 $P_{VAR} = 100[kVAR]$
3. 합성피상전력 $P_a = \sqrt{110^2 + 100^2} = 148.66[kVA]$

∴ 전동기 추가설치 후 합성역률 $\cos\theta = \dfrac{P}{P_a} = \dfrac{110}{148.66} = 0.74$

∴ 90 [%]로 역률개선하기 위한 C의 용량

$Q_c = 110\left(\dfrac{\sqrt{1-0.74^2}}{0.74} - \dfrac{\sqrt{1-0.9^2}}{0.9}\right) = 46.71[kVA]$

핵심이론 역률개선용 콘덴서용량 구하는 식

$$Q_c = P\left(\dfrac{\sqrt{1-\cos\theta_1^2}}{\cos\theta_1} - \dfrac{\sqrt{1-\cos\theta_2^2}}{\cos\theta_2}\right)$$

Q_C : 콘덴서용량 [kVA], P : 유효전력 [kW]
$\cos\theta_1$: 개선 전 역률, $\cos\theta_2$: 개선 후 역률

16 다음 그림의 휘스톤 브리지 평형조건일 때의 R_2를 구하시오.

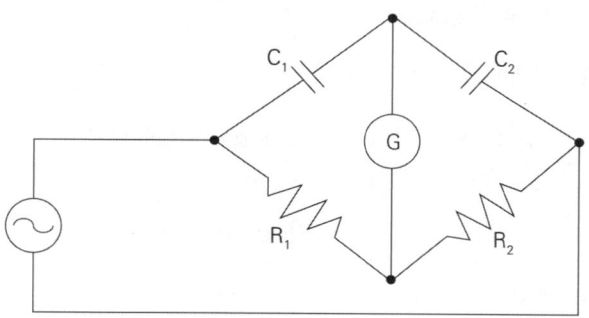

정답

휘스톤 브리지는 마주보는 대각선의 곱이 같아야 평형이므로,

$$R_2 \times \frac{1}{wC_1} = R_1 \times \frac{1}{wC_2}$$

따라서 $R_2 = \dfrac{C_1}{C_2} \times R_1$

핵심이론 휘스톤 브리지

1) 휘스톤 브리지는 저항 측정 시 이용되며, 브리지의 평형조건이 성립되면 검류계 G에는 전류가 흐르지 않는다.
2) 브리지 평형조건 : $PR = XQ$
3) 미지저항 X 구하기 : $X = \dfrac{PR}{Q}$

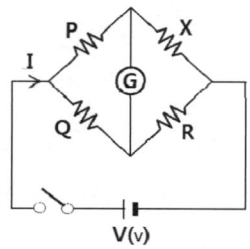

보충 ▶ 휘스톤 브리지는 1차 필기시험 2과목(전기일반)에 출제되었던 사항으로써, 필기시험에 출제되었던 문제가 출제되는 경향을 보인다.

17

득점 ___ 배점 5

다음은 한국전기설비규정(KEC)의 금속관공사 시설조건에 관한 사항이다. 각 괄호 안에 들어갈 알맞은 말을 쓰시오.

가. 전선은 절연전선((①) 제외)일 것

나. 전선은 (②)일 것. 다만 다음의 것은 적용하지 않는다.
- 짧고 가는 금속관에 넣은 것
- 단면적 (③) [mm²](알루미늄선은 16 [mm²]) 이하의 것

다. 전선은 금속관 안에서 (④)이 없도록 할 것

라. 관의 끝 부분에는 전선의 피복을 손상하지 아니하도록 (⑤)을 할 것

정답

①	②	③
옥외용 비닐절연전선	연선	10
④	⑤	
접속점	부싱	

핵심이론 한국전기설비규정 [시행 2023.12.14.]

232.12 금속관공사

232.12.1 시설조건
1. 전선은 절연전선(옥외용 비닐절연전선을 제외한다)일 것
2. 전선은 연선일 것. 다만 다음의 것은 적용하지 않는다.
   가. 짧고 가는 금속관에 넣은 것
   나. 단면적 10 [mm²](알루미늄선은 단면적 16 [mm²]) 이하의 것
3. 전선은 금속관 안에서 접속점이 없도록 할 것

232.12.2 금속관 및 부속품의 선정
1. 금속관공사에 사용하는 금속관과 박스 기타의 부속품(관 상호 간을 접속하는 것 및 관의 끝에 접속하는 것에 한하며 리듀서를 제외한다)은 다음에 적합한 것이어야 한다.
   가. (1)에 정하는 표준에 적합한 금속제의 전선관(가요전선관을 제외한다) 및 금속제 박스 기타의 부속품 또는 황동이나 동으로 견고하게 제작한 것일 것. 다만 분진방폭형 가요성 부속 기타의 폭발방지형의 부속품으로서 (2)와 (3)에 적합한 것과 절연부싱은 그러하지 아니하다.
      (1) 금속제의 전선관 및 금속제박스 기타의 부속품은 다음에 적합한 것일 것
         (가) 강제 전선관 : KS C 8401(강제전선관)의 "4 굽힘성", "5 내식성", "7 치수, 무게 및 유효 나사부의 길이와 바깥지름 및 무게의 허용차"의

"표 1", "표 2" 및 "표 3"의 호칭방법, 바깥지름, 바깥지름의 허용차, 두께, 유효나사부의 길이(최소치), "8 겉모양", "9.1 재료"와 "9.2 제조방법"의 9.2.2, 9.2.3 및 9.2.4

(나) 알루미늄 전선관 : KS C IEC 60614-2-1-A(전선관-제2-1부 : 금속제 전선관의 개별규정)의 "7 치수", "8 구조", "9 기계적 특성", "10 내열성", "11 내화성"

(다) 금속제 박스 : KS C 8458(금속제 박스 및 커버)의 "4 성능", "5 구조", "6 모양 및 치수" 및 "7 재료"

(라) 부속품 : KS C 8460(금속제 전선관용 부속품)의 "7 성능", "8 구조", "9 모양 및 치수", 및 "10 재료"

(2) 금속관의 폭발방지형 부속품 중 가요성 부속의 표준은 다음에 적합한 것일 것

(가) 분진방폭형의 가요성 부속의 구조는 이음매 없는 단동·인청동이나 스테인리스의 가요관에 단동·황동이나 스테인리스의 편조 피복을 입힌 것 또는 표 232.12-1에 적합한 2종 금속제의 가요전선관에 두께 0.8 [mm] 이상의 비닐 피복을 입힌 것의 양쪽 끝에 접속기 또는 유니온 커플링을 견고히 접속하고 안쪽 면은 전선을 넣거나 바꿀 때에 전선의 피복을 손상하지 아니하도록 매끈한 것일 것

(나) 분진방폭형의 가요성 부속의 완성품은 실온에서 그 바깥지름의 10배의 지름을 가지는 원통의 주위에 180° 구부린 후 직선상으로 환원시키고 다음에 반대방향으로 180° 구부린 후 직선상으로 환원시키는 조작을 10회 반복하였을 때에 금이 가거나 갈라지는 등의 이상이 생기지 아니하는 것일 것

(다) 내압(耐壓)방폭형의 가요성 부속의 구조는 이음매 없는 단동·인청동이나 스테인리스의 가요관에 단동·황동이나 스테인리스의 편조 피복을 입힌 것의 양쪽 끝에 접속기 또는 유니온 커플링을 견고히 접속하고 안쪽 면은 전선을 넣거나 바꿀 때에 전선의 피복을 손상하지 아니하도록 매끈한 것일 것

(라) 내압(耐壓)방폭형의 가요성 부속의 완성품은 실온에서 그 바깥지름의 10배의 지름을 가지는 원통의 주위에 180° 구부린 후 직선상으로 환원시키고 다음에 반대방향으로 180° 구부린 후 직선상으로 환원시키는 조작을 10회 반복한 후 196 [N/cm^2]의 수압을 내부에 가하였을 때에 금이 가거나 갈라지는 등의 이상이 생기지 아니하는 것일 것

(마) 안전증 방폭형의 가요성 부속의 구조는 표 232.12-1에 적합한 1종 금속제의 가요전선관에 단동·황동이나 스테인리스의 편조 피복을 입힌 것 또는 표 232.12-1에 적합한 2종 금속제의 가요전선관에 두께 0.8 [mm] 이상의 비닐을 피복한 것의 양쪽 끝에 접속기 또는 유니온 커플링을 견고히 접속하고 안쪽 면은 전선을 넣거나 바꿀 때에 전선의 피복을 손상하지 아니하도록 매끈한 것일 것

(바) 안전증 방폭형의 가요성 부속의 완성품은 실온에서 그 바깥지름의 10배의 지름을 가지는 원통의 주위에 180° 구부린 후 직선상으로 환원시키고 다음에 반대방향으로 180° 구부린 후 직선상으로 환원시키는 조작을 10회 반복하였을 때 금이 가거나 갈라지는 등의 이상이 생기지 아니하는 것일 것

〈표 232.12-1 금속제 가요 전선관 및 박스 기타의 부속품〉

1종 금속제 가요전선관	KS C 8422(금속제 가요전선관)의 "7. 성능" 표 1의 "내식성, 인장, 굽힘", "8.1 가요관의 내면", "9. 치수" 표 2의 "1종 가요관의 호칭, 재료의 최소두께, 최소 안지름, 바깥지름, 바깥지름의 허용차" 및 "10. 재료 a"의 규정에 적합한 것이어야 하며 조편의 이음매는 심하게 두께가 늘어나지 아니하고 1종 금속제 가요전선관의 세기를 감소시키지 아니하는 것일 것
2종 금속제 가요전선관	KS C 8422(금속제 가요전선관)의 "7. 성능" 표 1의 "내식성, 인장, 압축, 전기저항, 굽힘, 내수", "8.1 가요관의 내면", "9. 치수" 표 3 "2종 가요관의 호칭, 최소 안지름, 바깥지름, 바깥지름의 허용차" 및 "10. 재료 b"의 규정에 적합한 것일 것
금속제 가요전선관용 부속품	KS C 8459(금속제 가요전선관용 부속품)의 "7. 성능", "8. 구조", "9. 모양 및 치수", "그림 4 ~ 15" 및 "10. 재료"에 적합한 것일 것

(3) 금속관의 폭발방지형 부속품 중 (2)에 규정하는 것 이외의 것은 다음의 표준에 적합할 것
  (가) 재료는 건식아연도금법에 의하여 아연도금을 한 위에 투명한 도료를 칠하거나 기타방법으로 녹이 스는 것을 방지하도록 한 강(鋼) 또는 가단주철(可鍛鑄鐵)일 것
  (나) 안쪽 면 및 끝부분은 전선을 넣거나 바꿀 때에 전선의 피복을 손상하지 아니하도록 매끈한 것일 것
  (다) 전선관과의 접속부분의 나사는 5턱 이상 완전히 나사결합이 될 수 있는 길이일 것
  (라) 접합면(나사의 결합부분을 제외한다)은 KS C IEC 60079-1(폭발성 분위기-제1부 : 내압 방폭구조 "d") "5. 방폭접합"의 "5.1 일반 요구사항"에 적합한 것일 것. 다만 금속·합성고무 등의 난연성 및 내구성이 있는 패킹을 사용하고 이를 견고히 접합면에 붙일 경우에 그 틈새가 있을 경우 이 틈새는 KS C IEC 60079-1(폭발성 분위기-제1부 : 내압 방폭구조 "d") "5.2.2 틈새"의 "표 1" 및 "표 2"의 최댓값을 넘지 않아야 한다.
  (마) 접합면 중 나사의 접합은 KS C IEC 60079-1(폭발성 분위기-제1부 : 내압 방폭구조 "d")의 "5.3 나사 접합"의 "표 3" 및 "표 4"에 적합한 것일 것
  (바) 완성품은 KS C IEC 60079-1(폭발성 분위기-제1부 : 내압 방폭구조 "d")의 "15.1.2 폭발압력(기준압력)측정" 및 "15.1.3 압력시험"에 적합한 것일 것

나. 관의 두께는 다음에 의할 것
  (1) 콘크리트에 매입하는 것은 1.2 [mm] 이상
  (2) (1) 이외의 것은 1 [mm] 이상. 다만 이음매가 없는 길이 4 [m] 이하인 것을 건조하고 전개된 곳에 시설하는 경우에는 0.5 [mm]까지로 감할 수 있다.
다. 관의 끝부분 및 안쪽 면은 전선의 피복을 손상하지 아니하도록 매끈한 것일 것

232.12.3 금속관 및 부속품의 시설

1. 관 상호 간 및 관과 박스 기타의 부속품과는 나사접속 기타 이와 동등 이상의 효력이 있는 방법에 의하여 견고하고 또한 전기적으로 완전하게 접속할 것
2. 관의 끝 부분에는 전선의 피복을 손상하지 아니하도록 부싱을 사용할 것. 다만 금속관공사로부터 애자사용공사로 옮기는 경우에는 그 부분의 관의 끝부분에는 절연부싱 또는 이와 유사한 것을 사용하여야 한다.
3. 습기가 많은 장소 또는 물기가 있는 장소에 시설하는 경우에는 방습장치를 할 것
4. 관에는 211과 140에 준하여 접지공사를 할 것. 다만 사용전압이 400 [V] 이하로서 다음 중 하나에 해당하는 경우에는 그러하지 아니하다.
   가. 관의 길이(2개 이상의 관을 접속하여 사용하는 경우에는 그 전체의 길이를 말한다. 이하 같다)가 4 [m] 이하인 것을 건조한 장소에 시설하는 경우
   나. 옥내배선의 사용전압이 직류 300 [V] 또는 교류 대지전압 150 [V] 이하로서 그 전선을 넣는 관의 길이가 8 [m] 이하인 것을 사람이 쉽게 접촉할 우려가 없도록 시설하는 경우 또는 건조한 장소에 시설하는 경우
5. 금속관을 금속제의 풀박스에 접속하여 사용하는 경우에는 제1의 규정에 준하여 시설하여야 한다. 다만 기술상 부득이한 경우에는 관 및 풀박스를 건조한 곳에서 불연성의 조영재에 견고하게 시설하고 또한 관과 풀박스 상호 간을 전기적으로 접속하는 때에는 그러하지 아니하다.

232.13 금속제 가요전선관공사

232.13.1 시설조건

1. 전선은 절연전선(옥외용 비닐절연전선을 제외한다)일 것.
2. 전선은 연선일 것. 다만 단면적 10 [mm^2](알루미늄선은 단면적 16 [mm^2]) 이하인 것은 그러하지 아니하다.
3. 가요전선관 안에는 전선에 접속점이 없도록 할 것.
4. 가요전선관은 2종 금속제 가요전선관일 것. 다만 전개된 장소이거나 점검할 수 있는 은폐된 장소(옥내배선의 사용전압이 400 [V] 초과인 경우에는 전동기에 접속하는 부분으로서 가요성을 필요로 하는 부분에 사용하는 것에 한한다) 또는 점검 불가능한 은폐장소에 기계적 충격을 받을 우려가 없는 조건일 경우에는 1종 가요전선관(습기가 많은 장소 또는 물기가 있는 장소에는 비닐 피복 1종 가요전선관에 한한다)을 사용할 수 있다.

18

자동화재탐지설비의 수신기시험 중 동시작동시험의 목적을 쓰시오.

배점 3

정답

2회로 이상 동작 시 수신기 기능 정상 여부 확인

핵심이론 수신기시험

1) 화재표시작동시험
   (1) 시험목적 : 지구표시등, 화재표시등 점등, 음향장치 명동 확인
   (2) 시험방법
       ① 수신기기능스위치 중 "동작시험스위치 + 자동복구스위치"를 누름
       ② 회로선택스위치 차례로 회전시켜 회로마다 화재표시 작동시험 확인
   (3) 가부판정 : 화재표시등 및 지구표시등 점등 여부, 음향장치 작동 여부, 회로 연결상태 정상 확인

2) 예비전원시험
   (1) 시험목적 : 정전 시 상용전원에서 예비전원 자동전환 여부 확인 및 정상상태 복구 시 상용 전원으로 자동전환 여부 확인
   (2) 시험방법
       ① 수신기스위치 중 "예비전원스위치"를 누름(예비전원전압 표시 및 예비전원등 점등 확인)
       ② 전압계 지시 및 전원표시 전환 여부 확인
   (3) 가부판정 : 전압이 DC 24 [V] 지시, 릴레이 정상 작동 시 정상

3) 동시작동시험(회로수가 2회선 이상)
   (1) 시험목적 : 2회로 이상 동작 시 수신기 기능 정상 여부 확인
   (2) 시험방법
       ① 수신기스위치 중 "동작시험"스위치를 누름
       ② 회로 선택스위치 이용 5회로 동시작동시킴
   (3) 가부판정 : 회선 동시 작동 시 수신기 기능이 정상적이어야 함

4) 공통선시험
   (1) 시험목적 : 공통선이 담당하고 있는 경계구역 회선수 확인
   (2) 시험방법
       ① 수신기 내부 단자에서 공통선을 분리
       ② 회로 선택스위치를 회전시켜 단선 표시되는 회선수를 파악
   (3) 가부판정 : 단선이 표시되는 회선수가 7회선 이하이면 정상

5) 회로도통시험 ★★★
    (1) 시험목적 : 감지기회로의 단선, 단락 및 접속상태의 이상 유무를 파악
    (2) 시험방법
        ① 수신기스위치 중 "도통시험스위치"를 누름
        ② 회로 선택스위치를 회전시킴
        ③ 각 회선의 계기 지시상태, 종단저항 접속 여부 확인
    (3) 가부판정
        ① 전압계 지시 약 4 [V] (녹색) 지시 : 정상
        ② 전압계 지시 24 [V] (적색) 지시 : 단락
        ③ 전압계 지시 0 [V] : 단선
    ※ 종단저항 설치목적 : 감지기회로 단선, 단락 및 접속상태 이상 유무 파악
6) 저전압시험
    (1) 시험목적 : 저전압상태(정격전압 80 [%] 이하) 수신기 기능 유지 확인
    (2) 시험방법
        ① 전압시험기나 가변저항기 이용하여 전압을 80 [%] 이하로 맞춤
        ② 화재표시작동시험에 준하는 시험 실시
    (3) 가부판정 : 화재신호 정상 수신 여부 확인
7) 회로저항시험
    (1) 시험목적 : 감지기회로 1회선 선로 저항이 수신기 기능에 이상을 주지 않는 것 확인
    (2) 시험방법
        ① 저항계를 사용하여 감지기회로 공통선과 표시선 사이의 전로를 측정
        ② 회로 말단을 단락시켜 도통상태에서 선로 저항 측정
    (3) 가부판정 : 하나의 감지기회로의 전로저항의 합성치가 50 [Ω] 이하
8) 절연저항시험(DC 500 [V]의 절연저항계 측정)
    (1) 측정기기 : DC 500 [V] 절연저항계
    (2) 절연저항
        ① 절연된 충전부와 외함 간 : 5 [MΩ] 이상(교류입력 측과 외함 : 20 [MΩ] 이상)
        ② 절연된 선로 간 : 20 [MΩ] 이상일 것
        ③ P형, P형 복합식, GP형 복합식의 수신기로서 접속되는 회선수 10 이하인 것, 또는 R형, R형 복합식, GR형 및 GR형 복합식의 수신기로서 접속되는 중계기가 10 이상인 것은 교류 입력 측과 외함 간을 제외하고 1회선당 50 [MΩ] 이상일 것

격차를 뛰어넘어 압도적인 격차를 만들다

2023

1회	2023.04.23
2회	2023.07.22
4회	2023.11.05

01

비상용 전원설비로 축전지설비를 하려고 한다. 사용되는 부하의 방전전류-시간특성곡선이 그림과 같을 때 다음 각 물음에 답하시오. (단, 축전지의 용량환산시간계수 K는 주어진 표에 의하여 계산한다)

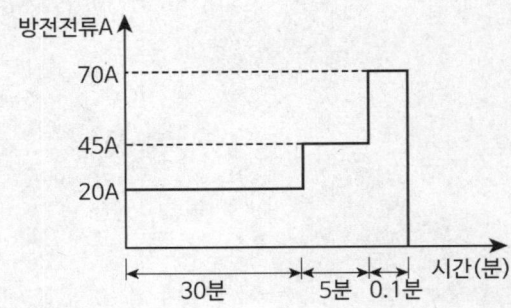

[용량환산시간계수 K(온도 5 [℃]에서)]

형식	최저허용전압 [V/셀]	0.1분	1분	5분	10분	20분	30분	60분	120분
AH	1.10	0.30	0.46	0.56	0.66	0.87	1.04	1.56	2.60
	1.06	0.24	0.33	0.45	0.53	0.70	0.85	1.40	2.45
	1.00	0.20	0.27	0.37	0.45	0.60	0.77	1.30	2.30

가. 보수율이란 무엇이며 일반적으로 그 값은 얼마를 적용하는가?

나. 단위전지의 방전 종지전압(최저사용전압)은 1.06 [V]일 때 축전지용량은 몇 [Ah]가 필요한가?

　○ 계산과정 :

　○ 답 :

다. 연축전지와 알칼리 축전지의 공칭전압은 각각 몇 [V]인가?

정답

가. 축전지의 경년변화에 따른 용량변화를 고려한 계수, 80 [%]

나. 계산과정

$$C = \frac{1}{L}KI$$
$$= \frac{1}{0.8}[(0.85 \times 20) + (0.45 \times 45) + (0.24 \times 70)] \fallingdotseq 67.56 \text{ [Ah]}$$

답 | 67.56 [Ah]

✓ 해설

- K_1 : 최저허용전압 1.06에서 30분 시간계수(0.85)
- K_2 : 최저허용전압 1.06에서 5분 시간계수(0.45)
- K_3 : 최저허용전압 1.06에서 0.1분 시간계수(0.24)
- I_1, I_2, I_3 : 20 [A], 45 [A], 70 [A]
- $KI = K_1 I_1 + K_2 I_2 + K_3 I_3$

다. 1) 연축전지 : 2 [V]

　　2) 알칼리축전지 : 1.2 [V]

핵심이론 축전지설비

□ 축전지용량 구하는 식

$$C = \frac{1}{L}KI \text{ [Ah]}$$
$$= \frac{1}{L}KI \text{ [A·h]} = \frac{1}{L}[K_1 I_1 + K_2(I_2 - I_1) + K_3(I_3 - I_2) + \ldots + K_n(I_n - I_{n-1})]$$

C : 축전지용량 [Ah], L : 보수율(용량저하율)
K : 용량환산시간 [h], I : 방전전류 [A]

□ 축전지 종류별 특성

구분	연축전지	알칼리축전지
기전력 [V]	2.05 ~ 2.08	1.32
공칭전압 [V]	2.0	1.2
공칭용량 [Ah]	10	5

- 보수율이 주어지지 않았을 때는 0.8을 대입한다.
- 방전전류가 증가할 때는 축전지 용량을 다 더해주면 된다.

TIP ▶ 연축전지와 알칼리축전지의 공칭용량값은 암기해둘 것

02

가스누설경보기에 관한 다음 물음에 답하시오.

   배점 4

가. 가스의 누설을 표시하는 표시등 및 가스가 누설된 경계구역의 위치를 표시하는 표시등은 등이 켜질 때 어떤 색으로 표시되는가?

나. 경보기는 구조에 따라 무슨 형과 무슨 형으로 구분되는가?

다. 가스누설경보기 중 가스누설을 검지하여 중계기 또는 수신부에 가스누설의 신호를 발신하는 부분 또는 가스누설을 검지하여 이를 음향으로 경보하고 동시에 중계기 또는 수신부에 가스누설의 신호를 발신하는 부분은 무엇인가?

정답

가. 황색

나. 단독형, 분리형

다. 탐지부

핵심이론 가스누설경보기

□ 탐지부
가스누설경보기(이하 "경보기"라 한다) 중 가스누설을 탐지하여 중계기 또는 수신부에 가스누설의 신호를 발신하는 부분 또는 가스누설을 탐지하여 수신부 등에 가스누설의 신호를 발신하는 부분을 말한다.

□ 수신부
경보기 중 탐지부에서 발하여진 가스누설신호를 직접 또는 중계기를 통하여 수신하고 이를 관계자에게 음향으로써 경보하여주는 것을 말한다.

□ 분리형
탐지부와 수신부가 분리되어 있는 형태의 경보기를 말한다.

□ 단독형
탐지부와 수신부가 일체로 되어 있는 형태의 경보기를 말한다.

[단독형]

검지부(탐지부)
경보부(수신부)
[분리형(영업용, 공업용)]

03

시각경보기를 설치해야 하는 특정소방대상물 3가지를 쓰시오.

① ② ③

| 득점 | 배점 3 |

정답

① 근린생활시설

② 문화 및 집회시설

③ 종교시설

핵심이론 1 시각경보기를 설치해야 하는 특정소방대상물

(1) 근린생활시설
(2) 문화 및 집회시설
(3) 종교시설
(4) 판매시설
(5) 운수시설
(6) 운동시설
(7) 위락시설
(8) 물류터미널
(9) 의료시설
(10) 노유자시설
(11) 업무시설
(12) 숙박시설
(13) 발전시설 및 장례식장
(14) 도서관
(15) 방송국
(16) 지하상가

핵심이론 2 시각경보기 설치기준

- 복도·통로·청각장애인용 객실 및 공용으로 사용하는 거실(로비, 회의실, 강의실, 식당, 휴게실, 오락실, 대기실, 체력단련실, 접객실, 안내실, 전시실, 기타 이와 유사한 장소를 말한다)에 설치하며, 각 부분으로부터 유효하게 경보를 발할 수 있는 위치에 설치할 것
- 공연장·집회장·관람장 또는 이와 유사한 장소에 설치하는 경우에는 시선이 집중되는 무대부 부분 등에 설치할 것
- 설치높이는 바닥으로부터 2 [m] 이상 2.5 [m] 이하의 장소에 설치할 것. 다만 천장의 높이가 2 [m] 이하인 경우에는 천장으로부터 0.15 [m] 이내의 장소에 설치하여야 한다.

 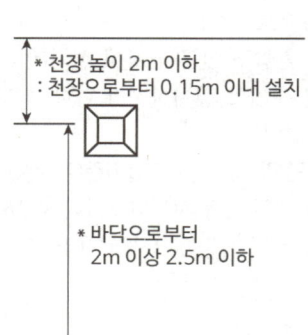

TIP ▶ 시각경보기를 설치하여야 하는 특정소방대상물은 우리가 알고 있는 거의 대부분의 특정소방대상물을 생각해주면 된다.

04

배점 5

피난구유도등에 대한 다음 각 물음에 답하시오.

가. 피난구유도등을 설치해야 하는 장소 3가지를 쓰시오.
   ①
   ②
   ③

나. 피난구유도등은 피난구의 바닥으로부터 몇 [m] 이상의 높이에 설치해야 하는가?

다. 피난구유도등의 바탕색과 문자색을 쓰시오.

[피난구유도등]
〈녹색바탕에 백색문자〉

정답

가. ① 옥내로부터 직접 지상으로 통하는 출입구 및 그 부속실의 출입구
　　② 직통계단·직통계단의 계단실 및 그 부속실의 출입구
　　③ 출입구에 이르는 복도 또는 통로로 통하는 출입구
　　④ 안전구획된 거실로 통하는 출입구

나. 1.5 [m] 이상

다. 녹색바탕, 백색문자

핵심이론 피난구유도등 설치기준

□ 설치장소
　① 옥내로부터 직접 지상으로 통하는 출입구 및 그 부속실 출입구
　② 직통계단·직통계단의 계단실 및 그 부속실의 출입구
　③ '①'과 '②'에 따른 출입구에 이르는 복도 또는 통로로 통하는 출입구
　④ 안전구획된 거실로 통하는 출입구

□ 설치높이
　바닥으로부터 높이 1.5 [m] 이상 위치에 설치

□ 추가 설치
　피난층으로 향하는 피난구의 위치를 안내할 수 있도록 '설치장소'의 '①' 또는 '②'의 출입구 인근 천장에 설치된 피난구유도등의 면과 수직이 되도록 피난구유도등을 추가로 설치하여야 한다. 다만 피난구유도등이 입체형인 경우에는 그러하지 아니한다.

□ 형식승인 및 제품검사기술기준(거실통로유도등 동일)
　① 상용전원 점등 시 : 직선거리 30 [m] 위치, 10 ~ 30 [lx][글자, 색채, 화살표 확인]
　② 비상전원 점등 시 : 직선거리 20 [m] 위치, 0 ~ 1 [lx]

05

복도통로유도등 설치기준 4가지를 쓰시오.

①
②
③
④

배점 8

정답

① 복도에 설치하되(옥내로 직접 지상으로 통하는 출입구 및 그 부속실과 직통계단·그 계단실 및 그 부속실의 출입구에 따라) 피난구유도등이 설치된 출입구의 맞은편 복도에 입체형으로 설치하거나 바닥에 설치할 것

② 구부러진 모퉁이 및 설치된 통로유도등을 기점(옥내로 직접 지상으로 통하는 출입구 및 그 부속실과 직통계단·그 계단실 및 그 부속실의 출입구에 설치된 피난구유도등)으로 보행거리 20 [m]마다 설치할 것

③ 바닥으로부터 높이 1 [m] 이하의 위치에 설치할 것(다만 지하층 또는 무창층의 용도가 도매시장·소매시장·여객자동차터미널·지하역사 또는 지하상가인 경우에는 복도·통로 바닥에 설치)

④ 바닥에 설치하는 통로 유도등은 하중에 따라 파괴되지 아니하는 강도의 것으로 할 것

핵심이론 복도통로유도등 설치기준

□ 설치기준
- 복도에 설치하되(옥내로 직접 지상으로 통하는 출입구 및 그 부속실과 직통계단·그 계단실 및 그 부속실의 출입구에 따라) 피난구유도등이 설치된 출입구의 맞은편 복도에 입체형으로 설치하거나 바닥에 설치할 것
- 구부러진 모퉁이 및 설치된 통로유도등을 기점(옥내로 직접 지상으로 통하는 출입구 및 그 부속실과 직통계단·그 계단실 및 그 부속실의 출입구에 설치된 피난구유도등)으로 보행거리 20 [m]마다 설치할 것

□ 설치높이
- 바닥으로부터 높이 1 [m] 이하의 위치에 설치할 것(다만 지하층 또는 무창층의 용도가 도매시장·소매시장·여객자동차터미널·지하역사 또는 지하상가인 경우에는 복도·통로 바닥에 설치)
- 바닥에 설치하는 통로 유도등은 하중에 따라 파괴되지 아니하는 강도의 것으로 할 것

□ 형식승인 및 제품검사기술기준
- 상용전원 점등 시 : 직선거리 20 [m] 위치 [표시면 화살표 식별 가능]
- 비상전원 점등 시 : 직선거리 15 [m] 위치 [표시면 화살표 식별 가능]

TIP ▶ 서술형 문제에 있어서는 기본적으로 핵심키워드는 반드시 들어가야 한다. 또한, (   ) 안의 내용은 기재하지 않아도 정답이다. 해당 기준이 이상인지, 이하인지, 마다인지 등에 대한 기준은 반드시 암기해야 한다.

[복도통로 유도등]
〈백색바탕에 녹색문자〉

06

배점 4

다음은 비상콘센트설비 설치기준에 관한 내용이다. 빈칸에 알맞은 말을 쓰시오.

가. 하나의 전용회로에 설치하는 비상콘센트는 (㉠)개 이하로 할 것. 이 경우 전선의 용량은 각 비상콘센트(비상콘센트가 (㉡)개 이상인 경우에는 (㉢)개의 공급용량을 합한 용량 이상의 것으로 해야 한다.

나. 전원회로의 배선은 (㉠)으로, 그 밖의 배선은 (㉡) 또는 (㉢)으로 할 것

정답

가. ㉠ 10, ㉡ 3, ㉢ 3
나. ㉠ 내화배선, ㉡ 내화배선, ㉢ 내열배선

핵심이론 비상콘센트설비

□ 전원회로 설치기준
- 전원회로 : 단상교류는 220 [V], 공급용량은 1.5 [kVA] 이상
- 전원회로는 각 층에 2 이상이 되도록 설치. 다만 설치하여야 할 층의 비상콘센트가 1개인 때에는 하나의 회로로 할 수 있다.
- 전원회로는 주배전반에서 전용회로로 할 것. 다만 다른 설비의 회로의 사고에 따른 영향을 받지 아니하도록 되어 있는 것은 그러하지 아니하다.
- 전원으로부터 각 층의 비상콘센트에 분기되는 경우에는 분기배선용 차단기를 보호함 안에 설치할 것
- 콘센트마다 배선용 차단기(KS C 8321)를 설치하여야 하며, 충전부가 노출되지 아니하도록 할 것
- 개폐기에는 "비상콘센트"라고 표시한 표지를 할 것
- 비상콘센트용의 풀박스 등은 방청도장을 한 것으로서, 두께 1.6 [mm] 이상의 철판으로 할 것
- <u>하나의 전용회로에 설치하는 비상콘센트는 10개 이하로 할 것. 이 경우 전선용량은 각 비상콘센트(비상콘센트가 3개 이상인 경우에는 3개)의 공급용량을 합한 용량 이상의 것으로 하여야 한다.</u>

□ 전원부와 외함 사이의 절연저항 및 절연내력기준
- 절연저항 : 500 [V] 절연저항계로 측정할 때 20 [MΩ] 이상일 것
- 절연내력 : 절연내력은 전원부와 외함 사이에 정격전압이 150 [V] 이하인 경우에는 1000 [V]의 실효전압을, 정격전압이 150 [V] 초과인 경우에는 그 정격전압에 2를 곱하여 1000을 더한 실효전압을 가하는 시험에서 1분 이상 견디는 것으로 할 것
  ① 정격전압 150 [V] 이하 : 1000 [V]의 실효전압
  ② 정격전압이 150 [V] 초과 : (정격전압 × 2) + 1000 [V] = 실효전압
  ③ 실효전압시험에서 1분 이상 견디는 것으로 할 것

□ 배선
- 전원회로의 배선은 내화배선, 그 밖의 배선은 내화배선 또는 내열배선
- 내화, 내열배선의 설치방법은 [옥내소화전설비 별표 1] 기준에 준함

07

다음의 비상콘센트설비에 대한 각 물음에 답하시오.

가. 설치목적을 쓰시오.

나. 전원회로는 단상교류 220 [V]인 것으로서 공급용량은 몇 [kVA] 이상이어야 하는지 쓰시오.

다. 비상콘센트의 플러그접속기는 어떤 접지공사를 해야 하는지 쓰시오.

라. 220 [V] 전원에 1 [kW] 송풍기를 연결 운전하는 경우 회로에 흐르는 전류 [A]를 구하시오. (단, 역률은 90 [%]이다)

정답

가. 소방대의 조명용 또는 소방활동상 필요한 장비의 전원설비로 사용하기 위해 설치

나. 1.5 [kVA] 이상

다. 접지형 2극 플러그접속기를 사용하여 보호접지

라. $P = VI\cos\theta\eta$

$$\therefore I = \frac{P}{V\cos\theta\eta} = \frac{1 \times 10^3}{220 \times 0.9 \times 1} = 5.05 [A]$$

P : 유효전력 [W], V : 전압 [V]
I : 전류 [A], $\cos\theta$: 역률
η : 효율

답 | 5.05 [A]

TIP KEC가 개정되면서 "제3종 접지공사"가 삭제되었다. 따라서 보호접지를 해준다. 정확하게는 "접지형 2극 플러그접속기를 사용하여 보호접지"이지만, "보호접지"라고만 적어도 된다.

✔ 문제에서 효율이 주어지지 않았기 때문에 효율을 100 [%]로 두고, 1을 대입한다.

08

득점 | 배점 5

매분 5 [m³]의 물을 지상으로부터 높이 30 [m]인 물탱크에 양수하려고 한다. 조건을 참조하여 전동기의 용량이 몇 [kW]인지 구하시오.

조건
(1) 전동기의 효율은 72 [%]이다.
(2) 여유계수는 1.25이다.

정답

✓ 계산과정

$$P = \frac{9.8 \times Q \times H \times K}{\eta} = \frac{9.8 \times \frac{5}{60} \times 30 \times 1.25}{0.72} = 42.53 [kW]$$

답 | 42.53 [kW]

✓ 해설
- K : 여유계수 1.25
- Q : 매분당 5 [m³] = 5/60 [m³/s]
※ [kW]는 초당 단위이므로 60을 나누어준다.

핵심이론 전동기용량을 구하는 식

$$P = \frac{9.8 KQH}{\eta t} = \frac{9.8 K \times Q[m^3/min] \times H}{\eta \times 60} [kW]$$

P : 전동기용량 [kW], K : 여유계수, Q : 유량 [m³]
H : 전양정 [m], η : 효율, t : 시간 [s]

09

득점 | 배점 4

자동화재탐지설비에서 P형 수신기와 R형 수신기의 기능을 각각 2가지씩 쓰시오.

가. P형 수신기의 기능
　①
　②

나. R형 수신기의 기능
　①
　②

정답

가. P형 수신기의 기능
① 화재표시 작동시험을 할 수 있는 장치가 있어야 하며, 접속가능 중계기가 있는 경우 수신기에서 중계기까지의 단락을 검출할 수 있는 장치가 있어야 한다. 이 경우 이들 장치의 조작 중에 다른 회선으로부터 화재신호를 수신하는 경우 화재표시가 될 수 있을 것
② 주전원이 정지한 경우에는 자동적으로 예비전원으로 전환되고, 주전원이 정상상태로 복귀한 경우에는 자동적으로 예비전원으로부터 주전원으로 전환되는 장치를 가질 것
③ 전력 공급 중 퓨즈가 녹아 끊어지거나 브레이커 등이 차단되는 경우 자동적으로 음향신호 또는 표시등에 의하여 지시되는 고장신호 표시장치가 있을 것

나. R형 수신기의 기능
① 화재표시 작동시험을 할 수 있는 장치와 수신기에서부터 각 중계기까지의 단락을 검출할 수 있는 장치가 있어야 하며, 이들 장치의 조작 중에 다른 회선으로부터 화재신호를 수신하는 경우 화재표시가 될 수 있을 것
② 주전원이 정지한 경우에는 자동적으로 예비전원으로 전환되고, 주전원이 정상상태로 복귀한 경우에는 자동적으로 예비전원으로부터 주전원으로 전환되는 장치를 가질 것
③ 전력 공급 중 퓨즈가 녹아 끊어지거나 브레이커 등이 차단되는 경우 자동적으로 음향신호 또는 표시등에 의하여 지시되는 고장신호 표시장치가 있을 것

P형 수신기의 기능 3가지가 전부 R형 수신기의 기능에도 포함된다.

수신기의 형식승인 및 제품검사의 기술기준

※ 제14조(P형, P형 복합식, GP형 및 GP형 복합식의 수신기 기능) P형, P형 복합식, GP형 및 GP형 복합식의 수신기 기능은 다음 각 호에 적합하여야 하며, GP형 및 GP형 복합식 수신기의 가스누설경보기에 관한 기능부분은 가스누설경보기의 형식승인기준 제6조의 규정을 준용하고, 복합식 수신기의 제어기능에 관한 부분은 제11조에 적합하여야 한다.
1. 화재표시 작동시험을 할 수 있는 장치가 있어야 하며, 접속가능 중계기가 있는 경우 수신기에서 중계기까지의 단락을 검출할 수 있는 장치가 있어야 한다. 이 경우 이들 장치의 조작 중에 다른 회선으로부터 화재신호를 수신하는 경우 화재표시가 될 수 있어야 한다.
2. 주전원이 정지한 경우에는 자동적으로 예비전원으로 전환되고, 주전원이 정상상태로 복귀한 경우에는 자동적으로 예비전원으로부터 주전원으로 전환되는 장치를 가져야 한다.
3. 「중계기의 형식승인 및 제품검사의 기술기준」 제3조 제14호 가목, 제15호 가목 및 제17호 가목에 따른 신호를 수신하는 경우 자동적으로 음향신호 또는 표시등에 의하여 지시되는 고장신호 표시장치가 있어야 한다.

※ 제15조(R형, R형 복합식, GR형 및 GR형 복합식의 수신기 기능) R형, R형 복합식, GR형 및 GR형 복합식의 수신기 기능은 다음 각 호에 적합하여야 하며, GR형 및 GR형 복합식 수신기의 가스누설경보기에 관한 기능부분은 가스누설경보기의 형식승인기준 제6조의 규정을 준용하고, 복합식 수신기의 제어기능에 관한 부분은 제11조에 적합하여야 한다.
1. 화재표시 작동시험을 할 수 있는 장치와 수신기에서부터 각 중계기까지의 단락을 검출할 수 있는 장치가 있어야 하며, 이들 장치의 조작 중에 다른 회선으로부터 화재신호를 수신하는 경우 화재표시가 될 수 있어야 한다.
2. 주전원이 정지한 경우에는 자동적으로 예비전원으로 전환되고, 주전원이 정상상태로 복귀한 경우에는 자동적으로 예비전원으로부터 주전원으로 전환되는 장치를 가져야 한다.
3. 「중계기의 형식승인 및 제품검사의 기술기준」 제3조 제14호 가목, 제15호 가목 및 제17호 가목에 따른 신호를 수신하는 경우 자동적으로 음향신호 또는 표시등에 의하여 지시되는 고장신호 표시장치가 있어야 한다.

핵심이론 | P형 수신기와 R형 수신기 비교

항목	P형	R형
신호전송방식	개별신호방식(1 : 1 접점방식)	다중전송방식
신호형태	공통신호	고유신호
화재표시	적색 램프	액정표시(LCD)
시스템 신뢰성	외부선로 이상으로 수신반 고장 시 전체 시스템의 마비됨	외부선로 이상으로 해당 중계기 고장 시 전체 시스템에는 영향이 없음
경제성	설비 저렴, 공사비 고가	설비 고가, 공사비 저렴
회로 증설·변경	어려움	쉬움
건물 크기	중·소형	대형
유지관리	어려움	쉬움
수신완료까지 소요시간	5초 이내(축적형 60초 이내)	5초 이내(축적형 60초 이내)

10

| 득점 | 배점 5 |

다음 차동식 감지기에 대한 각 물음에 답하시오.

가. 공기관식 차동식 분포형 감지기의 공기관의 재질을 쓰시오.

나. 그림과 같이 차동식 스포트형 감지기 A, B, C, D가 있다. 배선을 전부 보내기 방식으로 할 경우 박스와 감지기 "C" 사이의 배선은 몇 가닥인지 쓰시오.

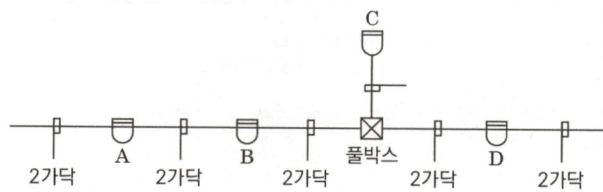

정답

가. 중공동관

나. 4가닥

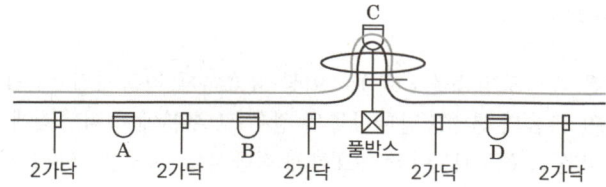

핵심이론 공기관식 차동식 분포형 감지기 설치기준

□ 공기관식
- 작동원리 : 감열실 내 온도 상승(급격한 온도 상승) → 공기관 내부 공기 팽창 → 다이어프램 밀어 올려 접점 붙음
- 구조 : 수열부 – 공기관, 검출부 – 리크구멍(비화재보방지), 다이어프램, 접점, 시험장치

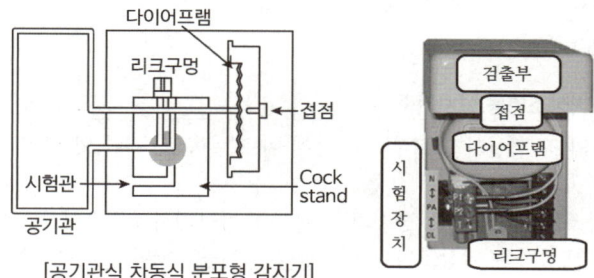

[공기관식 차동식 분포형 감지기]

TIP
- 중공동관은 안에가 뚫려 있는 동관이며, 구리관으로 적어도 된다.
- 보내기방식(송배선식)으로 하기 때문에 왔다 갔다 4가닥이다.

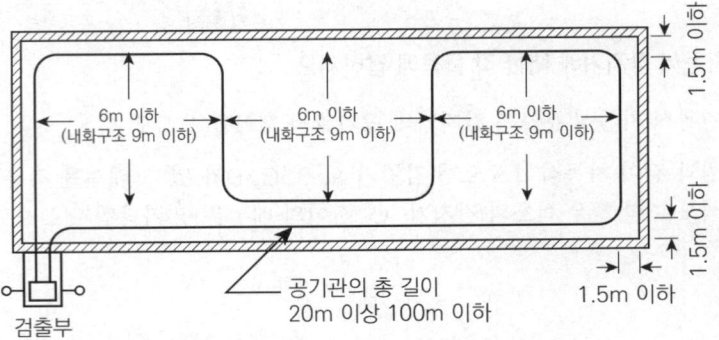

11

배점 5

다음은 비상조명등의 설치기준에 관한 사항이다. 빈칸에 알맞은 말을 쓰시오.

가. 예비전원을 내장하는 비상조명등에는 평상시 점등 여부를 확인할 수 있는 (㉠)를 설치하고 해당 조명등을 유효하게 작동시킬 수 있는 용량의 (㉡)와 (㉢)을 내장할 것

나. 비상전원은 비상조명등을 (㉠)분 이상 유효하게 작동시킬 수 있는 용량으로 할 것. 다만 다음의 특정소방대상물의 경우 그 부분에서 피난층에 이르는 부분의 비상조명등을 (㉡)분 이상 유효하게 작동시킬 수 있는 용량으로 해야 한다.
  1) 지하층을 제외한 층수가 11층 이상의 층
  2) 지하층 또는 무창층으로서 용도가 도매시장·소매시장·여객자동차터미널·지하역사 또는 지하상가

정답

가. ㉠ 점검스위치, ㉡ 축전지, ㉢ 예비전원충전장치

나. ㉠ 20, ㉡ 60

핵심이론 | 비상조명등 설치기준

- 소방대상물의 각 거실과 그로부터 지상에 이르는 복도·계단 및 그 밖의 통로에 설치할 것
- 조도는 비상조명등이 설치된 장소의 각 부분의 바닥에서 1 [lx] 이상이 되도록 할 것
- 예비전원을 내장하는 비상조명등에는 평상시 점등 여부를 확인할 수 있는 점검스위치를 설치하고 당해 조명등을 유효하게 작동시킬 수 있는 용량의 축전지와 예비전원 충전장치를 내장할 것

- 예비전원을 내장하지 아니하는 비상조명등의 비상전원은 자가발전설비, 축전지설비 또는 전기저장장치를 다음 기준에 따라 설치할 것
    ① 점검에 편리하고 화재 및 침수 등의 재해로 인한 피해를 받을 우려가 없는 곳에 설치할 것
    ② 상용전원으로부터 전력의 공급이 중단된 때에는 자동으로 비상전원으로부터 전력을 공급받을 수 있도록 할 것
    ③ 비상전원의 설치장소는 다른 장소와 방화구획할 것. 이 경우 그 장소에는 비상전원의 공급에 필요한 기구나 설비 외의 것(열병합발전설비에 필요한 기구나 설비는 제외한다)을 두어서는 아니 된다.
    ④ 비상전원을 실내에 설치하는 때에는 그 실내에 비상조명등을 설치할 것
- 비상조명등을 20분 이상 유효하게 작동시킬 수 있는 용량으로 할 것
- 소방대상물의 경우에는 그 부분에서 피난층에 이르는 부분의 비상조명등을 60분 이상 유효하게 작동시킬 수 있는 용량으로 하여야 한다.
    ① 지하층을 제외한 층수가 11층 이상의 층
    ② 지하층 또는 무창층으로서 용도가 도매시장·소매시장·여객자동차터미널·지하역사 또는 지하상가
- 설치 면제 요건에서 "그 유도등의 유효범위 안의 부분"이라 함은 유도등의 조도가 바닥에서 1 [lx] 이상이 되는 부분을 말한다.

12

다음은 감지기 종류에 대한 내용이다. 각 설명에 해당하는 답을 적으시오.

가. 1개의 감지기 내에 서로 다른 종별 또는 감도 등의 기능을 갖춘 것으로서 일정 시간 간격을 두고 각각 다른 2개 이상의 화재신호를 발하는 감지기

나. 주위의 온도 또는 연기의 양의 변화에 따라 각각 다른 전류치 또는 전압치 등의 출력을 발하는 방식의 감지기

정답

가. 다신호식 감지기
나. 아날로그식 감지기

핵심이론 감지기의 형식(감지기의 형식승인 및 제품검사의 기술기준)

- "다(多)신호식"이란 1개의 감지기 내에 서로 다른 종별 또는 감도 등의 기능을 갖춘 것으로서 일정시간 간격을 두고 각각 다른 2개 이상의 화재신호를 발하는 감지기를 말한다.
- "방폭형"이란 폭발성 가스가 용기내부에서 폭발하였을 때 용기가 그 압력에 견디거나 또는 외부의 폭발성 가스에 인화될 우려가 없도록 만들어진 형태의 감지기를 말한다.
- "방수형"이란 그 구조가 방수구조로 되어 있는 감지기를 말한다.
- "재용형"이란 다시 사용할 수 있는 성능을 가진 감지기를 말한다.
- "축적형"이란 일정 농도 이상의 연기가 일정 시간(공칭축적시간) 연속하는 것을 전기적으로 검출함으로써 작동하는 감지기(다만 단순히 작동시간만을 지연시키는 것은 제외한다)를 말한다.
- "아날로그식"이란 주위의 온도 또는 연기의 양의 변화에 따라 각각 다른 전류 또는 전압 등의 출력을 발하는 방식의 감지기를 말한다.
- "연동식"이란 단독경보형 감지기가 작동할 때 화재를 경보하며 유·무선으로 주위의 다른 감지기에 신호를 발신하고 신호를 수신한 감지기도 화재를 경보하며 다른 감지기에 신호를 발신하는 방식의 것을 말한다.
- "무선식"이란 전파에 의해 신호를 송수신하는 방식의 것을 말한다.

☑ 아날로그식 감지기는 화재신호를 수신기에 보내는 것이 아닌, 주위의 온도 또는 연기의 양의 변화에 따라 각각 다른 전류 또는 전압 등의 출력을 지속적으로 수신기에 보내는 감지기이다. 반면, 아날로그식 감지기 외의 다른 감지기들은 화재신호를 수신기에 보낸다.

13 [배점 8]

다음은 화재안전성능기준 및 기술기준에 관한 내용이다. 각 물음에 답하시오.

가. 비상방송설비에서 조작부의 조작스위치는 바닥으로부터 몇 [m]의 높이에 설치해야 하는가?

나. 바닥면적 600 [m^2]의 특정소방대상물에 단독경보형 감지기를 설치하고자 할 때 몇 개 이상을 설치해야 하는가?

다. 증폭기의 정의에 대해 쓰시오.

라. 지하 2층에서 지상 7층까지의 특정소방대상물에서 5층이 단선되었을 경우 비상방송설비가 작동하는 층을 모두 쓰시오.

정답

가. 0.8 [m] 이상 1.5 [m] 이하

나. $\dfrac{600}{150} = 4$ ∴ 4개

답 | 4개

> 단독경보형 감지기는 바닥면적 150 [m²]마다 한 개를 설치해야 하기 때문에 바닥면적 600 [m²]를 150 [m²]로 나눈다.

다. 전압전류의 진폭을 늘려 감도를 좋게 하고 미약한 음성전류를 커다란 음성전류로 변환시켜 소리를 크게 하는 장치

> **증폭기**
> - 비상방송설비 : 전압전류의 진폭을 늘려 감도를 좋게 하고 미약한 음성전류를 커다란 음성전류로 변화시켜 소리를 크게 하는 장치
> - 무선통신보조설비 : 전압·전류의 진폭을 늘려 감도 등을 개선하는 장치

라. 지하 2층, 지하 1층, 1층, 2층, 3층, 4층, 6층, 7층

> - 일제경보방식을 사용한다.
> - 5층에서 단선이 되었기 때문에 5층은 경보가 울리지 않는다. 하지만, 비상방송설비는 단락 또는 단선이 생겼을 때 다른 층에는 화재경보에 지장을 주지 않도록 비상용 전선과 공통선을 각각 추가하기 때문에 5층을 제외한 다른 층에는 경보가 울린다.

핵심이론 | 화재안전성능기준 및 기술기준

□ 단독경보형 감지기의 설치기준
- 각 실(이웃하는 실내의 바닥 면적이 각각 30 [m²] 미만이고, 벽체의 상부의 전부 또는 일부가 개방되어 이웃하는 실내와 공기가 상호 유통되는 경우에는 이를 1개의 실로 본다)마다 설치하되, 바닥면적 150 [m²]를 초과하는 경우에는 <u>150 [m²]마다 1개 이상 설치할 것</u>
- 최상층의 계단실의 천장(외기가 상통하는 계단실의 경우 제외)에 설치할 것
- 건전지를 주전원으로 사용하는 단독경보형 감지기는 정상적인 작동상태를 유지할 수 있도록 건전지를 교환할 것
- 상용전원을 주전원으로 사용하는 단독경보형 감지기의 2차 전지는 제품검사에 합격한 것을 사용할 것

□ 비상방송설비
- 비상방송설비의 설치기준
  ① 확성기의 음성입력은 3 [W](실내는 1 [W]) 이상일 것
  ② 확성기는 각 층마다 설치하되, 각 부분으로부터의 수평거리는 25 [m] 이하일 것
  ③ 음량조정기의 배선은 3선식으로 할 것

④ 조작부의 조작스위치는 바닥으로부터 0.8 [m] 이상 ~ 1.5 [m] 이하의 높이에 설치할 것
⑤ 다른 전기회로에 의하여 유도장애가 생기지 아니하도록 할 것
⑥ 기동장치에 의한 화재신호를 수신한 후 필요한 음량으로 방송이 개시될 때까지의 소요시간은 10초 이하로 할 것
⑦ 11층 이상인 특정소방대상물(공동주택일 경우 16층 이상)은 발화층 및 직상 4개의 층 경보(우선경보방식)

- 우선경보방식

발화층	11층 이상인 특정소방대상물(공동주택일 경우 16층 이상)
2층 이상	발화층, 직상 4개의 층
1층	발화층, 직상 4개의 층, 모든 지하층
지하층	발화층, 직상층, 기타 모든 지하층

- 음향장치 구조 및 성능
  ① 정격전압의 80 [%] 전압에서 음향을 발할 수 있는 것을 할 것
  ② 자동화재탐지설비의 작동과 연동하여 작동할 수 있는 것으로 할 것

비상방송설비의 화재안전기술기준(NFTC 202)의 2.2 배선2.2.1.1
- 화재로 인하여 하나의 층의 확성기 또는 배선이 단락 또는 단선되어도 다른 층의 화재 통보에 지장이 없도록 할 것
- '단선'이 되어도 다른 층의 화재 통보에 지장이 없도록 해야 하기 때문에 긴급(비상방송용 +선)한 가닥이 추가될 때마다 공통선(-선) 또한 한 가닥씩 추가해준다.
- 업무용 배선은 일반용으로써 한 가닥으로 모든 층을 사용한다.
- 긴급용 배선은 화재가 발생했을 때, 비상방송용으로써 각 층마다 추가한다.

자동화재탐지설비 및 시각경보장치의 화재안전기술기준(NFTC 203)의 2.2 수신기 2.2.3.9
- 화재로 인하여 하나의 층의 지구음향장치 또는 배선이 단락되어도 다른 층의 화재통보에 지장이 없도록 각 층 배선상에 유효한 조치를 할 것
- '단선'이라는 말이 없이 '단락'에 관한 문구만 있기 때문에 각 층의 배선상에 유효한 조치를 하고 경종선과 공통선을 추가하지 않는 것이다. ※ 잘 구분할 것!

14

예비전원설비에 대한 설명이다. 다음 각 물음에 답하시오.

가. 부동충전방식에 대한 회로(개략도)를 간단히 그리시오.

나. 축전지의 과방전 또는 방치상태에서 기능회복을 위하여 실시하는 충전방식은 무엇인지 쓰시오.

다. 연축전지의 정격용량은 250 [Ah]이고, 상시 부하가 8 [kW]이며 표준전압이 100 [V]인 부동충전방식의 충전기 2차 충전전류는 몇 [A]인지 구하시오. (단, 축전지의 방전율은 10시간율로 한다)

정답

가.

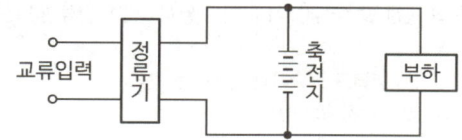

- 정류기를 충전기로 적어도 된다.
- 축전지 부분을 3개, 4개 그려도 상관이 없다.
- 부하와 축전지, 정류기를 병렬로 연결한다.

나. 회복충전방식

다. 계산과정

- $I = \dfrac{축전지\ 정격용량\ [Ah]}{축전지\ 공칭용량\ [h]} + \dfrac{상시부하\ [VA]}{표준전압\ [V]} = \dfrac{250}{10} + \dfrac{8 \times 10^3}{100} = 105$

답 | 105 [A]

- 문제에서 공칭용량이 주어지지 않는 경우가 많기 때문에 연축전지의 공칭용량과 알칼리축전지의 공칭용량은 암기하고 있을 것
- 방전율은 공칭용량에 대입한다.

핵심이론 축전지 설비

□ 축전지용량 구하는 식

$$C = \frac{1}{L}KI \text{ [Ah]}$$

C : 축전지용량 [Ah], L : 보수율(용량저하율)
K : 용량환산시간 [h], I : 방전전류 [A]

□ 충전방식

구분	특징
보통충전방식	필요할 때마다 표준시간율로 충전하는 방식
급속충전방식	단시간에 보통 충전전류의 2~3배의 전류로 충전하는 방식
세류충전방식	축전지의 방전을 보충하기 위해 부하를 OFF한 상태에서 미소전류로 항상 충전하는 방식
균등충전방식	각 축전지의 전위차를 보정하기 위해 1~3개월마다 1회 충전하는 방식
부동충전방식	• 축전지의 자기방전을 보충함과 동시에 상용부하에 대한 전력 공급은 충전기가 부담하도록 하되 충전기가 부담하기 어려운 일시적인 대전류 부하는 축전지로 부담하는 방식 • 축전지와 부하를 충전기에 병렬로 접속하여 사용하는 방식 • 예비전원 설비 중 가장 많이 사용되는 방식 교류입력―정류기―축전지―부하
회복충전방식	축전지의 과방전, 가벼운 설페이션현상 또는 방치상태 등에서 기능회복을 위해 실시하는 방식

> **TIP** 설페이션현상 : 배터리를 방전상태로 방치해두면 극판 표면에 유백색의 결정이 생긴다. 이 결정은 부도체의 황산납이며, 이와 같은 현상을 설페이션현상이라고 한다.

□ 연축전지의 고장과 불량현상의 추정원인

고장	불량현상	추정원인
초기고장	전셀의 전압불균형이 크고, 비중이 낮다.	사용 개시 시의 충전 부족
	단전지 전압의 비중저하, 전압계 역접	역접속(극성을 반대로 충전)
우발고장	전해액변색, 충전하지 않고 정치 중에도 다량으로 가스발생	불순물이 혼입되었을 때
	전해액의 감소가 빠르다.	실온이 높다.

□ 2차 충전전류 구하는 식

$$\text{2차 충전전류 [A]} = \frac{\text{축전지 정격용량 [Ah]}}{\text{축전지 공칭용량 [h]}} + \frac{\text{상시부하 [VA]}}{\text{표준전압 [V]}}$$

□ 축전지 종류별 특성

구분	연축전지	알칼리축전지
기전력 [V]	2.05 ~ 2.08	1.32
공칭전압 [V]	2.0	1.2
공칭용량 [Ah]	10	5
방전종지전압 [V]	1.6	0.96
충전시간	길다.	짧다.
기계적 강도	약하다.	강하다.
수명 [년]	5 ~ 15	15 ~ 20
종류	페이스트식, 클래드식	소결식, 포켓식

15

득점 □□□ 배점 5

다음은 비상방송설비의 화재안전성능기준 및 기술기준의 내용이다. 각 물음에 답하시오.

가. 음량조절기의 정의를 쓰시오.

나. 다음 빈칸에 알맞은 말을 쓰시오.
  1) 확성기는 각 층마다 설치하되, 그 층의 각 부분으로부터 하나의 확성기까지 수평거리가 (㉠) [m] 이하가 되도록 하고, 해당 층의 각 부분에 유효하게 경보를 발할 수 있도록 설치할 것
  2) 음량조정기를 설치하는 경우 음량조정기의 배선은 (㉡)선식으로 할 것
  3) 확성기의 음성입력은 3 [W](실내에 설치하는 것에 있어서는 (㉢) [W] 이상일 것

다. 기동장치에 따른 화재신호를 수신한 후 필요한 음량으로 화재 발생상황 및 피난에 유효한 방송이 자동으로 개시될 때까지의 소요시간은 몇 초 이하인지 쓰시오.

정답

가. 가변저항을 이용하여 전류를 변화시켜 음량을 조절하는 장치
나. ㉠ 25, ㉡ 3, ㉢ 1
다. 10초

핵심이론 | 비상방송설비

□ **비상방송설비의 설치기준**
- 확성기의 음성입력은 3 [W](실내는 1 [W]) 이상일 것
- 확성기는 각 층마다 설치하되, 각 부분으로부터의 수평거리는 25 [m] 이하일 것
- 음량조정기의 배선은 3선식으로 할 것
- 조작부의 조작스위치는 바닥으로부터 0.8 [m] 이상 1.5 [m] 이하의 높이에 설치할 것
- 다른 전기회로에 의하여 유도장애가 생기지 아니하도록 할 것
- 기동장치에 의한 화재신호를 수신한 후 필요한 음량으로 방송이 개시될 때까지의 소요시간은 10초 이하로 할 것
- 11층 이상인 특정소방대상물(공동주택일 경우 16층 이상)은 발화층 및 직상 4개의 층 경보(우선경보방식)

□ **우선경보방식**

발화층	11층 이상인 특정소방대상물 (공동주택일 경우 16층 이상)
2층 이상	발화층, 직상 4개의 층
1층	발화층, 직상 4개의 층, 모든 지하층
지하층	발화층, 직상층, 기타 모든 지하층

□ **용어의 정의**
- "확성기"란 소리를 크게 하여 멀리까지 전달될 수 있도록 하는 장치로서 일명 스피커를 말한다.
- "음량조절기"란 가변저항을 이용하여 전류를 변화시켜 음량을 크게 하거나 작게 조절할 수 있는 장치를 말한다.
- "증폭기"란 전압전류의 진폭을 늘려 감도를 좋게 하고 미약한 음성전류를 커다란 음성전류로 변화시켜 소리를 크게 하는 장치를 말한다.
- "기동장치"란 화재감지기, 발신기 등의 상태변화를 전송하는 장치를 말한다.
- "몰드"란 전선을 물리적으로 보호하기 위해 사용되는 통형 구조물을 말한다.
- "약전류회로"란 전신선, 전화선 등에 사용하는 전선이나 케이블, 인터폰, 확성기의 음성회로, 라디오·텔레비전의 시청회로 등을 포함하는 약전류가 통전되는 회로를 말한다.
- "전원회로"란 전기·통신, 기타 전기를 이용하는 장치 등에 전력을 공급하기 위하여 필요한 기기로 이루어지는 전기회로를 말한다.
- "절연저항"이란 전류가 도체에서 절연물을 통하여 다른 충전부나 기기로 누설되는 경우 그 누설 경로의 저항을 말한다.
- "절연효력"이란 전기가 불필요한 부분으로 흐르지 않도록 절연하는 성능을 나타내는 것을 말한다.
- "정격전압"이란 전기기계기구, 선로 등의 정상적인 동작을 유지시키기 위해 공급해주어야 하는 기준전압을 말한다.
- "조작부"란 기기를 제어할 수 있도록 조작스위치, 지시계, 표시등 등을 집결시킨 부분을 말한다.
- "풀박스"란 장거리 케이블 포설을 용이하게 하기 위해 전선관 중간에 설치하는 상자형 구조물 등을 말한다.

16

득점 | 배점 5

다음은 단상 2선식의 회로이다. V_A가 100 [V]일 때, V_B와 V_C의 단자전압 [V]을 구하시오. (단, 한 선당의 저항은 R_{AB} = 0.03 [Ω], R_{BC} = 0.06 [Ω]이다)

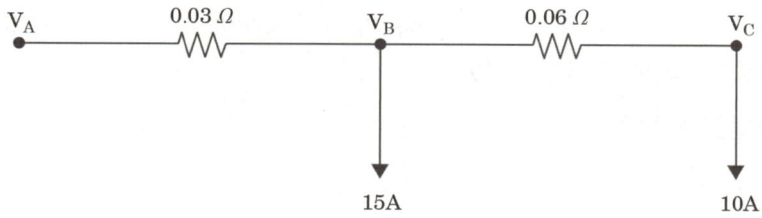

가. V_B :

나. V_C :

정답

가. $V_B = V - 2IR = 100 - 2 \times 25 \times 0.03 = 98.5$

답 | 98.5 [V]

나. $V_C = V - 2IR = 98.5 - 2 \times 10 \times 0.06 = 97.3$

답 | 97.3 [V]

- 전류가 V_B를 지나서 아래로 내려가는 부분이 15 [A]이며, V_C쪽으로는 10 [A]가 흐른다. 따라서 키르히호프의 제1법칙을 이용하여, 처음 V_B로 들어오는 전류는 (15 [A] + 10 [A] = 25 [A])이다.
- V_B의 전압강하 : $2IR = 2 \times 25 \times 0.03 = 1.5 [V]$이다.
  따라서 V_B의 단자전압은 $100 - 1.5 = 98.5 [V]$이다.
- V_C에 들어오는 전압은 $98.5 [V]$이다.
- V_C의 전압강하 : $2IR = 2 \times 10 \times 0.06 = 1.2 [V]$이다.
  따라서 V_C의 단자전압은 $98.5 - 1.2 = 97.3 [V]$이다.

> 📌 **핵심이론** 전압강하공식
>
> ▫ 전압강하
> - 단상 2선식 $e = V_s - V_r = 2IR$ [V]
> - 3상 3선식 $e = V_s - V_r = \sqrt{3}\,IR$ [V]
>
> e : 전압강하 [V], V_s : 정격전압 [V], V_r : 단자전압 [V]
>
> ▫ 전압강하(조건에 저항이 없을 때)
>
> | 전기방식 | 전압강하 |
> |---|---|
> | 단상 2선식 | $e = \dfrac{35.6LI}{1000A}$ |
> | 3상 3선식 | $e = \dfrac{30.8LI}{1000A}$ |
> | 단상 3선식, 3상 4선식 | $e = \dfrac{17.8LI}{1000A}$ |
>
> 여기서 L : 선로길이 [m], I : 전부하전류 [A], e : 한 선의 전압강하 [V], A : 전선의 단면적 [mm²]

17

다음은 무선통신보조설비의 설치기준이다. 빈칸에 알맞은 말을 쓰시오.

가. 누설동축케이블의 끝부분에는 (㉠)을 견고하게 설치할 것

나. 누설동축케이블 및 동축케이블은 화재에 따라 해당 케이블의 피복이 소실된 경우 케이블 본체가 떨어지지 않도록 (㉡) [m] 이내마다 금속제 또는 자기제 등의 지지금구로 벽·천장·기둥 등에 견고하게 고정할 것(단, 불연재료로 구획된 반자 안에 설치하는 경우에는 제외)

다. 누설동축케이블 및 안테나는 고압의 전로로부터 (㉢) [m] 이상 떨어진 위치에 설치할 것 (단, 해당 전로에 정전기 차폐장치를 유효하게 설치한 경우에는 제외)

라. 증폭기의 전면에는 주회로 전원의 정상 여부를 표시할 수 있는 (㉣) 및 (㉤)를 설치할 것

정답

㉠ 무반사종단저항, ㉡ 4, ㉢ 1.5, ㉣ 표시등, ㉤ 전압계

핵심이론 | 무선통신보조설비

□ **누설동축케이블의 정의**
- 동축케이블의 외부도체에 가느다란 홈을 만들어서 전파가 외부로 새어나갈 수 있도록 한 케이블

□ **누설동축케이블의 설치기준**
- 소방전용주파수대에서 전파의 전송 또는 복사에 적합한 것으로서 소방전용의 것으로 할 것. 다만 소방대 상호 간의 무선 연락에 지장이 없는 경우에는 다른 용도와 겸용할 수 있다.
- 누설동축케이블과 이에 접속하는 안테나 또는 동축케이블과 이에 접속하는 안테나로 구성할 것
- 누설동축케이블 및 동축케이블은 불연 또는 난연성의 것으로서 습기 등의 환경조건에 따라 전기의 특성이 변질되지 않는 것으로 하고, 노출하여 설치한 경우에는 피난 및 통행에 장애가 없도록 할 것
- 누설동축케이블 및 동축케이블은 화재에 따라 해당 케이블의 피복이 소실된 경우에 케이블 본체가 떨어지지 않도록 4 [m] 이내마다 금속제 또는 자기제 등의 지지금구로 벽·천장·기둥 등에 견고하게 고정시킬 것. 다만 불연재료로 구획된 반자 안에 설치하는 경우에는 그렇지 않다.
- 누설동축케이블 및 안테나는 금속판 등에 따라 전파의 복사 또는 특성이 현저하게 저하되지 않는 위치에 설치할 것
- 누설동축케이블 및 안테나는 고압의 전로로부터 1.5 [m] 이상 떨어진 위치에 설치할 것. 다만 해당 전로에 정전기 차폐장치를 유효하게 설치한 경우에는 그렇지 않다.
- 누설동축케이블의 끝부분에는 무반사 종단저항을 견고하게 설치할 것

□ **증폭기 등**
- 전원은 전기가 정상적으로 공급되는 축전지, 전기저장장치 또는 교류전압 옥내간선으로 하고, 전원까지의 배선은 전용으로 할 것
- 증폭기의 전면에는 주회로의 전원이 정상인지의 여부를 표시할 수 있는 표시등 및 전압계를 설치할 것
- 증폭기에는 비상전원이 부착된 것으로 하고 해당 비상전원용량은 무선통신보조설비를 유효하게 30분 이상 작동시킬 수 있는 것으로 할 것
- 증폭기 및 무선중계기를 설치하는 경우에는 「전파법」 제58조의2에 따른 적합성평가를 받은 제품으로 설치하고 임의로 변경하지 않도록 할 것
- 디지털방식의 무전기를 사용하는 데 지장이 없도록 설치할 것

○ **무반사 종단저항**
누설동축케이블의 종단부에 전송된 전파는 케이블종단에서 반사되어 교신 방해, 송신효율이 저하되며, 반사파방지를 위해 누설동축케이블의 말단에 설치하는 저항

18

다음은 자동화재탐지설비의 P형 1급 수신기의 미완성 도면이다. 수신기의 단자에 알맞게 각 기기장치를 연결하시오. (단, 발신기의 단자는 왼쪽부터 응답, 지구, 지구공통이다)

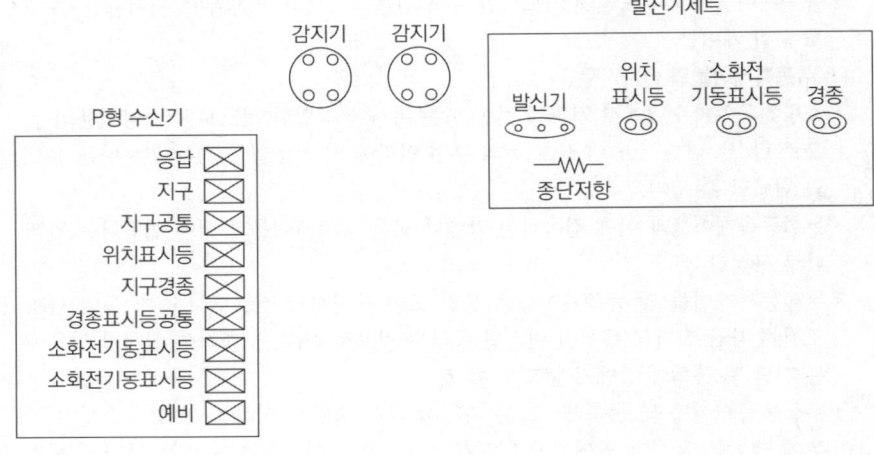

정답

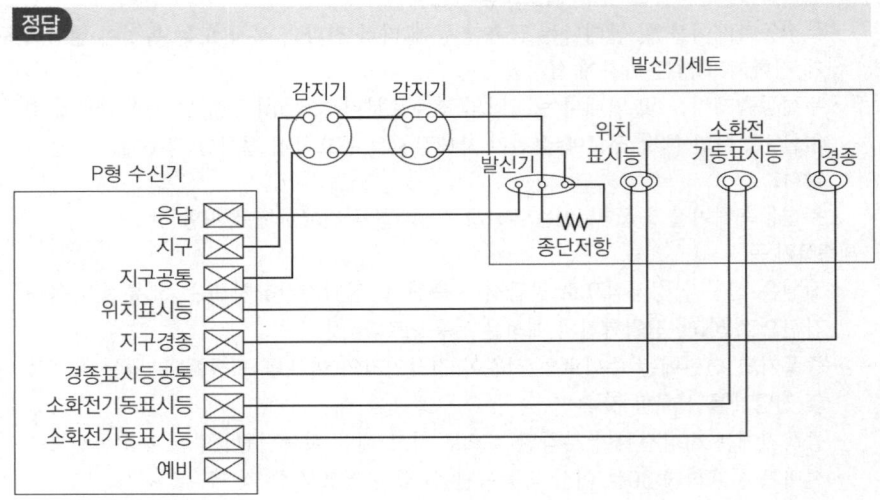

소화전기동표시등단자는 +와 -가 따로 명시되어 있지 않기 때문에 서로 위치가 바뀌어도 된다.

2023.07.22
2023년 2회

01
배점 6

다음을 보고 자동화재탐지설비의 경계구역 수를 구하시오.

가.
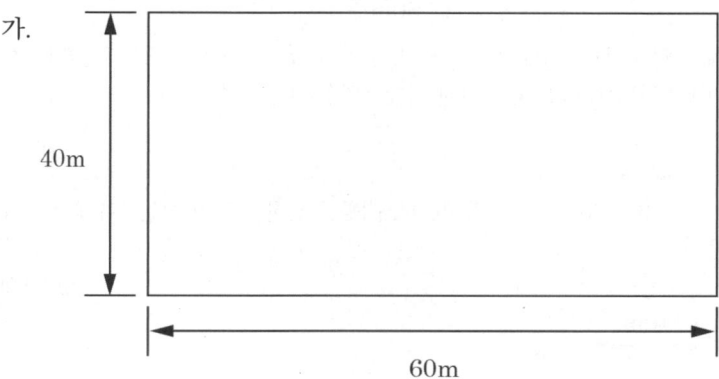

나.
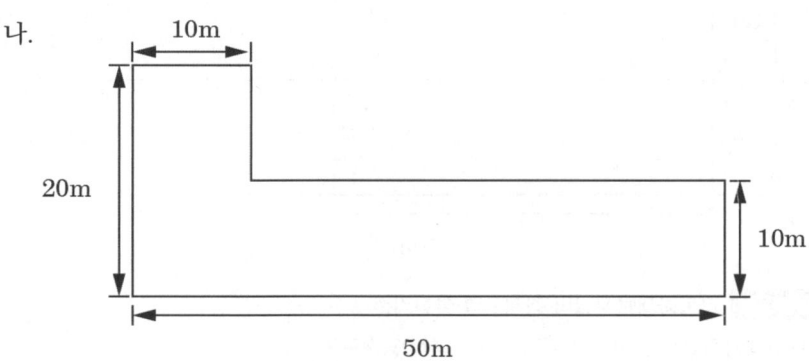

정답

가. 경계구역기준 길이가 50 [m] 이하여야 하는데 60 [m]로 50 [m]를 초과하였으므로, 길이를 절반으로 나누어서 계산한다. 이때 $40 \times 30 = 1200$이므로, 면적기준인 600 [m²]도 초과하므로 면적기준 절반으로 또 나누어서 계산하여 총 4개의 경계구역이 나온다.

답 | 4개

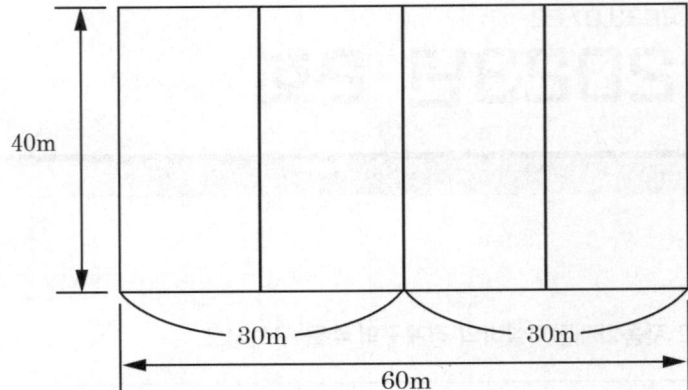

나. 각각의 변의 길이 중 50 [m]를 초과하는 변이 없기 때문에 길이기준은 만족하므로 면적만 고려해준다. ①과 ②로 나누어서 경계구역을 산정하면,
① $50 \times 10 = 500 \; [\text{m}^2]$
② $10 \times 10 = 100 \; [\text{m}^2]$
①과 ②를 더했을 때 600 [m²]이므로 600 [m²]를 초과하지 않기 때문에 1개의 경계구역이 나온다.

답 | 1개

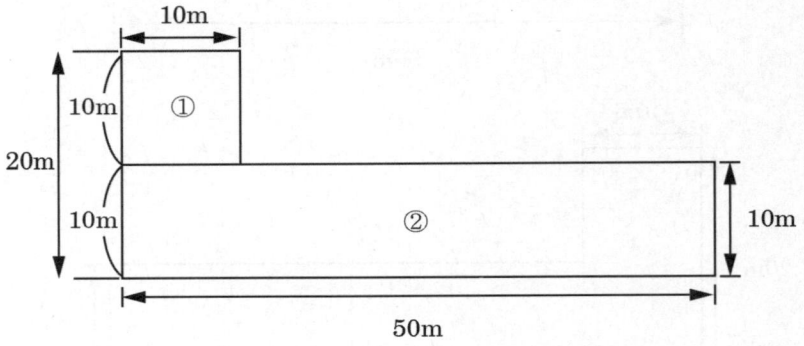

중요 ▶ 경계구역은 면적기준과 길이기준을 전부 만족해야 한다.

핵심이론 자동화재탐지설비 경계구역 설정기준

□ 자동화재탐지설비 경계구역 설정기준(수평적 경계구역)
- 하나의 경계구역이 2개 이상의 건축물에 미치지 않도록 할 것
- 하나의 경계구역이 2개 이상의 층에 미치지 않도록 할 것
  단, 500 [m²] 이하의 범위 안에서 2개의 층을 하나의 경계구역으로 할 수 있음
- 하나의 경계구역 면적 600 [m²] 이하로 하고, 한 변의 길이 50 [m] 이하로 할 것
  단, 주된 출입구에서 그 내부 전체가 보이는 것은 한 변의 길이 50 [m] 범위 내에서 1000 [m²] 이하로 할 수 있음
- 도로터널 : 100 [m] 이하로 할 것(도로터널의 화재안전기준 NFTC 603)

02

득점 ☐ 배점 5

다음은 소방시설 설치 및 관리에 관한 법률 시행령 별표4의 내용이다. 자동화재탐지설비를 설치해야 하는 특정소방대상물 중 모든 층에 자동화재탐지설비를 설치할 때, 해당 표를 작성하시오. (단, 연면적이 포함되지 않는 시설이 있다면 "해당 없음" 또는 "전부 해당"을 적을 것)

설치장소	연면적 [m²]
근린생활시설(단, 목욕장 제외)	①
장례시설	②
묘지 관련 시설	③
노유자생활시설	④
노유자시설(단, 노유자생활시설 제외)	⑤

정답

① 600 [m²] 이상, ② 600 [m²] 이상, ③ 2000 [m²] 이상, ④ 전부 해당, ⑤ 400 [m²] 이상

핵심이론 자동화재탐지설비 설치대상

설치대상	기준
• 교육연구시설(교육시설 내에 있는 기숙사 및 합숙소를 포함한다), 수련시설(기숙사·합숙소 포함, 숙박시설 제외) • 동·식물 관련 시설 • 자원순환 관련 시설 • 교정 및 군사시설 • 묘지 관련 시설	연면적 2000 [m²] 이상인 경우에는 모든 층
목욕장, 문화 및 집회시설, 종교시설, 판매시설, 운수시설, 운동시설, 업무시설, 창고시설, 공장, 지하상가, 위험물 저장 및 처리시설, 항공기 및 자동차 관련 시설, 교정 및 군사시설 중 국방·군사시설, 방송통신시설, 발전시설, 관광 휴게시설	연면적 1000 [m²] 이상인 경우에는 모든 층
• 근린생활시설(목욕장 제외) • 의료시설(정신의료기관, 요양병원 제외) • 위락시설, 장례시설 및 복합건축물	연면적 600 [m²] 이상인 경우에는 모든 층
정신의료기관, 의료재활시설	• 바닥면적 합계 300 [m²] 이상 • 바닥면적 합계 300 [m²] 미만, 창살 설치
터널	길이 1000 [m] 이상

설치대상	기준
공장 및 창고시설	500배 이상 특수가연물
요양병원, 지하구, 전통시장, 조산원, 산후조리원	-
전기저장시설, 노유자생활시설	-
공동주택 중 아파트등·기숙사, 숙박시설, 6층 이상인 건축물	-
노유자시설	연면적 400 [m²] 이상인 경우에는 모든 층
숙박시설이 있는 수련시설	수용인원 100명 이상인 경우에는 모든 층

03 배점 7

내화구조인 다음 건물에 차동식 스포트형 감지기 2종을 설치할 경우 다음 각 물음에 답하시오. (단, 감지기 부착높이는 3.8 [m]이다)

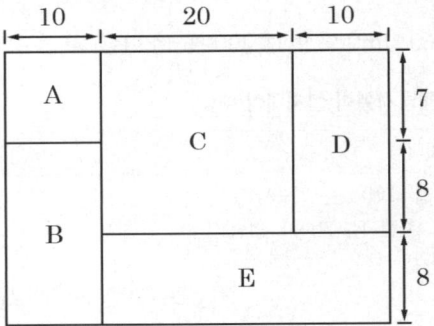

가. 다음 각 실에 필요한 감지기 설치 수량을 구하시오.

나. 실 전체 경계구역을 산정하시오.

정답

가. • A : $\dfrac{10 \times 7}{70} = 1$개

• B : $\dfrac{10 \times (8+8)}{70} = 2.29 \rightarrow$ 절상해서 3개

• C : $\dfrac{20 \times (7+8)}{70} = 4.29 \rightarrow$ 절상해서 5개

- D : $\dfrac{10 \times (7+8)}{70} = 2.14$ → 절상해서 3개

- E : $\dfrac{8 \times (20+10)}{70} = 3.48$ → 절상해서 4개

나. 경계구역 수 : $\dfrac{(10+20+10) \times (7+8+8)}{600} = 1.533$ → 절상하여 2개

답 | 2개

📌 핵심이론 감지기 설치면적 및 자동화재탐지설비 경계구역 설정기준

□ 열감지기 설치면적 (단위 : [m²])

부착높이 및 특정소방대상물의 구분		감지기의 종류						
		차동식 스포트형		보상식 스포트형		정온식 스포트형		
		1종	2종	1종	2종	특종	1종	2종
4 [m] 미만	내화구조	90	70	90	70	70	60	20
	기타구조	50	40	50	40	40	30	15
4 [m] 이상 8 [m] 미만	내화구조	45	35	45	35	35	30	
	기타구조	30	25	30	25	25	15	

□ 자동화재탐지설비 경계구역 설정기준(수평적 경계구역)
- 하나의 경계구역이 2개 이상의 건축물에 미치지 않도록 할 것
- 하나의 경계구역이 2개 이상의 층에 미치지 않도록 할 것
  다만 500 [m²] 이하의 범위 안에서 2개의 층을 하나의 경계구역으로 할 수 있음
- 하나의 경계구역 면적 600 [m²] 이하로 하고, 한 변의 길이는 50 [m] 이하로 할 것
  다만 해당 특정소방대상물의 주된 출입구에서 그 내부 전체가 보이는 것에 있어서는 한 변의 길이가 50 [m]의 범위 내에서 1000 [m²] 이하로 할 수 있음
- 도로터널 : 100 [m] 이하로 할 것(도로터널의 화재안전기술기준 NFTC 603)
- 지하구 : 700 [m] 이하로 할 것(지하구의 화재안전성능기준 NFPC 605 제13조 (기존 지하구에 대한 특례)
  법 제13조에 따라 기존 지하구에 설치하는 소방시설 등에 대해 강화된 기준을 적용하는 경우에는 다음의 설치·관리 관련 특례를 적용한다.
  → 특고압 케이블이 포설된 송·배전 전용의 지하구(공동구를 제외한다)에는 온도 확인 기능 없이 최대 700 [m]의 경계구역을 설정하여 발화지점(1 [m] 단위)을 확인할 수 있는 감지기를 설치할 수 있다.

☑ 소방에서는 수용인원산정을 제외한 모든 것은 절상한다.

04 배점 5

다음 그림은 P형 1급 수신기의 결선도이다. 각 번호에 알맞은 배선내역을 쓰시오.

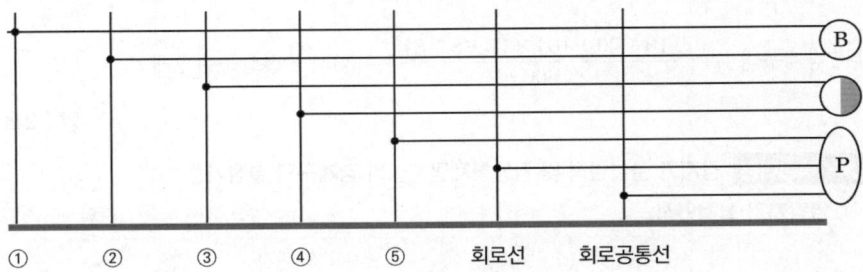

정답

① 경종

② 경종공통선

③ 표시등

④ 표시등공통선

⑤ 응답

- 자동화재탐지설비에 있어서 기본 가닥 수는 지구, 공통, 응답, 경종, 표시등, 경종표시등공통선 총 6가닥이다. 이때 지구선은 회로선으로 본다.
- 해당 문제는 기본 가닥 수를 7가닥으로 보았다. 다시 말해서, 경종표시등공통선을 각각 따로 경종공통선과, 표시등공통선으로 나누었다.
- ①, ②는 어떤 단자가 +인지, -인지 명시되어져 있지 않고, 마찬가지로 ③, ④ 또한 어떤 단자가 +인지, -인지 명시되어져 있지 않기 때문에 자리를 바꾸어서 답안을 작성해도 된다.
  ① 지구선(= 회로선, 신호선, 감지기선, 수동발신기 지구선)
  ② 지구공통선(= 공통선, 회로공통선, 신호공통선, 감지기공통선, 수동발신기 공통선)
  ③ 응답선(= 발신기선, 발신기응답선, 수동발신기 응답선, 확인선)
  ④ 경종 및 표시등공통선(= 공동표시등 공통선, 벨표시등 공통선)

05

득점 | 배점 8

다음은 자동화재탐지설비 및 시각경보장치의 화재안전성능기준에 관한 내용이다. 연기감지기 설치기준의 알맞은 내용을 ( ) 안에 쓰시오.

가. 감지기 부착높이에 따라 다음 표에 따른 바닥면적마다 1개 이상으로 설치할 것

부착높이 [m]	감지기 종류	
	1종, 2종	3종
4 [m] 미만	(㉠) [m²]	(㉡) [m²]
4 [m] 이상 ( ) [m] 미만	75 [m²]	-

나. 감지기는 복도 및 통로에 있어서는 보행거리 (㉠) [m](3종에 있어서는 (㉡) [m])마다, 계단 및 경사로에 있어서는 수직거리 (㉢) [m](3종에 있어서는 (㉣) [m])마다 1개 이상으로 할 것

다. 감지기는 벽 또는 보로부터 (㉠) [m] 이상 떨어진 곳에 설치할 것

정답

가. ㉠ 150, ㉡ 50

나. ㉠ 30, ㉡ 20, ㉢ 15, ㉣ 10

다. ㉠ 0.6

핵심이론 연기감지기 설치

□ 설치기준

부착높이	감지기의 종류	
	1종 및 2종	3종
4 [m] 미만	150 [m²]	50 [m²]
4 [m] 이상 20 [m] 미만	75 [m²]	-

- 감지기는 복도 및 통로에 있어서는 보행거리 30 [m](3종에 있어서는 20 [m])마다, 계단 및 경사로에 있어서는 수직거리 15 [m](3종에 있어서는 10 [m])마다 1개 이상으로 할 것
- 천장 또는 반자가 낮은 실내 또는 좁은 실내에 있어서는 출입구의 가까운 부분에 설치할 것
- 천장 또는 반자부근에 배기구가 있는 경우에는 그 부근에 설치할 것
- 감지기는 벽 또는 보로부터 0.6 [m] 이상 떨어진 곳에 설치할 것

06 감지기회로의 배선에 대한 각 물음에 답하시오.

배점 5

가. 송배선방식에 대해 설명하시오.

나. 교차회로방식에 대해 설명하시오.

다. 교차회로방식의 적용설비 2가지를 쓰시오. (단, 2가지 모두 맞아야 정답으로 인정)

> TIP ▶ 감지기회로의 배선에 있어서 송배전방식이라는 용어가 현재 '송배선방식'으로 용어가 개정이 되었으므로 '송배선식'으로 암기해둘 것

정답

가. 도통시험을 용이하게 하기 위해 배선의 도중 분기하지 않는 방식

나. 하나의 담당구역 내에 2 이상의 감지기회로를 설치하고 2 이상의 감지기회로가 동시에 감지되는 때에 설비가 작동하는 방식

다. 분말소화설비, 할론소화설비, 할로겐화합물 및 불활성기체소화설비, 이산화탄소소화설비, 준비작동식 스프링클러설비, 일제살수식 스프링클러설비

핵심이론 자동화재탐지설비의 감지기회로 배선방식

□ 자동화재탐지설비의 송배선방식
도통시험을 용이하게 하기 위해 배선의 도중에서 분기하지 않는 방식

□ 자동화재탐지설비의 교차회로방식
하나의 담당구역 내에 2 이상의 감지기회로를 설치하고 2 이상의 감지기회로가 동시에 감지되는 때에 설비가 작동하는 방식

□ 교차회로방식으로 감지기를 설치해야 하는 자동식 소화설비
분말소화설비, 할론소화설비, 할로겐화합물 및 불활성기체소화설비, 이산화탄소소화설비, 준비작동식 스프링클러설비, 일제살수식 스프링클러설비

07

배점 8

다음 도면은 자동화재탐지설비와 준비작동식 스프링클러설비가 함께 설치된 계통도이다. 도면을 참조하여 각 물음에 답하시오. (단, 전원공통선과 감지기공통선은 분리하여 사용하고 프리액션밸브에 설치하는 압력스위치, 탬퍼스위치, 솔레노이드밸브의 공통선은 1가닥을 사용하였으며, 경종단락보호장치를 설치하였음. 또한, SVP의 전화선은 제외한다)

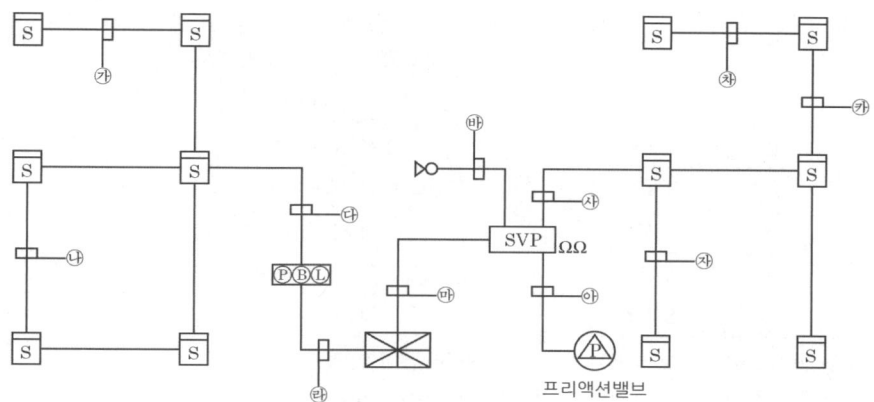

가. 도면을 보고 아래 빈칸에 ㉮ ~ ㉯까지의 배선 가닥 수를 쓰시오.

번호	㉮	㉯	㉰	㉱	㉲	㉳	㉴	㉵	㉶	㉷	㉸
가닥 수											

나. 기호 ㉲의 배선별 용도를 쓰시오.

정답

가.

번호	㉮	㉯	㉰	㉱	㉲	㉳	㉴	㉵	㉶	㉷	㉸
가닥 수	4	2	4	6	9	2	8	4	4	4	8

나. 전원 ⊕·⊖, 감지기 A·B, 감지기공통 1, 솔레노이드밸브 1, 압력스위치 1, 탬퍼스위치 1, 사이렌 1

✓ 해설 : 전선 가닥 수 및 용도

기호	가닥 수	배선내역
㉮	4가닥	지구선 2, 공통선 2
㉯	2가닥	지구선 1, 공통선 1
㉰	4가닥	지구선 2, 공통선 2
㉱	6가닥	지구선 1, 지구공통선 1, 경종선 1, 경종표시등공통선 1, 응답선 1, 표시등선 1
㉲	9가닥	전원 ⊕·⊖, 사이렌, 솔레노이드밸브, 압력스위치, 탬퍼스위치, 감지기 A·B, 감지기공통
㉳	2가닥	사이렌 2
㉴	8가닥	지구선 4, 공통선 4
㉵	4가닥	솔레노이드밸브 1, 압력스위치 1, 탬퍼스위치 1, 공통선 1
㉶	4가닥	지구선 2, 공통선 2
㉷	4가닥	지구선 2, 공통선 2
㉸	8가닥	지구선 4, 공통선 4

- 솔레노이드밸브 = 밸브기동 = SV(Solenoid Valve) = SOL
- 압력스위치 = 밸브개방 확인 = PS(Pressure Switch)
- 탬퍼스위치 = 밸브주의 = 밸브개폐감시용 스위치 = TS(Tamper Switch)

- 자동화재탐지설비에 있어서는 감지기 배선을 송배선식으로 한다. 따라서 루프는 2가닥, 나머지는 4가닥이다.
- 준비작동식 스프링클러설비에 있어서는 감지기 배선을 교차회로방식으로 한다. 따라서 루프와 말단은 4가닥, 나머지는 8가닥이다. 또한 교차회로방식이기 때문에 SVP에 종단저항[Ω]이 2개가 설치가 된다.
- 전원공통선과 감지기공통선을 분리했기 때문에 감지기공통선 1가닥이 추가된 것이며, SV, PS, TS 공통선을 1가닥으로 사용하였기 때문에 '㉵'는 공통선 1가닥이다.

08

득점 / 배점 4

다음은 금속관공사에 사용되는 부속품 설명이다. 해당 명칭을 쓰시오.

가. 전선의 절연피복을 보호하기 위해 박스 내 금속관의 끝에 취부하여 사용하는 부품

나. 관이 고정되어 있을 때 금속관 상호 간을 접속하는 데 사용하는 부품

다. 노출된 금속관 상호 간을 연결하거나 직각으로 연결하는 데 사용하는 부품

라. 매입된 금속관을 직각으로 굽히는 곳에 사용하는 부품

정답

가. 부싱

나. 유니언 커플링

> 금속관 상호 간을 접속하는 데 사용하는 부품이라고만 하였으면 커플링이지만, 관이 고정되어 있다는 말이 있으므로 유니언커플링이다.

다. 유니버설 엘보

라. 노멀밴드

> 관을 직각으로 연결하는 것에는 노멀밴드와 유니버셜엘보우가 있다. 이때, 노멀밴드는 노출배관과 매입배관에도 가능하다.

핵심이론 금속관공사재료

명칭	외형	설명
부싱(Bushing)		전선의 절연피복을 보호하기 위하여 금속관 끝에 취부하여 사용되는 부품
유니온 커플링(Union Coupling)		금속전선관 상호 간을 접속하는 데 사용되는 부품(관이 고정되어 있을 때)
노멀밴드(Normal Bend)		매입배관공사를 할 때 직각으로 굽히는 곳에 사용하는 부품
유니버설 엘보(Universal Elbow)		노출배관공사를 할 때 관을 직각으로 굽히는 곳에 사용하는 부품
링리듀서(Ring Reducer)		금속관을 아웃트렛 박스에 로크너트만으로 고정하기 어려울 때 보조적으로 사용되는 부품

출제자에 따라 외래어 표기법이 다르기 때문에 문제 내에서도 외래어를 다양하게 표기함

명칭	외형	설명
커플링 (Coupling)	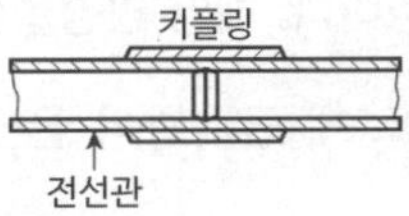	금속전선관 상호 간을 접속하는 데 사용되는 부품(관이 고정되어 있지 않을 때)
새들(Saddle)	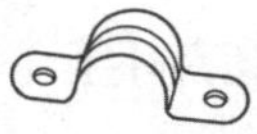	관을 지지하는 데 사용하는 재료
로크너트 (Lock Nut)	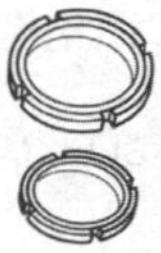	금속관과 박스를 접속할 때 사용하는 재료로 최소 2개를 사용한다.
리머 (Reamer)	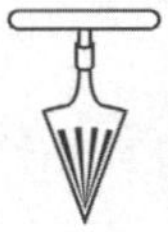	금속관 말단의 모를 다듬기 위한 기구
파이프커터 (Pipe Cutter)	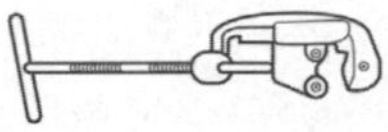	금속관을 절단하는 기구
환형 3방출 정크션박스	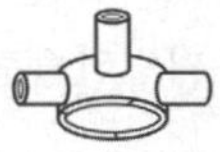	배관을 분기할 때 사용하는 박스
파이프벤더 (Pipe Bender)		금속관(후강전선관, 박강전선관)을 구부릴 때 사용하는 공구

09

다음 소방시설 기호의 명칭을 쓰시오.

가. RM

나. SVP

다. PAC

라. AMP

정답

가. 가스계소화설비의 수동조작함
나. 프리액션밸브의 수동조작함
다. 소화가스패키지
라. 증폭기

TIP ▶ 정확한 명칭은 가. 가스계소화설비의 수동조작함, 나. 프리액션밸브의 수동조작함이지만, 가. 수동조작함, 나. 슈퍼비조리판넬이라고 적어도 정답이다. 하지만 정확한 명칭을 암기해둘 것
※ 본 교재에 부록으로 수록된 [소방시설 도시기호] 참조

10 배점 5

피난유도선의 종류 중 광원점등방식의 피난유도선 설치기준 3가지를 쓰시오.

①
②
③

정답

① 구획된 각 실로부터 주출입구 또는 비상구까지 설치할 것
② 피난유도 표시부는 바닥으로부터 높이 1 [m] 이하의 위치 또는 바닥 면에 설치할 것
③ 피난유도 표시부는 50 [cm] 이내의 간격으로 연속되도록 설치하되 실내장식물 등으로 설치가 곤란할 경우 1 [m] 이내로 설치할 것

핵심이론 피난유도선 설치기준

□ 축광방식의 피난유도선 설치기준
- 구획된 각 실로부터 주출입구 또는 비상구까지 설치할 것
- 바닥으로부터 높이 50 [cm] 이하의 위치 또는 바닥 면에 설치할 것
- 피난유도 표시부는 50 [cm] 이내의 간격으로 연속되도록 설치
- 부착대에 의하여 견고하게 설치할 것
- 외광 또는 조명장치에 의하여 상시 조명이 제공되거나 비상조명등에 의한 조명이 제공되도록 설치할 것

[축광방식 피난유도선]

□ 광원점등방식의 피난유도선 설치기준
- 구획된 각 실로부터 주출입구 또는 비상구까지 설치할 것
- 피난유도 표시부는 바닥으로부터 높이 1 [m] 이하의 위치 또는 바닥 면에 설치할 것
- 피난유도 표시부는 50 [cm] 이내의 간격으로 연속되도록 설치하되 실내장식물 등으로 설치가 곤란할 경우 1 [m] 이내로 설치할 것
- 수신기로부터의 화재신호 및 수동조작에 의하여 광원이 점등되도록 설치할 것
- 비상전원이 상시 충전상태를 유지하도록 설치할 것
- 바닥에 설치되는 피난유도 표시부는 매립하는 방식을 사용할 것
- 피난유도 제어부는 조작 및 관리가 용이하도록 바닥으로부터 0.8 [m] 이상 1.5 [m] 이하의 높이에 설치할 것

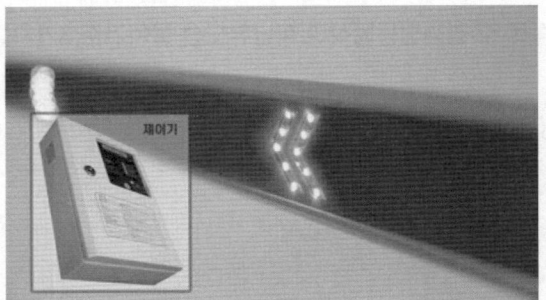

[광원점등방식 피난유도선]

11

다음은 제연설비의 화재안전성능기준 중 제연설비 설치장소에 관한 내용이다. ( ) 안에 알맞은 답을 쓰시오.

가. 하나의 제연구역의 면적은 (㉠) [m²] 이내로 할 것

나. 통로상의 제연구역은 보행중심선의 길이가 (㉠) [m]를 초과하지 않을 것

다. 하나의 제연구역은 직경 (㉠) [m] 원 내에 들어갈 수 있을 것

라. 하나의 제연구역은 (㉠) 이상의 층에 미치지 않도록 할 것. 다만 층의 구분이 불분명한 부분은 그 부분을 다른 부분과 별도로 제연구획해야 한다.

마. 제연구역의 구획은 보·제연경계벽 및 벽(화재 시 자동으로 구획되는 가동벽·방화셔터·방화문을 포함)으로 하되, 다음 기준에 적합해야 한다.
- 재질은 (㉠), (㉡) 또는 제연경계벽으로 성능을 인정받은 것으로서 화재 시 쉽게 변형·파괴되지 아니하고 연기가 누설되지 않는 기밀성 있는 재료로 할 것
- 제연경계는 제연경계의 폭이 (㉢) [m] 이상이고, 수직거리는 (㉣) [m] 이내일 것

정답

가. ㉠ 1000

나. ㉠ 60

다. ㉠ 60

라. ㉠ 2

마. ㉠ 내화재료, ㉡ 불연재료, ㉢ 0.6, ㉣ 2

- 배연설비 : 화재 발생으로 인한 유독가스를 건축물 밖으로 배출하는 설비
- 제연설비 : 화재로 인한 유독가스가 들어오지 못하도록 차단, 배출하고, 유입된 매연을 희석시키는 등의 제어방식을 통해 실내 공기를 청정하게 유지시켜 피난상의 안전을 도모하는 설비

핵심이론 제연설비의 화재안전기술기준(NFTC 501)

□ 설치기준
- 하나의 제연구역의 면적은 1000 [m²] 이내로 할 것
- 거실과 통로(복도를 포함한다. 이하 같다)는 각각 제연구획할 것
- 통로상의 제연구역은 보행중심선의 길이가 60 [m]를 초과하지 않을 것
- 하나의 제연구역은 직경 60 [m] 원 내에 들어갈 수 있을 것
- 하나의 제연구역은 2 이상의 층에 미치지 않도록 할 것. 다만 층의 구분이 불분명한 부분은 그 부분을 다른 부분과 별도로 제연구획해야 한다.

□ 제연구역의 구획
- 재질은 내화재료, 불연재료 또는 제연경계벽으로 성능을 인정받은 것으로서 화재 시 쉽게 변형·파괴되지 아니하고 연기가 누설되지 않는 기밀성 있는 재료로 할 것
- 제연경계는 제연경계의 폭이 0.6 [m] 이상이고, 수직거리는 2 [m] 이내이어야 한다. 다만 구조상 불가피한 경우는 2 [m]를 초과할 수 있다.
- 제연경계벽은 배연 시 기류에 따라 그 하단이 쉽게 흔들리지 않고, 가동식의 경우에는 급속히 하강하여 인명에 위해를 주지 않는 구조일 것

12
다음 무선통신보조설비의 화재안전성능기준에 명시된 용어의 정의를 쓰시오.

배점 6

가. 분배기

나. 분파기

다. 혼합기

정답

가. 신호의 전송로가 분기되는 장소에 설치하는 것으로 임피던스 매칭(Matching)과 신호 균등분배를 위해 사용하는 장치를 말한다.

나. 서로 다른 주파수의 합성된 신호를 분리하기 위해서 사용하는 장치를 말한다.

다. 두 개 이상의 입력신호를 원하는 비율로 조합한 출력이 발생하도록 하는 장치를 말한다.

핵심이론 | 무선통신보조설비 용어의 정의

- 누설동축케이블 : 동축케이블의 외부도체에 가느다란 홈을 만들어서 전파가 외부로 새어나갈 수 있도록 한 케이블을 말한다.
- 분배기 : 신호의 전송로가 분기되는 장소에 설치하는 것으로 임피던스 매칭(Matching)과 신호 균등분배를 위해 사용하는 장치를 말한다.
- 분파기 : 서로 다른 주파수의 합성된 신호를 분리하기 위해서 사용하는 장치를 말한다.
- 혼합기 : 두 개 이상의 입력신호를 원하는 비율로 조합한 출력이 발생하도록 하는 장치를 말한다.
- 증폭기 : 신호 전송 시 신호가 약해져 수신이 불가능해지는 것을 방지하기 위해서 증폭하는 장치를 말한다.
- 무선중계기 : 안테나를 통하여 수신된 무전기신호를 증폭한 후 음영지역에 재방사하여 무전기 상호 간 송수신이 가능하도록 하는 장치
- 옥외안테나 : 감시제어반 등에 설치된 무선중계기의 입력과 출력포트에 연결되어 송수신신호를 원활하게 방사·수신하기 위해 옥외에 설치하는 장치

13 득점 ___ 배점 4

다음 표는 소화설비별 비상전원의 종류이다. 각 설비별 설치해야 하는 비상전원에 알맞게 빈칸에 ○표 하시오.

설비명	자가발전설비	축전지설비	비상전원수전설비
옥내소화전설비, 물분무소화설비, 이산화탄소소화설비, 할론소화설비, 비상조명등, 제연설비, 연결송수관설비			
스프링클러설비(차고, 주차장으로 바닥면 1000 [m²] 미만인 경우)			
자동화재탐지설비, 비상경보설비, 비상방송설비			
비상콘센트설비			

정답

설비명	자가발전설비	축전지설비	비상전원수전설비
옥내소화전설비, 물분무소화설비, 이산화탄소소화설비, 할론소화설비, 비상조명등, 제연설비, 연결송수관설비	○	○	
스프링클러설비(차고, 주차장으로 바닥면 1000 [m²] 미만인 경우)	○	○	○
자동화재탐지설비, 비상경보설비, 비상방송설비		○	
비상콘센트설비	○	○	○

핵심이론 비상전원 종류 및 용량

설비	비상전원				용량
	자가발전	축전지	전기저장장치	비상전원수전설비	
• 스프링클러설비 (미분무소화설비)	○	○	○	(차고, 주차장으로 바닥면 1000 [m²] 미만인 경우)	• 20분 : 30층 미만 • 40분 : 30 ~ 49층 • 60분 : 50층 이상
• 간이스프링클러설비	○			○	• 10분 • 20분 : 근생, 복합건축물, 생활형 숙박시설
• 옥내소화전설비 • 연결송수관설비 • 특별피난계단의 계단실·부속실 제연설비	○	○	○		• 20분 : 30층 미만 • 40분 : 30 ~ 49층 • 60분 : 50층 이상
• 제연설비 • CO_2설비 • 분말소화설비 • 할론소화설비 • 할로겐화합물 및 불활성기체소화설비 • 화재조기진압용 스프링클러설비 • 포소화설비	○	○	○	(호스릴포소화설비 또는 포소화전만을 설치한 차고·주차장, 포헤드설비 또는 고정포방출설비가 설치된 부분의 바닥면 합계 1000 [m²] 미만인 경우)	• 20분 이상
• 비상방송설비 • 자동화재탐지설비 • 비상경보설비		○	○		• 10분 이상 • 30분 이상 (비방, 자탐 30층 이상)
• 유도등		○			• 20분 이상 • 60분 이상(지하층 제외 11층 이상, 지하층·무창층으로 도·소매시장, 여객자동차터미널, 지하역사, 지하상가)
• 비상조명등	○	○	○		
• 무선통신보조설비		○			• 30분 이상
• 비상콘센트설비	○	○	○	○	• 20분 이상

14

다음의 논리회로를 보고 각 물음에 답하시오.

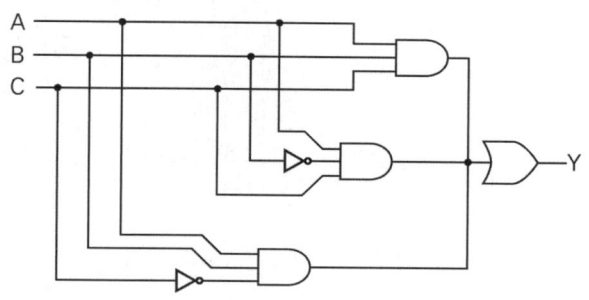

가. 가장 간단한 논리식으로 표현하시오.

나. 유접점 시퀀스회로를 그리시오.

다. 무접점 논리회로를 그리시오.

정답

가. $Y = ABC + A\overline{B}C + AB\overline{C} = AC(B + \overline{B}) + AB\overline{C}$

$= AC + AB\overline{C}$

$= A(C + B\overline{C}) = A(C + B)(C + \overline{C})$

$= A(C + B)$

$\therefore Y = A(C + B)$

나.

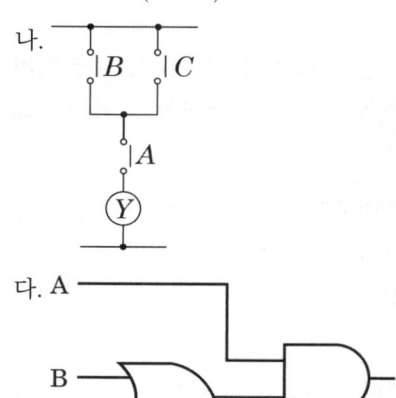

다.

```
A ─────────────┐
               ├──┐
B ──┐          │  │
    ├OR──┐     AND──── Y
C ──┘    └─────┘
```

TIP Y = A(C + B)라고 정확히 적어야 한다. A(C + B)만 적으면 오답이다.

핵심이론 논리회로

게이트	논리회로	논리식	시퀀스회로	진리표
AND	A,B → X	X = A · B = AB	(A, B 직렬, X_a)	A B X / 0 0 0 / 0 1 0 / 1 0 0 / 1 1 1
OR	A,B → X	X = A + B	(A, B 병렬, X_a)	A B X / 0 0 0 / 0 1 1 / 1 0 1 / 1 1 1
NOT	A → X	X = $\overline{A}$	(A, X_b)	A X / 0 1 / 1 0

15

다음은 상용전원 정전 시 예비전원으로 절환되고 상용전원 복구 시 자동으로 예비전원에서 상용전원으로 절환되는 시퀀스제어회로의 미완성도면이다. 다음 동작에 적합하도록 미완성도면을 완성하시오.

가. MCCB를 투입한 후 PB_1을 누르면 MC_1이 여자되고 주접점 MC_1이 닫히고 상용전원에 의해 전동기 M이 회전하고 표시등 RL이 점등된다. 또한 보조접점 MC_{1-a}가 폐로되어 자기유지회로가 구성되고 MC_{1-b}가 개로되어 MC_2이 작동하지 않는다.

나. 상용전원으로 운전 중 PB_3을 누르면 MC_1이 소자되어 전동기는 정지하고 상용전원 운전표시등 RL은 소등된다.

다. 상용전원이 정전 시 PB_2를 누르면 MC_2가 여자되고 주접점 MC_2가 닫혀 예비전원에 의해 전동기 M이 회전하고 표시등 GL이 점등된다. 또한 보조접점 MC_{2-a}가 폐로되어 자기유지회로가 구성되고 MC_{2-b}가 개로되어 MC_1이 작동하지 않는다.

라. 예비전원으로 운전 중 PB_4를 누르면 MC_2가 소자되어 전동기는 정지하고 예비전원 운전표시등 GL은 소등된다.

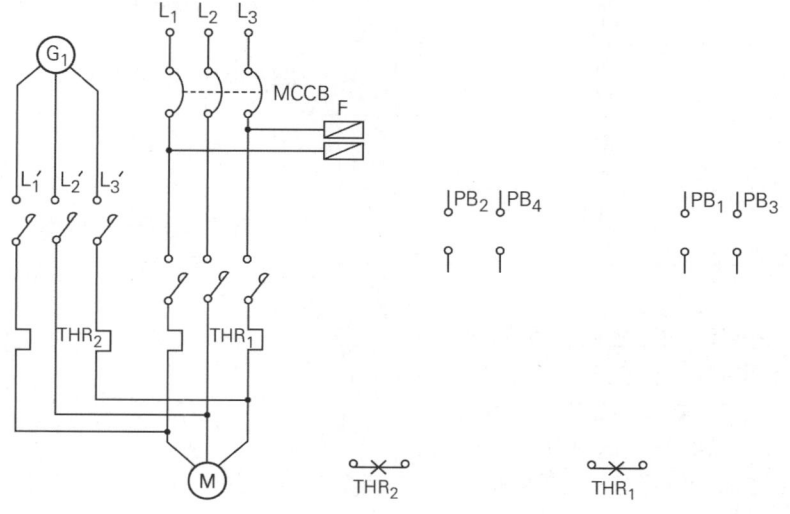

정답

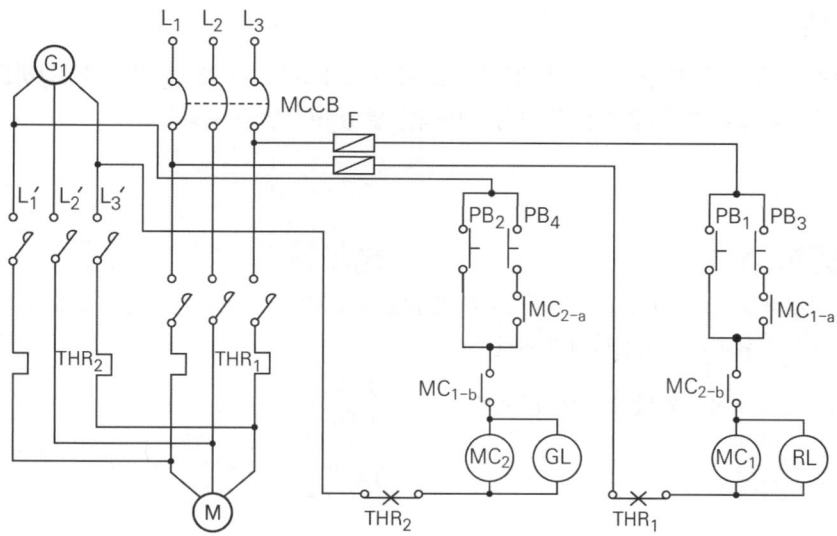

> **핵심이론** 시퀀스회로 심벌

심벌	명칭
⌒	배선용 차단기
▱	포장퓨즈
╍	수동조작 자동복귀접점
╍	보조스위치 접점(계전기접점)
╳	수동복귀접점
╍	c 접점(전환접점, a b 공통 가동접점)

- 기동버튼 : 병렬연결 및 자기유지
- 정지버튼 : 직렬연결
- 분기 시 "●"를 찍는다.
- MC 코일 : MC-a로 표기
- MC₁과 MC₂가 동시 동작되지 않도록 서로 인터록을 걸어준다.

16

[득점] [배점 4]

전선의 길이가 60 [m]이며 사용전압 220 [V], 2.2 [kW]일 때 배선의 전압강하를 1 [%] 내외로 할 경우 전선의 공칭 단면적은 몇 [mm²]인지 구하시오.

> **정답**

전압강하를 1 [%] 내외로 한다고 하였기 때문에 사용전압 220 [V]의 1 [%]인 $220 \times 0.01 = 2.2[V]$ 내외의 전압강하여야 한다.

저항이 주어지지 않았기 때문에 전압강하 $e = \dfrac{35.6LI}{1000A}$ 식을 사용한다.

$e = \dfrac{35.6LI}{1000A}$ $\therefore A = \dfrac{35.6LI}{1000e} = \dfrac{35.6 \times 60 \times I}{1000 \times 2.2}$

이때, I를 모르기 때문에 I를 구해준다.

$$P = VI \text{이므로}, I = \frac{P}{V} = \frac{2.2 \times 1000}{220} = 10[A]$$

$$\therefore A = \frac{35.6 \times 60 \times 10}{1000 \times 2.2} = 9.71[mm^2]$$

답 | 10 [mm²]

- 전선에서 모든 단면적이 존재하는 것이 아니다. 따라서 전선의 면적을 먼저 구한 후, 해당하는 공칭단면적을 답으로 적어야 한다.
- 전선의 공칭 단면적] 단위 : [mm²]
  1.5 / 2.5 / 4 / 6 / 10 ※ / 16 / 25 / 35 / 50 / 70 / 95 / 120 / 150
- 9.71 [mm²]보다 큰 10 [mm²]이 정답이다.

핵심이론 전압강하공식

▫ 전압강하
- 단상 2선식 $e = V_s - V_r = 2IR$ [V]
- 3상 3선식 $e = V_s - V_r = \sqrt{3}\,IR$ [V]

  e : 전압강하 [V], V_s : 정격전압 [V], V_r : 단자전압 [V]

▫ 전압강하(조건에 저항이 없을 때)

전기방식	전압강하
단상 2선식	$e = \dfrac{35.6LI}{1000A}$
3상 3선식	$e = \dfrac{30.8LI}{1000A}$
단상 3선식, 3상 4선식	$e = \dfrac{17.8LI}{1000A}$

여기서 L : 선로길이 [m], I : 전부하전류 [A]
e : 한 선의 전압강하 [V], A : 전선의 단면적 [mm²]

17

배점 4

P형 수신기와 감지기가 연결된 선로에서 선로저항이 50 [Ω]이고, 릴레이저항이 1000 [Ω], 회로전압이 DC 24 [V]이며, 감시전류가 2 [mA]인 경우 종단저항 [Ω]을 구하고, 감지기가 작동할 때 흐르는 전류는 몇 [mA]인지 구하시오.

정답

가. 종단저항 [Ω]

$$I_{감시} = \frac{회로전압}{종단저항 + 릴레이저항 + 배선저항}$$

$$2 \times 10^{-3} = \frac{24}{50 + 1000 + 종단저항}$$

$solve$ 기능을 사용하면 종단저항 : 10950[Ω]이다.

답 | 10950 [Ω]

나. 감지기가 작동할 때 흐르는 전류

$$I_{동작} = \frac{회로전압}{릴레이저항 + 배선저항} = \frac{24}{50 + 1000} = 0.02286[A] = 22.86[mA]$$

답 | 22.86 [mA]

핵심이론 감시전류 및 동작전류공식

- $I_{감시} = \dfrac{회로전압}{종단저항 + 릴레이저항 + 배선저항}$ [A]
- $I_{동작} = \dfrac{회로전압}{릴레이저항 + 배선저항}$ [A]

> 보충 ▶ 해당 식을 사용하면 [A]단위로 계산값이 나오기 때문에 문제에서 원하는 단위인 [mA]로 환산시켜줄 것

18

배점 6

비상전원으로 연축전지설비를 설치하려고 한다. 연축전지의 정격용량이 200 [Ah]이고, 비상용 조명부하가 6 [kW], 사용전압이 100 [V]일 때 다음 각 물음에 답하시오.

가. 축전지 설치에 필요한 연축전지에 1개의 여유를 둘 때, 셀 수를 구하시오.

나. 납축전지를 방전상태로 오랫동안 방치하거나, 충전 시 전해액에 불순물이 혼입되었을 때 음극판에 발생하는 현상을 쓰시오.

다. 나.의 음극에 발생되는 가스 명칭을 쓰시오.

정답

가. 공칭전압 [V/셀] = $\dfrac{허용최저전압(V)}{셀수}$

∴ 셀 수 = $\dfrac{상용전압}{공칭전압}$ = $\dfrac{100[V]}{2[V/cell]}$ = $50[cell]$

그런데 문제에서 1개의 여유를 두었다고 했기 때문에 $50+1=51\,[cell]$

답 | 51 [cell]

나. 설페이션현상

다. 수소가스(H_2)

핵심이론 축전지 설비

□ 축전지용량 구하는 식

$C = \dfrac{1}{L}KI$ [Ah]

C : 축전지용량 [Ah], L : 보수율(용량저하율)
K : 용량환산시간 [h], I : 방전전류 [A]

□ 축전지 공칭전압 구하는 식

공칭전압 [V/셀] = $\dfrac{허용최저전압(V)}{셀수}$

□ 충전방식

구분	특징
보통충전방식	필요할 때마다 표준시간율로 충전하는 방식
급속충전방식	단시간에 보통 충전전류의 2~3배의 전류로 충전하는 방식
세류충전방식	축전지의 방전을 보충하기 위해 부하를 OFF한 상태에서 미소전류로 항상 충전하는 방식
균등충전방식	• 각 축전지의 전위차를 보정하기 위해 1~3개월마다 1회 충전하는 방식 • 균등충전전압 : 2.4~2.5 [V]

구분	특징
부동충전방식	• 축전지의 자기방전을 보충함과 동시에 상용부하에 대한 전력 공급은 충전기가 부담하도록 하되 충전기가 부담하기 어려운 일시적인 대전류 부하는 축전지로 부담하는 방식 • 축전지와 부하를 충전기에 병렬로 접속하여 사용하는 방식 • 예비전원 설비 중 가장 많이 사용되는 방식
회복충전방식	축전지의 과방전, 가벼운 설페이션현상 또는 방치상태 등에서 기능회복을 위해 실시하는 방식

▣ 2차 충전전류 구하는 식

$$2차 충전전류 [A] = \frac{축전지 \ 정격용량 \ [Ah]}{축전지 \ 공칭용량 \ [h]} + \frac{상시부하 \ [VA]}{표준전압 \ [V]}$$

▣ 축전지 종류별 특성

구분	연축전지	알칼리축전지
기전력 [V]	2.05 ~ 2.08	1.32
공칭전압 [V]	2.0	1.2
공칭용량 [Ah]	10	5

TIP ▶ 설페이션현상 : 배터리를 방전상태로 방치해두면 극판 표면에 유백색의 결정이 생긴다. 이 결정은 부도체의 황산납이며, 이와 같은 현상을 설페이션현상이라고 한다.

TIP ▶ 연축전지와 알칼리축전지의 공칭용량값은 암기해둘 것

01

다음을 보고 각 물음에 답하시오.

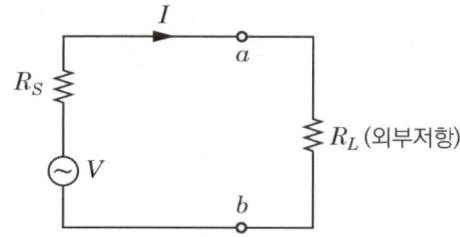

가. 부하에 전력이 최대로 전달되는 조건을 쓰시오.

나. 최대전력의 조건식을 유도하시오.

정답

가. $R_S = R_L$

나. $P = I^2 R$

이때, $I = \dfrac{V}{R_S + R_L} = \dfrac{V}{2R_L}$ 이므로

$P = (\dfrac{V}{2R_L})^2 \times R_L = \dfrac{V^2}{4R_L^2} \times R_L = \dfrac{V^2}{4R_L}$

- 최대전력은 내부저항과 외부저항이 같을 때 전달된다.
- 입력 및 출력 간의 임피던스 차이에 의한 반사를 줄이는 방법은 임피던스 매칭을 시켜주는 것이다.
- 예를 들어 내부저항 r인 건전지와 부하저항 R로 구성된 회로에서 건전지가 부하저항 R에 전압을 걸어 전류를 흘릴 때 r과 R이 같은 경우 최대전력을 전달할 수 있다(가장 뜨끈하게 R을 발열시킬 수 있다).

핵심이론 | 최대전력 전달

□ 최대전력 전달조건

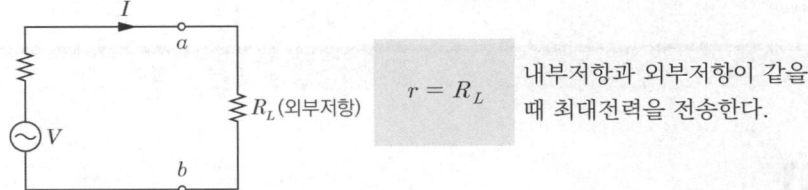

$r = R_L$ 　내부저항과 외부저항이 같을 때 최대전력을 전송한다.

□ 최대전력계산

$$P_{max} = I^2 R = \left(\frac{V}{r+R}\right)^2 R = \left(\frac{V}{2R}\right)^2 R = \frac{V^2}{4R^2}R = \frac{V^2}{4R}$$

P_{max} : 최대전력 [W], V : 전압 [V], R : 부하(외부)저항 [Ω], r : 내부저항(선로저항) [Ω]

02　　　　　　　　　　　　　　　　　　　　　　　　득점　　배점　4

이산화탄소소화설비의 음향경보장치는 다음의 기준에 따라 설치해야 한다. 괄호 안에 들어갈 알맞은 용어를 쓰시오.

가. 수동식 기동장치를 설치한 것은 그 기동장치의 조작과정에서, 자동식 기동장치를 설치한 것은 화재감지기와 연동하여 자동으로 경보를 발하는 것으로 할 것

나. 소화약제의 방출개시 후 (㉠) 경보를 계속할 수 있는 것으로 할 것

다. 이산화탄소소화설비의 수동식 기동장치의 방출용 스위치는 (㉡)와 연동하여 조작될 수 있는 것으로 할 것

정답

㉠ 1분 이상
㉡ 음향경보장치

핵심이론 | 이산화탄소소화설비의 화재안전기술기준(NFTC 106)

□ 음향경보장치
- 수동식 기동장치를 설치한 것은 그 기동장치의 조작과정에서, 자동식 기동장치를 설치한 것은 화재감지기와 연동하여 자동으로 경보를 발하는 것으로 할 것
- 소화약제의 방출개시 후 1분 이상 경보를 계속할 수 있는 것으로 할 것
- 방호구역 또는 방호대상물이 있는 구획 안에 있는 자에게 유효하게 경보할 수 있는 것으로 할 것

□ 기동장치

이산화탄소소화설비의 수동식 기동장치는 다음의 기준에 따라 설치해야 한다. 이 경우 수동식 기동장치의 부근에는 소화약제의 방출을 지연시킬 수 있는 방출지연스위치(자동복귀형 스위치로서 수동식 기동장치의 타이머를 순간 정치시키는 기능의 스위치를 말한다)를 설치해야 한다.

- 전역방출방식은 방호구역마다, 국소방출방식은 방호대상물마다 설치할 것
- 해당 방호구역의 출입구 부근 등 조작을 하는 자가 쉽게 피난할 수 있는 장소에 설치할 것
- 기동장치의 조작부는 바닥으로부터 0.8 [m] 이상 1.5 [m] 이하의 위치에 설치하고, 보호판 등에 따른 보호장치를 설치할 것
- 기동장치 인근의 보기 쉬운 곳에 "이산화탄소소화설비 수동식 기동장치"라는 표지를 할 것
- 전기를 사용하는 기동장치에는 전원표시등을 설치할 것
- 기동장치의 방출용 스위치는 음향경보장치와 연동하여 조작될 수 있는 것으로 할 것

03

배점 10

다음은 지상 1층부터 지상 8층까지의 건축물이다. 각 물음에 답하시오. (단, 화재로 인하여 하나의 층의 지구음향장치 배선이 단락이 되어도 다른 층의 화재통보에 지장이 없도록 각 층 배선상에 유효한 조치를 하였으며, 전화선은 삭제된 것으로 한다)

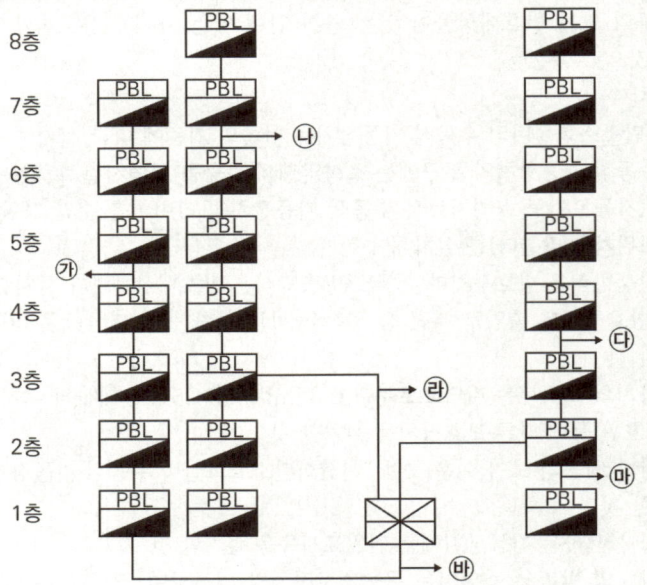

가. ㉮ ~ ㉻까지의 가닥 수를 산정하시오.

나. 해당 건축물의 수신기는 몇 회로용을 사용해야 하는지 쓰시오.

다. 5층에서 단락이 되었을 때 몇 층에 경보가 울리는지 쓰시오.

라. 음향장치는 정격전압의 몇 [%] 전압에서 음향을 발할 수 있는 것으로 해야 하는지 쓰시오.

마. 음향장치의 음량의 크기는 부착된 음향장치 중심으로부터 1 [m] 떨어진 위치에서 몇 [dB] 이상이 되는 것으로 해야 하는지 쓰시오.

정답

가. ㉮ 10, ㉯ 9, ㉰ 12, ㉱ 16, ㉲ 8, ㉳ 14

구분	회로선 = 지구선	회로 공통선	경종선	경종 표시등 공통선	표시등선	응답선	기동확인 표시등	합계
㉮	3	1	1	1	1	1	2	10
㉯	2	1	1	1	1	1	2	9
㉰	5	1	1	1	1	1	2	12
㉱	8	2	1	1	1	1	2	16
㉲	1	1	1	1	1	1	2	8
㉳	7	1	1	1	1	1	2	14

- 11층 이상인 특정소방대상물이 아니므로 일제경보방식이다.
- 화재로 인하여 하나의 층의 지구음향장치 배선이 단락이 되어도 다른 층의 화재통보에 지장이 없도록 각 층 배선상에 유효한 조치를 하였기 때문에 경종선은 추가되지 않는다.
- 기본적으로 가닥 수 산정에서는 특별한 조건이 없는 한, 최소가닥 수로 산정한다.
- 옥내소화전설비와 겸용하였기 때문에 기동확인표시등 2가닥이 추가된다.
- 회로선수가 7가닥을 초과하면 공통선 1가닥을 추가한다.
- 경종공통선과 표시등공통선을 구분하지 않기 때문에 경종표시등공통선을 같이한다.
- 지구선(= 회로선, 신호선, 감지기선, 수동발신기 지구선)
- 지구공통선(= 공통선, 회로공통선, 신호공통선, 감지기공통선, 수동발신기 공통선)
- 응답선(= 발신기선, 발신기응답선, 수동발신기 응답선, 확인선)
- 경종 및 표시등공통선(= 공동표시등 공통선, 벨표시등 공통선)

나. 25회로용

- 발신기세트함의 개수가 23개이므로 경계구역이 23개이다(지구선이 23개이다).
- 수신기는 5단위이기 때문에 23회로용 수신기는 없으며, 25회로용을 사용한다.

다. 1층, 2층, 3층, 4층, 6층, 7층, 8층

- 5층에서 단락이 되었기 때문에 5층은 경보가 울리지 않는다.
- 자동화재탐지설비에서 단락이 발생했을 때 다른 층에는 화재경보에 지장을 주지 않도록 유효한 조치를 했기 때문에 5층을 제외한 모든 층에는 경보가 울린다.

라. 80 [%]

마. 90 [dB]

📌 핵심이론 | 자동화재탐지설비 음향장치 구조 및 성능

□ 주음향장치
  수신기의 내부 또는 그 직근에 설치할 것

□ 지구음향장치
  특정소방대상물의 층마다 설치, 해당 특정소방대상물의 각 부분으로부터 하나의 음향장치까지의 수평거리가 25 [m] 이하가 되도록 하고, 해당 층의 각 부분에 유효하게 경보를 발할 수 있도록 설치(기둥 또는 벽이 설치되지 아니한 대형공간의 경우 지구음향장치는 설치 대상 장소의 가장 가까운 장소의 벽 또는 기둥 등에 설치)

□ 음향장치 구조 및 성능
  • 정격전압의 80 [%] 전압에서 음향을 발할 수 있는 것으로 할 것
  • 음량은 부착된 음향장치의 중심으로부터 1 [m] 떨어진 위치에서 90 [dB] 이상이 되는 것으로 할 것
  • 감지기 및 발신기의 작동과 연동하여 작동할 수 있는 것으로 할 것

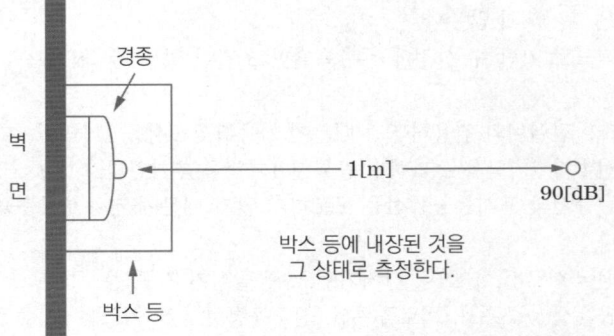

□ 경보방식
  • 일제경보방식 : 화재 시 전 층에 경보하는 방식(소규모)
  • 우선경보방식 : 층수가 11층(공동주택의 경우에는 16층)의 특정소방대상물은 다음과 같은 경보를 발할 수 있어야 한다.
    ① 2층 이상의 층에서 발화한 때에는 발화층 및 그 직상 4개 층에 경보
    ② 1층에서 발화한 때에는 발화층. 그 직상 4개 층 및 지하층에 경보
    ③ 지하층에서 발화한 때에는 발화층. 그 직상층 및 기타 지하층 경보

04

극수변환식의 3상 농형 유도전동기가 있다. 고속측은 4극이고 이때 정격출력은 90 [kW]이다. 저속 측은 고속 측의 1/3속도라면 저속 측의 극수를 구하고 정격출력은 몇 [kW]인지 계산하시오. (단, 슬립과 정격토크는 고속 측과 저속 측이 같다)

가. 극수
  ○ 계산과정
  ○ 정답

나. 정격출력
  ○ 계산과정
  ○ 정답

정답

가. 계산과정

$N_S = \dfrac{120}{P} \times f$ 이므로 N_S와 P극수는 반비례관계이다.

따라서 속도가 $\dfrac{1}{3}$배가 되었다는 것은 P극수는 3배가 된 것이다.

∴ $4 \times 3 = 12$극

답 | 12극

나. 계산과정

$P = 9.8 \times 2\pi \times \dfrac{N}{60} \times \tau$

이때 P는 극수가 아닌 정격출력이다[kW].
정격출력과 회전수(N = 속도)는 비례관계이므로,
속도가 $\dfrac{1}{3}$배가 되었으면 정격출력 또한 $\dfrac{1}{3}$배이다.

따라서 $90 \times \dfrac{1}{3} = 30 [kW]$

답 | 30 [kW]

회전수를 속도로 본다.

> **핵심이론** 동기속도
>
> □ 동기속도 구하는 식
> $$N_s = \frac{120f}{P} \text{ [rpm]}$$
>
> □ 회전속도 구하는 식
> $$N = \frac{120f}{P}(1-S) \text{ [rpm]}$$
>
> N_s : 동기속도 [rpm]
> N : 회전속도 [rpm]
> f : 주파수 [Hz]
> P : 극수, S : 슬립

05 | 배점 4

유도등과 비상조명등의 비상전원을 60분 이상 유효하게 작동시킬 수 있는 용량으로 해야 하는 경우 2가지를 쓰시오.

①
②

정답

① 지하층을 제외한 층수가 11층 이상의 층
② 지하층 또는 무창층으로서 용도가 도매시장·소매시장·여객자동차터미널·지하역사 또는 지하상가

핵심이론 비상전원 종류 및 용량

설비	비상전원				용량
	자가발전	축전지	전기저장장치	비상전원수전설비	
• 스프링클러설비 (미분무소화설비)	○	○	○	(차고, 주차장으로 바닥면 1000 [m^2] 미만인 경우)	• 20분 : 30층 미만 • 40분 : 30~49층 • 60분 : 50층 이상
• 간이스프링클러설비	○			○	• 10분 • 20분 : 근생, 복합건축물, 생활형 숙박시설
• 옥내소화전설비 • 연결송수관설비 • 특별피난계단의 계단실·부속실 제연설비	○	○	○		• 20분 : 30층 미만 • 40분 : 30~49층 • 60분 : 50층 이상
• 제연설비 • CO_2설비 • 분말소화설비 • 할론소화설비 • 할로겐화합물 및 불활성기체소화설비 • 화재조기진압용 스프링클러설비 • 포소화설비	○	○	○	(호스릴포소화설비 또는 포소화전만을 설치한 차고·주차장, 포헤드설비 또는 고정포방출설비가 설치된 부분의 바닥면 합계 1000 [m^2] 미만인 경우)	20분 이상
• 비상방송설비 • 자동화재탐지설비 • 비상경보설비		○	○		• 10분 이상 • 30분 이상 (비방, 자탐 30층 이상)
• 유도등		○			• 20분 이상 • 60분 이상(지하층 제외 11층 이상, 지하층·무창층으로 도·소매시장, 여객자동차터미널, 지하역사, 지하상가)
• 비상조명등	○	○	○		
• 무선통신보조설비		○			30분 이상
• 비상콘센트설비	○	○	○	○	20분 이상

06

광원점등방식의 피난유도선 설치기준 5가지를 쓰시오.

①
②
③
④
⑤

배점 5

> **정답**
>
> ① 구획된 각 실로부터 주출입구 또는 비상구까지 설치할 것
> ② 피난유도 표시부는 바닥으로부터 높이 1 [m] 이하의 위치 또는 바닥 면에 설치할 것
> ③ 피난유도 표시부는 50 [cm] 이내의 간격으로 연속되도록 설치하되 실내장식물 등으로 설치가 곤란할 경우 1 [m] 이내로 설치할 것
> ④ 수신기로부터의 화재신호 및 수동조작에 의하여 광원이 점등되도록 설치할 것
> ⑤ 비상전원이 상시 충전상태를 유지하도록 설치할 것
> ⑥ 바닥에 설치되는 피난유도 표시부는 매립하는 방식을 사용할 것
> ⑦ 피난유도 제어부는 조작 및 관리가 용이하도록 바닥으로부터 0.8 [m] 이상 1.5 [m] 이하의 높이에 설치할 것

핵심이론 피난유도선 설치기준

□ 축광방식의 피난유도선 설치기준
- 구획된 각 실로부터 주출입구 또는 비상구까지 설치할 것
- 바닥으로부터 높이 50 [cm] 이하의 위치 또는 바닥 면에 설치할 것
- 피난유도 표시부는 50 [cm] 이내의 간격으로 연속되도록 설치
- 부착대에 의하여 견고하게 설치할 것
- 외광 또는 조명장치에 의하여 상시 조명이 제공되거나 비상조명등에 의한 조명이 제공되도록 설치할 것

[축광방식 피난유도선]

□ 광원점등방식의 피난유도선 설치기준
- 구획된 각 실로부터 주출입구 또는 비상구까지 설치할 것
- 피난유도 표시부는 바닥으로부터 높이 1 [m] 이하의 위치 또는 바닥 면에 설치할 것
- 피난유도 표시부는 50 [cm] 이내의 간격으로 연속되도록 설치하되 실내장식물 등으로 설치가 곤란할 경우 1 [m] 이내로 설치할 것
- 수신기로부터의 화재신호 및 수동조작에 의하여 광원이 점등되도록 설치할 것
- 비상전원이 상시 충전상태를 유지하도록 설치할 것
- 바닥에 설치되는 피난유도 표시부는 매립하는 방식을 사용할 것
- 피난유도 제어부는 조작 및 관리가 용이하도록 바닥으로부터 0.8 [m] 이상 1.5 [m] 이하의 높이에 설치할 것

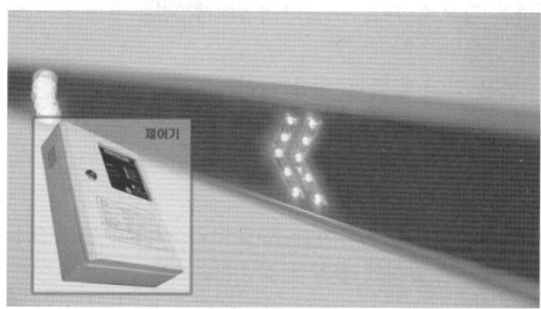

[광원점등방식 피난유도선]

07

배점 6

다음은 무선통신보조설비의 증폭기에 관한 설치기준이다. 괄호 안에 알맞은 용어를 쓰시오.

가. 상용전원은 전기가 정상적으로 공급되는 축전지설비, 전기저장장치(외부 전기에너지를 저장해두었다가 필요한 때 전기를 공급하는 장치) 또는 교류전압의 옥내 간선으로 하고, 전원까지의 배선은 (㉠)으로 할 것

나. 증폭기의 전면에는 주회로 전원의 정상 여부를 표시할 수 있는 (㉡) 및 (㉢)를 설치할 것

다. 증폭기에는 비상전원이 부착된 것으로 하고 해당 비상전원용량은 무선통신보조설비를 유효하게 (㉣) 이상 작동시킬 수 있는 것으로 할 것

라. 디지털방식의 무전기를 사용하는 데 지장이 없도록 설치할 것

정답

㉠ 전용, ㉡ 표시등, ㉢ 전압계, ㉣ 30분

★ 핵심이론 무선통신보조설비

□ 누설동축케이블 등 설치기준
- 소방전용주파수대에서 전파의 전송 또는 복사에 적합한 것으로서 소방전용의 것으로 할 것(다만 소방대 상호 간의 무선연락에 지장이 없는 경우에는 다른 용도와 겸용할 수 있다)
- 누설동축케이블과 이에 접속하는 안테나 또는 동축케이블과 이에 접속하는 안테나에 따른 것으로 할 것
- 누설동축케이블은 불연 또는 난연성의 것으로서 습기에 따라 전기의 특성이 변질되지 아니하는 것으로 하고, 노출하여 설치한 경우에는 피난 및 통행에 장애가 없도록 할 것
- 누설동축케이블은 화재에 따라 해당 케이블의 피복이 소실된 경우에 케이블 본체가 떨어지지 아니하도록 4 [m] 이내마다 금속제 또는 자기제 등의 지지금구로 벽·천장·기둥 등에 견고하게 고정시킬 것(다만 불연재료로 구획된 반자 안에 설치하는 경우에는 그러하지 아니하다)
- 누설동축케이블 및 안테나는 금속판 등에 따라 전파의 복사 또는 특성이 현저하게 저하되지 아니하는 위치에 설치할 것
- 누설동축케이블 및 안테나는 고압의 전로로부터 1.5 [m] 이상 떨어진 위치에 설치할 것(다만 해당 전로에 정전기 차폐장치를 유효하게 설치한 경우에는 그러하지 아니하다)
- 누설동축케이블의 끝부분에는 무반사 종단저항을 견고하게 설치할 것
- 누설동축케이블 또는 동축케이블의 임피던스는 50 [Ω]으로 하고, 이에 접속하는 안테나·분배기 기타의 장치는 해당 임피던스에 적합한 것으로 하여야 한다.

08 배점 7

다음 도면을 보고 물음에 답하시오.

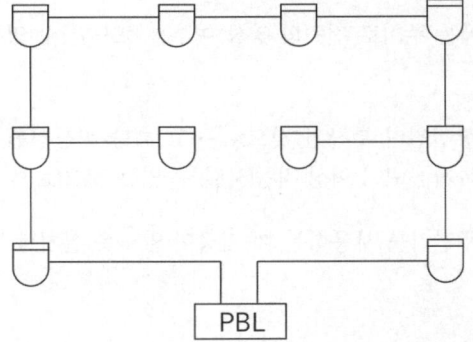

가. 필요한 부싱의 개수를 쓰시오.

나. 필요한 로크너트 개수를 쓰시오.

다. 도면에 가닥 수를 표기하시오.

정답

가. 22개

나. 44개

- 부싱은 전선의 절연피복을 보호하기 위해 금속관 끝에 취부하여 사용되는 부품으로써 관의 개수에 2배를 한다.
- 로크너트는 금속관과 박스를 접속할 때 사용하는 재료로 부싱의 개수에 2배를 한다.

다.

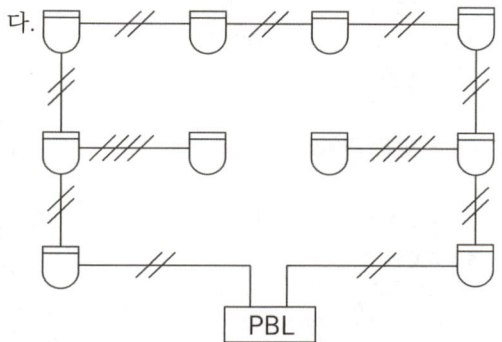

※ 배선

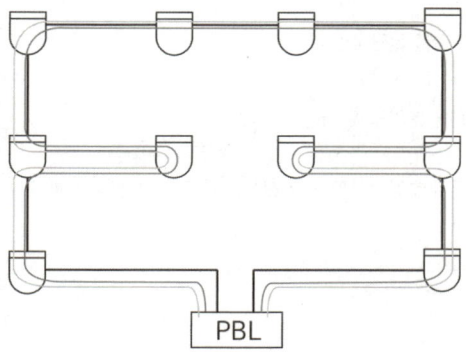

핵심이론 | 금속관공사재료

명칭	외형	설명
부싱 (Bushing)		전선의 절연피복을 보호하기 위하여 금속관 끝에 취부하여 사용되는 부품
유니온 커플링 (Union Coupling)		금속전선관 상호 간을 접속하는 데 사용되는 부품(관이 고정되어 있을 때)
노멀밴드 (Normal Bend)		매입배관공사를 할 때 직각으로 굽히는 곳에 사용하는 부품
유니버설엘보 (Universal Elbow)		노출배관공사를 할 때 관을 직각으로 굽히는 곳에 사용하는 부품
링리듀서 (Ring Reducer)		금속관을 아우트렛 박스에 로크너트만으로 고정하기 어려울 때 보조적으로 사용되는 부품
커플링 (Coupling)		금속전선관 상호 간을 접속하는 데 사용되는 부품(관이 고정되어 있지 않을 때)
새들(Saddle)		관을 지지하는 데 사용하는 재료
로크너트 (Lock Nut)		금속관과 박스를 접속할 때 사용하는 재료로 최소 2개를 사용한다.
리머 (Reamer)		금속관 말단의 모를 다듬기 위한 기구
파이프커터 (Pipe Cutter)		금속관을 절단하는 기구
환형 3방출 정크션박스		배관을 분기할 때 사용하는 박스
파이프벤더 (Pipe Bender)		금속관(후강전선관, 박강전선관)을 구부릴 때 사용하는 공구

09

다음의 장소에는 감지기를 설치하지 않을 수 있다. 괄호 안에 알맞은 용어를 쓰시오.

가. 천장 또는 반자의 높이가 (㉠) 이상인 장소

나. 헛간 등 외부와 기류가 통하는 장소로서 감지기에 따라 (㉡)을 유효하게 감지할 수 없는 장소

다. (㉢)가스가 체류하고 있는 장소

라. (㉣)로서 감지기의 기능이 정지되기 쉽거나 감지기의 유지관리가 어려운 장소

마. 목욕실·욕조나 샤워시설이 있는 화장실·기타 이와 유사한 장소

바. 파이프덕트 등 그 밖의 이와 비슷한 것으로서 (㉤)개 층마다 방화구획된 것이나 수평단면적이 (㉥) 이하인 것

사. 먼지·가루 또는 (㉦)가 다량으로 체류하는 장소 또는 주방 등 평상시 연기가 발생하는 장소

아. 프레스공장·주조공장 등 (㉧) 장소로서 감지기의 유지관리가 어려운 장소

정답

㉠ 20 [m], ㉡ 화재 발생, ㉢ 부식성, ㉣ 고온도 및 저온도, ㉤ 2, ㉥ 5 [m²]
㉦ 수증기, ㉧ 화재 발생의 위험이 적은

핵심이론 감지기 설치 제외 장소

- 천장 또는 반자의 높이가 20 [m] 이상인 장소(다만 제1항 단서 각호의 감지기로서 부착높이에 따라 적응성이 있는 장소는 제외한다)
- 헛간 등 외부와 기류가 통하는 장소로서 감지기에 따라 화재 발생을 유효하게 감지할 수 없는 장소
- 부식성 가스가 체류하고 있는 장소
- 고온도 및 저온도로서 감지기의 기능이 정지되기 쉽거나 감지기의 유지관리가 어려운 장소
- 목욕실·욕조나 샤워시설이 있는 화장실 기타 이와 유사한 장소
- 파이프덕트 등 그 밖의 이와 비슷한 것으로서 2개 층마다 방화구획된 것이나 수평단면적이 5 [m²] 이하인 것
- 먼지·가루 또는 수증기가 다량으로 체류하는 장소 또는 주방 등 평시에 연기가 발생하는 장소(연기감지기에 한한다)
- 프레스공장·주조공장 등 화재 발생의 위험이 적은 장소로서 감지기의 유지관리가 어려운 장소

10

교차회로방식에 관한 다음 질문에 답하시오.

가. 교차회로방식의 감지기에 대한 논리식을 적으시오.

나. 교차회로방식의 무접점 논리회로를 그리시오.

다. 다음의 진리표를 완성하시오.

A	B	C
0	0	
0	1	
1	0	
1	1	

배점 3

정답

가. $A \times B = C$

나.
```
A ──┐
    ├─AND─ C
B ──┘
```

다.
A	B	C
0	0	0
0	1	0
1	0	0
1	1	1

교차회로방식은 2 이상의 감지기회로를 설치하고 2 이상의 감지기회로가 동시에 감지되었을 때 설비가 작동하는 방식이므로 AND회로이다.

핵심이론 감지기 설치 제외 장소

▫ 자동화재탐지설비의 감지기회로 배선방식
- 자동화재탐지설비의 송배선방식
  도통시험을 용이하게 하기 위해 배선의 도중에서 분기하지 않는 방식
- 자동화재탐지설비의 교차회로방식
  하나의 담당구역 내에 2 이상의 감지기회로를 설치하고 2 이상의 감지기회로가 동시에 감지되는 때에 설비가 작동하는 방식
- 교차회로방식으로 감지기를 설치해야 하는 자동식 소화설비
  분말소화설비, 할론소화설비, 할로겐화합물 및 불활성기체소화설비, 이산화탄소 소화설비, 준비작동식 스프링클러설비, 일제살수식 스프링클러설비

▫ 논리회로

게이트	논리회로	논리식	시퀀스회로
AND	$A, B \rightarrow X$	$X = A \cdot B = AB$	A, B, X_a
OR	$A, B \rightarrow X$	$X = A + B$	A, B, X_a
NOT	$A \rightarrow X$	$X = \overline{A}$	A, X_b

○ AND 진리표

A	B	X
0	0	0
0	1	0
1	0	0
1	1	1

○ OR 진리표

A	B	X
0	0	0
0	1	1
1	0	1
1	1	1

○ NOT 진리표

A	X
0	1
1	0

11

누설동축케이블의 용어를 보기에서 찾아 쓰시오.

LCX	–	FR	–	SS	–	20	D	–	14	–	6
(1)		(2)		(3)		(4)	(5)		(6)		결합손실표시

[보기]
① 누설동축케이블　② 자기지지
③ 내열성　④ 절연체 외경
⑤ 사용주파수　⑥ 특성임피던스

정답

① 누설동축케이블, ② 내열성, ③ 자기지지, ④ 절연체 외경, ⑤ 특성임피던스, ⑥ 사용주파수

핵심이론　누설동축케이블

LCX	–	FR	–	SS	–	20	D	–	14	–	6
누설동축케이블		내열성		자기지지		절연체 외경	특성임피던스		사용주파수		결합손실표시

- 누설동축케이블
- 내열설
- 자기지지
- 절연체외경
- 특성임피던스
- 사용주파수
- 결함손실표시

암기▶ 누나 내가 자금이 부족해서 절에 들어가서 살아야 할 것 같아.

12

배점 6

소방시설공사 중 특정소방대상물에 설치된 소방시설 등을 구성하는 것의 전부 또는 일부를 개설, 이전 또는 정비하는 공사의 착공신고대상 3가지를 쓰시오.

①

②

③

정답

① 수신반, ② 소화펌프, ③ 동력제어반, 감시제어반

TIP
- 소방펌프라고 쓰지 말 것
- 동력제어반이라고만 적어도 정답
- 다만 고장·파손 등으로 인하여 작동시킬 수 없는 소방시설을 긴급히 교체하거나 보수하여야 하는 경우에는 신고하지 않을 수 있음

13

배점 5

다음은 자동화재탐지설비의 배선에 대한 기준이다. 괄호 안에 알맞은 용어를 쓰시오.

가. 아날로그식, 다신호식 감지기나 R형 수신기용으로 사용되는 것은 전자파 방해를 받지 않는 실드선 등을 사용해야 하며, 광케이블의 경우에는 (㉠) 방해를 받지 아니하고 내열성능이 있는 경우 사용할 것. 다만 전자파 방해를 받지 않는 방식의 경우에는 그렇지 않다.

나. 감지기 사이의 회로의 배선은 (㉡)으로 할 것

다. 전원회로의 전로와 대지 사이 및 배선 상호 간의 절연저항은 「전기사업법」 제67조에 따른 「전기설비기술기준」이 정하는 바에 의하고, 감지기회로 및 부속회로의 전로와 대지 사이 및 배선 상호 간의 절연저항은 1경계구역마다 (㉢)를 사용하여 측정한 절연저항이 (㉣) 이상이 되도록 할 것

라. P형 수신기 및 G.P형 수신기의 감지기회로의 배선에 있어서 하나의 공통선에 접속할 수 있는 경계구역은 7개 이하로 할 것

마. 자동화재탐지설비의 감지기회로의 전로저항은 (㉤) 이하가 되도록 해야 하며, 수신기의 각 회로별 종단에 설치되는 감지기에 접속되는 배선의 전압은 감지기 정격전압의 80 [%] 이상이어야 할 것

중요 송배전식이라는 용어가 송배선식으로 법에서 개정되었으므로 송배선식으로 작성할 것

정답

㉠ 전자파

㉡ 송배선식

㉢ 직류 250 [V]의 절연저항측정기

㉣ 0.1 [MΩ]

㉤ 50 [Ω]

핵심이론 — 자동화재탐지설비

□ 감지기 상호 간 또는 감지기로부터 수신기에 이르는 감지기 배선
- 아날로그식, 다신호식 감지기나 R형 수신기용으로 사용되는 것은 전자파 방해를 받지 않는 실드선 등을 사용해야 하며, 광케이블의 경우에는 전자파 방해를 받지 아니하고 내열성능이 있는 경우 사용할 것. 다만 전자파 방해를 받지 않는 방식의 경우에는 그렇지 않다.
- 1.항 외의 일반배선을 사용할 때는 「옥내소화전설비의 화재안전기술기준(NFTC 102)」에 따른 내화배선 또는 내열배선으로 사용할 것

□ 감지기회로의 도통시험을 위한 종단저항
- 점검 및 관리가 쉬운 장소에 설치할 것
- 전용함을 설치하는 경우 그 설치높이는 바닥으로부터 1.5 [m] 이내로 할 것
- 감지기회로의 끝부분에 설치하며, 종단감지기에 설치할 경우에는 구별이 쉽도록 해당 감지기의 기판 및 감지기 외부 등에 별도의 표시를 할 것

□ 기타
- 감지기 사이의 회로의 배선은 송배선식으로 할 것
- 전원회로의 전로와 대지 사이 및 배선 상호 간의 절연저항은 「전기사업법」 제67조에 따른 「전기설비기술기준」이 정하는 바에 의하고, 감지기회로 및 부속회로의 전로와 대지 사이 및 배선 상호 간의 절연저항은 1경계구역마다 직류 250 [V]의 절연저항측정기를 사용하여 측정한 절연저항이 0.1 [MΩ] 이상이 되도록 할 것
- 자동화재탐지설비의 배선은 다른 전선과 별도의 관·덕트(절연효력이 있는 것으로 구획한 때에는 그 구획된 부분은 별개의 덕트로 본다)·몰드 또는 풀박스 등에 설치할 것. 다만 60 [V] 미만의 약 전류회로에 사용하는 전선으로서 각각의 전압이 같을 때에는 그렇지 않다.
- P형 수신기 및 G.P형 수신기의 감지기회로의 배선에 있어서 하나의 공통선에 접속할 수 있는 경계구역은 7개 이하로 할 것
- 자동화재탐지설비의 감지기회로의 전로저항은 50 [Ω] 이하가 되도록 해야 하며, 수신기의 각 회로별 종단에 설치되는 감지기에 접속되는 배선의 전압은 감지기 정격전압의 80 [%] 이상이어야 할 것

14

경보설비의 정의와 경보설비에 해당하는 설비 6가지를 쓰시오.

가. 정의 :

나. 종류 :

정답

가. 정의 : 화재 발생 사실을 통보하는 기계·기구·설비
나. 종류 : 자동화재탐지설비, 자동화재속보설비, 가스누설경보기, 단독경보형 감지기, 비상방송설비, 비상경보설비

핵심이론 1 자동화재탐지설비

구분	정의
소화설비	물 또는 그 밖의 소화약제를 사용하여 소화하는 기계·기구·설비
경보설비	화재 발생 사실을 통보하는 기계·기구·설비
피난구조설비	화재 시 피난하기 위해 사용하는 기구·설비
소화용수설비	화재를 진압하는 데 필요한 물을 공급·저장하는 설비
소화활동설비	화재를 진압하거나 인명구조 활동을 위해 사용하는 설비

□ 경보설비 종류
- 단독경보형 감지기
- 비상경보설비
  ① 비상벨설비
  ② 자동식 사이렌설비
- 시각경보기
- 자동화재탐지설비
- 비상방송설비
- 자동화재속보설비
- 통합감시시설
- 누전경보기
- 가스누설경보기
- 화재알림설비

핵심이론 2 자동화재탐지설비

□ 피난구조설비 종류

구분	종류
피난기구	• 피난사다리 • 구조대 • 완강기, 간이완강기
인명구조기구	• 방열복, 방화복(안전모, 보호장갑, 안전화 포함) • 공기호흡기 • 인공소생기
유도등	• 피난유도선 • 피난구유도등 • 통로유도등 • 객석유도등 • 유도표지
비상조명등 및 휴대용 비상조명등	–

□ 소화활동설비
- 연결송수관설비
- 연결살수설비
- 연소방지설비
- 무선통신보조설비
- 제연설비
- 비상콘센트설비

15 다음의 미완성회로를 보고 각 물음에 답하시오.

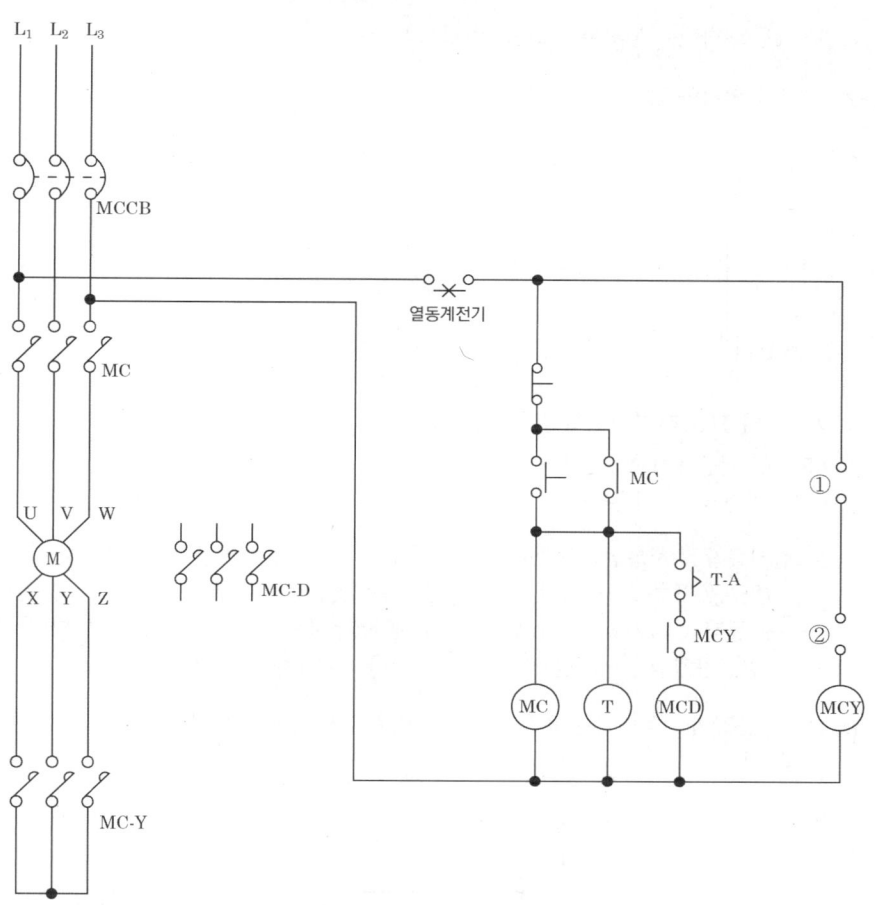

가. Y - △방식을 사용하는 이유 :

나. ①, ② 들어가야 할 접점을 그리시오.
　①
　②

다. 회로상의 THr과 타이머접점의 명칭을 쓰시오.
　◎ 타이머접점 :

라. Y - △ 운전이 가능하도록 주회로 부분을 미완성 도면에 완성하시오.

정답

가. Y-△방식을 사용하는 이유 : 기동전류를 최소화하기 위해서

> Y기동을 하면 기동전류가 1/3으로 줄어든다.

나. ①, ② 들어가야 할 접점을 그리시오.

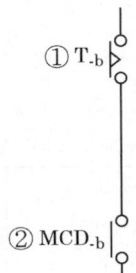

다. 회로상의 THR과 타이머접점의 명칭을 쓰시오.
- THR : 열동계전기 b접점
- 타이머접점 : 한시동작 순시복귀 a접점

> - 한시동작 순시복귀 : 동작시키면 타이머에 설정해놓은 시간만큼 지연 후 동작(한시동작)하고, 복귀시킬 때는 바로 복귀(순시동작)하는 접점
> - 순시동작 한시복귀 : 동작시키면 바로 동작(순시동작)하고, 복귀시키면 타이머에 설정해놓은 시간만큼 지연 후 복귀(한시복귀)하는 접점

라. Y-△ 운전이 가능하도록 주회로 부분을 미완성 도면에 완성하시오.

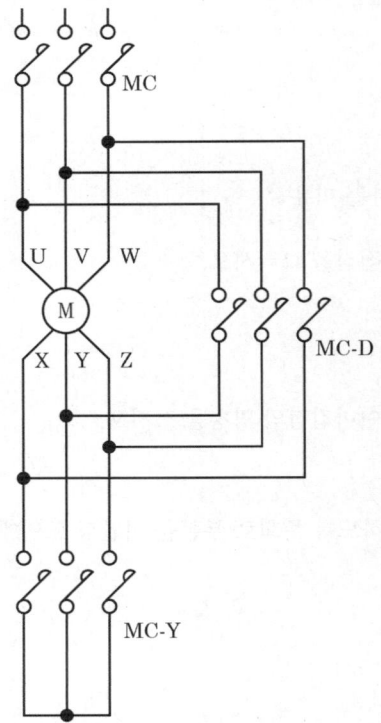

- Y - △방식 ⇒ △ = 3Y ⇒ Y = 1/3△
- 기동전류를 줄이기 위해 채택하는 방식)
- 3상 주접점을 모두 교체(U V W ⇒ X Y Z)
  (U ⇒ Z, V ⇒ X, W ⇒ Y)
  (U ⇒ Y, V ⇒ Z, W ⇒ X)

- PB_{ON}스위치를 누르면 MC가 여자되어서 주회로부분이 붙을 뿐만 아니라 T 또한 여자된다. 동시에 MC 관련 접점인 MC_{1-a}가 붙어서 자기유지된다.
- T가 여자되었기 때문에 관련 접점이 동작할 텐데, 한시동작 순시복귀접점으로써 정해놓은 시간이 지나면 작동한다. 따라서 정해놓은 시간 이후 T_{-a}접점이 붙어서 MCD가 여자된다.

핵심이론 Y - △제어방식(스타 - 델타)

한시동작접점 (타이머)		
한시복귀접점 (타이머)		

> **TIP**
> - MCD가 운전하기 전에는 MCY가 기동하고 있었어야 한다(Y - △운전). 따라서 ①은 한시동작순시복귀 b접점이다.
> - MCD와 MCY가 동시동작되지 않도록 서로 인터록을 걸어주어야 하기 때문에 ②는 MCD_{-b}접점이다.

16

배점 4

바닥에서부터 천장까지의 높이가 20 [m] 이상인 경우 적응성이 있는 감지기 종류 3가지를 쓰시오.

①

②

③

정답

① 불꽃감지기
② 광전식 분리형 감지기 중 아날로그방식
③ 광전식 공기흡입형 감지기 중 아날로그방식

핵심이론 감지기의 부착높이별 설치기준

부착높이	감지기의 종류
8 [m] 이상 15 [m] 미만	• 차동식 분포형 • 이온화식 1종 또는 2종 • 광전식(스포트형, 분리형, 공기흡입형) 1종 또는 2종 • 연기복합형 • 불꽃감지기
15 [m] 이상 20 [m] 미만	• 이온화식 1종 • 광전식(스포트형, 분리형, 공기흡입형) 1종 • 연기복합형 • 불꽃감지기
20 [m] 이상	• 불꽃감지기 • 광전식(분리형, 공기흡입형) 중 아날로그방식

※ 부착높이가 높아지면 열감지기는 적응성이 없어진다(열은 올라가다가 식어버리기 때문에).
※ 불꽃감지기는 부착높이에 따라 어디든지 적응성이 있다.

17 [배점 5]

정온식 스포트형 감지기의 열방식에 따른 종류 5가지를 쓰시오.

① ②
③ ④
⑤

정답

① 바이메탈 활곡방식　　② 바이메탈 반전방식
③ 금속팽창계수 이용방식　　④ 가용절연물 이용방식
⑤ 액체 팽창방식

정온식 감지기(스포트형, 감지선형)
- 주방, 보일러실 등 다량의 화기를 단속적으로 취급하는 장소에 설치한다.
- 공칭작동온도가 최고 주위온도보다 20 [℃] 이상 높은 것으로 설치한다.
  ① 바이메탈 활곡방식 : 바이메탈이 팽창하여 활처럼 휘면서 접점을 형성하여 화재신호
  ② 바이메탈 반전방식 : 바이메탈의 원판을 반전하여 접점을 형성하여 화재신호
  ③ 금속팽창계수 이용방식 : 팽창계수가 큰 금속인 외부 원통의 온도 상승에 의한 팽창으로 내외부의 금속 간의 접점이 형성
  ④ 가용절연물 이용방식 : 동작원리는 감지선형과 같음. 가용절연물은 특수 합성수지 등이 사용되고 정온식 감지선형 감지기 중 감열부가 여러 개 있는 것을 따로 분리해 스포트형화한 것
  ⑤ 액체팽창방식 : 수열체인 반전판이 열을 받아 규정온도에 달하면 반전판 내의 액체가 기화되며 팽창하여 그 힘에 의해 반전

핵심이론 정온식 감지기

- 공칭작동온도(스포트형) : 60 [℃] 이상 ~ 150 [℃] 이하(60 [℃] 이상 ~ 80 [℃] 이하는 5 [℃] 간격, 80 [℃] 이상 ~ 150 [℃] 이하는 10 [℃] 간격)
- 공칭작동온도(감지선형) : 백색(80 [℃] 미만), 청색(80 [℃] 이상 ~ 120 [℃] 미만), 적색(120 [℃] 이상)

18

| 득점 | | 배점 | 6 |

다음 도면과 같은 건물에 A, B, C, D실에는 차동식 스포트형 감지기 1종을 설치하고, 복도에는 연기감지기 2종을 설치하려고 한다. 각각의 실에 감지기 몇 개를 설치해야 하는지 구하시오. (단, 높이는 3.7 [m]이며 이 건물은 내화구조로 되어 있으며 복도는 보행거리 50 [m]이다. 또한 계산과정이 틀리면 오답으로 처리한다)

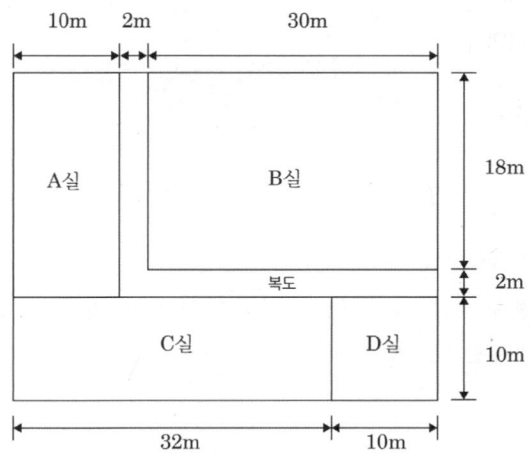

가. A실 :

나. B실 :

다. C실 :

라. D실 :

마. 복도 :

> **정답**

가. A실 : $\dfrac{10 \times 20}{90}$ = 2.22 → 절상해서 3개

나. B실 : $\dfrac{30 \times 18}{90}$ = 6개

다. C실 : $\dfrac{32 \times 10}{90}$ = 3.55 → 절상해서 4개

라. D실 : $\dfrac{10 \times 10}{90}$ = 1.11 → 절상해서 2개

마. 복도 : $\dfrac{19 + 31}{30}$ = 1.66 → 절상해서 2개

핵심이론 감지기 설치

□ 열감지기 설치면적 (단위 : [m²])

부착높이 및 특정소방대상물의 구분		감지기의 종류						
		차동식 스포트형		보상식 스포트형		정온식 스포트형		
		1종	2종	1종	2종	특종	1종	2종
4 [m] 미만	내화구조	90	70	90	70	70	60	20
	기타구조	50	40	50	40	40	30	15
4 [m] 이상 8 [m] 미만	내화구조	45	35	45	35	35	30	
	기타구조	30	25	30	25	25	15	

□ 연기감지기 설치면적 (단위 : [m²])

부착높이	감지기의 종류	
	1종 및 2종	3종
4 [m] 미만	150	50
4 [m] 이상 20 [m] 미만	75	-

□ 복도에 설치하는 연기감지기

보행거리 20 [m] 이하	보행거리 30 [m] 이하
3종 연기감지기	1·2종 연기감지기

모아바 www.moa-ba.com
모아소방전기학원 www.moate.co.kr

격차를 뛰어넘어 압도적인 격차를 만들다

2022

1회	2022.05.07
2회	2022.07.24
4회	2022.11.19

2022년 1회

01 　　　　　　　　　　　　　　　　　　　배점 9

도면은 준비작동식 스프링클러설비에 사용되는 Super Visory Panel에서 수신기까지의 내부결선도이다. 다음 각 물음에 답하시오.

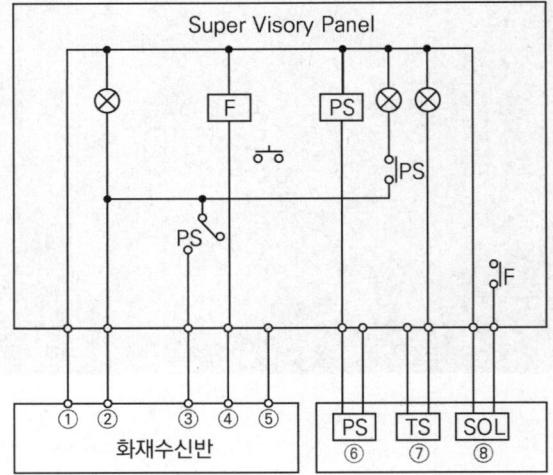

가. ① ~ ⑤ 단자의 단자명은 무엇인지 쓰시오.

①	②	③	④	⑤

나. ⑥ ~ ⑧에 표기된 심벌은 각각 무엇인지 쓰시오.

　⑥
　⑦
　⑧

다. 미완성 도면을 완성하시오.

정답

가.

①	②	③	④	⑤
전원 ⊖	전원 ⊕	밸브개방 확인	밸브기동	밸브주의

① ⊕선과 모두 연결되어 있는 ① 단자는 전원 ⊖이다.
② 전원표시등과 연결되어 있는 ② 단자는 전원 ⊕이다.

- 푸쉬버튼스위치를 누르면 화재릴레이(F)가 동작하여 솔레노이드밸브(SOL)가 동작한다.
- 솔레노이드밸브(SOL)에 의해 준비작동식 밸브가 기동되어 압력스위치가 작동하여 릴레이(PS)가 동작하여 밸브개방확인등을 점등시키고 밸브개방확인 신호를 보낸다.
- 평상시 개폐표시형 밸브(게이트밸브)가 닫혀 있으면 탬퍼스위치(TS)가 폐로되어 밸브주의등이 점등된다.

나. ⑥ 압력스위치
⑦ 탬퍼스위치
⑧ 솔레노이드밸브

- 솔레노이드밸브 = 밸브기동 = SV(Solenoid Valve) = SOL
- 압력스위치 = 밸브개방확인 = PS(Pressure Switch)
- 탬퍼스위치 = 밸브주의 = TS(Tamper Switch)

다.

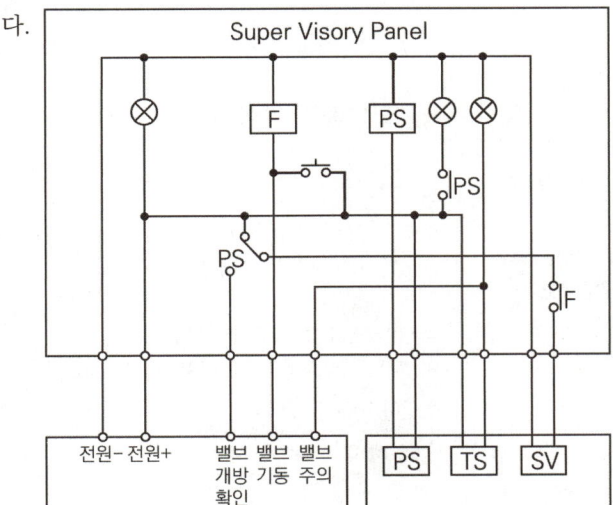

02

자동화재탐지설비에 대한 설치대상(바닥면적 등 기준)을 적으시오.

가. 판매시설　　　나. 전통시장　　　다. 복합건축물

라. 업무시설　　　마. 교육시설

[정답]

가. 연면적 1000 [m²] 이상　　　나. 전통시장 전부
다. 연면적 600 [m²] 이상　　　라. 연면적 1000 [m²] 이상
마. 연면적 2000 [m²] 이상

핵심이론 자동화재탐지설비 설치대상

설치대상	기준
• 교육연구시설(교육시설 내에 있는 기숙사 및 합숙소를 포함한다), 수련시설(기숙사·합숙소 포함, 숙박시설 제외) • 동·식물 관련 시설 • 자원순환 관련 시설 • 교정 및 군사시설 • 묘지 관련 시설	연면적 2000 [m²] 이상인 경우에는 모든 층
목욕장, 문화 및 집회시설, 종교시설, 판매시설, 운수시설, 운동시설, 업무시설, 창고시설, 공장, 지하상가, 위험물 저장 및 처리시설, 항공기 및 자동차 관련 시설, 교정 및 군사시설 중 국방·군사시설, 방송통신시설, 발전시설, 관광 휴게시설	연면적 1000 [m²] 이상인 경우에는 모든 층
• 근린생활시설(목욕장 제외) • 의료시설(정신의료기관, 요양병원 제외) • 위락시설, 장례시설 및 복합건축물	연면적 600 [m²] 이상인 경우에는 모든 층
정신의료기관, 의료재활시설	• 바닥면적 합계 300 [m²] 이상 • 바닥면적 합계 300 [m²] 미만, 창살 설치
터널	길이 1000 [m] 이상
공장 및 창고시설	500배 이상 특수가연물
요양병원, 지하구, 전통시장, 조산원, 산후조리원	–
전기저장시설, 노유자생활시설	–
공동주택 중 아파트등·기숙사, 숙박시설, 6층 이상인 건축물	–
노유자시설	연면적 400 [m²] 이상인 경우에는 모든 층
숙박시설이 있는 수련시설	수용인원 100명 이상인 경우에는 모든 층

03

배점 5

다음의 동작설명에 따라 미완성 시퀀스회로를 완성하시오. (단, 접점 및 스위치에는 접점 명칭을 반드시 기입해야 하며, PB-on 1개, PB-off 1개, MC-a 1개, MC-b 1개, T-a 1개, T-b 1개, THR-a 1개, THR-b 1개, MC 1개, T 1개, RL 1개, GL 1개, YL 1개를 사용한다)

[제어회로 동작 설명]
1. 전원을 투입하면 표시램프 GL이 점등되도록 한다.
2. 누름버튼스위치 PB-on을 누르면 전자접촉기 MC가 여자되며 전동기가 기동된다.
3. 이때 MC 자기유지접점에 의해 PB-on에서 손을 떼어도 전동기는 계속 기동된다.
4. 또한 MC-a접점에 의해 RL이 점등되어 전동기 운전이 표시된다.
5. 전자접촉기 MC-b접점에 의해 GL이 소등된다.
6. 또한 MC가 여자되면 동시에 타이머 T가 통전되어 타이머 설정시간 후에 T-b접점이 떨어져서 전자접촉기 MC가 소자된다.
7. PB-off스위치를 누르면 초기상태로 돌아간다.
8. 전동기에 과전류가 흐르면 열동계전기 THR-b접점이 떨어져서 전동기가 정지하며, 이때 경고등 YL이 점등한다.

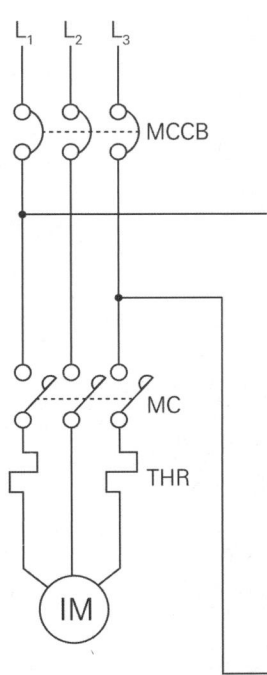

정답

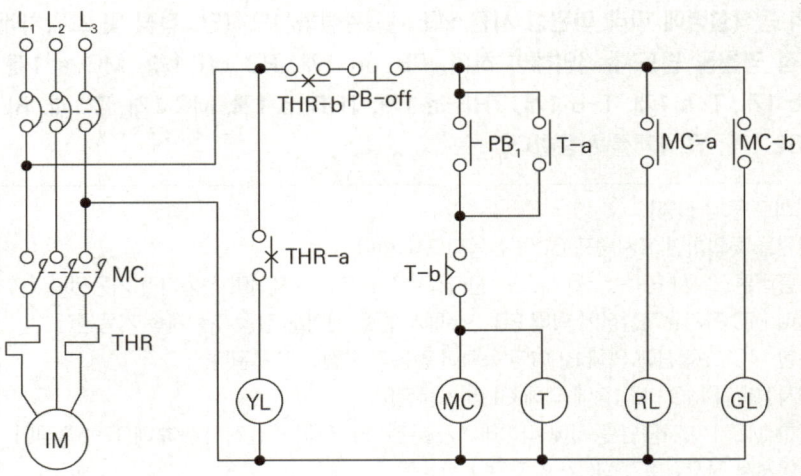

04

득점 / 배점 3

다음의 전선관 부속품에 대한 명칭을 쓰시오.

가. 가요전선관과 박스의 연결에 사용되는 부품

나. 가요전선관과 스틸(금속)전선관 연결에 사용되는 부품

다. 가요전선관과 가요전선관 연결에 사용되는 부품

정답

가. 스트레이트 커넥터, 나. 콤비네이션 커플링, 다. 스플리트 커플링

핵심이론 금속관공사재료

명칭	외형	설명
부싱 (Bushing)		전선의 절연피복을 보호하기 위하여 금속관 끝에 취부하여 사용되는 부품
유니온 커플링 (Union Coupling)		금속전선관 상호 간을 접속하는 데 사용되는 부품(관이 고정되어 있을 때)
노멀밴드 (Normal Bend)		매입배관공사를 할 때 직각으로 굽히는 곳에 사용하는 부품

명칭	외형	설명
유니버설엘보 (Universal Elbow)		노출배관공사를 할 때 관을 직각으로 굽히는 곳에 사용하는 부품
링리듀서 (Ring Reducer)		금속관을 아우트렛 박스에 로크너트만으로 고정하기 어려울 때 보조적으로 사용되는 부품
커플링 (Coupling)		금속전선관 상호 간을 접속하는 데 사용되는 부품(관이 고정되어 있지 않을 때)
새들(Saddle)		관을 지지하는 데 사용하는 재료
로크너트 (Lock Nut)		금속관과 박스를 접속할 때 사용하는 재료로 최소 2개를 사용한다.
리머 (Reamer)		금속관 말단의 모를 다듬기 위한 기구
파이프커터 (Pipe Cutter)		금속관을 절단하는 기구
환형 3방출 정크션박스		배관을 분기할 때 사용하는 박스
파이프벤더 (Pipe Bender)		금속관(후강전선관, 박강전선관)을 구부릴 때 사용하는 공구
후강전선관		• 콘크리트 매입 배관용으로 사용되는 강관 • 관의 호칭은 안지름의 근사치를 짝수로 표시 (16, 22, 28, 36, 42, 54 [mm]…….)
박강전선관		• 노출 배관용, 일반배관용으로 사용되는 강관 • 관의 호칭은 바깥지름의 근사치를 홀수로 표시 (19, 25, 31, 39, 51 [mm]…….)
스트레이트 박스 커넥터		가요전선관과 박스 연결에 사용되는 부품
콤비네이션 커플링		가요전선관과 금속전선관 연결에 사용되는 부품
스프리트 커플링		가요전선관과 가요전선관 연결에 사용되는 부품

05

비상콘센트설비에 관한 사항이다. 다음 빈칸을 채우시오.

배점 4

가. 전원회로는 주배전반에서 전용회로로 하며, 배선의 종류는 (㉠)이어야 한다. 전원회로의 배선은 전용으로 할 것

나. 전원으로부터 각 층의 비상콘센트에 분기되는 경우에는 (㉡)를 보호함에 설치할 것

다. 전원회로는 단상교류(㉢)인 것으로서, 공급용량은 (㉣)인 것으로 할 것

정답

㉠ 내화배선
㉡ 분기배선용 차단기
㉢ 220 [V]
㉣ 1.5 [kVA] 이상

핵심이론 | 비상콘센트설비 전원회로기준

- 비상콘센트설비의 전원회로는 단상교류 220 [V]인 것으로서, 그 공급용량은 1.5 [kVA] 이상인 것으로 할 것
- 전원회로는 각 층에 2 이상이 되도록 설치할 것. 다만 설치해야 할 층의 비상콘센트가 1개인 때에는 하나의 회로로 할 수 있다.
- 전원회로는 주배전반에서 전용회로로 할 것. 다만 다른 설비회로의 사고에 따른 영향을 받지 않도록 되어 있는 것은 그렇지 않다.
- 전원으로부터 각 층의 비상콘센트에 분기되는 경우에는 분기배선용 차단기를 보호함 안에 설치할 것
- 콘센트마다 배선용 차단기(KS C 8321)를 설치해야 하며, 충전부가 노출되지 않도록 할 것
- 개폐기에는 "비상콘센트"라고 표시한 표지를 할 것
- 비상콘센트용의 풀박스 등은 방청도장을 한 것으로서, 두께 1.6 [mm] 이상의 철판으로 할 것
- 하나의 전용회로에 설치하는 비상콘센트는 10개 이하로 할 것. 이 경우 전선의 용량은 각 비상콘센트(비상콘센트가 3개 이상인 경우에는 3개)의 공급용량을 합한 용량 이상의 것으로 해야 한다.
- 비상콘센트의 플러그접속기는 접지형 2극 플러그접속기(KS C 8305)를 사용해야 한다.
- 비상콘센트의 플러그접속기의 칼받이의 접지극에는 접지공사를 해야 한다.

06

다음은 어느 특정소방대상물의 평면도이다. 건축물의 구조는 비내화구조이고, 층간 높이는 5 [m]일 때 다음 각 물음에 답하시오. (단, 설치하여야 할 감지기는 2종을 설치한다)

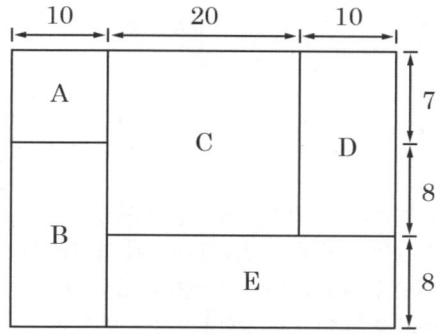

가. 연기감지기 2종을 설치할 경우 각 실에 설치되는 감지기의 개수를 구하시오.

나. 해당 특정소방대상물의 경계구역 수를 구하시오.

정답

✓ 계산과정

가. A : $\dfrac{10 \times 7}{75} = 0.93$ → 절상하여 1개

B : $\dfrac{10 \times (8+8)}{75} = 2.13$ → 절상하여 3개

C : $\dfrac{20 \times (7+8)}{75} = 4$

D : $\dfrac{10 \times (7+8)}{75} = 2$

E : $\dfrac{8 \times (20+10)}{75} = 3.2$ → 절상하여 4개

답 | 14개

나. 경계구역 수 : $\dfrac{(10+20+10) \times (7+8+8)}{600} = 1.533$ → 절상하여 2개

답 | 2개

핵심이론 | 감지기 설치면적 및 자동화재탐지설비 경계구역 설정기준

□ 연기감지기 설치면적 (단위 : [m²])

부착높이	감지기의 종류	
	1종 및 2종	3종
4 [m] 미만	150	50
4 [m] 이상 20 [m] 미만	75	–

※ 감지기는 복도 및 통로에 있어서는 보행거리 30 [m](3종에 있어서는 20 [m])마다, 계단 및 경사로에 있어서는 수직거리 15 [m](3종에 있어서는 10 [m])마다 1개 이상으로 할 것

□ 자동화재탐지설비 경계구역 설정기준(수평적 경계구역)
- 하나의 경계구역이 2개 이상의 건축물에 미치지 않도록 할 것
- 하나의 경계구역이 2개 이상의 층에 미치지 않도록 할 것
  단, 500 [m²] 이하의 범위 안에서 2개의 층을 하나의 경계구역으로 할 수 있음
- 하나의 경계구역 면적 600 [m²] 이하로 하고, 한 변의 길이 50 [m] 이하로 할 것
  단, 주된 출입구에서 그 내부 전체가 보이는 것은 한 변의 길이 50 [m] 범위 내에서 1000 [m²] 이하로 할 수 있음
- 도로터널 : 100 [m] 이하로 할 것(도로터널의 화재안전기준 NFTC 603)

07 [배점 3]

길이 60 [m]의 통로에 객석유도등을 설치하려고 한다. 이때 필요한 객석유도등의 수량은 최소 몇 개인가?

○ 계산과정 :

○ 답 :

정답

☑ 계산과정
- 설치개수 $\frac{60}{4} - 1 = 14$

답 | 14개

핵심이론 | 객석유도등 설치개수 산정식(절상)

$$설치개수 = \frac{객석통로의\ 직선부분의\ 길이\ [m]}{4} - 1$$

08

배점 4

다음 도시기호에 대해 의미하는 바를 쓰시오.

①  ②

③ 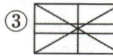 ④

정답

① 수신기, ② 부수신기, ③ 제어반, ④ 표시반

> **중요** 본 교재에 부록으로 수록된 [소방시설 도시기호] 참조

09

배점 6

다음 그림과 같은 복도에 연기감지기 2종과 3종의 개수를 산정하여 각각 그려 넣으시오.

[연기감지기 2종]   [연기감지기 3종]

정답

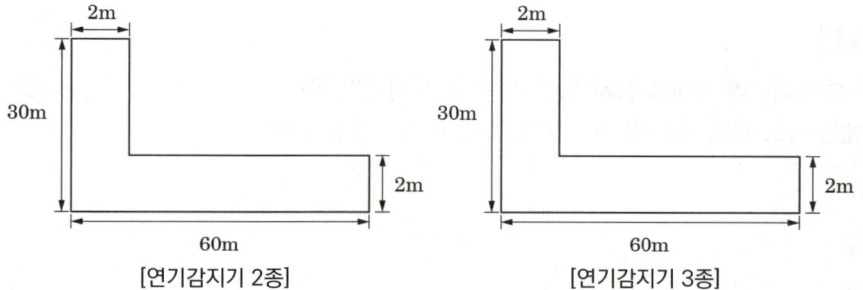

[연기감지기 2종]

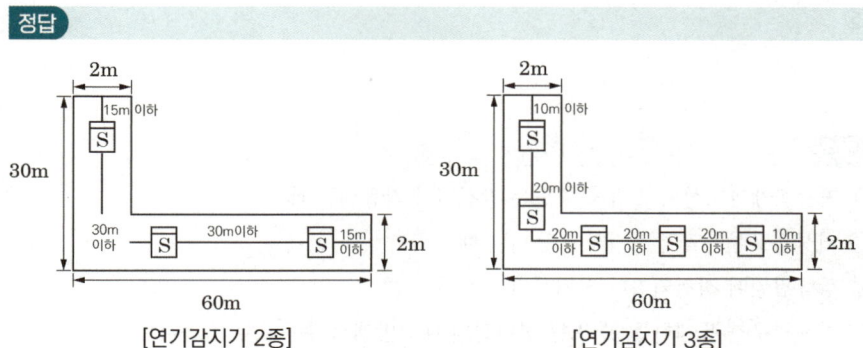

[연기감지기 3종]

> **핵심이론** 연기감지기 설치

복도이므로 면적기준을 적용하지 않고, 길이기준을 적용하여 감지기 수량을 산정한다.

(단위 : [m²])

부착높이	감지기의 종류	
	1종 및 2종	3종
4 [m] 미만	150	50
4 [m] 이상 20 [m] 미만	75	-

※ 감지기는 복도 및 통로에 있어서는 보행거리 30 [m](3종에 있어서는 20 [m])마다, 계단 및 경사로에 있어서는 수직거리 15 [m](3종에 있어서는 10 [m])마다 1개 이상으로 할 것

※ <u>해당 문제와 같이 복도 끝부분에 있어서는 위의 기준에 절반</u> <u>(2종은 30 [m]의 절반인 15 [m],</u> <u>3종은 20 [m]의 절반인 10 [m] 이하일 것</u>

10

득점 / 배점 5

3선식 배선에 의하여 상시 충전되는 유도등의 전기회로에 점멸기를 설치하는 경우에는 어느 때에 점등되도록 하여야 하는지 그 기준을 5가지 쓰시오.

①
②
③
④
⑤

> **정답**

① 자동화재탐지설비의 감지기 또는 발신기가 작동되는 때
② 비상경보설비의 발신기가 작동되는 때
③ 상용전원이 정전되거나 전원선이 단선되는 때
④ 방재업무를 통제하는 곳 또는 전기실의 배전반에서 수동으로 점등하는 때
⑤ 자동소화설비가 작동되는 때

핵심이론 유도등의 결선방법 및 특징

□ 유도등 2선식과 3선식

구분	2선식	3선식
배선	(백, 흑, 녹 / 유도등)	(백, 흑, 녹 / 유도등)
점등상태	상시 점등	평상시는 소등상태, 비상시에만 점등
충전상태	점등상태에서만 충전 가능	소등상태에서도 충전 가능

□ 유도등 2선식과 3선식 특징

2선식	3선식
• 평상시는 상시 점등 • 전선소모 적음 • 전력소모 많음 • 원격스위치 불필요	• 평상시는 소등상태, 비상시에만 점등 • 전선소모 많음 • 전력소모 적음 • 원격스위치 필요

11

득점 ____ 배점 6

자동화재탐지설비의 중계기 설치기준 3가지를 쓰시오.

① ② ③

정답

① 수신기에서 직접 감지기회로의 도통시험을 행하지 아니할 때는 수신기와 감지기 사이에 설치할 것
② 조작 및 점검이 편리하고 화재 및 침수 등의 재해로 인한 피해를 받을 우려가 없는 장소에 설치할 것
③ 수신기에 의하여 감시되지 아니하는 배선을 통하여 전력을 공급받는 것에 있어서는 전원 입력 측의 배선에 과전류차단기를 설치하고 해당 전원의 정전이 즉시 수신기에 표시되는 것으로 하며, 사용전원 및 예비전원의 시험을 할 수 있도록 할 것

12

다음 회로에서 램프 L의 작동을 주어진 타임차트에 표시하고 무접점회로를 그리시오. (단, PB : 누름버튼스위치, LS : 리미트스위치, X : 릴레이)

가.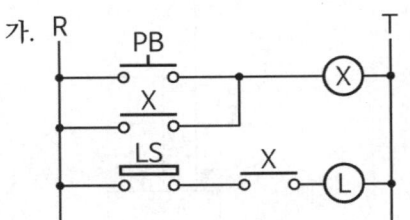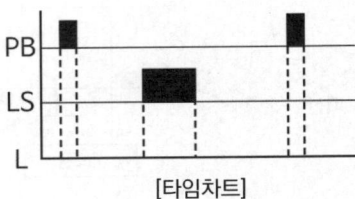

[타임차트]

나.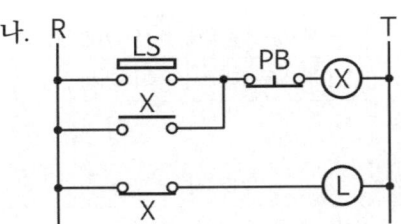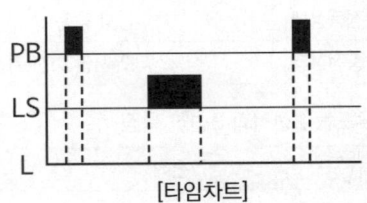

[타임차트]

정답

가.
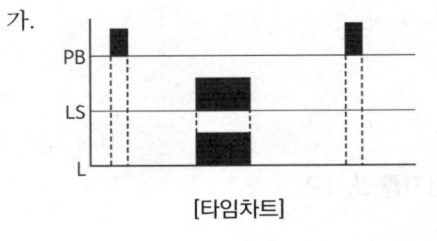
[타임차트]

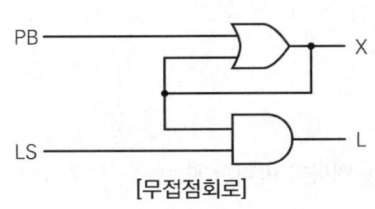
[무접점회로]

나.
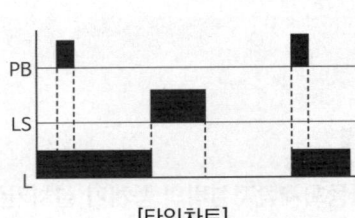
[타임차트]

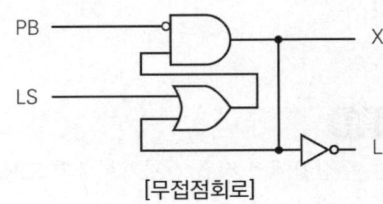
[무접점회로]

- '가' : PB스위치를 누르면 X가 여자되어서 관련 접점인 X_{-a}가 동작하여 자기유지된다. 이때 LS 리미트스위치가 동작해야만 램프L이 점등이 되므로 타임차트는 LS가 동작했을 때 램프L이 작동하는 것으로 그려준다.
- '나' : 처음 상태가 X접점이 b접점이기 때문에 램프L이 점등된 상태이다. 이때, LS 리미트스위치가 동작하면 X 관련 접점이 동작하기 때문에 처음에 붙어 있었던 X_{-b}접점이 떨어지고 램프L이 소등된다. 수동으로 PB_{-b}접점을 눌러주면 회로가 원상복구되기 때문에 램프L이 점등된다.

13

다음과 같은 건물평면도의 경우 자동화재탐지설비의 최소경계구역의 수를 구하시오.

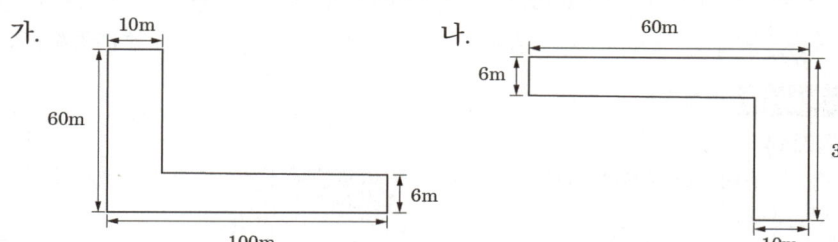

○ 계산과정 :

○ 답 :

○ 계산과정 :

○ 답 :

정답

가. 계산과정

$\dfrac{50 \times 10}{600} = 0.8$ → 절상하여 1경계구역

$\dfrac{50 \times 6}{600} = 0.5$ ≒ → 절상하여 1경계구역

$\dfrac{(10 \times 4) + (50 \times 6)}{600} = 0.57$ → 절상하여 1경계구역

답 | 3경계구역

참고

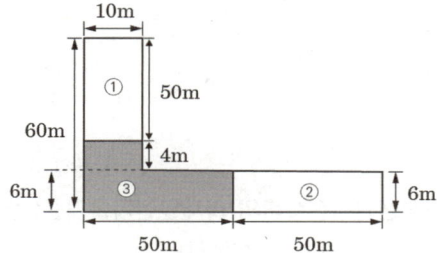

③ 경계구역을 보면 ⓐ와 ⓑ로 나눌 수 있다.

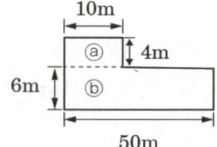

ⓐ : $10 \times 4 = 40 \ [m^2]$

ⓑ : $50 \times 6 = 300 \ [m^2]$

ⓐ + ⓑ : $340 \ [m^2]$

이며 면적기준과 길이기준을 충족하므로 ⓐ + ⓑ를 하나의 경계구역으로 보고, '가'의 경계구역은 총 3개가 나온다.

나. 계산과정

$\dfrac{50 \times 6}{600} = 0.5 \rightarrow$ 절상하여 1경계구역

$\dfrac{30 \times 10}{600} = 0.5 \rightarrow$ 절상하여 1경계구역

답 | 2경계구역

핵심이론 경계구역

□ 경계구역의 정의
　특정소방대상물 중 화재신호를 발신하고 그 신호를 수신 및 유효하게 제어할 수 있는 구역

□ 경계구역의 설정기준
- 하나의 경계구역이 2개 이상의 건축물에 미치지 않도록 할 것
- 하나의 경계구역이 2개 이상의 층에 미치지 않도록 할 것. 다만 500 [m²] 이하의 범위 안에서는 2개의 층을 하나의 경계구역으로 할 수 있다.
- 하나의 경계구역의 면적은 600 [m²] 이하로 하고 한 변의 길이는 50 [m] 이하로 할 것. 다만 해당 특정소방대상물의 주된 출입구에서 그 내부 전체가 보이는 것에 있어서는 한 변의 길이가 50 [m]의 범위 내에서 1000 [m²] 이하로 할 수 있다.

□ 계단 또는 경사로 등에서의 경계구역 설정기준
　계단(직통계단 외의 것에 있어서는 떨어져 있는 상하 계단의 상호 간의 수평거리가 5 [m] 이하로서 서로 간에 구획되지 아니한 것에 한한다)·경사로(에스컬레이터경사로 포함)·엘리베이터 승강로(권상기실이 있는 경우에는 권상기실)·린넨슈트·파이프 피트 및 덕트 기타 이와 유사한 부분에 대하여는 별도로 경계구역을 설정하되, 하나의 경계구역은 높이 45 [m] 이하(계단 및 경사로에 한한다)로 하고, 지하층의 계단 및 경사로(지하층의 층수가 한 개 층일 경우는 제외)는 별도로 하나의 경계구역으로 해야 한다.

14

배점 7

다음은 소방시설용 비상전원수전설비의 화재안전기술기준(NFTC 602)에 따른 큐비클형의 설치기준이다. 다음 빈 칸을 채우시오.

가. (㉠) 또는 공용큐비클식으로 설치할 것

나. 외함은 두께 (㉡) 이상의 강판과 이와 동등 이상의 강도와 (㉢)이 있는 것으로 제작하여야 하며, 개구부(제3호에 게기하는 것은 제외한다)에는 (㉣)방화문 또는 (㉤)방화문을 설치할 것

다. 외함에 수납하는 수전설비, 변전설비 그 밖의 기기 및 배선은 다음 각목에 적합하게 설치할 것

　1) 외함 또는 프레임(Frame) 등에 견고하게 고정할 것

　2) 외함의 바닥에서 (㉥){시험단자, 단자대 등의 충전부는 (㉦)} 이상의 높이에 설치할 것

정답

㉠ 전용큐비클, ㉡ 2.3 [mm], ㉢ 내화성능, ㉣ 60분+방화문, 60분, ㉤ 30분,
㉥ 10 [cm], ㉦ 15 [cm]

핵심이론 소방시설용 비상전원수전설비

□ 특별고압 또는 고압으로 수전하는 방화구획형, 옥외개방형 또는 큐비클(Cubicle)형의 설치기준
- 전용의 방화구획 내에 설치할 것
- 소방회로배선은 일반회로배선과 불연성 벽으로 구획할 것. 다만 소방회로배선과 일반회로배선을 15 [cm] 이상 떨어져 설치한 경우는 그러하지 아니한다.
- 일반회로에서 과부하, 지락사고 또는 단락사고가 발생한 경우에도 이에 영향을 받지 아니하고 계속하여 소방회로에 전원을 공급시켜줄 수 있어야 할 것
- 소방회로용 개폐기 및 과전류차단기에는 "소방시설용"이라 표시할 것

□ 옥외개방형의 적합기준
- 건축물의 옥상에 설치하는 경우에는 그 건축물에 화재가 발생할 경우에도 화재로 인한 손상을 받지 않도록 설치할 것
- 공지에 설치하는 경우에는 인접 건축물에 화재가 발생한 경우에도 화재로 인한 손상을 받지 않도록 설치할 것

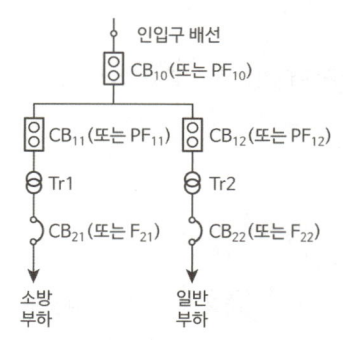

1. 전용의 전력용 변압기에서 소방부하에 전원을 공급하는 경우
   가. 일반회로의 과부하 또는 단락사고 시에 CB_{10}(또는 PF_{10})이 CB_{12}(또는 PF_{12}) 및 CB_{22}(또는 F_{22})보다 먼저 차단되어서는 안 된다.
   나. CB_{11}(또는 PF_{11})은 CB_{12}(또는 PF_{12})와 동등 이상의 차단용량일 것

약호	명칭
CB	전력차단기
PF	전력퓨즈(고압 또는 특별고압용)
F	퓨즈(저압용)
Tr	전력용 변압기

2. 공용의 전력용 변압기에서 소방부하에 전원을 공급하는 경우
   가. 일반회로의 과부하 또는 단락사고 시에 CB_{10}(또는 PF_{10})이 CB_{22}(또는 F_{22}) 및 CB(또는 F)보다 먼저 차단되어서는 안 된다.
   나. CB_{21}(또는 F_{21})은 CB_{22}(또는 F_{22})와 동등 이상의 차단용량일 것

약호	명칭
CB	전력차단기
PF	전력퓨즈(고압 또는 특별고압용)
F	퓨즈(저압용)
Tr	전력용 변압기

□ 큐비클형은 다음의 기준에 적합하게 설치해야 한다.
• 전용큐비클 또는 공용큐비클식으로 설치할 것
• 외함은 두께 2.3 [mm] 이상의 강판과 이와 동등 이상의 강도와 내화성능이 있는 것으로 제작해야 하며, 개구부(2.2.3.3의 각 기준에 해당하는 것은 제외한다)에는 「건축법 시행령」 제64조에 따른 방화문으로서 60분+ 방화문, 60분 방화문 또는 30분 방화문으로 설치할 것
• 다음의 기준(옥외에 설치하는 것에 있어서는 '①'부터 '③'까지)에 해당하는 것은 외함에 노출하여 설치할 수 있다.
  ① 표시등(불연성 또는 난연성 재료로 덮개를 설치한 것에 한한다)
  ② 전선의 인입구 및 인출구
  ③ 환기장치
  ④ 전압계(퓨즈 등으로 보호한 것에 한한다)
  ⑤ 전류계(변류기의 2차 측에 접속된 것에 한한다)
  ⑥ 계기용 전환스위치(불연성 또는 난연성 재료로 제작된 것에 한한다)
• 외함은 건축물의 바닥 등에 견고하게 고정할 것
• 외함에 수납하는 수전설비, 변전설비와 그 밖의 기기 및 배선은 다음의 기준에 적합하게 설치할 것
  ① 외함 또는 프레임(Frame) 등에 견고하게 고정할 것
  ② 외함의 바닥에서 10 [cm](시험단자, 단자대 등의 충전부는 15 [cm]) 이상의 높이에 설치할 것
• 전선 인입구 및 인출구에는 금속관 또는 금속제 가요전선관을 쉽게 접속할 수 있도록 할 것

15

| 득점 | 배점 5 |

다음은 옥내소화전설비를 겸용하는 자동화재탐지설비의 계통도이다. 기호 ㉮ ~ ㉻의 최소 전선수를 쓰시오. (단, 기동용 수압개폐장치방식의 옥내소화전함을 사용하며, 경종과 표시등 공통선을 같이한다)

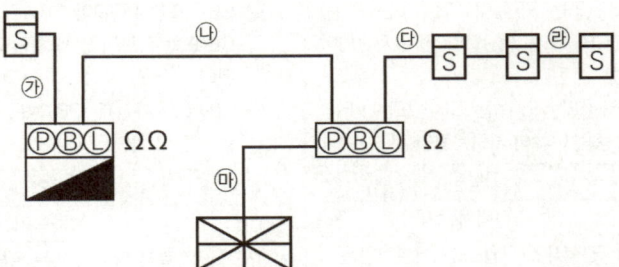

정답

㉮ 4가닥

㉯ 9가닥

㉰ 4가닥

㉱ 4가닥

㉲ 10가닥

✓ 해설 : 전선용도 및 가닥 수

용도연결간수 \ 기호	㉯	㉲
발신기 지구선	2선	3선
발신기 공통선	1선	1선
발신기 응답선	1선	1선
경종 및 표시등공통선	1선	1선
경종선	1선	1선
표시등선	1선	1선
기동확인표시등공통	1선	1선
기동확인표시등	1선	1선
합계	9선	10선

- 옥내소화전설비를 겸용한 것에 있어서는 기동확인표시등(+, -) 2가닥이 추가된다.
- Ω 종단저항의 개수는 지구선수로 본다.
- 자동화재탐지설비에 있어서는 송배선식으로 감지기를 배선한다.
- 루프는 2가닥, 나머지는 4가닥이다.

16

비상방송설비의 확성기(Speaker)회로에 음량조정기를 설치하고자 한다. 미완성 결선도를 완성하시오.

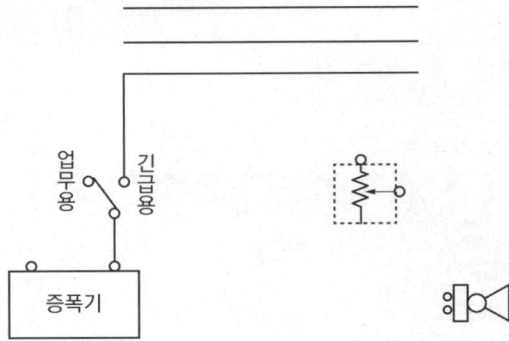

정답

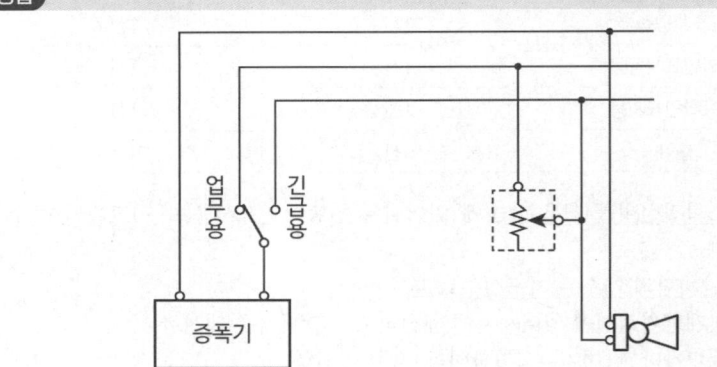

핵심이론 │ 비상방송설비 결선도

□ 음량조정기를 설치하는 경우 음량조정기의 배선은 3선식으로 할 것

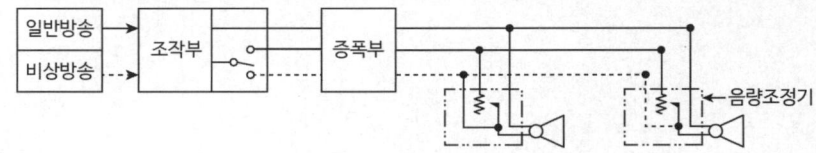

업무용, 일반용은 음량조정기(가변저항)을 거치지만, 비상방송용은 가변저항을 거치지 않는다(실외 3 [W] 이상, 실내 1 [W] 이상으로 음성입력이 정해져 있음).

17

수신기로부터 배선거리 100 [m]의 위치에 단상 2선식 배연댐퍼가 접속되어 있다. 배연댐퍼에 대한 전부하전류가 1 [A]의 경우 전압강하를 구하시오. (단, 수신기는 정전압출력이라고 하고 전선은 구경 1.5 [mm] HFIX전선이며, 전압변동에 의한 부하전류의 변동은 무시한다)

O 계산과정 :

O 답 :

정답

✓ 계산과정

$$e = \frac{35.6LI}{1000A} = \frac{35.6 \times 100 \times 1}{1000 \times \frac{1.5^2 \times \pi}{4}} = 2.0145[V] ≒ 2.01[V]$$

저항 R이 주어지지 않았을 때 전압강하를 구하기 위해서는 $e = \frac{35.6LI}{1000A}$ 공식을 이용한다.

이때, A는 전선의 단면적으로 $\frac{\pi D^2}{4}$ 으로 구한다(D = 전선의 구경 [mm]).

핵심이론 전압강하공식

□ 전압강하
- 단상 2선식 $e = V_s - V_r = 2IR$ [V]
- 3상 3선식 $e = V_s - V_r = \sqrt{3}\,IR$ [V]

e : 전압강하 [V], V_s : 정격전압 [V], V_r : 단자전압 [V]

□ 전압강하(조건에 저항이 없을 때)

전기방식	전압강하
단상 2선식	$e = \dfrac{35.6LI}{1000A}$
3상 3선식	$e = \dfrac{30.8LI}{1000A}$
단상 3선식, 3상 4선식	$e = \dfrac{17.8LI}{1000A}$

여기서 L : 선로길이 [m], I : 전부하전류 [A]
e : 한 선의 전압강하 [V], A : 전선의 단면적 [mm²]

18

누전경보기에 관한 다음 물음에 답하시오.

가. 누전경보기의 공칭작동전류치는 몇 [mA] 이하이어야 하는가?

나. 감도조정장치(감도절환부)의 최대치와 최소치는 몇이어야 하는가?

다. 변류기의 절연저항을 측정하였을 경우 절연저항값은 몇 [$M\Omega$] 이상이어야 하는가? (단, 1차 권선 또는 2차 권선과 외부금속부와의 사이로 차단기의 개폐부에 DC 500 [V] 절연저항계를 사용한다)

득점 / 배점 6

정답

가. $200[mA]$ 이하

나. 최대치 : $1[A]$, 최소치 : $0.2[A]$

다. $5[M\Omega]$ 이상

핵심이론 ▎누전경보기의 화재안전기준

□ 누전경보기 전원
- 전원은 분전반으로부터 전용회로로 하고, 각 극에 개폐기 및 15 [A] 이하의 과전류차단기(배선용 차단기에 있어서는 20 [A] 이하의 것으로 각 극을 개폐할 수 있는 것)를 설치할 것
- 전원을 분기할 때에는 다른 차단기에 따라 전원이 차단되지 아니하도록 할 것
- 전원의 개폐기에는 누전경보기용임을 표시한 표지를 할 것

□ 음향장치
사용전압 80 [%]에서 음향을 발생할 것 (※ 80 [%] 이상이 아님을 주의할 것)

□ 기타 기술기준
- 공칭작동전류치 : 공칭작동전류치 200 [mA] 이하일 것
- 감도조정장치(감도절환부) : 최대 1 [A](조정범위 0.2, 0.5, 1 [A] 구분)

□ 절연저항시험
- 측정장치 : DC 500 [V]의 절연저항계
- 절연저항시험 : 5 [MΩ] 이상
- 측정위치
  ① 절연된 1차 권선과 2차 권선 간의 절연저항
  ② 절연된 1차 권선과 외부금속부 간의 절연저항
  ③ 절연된 2차 권선과 외부금속부 간의 절연저항

2022년 2회

2022.07.24

01

유도등에 대한 다음 각 물음에 답하시오.

가. 유도등의 비상전원은 어느 것으로 하여야 하는지 쓰시오. (2점)

나. 다음 빈 칸을 완성하시오. (2점)
  비상전원은 유도등을 (㉠) 이상 유효하게 작동시킬 수 있는 용량으로 할 것. 단, 다음 특정소방대상물의 경우는 그 부분에서 피난층에 이르는 부분의 유도등을 (㉡) 이상 유효하게 작동시킬 수 있는 용량으로 할 것
  1) 지하층을 제외한 층수가 11층 이상의 층
  2) 지하층 또는 무창층으로서 용도가 도매시장·소매시장·여객자동차터미널·지하역사 또는 지하상가

정답

가. 축전지

나. ㉠ 20분
  ㉡ 60분

핵심이론 비상전원 종류 및 용량

설비	비상전원				용량
	자가발전	축전지	전기저장장치	비상전원수전설비	
• 스프링클러설비 (미분무소화설비)	○	○	○	(차고, 주차장으로 바닥면 1000 [m²] 미만인 경우)	• 20분 : 30층 미만 • 40분 : 30~49층 • 60분 : 50층 이상
• 간이스프링클러설비	○			○	• 10분 • 20분 : 근생, 복합건축물, 생활형 숙박시설
• 옥내소화전설비 • 연결송수관설비 • 특별피난계단의 계단실·부속실 제연설비	○	○	○		• 20분 : 30층 미만 • 40분 : 30~49층 • 60분 : 50층 이상

설비	비상전원				용량
	자가발전	축전지	전기저장장치	비상전원수전설비	
• 제연설비 • CO₂설비 • 분말소화설비 • 할론소화설비 • 할로겐화합물 및 불활성기체소화설비 • 화재조기진압용 스프링클러설비 • 포소화설비	○	○	○	(호스릴포소화설비 또는 포소화전만을 설치한 차고·주차장, 포헤드설비 또는 고정포방출설비가 설치된 부분의 바닥면 합계 1000 [m²] 미만인 경우)	• 20분 이상
• 비상방송설비 • 자동화재탐지설비 • 비상경보설비		○	○		• 10분 이상 • 30분 이상(비방, 자탐 30층 이상)
• 유도등		○			• 20분 이상 • 60분 이상(지하층 제외 11층 이상, 지하층·무창층으로 도·소매시장, 여객자동차터미널, 지하역사, 지하상가)
• 비상조명등	○	○	○		
• 무선통신보조설비		○			• 30분 이상
• 비상콘센트설비	○	○	○	○	• 20분 이상

02 배점 5

비상방송설비의 설치기준이다. (   ) 안에 적당한 용어 또는 수치를 입력하시오.

가. 확성기의 음성입력은 (㉠) [W](실내는 (㉡) [W]) 이상이어야 한다.

나. 확성기는 각 층마다 설치하되, 각 부분으로부터의 수평거리는 (㉢) [m] 이하일 것

다. 음량조정기를 설치한 경우 음량조정기의 배선은 (㉣)으로 할 것

라. 조작부의 조작스위치는 바닥으로부터 (㉤) [m] 이상 (㉥) [m] 이하의 높이에 설치할 것

정답

- ㉠ 3
- ㉡ 1
- ㉢ 25
- ㉣ 3선식
- ㉤ 0.8
- ㉥ 1.5

핵심이론 | 비상방송설비의 설치기준

- 확성기의 음성입력은 3 [W](실내는 1 [W]) 이상일 것
- 확성기는 각 층마다 설치하되, 각 부분으로부터의 수평거리는 25 [m] 이하일 것
- 음량조정기의 배선은 3선식으로 할 것
- 조작부의 조작스위치는 바닥으로부터 0.8 [m] 이상 ~ 1.5 [m] 이하의 높이에 설치할 것
- 다른 전기회로에 의하여 유도장애가 생기지 아니하도록 할 것
- 기동장치에 의한 화재신호를 수신한 후 필요한 음량으로 방송이 개시될 때까지의 소요시간은 10초 이하로 할 것
- 2.1.1.7 층수가 11층(공동주택의 경우에는 16층) 이상의 특정소방대상물은 다음의 기준에 따라 경보를 발할 수 있도록 해야 한다.
    ① 2층 이상의 층에서 발화한 때에는 발화층 및 그 직상 4개 층에 경보를 발할 것
    ② 1층에서 발화한 때에는 발화층·그 직상 4개 층 및 지하층에 경보를 발할 것
    ③ 지하층에서 발화한 때에는 발화층·그 직상층 및 기타의 지하층에 경보를 발할 것

03

배점 6

해당 특정소방대상물의 경계구역 수를 구하시오.

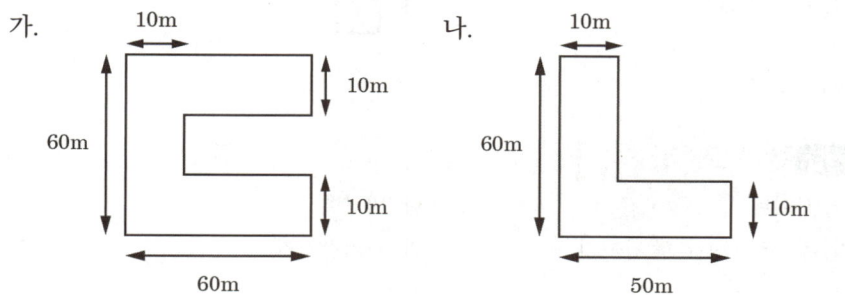

정답

✓ 계산과정

가. 경계구역 수 : $\frac{50 \times 10}{600} = 0.83$ → 절상해서 1, $1 \times 2 = 2$개

$\frac{30 \times 10}{600} = 0.5$ → 절상해서 1, $1 \times 2 = 2$개

답 | 4개

나. 경계구역 수 : $\frac{50 \times 10}{600} = 0.83$ → 절상해서 1, $1 \times 2 = 2$개

답 | 2개

핵심이론 자동화재탐지설비 경계구역 설정기준(수평적 경계구역)

- 하나의 경계구역이 2개 이상의 건축물에 미치지 않도록 할 것
- 하나의 경계구역이 2개 이상의 층에 미치지 않도록 할 것
  다만 500 [m²] 이하의 범위 안에서 2개의 층을 하나의 경계구역으로 할 수 있음
- 하나의 경계구역 면적 600 [m²] 이하로 하고 한 변의 길이는 50 [m] 이하로 할 것
  다만 해당 특정소방대상물의 주된 출입구에서 그 내부 전체가 보이는 것에 있어서는 한 변의 길이가 50 [m]의 범위 내에서 1000 [m²] 이하로 할 수 있음

04 배점 4

다음 소방시설 그림기호의 명칭을 쓰시오.

가. ◁ :   나. Ⓑ :

다. ∪ :   라. ⒮ :

중요 ▶ 본 교재에 부록으로 수록된 [소방시설 도시기호] 참조

정답

가. 사이렌   나. 비상벨
다. 정온식 스포트형 감지기   라. 연기감지기

05

전압은 3상 380 [V], 전동기용량은 15 [kW]인 스프링클러설비용 펌프의 유도전동기가 있다. 전동기 역률이 85 [%]일 때 역률을 95 [%]로 개선하고자 하는 경우 다음 각 물음에 답하시오.

가. 필요한 전력용 콘덴서의 용량 [kVA]을 구하시오.
- 계산과정 :
- 답 :

나. 주파수가 60 [Hz]인 경우 콘덴서의 용량 [μF]을 구하시오.
- 계산과정 :
- 답 :

정답

✓ 계산과정

가. 콘덴서의 용량 [kVA]

$$Q_C = P(\tan\theta_1 - \tan\theta_2) = 15[kW] \times \left(\frac{\sqrt{1-0.85^2}}{0.85} - \frac{\sqrt{1-0.95^2}}{0.95}\right) = 4.37[kVA]$$

답 | 4.37 [kVA]

나. 콘덴서용량 [μF]

$$C = \frac{Q}{2\pi f V^2} = \frac{4.37 \times 10^3}{2\pi \times 60 \times 380^2} = 80.28 \times 10^{-6}[F] = 80.28[\mu F]$$

답 | 80.28 [μF]

- 3상 △결선 시 콘덴서의 용량 : $C_\triangle = \dfrac{Q_\triangle}{3 \times 2\pi f \times V^2}[F]$
- 단상 및 3상 Y결선 시 콘덴서의 용량 : $C_Y = \dfrac{Q_Y}{2\pi f \times V^2}[F]$
- 문제에서 △결선, Y결선에 대한 언급이 없다면 Y결선으로 본다.

핵심이론 역률개선용 콘덴서용량 구하는 식

$$Q_C = P\left(\frac{\sqrt{1-\cos\theta_1^2}}{\cos\theta_1} - \frac{\sqrt{1-\cos\theta_2^2}}{\cos\theta_2}\right)$$

Q_C : 콘덴서용량 [kVA], P : 유효전력 [kW]
$\cos\theta_1$: 개선 전 역률, $\cos\theta_2$: 개선 후 역률

06

배점 4

유량 2400 [L.P.M], 양정 100 [m]인 스프링클러설비용 펌프전동기의 용량 [kW]을 구하시오. (단, 펌프의 효율은 0.65, 전달계수는 1.1이다)

O 계산과정 :

O 답 :

정답

☑ 계산과정

$$P = \frac{9.8[kN/m^3] \times Q[m^3/s] \times H[m]}{\eta} \times K = \frac{9.8 \times \frac{2.4}{60} \times 100}{0.65} \times 1.1 = 66.34[kW]$$

답 | $66.34[kW]$

☑ 해설

① 1 [Lpm] = 10^{-3} [m³/min] = 10^{-3}/60 [m³/s]

∴ $2400[LPM] = \frac{2.4}{60}[m^3/s]$

② 1000 [L] = 1 [m³]

★ 핵심이론 자동화재탐지설비 경계구역 설정기준(수평적 경계구역)

$$P = \frac{9.8KQH}{\eta} = \frac{9.8K \times Q[m^3/\min] \times H}{\eta \times 60} [kW]$$

P : 전동기용량 [kW], K : 여유계수
Q : 유량 [m³/sec], H : 전양정 [m], η : 효율

07

배점 6

P형 1급 수신기와 감지기와의 배선회로에서 종단저항은 11 [$k\Omega$], 배선저항은 40 [Ω], 릴레이 저항은 500 [Ω], DC 24 [V]일 때 다음 각 물음에 답하시오.

가. 감시전류 [mA]

O 계산과정 :

O 답 :

나. 동작전류 [mA]

O 계산과정 :

O 답 :

정답

☑ 계산과정

가. 감시전류

$$I = \frac{24}{40 + 500 + 11 \times 10^3} = 0.00208[A] = 2.08[mA]$$

답 | $2.08[mA]$

나. 동작전류

$$I = \frac{24}{40 + 500} = 0.0444[A] = 44.4[mA]$$

답 | $44.4[mA]$

핵심이론 감시전류 및 동작전류공식

- I감시 $= \dfrac{회로전압}{종단저항 + 릴레이저항 + 배선저항}$
- I동작 $= \dfrac{회로전압}{릴레이저항 + 배선저항}$

- 감시전류를 구할 때는 종단저항까지 거치기 때문에 종단저항을 고려해야 한다. 이때, 종단저항은 실무에서 10 [kΩ]을 사용하는데, 계산할 때는 [Ω]단위로 환산하여서 대입해준다.
- 동작전류를 구할 때는 감지기가 동작한 경우로서, 단락이 된 상태이기 때문에 종단저항을 거치지 않는다.

08

배점 6

다음과 같은 장소에 차동식 스포트형 감지기 2종을 설치하는 경우와 광전식 스포트형 2종을 설치하는 경우 최소 감지기 소요개수를 산정하시오. (단, 주요구조부는 내화구조, 감지기의 설치높이는 3 [m]이다)

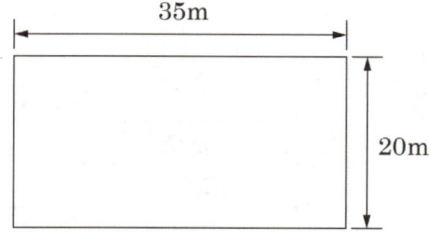

가. 차동식 스포트형 감지기(2종) 소요개수

○ 계산과정 :

○ 답 :

나. 광전식 스포트형 감지기(2종) 소요개수
  ○ 계산과정 :
  ○ 답 :

정답

✓ 계산과정

가. $\dfrac{350}{70}$ = 5개, $\dfrac{350}{70}$ = 5개

답 | 10개

나. $\dfrac{300}{150}$ = 2개, $\dfrac{400}{150}$ = 2.6 → 절상해서 3개

답 | 5개

- 경계구역 면적기준인 600 [m²]를 초과하지 않도록 해당 실의 면적을 먼저 나누어준 후 감지기 소요개수를 산정한다.
- 광전식 스포트형 감지기 소요개수산정에 있어서는 해당 실의 면적을 350으로 각각 나누어서 계산하면 6개가 필요하지만, 300과 400으로 나누어서 계산한다면 최소 개수인 5개가 필요하기 때문에 300과 400으로 나누어서 계산한다.

핵심이론 감지기 설치

□ 열감지기 설치면적 (단위 : [m²])

부착높이 및 특정소방대상물의 구분		감지기의 종류						
		차동식 스포트형		보상식 스포트형		정온식 스포트형		
		1종	2종	1종	2종	특종	1종	2종
4 [m] 미만	내화구조	90	70	90	70	70	60	20
	기타구조	50	40	50	40	40	30	15
4 [m] 이상 8 [m] 미만	내화구조	45	35	45	35	35	30	
	기타구조	30	25	30	25	25	15	

□ 연기감지기 설치면적 (단위 : [m²])

부착높이	감지기의 종류	
	1종 및 2종	3종
4 [m] 미만	150	50
4 ~ 20 [m] 미만	75	-

09

배점 6

스프링클러설비에서 감시제어반과 동력제어반으로 구분하여 설치하지 않아도 되는 경우 4가지를 쓰시오.

①
②
③
④

정답

① 다음의 어느 하나에 해당하지 않는 특정소방대상물에 설치되는 경우
  ㉠ 지하층을 제외한 층수가 7층 이상으로서 연면적이 2000 [m^2] 이상인 것
  ㉡ '㉠'에 해당하지 않는 특정소방대상물로서 지하층의 바닥면적의 합계가 3000 [m^2] 이상인 것
② 내연기관에 따른 가압송수장치를 사용하는 스프링클러설비
③ 고가수조에 따른 가압송수장치를 사용하는 스프링클러설비
④ 가압수조에 따른 가압송수장치를 사용하는 스프링클러설비

10

배점 3

다음은 비상방송설비에 대한 용어다. 설명하는 기기의 명칭은 무엇인가?

가. 소리를 크게 하여 멀리까지 전달될 수 있도록 하는 장치로서, 일명 스피커를 말한다.

나. 가변저항을 이용하여 전류를 변화시켜 음량을 크게 하거나 작게 조절할 수 있는 장치를 말한다.

다. 전압전류의 진폭을 늘려 감도를 좋게 하고, 미약한 음성전류를 커다란 음성전류로 변화시켜 소리를 크게 하는 장치를 말한다.

정답

가. 확성기
나. 음량조절기
다. 증폭기

11

주어진 진리표를 보고 다음 각 물음에 답하시오.

A	B	C	Y1	Y2
0	0	0	1	0
0	1	0	1	1
0	0	1	0	1
0	1	1	0	1
1	0	0	1	0
1	1	0	0	1
1	0	1	0	1
1	1	1	0	1

가. 가장 간략화된 논리식을 적으시오.

나. 다음의 무접점회로를 그리시오.

A ○

B ○   ○ Y1

C ○   ○ Y1

다. 유접점회로를 그리시오.

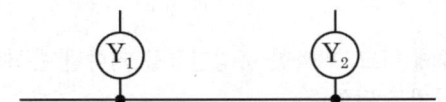

정답

가. $Y_1 = (\overline{A} + \overline{B})\overline{C}$

$Y_2 = B + C$

- Y_1의 출력이 1인 경우는
  (A, B, C)가 (0,0,0), (0,1,0), (1,0,0)일 때이다.
  $Y_1 = \overline{A}\overline{B}\overline{C} + \overline{A}B\overline{C} + A\overline{B}\overline{C} = \overline{A}\overline{C}(\overline{B}+B) + A\overline{B}\overline{C}$

  $= \overline{C}(\overline{A} + A\overline{B}) = \overline{C}(\overline{A}+A)(\overline{A}+\overline{B})$

  $= \overline{C}(\overline{A}+\overline{B})$

- Y_2의 출력이 1인 경우는
  (A, B, C)가 (0,1,0), (0,0,1), (0,1,1), (1,1,0), (1,0,1), 1,1,1)일 때이다.
  $Y_2 = \overline{A}B\overline{C} + \overline{A}\overline{B}C + \overline{A}BC + AB\overline{C} + A\overline{B}C + ABC$

  $= \overline{A}(B\overline{C} + \overline{B}C + BC) + A(B\overline{C} + \overline{B}C + BC)$

  $= \overline{A}(B(\overline{C}+C) + \overline{B}C) + A(B(\overline{C}+C) + \overline{B}C)$

  $= \overline{A}(B+\overline{B})(B+C) + A(B+\overline{B})(B+C)$

  $= \overline{A}(B+C) + A(B+C)$

  $= (B+C)(\overline{A}+A)$

  $= B+C$

나.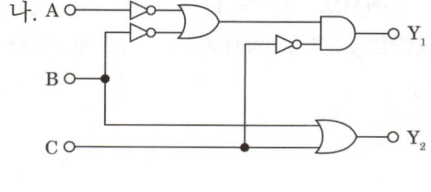

다.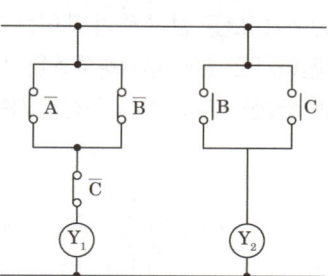

참고

- 무접점회로에 있어서 덧셈은 OR 기호를, 곱셈은 AND 기호를 사용하며, 부정은 NOT 기호를 사용한다.
- 유접점회로에 있어서 덧셈은 병렬로 연결하며, 곱셈은 직렬로 연결한다. 부정은 b접점으로 표시한다.

핵심이론 논리회로

게이트	논리회로	논리식	시퀀스회로	진리표		
AND	A,B → X	X = A · B = AB		A	B	X
				0	0	0
				0	1	0
				1	0	0
				1	1	1
OR	A,B → X	X = A + B		A	B	X
				0	0	0
				0	1	1
				1	0	1
				1	1	1
NOT	A → X	X = $\overline{A}$		A		X
				0		1
				1		0

12

득점 | 배점 4

유도전동기 IM을 현장 측과 제어실 측 어느 쪽에서도 기동 및 정지제어가 가능하도록 배선하시오. (단, 푸시버튼스위치 기동용(PB-on) 2개, 정지용(PB-off) 2개, 전자접촉기 a접점 1개(자기유지용)를 사용할 것)

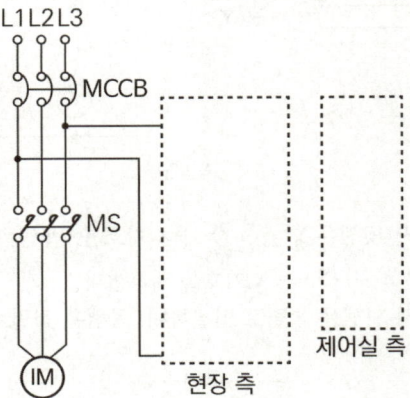

정답

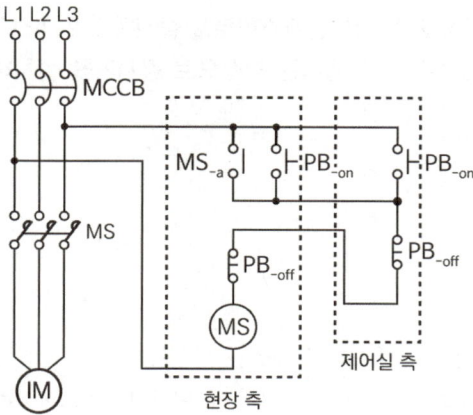

- 현장 측과 제어실 측 어느 쪽에서도 기동이 가능하도록 하기 위해 PB_{-on}스위치를 현장 측과 제어실 측에 각각 넣어준다.
- 자기유지접점은 해당 PB_{-on}스위치와 병렬로 하나를 넣어준다.
- PB_{-off}스위치는 현장 측과 제어실 측에 각각 직렬로 하나씩 넣어준다.

핵심이론 전동기 운전회로(원방조작기동제어방식)

- 기동버튼 : 병렬연결 및 자기유지
- 정지버튼 : 직렬연결
- 분기 시 : "•"를 찍음
- MS 코일 : MS_{-a}로 표기
  (R 코일 : R_{-a}로 표기)
- 현장 측과 제어반 측이 있음

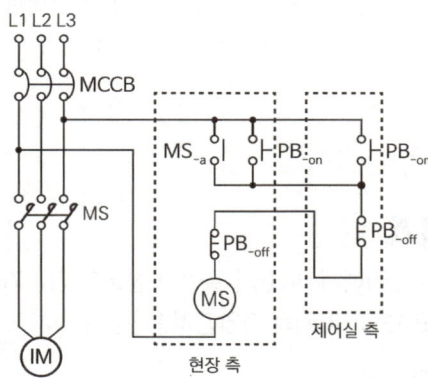

13

배점 5

하나의 담당구역 내에 2 이상의 감지기회로를 설치하고 2 이상의 감지기회로가 동시에 감지되는 때에 설비가 작동하는 방식으로 감지기를 설치하여야 하는 자동식 소화설비를 5가지만 쓰시오.

① ② ③
④ ⑤

정답

① 분말소화설비, ② 할로겐화합물소화설비, ③ 이산화탄소소화설비,
④ 준비작동식 스프링클러설비, ⑤ 일제살수식 스프링클러설비

핵심이론 감지기 교차회로방식

- 자동화재탐지설비의 교차회로방식
  하나의 담당구역 내에 2 이상의 감지기회로를 설치하고 2 이상의 감지기회로가 동시에 감지되는 때에 설비가 작동하는 방식
- 교차회로방식으로 감지기를 설치하여야 하는 자동식 소화설비
  분말소화설비, 할론소화설비, 할로겐화합물 및 불활성기체소화설비, 이산화탄소소화설비, 준비작동식 스프링클러설비, 일제살수식 스프링클러설비

14

배점 5

수신기에서 60 [m] 떨어진 장소의 감지기가 작동할 때 소비된 전류가 400 [mA]라고 한다. 이때의 전압강하 [V]를 구하시오. (단, 전선굵기는 1.6 [mm]이다)

○ 계산과정 :

○ 답 :

정답

☑ 계산과정

$$e = \frac{35.6LI}{1000A} = \frac{35.6 \times 60 \times (400 \times 10^{-3})}{1000 \times (\pi \times 0.8^2)} = 0.424 ≒ 0.42\,[V]$$

답 | 0.42 [V]

핵심이론 전압강하공식

▫ 전압강하
- 단상 2선식 $e = V_s - V_r = 2IR$ [V]
- 3상 3선식 $e = V_s - V_r = \sqrt{3}\,IR$ [V]

e : 전압강하 [V], V_s : 정격전압 [V], V_r : 단자전압 [V]

▫ 전압강하(조건에 저항 없을 때)

전기방식	전압강하
단상 2선식	$e = \dfrac{35.6LI}{1000A}$
3상 3선식	$e = \dfrac{30.8LI}{1000A}$
단상 3선식, 3상 4선식	$e = \dfrac{17.8LI}{1000A}$

여기서 L : 선로길이 [m], I : 전부하전류 [A]
e : 한 선의 전압강하 [V], A : 전선의 단면적 [mm²]

15 [배점 5]

P형 수신기의 예비전원을 시험하는 방법과 양부판단의 기준에 대하여 설명하시오.

가. 시험방법 :

나. 양부판단의 기준 :

정답

가. 시험방법
 1) 수신기스위치 중 "예비전원스위치"를 누름
 2) 전압계의 지시치가 지정치의 범위 내에 있는지 확인
 3) 교류전원을 개로하고, 자동절환 릴레이의 작동상황 조사
나. 양부판단의 기준
 예비전원의 전압, 용량, 절환상황 및 복구 작동이 정상일 것

> ★ **핵심이론** 예비전원시험
>
> ☐ 목적
>   정전 시 상용전원에서 예비전원 자동전환 여부 확인 및 정상상태 복구 시 상용전원으로 자동전환 여부 확인
> ☐ 시험방법
>   • 수신기스위치 중 "예비전원스위치"를 누름(예비전원전압 표시 및 예비전원등 점등 확인)
>   • 전압계의 지시치가 지정치의 범위 내에 있는지 확인
>   • 교류전원을 개로하고 자동절환 릴레이의 작동상황 조사
> ☐ 가부판정
>   예비전원의 전압, 용량, 절환상황 및 복구 작동이 정상일 것

16 [배점 5]

옥내소화전설비에는 제어반을 설치하되, 감시제어반과 동력제어반으로 구분하여 설치하여야 한다. 감시제어반의 기능은 다음의 기준에 적합하여야 한다. (   )안을 채우시오.

가. 각 펌프의 작동 여부를 확인할 수 있는 (㉠) 및 (㉡) 기능이 있어야 할 것

나. 각 펌프를 자동 및 수동으로 작동시키거나 작동을 중단시킬 수 있어야 할 것

다. 비상전원을 설치한 경우에는 상용전원 및 비상전원 공급 여부를 확인할 수 있을 것

라. 수조 또는 물올림탱크가 (㉢)로 될 때 표시등 및 음향으로 경보할 것

마. 기동용 수압개폐장치의 압력스위치회로, 수조 또는 물올림탱크의 감시회로마다 (㉣)시험 및 (㉤)시험을 할 수 있어야 할 것

> **정답**
> ㉠ 표시등, ㉡ 음향경보, ㉢ 저수위, ㉣ 도통, ㉤ 작동
>
> ★ **핵심이론** 옥내소화전설비 감시제어반의 기능
> • 각 펌프의 작동 여부를 확인할 수 있는 표시등 및 음향경보 기능이 있어야 할 것
> • 각 펌프를 자동 및 수동으로 작동시키거나 작동을 중단시킬 수 있어야 할 것
> • 비상전원을 설치한 경우에는 상용전원 및 비상전원 공급 여부를 확인할 수 있을 것
> • 수조 또는 물올림탱크가 저수위로 될 때 표시등 및 음향으로 경보할 것

- 다음의 각 확인회로마다 도통시험 및 작동시험을 할 수 있도록 할 것
  (1) 기동용 수압개폐장치의 압력스위치회로
  (2) 수조 또는 물올림수조의 저수위감시회로
  (3) 개폐밸브의 폐쇄상태 확인회로
  (4) 그 밖의 이와 비슷한 회로
- 예비전원이 확보되고 예비전원의 적합 여부를 시험할 수 있어야 할 것

17

득점 ___ 배점 5

주어진 평면도에 배관 및 배선을 하여 자동화재탐지설비의 도면을 완성하시오.

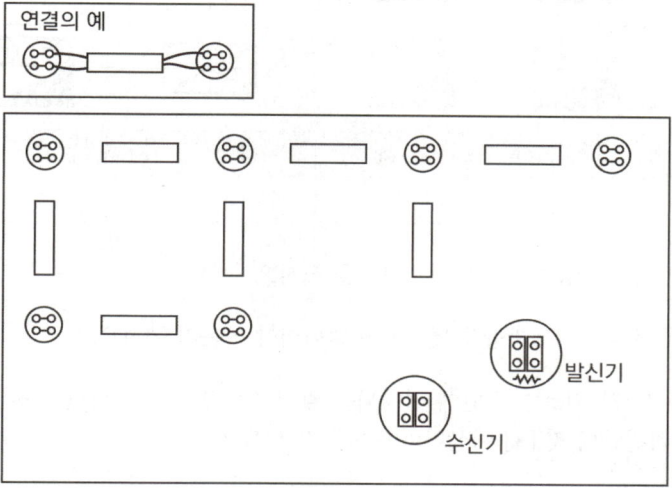

정답

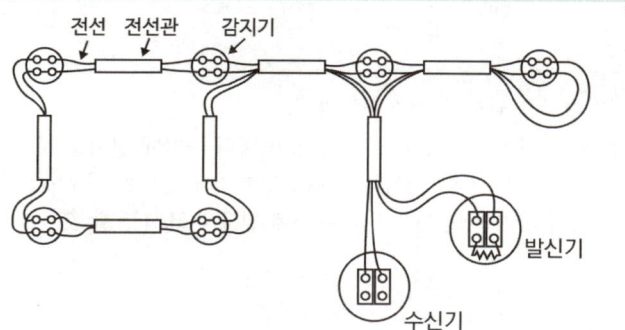

- 자동화재탐지설비의 감지기 배선은 송배선식으로 한다.
- 루프는 2가닥, 나머지는 4가닥이다.
- 연결의 예와 동일한 방식으로 감지기를 결선한다.

18

배점 5

건물 내부에 가압송수장치를 기동용 수압개폐장치로 사용하는 옥내소화전함과 P형 발신기세트를 다음과 같이 설치하였다. 다음 각 물음에 답하시오 (단, 하나의 층의 지구음향장치 배선이 단락되어도 다른 층의 화재통보에 지장이 없도록 각 층 배선 상에 유효한 조치를 하였다)

가. ㉮ ~ ㉯의 전선 가닥 수를 쓰시오. (단, 경종과 표시등 공통선을 같이한다)

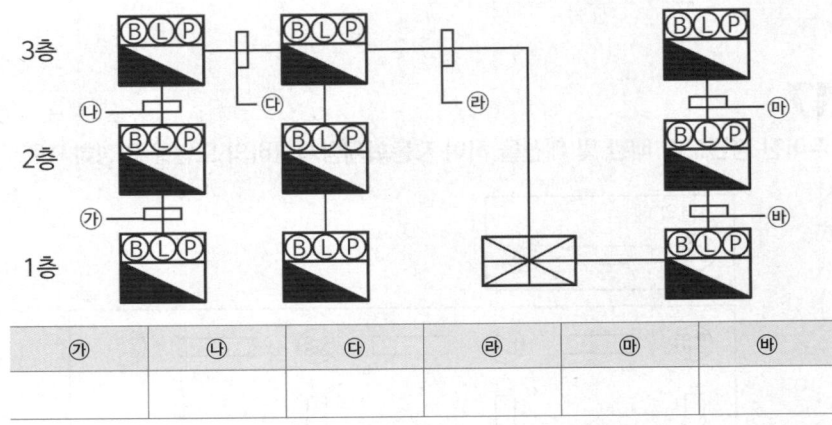

㉮	㉯	㉰	㉱	㉲	㉳

나. 감지기회로의 종단저항의 설치기준을 쓰시오.

다. 감지기회로의 전로저항은 몇 [Ω] 이하이어야 하는지 쓰시오.

라. 수신기의 각 회로별 종단에 설치되는 감지기에 접속되는 배선의 전압은 감지기 정격전압의 몇 [%] 이상이어야 하는지 쓰시오.

정답

가.

㉮	㉯	㉰	㉱	㉲	㉳
8	9	10	13	8	9

나. 1) 점검 및 관리가 쉬운 장소에 설치할 것
  2) 전용함 설치 시 바닥으로부터 1.5 [m] 이내의 높이에 설치할 것
  3) 감지기회로의 끝부분에 설치하며, 종단감지기에 설치할 경우에는 구별이 쉽도록 해당 감지기의 기판 및 감지기외부 등에 별도의 표시를 할 것

다. 50 [Ω] 이하

라. 80 [%]

✓ 해설 : 전선 가닥 수 및 용도(일제경보방식)

기호	가닥 수	배선내역
㉮	HFIX 2.5 - 8	지구선 1, 지구공통선 1, 경종선 1, 경종표시등공통선 1, 응답선 1, 표시등선 1, 기동확인 2
㉯	HFIX 2.5 - 9	지구선 2, 지구공통선 1, 경종선 1, 경종표시등공통선 1, 응답선 1, 표시등선 1, 기동확인 2
㉰	HFIX 2.5 - 10	지구선 3, 지구공통선 1, 경종선 1, 경종표시등공통선 1, 응답선 1, 표시등선 1, 기동확인 2
㉱	HFIX 2.5 - 13	지구선 6, 지구공통선 1, 경종선 1, 경종표시등공통선 1, 응답선 1, 표시등선 1, 기동확인 2
㉲	HFIX 1.5 - 8	지구선 1, 지구공통선 1, 경종선 1, 경종표시등공통선 1, 응답선 1, 표시등선 1, 기동확인 2
㉳	HFIX 2.5 - 9	지구선 2, 지구공통선 1, 경종선 1, 경종표시등공통선 1, 응답선 1, 표시등선 1, 기동확인 2

- 11층 이상이 아니기 때문에 일제경보방식을 적용한 것이며, 문제 조건상으로 각 층에 단락으로 인해 화재경보에 지장이 없도록 유효한 조치를 했다고 명시하였기 때문에 경종선은 추가되지 않는다.
- 옥내소화전함과 겸용하였기 때문에 기동확인표시등 2가닥이 추가된다.

★ 핵심이론 자동화재탐지설비의 전로저항 및 허용전압강하

- 감지기회로의 전로저항은 50 [Ω] 이하가 되도록 하여야 함
- 수신기의 각 회로별 종단에 설치되는 감지기에 접속되는 배선의 전압은 감지기 정격전압의 80 [%] 이상이어야 할 것

2022년 4회

01   배점 5

그림은 10개의 접점을 가진 스위칭회로이다. 이 회로의 접점수를 최소화하여 스위칭회로를 그리시오. (단, 주어진 스위칭회로의 논리식을 최소화하는 과정을 모두 기술하고, 최소화된 스위칭회로를 그리도록 한다)

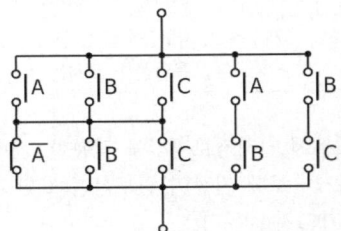

가. 논리식 :

나. 최소화한 스위칭회로 :

정답

가. 논리식 : $(A+B+C) \cdot (\overline{A}+B+C) + AB + BC$
$= A\overline{A} + AB + AC + B\overline{A} + BB + BC + C\overline{A} + CB + CC + AB + BC$
$= O + AB + AC + B\overline{A} + B + BC + C\overline{A} + CB + C + AB + BC$
$= B \cdot (1 + A + \overline{A} + C + A + C) + C \cdot (1 + A + \overline{A} + B)$
$= B \cdot 1 + C \cdot 1 = B + C$

나. 최소화한 스위칭회로

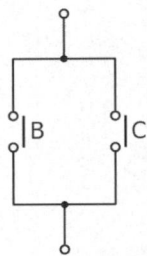

핵심이론 논리회로

게이트	논리회로	논리식	시퀀스회로	진리표		
AND	A B →X	X = A · B = AB		A	B	X
				0	0	0
				0	1	0
				1	0	0
				1	1	1
OR	A B →X	X = A + B		A	B	X
				0	0	0
				0	1	1
				1	0	1
				1	1	1
NOT	A →X	X = $\overline{A}$		A		X
				0		1
				1		0

02

배점 4

소방용 케이블과 다른 용도의 케이블을 배선전용실에 함께 배선할 때 다음 ( ) 안을 완성하시오.

가. 소방용 케이블을 내화성능을 갖는 배선전용실 등의 내부에 소방용이 아닌 케이블과 함께 노출하여 배선할 때 소방용 케이블과 다른 용도의 케이블 간의 피복과 피복 간의 이격거리는 ( ) 이상이어야 한다.

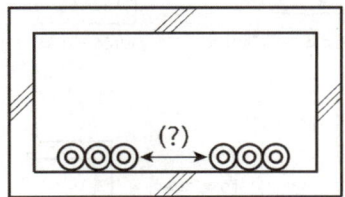

나. 부득이하여 "가."와 같이 이격시킬 수 없어 불연성 격벽을 설치한 경우에 격벽의 높이는 (   ) 이상이어야 한다.

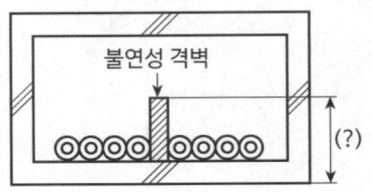

정답

가. 15 [cm]

나. 가장 굵은 케이블 지름의 1.5배

핵심이론 소방배선 공사방법

- 내화배선 : 금속관·2종 금속제 가요전선관 또는 합성수지관에 수납하여 내화구조로 된 벽 또는 바닥 등에 벽 또는 바닥의 표면으로부터 25 [mm] 이상의 깊이로 매설
- 내열배선 : 금속관·금속제 가요전선관·금속덕트 또는 케이블 공사방법
- 다만 다음 각 기준에 적합하게 설치하는 경우에는 그러하지 아니하다.
  ① 배선을 내화성능을 갖는 배선전용실 또는 배선용 샤프트·피트·덕트 등에 설치하는 경우
  ② 배선전용실 또는 배선용 샤프트·피트·덕트 등에 다른 설비의 배선이 있는 경우에는 이로부터 15 [cm] 이상 떨어지게 하거나 소화설비의 배선과 이웃하는 다른 설비의 배선 사이에 배선지름(배선의 지름이 다른 경우에는 가장 큰 것을 기준으로 한다)의 1.5배 이상의 높이의 불연성 격벽을 설치하는 경우

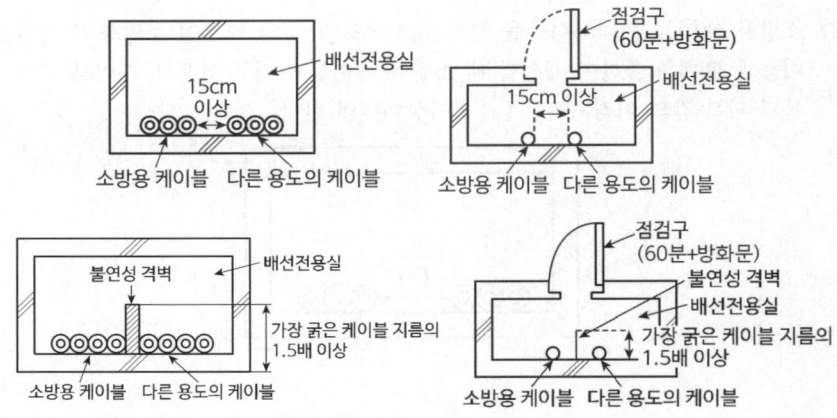

- 내화전선·내열전선은 케이블 공사의 방법에 따라 설치

03

다음은 이산화탄소소화설비의 간선계통이다. 각 물음에 답하시오. (단, 감지기공통선과 전원공통선은 각각 분리해서 사용하는 조건이다)

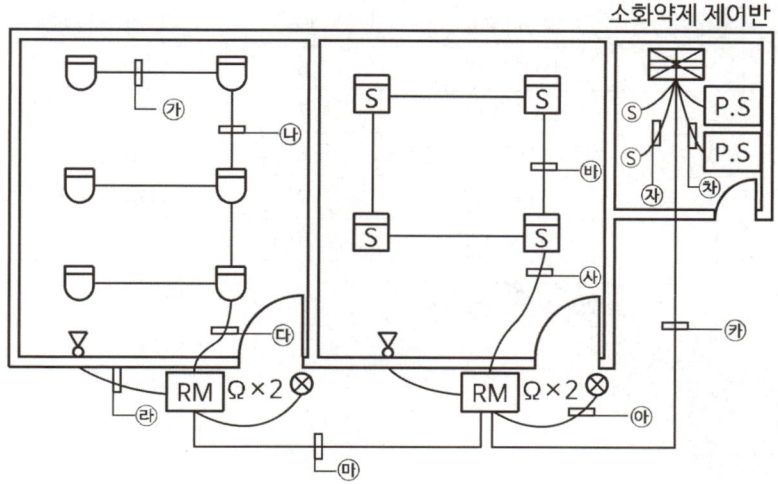

가. ㉮ ~ ㉷까지의 배선 가닥 수를 쓰시오.

㉮	㉯	㉰	㉱	㉲	㉳	㉴	㉵	㉶	㉷	㉸

나. ㉲의 배선별 용도를 쓰시오. (단, 해당 배선 가닥 수까지만 기록)

번호	배선의 용도	번호	배선의 용도
1		6	
2		7	
3		8	
4		9	
5		10	

다. ㉷의 배선 중 ㉲의 배선과 병렬로 접속하지 않고 추가해야 하는 배선의 용도는?

번호	배선의 용도
1	
2	
3	
4	
5	

정답

가.

갸	냐	댜	랴	먀	뱌	샤	야	쟈	챠	캬
4	8	8	2	9	4	8	2	2	2	14

나.

번호	배선의 용도	번호	배선의 용도
1	전원 ⊕ 1가닥	6	감지기 B 1가닥
2	전원 ⊖ 1가닥	7	기동스위치 1가닥
3	방출지연스위치 1가닥	8	사이렌 1가닥
4	감지기공통 1가닥	9	방출표시등 1가닥
5	감지기 A 1가닥	10	

다.

번호	배선의 용도
1	감지기 A
2	감지기 B
3	기동스위치
4	사이렌
5	방출표시등

✓ **해설**
- 전선 가닥 수 및 용도 가, 나

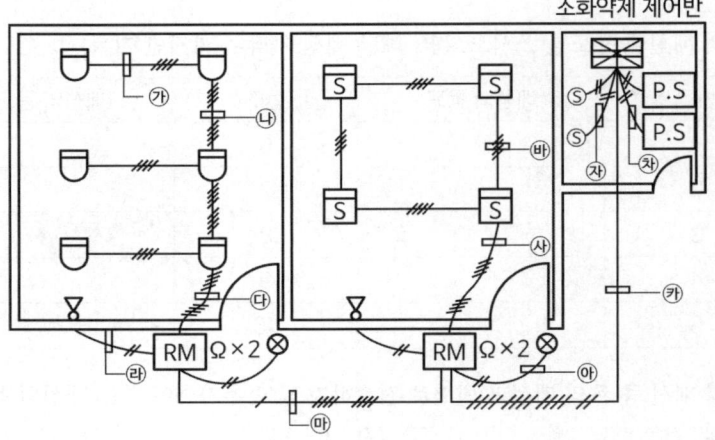

- 가스계소화설비에 있어서는 교차회로방식을 사용하며, RM에 종단저항 2개를 그린다.
- 교차회로방식이기 때문에 루프와 말단은 4가닥, 나머지는 8가닥이다.
- 감지기공통선과 전원공통선은 따로 한다고 문제에서 명시해주었기 때문에 감지기공통선을 추가한다.
- ZONE이 늘어남에 따라 감지기 A·B, 기동스위치, 사이렌, 방출표시등이 증가한다.

기호	가닥 수	용도
㉮, ㉯	4	지구선 2, 공통선 2
㉯, ㉰, ㉱	8	지구선 4, 공통선 4
㉲	2	사이렌 2
㉳	9	전원 ⊕·⊖, 방출지연스위치, 감지기공통, 감지기 A·B, 기동스위치, 사이렌, 방출표시등
㉴	2	방출표시등 2
㉵	2	솔레노이드밸브 기동 2
㉶	2	압력스위치 2
㉷	14	전원 ⊕·⊖, 방출지연스위치, 감지기공통, (감지기 A·B, 기동스위치, 사이렌, 방출표시등) × 2

04

화재 발생 시 화재를 검출하기 위해 감지기를 설치한다. 이때 축적기능이 없는 감지기로 설치해야 하는 경우 3가지를 쓰시오.

①
②
③

정답

① 급속한 연소확대가 우려되는 장소에 사용되는 감지기
② 교차회로방식에 사용되는 감지기
③ 축적기능이 있는 수신기에 연결하여 사용하는 감지기

핵심이론 비화재보 우려가 있는 장소 설치할 수 있는 감지기

- 비화재보 우려 장소
  - 특정소방대상물 또는 그 부분이 지하층·무창층 등으로서 환기가 잘되지 아니한 곳
  - 실내면적이 40 [m²] 미만인 장소
  - 감지기의 부착면과 실내바닥과의 거리가 2.3 [m] 이하인 장소

핵심이론
감지기 공통 설치기준
교차회로방식에 사용되는 감지기, 급속한 연소 확대가 우려되는 장소에 사용되는 감지기 및 축적기능이 있는 수신기에 연결하여 사용하는 감지기는 축적기능이 없는 것으로 설치하여야 한다.

□ 설치 가능 감지기(아래 8가지 감지기 설치 시 축적형 수신기 설치 제외)
- 불꽃감지기
- 정온식 감지선형 감지기
- 분포형 감지기
- 복합형 감지기
- 광전식 분리형 감지기
- 아날로그방식의 감지기
- 다신호방식의 감지기
- 축적방식의 감지기

05 배점 3

다음은 비상조명등의 설치기준에 관한 사항이다. 다음 (　) 안을 완성하시오.

비상전원은 비상조명등을 (㉠)분 이상 유효하게 작동시킬 수 있는 용량으로 할 것. 다만 다음의 특정소방대상물의 경우 그 부분에서 피난층에 이르는 부분의 비상조명등을 (㉡)분 이상 유효하게 작동시킬 수 있는 용량으로 하여야 한다.

1) 지하층을 제외한 층수가 (㉢)층 이상의 층
2) 지하층 또는 무창층으로서 용도가 도매시장·소매시장·여객자동차터미널·지하역사 또는 지하상가

정답

㉠ 20, ㉡ 60, ㉢ 11

핵심이론　비상조명등 설치기준

- 소방대상물의 각 거실과 그로부터 지상에 이르는 복도·계단 및 그 밖의 통로에 설치할 것
- 조도는 비상조명등이 설치된 장소의 각 부분의 바닥에서 1 [lx] 이상이 되도록 할 것
- 예비전원을 내장하는 비상조명등에는 평상시 점등 여부를 확인할 수 있는 점검스위치를 설치하고 당해 조명등을 유효하게 작동시킬 수 있는 용량의 축전지와 예비전원 충전장치를 내장할 것
- 예비전원을 내장하지 아니하는 비상조명등의 비상전원은 자가발전설비, 축전지설비 또는 전기저장장치를 다음 기준에 따라 설치할 것
  ① 점검에 편리하고 화재 및 침수 등의 재해로 인한 피해를 받을 우려가 없는 곳에 설치할 것
  ② 상용전원으로부터 전력의 공급이 중단된 때에는 자동으로 비상전원으로부터 전력을 공급받을 수 있도록 할 것

③ 비상전원의 설치장소는 다른 장소와 방화구획할 것. 이 경우 그 장소에는 비상전원의 공급에 필요한 기구나 설비 외의 것(열병합발전설비에 필요한 기구나 설비는 제외한다)을 두어서는 아니 된다.
④ 비상전원을 실내에 설치하는 때에는 그 실내에 비상조명등을 설치할 것
- 비상조명등을 20분 이상 유효하게 작동시킬 수 있는 용량으로 할 것
- 소방대상물의 경우에는 그 부분에서 피난층에 이르는 부분의 비상조명등을 60분 이상 유효하게 작동시킬 수 있는 용량으로 하여야 한다.
 ① 지하층을 제외한 층수가 11층 이상의 층
 ② 지하층 또는 무창층으로서 용도가 도매시장·소매시장·여객자동차터미널·지하역사 또는 지하상가
- 설치 면제 요건에서 "그 유도등의 유효범위 안의 부분"이라 함은 유도등의 조도가 바닥에서 1 [lx] 이상이 되는 부분을 말한다.

06

아래의 그림과 같이 방전전류가 시간에 따라 감소하는 경향의 축전지용량 [Ah]을 계산하시오. 단, 용량환산시간계수 [K]는 아래의 표와 같으며 용량저하율(보수율)은 0.8을 적용하는 것으로 한다.

[시간에 따른 용량환산시간계수]

시간	10분	20분	30분	60분	100분	110분	120분	170분	180분	200분
용량환산 시간계수 [K]	1.3	1.45	1.78	2.55	3.45	3.65	3.85	4.85	5.05	5.30

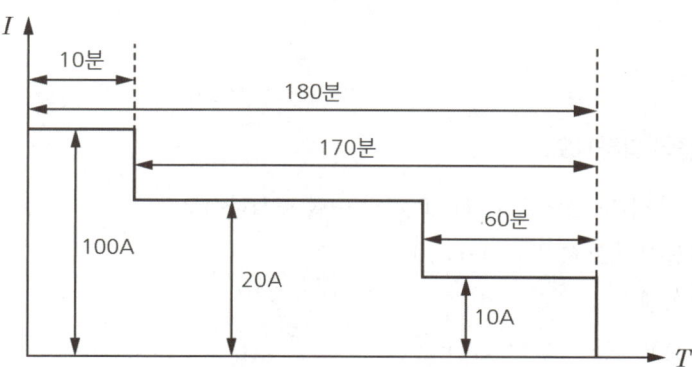

○ 계산과정 :
○ 답 :

정답

✓ 계산과정

$$C_1 = \frac{1}{L}K_1I_1 = \frac{1}{0.8} \times 1.30 \times 100 = 162.5\,[Ah]$$

$$C_2 = \frac{1}{L}[K_1I_1 + K_2(I_2 - I_1)] = \frac{1}{0.8}[3.85 \times 100 + 3.65 \times (20 - 100)] = 116.25\,[Ah]$$

$$C_3 = \frac{1}{L}[K_1I_1 + K_2(I_2 - I_1) + K_3(I_3 - I_2)]$$

$$= \frac{1}{0.8}[5.05 \times 100 + 4.85 \times (20 - 100) + 2.55 \times (10 - 20)] = 114.375\,[Ah]$$

셋 중의 최댓값인 162.5 [Ah] 이상의 축전지를 선정한다.

답 | 162.5 [Ah]

방전전류가 증가할 때는 축전지용량을 다 더해주면 되지만, 방전전류가 위의 문제처럼 감소할 때는 C_1, C_2, C_3 셋 중의 최댓값인 162.5 [Ah] 이상의 축전지를 선정한다.

핵심이론 축전지용량 구하는 식

$$C = \frac{1}{L}KI\,[Ah]$$

$$= \frac{1}{L}KI\,[A \cdot h] = \frac{1}{L}[K_1I_1 + K_2(I_2 - I_1) + K_3(I_3 - I_2) + ... + K_n(I_n - I_{n-1})]$$

C : 축전지용량 [Ah], L : 보수율(용량저하율)
K : 용량환산시간 [h], I : 방전전류 [A]

07   득점   배점 5

다음 물음에 답하시오.

가. 할론소화설비 평면도를 그리고 가닥 수를 표시하시오.

　　1) 차동식 스포트형 감지기 4개

　　2) 사이렌

　　3) 방출표시등

　　4) 수동조작함

나. 수동조작함과 수신반 사이의 배선에 대한 전선 명칭을 쓰시오.

[정답]

가.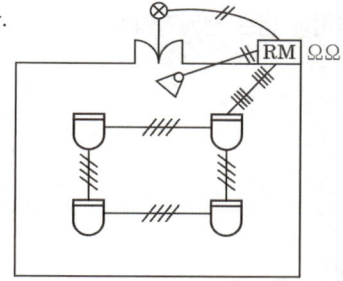

나. 전원 +, -, 방출지연스위치, 기동스위치, 방출표시등, 사이렌, 감지기 A, B

- 가스계소화설비는 교차회로방식으로써, 루프와 말단은 4가닥, 나머지는 8가닥이다.
- 교차회로방식이기 때문에 종단저항은 2개이다.
- 방출표시등 : 소화가스의 방출을 알려 실내로의 입실 금지, 실외 출입구 상부설치(실 밖의 출입문 상부에 설치)
- 사이렌 : 방호구역 내의 인원대피 위함, 방호구역 내 설치
- 감지기(A, B) 동시작동 → 수신반에 신호(화재등 및 지구등 점등) → 사이렌경보 → 기동용 솔레노이드밸브 작동 → 소화약제 방출 → 압력스위치 작동 → 수신반에 신호 → 방출표시등 점등

핵심이론 소방용 기계·기구 도시기호

명칭	도시기호	명칭	도시기호
표시등 (방출표시등)	◐	차동식 스포트형 감지기	⌐⌐
가스계소화설비의 수동조작함	RM	보상식 스포트형 감지기	⌐⌐
사이렌	◁	연기감지기	S
모터사이렌	M◁	차동식 분포형 감지기의 검출기	⋈
전자사이렌	S◁	제어반	⊠

□ 교차회로방식으로 감지기를 설치하여야 하는 자동식 소화설비
분말소화설비, 할론소화설비, 할로겐화합물 및 불활성기체소화설비, 이산화탄소소화설비, 준비작동식 스프링클러설비, 일제살수식 스프링클러설비

08

배점 4

유량 2400 [lpm], 양정 90 [m]인 스프링클러설비용 펌프 전동기의 용량을 계산하시오. (단, 효율 : 70 [%], 전달계수 : 1.1이다)

정답

☑ 계산과정

$$P = \frac{9.8[kN/m^3] \times Q[m^3/s] \times H[m]}{\eta} \times K = \frac{9.8 \times \frac{2.4}{60} \times 90}{0.7} \times 1.1 = 55.44[kW]$$

답 | 55.44 [kW]

☑ 해설

① 1 [Lpm] = 10^{-3} [m³/min] = 10^{-3}/60 [m³/s]

∴ $2400[LPM] = \frac{2.4}{60}[m^3/s]$

② 1000 [L] = 1 [m³]

핵심이론 전동기용량을 구하는 식

$$P = \frac{9.8KQH}{\eta} = \frac{9.8K \times Q[m^3/min] \times H}{\eta \times 60} \text{ [kW]}$$

P : 전동기용량 [kW], K : 여유계수
Q : 유량 [m³/sec], H : 전양정 [m], η : 효율

09

배점 5

어느 특정소방대상물에 자동화재탐지설비용 공기관식 차동식 분포형 감지기를 설치하려고 한다. 다음 각 물음에 답하시오.

가. 공기관의 노출 부분은 감지구역마다 몇 [m] 이상으로 하여야 하는가?

나. 하나의 검출 부분에 접속하는 공기관의 길이는 몇 [m] 이하로 하여야 하는가?

다. 공기관과 감지구역의 각 변과의 수평거리는 몇 [m] 이하이어야 하는가?

라. 공기관 상호 간의 거리는 몇 [m] 이하이어야 하는가? (단, 주요구조부가 비내화구조이다)

마. 공기관의 두께와 바깥지름은 각각 몇 [mm] 이상인가?

   1) 두께 :

   2) 바깥지름 :

> **정답**

가. 20 [m] 이상

나. 100 [m] 이하

다. 1.5 [m] 이하

라. 6 [m] 이하

마. 1) 두께 : 0.3 [mm] 이상

    2) 바깥지름 : 1.9 [mm] 이상

> **핵심이론** 공기관식 차동식 분포형 감지기 설치기준

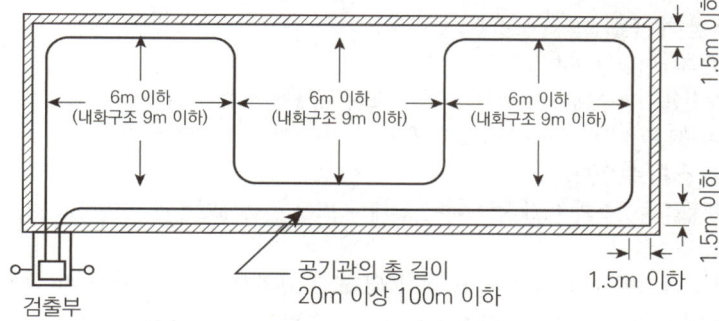

- 공기관의 노출부분은 감지구역마다 20 [m] 이상이 되도록 할 것
- 공기관과 감지구역의 수평거리는 1.5 [m] 이하가 되도록 할 것
- 공기관 상호 간의 거리는 6 [m](내화구조 9 [m]) 이하가 되도록 할 것
- 공기관은 도중에서 분기하지 않도록 할 것
- 하나의 검출부에 접속하는 공기관 길이는 100 [m] 이하로 할 것
- 검출부는 바닥에서 0.8 [m] 이상 ~ 1.5 [m] 이하에 위치하며, 5° 이상 경사되지 않도록 할 것

10 배점 5

무선통신보조설비에 사용되는 무반사 종단저항의 설치위치 및 설치목적을 쓰시오.

가. 설치위치

나. 설치목적

정답

가. 누설동축케이블 끝 부분
나. 전송로로 전송되는 전자파가 종단에서 반사되어 교신을 방해하는 것을 방지하기 위하여 설치

핵심이론 무선통신보조설비

□ **누설동축케이블의 정의**
동축케이블의 외부도체에 가느다란 홈을 만들어서 전파가 외부로 새어나갈 수 있도록 한 케이블

□ **누설동축케이블의 설치기준**
- 소방전용주파수대에서 전파의 전송 또는 복사에 적합한 것으로서 소방전용의 것으로 할 것. 다만 소방대 상호 간의 무선 연락에 지장이 없는 경우에는 다른 용도와 겸용할 수 있다.
- 누설동축케이블과 이에 접속하는 안테나 또는 동축케이블과 이에 접속하는 안테나로 구성할 것
- 누설동축케이블 및 동축케이블은 불연 또는 난연성의 것으로서 습기 등의 환경조건에 따라 전기의 특성이 변질되지 않는 것으로 하고, 노출하여 설치한 경우에는 피난 및 통행에 장애가 없도록 할 것
- 누설동축케이블 및 동축케이블은 화재에 따라 해당 케이블의 피복이 소실된 경우에 케이블 본체가 떨어지지 않도록 4 [m] 이내마다 금속제 또는 자기제 등의 지지금구로 벽·천장·기둥 등에 견고하게 고정시킬 것. 다만 불연재료로 구획된 반자 안에 설치하는 경우에는 그렇지 않다.
- 누설동축케이블 및 안테나는 금속판 등에 따라 전파의 복사 또는 특성이 현저하게 저하되지 않는 위치에 설치할 것
- 누설동축케이블 및 안테나는 고압의 전로로부터 1.5 [m] 이상 떨어진 위치에 설치할 것. 다만 해당 전로에 정전기 차폐장치를 유효하게 설치한 경우에는 그렇지 않다.
- 누설동축케이블의 끝부분에는 무반사 종단저항을 견고하게 설치할 것
- 무반사 종단저항 : 누설동축케이블의 종단부에 전송된 전파는 케이블종단에서 반사되어 교신 방해, 송신효율이 저하되며, 반사파방지를 위해 누설동축케이블의 말단에 설치하는 저항

11

다음과 같이 총 길이가 2800 [m]인 지하구에 자동화재탐지설비를 설치하는 경우 다음 물음에 답하시오.

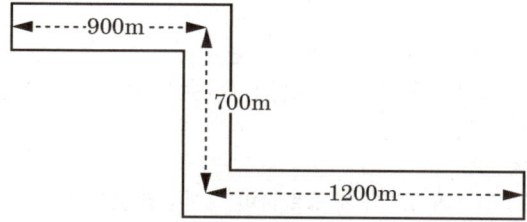

가. 최소경계구역은 몇 개로 구분해야 하는지 계산하시오.

나. 지하구에 설치하는 감지기는 먼지, 습기 등의 영향을 받지 아니하고 (㉠)을 확인할 수 있는 감지기를 설치하여야 한다. (㉠) 안에 알맞은 내용을 쓰시오.

다. 지하공동구에 설치할 수 있는 감지기의 종류 3가지만 쓰시오.

정답

가. 경계구역 수 $= \dfrac{2800}{700} = 4$개

나. 발화지점

다. 불꽃감지기, 정온식 감지선형 감지기, 분포형 감지기, 복합형 감지기, 광전식 분리형 감지기, 아날로그식 감지기, 다신호식 감지기, 축적형 감지기

지하구의 화재안전성능기준 NFPC 605 제13조(기존 지하구에 대한 특례)에 따라 문제를 풀어야 한다.

핵심이론 경계구역 설정기준

□ 수평적 경계구역
- 하나의 경계구역이 2개 이상의 건축물에 미치지 않도록 할 것
- 하나의 경계구역이 2개 이상의 층에 미치지 않도록 할 것
  단, 500 [m²] 이하의 범위 안에서 2개의 층을 하나의 경계구역할 수 있음
- 하나의 경계구역 면적 600 [m²] 이하로 하고 한 변의 길이 50 [m] 이하로 할 것
  단, 주된 출입구에서 그 내부 전체가 보이는 것은 한 변의 길이 50 [m] 범위 내에서 1000 [m²] 이하로 할 수 있음

중요 ▶ 지하구 : 전력용, 통신용 전선 혹은 가스, 냉난방용 배관 또는 이와 비슷한 것을 집합수용하기 위하여 설치한 지하공작물

- 도로터널 : 100 [m] 이하로 할 것(도로터널의 화재안전기술기준 NFTC 603)
- 지하구 : 700 [m] 이하로 할 것(지하구의 화재안전성능기준 NFPC 605 제13조(기존 지하구에 대한 특례) 법 제13조에 따라 기존 지하구에 설치하는 소방시설 등에 대해 강화된 기준을 적용하는 경우에는 다음의 설치·관리 관련 특례를 적용한다.
  → 특고압 케이블이 포설된 송·배전 전용의 지하구(공동구를 제외한다)에는 온도 확인 기능 없이 최대 700 [m]의 경계구역을 설정하여 발화지점(1 [m] 단위)을 확인할 수 있는 감지기를 설치할 수 있다.

□ 수직적 경계구역
- 계단·경사로 : 별도의 경계구역으로 하며 경계구역 높이 45 [m] 이하로 할 것
- 엘리베이터 승강로(권상기실이 있는 경우에는 권상기실)·린넨슈트·파이프 피트 및 덕트등 : 별도의 경계구역
- 지하층의 계단 및 경사로(지하층의 층수가 1일 경우 제외) : 별도의 경계구역

□ 기타
- 외기에 면하여 상시 개방된 부분(차고·주차장·창고 등) : 외기에 면하는 각 부분으로부터 5 [m] 미만의 범위 안에 있는 부분은 경계구역 면적에 산입하지 않음
- 스프링클러설비·물분무등소화설비 또는 제연설비의 화재감지장치로서 화재감지기를 설치한 경우의 경계구역은 해당 소화설비의 방사구역 또는 제연구역과 동일하게 설정할 수 있음

12

배점 5

3상, 380 [V], 30 [kW] 스프링클러펌프용 유도전동기이다. 전동기의 역률이 60 [%]일 때 역률을 90 [%]로 개선할 수 있는 전력용 콘덴서의 용량은 몇 [kVA]인지 구하시오.

정답

✓ 계산과정

$$Q_C = P\left(\frac{\sqrt{1-\cos\theta_1^2}}{\cos\theta_1} - \frac{\sqrt{1-\cos\theta_2^2}}{\cos\theta_2}\right) = 30 \times \left(\frac{\sqrt{1-0.6^2}}{0.6} - \frac{\sqrt{1-0.9^2}}{0.9}\right)$$
$$= 25.47 [kVA]$$

답 | 25.47 [kVA]

핵심이론 역률개선용 콘덴서용량 구하는 식

$$Q_c = P\left(\frac{\sqrt{1-\cos\theta_1^2}}{\cos\theta_1} - \frac{\sqrt{1-\cos\theta_2^2}}{\cos\theta_2}\right)$$

Q_C : 콘덴서용량 [kVA], P : 유효전력 [kW]
$\cos\theta_1$: 개선 전 역률, $\cos\theta_2$: 개선 후 역률

13

그림과 같이 구획된 철근 콘크리트 건물의 공장이 있다. 다음 표에 따라 자동화재탐지설비의 감지기를 설치하고자 할 때 다음 각 물음에 답하시오.

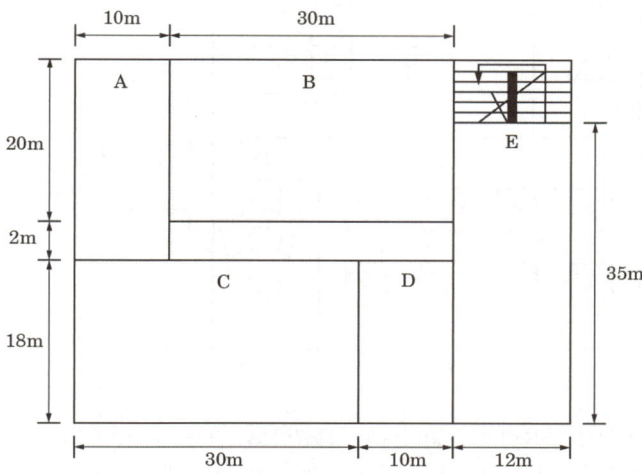

가. 다음 표를 보고 각각의 구역에 대해 감지기 개수를 산정하시오.

구역	설치높이 [m]	감지기 종류
A구역	3.5	연기감지기 2종
B구역	3.5	연기감지기 2종
C구역	4.5	연기감지기 2종
D구역	3.8	정온식 스포트형 1종
E구역	3.8	차동식 스포트형 2종

나. 감지기를 해당 도면에 알맞게 그려 넣으시오.

정답

☑ 계산과정

가. • A구역 : $\dfrac{10 \times 22}{150} = 1.47$ → 절상해서 2개

• B구역 : $\dfrac{30 \times 20}{150} = 4$개

• C구역 : $\dfrac{30 \times 18}{75} = 7.2$ → 절상해서 8개

• D구역 : $\dfrac{10 \times 18}{60} = 3$개

• E구역 : $\dfrac{12 \times 35}{70} = 6$개

나.

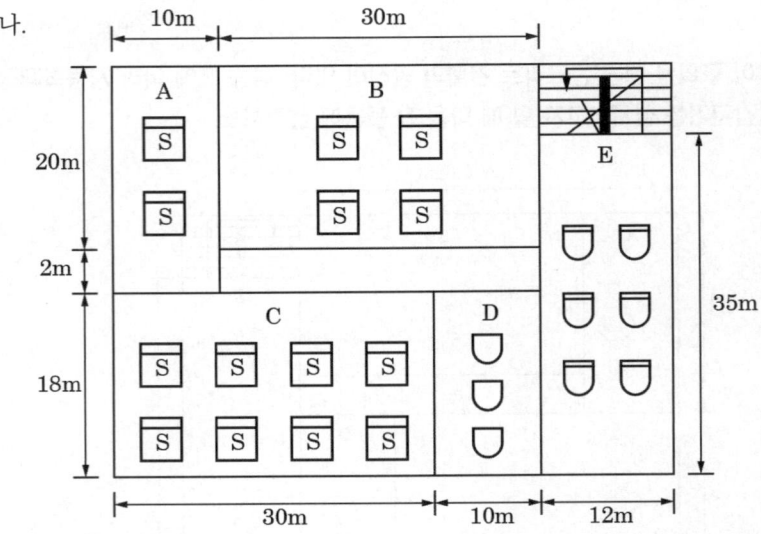

- 문제에서 철근 콘크리트 건물이라고 하였으므로 이는 내화구조를 뜻한다.
- '나'의 소문제에서는 감지기를 도면에 그려 넣으라는 말만 있었으며, 배선하라고는 따로 명시되어져 있지 않았기 때문에 감지기 사이를 배선하지 않고 배치만 해준다.

핵심이론 감지기 설치면적

□ 열감지기 설치면적 (단위 : [m²])

부착높이 및 특정소방대상물의 구분		감지기의 종류						
		차동식 스포트형		보상식 스포트형		정온식 스포트형		
		1종	2종	1종	2종	특종	1종	2종
4 [m] 미만	내화구조	90	70	90	70	70	60	20
	기타구조	50	40	50	40	40	30	15
4 [m] 이상 8 [m] 미만	내화구조	45	35	45	35	35	30	
	기타구조	30	25	30	25	25	15	

□ 연기감지기 설치면적 (단위 : [m²])

부착높이	감지기의 종류	
	1종 및 2종	3종
4 [m] 미만	150	50
4~20 [m] 미만	75	-

※ 연기감지기는 복도 및 통로에 있어서는 보행거리 30 [m](3종에 있어서는 20 [m])마다, 계단 및 경사로에 있어서는 수직거리 15 [m](3종에 있어서는 10 [m])마다 1개 이상으로 할 것

14

다음 설명에 맞게 배선을 그리시오.

- 22 [mm] 후강전선관
- 천장은폐배선
- 1.5 [mm²] 굵기의 450/750 [V] 저독성 난연가교 폴리올레핀 절연전선 4가닥

정답

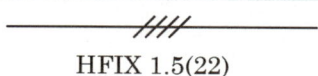
HFIX 1.5(22)

핵심이론 - 배선용 심벌

□ 전선의 약호 명칭

약호	명칭
DV	인입용 비닐절연전선
OW	옥외용 비닐절연전선
RB	고무절연전선
IV	600 [V] 비닐절연전선
HIV	600 [V] 2종 비닐절연전선
HFIX	450/750 [V] 저독성 난연가교 폴리올레핀 절연전선
CV	가교폴리에탈렌 절연비닐 외장케이블
E	접지선
GV	접지용 비닐절연전선

□ 옥내 배선 그림 기호

명칭	그림 기호	개요
천장 은폐배선	───────	전선의 종류를 표시할 필요가 있는 경우는 기호를 기입 예) 450/750 [V] 저독성 난연 가교 폴리올레핀 절연전선 → HFIX 전선
천장 속 은폐배선	─ · ─ · ─ · ─	
바닥 은폐배선	─ ─ ─ ─	
노출배선	─ ─ ─ ─ ─	
바닥면 노출배선	─ · · ─ · · ─	

□ 배선도 표시방법의 예

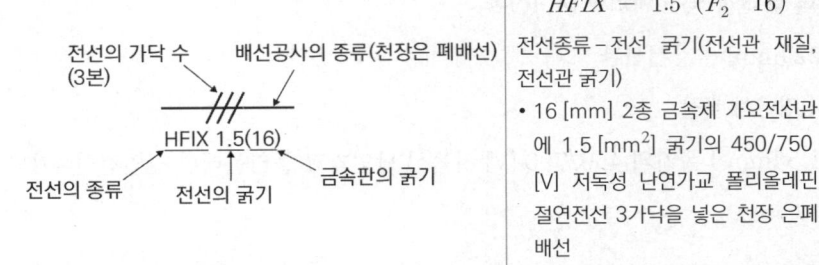

15

다음 그림과 같이 지하 1층에서 지상 5층까지 각 층의 평면이 동일하고, 각 층의 높이가 4 [m]인 학원건물에 자동화재탐지설비를 설치한 경우이다. 다음 물음에 답하시오.

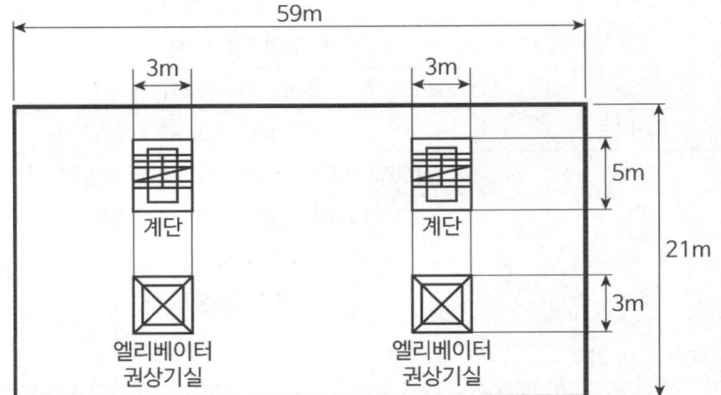

가. 하나의 층에 대한 자동화재탐지설비의 수평 경계구역 수를 구하시오.

　○ 계산과정 :

　○ 답 :

나. 본 소방대상물 자동화재탐지설비의 수직 및 수평경계구역 수를 구하시오.

　1) 수평경계구역

　　○ 계산과정 :

　　○ 답 :

2) 수직경계구역

　　　○ 계산과정 :

　　　○ 답 :

다. 본 건물에 설치해야 하는 수신기의 형별을 쓰시오.

라. 계단감지기는 각각 몇 층에 설치해야 하는지 쓰시오.

마. 엘리베이터 권상기실 상부에 설치해야 하는 감지기의 종류를 쓰시오.

정답

가. 계산과정

- $\dfrac{[(59 \times 21) - (3 \times 5 \times 2) - (3 \times 3 \times 2)]}{600} = 1.985$개

（※ 계단 및 엘리베이터 면적 제외）

※ 하나의 층의 면적 : (59 × 21)
※ 계단실의 면적 : (3 × 5) × 2개
※ 엘리베이터 권상기실 면적 : (3 × 3) × 2개

답 | 2경계구역

- 경계구역산정에 있어서, 하나의 층 전체의 면적에서 계단실 2개와 엘리베이터권상기실 2개를 뺀 면적을 경계구역 면적기준인 600 [m²]으로 나눈 결과 절상해서 2개의 경계구역이 나온다.
- 기준면적으로 먼저 고려하여 2개로 나눠야 하는데 가로기준으로 반으로 나눠 선정하는 경우 가로가 50 [m] 이내가 될 수 있도록 나눌 수 있기 때문에 (길이기준 50 [m] 이하도 만족하므로) 길이기준까지 고려해서 계산식을 작성하지 않아도 된다.

[길이기준을 먼저 고려해서 풀이를 하는 경우]
가로길이 59를 절반으로 나누면 29.5이므로

1. $\dfrac{(29.5 \times 21) - (5 \times 3) - (3 \times 3)}{600} = 0.99$ → 절상해서 1개

2. $\dfrac{(29.5 \times 21) - (5 \times 3) - (3 \times 3)}{600} = 0.99$ → 절상해서 1개

따라서 총 2경계구역

나. 계산과정

1) 수평경계구역

　하나의 층당 2개의 수평적 경계구역 × 6개의 층 = 12경계구역

답 | 12경계구역

2) 수직경계구역

- $\dfrac{4 \times 6}{45} = 0.53$ → 절상해서 1개의(계단 경계구역)

  ※ 한 층의 층고가 4 [m]이고, 총 6개의 층이 있으므로
- $2 + (1 \times 2) = 4$경계구역(엘레베이터 + 계단)

> 계단 한 개당 경계구역을 계산했을 때 절상해서 1개의 경계구역이 나오며, 도면상에 계단이 2개 있으므로 (1 × 2)개의 계단경계구역이다. 또한 엘리베이터는 한 개당 한 개의 경계구역이므로 도면상에 엘리베이터가 2개이기 때문에 엘리베이터에서는 2개의 경계구역이 나온다.

답 | 4경계구역

다. P형 수신기

라. 지상 2층, 지상 5층

> - 특정한 조건이 없으면 계단에는 연기감지기 2종을 설치한다.
> - 연기감지기 2종은 계단의 수직거리 15 [m]마다 한 개의 연기감지기를 설치한다.
> - 한 층의 층고가 4 [m]이고, 총 6개의 층이 있으므로 $\dfrac{4 \times 6}{15} = 1.6$이며 절상해서 2개의 연기감지기를 설치한다.
> - 연기감지기의 설치는 계단의 제일 꼭대기층에 하나를 설치하고 남은 감지기는 분배해서 설치한다.

마. 연기감지기 2종

☑ 해설 라, 마 : 특정한 조건이 없으면 연기감지기 2종 설치

[연기감지기(2종)]

핵심이론: 자동화재탐지설비

▫ **자동화재탐지설비 경계구역 설정기준**
- 수평적 경계구역
  ① 하나의 경계구역이 2개 이상의 건축물에 미치지 않도록 할 것
  ② 하나의 경계구역이 2개 이상의 층에 미치지 않도록 할 것(단, 500 [m²] 이하의 범위 안에서 2개의 층을 하나의 경계구역할 수 있음)
  ③ 하나의 경계구역 면적 600 [m²] 이하로 하고 한 변의 길이 50 [m] 이하로 할 것. 단, 주된 출입구에서 그 내부 전체가 보이는 것은 한 변의 길이 50 [m] 범위 내에서 1000 [m²] 이하로 할 수 있음
  ④ 도로터널 : 100 [m] 이하로 할 것(도로터널의 화재안전기준 NFTC 603)
- 수직적 경계구역
  ① 계단·경사로 : 별도의 경계구역으로 하며 경계구역 높이 45 [m] 이하로 할 것
  ② 엘리베이터 승강로(권상기실이 있는 경우에는 권상기실)·린넨슈트·파이프 피트 및 덕트등 : 별도의 경계구역
  ③ 지하층의 계단 및 경사로(지하층의 층수가 1일 경우 제외) : 별도의 경계구역
- 기타
  ① 외기에 면하여 상시 개방된 부분(차고·주차장·창고 등) : 외기에 면하는 각 부분으로부터 5 [m] 미만의 범위 안에 있는 부분은 경계구역 면적에 산입하지 않음
  ② 스프링클러설비·물분무등소화설비 또는 제연설비의 화재감지장치로서 화재감지기를 설치한 경우의 경계구역은 해당 소화설비의 방사구역 또는 제연구역과 동일하게 설정할 수 있음

▫ **연기감지기 설치기준**
- 복도·통로 : 보행거리 30 [m](3종 20 [m])마다
- 계단·경사로 : 수직거리 15 [m](3종 10 [m])마다
- 천장 또는 반자 낮은 실내 또는 좁은 실내에 있어서는 출입구 가까운 부분에 설치
- 천장 또는 반자부근에 배기구 있는 부근에 설치
- 벽 또는 보로부터 0.6 [m] 이상 떨어진 곳에 설치

16

층수가 11층인 건축물에 비상방송설비를 설치하려고 한다. 설치기준에 관하여 다음 물음에 답하시오.

가. 다음은 비상방송설비의 우선경보방식에 대한 조건이다. ( ) 안을 완성하시오. 층수가 (㉠)층 이상인 특정소방대상물(공동주택일 경우 16층 이상)

나. 발화층에 대한 경보층의 구체적인 경우를 3가지로 구분하여 쓰시오.
   1) 2층 이상
   2) 1층
   3) 지하층

정답

가. 11

나. 1) 2층 이상 : 발화층, 직상 4개의 층
   2) 1층 : 발화층, 직상 4개의 층, 지하층
   3) 지하층 : 발화층, 직상층, 기타 지하층

핵심이론 │ 비상방송설비

□ 비상방송설비의 설치기준
- 확성기의 음성입력은 3 [W](실내는 1 [W]) 이상일 것
- 확성기는 각 층마다 설치하되, 각 부분으로부터의 수평거리는 25 [m] 이하일 것
- 음량조정기의 배선은 3선식으로 할 것
- 조작부의 조작스위치는 바닥으로부터 0.8 [m] 이상 1.5 [m] 이하의 높이에 설치할 것
- 다른 전기회로에 의하여 유도장애가 생기지 아니하도록 할 것
- 기동장치에 의한 화재신호를 수신한 후 필요한 음량으로 방송이 개시될 때까지의 소요시간은 10초 이하로 할 것
- 11층 이상인 특정소방대상물(공동주택일 경우 16층 이상)은 발화층 및 직상 4개의 층 경보(우선경보방식)

□ 우선경보방식

발화층	11층 이상인 특정소방대상물 (공동주택일 경우 16층 이상)
2층 이상	발화층, 직상 4개의 층
1층	발화층, 직상 4개의 층, 모든 지하층
지하층	발화층, 직상층, 기타 모든 지하층

17

다음은 PB-ON 동작 시 X 릴레이가 동작하고 세팅 시간 후 타이머가 동작하여 MC에 전원이 동작하는 시퀀스회로도이다. PB-ON스위치 ON 후 X 릴레이와 타이머가 소자되어도 MC가 동작하여 전동기는 계속 회전할 수 있도록 시퀀스를 수정하시오.

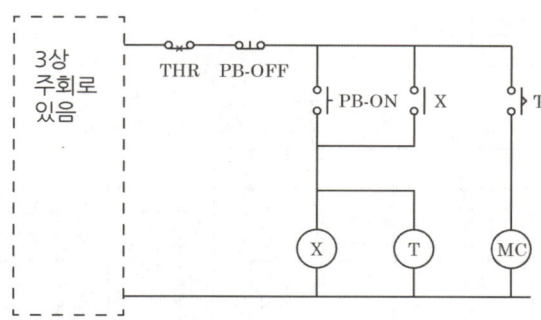

정답

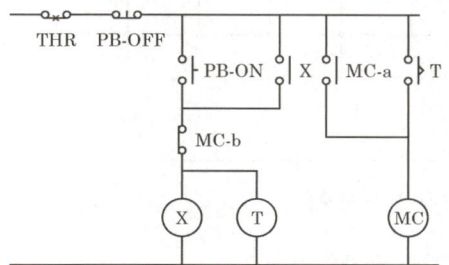

✓ 해설
- PB-ON 동작 시 X 릴레이와 타이머 T가 여자되고, X접점이 폐로되어 자기유지된다.
- 일정시간이 지난 후 한시접점 타이머가 작동하면 전자접촉기 MC가 여자되고, MC-b접점은 개로되어 X 릴레이와 타이머 T가 소자되며, MC-a접점은 폐로되어 자기유지되고 전동기가 작동한다.
- 전동기 과부하로 인한 THR 작동 및 PB-OFF 누름 시 전자접촉기 MC가 소자되어 전동기가 정지한다.

18

다음 도면은 할론소화설비의 수동조작함에서 할론제어반까지의 결선도이다. 주어진 도면과 조건을 이용하여 다음 각 물음에 답하시오.

조건
(1) 전선의 가닥 수는 최소가닥 수로 한다.
(2) 복구스위치 및 도어스위치는 없다.

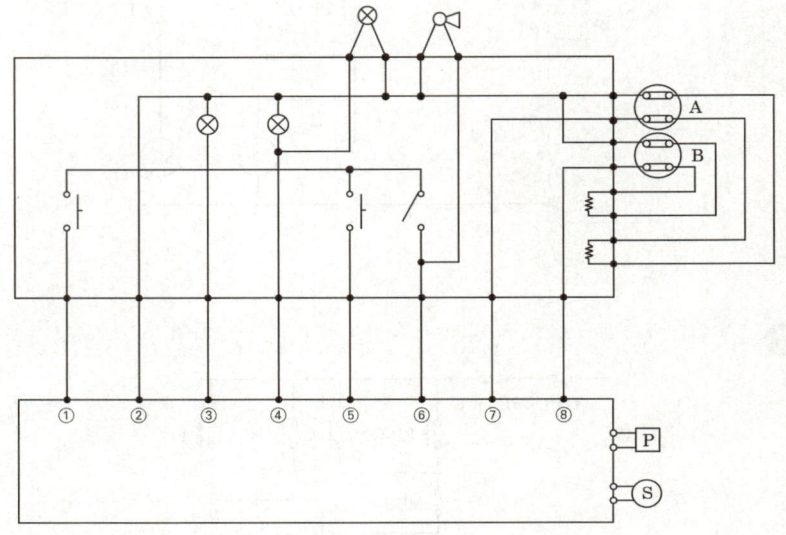

가. ① ~ ⑧의 전선명칭을 쓰시오.

나. P에 사용되는 배선의 굵기를 쓰시오.

정답

가. ① 방출지연스위치, ② 전원 -, ③ 전원 +, ④ 방출표시등, ⑤ 기동스위치, ⑥ 사이렌, ⑦ 감지기 A, ⑧ 감지기 B

- 가스계소화설비는 감지기 2회로를 이용하여 교차회로방식으로 배선한다.
- 방출지연스위치와 기동스위치는 자리를 바꾸어도 된다.
- ②의 전원(-) 선은 공통선으로서 +선들은 다 담당한다.
- 전원감시등과 연결된 ③이 전원(+) 선이다.
- ④는 방출표시등과 연결되어 있다.
- ⑥은 사이렌과 연결되어 있다.

나. 2.5 [mm²]

- 감지기와 감지기 사이, 감지기와 발신기 사이 등 감지기와 연결된 배선을 지선이라고 하며, 이때 지선은 굵기가 1.5 [mm²]이다.
- 그 외는 간선이라고 하며, 굵기는 2.5 [mm²]이다.

핵심이론 | 가스계소화설비

□ 가스계소화설비 수동조작함 기본결선

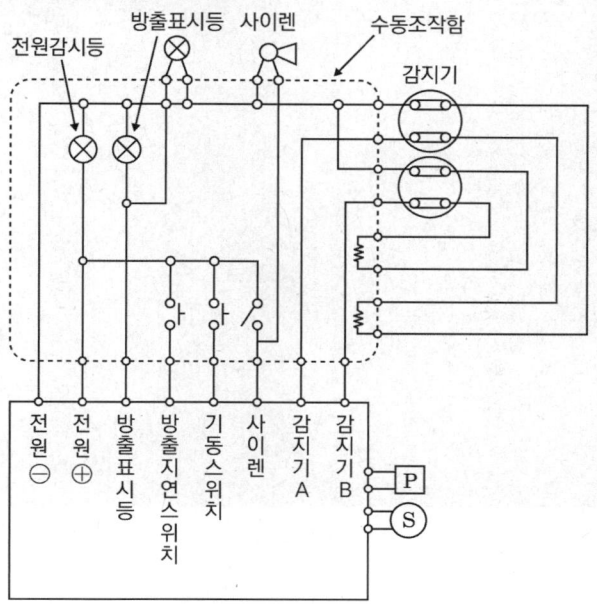

격차를 뛰어넘어 압도적인 격차를 만들다

2021

1회	2021.04.24
2회	2021.07.22
4회	2021.11.13

2021년 1회

2021.04.24

01 배점 7

다음은 어느 특정소방대상물의 평면도이다. 건축물의 구조는 비내화구조이고, 층간 높이는 3.8 [m]일 때 다음 각 물음에 답하시오. (단, 설치하여야 할 감지기는 1종을 설치한다)

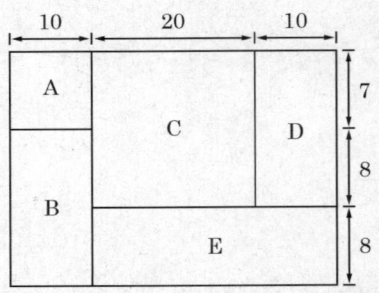

가. 차동식 스포트형 감지기 1종을 설치할 경우 각 실에 설치되는 감지기의 개수를 구하시오.

나. 해당 특정소방대상물의 경계구역 수를 구하시오.

중요 ▶ 소방에서는 수용인원산정을 제외한 모든 것은 절상한다.

정답

☑ 계산과정

가. • A : $\dfrac{10 \times 7}{50} = 1.4$ → 절상하여 2개

• B : $\dfrac{10 \times (8+8)}{50} = 3.2$ → 절상하여 4개

• C : $\dfrac{20 \times (7+8)}{50} = 6$ → 절상하여 6개

• D : $\dfrac{10 \times (7+8)}{50} = 3$ → 절상하여 3개

• E : $\dfrac{8 \times (20+10)}{50} = 4.8$ → 절상하여 5개

답 | 20개

나. 경계구역 수 : $\dfrac{(10+20+10) \times (7+8+8)}{600} = 1.533$ → 절상하여 2개

답 | 2개

핵심이론 감지기 설치면적 및 자동화재탐지설비 경계구역 설정기준

□ 열감지기 설치면적 (단위 : [m²])

부착높이 및 특정소방대상물의 구분		감지기의 종류						
		차동식 스포트형		보상식 스포트형		정온식 스포트형		
		1종	2종	1종	2종	특종	1종	2종
4 [m] 미만	내화구조	90	70	90	70	70	60	20
	기타구조	50	40	50	40	40	30	15
4 [m] 이상 8 [m] 미만	내화구조	45	35	45	35	35	30	
	기타구조	30	25	30	25	25	15	

□ 자동화재탐지설비 경계구역 설정기준(수평적 경계구역)
- 하나의 경계구역이 2개 이상의 건축물에 미치지 않도록 할 것
- 하나의 경계구역이 2개 이상의 층에 미치지 않도록 할 것
  다만 500 [m²] 이하의 범위 안에서 2개의 층을 하나의 경계구역으로 할 수 있음
- 하나의 경계구역 면적 600 [m²] 이하로 하고, 한 변의 길이는 50 [m] 이하로 할 것
  다만 해당 특정소방대상물의 주된 출입구에서 그 내부 전체가 보이는 것에 있어서는 한 변의 길이가 50 [m]의 범위 내에서 1000 [m²] 이하로 할 수 있음
- 도로터널 : 100 [m] 이하로 할 것(도로터널의 화재안전기술기준 NFTC 603)
- 지하구 : 700 [m] 이하로 할 것(지하구의 화재안전성능기준 NFPC 605 제13조(기존 지하구에 대한 특례) 법 제13조에 따라 기존 지하구에 설치하는 소방시설 등에 대해 강화된 기준을 적용하는 경우에는 다음의 설치·관리 관련 특례를 적용한다.
  → 특고압 케이블이 포설된 송·배전 전용의 지하구(공동구를 제외한다)에는 온도 확인 기능 없이 최대 700 [m]의 경계구역을 설정하여 발화지점(1 [m] 단위)을 확인할 수 있는 감지기를 설치할 수 있다.

02

다음 그림은 스프링클러설비의 블록다이어그램이다. 각 구성요소 간 배선을 내화배선, 내열배선, 일반배선으로 구분하여 블록다이어그램을 완성하시오. (단, 내화배선 : ▬▬▬, 내열배선 : ▨▨▨, 일반배선 : ────)

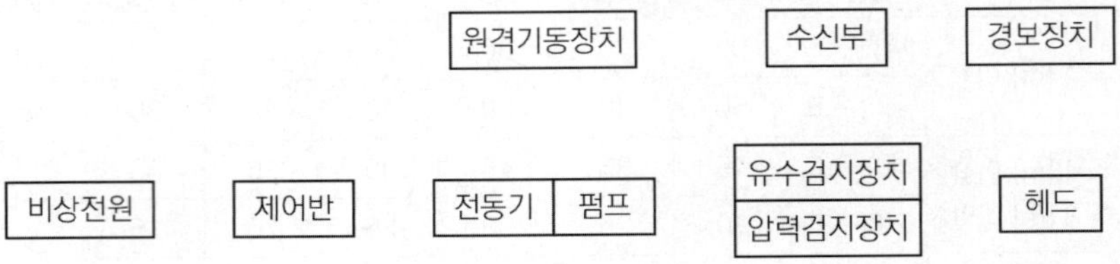

[배점 5]

[블록 다이어그램: 원격기동장치, 수신부, 경보장치, 비상전원, 제어반, 전동기, 펌프, 유수검지장치/압력검지장치, 헤드]

정답

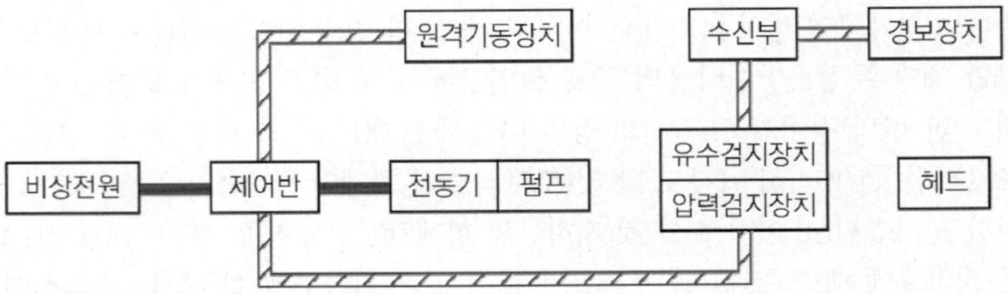

[정답 다이어그램: 비상전원―제어반(내화배선으로 원격기동장치 연결), 제어반―전동기―펌프, 수신부―경보장치, 유수검지장치/압력검지장치―헤드]

핵심이론 배선공사(내화배선 : ▬▬▬, 내열배선 : ▬·▬·▬, 일반배선 : ────, 배관 : ────)

□ 스프링클러설비·물분무소화설비·포소화설비

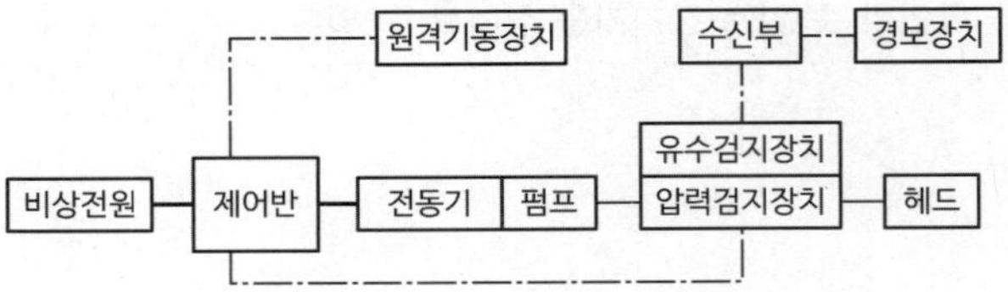

[핵심이론 다이어그램]

TIP [펌프 ~ 헤드]는 전선으로 연결이 된 것이 아니라, 배관으로 연결되어 있다. 따라서 02번 문제와 같이 배관에 대한 기호가 없으면 연결하지 않으며 핵심이론과 같이 배관에 대한 기호가 실선으로 주어졌다면 실선으로 연결한다.

03

P형 발신기를 손으로 눌러서 경보를 발생시킨 뒤 수신기에서 복구시켰는데도 화재신호가 복구되지 않았다. 그 원인과 해결방법을 쓰시오.

배점 3

정답

☑ 원인 : 발신기의 누름스위치가 복구되지 않았기 때문이다.

☑ 해결방법 : 발신기의 누름스위치를 다시 눌러 누름스위치를 복구시킨 후 수신기의 복구스위치를 누른다.

04

3상, 380 [V], 100 [HP] 스프링클러펌프용 유도전동기이다. 전동기의 역률이 60 [%]일 때 역률을 90 [%]로 개선할 수 있는 전력용 콘덴서의 용량은 몇 [kVA]인지 구하시오.

배점 4

정답

☑ 계산과정

- $Q_C = 100 \times 0.746 \times \left(\dfrac{\sqrt{1-0.6^2}}{0.6} - \dfrac{\sqrt{1-0.9^2}}{0.9}\right) = 63.336$ [kVA]

  ≒ 63.34 [kVA]

답 | 63.34 [kVA]

☑ 해설
- 1 [HP] = 0.746 [kW]
- P = 100 × 0.746 [kW]

핵심이론 역률개선용 콘덴서용량 구하는 식

$$Q_c = P\left(\dfrac{\sqrt{1-\cos\theta_1^2}}{\cos\theta_1} - \dfrac{\sqrt{1-\cos\theta_2^2}}{\cos\theta_2}\right)$$

Q_C : 콘덴서용량 [kVA], P : 유효전력 [kW]
$\cos\theta_1$: 개선 전 역률, $\cos\theta_2$: 개선 후 역률

05

배점 5

유도등에 대한 다음 각 물음에 답하시오.

가. 거실통로유도등의 설치높이를 바닥으로부터 1.5 [m] 이하의 위치에 설치할 수 있는 경우에 대하여 쓰시오.

나. 피난구유도등과 복도통로유도등의 바탕색과 문자색은 무엇인지 쓰시오.

정답

가. 거실통로에 기둥이 설치된 경우 기둥부분에 설치 가능

나. 피난구유도등 : 녹색바탕에 백색문자
　복도통로유도등 : 백색바탕에 녹색문자

핵심이론 유도등

□ 통로유도등 설치기준

구분	복도통로유도등	거실통로유도등	계단통로유도등
설치 장소	복도	거실의 통로	계단
설치 방법	① 출입구에 피난구유도등 있는 복도 : 맞은편 복도에 입체형 또는 바닥 ② 구부러진 모퉁이 ③ ①의 통로유도등 기점으로 보행거리 20 [m]마다	구부러진 모퉁이 및 보행거리 20 [m]마다	각 층의 경사로참 또는 계단참마다
설치 높이	바닥으로부터 높이 1 [m] 이하	바닥으로부터 높이 1.5 [m] 이상(단, 기둥에 설치 시 바닥으로부터 1.5 [m] 이하)	바닥으로부터 높이 1 [m] 이하

- 출입구에 피난구유도등 : 직접 지상으로 통하는 출입구·계단실 또는 그 부속실 출입구
- 복도통로유도등 바닥에 설치 시
  ① 지하층/무창층 용도 도소매시장·여객자동차터미널·지하역사 또는 지하상가인 경우 : 복도·통로의 바닥 설치 가능
  ② 바닥에 설치하는 통로유도등은 하중에 따라 파괴되지 아니하는 강도의 것으로 할 것

□ 유도등의 표시면 색상
- 피난구유도등 : 녹색바탕에 백색문자
- 통로유도등 : 백색바탕에 녹색문자

06

배점 7

자동화재탐지설비 배선의 공사방법 중 내화배선 공사방법에 대한 다음 (　)를 완성하시오.

> 금속관·(㉠) 또는 (㉡)에 수납하여 (㉢)로 된 벽 또는 바닥 등에 벽 또는 바닥의 표면으로부터 (㉣)의 깊이로 매설하여야 한다.
> 가. 배선을 내화성능을 갖는 배선전용실 또는 배선용 샤프트·피트·덕트 등에 설치하는 경우
> 나. 배선전용실 또는 배선용 샤프트·피트·덕트 등에 다른 설비의 배선이 있는 경우에는 이로부터 15 [cm] 이상 떨어지게 하거나 소화설비의 배선과 이웃하는 다른 설비의 배선 사이에 배선지름 (배선의 지름이 다른 경우에는 지름이 가장 큰 것을 기준으로 한다)의 1.5배 이상의 높이의 불연성 격벽을 설치하는 경우

정답

㉠ 2종 금속제 가요전선관, ㉡ 합성수지관, ㉢ 내화구조, ㉣ 25 [mm] 이상

핵심이론 | 소방배선 공사방법

- 내화배선 : 금속관·2종 금속제 가요전선관 또는 합성수지관에 수납하여 내화구조로 된 벽 또는 바닥 등에 벽 또는 바닥의 표면으로부터 25 [mm] 이상의 깊이로 매설
- 내열배선 : 금속관·금속제 가요전선관·금속덕트 또는 케이블 공사방법
- 다만 다음 각 기준에 적합하게 설치하는 경우에는 그러하지 아니하다.
  ① 배선을 내화성능을 갖는 배선전용실 또는 배선용 샤프트·피트·덕트 등에 설치하는 경우
  ② 배선전용실 또는 배선용 샤프트·피트·덕트 등에 다른 설비의 배선이 있는 경우에는 이로부터 15 [cm] 이상 떨어지게 하거나 소화설비의 배선과 이웃하는 다른 설비의 배선 사이에 배선지름(배선의 지름이 다른 경우에는 가장 큰 것을 기준으로 한다)의 1.5배 이상의 높이의 불연성 격벽을 설치하는 경우
- 내화전선·내열전선은 케이블 공사의 방법에 따라 설치

07

배점 2

다음 조건에서 설명하는 감지기의 명칭을 쓰시오. (단, 감지기의 종별은 무시한다)

조건
(1) 공칭작동온도 : 75 [℃]
(2) 작동방식 : 반전바이메탈식, 60 [V], 0.1 [A]
(3) 부착높이 : 6 [m]

정답

정온식 스포트형 감지기

✓ **해설**

가. 정온식 감지기(스포트형, 감지선형)
  • 주방, 보일러실, 탕비실 등 다량의 화기를 단속적으로 취급하는 장소에 설치한다.
  • 공칭작동온도가 최고 주위온도보다 20 [℃] 이상 높은 것으로 설치한다.

나. 정온식 스포트형 이용방식별 분류
  • 바이메탈 활곡 이용방식   • 바이메탈 반전 이용방식
  • 금속팽창계수차 이용방식   • 액체 또는 기체팽창 이용방식
  • 금속의 용융 이용방식   • 열반도체 소자 이용방식
  • 가용절연물 이용방식

📌 **핵심이론** 정온식 감지기

• 공칭작동온도(스포트형) : 60 [℃] 이상 ~ 150 [℃] 이하(60 [℃] 이상 ~ 80 [℃] 이하는 5 [℃] 간격, 80 [℃] 이상 ~ 150 [℃] 이하는 10 [℃] 간격)
• 공칭작동온도(감지선형) : 백색(80 [℃] 미만), 청색(80 [℃] 이상 ~ 120 [℃] 미만), 적색(120 [℃] 이상)

08

배점 10

다음은 자동화재탐지설비 계통도이다. 주어진 조건을 참조하여 각 물음에 답하시오.

조건
(1) 설비의 설계는 경제성을 고려하여 산정한다.
(2) 건물의 연면적은 5000 [m²]이다.
(3) 경종과 표시등 공통선을 같이한다.
(4) 하나의 층의 지구음향장치 배선이 단락되어도 다른 층의 화재통보에 지장이 없도록 각 층 배선상에 유효한 조치를 하였다.

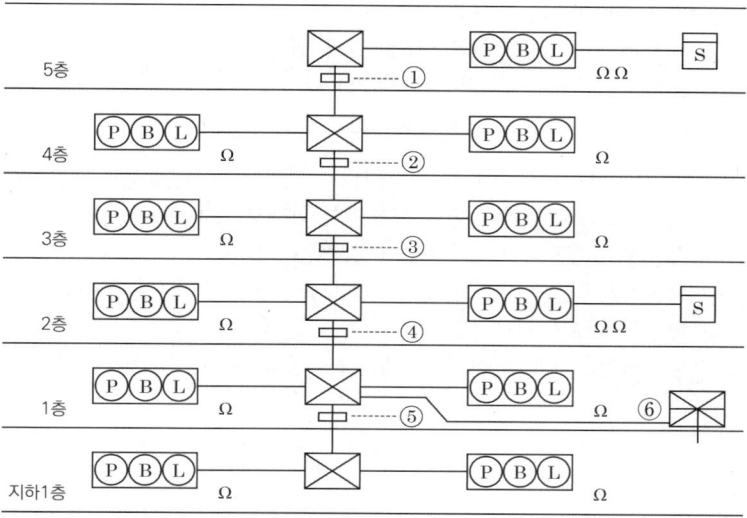

가. 도면에서 ①~⑥의 전선 가닥 수를 각각 구하시오.

나. 발신기세트에 기동용 수압개폐장치를 사용하는 옥내소화전이 설치될 경우 추가되는 전선의 가닥 수와 배선의 명칭을 쓰시오.

다. 발신기세트에 ON-OFF방식의 옥내소화전이 설치될 경우 추가되는 전선의 가닥 수와 배선의 명칭을 쓰시오.

정답

가. ① 7 ② 9 ③ 11 ④ 15 ⑤ 7 ⑥ 19

나. • 전선의 가닥 수 : 2가닥
  • 배선의 명칭 : 기동표시등

다. • 전선의 가닥 수 : 5가닥
  • 배선의 명칭 : 공통선, 기동선, 정지선, 기동표시등 2

해설

• 전선 가닥 수

구분	회로선	회로 공통선	경종선	경종 표시등 공통선	표시 등선	응답선	합계
①	2	1	1	1	1	1	7
②	4	1	1	1	1	1	9
③	6	1	1	1	1	1	11
④	9	2	1	1	1	1	15
⑤	2	1	1	1	1	1	7
⑥	13	2	1	1	1	1	19

- 옥내소화전설비의 기동방식 2가지
  ① ON, OFF 기동방식 : 5가닥(기동, 정지, 공통, 기동확인 2)
  ② 기동용 수압개폐장치방식 : 2가닥(기동표시등 2)
- 펌프기동표시등(= 기동표시등, 기동확인표시등, 기동확인등)

> - 11층 이상의 특정소방대상물이 아니기 때문에 일제경보방식을 적용하며, 조건 (4)에서 각 층마다 단락으로 인한 화재경보에 지장이 없도록 유효한 조치를 하였다고 주어졌기 때문에 경종선은 1가닥으로 사용한다.
> - 회로선(= 지구선)이 7가닥을 초과하면 회로공통선이 1가닥 추가된다.
> - 종단저항의 수가 지구선수이다.
> - 옥내소화전설비와 겸용하였기 때문에 기동확인표시등 2가닥이 추가된다.

09 [배점 4]

이산화탄소소화설비의 음향경보장치에 관한 내용이다. 다음 각 물음에 답하시오.

가. 방호구역 또는 방호대상물이 있는 구획의 각 부분으로부터 하나의 확성기까지의 수평거리는 몇 [m] 이하로 하여야 하는가?

나. 소화약제의 방사 개시 후 몇 분 이상 경보를 발하여야 하는가?

정답

가. 25 [m]

나. 1분

★ 핵심이론 | 음향경보장치

□ 음향경보장치 설치기준
- 수동식 기동장치를 설치한 것은 그 기동장치의 조작과정에서, 자동식 기동장치를 설치한 것은 화재감지기와 연동하여 자동으로 경보를 발하는 것으로 할 것
- 소화약제의 방사개시 후 1분 이상 경보를 계속할 수 있는 것으로 할 것
- 방호구역 또는 방호대상물이 있는 구획 안에 있는 자에게 유효하게 경보할 수 있는 것으로 할 것

□ 방송에 따른 경보장치를 설치할 경우에는 다음 각 호의 기준에 따라야 한다.
- 증폭기 재생장치는 화재 시 연소의 우려가 없고, 유지관리가 쉬운 장소에 설치할 것
- 방호구역 또는 방호대상물이 있는 구획의 각 부분으로부터 하나의 확성기까지의 수평거리는 25 [m] 이하가 되도록 할 것
- 제어반의 복구스위치를 조작하여도 경보를 계속 발할 수 있는 것으로 할 것

10

배점 4

20 [W] 중형피난구유도등 30개가 AC 220 [V]에서 점등되었다면 소요되는 전류는 몇 [A]인가? (유도등의 역률은 70 [%]이고, 충전되지 않은 상태이다)

정답

☑ 계산과정

$$I = \frac{20 \times 30}{220 \times 0.7} = 3.896 \fallingdotseq 3.9 \,[A]$$

답 | 3.9 [A]

핵심이론 단상 2선식 공식

- $P = VI\cos\theta$

  P : 전력 [W], V : 전압 [V], I : 전류 [A], $\cos\theta$: 역률

- 3상이라는 말이 없기 때문에 $P = VI\cos\theta$ 공식을 이용한다.
- $I = \dfrac{P}{V\cos\theta}$ 이며, 이때 P는 $20[W]$ 30개이므로 (20×30)을 대입한다.

11

배점 9

3개의 입력 A, B, C가 주어졌을 때 출력 X_A, X_B, X_C의 논리식이 다음과 같이 주어져 있다. 주어진 논리식을 참고하여 다음 각 물음에 답하시오.

조건

(1) $X_A = A \cdot \overline{X_B} \cdot \overline{X_C}$

(2) $X_B = B \cdot \overline{X_A} \cdot \overline{X_C}$

(3) $X_C = C \cdot \overline{X_A} \cdot \overline{X_B}$

가. 논리식을 참고하여 동일한 동작이 되도록 유접점회로를 그리시오.

나. 논리식을 참고하여 동일한 동작이 되도록 무접점회로를 그리시오.

다. 논리식을 참고하여 타임차트를 완성하시오.

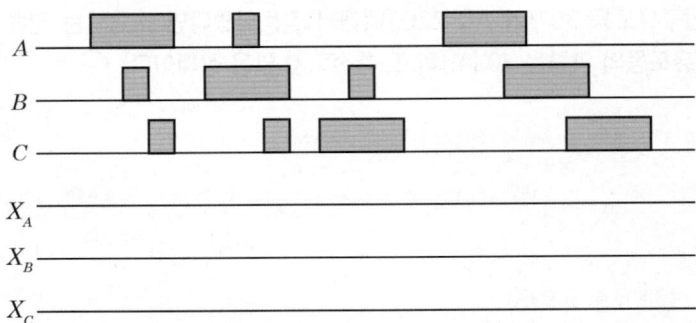

정답

가.

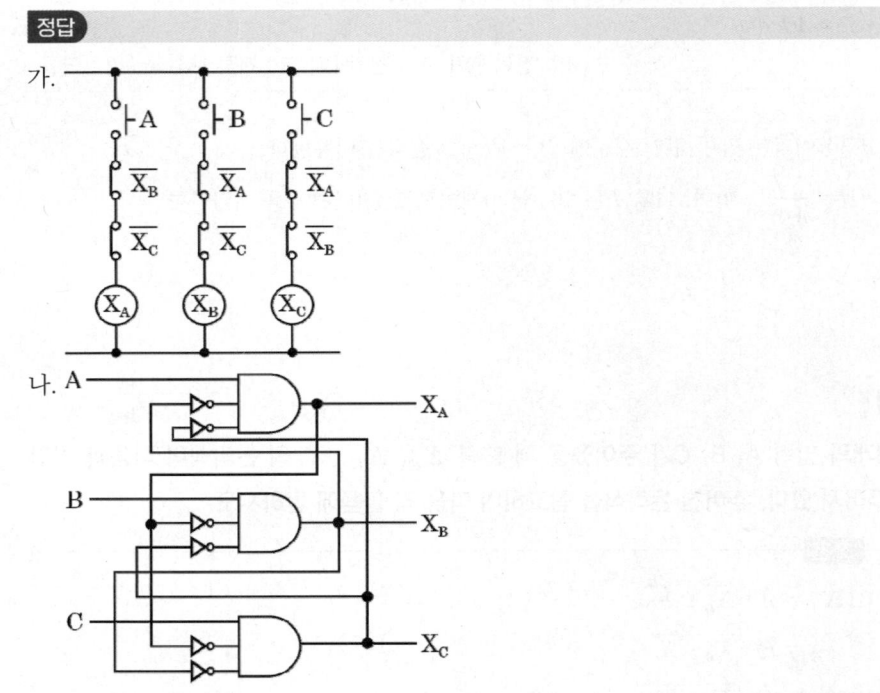

- ┃ : 계전기접점(Relay릴레이)으로서 전자력에 의해 개폐되는 접점
- ├ : 수동조작 자동복귀접점으로서 푸시버튼스위치이며 손으로 직접 눌러서 회로를 작동시키는 역할
- 2021년 1회차 11번 문제와 같이 "푸시버튼스위치를 이용하여"라는 말이 들어가 있지 않다면 ├와 ┃ 어느 것으로 그려주어도 되지만 2020년도 3회차 02번 문제와 같이 "릴레이회로"라고 명시가 되어 있다면 A, B, C 접점을 ┃로 그려줄 것

다.

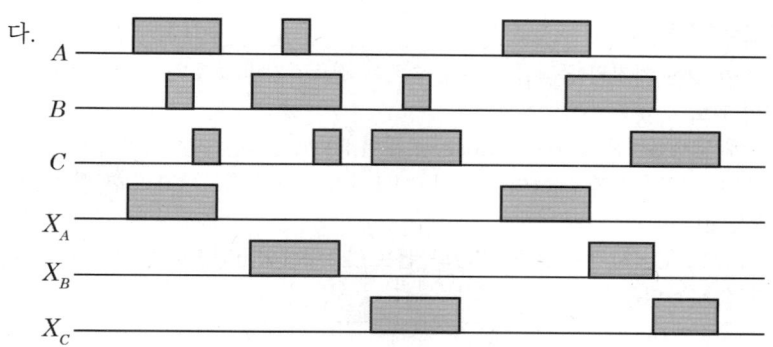

핵심이론 논리회로

□ 드 모르간의 정리

논리식	논리식
$\overline{A+B} = \overline{A} \cdot \overline{B}$	$\overline{A \cdot B} = \overline{A} + \overline{B}$

□ 논리회로

명칭	논리식	논리회로	유접점회로
AND 회로	$X = A \times B$ $X = A \cdot B$		
OR 회로	$X = A + B$		
NOT 회로	$X = \overline{A}$		

> **참고** 인터록회로
>
> - 상호 관련이 있는 기기의 동작을 서로 구속하는 회로기기의 보호와 조작자의 안전이 목적인 회로
> - 병렬회로에 상호 b접점(Normal Close)을 두어 R1과 R2의 동시투입방지
>   ① PB1이 ON되면 릴레이 R1이 여자되고 R1의 a 접점이 폐로되고 또한 램프 L1이 점등된다.
>   ② 이때 PB2를 ON시켜도 릴레이 R2와 램프 L2는 R1의 b접점이 단전되기 때문에 작동할 수 없음
>
>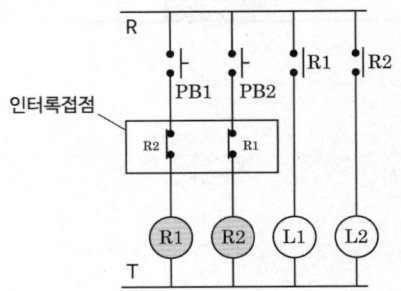
>
> ※ 하나의 릴레이가 동작하면 다른 릴레이는 동작이 금지됨

12 | 배점 6

비상콘센트설비를 설치하여야 할 특정소방대상물 3가지를 쓰시오.

①

②

③

정답

① 11층 이상의 층
② 지하 3층 이상이고 지하층의 바닥면적 합계가 1000 [m²] 이상인 것은 모든 지하층
③ 터널길이 500 [m] 이상

핵심이론 | 비상콘센트설비 설치대상

소방대상물	설치대상
층수가 11층 이상인 특정소방대상물	11층 이상의 층
지하층의 층수가 3층 이상이고 지하층의 바닥면적의 합계가 1000 [m²] 이상인 것	지하층의 모든 층
터널	길이 500 [m] 이상
위험물 저장 및 처리시설 중 가스시설 또는 지하구는 제외	

13

득점 | 배점 5

다음은 Y - △기동에 대한 시퀀스회로도이다. 그림을 보고 다음 각 물음에 답하시오.

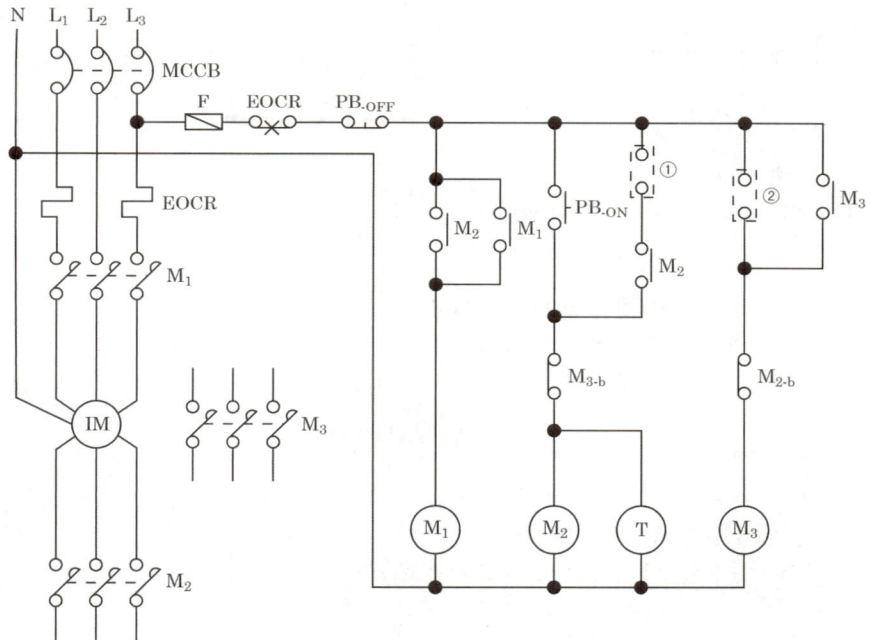

가. 타이머를 이용한 미완성 Y - △기동회로를 완성하시오.

나. 제어회로의 미완성 부분 ①, ②에 Y - △운전이 가능하도록 접점 및 접점기호를 표시하시오.

다. ①, ②의 접점 명칭을 쓰시오.

정답

가, 나.

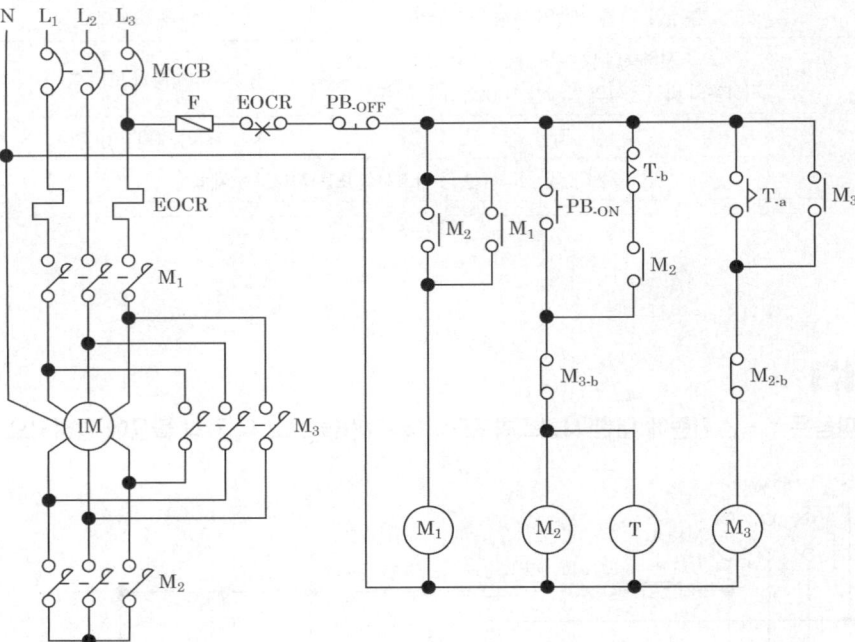

다. ① 한시동작 순시복귀 b접점 타이머
② 한시동작 순시복귀 a접점 타이머

- 기동버튼 : 병렬연결 및 자기유지
- 정지버튼 : 직렬연결
- 분기 시 "•"를 찍는다.
- 연동
- T 코일 : T_{-b} 표기
- Y - △방식 ⇒ △ = 3Y ⇒ Y = 1/3△
- 기동전류를 줄이기 위해 채택하는 방식)
- 3상 주접점을 모두 교체(U V W ⇒ X Y Z)
  (U ⇒ Z, V ⇒ X, W ⇒ Y)
  (U ⇒ Y, V ⇒ Z, W ⇒ X)
- 수동(PB_{-ON}) ⇒ Y 기동
- T초 후(한시계전기) ⇒ △운전
- 수동(PB_{-OFF}) ⇒ 전동기 정지
- PB_{-ON} 스위치를 누르면 Y기동을 한다. 이때, 한시동작 순시복귀 b접점 타이머에 의해 정해놓은 시간이 지나면 해당 접점이 소자되어 Y기동은 멈추고, 한시동작 순시복귀 a접점 타이머가 동작하여 △운전한다.
- M_{3-b}접점과 M_{2-b}접점을 서로 인터록 걸어주었다.

14

그림의 도면은 타이머에 의한 전동기 M_1, M_2를 교대운전이 가능하도록 설계한 전동기의 시퀀스회로이다. 이 도면을 이용하여 다음 각 물음에 답하시오.

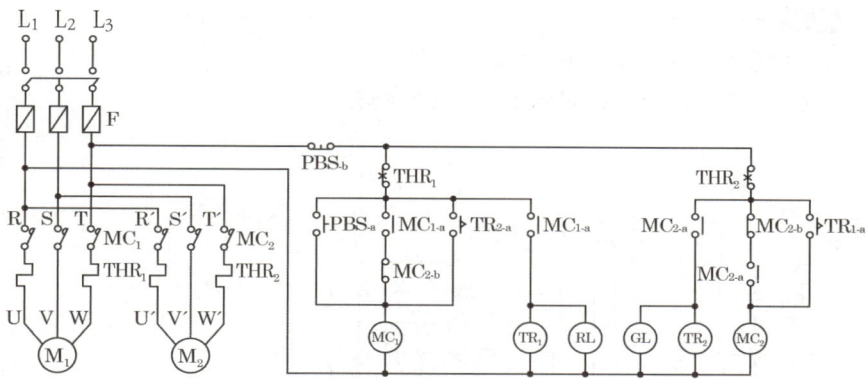

가. 제어회로 중에 잘못된 부분을 지적하고 어떻게 고쳐야 하는지 쓰시오.

나. 타이머 TR_1이 2시간, 타이머 TR_2가 4시간으로 각각 세팅이 되어 있다면 하루에 전동기 M_1과 M_2는 몇 시간씩 운전되는지 쓰시오.

다. RL표시등, GL 표시등의 용도에 대해 쓰시오.

정답

가. MC_2회로의 MC_{2-b}를 MC_{1-b}로 수정해야 한다.

나. ① M_1 : 8시간
　② M_2 : 16시간

다. ① RL 표시등 : M_1 전동기 기동표시등
　② GL 표시등 : M_2 전동기 기동표시등

- M_1과 M_2가 교대운전이 가능해야 하기 때문에 동시에 운전하면 안 된다. 따라서 MC_1과 MC_2는 서로 MC_{1-b}접점과 MC_{2-b}접점으로 인터록시킨다.
- 하루 24시간을 (TR_1 2시간 + TR_2 4시간 = 6시간)으로 나누면 $24 \div 6 = 4$ 이므로, M_1 : $4 \times 2 = 8$시간
　M_2 : $4 \times 4 = 16$시간
- RL 표시등은 MC_1이 여자되었을 때 MC_1 자기유지접점에 의해 점등되므로 M_1 전동기의 기동표시등이다.
- GL 표시등은 MC_2가 여자되었을 때 MC_2 자기유지접점에 의해 점등되므로 M_2 전동기의 기동표시등이다.

15

도면은 할론소화설비의 수동조작함에서 할론제어반까지의 결선도 및 계통도(3zone)이다. 주어진 도면과 조건을 이용하여 다음 각 물음에 답하시오.

[득점 / 배점 6]

조건
(1) 전선의 가닥 수는 최소 가닥 수로 한다.
(2) 복구스위치 및 도어스위치는 없는 것으로 한다.

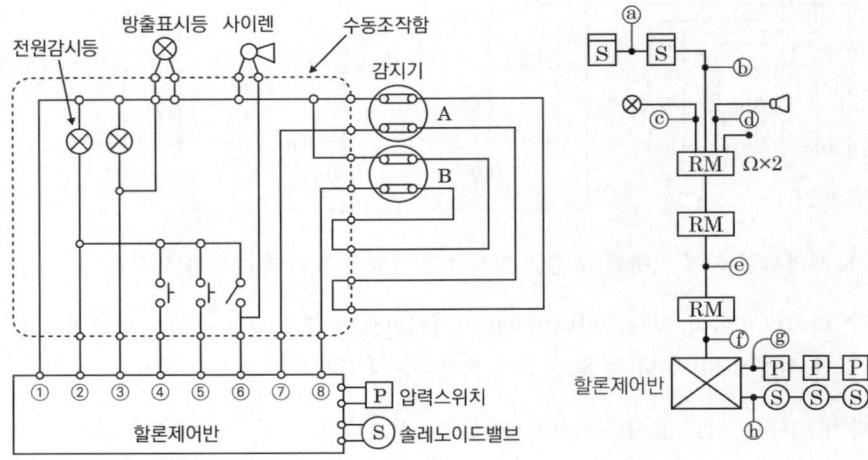

가. ①~⑧의 전선 명칭을 쓰시오.

나. ⓐ~ⓗ의 전선 가닥 수를 구하시오.

정답

가. ① 전원 ⊖   ② 전원 ⊕   ③ 방출표시등   ④ 방출지연스위치
　　⑤ 기동스위치   ⑥ 사이렌   ⑦ 감지기 A   ⑧ 감지기 B

나. ⓐ 4가닥 : 지구 2, 공통 2
　　ⓑ 8가닥 : 지구 4, 공통 4
　　ⓒ 2가닥 : 방출표시등 2
　　ⓓ 2가닥 : 사이렌 2
　　ⓔ 13가닥 : 전원 ⊕·⊖, 방출지연(비상)스위치 1, (감지기 A 1, 감지기 B 1, 기동스위치 1, 사이렌 1, 방출표시등 1) × 2
　　ⓕ 18가닥 : 전원 ⊕·⊖, 방출지연(비상)스위치 1, (감지기 A 1, 감지기 B 1, 기동스위치 1, 사이렌 1, 방출표시등 1) × 3
　　ⓖ 4가닥 : 압력스위치 3, 공통 1
　　ⓗ 4가닥 : 솔레노이드밸브 3, 공통 1

☑ 해설
가. 가스계 수동조작함 결선

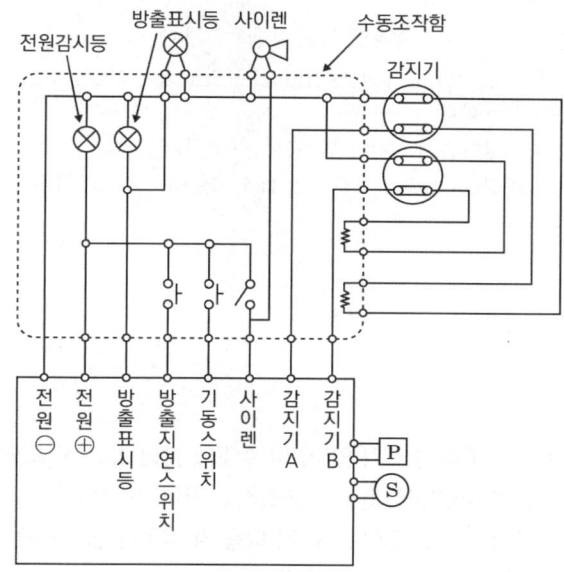

나. 전선 가닥 수 및 용도

기호	내역	용도
ⓐ	16C(HFIX 1.5 - 4)	지구 2, 공통 2
ⓑ	22C(HFIX 1.5 - 8)	지구 4, 공통 4
ⓒ	16C(HFIX 2.5 - 2)	방출표시등 2
ⓓ	16C(HFIX 2.5 - 2)	사이렌 2
ⓔ	36C(HFIX 2.5 - 13)	전원 ⊕·⊖, 방출지연(비상)스위치 1, (감지기 A 1, 감지기 B 1, 기동스위치 1, 사이렌 1, 방출표시등 1) × 2
ⓕ	36C(HFIX 2.5 - 18)	전원 ⊕·⊖, 방출지연스위치 1, (감지기 A 1, 감지기 B 1, 기동스위치 1, 사이렌 1, 방출표시등 1) × 3
ⓖ	16C(HFIX 2.5 - 4)	압력스위치 3, 공통 1
ⓗ	16C(HFIX 2.5 - 4)	솔레노이드밸브 3, 공통 1

• 솔레노이드밸브 = 밸브기동 = SV(Solenoid Valve) = SOL
• 압력스위치 = 밸브개방확인 = PS(Pressure Switch)
• 탬퍼스위치 = 밸브주의 = TS(Tamper Switch)
• 방출지연스위치 = 약제지연스위치 = Abort S/W
• 방출표시등 = 방출확인등

- 가스계소화설비는 교차회로방식으로서 루프와 말단은 4가닥, 나머지는 8가닥이다.
- 교차회로방식이기 때문에 종단저항은 2개이다.
- <u>ZONE이 하나가 늘어날 때마다 감지기A, B, 기동스위치, 사이렌, 방출표시등이 증가한다.</u>
- 전원 +, -선과 방출지연스위치는 증가하지 않는다.
- 전선의 가닥 수가 최소가닥이기 때문에 g배선과 h배선에서 공통을 하나로 같이 쓴다.

16

득점 □ 배점 6

지상 31 [m]가 되는 곳에 수조가 있다. 이 수조에 분당 12 [m³]의 물을 양수하는 펌프용 전동기를 설치하여 3상전력을 공급하려고 한다. 펌프효율이 65 [%]이고, 펌프측 동력에 10 [%]의 여유를 둔다고 할 때 다음 각 물음에 답하시오. (단, 펌프용 3상 농형 유도전동기의 역률은 1로 가정한다)

가. 펌프용 전동기의 용량은 몇 [kW]인지 구하시오.

나. 3상전력을 공급하고자 단상변압기 2대를 V결선하여 이용하고자 한다. 단상변압기 1대의 용량은 몇 [kVA]인지 구하시오.

정답

✓ 계산과정

가. $P = \dfrac{9.8\,K \times Q[m^3/\min] \times H}{\eta\,t} = \dfrac{9.8 \times 1.1 \times 12 \times 31}{0.65 \times 60} = 102.824$

≒ 102.82 [kW]

답 | 102.82 [kW]

나. $P_v = \dfrac{P}{\sqrt{3}\cos\theta} = \dfrac{102.82}{\sqrt{3} \times 1} = 59.363 ≒ 59.36$ [kVA]

답 | 59.36 [kVA]

✓ 해설
$\cos\theta$: 역률 100 [%] = 1

핵심이론 전동기용량 계산식

□ 전동기용량을 구하는 식

$$P = \frac{9.8KQH}{\eta t} = \frac{9.8K \times Q[m^3/min] \times H}{\eta \times 60} \text{ [kW]}$$

P : 전동기용량 [kW], K : 여유계수, Q : 유량 [m³]
H : 전양정 [m], η : 효율, t : 시간 [s]

□ V 결선 시 전동기용량을 구하는 식

$$P = P_v \sqrt{3} \cos\theta \text{ [kW]}$$

P : 전동기용량 [kW], P_v : V 결선 시 단상변압기 1대의 용량 [kVA], $\cos\theta$: 역률

- 10 [%]의 여유를 둔다고 하였으므로, K여유계수에 1.1을 대입한다.
- 분당 12 [m³]의 물을 양수하므로, 60으로 나누어서 '초당'기준으로 대입한다.

17

[득점 / 배점 6]

화재안전기준에 따른 경계구역, 감지기, 시각경보장치의 용어의 정의에 대하여 쓰시오.

○ 답
- 경계구역 :
- 감지기 :
- 시각경보장치 :

정답

- 경계구역 : 특정소방대상물 중 화재신호를 발신하고, 그 신호를 수신 및 유효하게 제어할 수 있는 구역을 말한다.
- 감지기 : 화재 시 발생하는 열, 연기, 불꽃 또는 연소생성물을 자동적으로 감지하여 수신기에 발신하는 장치를 말한다.
- 시각경보장치 : 자동화재탐지설비에서 발하는 화재신호를 시각경보기에 전달하여 청각장애인에게 점멸형태의 시각경보를 하는 것을 말한다.

중요 ▶ 2023년도부터는 용어의 정의와 말문제가 대거 출제되고 있으니 각 설비들에 있어서 용어의 정의와 설치기준 등에 관한 사항은 반드시 숙지할 것

핵심이론 자동화재탐지설비 용어의 정의

- "경계구역"이란 특정소방대상물 중 화재신호를 발신하고 그 신호를 수신 및 유효하게 제어할 수 있는 구역을 말한다.
- "수신기"란 감지기나 발신기에서 발하는 화재신호를 직접 수신하거나 중계기를 통하여 수신하여 화재의 발생을 표시 및 경보하여주는 장치를 말한다.
- "중계기"란 감지기·발신기 또는 전기적인 접점 등의 작동에 따른 신호를 받아 이를 수신기에 전송하는 장치를 말한다.
- "감지기"란 화재 시 발생하는 열, 연기, 불꽃 또는 연소생성물을 자동적으로 감지하여 수신기에 화재신호 등을 발신하는 장치를 말한다.
- "발신기"란 수동누름버튼 등의 작동으로 화재신호를 수신기에 발신하는 장치를 말한다.
- "시각경보장치"란 자동화재탐지설비에서 발하는 화재신호를 시각경보기에 전달하여 청각장애인에게 점멸형태의 시각경보를 하는 것을 말한다.
- "거실"이란 거주·집무·작업·집회·오락 그 밖에 이와 유사한 목적을 위하여 사용하는 실을 말한다.
- "신호처리방식"은 화재신호 및 상태신호 등(이하 "화재신호 등"이라 한다)을 송수신하는 방식으로서 다음의 방식을 말한다.
- "유선식"은 화재신호 등을 배선으로 송·수신하는 방식
- "무선식"은 화재신호 등을 전파에 의해 송·수신하는 방식
- "유·무선식"은 유선식과 무선식을 겸용으로 사용하는 방식

18
배점 5

공기관식 차동식 분포형 감지기의 공기관 길이가 370 [m]이다. 검출부의 수량을 구하시오. (단, 하나의 검출부에 접속하는 공기관의 길이는 최대길이를 적용할 것)

○ 계산과정 :

○ 답 :

정답

☑ 계산과정

$\frac{370}{100} = 3.7 \rightarrow$ 절상하여 4개

답 | 4개

☑ 해설

공기관식 감지기 검출부 개수 $= \frac{공기관 길이 [m]}{100 [m]}$

핵심이론 공기관식 차동식 분포형 감지기 설치기준

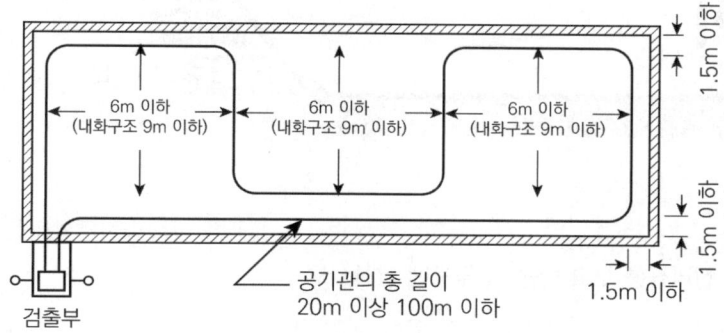

- 공기관의 노출부분은 감지구역마다 20 [m] 이상이 되도록 할 것
- 공기관과 감지구역의 수평거리는 1.5 [m] 이하가 되도록 할 것
- 공기관 상호 간의 거리는 6 [m](내화구조 9 [m]) 이하가 되도록 할 것
- 공기관은 도중에서 분기하지 않도록 할 것
- 하나의 검출부에 접속하는 공기관 길이는 100 [m] 이하로 할 것
- 검출부는 바닥에서 0.8 [m] 이상 ~ 1.5 [m] 이하에 위치하며, 5° 이상 경사되지 않도록 할 것

2021년 2회

01

주어진 진리표를 보고 다음 각 물음에 답하시오.

A	B	C	Y1	Y2
0	0	0	1	0
0	1	0	1	1
0	0	1	0	1
0	1	1	0	1
1	0	0	1	0
1	1	0	0	1
1	0	1	0	1
1	1	1	0	1

가. 가장 간략화된 논리식을 적으시오.

나. 다음의 무접점회로를 그리시오.

A ○

B ○ 　　　　　　　○ Y1

　　　　　　　　　○ Y1

C ○

다. 유접점회로를 그리시오.

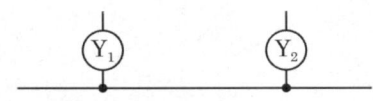

정답

가. $Y_1 = (\overline{A} + \overline{B})\overline{C}$

$Y_2 = B + C$

- Y_1의 출력이 1인 것들 정리, Y_2의 출력이 1인 것들 정리
- 입력이 0인 것은 not(bar = 부정)취하고, 입력이 1인 것은 그대로 써준다.
- $Y_1 = \overline{A}\overline{B}\overline{C} + \overline{A}B\overline{C} + A\overline{B}\overline{C} = \overline{A}\overline{C}(\overline{B}+B) + A\overline{B}\overline{C}$

  $= \overline{C}(\overline{A}+A\overline{B}) = \overline{C}(\overline{A}+A)(\overline{A}+\overline{B})$

  $= \overline{C}(\overline{A}+\overline{B})$

- $Y_2 = \overline{A}\overline{B}C + \overline{A}B\overline{C} + \overline{A}BC + AB\overline{C} + A\overline{B}C + ABC$

  $= \overline{A}(\overline{B}C + B\overline{C} + BC) + A(B\overline{C} + \overline{B}C + BC)$

  $= \overline{A}(B(\overline{C}+C) + \overline{B}C) + A(B(\overline{C}+C) + \overline{B}C)$

  $= \overline{A}(B+\overline{B})(B+C) + A(B+\overline{B})(B+C)$

  $= \overline{A}(B+C) + A(B+C)$

  $= (B+C)(\overline{A}+A)$

  $= B+C$

나.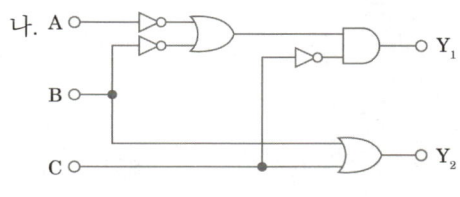

다.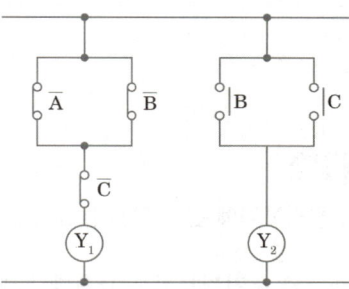

① 무접점회로에 있어서 덧셈은 $\begin{smallmatrix}A\\B\end{smallmatrix}\!\!\supset\!\!-X$ 기호를, 곱셈은 $\begin{smallmatrix}A\\B\end{smallmatrix}\!\!\supset\!\!-X$ 기호를 사용하며, 부정은 $A\!-\!\triangleright\!\circ\!-X$ 기호를 사용한다.

② 유접점회로에 있어서 덧셈은 병렬로 연결하며, 곱셈은 직렬로 연결한다. 부정은 b접점으로 표시한다.

핵심이론 논리회로

게이트	논리회로	논리식	시퀀스회로	진리표
AND	A,B → X	X = A · B = AB		A B X / 0 0 0 / 0 1 0 / 1 0 0 / 1 1 1
OR	A,B → X	X = A + B		A B X / 0 0 0 / 0 1 1 / 1 0 1 / 1 1 1
NOT	A → X	X = $\overline{A}$		A X / 0 1 / 1 0

02

득점 배점 8

누전경보기에 관한 다음 물음에 답하시오.

가. 1급 누전경보기를 사용한다. 기준을 쓰시오.

나. 전원은 분전반으로부터 전용회로로 하고, 각 극을 개폐하기 위해 각 극에 설치하여야 하는 장치를 쓰시오. (단, 배선용 차단기 제외)

다. 변류기 용어의 정의를 쓰시오.

정답

가. 경계전로의 정격전류가 60 [A]를 초과하는 전로에 있어서는 1급 누전경보기를, 60 [A] 이하의 전로에 있어서는 1급 또는 2급 누전경보기를 설치할 것

나. 개폐기 및 15 [A] 이하의 과전류 차단기

다. 경계전로의 누설전류를 자동적으로 검출하여 이를 누전경보기의 수신부에 송신하는 것

핵심이론 | 누전경보기

□ 경계전로 정격전류에 따른 구분

정격전류	60 [A] 초과	60 [A] 이하
경보기 종류	1급	1급 또는 2급

□ 누전경보기 전원
- 전원은 분전반으로부터 전용회로로 하고, 각 극에 개폐기 및 15 [A] 이하의 과전류차단기(배선용 차단기에 있어서는 20 [A] 이하의 것으로 각 극을 개폐할 수 있는 것)를 설치할 것
- 전원을 분기할 때에는 다른 차단기에 따라 전원이 차단되지 아니하도록 할 것
- 전원의 개폐기에는 누전경보기용임을 표시한 표지를 할 것

□ 변류기(영상변류기, ZCT)
- 경계전로의 누설전류 자동 검출하여 이를 누전경보기의 수신부에 송신
  ※ KEC에서는 16 [A] 이하의 과전류차단기로 개정되었지만, 아직까지 누전경보기의 화재안전기술기준(NFTC 205)에는 15 [A] 이하라고 명시되어 있기 때문에 15 [A] 이하로 암기할 것

03
배점 8

공장 1동, 2동, 3동으로 구분되어 있는 건물에 자동화재탐지설비의 P형 발신기 세트와 옥내 소화전 설비를 설치하고, 수신기는 경비실에 설치하였다. 경보방식은 동별 구분 경보방식을 적용하였으며 옥내소화전의 가압송수장치는 기동용 수압개폐장치를 사용하는 방식인 경우에 다음 물음에 답하시오. (단, 경종과 표시등 공통선은 하나로 한다)

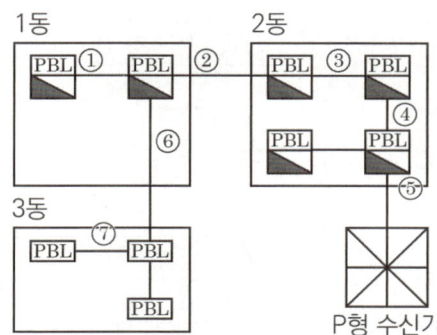

가. 기호 ①~⑦의 전선 가닥 수를 표시한 도표이다. 전선 가닥 수를 표 안에 숫자로 쓰시오.

기호	지구선	지구공통선	경종선
①			
②			
③			
④			
⑤			
⑥			
⑦			

나. 다음은 자동화재탐지설비의 수신기의 설치기준이다. ( ) 안에 알맞은 말을 쓰시오.

- 수신기가 설치된 장소에는 (㉠)를 비치할 것. 다만 모든 수신기와 연결되어 각 수신기의 상황을 감시하고 제어할 수 있는 수신기(이하 '주수신기'라 한다)를 설치하는 경우에는 주수신기를 제외한 기타 수신기는 그러하지 아니하다.
- 수신기의 (㉡)는 그 음량 및 음색이 다른 기기의 소음 등과 명확히 구별될 수 있는 것으로 할 것
- 수신기는 (㉢), (㉣) 또는 (㉤)가 작동하는 경계구역을 표시할 수 있는 것으로 할 것

정답

가.

기호	지구선	지구공통선	경종선
①	1	1	1
②	5	1	2
③	6	1	3
④	7	1	3
⑤	9	2	3
⑥	3	1	1
⑦	1	1	1

- 동별 구분 명동방식이기 때문에 동이 늘어남에 따라 경종선을 추가해준다.
- 1동과 2동은 옥내소화전함과 겸용하였기 때문에 기동확인표시등 2가닥을 추가한다.
- 지구선수가 7가닥을 초과할 때 지구공통선을 1가닥 추가한다.

☑ 해설
- 전선용도 및 가닥 수

구분	지구선	지구공통선	경종선	경종표시등 공통선	표시등선	응답선	기동확인 표시등	합계
①	1	1	1	1	1	1	2	8
②	5	1	2	1	1	1	2	13
③	6	1	3	1	1	1	2	15
④	7	1	3	1	1	1	2	16
⑤	9	2	3	1	1	1	2	19
⑥	3	1	1	1	1	1		8
⑦	1	1	1	1	1	1		6

- 지구선(= 회로선, 신호선, 감지기선, 수동발신기 지구선)
- 지구공통선(= 공통선, 회로공통선, 신호공통선, 감지기공통선, 수동발신기 공통선)
- 응답선(= 발신기선, 발신기응답선, 수동발신기 응답선, 확인선)
- 경종 및 표시등공통선(= 공동표시등 공통선, 벨표시등 공통선)

나. ㉠ 경계구역 일람도, ㉡ 음향기구, ㉢ 감지기, ㉣ 중계기, ㉤ 발신기

📌 **핵심이론** 수신기 설치기준

- 수위실 등 상시 사람이 근무하는 장소에 설치할 것(단, 상시근무 장소 없는 경우 관계인 접근·관리가 용이한 장소 설치 가능)
- 수신기가 설치된 장소에는 경계구역 일람도를 비치할 것(단, 모든 수신기와 연결되어 각 상황을 감시·제어할 수 있는 주수신기를 설치하는 경우에는 기타 부수신기는 제외)
- 수신기의 음향기구는 그 음량 및 음색이 다른 기기의 소음 등과 명확히 구별될 수 있는 것으로 할 것
- 수신기는 감지기·중계기·발신기가 작동하는 경계구역을 표시할 수 있는 것으로 할 것
- 화재·가스·전기 등에 대한 종합방재반 설치 시 해당 조작반에 수신기의 작동과 연동하여 감지기·중계기·발신기가 작동하는 경계구역을 표시할 수 있는 것으로 할 것
- 하나의 경계구역은 하나의 표시등 또는 하나의 문자로 표시할 것
- 수신기의 조작스위치는 바닥으로부터의 높이가 0.8 [m] 이상 1.5 [m] 이하인 장소에 설치할 것
- 하나의 특정소방대상물에 2 이상의 수신기를 설치하는 경우에는 수신기를 상호 간 연동하여 화재 발생 상황을 각 수신기마다 확인할 수 있도록 할 것
- 화재로 인하여 하나의 층의 지구음향장치 배선이 단락이 되어도 다른 층의 화재통보에 지장이 없도록 각 층 배선상에 유효한 조치를 할 것

04

P형 1급 수신기와 감지기와의 배선회로에서 P형 1급 수신기 종단저항은 11 [kΩ], 감시전류는 2 [mA], 릴레이 저항은 950 [Ω], DC 24 [V]일 때 다음 각 물음에 답하시오.

가. 배선저항 [Ω]을 구하시오.

나. 감지기가 동작할 때(화재 시) 전류는 몇 [mA]인지 구하시오.

정답

☑ 계산과정

가. $I_{감시} = \dfrac{24}{(11 \times 10^3) + 950 + x} = 2 \times 10^{-3} [A]$

∴ Solve기능을 이용하여 계산한 결과 $x = 50 [\Omega]$

답 | 50 [Ω]

나. $I_{동작} = \dfrac{24}{950 + 50} = 0.024 [A] = 24 \text{ [mA]}$

답 | 24 [mA]

핵심이론 감시전류 및 동작전류공식

- $I_{감시} = \dfrac{회로전압}{종단저항 + 릴레이저항 + 배선저항}$
- $I_{동작} = \dfrac{회로전압}{릴레이저항 + 배선저항}$

중요

- 감시상태일 때는 종단저항을 거치기 때문에 종단저항을 고려해야 하지만 동작상태일 때는 화재가 발생한 상태이며, 단락이 되었기 때문에 종단저항을 고려하지 않는다.
- 해당 공식에는 [kΩ]단위가 아닌 [Ω]단위를 대입한다.

05

배점 5

단독경보형 감지기의 설치기준이다. 괄호 안에 들어가는 알맞은 내용을 쓰시오.

가. 각 실마다 설치하되, 바닥면적이 (㉠) [m²]를 초과하는 경우에는 (㉠) [m²]마다 1개 이상 설치할 것

나. 이웃하는 실내의 바닥면적이 각각 30 [m²] 미만이고, 벽체의 상부의 전부 또는 일부가 개방되어 이웃하는 실내와 공기가 상호 유통되는 경우에는 이를 (㉡)개의 실로 본다.

다. 최상층의 (㉢)의 천장(외기가 상통하는 (㉢)의 경우를 제외한다)에 설치할 것

라. 건전지를 주전원으로 사용하는 단독경보형 감지기는 정상적인 (㉣)를 유지할 수 있도록 건전지를 교환할 것

마. 상용전원을 주전원으로 사용하는 단독경보형 감지기의 (㉤)는 제품검사에 합격한 것을 사용할 것

정답

㉠ 150, ㉡ 1, ㉢ 계단실, ㉣ 작동상태, ㉤ 2차 전지

핵심이론 단독경보형 감지기의 설치기준

- 각 실(이웃하는 실내의 바닥면적이 각각 30 [m²] 미만이고, 벽체의 상부의 전부 또는 일부가 개방되어 이웃하는 실내와 공기가 상호 유통되는 경우에는 이를 1개의 실로 본다)마다 설치하되, 바닥면적 150 [m²]를 초과하는 경우에는 150 [m²]마다 1개 이상 설치할 것
- 최상층의 계단실의 천장(외기가 상통하는 계단실의 경우 제외)에 설치할 것
- 건전지를 주전원으로 사용하는 단독경보형 감지기는 정상적인 작동상태를 유지할 수 있도록 건전지를 교환할 것
- 상용전원을 주전원으로 사용하는 단독경보형 감지기의 2차 전지는 제품검사에 합격한 것을 사용할 것

06

다음 브리지형 전파정류회로를 완성하고 출력전압의 파형을 그리시오.

가. 전파정류회로를 구성하시오.

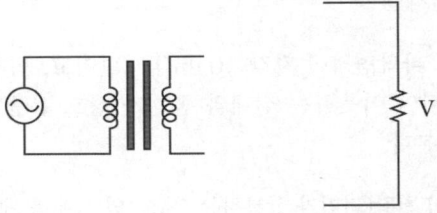

나. 다음은 정류 전의 출력전압파형이다. 정류 후의 출력전압파형을 그리시오.

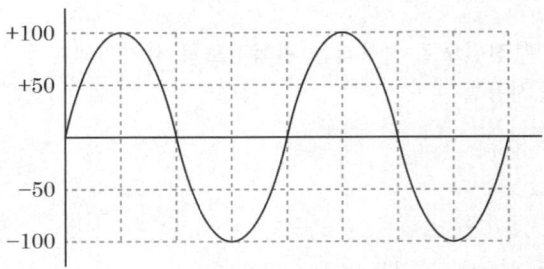

정답

가.

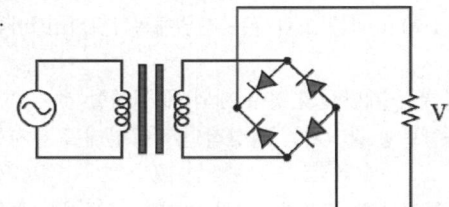

나.

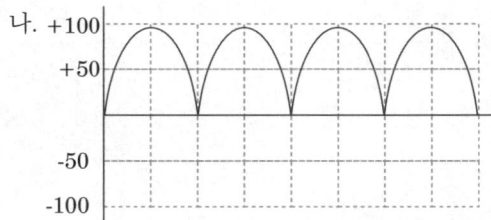

핵심이론 | 브리지 정류회로

교류의 (+),(-)의 전 주기를 정류하는 전파 정류방식으로 4개의 다이오드를 사용한 회로

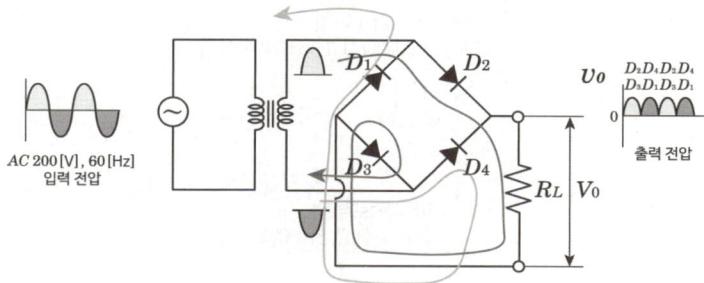

※ 브리지 정류회로이므로 다이오드를 4개 이용하며, 다이오드 방향을 고려해서 넣어주어야 한다 (들어오는 방향과 나가는 방향이 번갈아가도록).

07

득점 | 배점 6

청각장애인용 시각경보장치의 설치기준 3가지를 쓰시오.

①

②

③

정답

① 복도·통로·청각장애인용 객실 및 공용으로 사용하는 거실에 설치하며, 각 부분에서 유효하게 경보를 발할 수 있는 위치에 설치

② 공연장·집회장·관람장 또는 이와 유사한 장소에 설치하는 경우에는 시선이 집중되는 무대부 부분 등에 설치

③ 바닥으로부터 2 [m] 이상 ~ 2.5 [m] 이하의 높이에 설치할 것. 단, 높이가 2 [m] 이하인 천장에서 0.15 [m] 이내의 장소에 설치

핵심이론 | 시각경보장치의 설치기준

- 복도·통로·청각장애인용 객실 및 공용으로 사용하는 거실에 설치하며, 각 부분에서 유효하게 경보를 발할 수 있는 위치에 설치할 것
- 공연장·집회장·관람장 또는 이와 유사한 장소에 설치하는 경우에는 시선이 집중되는 무대부 부분 등에 설치할 것

- 바닥으로부터 2 [m] 이상 ~ 2.5 [m] 이하의 높이에 설치할 것. 단, 천장높이가 2 [m] 이하는 천장에서 0.15 [m] 이내의 장소에 설치

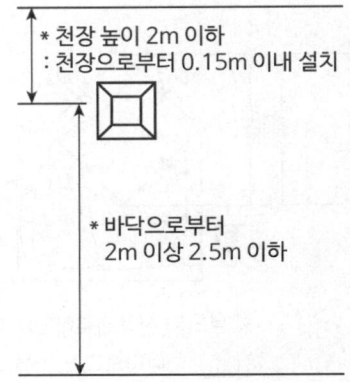

- 광원은 전용의 축전지설비 또는 전기저장장치에 의하여 점등되도록 할 것(단, 시각경보기에 작동전원을 공급할 수 있도록 형식승인을 얻은 수신기를 설치한 경우는 제외)

08 득점 / 배점 3

다음의 전선관 부속품에 대해 설명하시오.

가. 부싱

나. 유니온 커플링

다. 유니버설 엘보

정답

가. 부싱 : 전선의 절연피복을 보호하기 위해 금속관 끝에 취부하여 사용

나. 유니온 커플링 : 관이 고정되어 있을 때 금속관 상호 간을 접속하는 데 사용

다. 유니버설 엘보 : 노출배관공사에서 금속관을 직각으로 굽히는 곳에 사용

핵심이론 금속관공사재료

명칭	외형	설명
부싱 (Bushing)		전선의 절연피복을 보호하기 위하여 금속관 끝에 취부하여 사용되는 부품
유니온 커플링 (Union Coupling)		금속전선관 상호 간을 접속하는 데 사용되는 부품 (관이 고정되어 있을 때)
노멀밴드 (Normal Bend)		매입배관공사를 할 때 직각으로 굽히는 곳에 사용하는 부품
유니버설엘보 (Universal Elbow)		노출배관공사를 할 때 관을 직각으로 굽히는 곳에 사용하는 부품
링리듀서 (Ring Reducer)		금속관을 아웃렛 박스에 로크너트만으로 고정하기 어려울 때 보조적으로 사용되는 부품
커플링 (Coupling)		금속전선관 상호 간을 접속하는 데 사용되는 부품 (관이 고정되어 있지 않을 때)
새들(Saddle)		관을 지지하는 데 사용하는 재료
로크너트 (Lock Nut)		금속관과 박스를 접속할 때 사용하는 재료로 최소 2개를 사용한다.
리머 (Reamer)		금속관 말단의 모를 다듬기 위한 기구
파이프커터 (Pipe Cutter)		금속관을 절단하는 기구
환형 3방출 정크션박스		배관을 분기할 때 사용하는 박스
파이프벤더 (Pipe Bender)		금속관(후강전선관, 박강전선관)을 구부릴 때 사용하는 공구

09

배점 8

그림과 같이 구획된 철근콘크리트 공장이 있다. 설치높이가 5 [m]인 곳에 자동화재탐지설비의 차동식 스포트형 1종 감지기를 설치하고자 한다. 다음 물음에 답하여라.

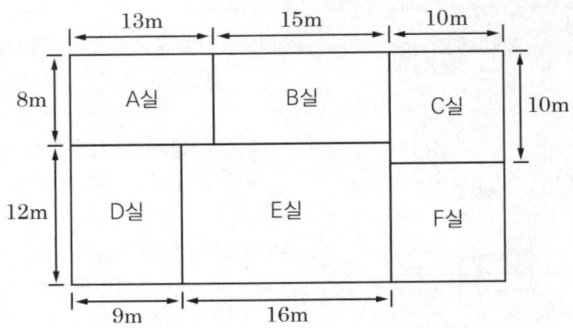

가. 각 실별로 설치하여야 할 감지기 개수를 구하시오.

구분	계산과정	설치수량(개)
A실		
B실		
C실		
D실		
E실		
F실		
합계		

나. 해당 특정소방대상물의 총 경계구역 수를 구하시오.

정답

가.

구분	계산과정	설치수량(개)
A실	$\frac{13 \times 8}{45} = 2.3$ → 절상하여 3개	3개
B실	$\frac{15 \times 8}{45} = 2.6$ → 절상하여 3개	3개
C실	$\frac{10 \times 10}{45} = 2.2$ → 절상하여 3개	3개
D실	$\frac{9 \times 12}{45} = 2.4$ → 절상하여 3개	3개

구분	계산과정	설치수량(개)
E실	$\dfrac{16 \times 12}{45} = 4.2 \rightarrow$ 절상하여 5개	5개
F실	$\dfrac{10 \times 10}{45} = 2.2 \rightarrow$ 절상하여 3개	3개
합계	3+3+3+3+5+3=20개	20개

나. 계산과정 : $\dfrac{38 \times 20}{600} = 1.2 \rightarrow$ 절상하여 2경계구역

답 | 2경계구역

☑ 해설

• 경계구역 $= \dfrac{전용면적}{600\,[m^2]}$

$= \dfrac{가로길이 \times 세로길이}{600\,[m^2]} = \dfrac{(13+15+10)\,[m] \times (8+12)\,[m]}{600\,[m^2]}$

$= \dfrac{(38 \times 20)\,[m^2]}{600\,[m^2]} = 1.2$

→ 절상하여 2

📌 핵심이론 감지기 설치면적 및 자동화재탐지설비 경계구역 설정기준

□ 열감지기 설치면적 (단위 : $[m^2]$)

부착높이 및 특정소방대상물의 구분		감지기의 종류						
		차동식 스포트형		보상식 스포트형		정온식 스포트형		
		1종	2종	1종	2종	특종	1종	2종
4 [m] 미만	내화구조	90	70	90	70	70	60	20
	기타구조	50	40	50	40	40	30	15
4 [m] 이상 8 [m] 미만	내화구조	45	35	45	35	35	30	
	기타구조	30	25	30	25	25	15	

□ 자동화재탐지설비 경계구역 설정기준(수평적 경계구역)

• 하나의 경계구역이 2개 이상의 건축물에 미치지 않도록 할 것
• 하나의 경계구역이 2개 이상의 층에 미치지 않도록 할 것
 다만 500 $[m^2]$ 이하의 범위 안에서 2개의 층을 하나의 경계구역으로 할 수 있음
• 하나의 경계구역 면적 600 $[m^2]$ 이하로 하고, 한 변의 길이는 50 [m] 이하로 할 것
 다만 해당 특정소방대상물의 주된 출입구에서 그 내부 전체가 보이는 것에 있어서는 한 변의 길이가 50 [m]의 범위 내에서 1000 $[m^2]$ 이하로 할 수 있음

중요 ▶ 경계구역산정에 있어서는 길이기준과 면적기준 둘 다를 만족해야 한다.

10

득점 / 배점 3

지상 31층 건물에 비상콘센트를 설치하려고 한다. 각 층에 하나의 비상콘센트설비를 설치한다면 최소 몇 회로가 필요한가?

정답

✓ 계산과정

회로 수 = $\frac{21}{10}$ = 2.1 → 절상하여 3회로 (절상)

답 | 3회로

✓ 해설

핵심이론 비상콘센트설비

□ 설치대상

소방대상물	설치대상
층수가 11층 이상인 특정소방대상물	11층 이상의 층
지하층의 층수가 3층 이상이고, 지하층의 바닥면적의 합계가 1000 [m²] 이상인 것	지하층의 모든 층
터널	길이 500 [m] 이상
위험물 저장 및 처리시설 중 가스시설 또는 지하구는 제외	

□ 전원회로 설치기준
- 전원회로 : 단상교류는 220 [V], 공급용량은 1.5 [kVA] 이상
- 전원회로는 각 층에 2 이상이 되도록 설치. 다만 설치하여야 할 층의 비상콘센트가 1개인 때에는 하나의 회로로 할 수 있다.
- 전원회로는 주배전반에서 전용회로로 할 것. 다만 다른 설비회로의 사고에 따른 영향을 받지 아니하도록 되어 있는 것은 그러하지 아니하다.
- 전원으로부터 각 층의 비상콘센트에 분기되는 경우에는 분기배선용 차단기를 보호함 안에 설치할 것
- 콘센트마다 배선용 차단기(KS C 8321)를 설치하여야 하며, 충전부가 노출되지 아니하도록 할 것
- 개폐기에는 "비상콘센트"라고 표시한 표지를 할 것
- 비상콘센트용의 풀박스 등은 방청도장을 한 것으로서, 두께 1.6 [mm] 이상의 철판으로 할 것
- 하나의 전용회로에 설치하는 비상콘센트는 10개 이하로 할 것. 이 경우 전선용량은 각 비상콘센트(비상콘센트가 3개 이상인 경우에는 3개)의 공급용량을 합한 용량 이상의 것으로 하여야 한다.

11 ~ 31층에 설치되는 비상콘센트의 개수는 21개이며, 하나의 전용회로에 설치하는 비상콘센트가 10개 이하이기 때문에 21 ÷ 10 = 2.1에서 절상하여 3회로이다.

11

유도전동기 IM을 현장 측과 제어실 측 어느 쪽에서도 기동 및 정지제어가 가능하도록 배선하시오. (단, 푸시버튼스위치 기동용(PB_{-ON}) 2개, 정지용(PB_{-OFF}) 2개, 전자접촉기 a접점 1개(자기유지용)를 사용할 것)

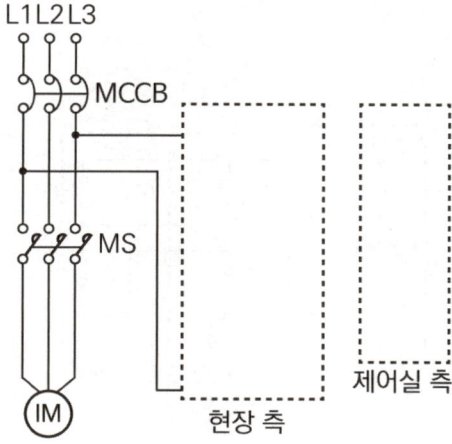

정답

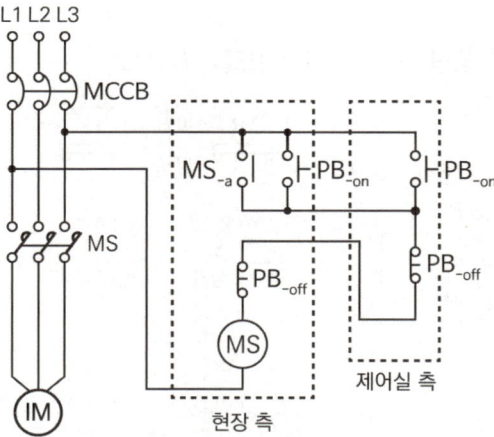

- 현장 측과 제어실 측 어느 쪽에서도 기동이 가능하도록 하기 위해 PB_{-on}스위치를 현장 측과 제어실 측에 각각 넣어준다.
- 자기유지접점은 해당 PB_{-on}스위치와 병렬로 하나를 넣어준다.
- PB_{-off}스위치는 현장 측과 제어실 측에 각각 직렬로 하나씩 넣어준다.

핵심이론 | 전동기 운전회로(원방조작기동제어방식)

- 기동버튼 : 병렬연결 및 자기유지
- 정지버튼 : 직렬연결
- 분기 시 : "•"를 찍음
- MS 코일 : MS$_{-a}$로 표기(R 코일 : R$_{-a}$로 표기)
- 현장 측과 제어반 측이 있음

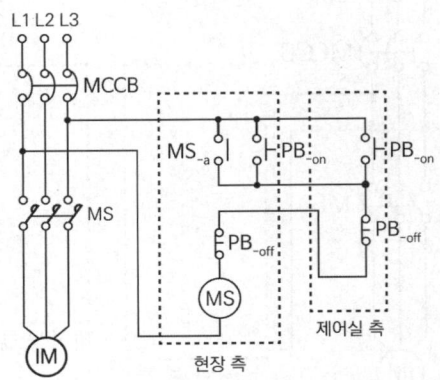

12

다음 비상방송설비 음량조정기 회로결선도를 그리시오.

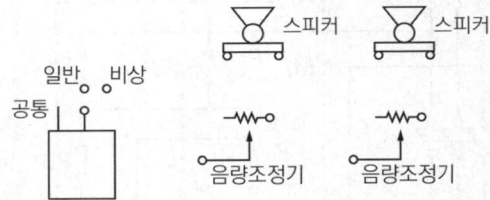

정답

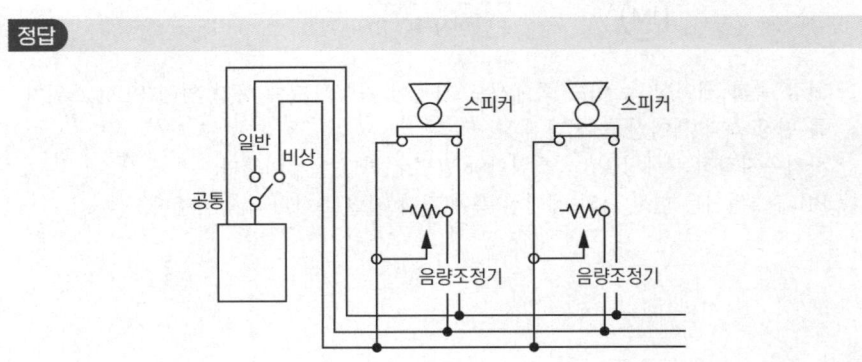

핵심이론 │ 비상방송설비 결선도

- 음량조정기를 설치하는 경우 음량조정기의 배선은 3선식으로 할 것

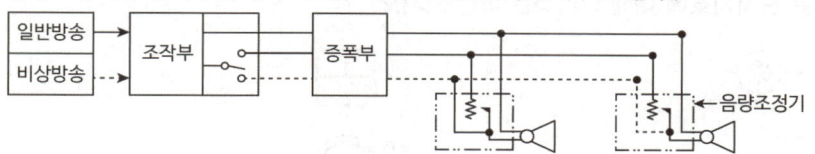

- 업무용, 일반용은 음량조정기(가변저항)을 거치지만, 비상방송용은 가변저항을 거치지 않는다(실외 3 [W] 이상, 실내 1 [W] 이상으로 음성입력이 정해져 있음).

13

득점 □   배점 5

일시적으로 발생된 열, 연기 또는 먼지 등으로 연기감지기가 화재신호를 발신할 우려가 있는 곳에 축적기능 등이 있는 자동화재탐지설비의 수신기를 설치하여야 한다. 이 경우에 해당하는 장소 3가지를 쓰시오. (단, 축적식 제외)

①

②

③

정답

① 지하층, 무창층

② 실내면적이 40 [m²] 미만인 장소

③ 감지기 부착면과 실내 바닥과의 거리가 2.3 [m] 이하인 곳

핵심이론 │ 축적형 수신기 설치장소(비화재보 우려장소)

- 특정소방대상물 또는 그 부분이 지하층·무창층 등으로서 환기가 잘되지 아니한 곳
- 실내면적이 40 [m²] 미만인 장소
- 감지기의 부착면과 실내바닥과의 거리가 2.3 [m] 이하인 장소

14

배점 4

다음 도시기호에 대해 의미하는 바를 쓰시오.

① 　　②

③ 　　④

정답

① 감지선
② 중계기
③ 정온식 스포트형 감지기
④ 화재 경보벨

중요
- 동그라미 두 개 안에 B가 적혀있으면 화재 경보벨
- 동그라미 한 개 안에 B가 적혀있으면 비상벨
  ※ 본 교재에 부록으로 수록된 [소방시설 도시기호] 참조

15

배점 5

자동화재탐지설비에 대한 설치대상(바닥면적 등 기준)을 적으시오.

가. 근린생활시설(목욕장 제외)

나. 근린생활시설 중 목욕장

다. 의료시설(정신의료기관 또는 요양병원 제외)

라. 정신의료기관(창살은 설치되어 있지 않음)

마. 요양병원(정신병원과 의료재활시설 제외)

정답

가. 연면적 600 [m²] 이상
나. 연면적 1000 [m²] 이상
다. 연면적 600 [m²] 이상
라. 바닥면적 합계 300 [m²] 이상
마. 요양병원인 건축물 전부

✓ 해설

핵심이론 자동화재탐지설비 설치대상

설치대상	기준
• 교육연구시설(교육시설 내에 있는 기숙사 및 합숙소를 포함한다), 수련시설(기숙사·합숙소 포함, 숙박시설 제외) • 동·식물 관련 시설 • 자원순환 관련 시설 • 교정 및 군사시설 • 묘지 관련 시설	연면적 2000 [m²] 이상인 경우에는 모든 층
목욕장, 문화 및 집회시설, 종교시설, 판매시설, 운수시설, 운동시설, 업무시설, 창고시설, 공장, 지하상가, 위험물 저장 및 처리시설, 항공기 및 자동차 관련 시설, 교정 및 군사시설 중 국방·군사시설, 방송통신시설, 발전시설, 관광 휴게시설	연면적 1000 [m²] 이상인 경우에는 모든 층
• 근린생활시설(목욕장 제외) • 의료시설(정신의료기관, 요양병원 제외) • 위락시설, 장례시설 및 복합건축물	연면적 600 [m²] 이상인 경우에는 모든 층
정신의료기관, 의료재활시설	• 바닥면적 합계 300 [m²] 이상 • 바닥면적 합계 300 [m²] 미만, 창살 설치
터널	길이 1000 [m] 이상
공장 및 창고시설	500배 이상 특수가연물
요양병원, 지하구, 전통시장, 조산원, 산후조리원	–
전기저장시설, 노유자생활시설	–
공동주택 중 아파트등·기숙사, 숙박시설, 6층 이상인 건축물	–
노유자시설	연면적 400 [m²] 이상인 경우에는 모든 층
숙박시설이 있는 수련시설	수용인원 100명 이상인 경우에는 모든 층

16

득점 / 배점 5

비상방송설비 설치기준에 대해 다음 물음을 답하시오.

가. 기동장치에 따른 화재신고를 수신한 후 필요한 음량으로 화재 발생 상황 및 피난에 유효한 방송이 자동으로 개시될 때까지의 소요시간은 몇 초 이하로 하여야 하는가?

나. 지상 11층 이상인 특정소방대상물에 자동화재탐지설비의 음향장치를 설치하고자 한다. 5층에 화재가 발생할 경우 경보를 발하여야 하는 층수를 적으시오.

다. 실내에 설치하는 확성기는 몇 [W] 이상으로 하여야 하는가?

라. 조작부의 조작스위치는 바닥으로부터 얼마의 높이에 설치하여야 하는가?

마. 음향장치는 정격전압의 몇 [%] 전압에서 음향을 발할 수 있는가?

> **정답**
>
> 가. 10초
> 나. 지상 5층, 지상 6층, 지상 7층, 지상 8층, 지상 9층
> 다. 1 [W]
> 라. 0.8 [m] 이상 1.5 [m] 이하
> 마. 80 [%]

핵심이론 비상방송설비

□ 비상방송설비의 설치기준
- 확성기의 음성입력은 3 [W](실내는 1 [W]) 이상일 것
- 확성기는 각 층마다 설치하되, 각 부분으로부터의 수평거리는 25 [m] 이하일 것
- 음량조정기의 배선은 3선식으로 할 것
- 조작부의 조작스위치는 바닥으로부터 0.8 [m] 이상 1.5 [m] 이하의 높이에 설치할 것
- 다른 전기회로에 의하여 유도장애가 생기지 아니하도록 할 것
- 기동장치에 의한 화재신호를 수신한 후 필요한 음량으로 방송이 개시될 때까지의 소요시간은 10초 이하로 할 것
- 11층 이상인 특정소방대상물(공동주택일 경우 16층 이상)은 발화층 및 직상 4개의 층 경보(우선경보방식)

□ 우선경보방식

발화층	11층 이상인 특정소방대상물(공동주택일 경우 16층 이상)
2층 이상	발화층, 직상 4개의 층
1층	발화층, 직상 4개의 층, 모든 지하층
지하층	발화층, 직상층, 기타 모든 지하층

□ 음향장치 구조 및 성능
- 정격전압의 80 [%] 전압에서 음향을 발할 수 있는 것을 할 것
- 자동화재탐지설비의 작동과 연동하여 작동할 수 있는 것으로 할 것

17

배점 4

무선통신보조설비에 사용되는 무반사 종단저항의 설치위치 및 설치목적을 쓰시오.

가. 설치위치

나. 설치목적

정답

가. 누설동축케이블 끝부분

나. 전송로로 전송되는 전자파가 종단에서 반사되어 교신을 방해하는 것을 방지하기 위하여 설치

핵심이론 | 무선통신보조설비

☐ **누설동축케이블의 정의**
  동축케이블의 외부도체에 가느다란 홈을 만들어서 전파가 외부로 새어나갈 수 있도록 한 케이블

☐ **누설동축케이블의 설치기준**
- 소방전용주파수대에서 전파의 전송 또는 복사에 적합한 것으로서 소방전용의 것으로 할 것. 다만 소방대 상호 간의 무선 연락에 지장이 없는 경우에는 다른 용도와 겸용할 수 있다.
- 누설동축케이블과 이에 접속하는 안테나 또는 동축케이블과 이에 접속하는 안테나로 구성할 것
- 누설동축케이블 및 동축케이블은 불연 또는 난연성의 것으로서 습기 등의 환경조건에 따라 전기의 특성이 변질되지 않는 것으로 하고, 노출하여 설치한 경우에는 피난 및 통행에 장애가 없도록 할 것
- 누설동축케이블 및 동축케이블은 화재에 따라 해당 케이블의 피복이 소실된 경우에 케이블 본체가 떨어지지 않도록 4 [m] 이내마다 금속제 또는 자기제 등의 지지금구로 벽·천장·기둥 등에 견고하게 고정시킬 것. 다만 불연재료로 구획된 반자 안에 설치하는 경우에는 그렇지 않다.
- 누설동축케이블 및 안테나는 금속판 등에 따라 전파의 복사 또는 특성이 현저하게 저하되지 않는 위치에 설치할 것
- 누설동축케이블 및 안테나는 고압의 전로로부터 1.5 [m] 이상 떨어진 위치에 설치할 것. 다만 해당 전로에 정전기 차폐장치를 유효하게 설치한 경우에는 그렇지 않다.
- 누설동축케이블의 끝부분에는 무반사 종단저항을 견고하게 설치할 것
  ※ 무반사 종단저항 : 누설동축케이블의 종단부에 전송된 전파는 케이블종단에서 반사되어 교신 방해, 송신효율이 저하되며, 반사파방지를 위해 누설동축케이블의 말단에 설치하는 저항

18

감지기의 설치기준이다. ( ) 안에 들어갈 알맞은 내용을 쓰시오.

가. 감지기(차동식 분포형의 것을 제외한다)는 실내로의 공기유입구로부터 (㉠) [m] 이상 떨어진 위치에 설치할 것

나. 보상식 스포트형 감지기는 정온점이 감지기 주위의 평상시 최고온도보다 (㉡) [℃] 이상 높은 것으로 설치할 것

다. 정온식 감지기는 주방·보일러실 등으로서 다량의 화기를 취급하는 장소에 설치하되, 공칭작동온도가 최고주위온도보다 (㉢) [℃] 이상 높은 것으로 설치할 것

라. 스포트형 감지기는 (㉣)° 이상 경사되지 아니하도록 부착할 것

정답

㉠ 1.5, ㉡ 20, ㉢ 20, ㉣ 45

핵심이론 감지기

□ 감지기 공통 설치기준
- 감지기(차동식 분포형 제외)는 실내로의 공기유입구로부터 1.5 [m] 이상 떨어진 위치에 설치할 것
- 감지기는 천장 또는 반자의 옥내에 면하는 부분에 설치할 것
- 스포트형 감지기는 45° 이상 경사되지 아니하도록 부착할 것
- 보상식 스포트형 감지기는 정온점이 감지기 주위의 평상시 최고온도보다 20 [℃] 이상 높은 것으로 설치할 것
- 차동식 스포트형·보상식 스포트형 및 정온식 스포트형 감지기는 그 부착 높이 및 특정소방대상물에 따라 표에 따른 바닥면적마다 1개 이상을 설치할 것

□ 정온식 감지기(스포트형, 감지선형)
- 주방, 보일러실 등 다량의 화기를 단속적으로 취급하는 장소에 설치한다.
- 공칭작동온도가 최고 주위온도보다 20 [℃] 이상 높은 것으로 설치한다.

2021년 4회

2021.11.13

01
배점 7

비상용 전원설비로서 축전지설비를 계획하고자 한다. 사용부하의 방전전류시간 특성곡선이 다음 그림과 같다면 이론상 축전지의 용량은 어떻게 산정하여야 하는지 각 물음에 답하시오. (단, 축전지 개수는 83개이며, 단위 전지방전 종지전압은 1.06 [V]로 하고 축전지 형식은 AH형을 채택하며 또한 축전지용량은 다음과 같은 일반식에 의하여 구한다)

가. 단위 전지의 방전 종지전압(최저사용전압)은 1.06 [V]일 때 축전지용량은 몇 [Ah]가 필요한가?

○ 계산과정 :

○ 답 :

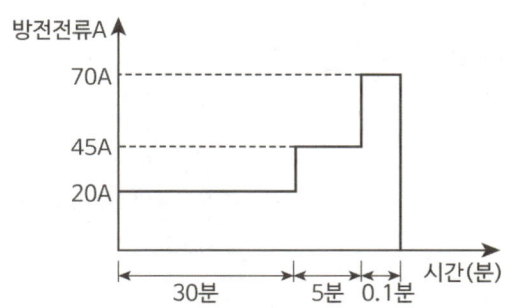

형식	최대허용전압	0.1분	1분	5분	10분	20분	30분	60분	120분
AH	1.10	0.30	0.46	0.56	0.66	0.87	1.04	1.56	2.60
	1.06	0.24	0.33	0.45	0.53	0.70	0.85	1.40	2.45
	1.00	0.20	0.27	0.37	0.45	0.60	0.77	1.30	2.30

나. 연축전지를 충전하지 않고 정치 중에도 다량으로 가스가 발생했을 때 추정원인은 무엇이겠는가?

다. 축전지와 부하를 충전기(정류기)에 병렬로 접속하여 충전과 방전을 동시에 행하는 방식을 정류기, 연축전지, 부하를 사용하여 회로를 구성하시오.

정답

가. 계산과정

$$C = \frac{1}{L}KI = \frac{1}{0.8}[(0.85 \times 20) + (0.45 \times 45) + (0.24 \times 70)] \fallingdotseq 67.56 \,[\text{Ah}]$$

답 | 67.56 [Ah]

※ 보수율이 주어지지 않았을 때는 <u>0.8</u>을 대입한다.
※ 방전전류가 증가할 때는 축전지용량을 다 더해주면 된다.

나. 불순물이 혼입되었을 때

다.

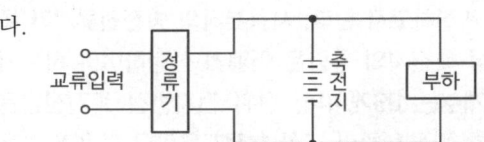

✓ 해설 '가'

- K_1 : 최저허용전압 1.06 에서 30분 시간계수(0.85)
- K_2 : 최저허용전압 1.06 에서 5분 시간계수(0.45)
- K_3 : 최저허용전압 1.06 에서 0.1분 시간계수(0.24)
- I_1, I_2, I_3 : 20 [A], 45 [A], 70 [A]
- $KI = K_1 I_1 + K_2 I_2 + K_3 I_3$

📌 핵심이론   축전지 설비

□ 축전지용량 구하는 식

$$C = \frac{1}{L}KI \,[\text{Ah}]$$

C : 축전지용량 [Ah], L : 보수율(용량저하율)
K : 용량환산시간 [h], I : 방전전류 [A]

□ 충전방식

구분	특징
보통충전방식	필요할 때마다 표준시간율로 충전하는 방식
급속충전방식	단시간에 보통 충전전류의 2 ~ 3배의 전류로 충전하는 방식
세류충전방식	축전지의 방전을 보충하기 위해 부하를 OFF한 상태에서 미소전류로 항상 충전하는 방식
균등충전방식	각 축전지의 전위차를 보정하기 위해 1 ~ 3개월마다 1회 충전하는 방식
부동충전방식	• 축전지의 자기방전을 보충함과 동시에 상용부하에 대한 전력 공급은 충전기가 부담하도록 하되 충전기가 부담하기 어려운 일시적인 대전류 부하는 축전지로 부담하는 방식

구분	특징
부동충전방식	• 축전지와 부하를 충전기에 병렬로 접속하여 사용하는 방식 • 예비전원 설비 중 가장 많이 사용되는 방식 
회복충전방식	축전지의 과방전, 가벼운 셀페이션현상 또는 방치상태 등에서 기능회복을 위해 실시하는 방식

□ 연축전지의 고장과 불량현상의 추정원인

고장	불량현상	추정 원인
초기 고장	전셀의 전압불균형이 크고, 비중이 낮다.	사용 개시 시의 충전 부족
	단전지전압의 비중저하, 전압계 역접	역접속(극성을 반대로 충전)
우발 고장	전해액변색, 충전하지 않고 정치 중에도 다량으로 가스발생	불순물이 혼입되었을 때
	전해액의 감소가 빠르다.	실온이 높다.

TIP ▶ 셀페이션현상 : 배터리를 방전상태로 방치해두면 극판 표면에 유백색의 결정이 생긴다. 이 결정은 부도체의 황산납이며, 이와 같은 현상을 셀페이션현상이라고 한다.

02 배점 8

두 입력상태가 같을 때 출력이 없고 두 입력상태가 다를 때 출력이 생기는 회로를 배타적 논리합(Exclusive OR)회로라 한다. 그림과 같은 배타적 논리합회로에서 다음 각 물음에 답하시오.

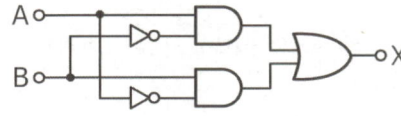

가. 이 회로의 논리식을 쓰시오.

나. 이 회로에 대한 유접점 릴레이회로를 그리시오.

다. 이 회로의 타임차트를 완성하시오.

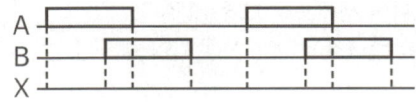

라. 이 회로의 진리표를 완성하시오.

A	B	X

정답

가. $X = A\overline{B} + \overline{A}B$

나.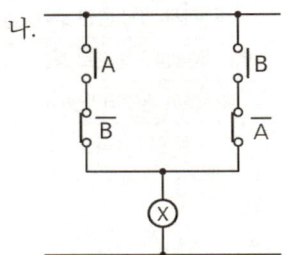

다.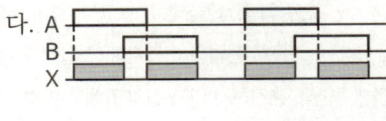

라.

A	B	X
0	0	0
0	1	1
1	0	1
1	1	0

핵심이론 논리회로

게이트	논리회로(논리기호)	논리식	시퀀스회로
XOR (Exclusive OR)	(A, B → X)	$X = A \oplus B$ $= \overline{A}B + A\overline{B}$	

- 두 입력이 다를 때만 출력이 생기므로 타임차트에는 A와 B 둘 중 하나의 입력이 주어졌을 때만 X 출력이 생기도록 그려준다.
- A와 B 동시에 입력이 주어졌을 때는 X 출력이 생기지 않는다.

진리표

A	B	X
0	0	0
0	1	1
1	0	1
1	1	0

03

할론 1301 소화설비를 나타낸 것이다. 다음 각 물음에 답하시오.

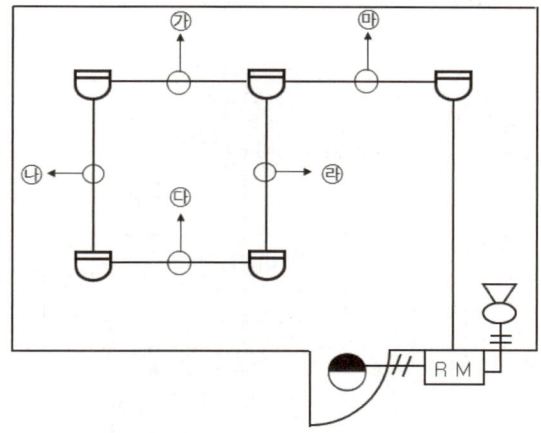

가. 사이렌의 설치목적과 설치위치기준을 쓰시오.

1) 설치목적 :

2) 설치위치 :

나. 방출표시등의 설치목적과 설치위치기준을 쓰시오.

1) 설치목적 :

2) 설치위치 :

정답

가. 1) 설치목적 : 방호구역 내의 인원대피 위함
    2) 설치위치 : 방호구역 내 설치
나. 1) 설치목적 : 약제가 방출되니 실내 진입금지
    2) 설치위치 : 실외 출입구 상부설치(실 밖의 출입문 상부에 설치)

중요

- 가스계소화설비는 감지기회로를 교차회로방식으로 배선한다. 따라서 RM에는 종단저항 2개를 넣어준다(문제에서 종단저항을 표시하라고 했을 때).
- 교차회로방식은 루프와 말단은 4가닥, 나머지는 8가닥이다. 따라서 ㉮, ㉯, ㉰, ㉱는 4가닥, ㉲는 8가닥이다.

04

도면은 소방펌프용 모터의 Y-△기동방식의 미완성 시퀀스 도면이다. 도면을 보고 다음 각 물음에 답하시오.

득점 / 배점 7

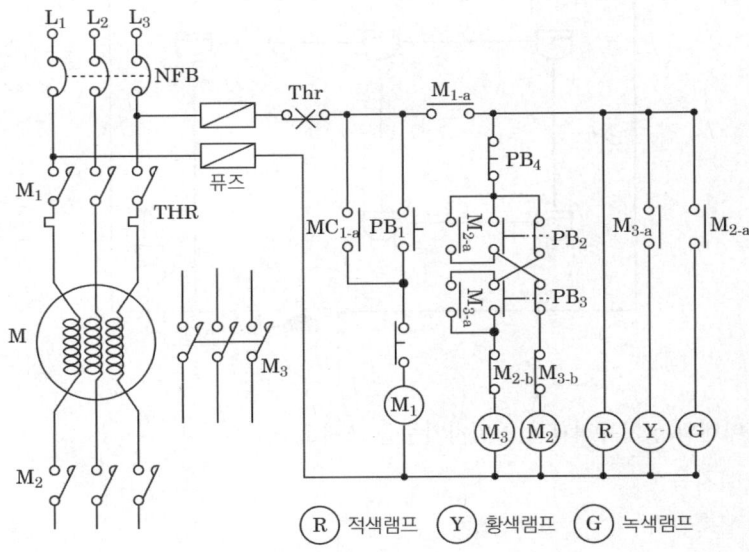

가. 주회로의 미완성 부분을 완성하시오.

나. 회로도에서 표시등의 도시기호 R, Y, G는 각각 어떤 상태를 표시하는지 쓰시오.

정답

가.

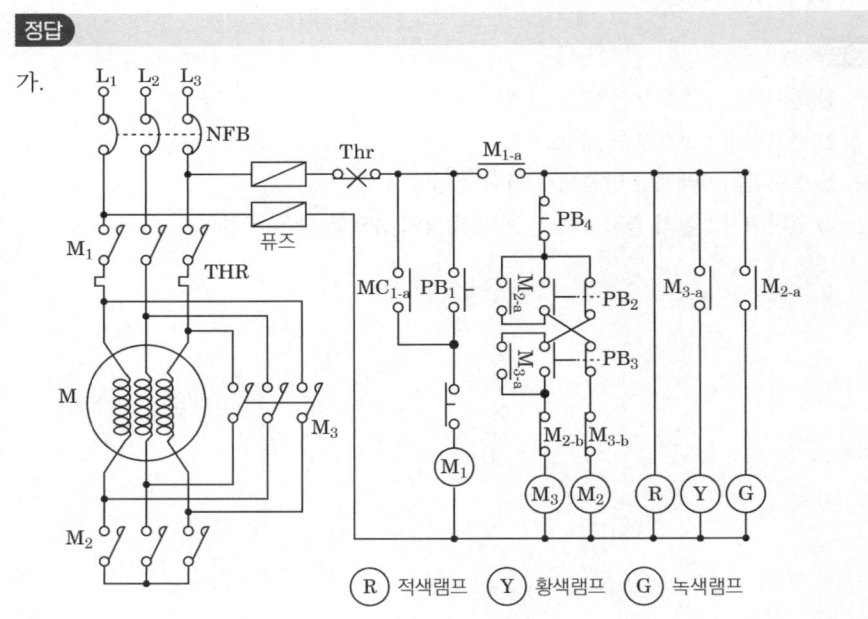

나. 1) R : 운전표시등
　2) Y : △운전 표시등
　3) G : Y기동 표시등

- PB₁을 누르면 M₁이 여자되어 관련 접점인 M$_{1-a}$접점이 붙어서 R램프가 점등된다.
- M₁이 동작되고 있는 상태에서 PB₂스위치를 누르면 M₂가 여자되어 관련 접점인 M$_{2-a}$접점이 붙어서 G램프가 점등된다.
- M₁이 동작되고 있는 상태에서 PB₃스위치를 누르면 M₃가 여자되어 관련 접점인 M$_{3-a}$접점이 붙어서 Y램프가 점등된다.
- M₂와 M₃는 동시동작을 막기 위해 서로 b접점으로써 인터록을 걸어준다.

핵심이론   Y - △제어방식(스타 - 델타)

- Y - △방식 ⇒ △ = 3Y ⇒ Y = 1/3△
- 기동전류를 줄이기 위해 채택하는 방식)
- 3상 주접점을 모두 교체(U V W ⇒ X Y Z) (U ⇒ Z, V ⇒ X, W ⇒ Y)

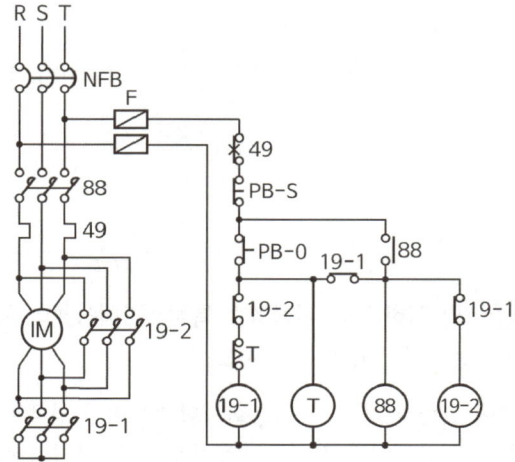

05   배점 6

수신기로부터 배선거리 100 [m]의 위치에 모터사이렌이 접속되어 있다. 사이렌이 명동될 때 사이렌의 단자전압을 구하시오. (단, 수신기는 정전압출력이라고 하고 전선은 2.5 [mm²] HFIX전선이며, 사이렌의 정격전력은 48 [W]라고 가정한다. 전압변동에 의한 부하전류의 변동은 무시한다. 2.5 [mm²]동선의 전기저항은 8.75 [Ω/km]라고 한다)

○ 계산과정 :

○ 답 :

정답

☑ 계산과정

① $I = \dfrac{P}{V} = \dfrac{48}{24} = 2\,[\text{A}]$

② $e(\text{전압강하}) = 2IR = 2 \times 2 \times 0.875 = 3.5\,[\text{V}]$
 ($8.75\,[\Omega/\text{km}] \times 0.1\,[\text{km}] = 0.875\,[\Omega]$)

③ $V_r = 24 - 3.5 = 20.5\,[\text{V}]$

답 | 20.5 [V]

☑ 해설

$I = \dfrac{P}{V}$

동선의 전기저항이 8.75 [Ω/km]이라는 것은 1 [km]일 때 저항이 8.75 [Ω]라는 뜻으로, 배선거리 100 [m]일 때 전기저항을 구해서 대입한다.

핵심이론 전압강하

- 단상 2선식 : $e = V_s - V_r = 2IR\,[\text{V}]$
- 3상 3선식 : $e = V_s - V_r = \sqrt{3}\,IR\,[\text{V}]$

e : 전압강하 [V], V_s : 정격전압 [V], V_r : 단자전압 [V]

06

득점 | 배점 7

각 층의 높이가 4 [m]인 지하 2층, 지상 4층 특정소방대상물이 자동화재탐지설비의 경계구역을 설정하는 경우 물음에 답하시오.

가. 층별 바닥 면적이 그림과 같을 때 자동화재탐지설비의 경계구역을 최소 몇 개로 구분하여 하는지 산출식과 경계구역에 대한 다음 표를 완성하시오. (단, 계단 경사로 및 피트 등의 수직경계구역의 면적을 제외하며, 한 변의 길이는 50 [m]를 초과하지 않는다)

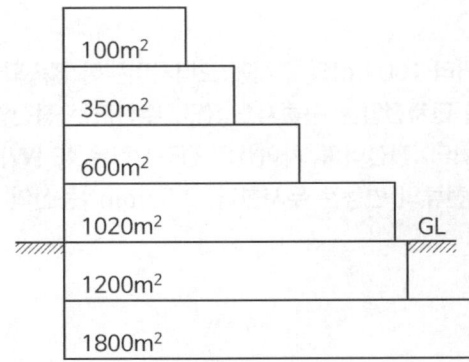

층별	산출식	경계구역 수
4층		
3층		
2층		
1층		
지하 1층		
지하 2층		
경계구역의 합계		

나. 본 특정소방대상물에 엘리베이터와 계단이 각각 1개씩 설치되어 있는 경우 P형 수신기는 몇 회로용을 설치해야 하는지 산출식과 회로 수를 쓰시오.

산출내역	P형 수신기 회로 수

정답

가.

층별	산출식	경계구역 수
4층	100 + 350 = 450 [m²], 2층의 바닥면적의 합계가 500 [m²] 이하이므로 1개의 경계구역으로 산정이 가능하다.	1
3층		
2층	$\frac{600}{600}=1$	1
1층	$\frac{1020}{600}=1.7$	2
지하 1층	$\frac{1200}{600}=2$	2
지하 2층	$\frac{1800}{600}=3$	3
경계구역의 합계		9

나.

산출내역	P형 수신기 회로 수
① 수평적 경계구역 : 9회로 ② 계단 : 2회로 ③ 엘리베이터승강로 : 1회로 　　　　　　　합계 : 12회로	12회로 이상 수신기 사용이므로 15회로 사용

중요 수신기는 5단위이다. 따라서 12회로용 수신기는 없으며 15회로용을 사용한다.

해설 : 자동화재탐지설비 경계구역 설정기준

(1) 수평적 경계구역
- 하나의 경계구역이 2개 이상의 건축물에 미치지 않도록 할 것
- 하나의 경계구역이 2개 이상의 층에 미치지 않도록 할 것
  단, 500 [m²] 이하의 범위 안에서 2개의 층을 하나의 경계구역으로 할 수 있음
- 하나의 경계구역 면적 600 [m²] 이하로 하고 한 변의 길이 50 [m] 이하로 할 것. 단, 주된 출입구에서 그 내부 전체가 보이는 것은 한 변의 길이 50 [m] 범위 내에서 1000 [m²] 이하로 할 수 있음
- 도로터널 : 100 [m] 이하로 할 것(도로터널의 화재안전기술기준 NFTC 603)

(2) 수직적 경계구역
- 계단·경사로 : 별도의 경계구역으로 하며 경계구역 높이 45 [m] 이하로 할 것
- 엘리베이터 승강로(권상기실이 있는 경우에는 권상기실)·린넨슈트·파이프 피트 및 덕트등 : 별도의 경계구역
- 지하층의 계단 및 경사로(지하층의 층수가 1일 경우 제외) : 별도의 경계구역

(3) 기타
- 외기에 면하여 상시 개방된 부분(차고·주차장·창고 등) : 외기에 면하는 각 부분으로부터 5 [m] 미만의 범위 안에 있는 부분은 경계구역 면적에 산입하지 않음
- 스프링클러설비·물분무등소화설비 또는 제연설비의 화재감지장치로서 화재감지기를 설치한 경우의 경계구역은 해당 소화설비의 방사구역 또는 제연구역과 동일하게 설정할 수 있음

07

다음과 같은 장소에 차동식 스포트형 감지기 2종을 설치하는 경우와 광전식 스포트형 2종을 설치하는 경우 최소 감지기 소요개수를 산정하시오. (단, 주요구조부는 내화구조, 감지기의 설치높이는 3 [m]이다)

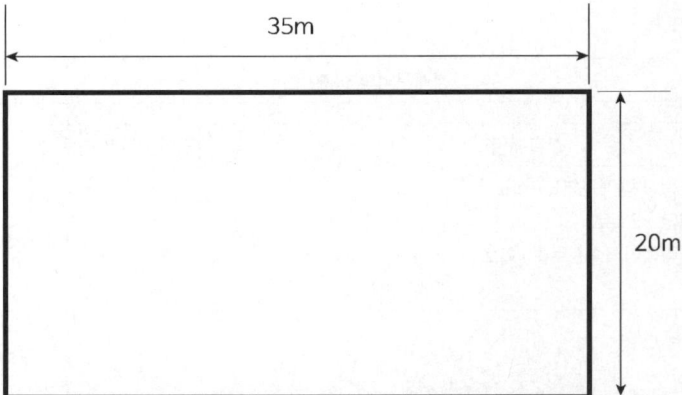

가. 차동식 스포트형 감지기 (2종) 소요개수
- 계산과정 :
- 답 :

나. 광전식 스포트형 감지기(2종) 소요개수
- 계산과정 :
- 답 :

정답

☑ 계산과정

가. $\dfrac{350}{70}$ = 5개, $\dfrac{350}{70}$ = 5개   답 | 10개

나. $\dfrac{300}{150}$ = 2개, $\dfrac{400}{150}$ = 2.6 → 절상해서 3개   답 | 5개

경계구역 면적기준인 600 [m²]를 초과하지 않도록 해당 실의 면적을 먼저 나누어 준 후 감지기 소요개수를 산정한다. 이때, 광전식 스포트형 감지기 소요개수산정에 있어서는 해당 실의 면적을 350으로 각각 나누어서 계산하면 6개가 필요하지만, 300과 400으로 나누어서 계산한다면 최소 개수인 5개가 필요하기 때문에 300과 400으로 나누어서 계산한다.

핵심이론 감지기 설치면적

□ 열감지기 설치면적   (단위 : [m²])

부착높이 및 특정소방대상물의 구분		감지기의 종류						
		차동식 스포트형		보상식 스포트형		정온식 스포트형		
		1종	2종	1종	2종	특종	1종	2종
4 [m] 미만	내화구조	90	70	90	70	70	60	20
	기타구조	50	40	50	40	40	30	15
4 [m] 이상 8 [m] 미만	내화구조	45	35	45	35	35	30	
	기타구조	30	25	30	25	25	15	

□ 연기감지기 설치면적   (단위 : [m²])

부착높이	감지기의 종류	
	1종 및 2종	3종
4 [m] 미만	150	50
4 ~ 20 [m] 미만	75	-

08

배점 3

3선식 배선에 의하여 상시 충전되는 유도등의 전기회로에 점멸기를 설치하는 경우에는 어느 때에 점등되도록 하여야 하는지 그 기준을 3가지만 쓰시오.

①
②
③

정답

① 자동화재탐지설비의 감지기 또는 발신기가 작동되는 때
② 비상경보설비의 발신기가 작동되는 때
③ 상용전원이 정전되거나 전원선이 단선되는 때
④ 방재업무를 통제하는 곳 또는 전기실의 배전반에서 수동으로 점등하는 때
⑤ 자동소화설비가 작동되는 때

핵심이론 유도등

- 3선식 유도등 점등조건 (3선식 배선회로에 점멸기를 설치하는 경우 다음 경우에 점등되어야 함)
  - 자동화재탐지설비의 감지기 또는 발신기가 작동되는 때
  - 비상경보설비의 발신기가 작동되는 때
  - 상용전원이 정전되거나 전원선이 단선되는 때
  - 방재업무 통제하는 곳 또는 전기실 배전반에서 수동점등 때
  - 자동소화설비가 작동되는 때
- 유도등의 결선방법 및 특징
  - 유도등 2선식과 3선식

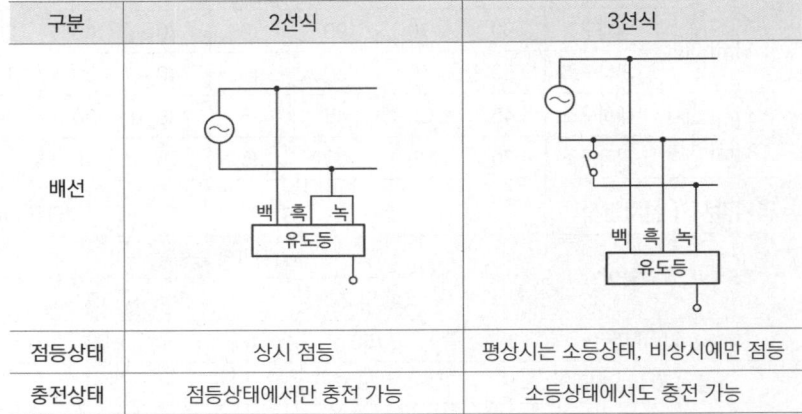

- 유도등 2선식과 3선식 특징

2선식	3선식
• 평상시는 상시 점등 • 전선소모 적음 • 전력소모 많음 • 원격스위치 불필요	• 평상시는 소등상태, 비상시에만 점등 • 전선소모 많음 • 전력소모 적음 • 원격스위치 필요

09

득점 / 배점 5

축광방식의 피난유도선 설치기준 5가지를 쓰시오.

①   ②   ③   ④   ⑤

정답

① 구획된 각 실로부터 주출입구 또는 비상구까지 설치할 것

② 바닥으로부터 높이 50 [cm] 이하의 위치 또는 바닥 면에 설치할 것

③ 피난유도 표시부는 50 [cm] 이내의 간격으로 연속 되도록 설치

④ 부착대에 의하여 견고하게 설치할 것

⑤ 외광 또는 조명장치에 의하여 상시 조명이 제공되거나 비상조명등에 의한 조명이 제공되도록 설치할 것

핵심이론 피난유도선 설치기준

□ 축광방식의 피난유도선 설치기준
- 구획된 각 실로부터 주출입구 또는 비상구까지 설치할 것
- 바닥으로부터 높이 50 [cm] 이하의 위치 또는 바닥 면에 설치할 것
- 피난유도 표시부는 50 [cm] 이내의 간격으로 연속되도록 설치
- 부착대에 의하여 견고하게 설치할 것
- 외광 또는 조명장치에 의하여 상시 조명이 제공되거나 비상조명등에 의한 조명이 제공되도록 설치할 것

[축광방식 피난유도선]

□ 광원점등방식의 피난유도선 설치기준
- 구획된 각 실로부터 주출입구 또는 비상구까지 설치할 것
- 피난유도 표시부는 바닥으로부터 높이 1 [m] 이하의 위치 또는 바닥 면에 설치할 것
- 피난유도 표시부는 50 [cm] 이내의 간격으로 연속되도록 설치하되 실내장식물 등으로 설치가 곤란할 경우 1 [m] 이내로 설치할 것
- 수신기로부터의 화재신호 및 수동조작에 의하여 광원이 점등되도록 설치할 것
- 비상전원이 상시 충전상태를 유지하도록 설치할 것
- 바닥에 설치되는 피난유도 표시부는 매립하는 방식을 사용할 것
- 피난유도 제어부는 조작 및 관리가 용이하도록 바닥으로부터 0.8 [m] 이상 1.5 [m] 이하의 높이에 설치할 것

[광원점등방식 피난유도선]

10 [배점 3]

특정소방대상물에 설치된 수신기에서 스위치주의등이 점멸되고 있다. 그 원인 2가지를 쓰시오.

① ②

정답

① 지구경종 정지스위치 누름, ② 주경종 정지스위치 누름

핵심이론 P형 수신기의 스위치주의등

□ P형 수신기의 스위치주의등이 점멸되는 경우
- 지구경종스위치 ON
- 주경종스위치 ON
- 자동복구스위치 ON
- 도통시험스위치 ON
- 동작시험스위치 ON

□ P형 수신기의 스위치주의등이 점멸하지 않는 경우
- 복구스위치 ON
- 예비전원스위치 ON

11

득점 □ 배점 8

어떤 건물에 대한 소방설비의 배선도면을 보고 다음 각 물음에 답하시오. (단, 배선공사는 후강전선관을 사용한다고 한다)

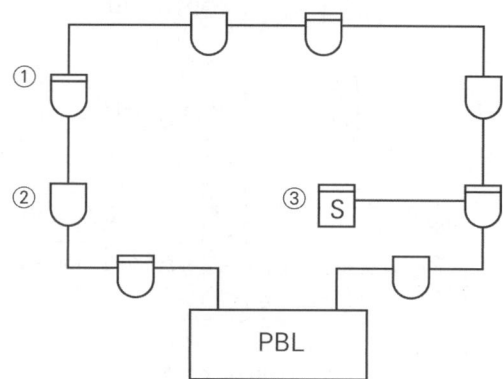

가. 도면에 표시된 그림기호 ① ~ ③의 명칭은 무엇인가?
  ①
  ②
  ③

나. 로크너트 및 부싱은 몇 개가 소요되겠는가?

정답

가. ① 차동식 스포트형 감지기
   ② 정온식 스포트형 감지기
   ③ 연기감지기
나. 부싱 : 20개
   로크너트 : 40개

☑ 해설 '나'
  • 부싱 : 금속관 끝에 취부하므로 금속관 1개소에 2개 사용, 10 × 2 = 20개
  • 로크너트 : 금속관과 박스를 접속할 때 사용하는 재료로 최소 2개 사용
    부싱 취급 개소에 2개 사용, 20 × 2 = 40개
    ※ 부싱 개수의 2배만큼 필요
  • 부싱, 로크너트 제외 : 전선관 상승, 전선관 인하, 전선관 소통

핵심이론 도시기호

□ 소방용 기계·기구 도시기호

명칭	도시기호	명칭	도시기호
정온식 스포트형 감지기	∪	차동식 스포트형 감지기	∪
발신기셋트 단독형	Ⓟ Ⓑ Ⓛ	연기감지기	S

□ 금속관공사재료

명칭	외형	설명
부싱 (Bushing)		전선의 절연피복을 보호하기 위하여 금속관 끝에 취부하여 사용되는 부품
로크너트 (Lock Nut)		금속관과 박스를 접속할 때 사용하는 재료로 최소 2개를 사용
후강전선관		• 콘크리트 매입 배관용으로 사용되는 강관 • 관의 호칭은 안지름의 근사치짝수로 표시 (16, 22, 28, 36, 42, 54 [mm]……)

12

3상 380 [V]에 사용하는 정격소비전력 10 [kW] 전열기의 부하전류를 측정하기 위하여 300/5의 변류기를 사용하였다면 전류계의 2차 측 변류기 지시값은 몇 [A]이겠는가?

○ 계산과정 :

○ 답 :

정답

☑ 계산과정

- 부하전류 [A] $I = \dfrac{P}{\sqrt{3}\,V\cos\theta} = \dfrac{10 \times 10^3}{\sqrt{3} \times 380 \times 1} = 15.193\,[A]$

- 전류계 지시전류 $I = \dfrac{부하전류}{변류비} = \dfrac{15.193}{\dfrac{300}{5}} = 0.25\,[A]$

답 | 0.25 [A]

✓ 해설
- 전열기의 $\cos\theta = 1$

핵심이론 전력공식

방식	공식
단상 2선식	$P = VI\cos\theta$ P : 전력 [W], V : 전압 [V], I : 전류 [A], $\cos\theta$: 역률
3상 3선식	$P = \sqrt{3}VI\cos\theta$ P : 전력 [W], V : 전압 [V], I : 전류 [A], $\cos\theta$: 역률

중요 ▶ 3상이므로 $P = 3VI\cos\theta$의 공식을 사용하며, 문제에서 상에 걸리는 전압, 상에 흐르는 전류라는 언급이 따로 없으므로 선간전압과 선전류인 $P = \sqrt{3}VI\cos\theta$공식을 이용한다.

13

득점 [ ] 배점 5

다음 유접점 논리회로를 보고 다음 각 물음에 답하시오.

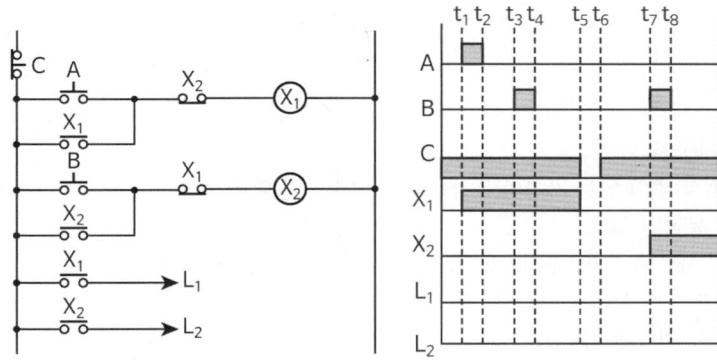

가. 그림과 같은 타이밍으로 입력이 주어졌을 때 램프 L_1, L_2의 상태를 타임 차트로 표시하시오.

나. 이런 동작을 하는 회로를 무슨 회로라 하는가?

다. 릴레이 X_1의 b접점과 릴레이 X_2의 b접점은 어떤 관계에 있는 접점이라 할 수 있는가?

정답

가.

```
      t₁t₂  t₃t₄   t₅t₆   t₇t₈
  A   ▨
  B          ▨            ▨
  C       ▨▨▨▨▨▨▨    ▨▨▨▨▨▨
  X₁     ▨▨▨▨▨▨
  X₂                      ▨▨▨
  L₁     ▨▨▨▨▨▨
  L₂                      ▨▨▨
```

- A의 입력이 주어지면 X_1이 여자되어 관련 접점인 X_{1-a}접점이 동작해서 자기 유지된다. 이때, C를 눌러서 수동으로 원상복구시키기 전까지 램프 L_1이 점등된다.
- B의 입력이 주어지면 X_2가 여자되어 관련 접점인 X_{2-a}접점이 동작해서 자기 유지된다.
- X_1과 X_2는 X_{1-b}접점, X_{2-b}접점으로써 서로 인터록을 걸어준다.

나. 병렬우선회로

다. 인터록 접점

☑ 해설 : 인터록회로
- 상호 관련이 있는 기기의 동작을 서로 구속하는 회로기기의 보호와 조작자의 안전이 목적인 회로
- 병렬회로에 상호 b접점(Normal Close)을 두어 R_1과 R_2의 동시투입방지
  (1) PB_1이 ON되면 릴레이 R_1이 여자되고 R_1의 a 접점이 폐로되고 또한 램프 L_1이 점등된다.
  (2) 이때 PB_2를 ON시켜도 릴레이 R_2와 램프 L_2는 R_1의 b접점이 단전되기 때문에 작동할 수 없음
  ※ 하나의 릴레이가 동작하면 다른 릴레이는 동작이 금지됨

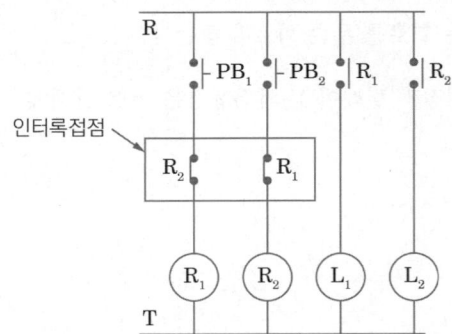

14

누전경보기에 다음 각 물음에 답하시오.

가. 누전경보기의 공칭작동전류치의 정의를 쓰시오.

나. 누전경보기의 공칭작동전류치는 몇 [mA] 이하이어야 하는가?

> 배점 4

정답

가. 누전경보기를 작동시키기 위하여 필요한 누설전류의 값으로서 제조자에 의하여 표시되는 값

나. 200 [mA] 이하

핵심이론 | 누전경보기의 화재안전기준

□ 누전경보기 전원
- 전원은 분전반으로부터 전용회로로 하고, 각 극에 개폐기 및 15 [A] 이하의 과전류차단기(배선용 차단기에 있어서는 20 [A] 이하의 것으로 각 극을 개폐할 수 있는 것)를 설치할 것
- 전원을 분기할 때에는 다른 차단기에 따라 전원이 차단되지 아니하도록 할 것
- 전원의 개폐기에는 누전경보기용임을 표시한 표지를 할 것

□ 음향장치
  사용전압 80 [%]에서 음향을 발생할 것(※ 80 [%] 이상이 아님을 주의할 것)

□ 기타 기술기준
- 공칭작동전류치 : 공칭작동전류치 200 [mA] 이하일 것
- 감도조정장치(감도절환부) : 최대 1 [A](조정범위 0.2, 0.5, 1 [A] 구분)

□ 절연저항시험
- 측정장치 : DC 500 [V]의 절연저항계
- 절연저항시험 : 5 [MΩ] 이상
- 측정위치
  ① 절연된 1차 권선과 2차 권선 간의 절연저항
  ② 절연된 1차 권선과 외부금속부 간의 절연저항
  ③ 절연된 2차 권선과 외부금속부 간의 절연저항

15

배점 4

다음은 내화구조의 금속관공사방법이다. 빈칸 안의 내용을 쓰시오.

> 금속관·2종 금속제 가요전선관 또는 합성 수지관에 수납하여 내화구조로 된 벽 또는 바닥 등에 벽 또는 바닥의 표면으로부터 (㉠)의 깊이로 매설하여야 한다. 다만 다음 각 목의 기준에 적합하게 설치하는 경우에는 그러하지 아니하다.
> 1. 배선을 (㉡)을 갖는 배선전용실 또는 배선용 샤프트·피트·덕트 등에 설치하는 경우
> 2. 배선전용실 또는 배선용 샤프트·피트·덕트 등에 다른 설비의 배선이 있는 경우에는 이로부터 (㉢) 떨어지게 하거나 소화설비의 배선과 이웃하는 다른 설비의 배선 사이에 배선지름(배선의 지름이 다른 경우에는 가장 큰 것을 기준)의 (㉣)의 높이의 (㉤)을 설치하는 경우

정답

㉠ 25 [mm] 이상, ㉡ 내화성능, ㉢ 15 [cm] 이상, ㉣ 1.5배 이상, ㉤ 불연성 격벽

핵심이론 소방배선 공사방법

- 내화배선 : 금속관·2종 금속제 가요전선관 또는 합성수지관에 수납하여 내화구조로 된 벽 또는 바닥 등에 벽 또는 바닥의 표면으로부터 25 [mm] 이상의 깊이로 매설
- 내열배선 : 금속관·금속제 가요전선관·금속덕트 또는 케이블 공사방법
- 다만 다음 각 기준에 적합하게 설치하는 경우에는 그러하지 아니하다.
  ① 배선을 내화성능을 갖는 배선전용실 또는 배선용 샤프트·피트·덕트 등에 설치하는 경우
  ② 배선전용실 또는 배선용 샤프트·피트·덕트 등에 다른 설비의 배선이 있는 경우에는 이로부터 15 [cm] 이상 떨어지게 하거나 소화설비의 배선과 이웃하는 다른 설비의 배선 사이에 배선지름(배선의 지름이 다른 경우에는 가장 큰 것을 기준으로 한다)의 1.5배 이상의 높이의 불연성 격벽을 설치하는 경우
- 내화전선·내열전선은 케이블 공사의 방법에 따라 설치

16

다음은 유도등 및 유도표지의 종류이다. 빈칸 안의 내용을 쓰시오.

설치장소	유도등 및 유도표지의 종류
1. 공연장·집회장(종교집회장 포함)·관람장·운동시설	(㉠)
2. 유흥주점영업시설(「식품위생법」 시행령 제21조 제8호 라목의 유흥주점영업중 손님이 춤을 출 수 있는 무대가 설치된 카바레, 나이트클럽 또는 그 밖에 이와 비슷한 영업시설만 해당한다)	
3. 위락시설·판매시설 운수시설·「관광진흥법」 제3조 제1항 제2호에 따른 관광숙박업·의료시설·장례식장·방송통신시설·전시장·지하상가·지하철역사	(㉡)
4. 숙박시설(제3호의 관광숙박업 외의 것을 말한다)·오피스텔	(㉢)
5. 제1호부터 제3호까지 외의 건축물로서 지하층·무창층 또는 층수가 11층 이상인 특정소방대상물	
6. 제1호부터 제5호까지 외의 건축물로서 근린생활시설·노유자시설·업무시설·발전시설·종교시설(집회장 용도로 사용하는 부분 제외)·교육연구시설·수련시설·공장·교정 및 군사시설(국방·군사시설 제외)·자동차정비공장·운전학원 및 정비학원·다중이용업소·복합건축물	(㉣)
7. (㉤)	(㉥)

[비고]
1. 소방서장은 특정소방대상물의 위치·구조 및 설비의 상황을 판단하여 대형피난구유도등을 설치하여야 할 장소에 중형피난구유도등 또는 소형피난구유도등을 설치하게 할 수 있다.
2. 복합건축물의 경우 주택의 세대 내에는 유도등을 설치하지 아니할 수 있다.

정답

㉠ 대형피난구유도등, 통로유도등, 객석유도등

㉡ 대형피난구유도등, 통로유도등

㉢ 중형피난구유도등, 통로유도등

㉣ 소형피난유도등, 통로유도등

㉤ 그 밖의 것

㉥ 피난구유도표지, 통로유도표지

핵심이론 용도별 설치해야 할 유도등·유도표지

설치장소	유도등 및 유도표지의 종류
1. 공연장·집회장(종교집회장 포함)·관람장·운동시설 2. 유흥주점영업시설(유흥주점영업중 손님이 춤을 출 수 있는 무대가 설치된 카바레, 나이트클럽 등 영업시설만 해당)	• 대형피난구유도등 • 통로유도등 • 객석유도등
3. 위락시설·판매시설·운수시설·관광숙박업·의료시설·장례식장·방송통신시설·전시장·지하상가·지하철역사	• 대형피난구유도등 • 통로유도등
4. 숙박시설(관광숙박업 외의 것)·오피스텔 5. 1~3 외 건축물로서 지하층·무창층 또는 층수가 11층 이상 특정소방대상물	• 중형피난구유도등 • 통로유도등
6. 1~5 외 건축물로서 근린생활시설·노유자시설·업무시설·발전시설·종교시설(집회장 용도로 사용하는 부분 제외)·교육연구시설·수련시설·공장·교정 및 군사시설(국방·군사시설 제외)·자동차정비공장·운전학원 및 정비학원·다중이용업소·복합건축물	• 소형피난구유도등 • 통로유도등
7. 그 밖의 것	• 피난구유도표지 • 통로유도표지

[비고]
1. 소방서장은 특정소방대상물의 위치·구조 및 설비의 상황을 판단하여 대형피난구유도등을 설치하여야 할 장소에 중형피난구유도등 또는 소형피난구유도등을 설치하게 할 수 있다.
2. 복합건축물의 경우 주택의 세대 내에는 유도등을 설치하지 아니할 수 있다.

※ 공동주택에는 소형피난구유도등을 설치한다.

17

감지기회로의 종단저항 설치기준 3가지를 쓰시오.

득점 ___ 배점 3

①

②

③

정답

① 점검 및 관리가 쉬운 장소에 설치할 것
② 전용함 설치 시 바닥으로부터 1.5 [m] 이내의 높이에 설치할 것
③ 감지기회로의 끝부분에 설치하며, 종단감지기에 설치할 경우에는 구별이 쉽도록 해당 감지기의 기판 및 감지기외부 등에 별도의 표시를 할 것

> 📌 **핵심이론** 감지기회로 도통시험을 위한 종단저항 설치기준
> - 점검 및 관리가 쉬운 장소에 설치할 것
> - 전용함 설치 시 바닥으로부터 1.5 [m] 이내의 높이에 설치할 것
> - 감지기회로의 끝부분에 설치하며, 종단감지기에 설치할 경우에는 구별이 쉽도록 해당 감지기의 기판 및 감지기 외부 등에 별도의 표시를 할 것

18

답안지에 주어진 지상 11층, 지하 3층인 건물에 발화층 및 직상 4개의 층 우선경보방식에 의하여 경보하고자 한다. 다이오드 메소드방식으로 회로를 완성하시오.

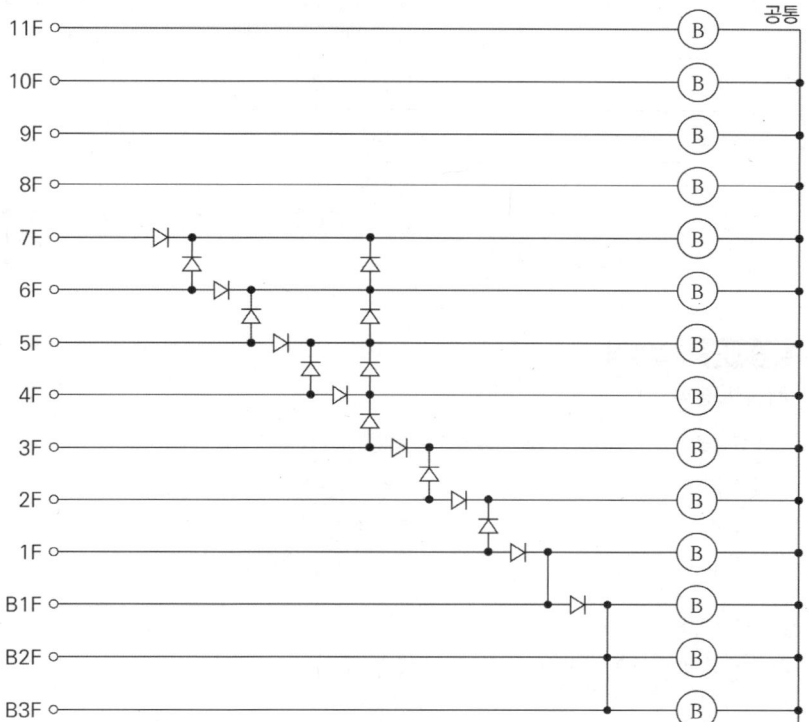

정답

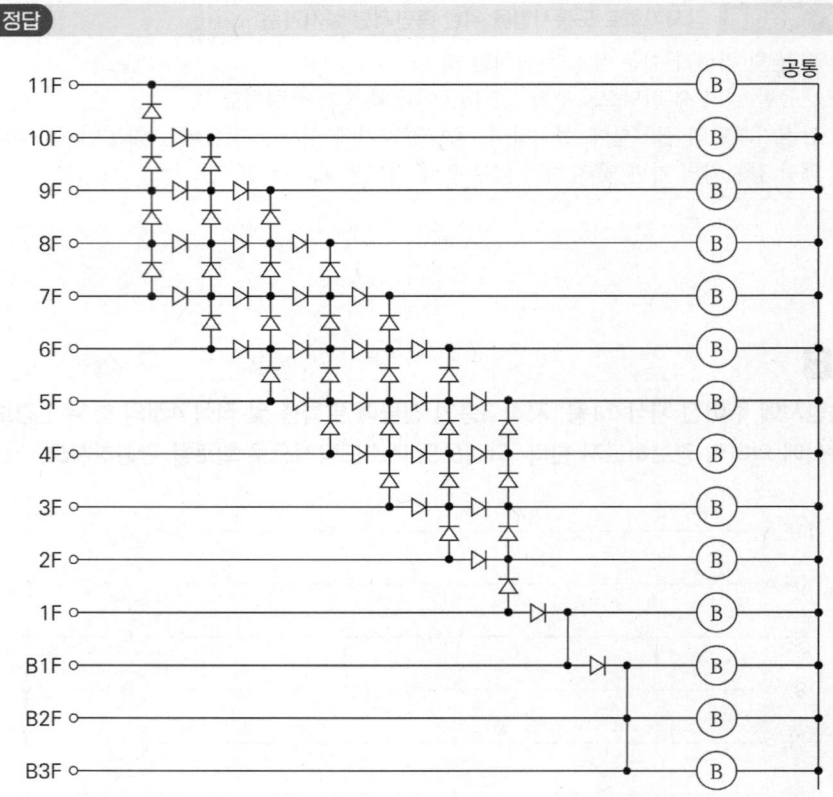

핵심이론 경보방식

- 우선경보방식

발화층	11층 이상인 특정소방대상물 (공동주택일 경우 16층 이상)
2층 이상	발화층, 직상 4개 층
1층	발화층, 직상 4개 층, 지하층
지하층	발화층, 직상층, 기타 지하층

- 일제경보방식
  소규모 소방대상물에서 화재 시 전 층에 동시 경보

모아바 www.moa-ba.com
모아소방전기학원 www.moate.co.kr

격차를 뛰어넘어 압도적인 격차를 만들다

2020

1,2회	2020.05.09
3회	2020.07.25
4회	2020.10.10
5회	2020.11.14

2020년 1, 2회

2020.05.09

01

그림과 같은 논리회로를 보고 각 물음에 답하시오.

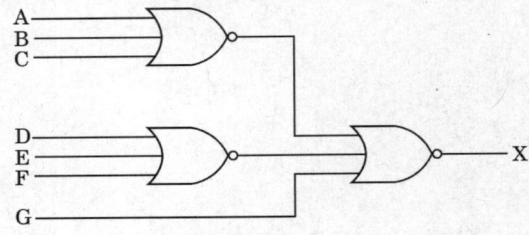

가. 논리식으로 표현하시오.

나. AND, OR, NOT회로를 이용한 등가회로로 그리시오.

다. 유접점(릴레이)회로로 그리시오.

정답

가. $X = (A+B+C) \cdot (D+E+F) \cdot \overline{G}$

✅ 해설

$$X = \overline{\overline{(A+B+C)} + \overline{(D+E+F)} + G}$$
$$= (A+B+C) \cdot (D+E+F) \cdot \overline{G}$$

나.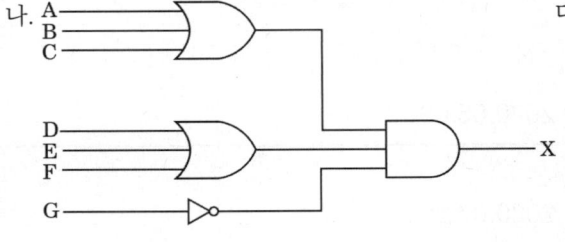

다.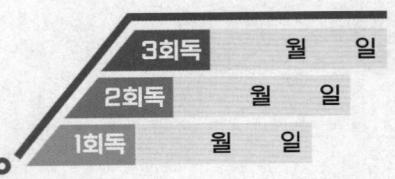

TIP 덧셈은 병렬로, 곱셈은 직렬로 그리며 NOT은 b접점으로 그린다.

핵심이론 논리회로

□ 드 모르간의 정리

논리식	논리식
$\overline{A+B} = \overline{A} \cdot \overline{B}$	$\overline{A \cdot B} = \overline{A} + \overline{B}$

□ 논리회로

명칭	논리식	논리회로	유접점회로
AND 회로	$X = A \times B$ $X = A \cdot B$	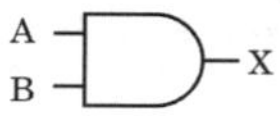	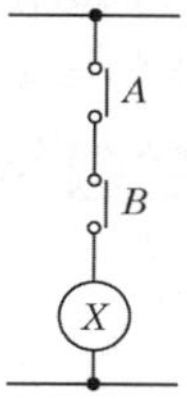
OR 회로	$X = A + B$		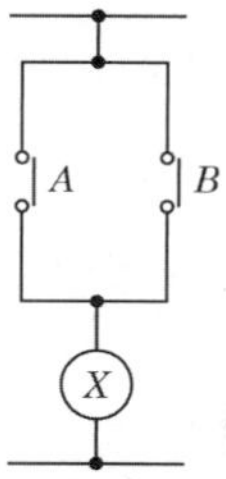
NOT 회로	$X = \overline{A}$	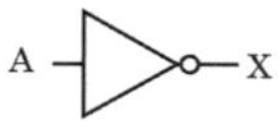	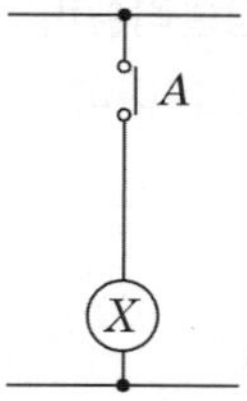

02

득점 □ 배점 5

펌프용 전동기로 매분당 1.6 [m³]의 물을 높이 80 [m]인 탱크에 양수하려고 한다. 이때 전동기의 용량은 몇 [kW]인가? (단, 전동기 효율은 75 [%]이고 여유율은 10 [%]이다)

○ 계산과정 :

○ 답 :

정답

☑ 계산과정

$$P = \frac{9.8 \times 1.1 \times 1.6 \times 80}{0.75 \times 60} = 30.663 ≒ 30.66 \text{ [kW]}$$

답 | 30.66 [kW]

☑ 해설
- K : 여유율 10 [%] = 110 [%] = 1.1
- Q : 매분당 1.6 [m³] = 1.6/60 [m³/s]

※ [kW]는 초당 단위이므로 60을 나누어준다.

핵심이론 전동기용량을 구하는 식

$$P = \frac{9.8KQH}{\eta\, t} = \frac{9.8\, K \times Q[m^3/min] \times H}{\eta \times 60} \text{[kW]}$$

P : 전동기용량 [kW], K : 여유계수, Q : 유량 [m³]
H : 전양정 [m], η : 효율, t : 시간 [s]

03 배점 3

스프링클러설비의 음향장치는 정격전압의 몇 [%] 전압에서 음향을 발할 수 있는 것으로 하여야 하는가?

정답

80 [%]

핵심이론 음향장치 구조 및 성능(스프링클러, 간이스프링클러, 화재조기진압용 스프링클러설비)
- 정격전압의 80 [%] 전압에서 음향을 발할 수 있는 것으로 할 것
- 음량은 부착된 음향장치의 중심으로부터 1 [m] 떨어진 위치에서 90 [dB] 이상이 되는 것으로 할 것

04

누전경보기의 구성요소 4가지와 각각의 기능에 대하여 답란에 쓰시오.

구성요소	기능

정답

구성요소	기능
영상변류기	누설전류 검출
수신기	누설전류 증폭
음향장치	누전 시 경보 발생
차단기(차단릴레이 포함)	누설전류 발생 시 전원차단

핵심이론 누전경보기 용어의 정의

- "누전경보기"란 내화구조가 아닌 건축물로서 벽, 바닥 또는 천장의 전부나 일부를 불연재료 또는 준불연재료가 아닌 재료에 철망을 넣어 만든 건물의 전기설비로부터 누설전류를 탐지하여 경보를 발하는 기기로서, 변류기와 수신부로 구성된 것을 말한다.
- "수신부"란 변류기로부터 검출된 신호를 수신하여 누전의 발생을 해당 특정소방대상물의 관계인에게 경보하여주는 것(차단기구를 갖는 것을 포함한다)을 말한다.
- "변류기"란 경계전로의 누설전류를 자동적으로 검출하여 이를 누전경보기의 수신부에 송신하는 것을 말한다.
- "경계전로"란 누전경보기가 누설전류를 검출하는 대상 전선로를 말한다.
- "과전류차단기"란 「전기설비기술기준의 판단기준」 제38조와 제39조에 따른 것을 말한다.
- "분전반"이란 배전반으로부터 전력을 공급받아 부하에 전력을 공급해주는 것을 말한다.
- "인입선"이란 「전기설비기술기준」 제3조 제1항 제9호에 따른 것으로서, 배전선로에서 갈라져서 직접 수용장소의 인입구에 이르는 부분의 전선을 말한다.
- "정격전류"란 전기기기의 정격출력상태에서 흐르는 전류를 말한다.

05

배점 5

어느 특정소방대상물에 자동화재탐지설비용 공기관식 차동식 분포형 감지기를 설치하려고 한다. 다음 각 물음에 답하시오.

가. 공기관의 노출 부분은 감지구역마다 몇 [m] 이상으로 하여야 하는가?

나. 하나의 검출 부분에 접속하는 공기관의 길이는 몇 [m] 이하로 하여야 하는가?

다. 공기관과 감지구역의 각 변과의 수평거리는 몇 [m] 이하이어야 하는가?

라. 공기관 상호 간의 거리는 몇 [m] 이하이어야 하는가? (단, 주요구조부가 비내화구조이다)

마. 공기관의 두께와 바깥지름은 각각 몇 [mm] 이상인가?
  1) 두께 :
  2) 바깥지름 :

정답

가. 20 [m] 이상
나. 100 [m] 이하
다. 1.5 [m] 이하
라. 6 [m] 이하
마. 1) 두께 : 0.3 [mm] 이상
    2) 바깥지름 : 1.9 [mm] 이상

핵심이론 공기관식 차동식 분포형 감지기 설치기준

□ 공기관식
- 작동원리 : 감열실 내 온도 상승(급격한 온도 상승) → 공기관 내부 공기 팽창 → 다이어프램 밀어 올려 접점 붙음
- 구조 : 수열부 – 공기관, 검출부 – 리크구멍(비화재보방지), 다이어프램, 접점, 시험장치

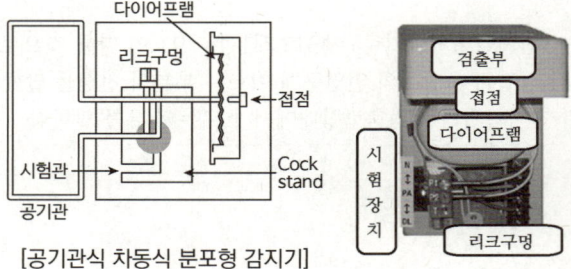

[공기관식 차동식 분포형 감지기]

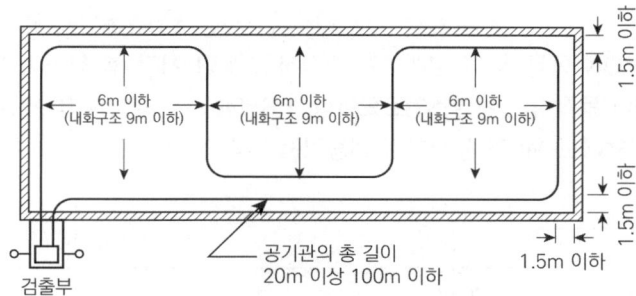

검출부

- 공기관의 노출부분은 감지구역마다 20 [m] 이상이 되도록 할 것
- 공기관과 감지구역의 수평거리는 1.5 [m] 이하가 되도록 할 것
- 공기관 상호 간의 거리는 6 [m](내화구조 9 [m]) 이하가 되도록 할 것
- 공기관은 도중에서 분기하지 않도록 할 것
- 하나의 검출부에 접속하는 공기관 길이는 100 [m] 이하로 할 것
- 검출부는 바닥에서 0.8 [m] 이상 ~ 1.5 [m] 이하에 위치하며, 5° 이상 경사되지 않도록 할 것

06

득점 ___ 배점 4

차동식 분포형 감지기의 종류 3가지를 쓰시오.

① ② ③

정답

① 공기관식, ② 열전대식, ③ 열반도체식

핵심이론 감지기 종류

- 열 감지기 : 화재에 의해 발생되는 열을 감지하여 화재신호를 발신하는 감지기
  ① 차동식 스포트형 감지기(1종, 2종) : 공기팽창방식, 열기전력 이용방식, 열반도체 이용방식
  ② 차동식 분포형 감지기(1종, 2종) : 공기관식, 열전대식, 열반도체식
  ③ 정온식 스포트형 감지기(특종, 1종, 2종)
  ④ 정온식 감지선형 감지기(특종, 1종, 2종)
  ⑤ 보상식 스포트형 감지기(1종, 2종)
- 연기 감지기 : 화재에 의해 발생되는 연기를 감지하여 화재신호를 발신하는 감지기
  ① 이온화식 스포트형 감지기(1종, 2종, 3종)[축적, 비축적]
  ② 광전식 감지기(1종, 2종, 3종) : 스포트형, 분리형, 공기흡입형[축적, 비축적]
- 복합형 감지기 : 열 복합식, 연기 복합식, 불꽃 복합식
- 불꽃 감지기 : 자외선식, 적외선식, 자외선/적외선 겸용식

07

다음은 PB-ON 동작 시 X 릴레이가 동작하고 세팅 시간 후 타이머가 동작하여 MC에 전원이 동작하는 시퀀스회로도이다. PB-ON스위치 ON 후 X 릴레이와 타이머가 소자되어도 MC가 동작하여 전동기는 계속 회전할 수 있도록 시퀀스를 수정하시오.

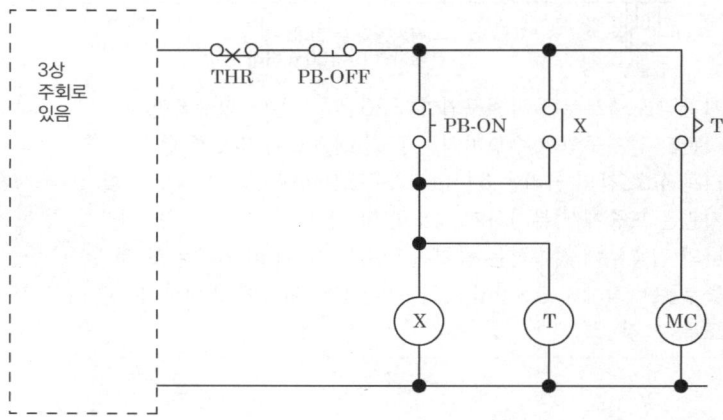

정답

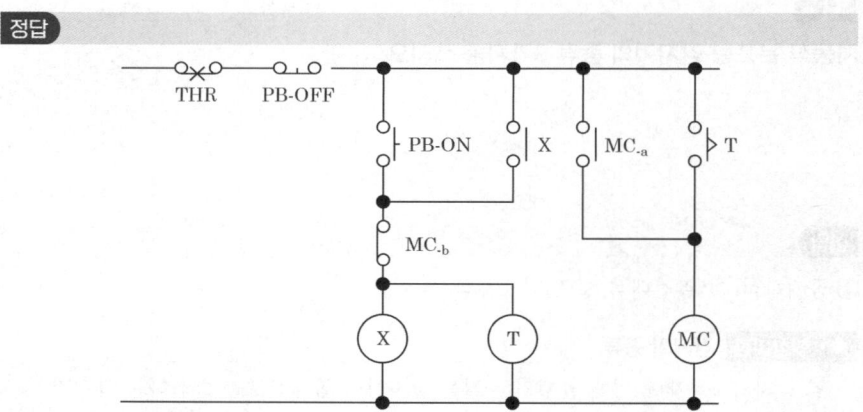

☑ 해설
- PB-ON 동작 시 X 릴레이와 타이머 T가 여자되고, X접점이 폐로되어 자기유지된다.
- 한시접점 타이머가 작동하면 전자접촉기 MC가 여자되고, MC_{-b}접점은 개로되어 X 릴레이와 타이머 T가 소자되며, MC_{-a}접점은 폐로되어 자기유지되고 전동기가 작동한다.
- 전동기 과부하로 인한 THR 작동 및 PB-OFF 누름 시 전자접촉기 MC가 소자되어 전동기가 정지한다.

08

청각장애인용 시각경보장치의 설치기준을 3가지만 쓰시오.

①

②

③

정답

① 복도·통로·청각장애인용 객실 및 공용으로 사용하는 거실에 설치하며, 각 부분에서 유효하게 경보를 발할 수 있는 위치에 설치
② 공연장·집회장·관람장 또는 이와 유사한 장소에 설치하는 경우에는 시선이 집중되는 무대부 부분 등에 설치
③ 바닥으로부터 2 [m] 이상 2.5 [m] 이하의 높이에 설치할 것. 단, 천장높이가 2 [m] 이하는 천장에서 0.15 [m] 이내의 장소에 설치

핵심이론 시각경보장치의 설치기준

- 복도·통로·청각장애인용 객실 및 공용으로 사용하는 거실에 설치하며, 각 부분에서 유효하게 경보를 발할 수 있는 위치에 설치할 것
- 공연장·집회장·관람장 또는 이와 유사한 장소에 설치하는 경우에는 시선이 집중되는 무대부 부분 등에 설치할 것
- 바닥으로부터 2 [m] 이상 2.5 [m] 이하의 높이에 설치할 것
  단, 천장높이가 2 [m] 이하는 천장에서 0.15 [m] 이내의 장소에 설치

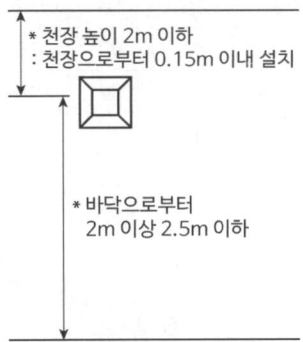

- 광원은 전용의 축전지설비 또는 전기저장장치에 의하여 점등되도록 할 것
  단, 시각경보기에 작동전원을 공급할 수 있도록 형식승인을 얻은 수신기를 설치한 경우는 제외

09

답안지 표의 빈칸은 바닥면적을 표시하며, 이 바닥면적마다 1개 이상의 자동화재탐지설비용 감지기를 설치하여야 한다. 빈칸을 완성하시오.

부착높이 및 특정소방대상물의 구분		감지기의 종류						
		차동식 스포트형		보상식 스포트형		정온식 스포트형		
		1종	2종	1종	2종	특종	1종	2종
4 [m] 미만	내화구조	90	70	①	70	②	60	20
	기타구조	③	40	50	④	40	30	15
4 [m] 이상 8 [m] 미만	내화구조	45	35	45	35	⑤	⑥	
	기타구조	30	⑦	30	25	25	⑧	

정답

①	②	③	④	⑤	⑥	⑦	⑧
90	70	50	40	35	30	25	15

핵심이론 감지기 설치면적

□ 열감지기 설치면적 (단위 : [m²])

부착높이 및 특정소방대상물의 구분		감지기의 종류						
		차동식 스포트형		보상식 스포트형		정온식 스포트형		
		1종	2종	1종	2종	특종	1종	2종
4 [m] 미만	내화구조	90	70	90	70	70	60	20
	기타구조	50	40	50	40	40	30	15
4 [m] 이상 8 [m] 미만	내화구조	45	35	45	35	35	30	
	기타구조	30	25	30	25	25	15	

□ 연기감지기 설치면적 (단위 : [m²])

부착높이	감지기의 종류	
	1종 및 2종	3종
4 [m] 미만	150	50
4 ~ 20 [m] 미만	75	-

※ 감지기는 복도 및 통로에 있어서는 보행거리 30 [m](3종에 있어서는 20 [m])마다, 계단 및 경사로에 있어서는 수직거리 15 [m](3종에 있어서는 10 [m])마다 1개 이상으로 할 것

10

| 득점 | | 배점 | 8 |

다음 도면은 자동화재탐지설비와 준비작동식 스프링클러설비가 함께 설치된 계통도이다. 도면을 참조하여 각 물음에 답하시오. (단, 전원공통선과 감지기공통선은 분리하여 사용하고 프리액션밸브에 설치하는 압력스위치, 탬퍼스위치, 솔레노이드밸브의 공통선은 1가닥을 사용하고 경종과 표시등 공통선을 하나로 한다)

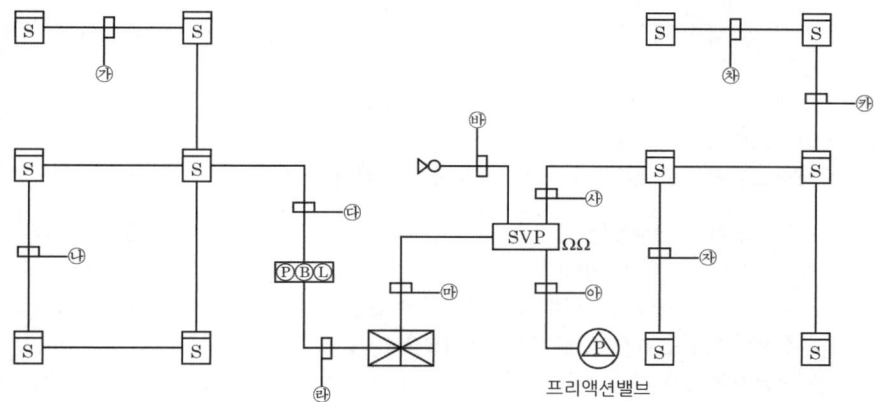

가. 도면을 보고 아래 빈칸에 ㉮ ~ ㉷까지의 배선 가닥 수를 쓰시오.

번호	㉮	㉯	㉰	㉱	㉲	㉳	㉴	㉵	㉶	㉷	㉸
가닥 수											

나. 기호 ㉲의 배선별 용도를 쓰시오.

정답

가.

번호	㉮	㉯	㉰	㉱	㉲	㉳	㉴	㉵	㉶	㉷	㉸
가닥 수	4	2	4	6	9	2	8	4	4	4	8

나. 전원 ⊕ · ⊖, 감지기 A · B, 감지기공통 1, 솔레노이드밸브 1, 압력스위치 1, 탬퍼스위치 1, 사이렌 1

☑ 해설 : 전선 가닥 수 및 용도

기호	가닥 수	배선내역
㉮	4가닥	지구선 2, 공통선 2
㉯	2가닥	지구선 1, 공통선 1
㉰	4가닥	지구선 2, 공통선 2
㉱	6가닥	지구선 1, 지구공통선 1, 경종선 1, 경종표시등공통선 1, 응답선 1, 표시등선 1
㉲	9가닥	전원 ⊕ · ⊖, 사이렌, 솔레노이드밸브, 압력스위치, 탬퍼스위치, 감지기 A · B, 감지기공통

기호	가닥 수	배선내역
㉺	2가닥	사이렌 2
㉾	8가닥	지구선 4, 공통선 4
㉮	4가닥	솔레노이드밸브 1, 압력스위치 1, 탬퍼스위치 1, 공통선 1
㉳	4가닥	지구선 2, 공통선 2
㉼	4가닥	지구선 2, 공통선 2
㉠	8가닥	지구선 4, 공통선 4

- 솔레노이드밸브 = 밸브기동 = SV(Solenoid Valve) = SOL
- 압력스위치 = 밸브개방확인 = PS(Pressure Switch)
- 탬퍼스위치 = 밸브주의 = 밸브개폐감시용 스위치 = TS(Tamper Switch)

- 자동화재탐지설비에는 감지기 배선을 송배선식으로 한다. 따라서 루프는 2가닥, 나머지는 4가닥이다.
- 준비작동식 스프링클러설비에는 감지기 배선을 교차회로방식으로 한다. 따라서 루프와 말단은 4가닥, 나머지는 8가닥이다.
- 전원공통선과 감지기공통선을 분리했기 때문에 감지기공통선 1가닥이 추가된 것이며, SV, PS, TS 공통선을 1가닥으로 사용하였기 때문에 ㉮는 공통선 1가닥이다.

11

득점 ___ 배점 6

다음은 자동방화문설비의 자동방화문에서 R type REPEATER까지의 결선도 및 계통도에 대한 것이다. 주어진 조건을 참조하여 각 물음에 답하시오.

조건
(1) 전선의 가닥 수는 최소한으로 한다.
(2) 방화문 감지기회로는 본 문제에서 제외한다.
(3) 자동방화문설비는 층별로 구획되어 설치되어 있다.

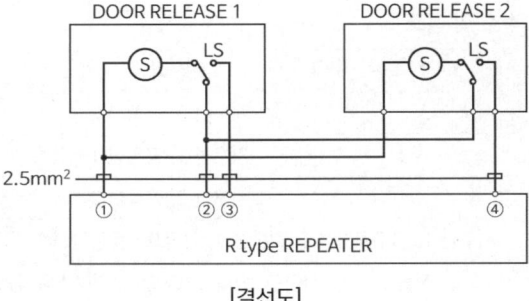

[결선도]

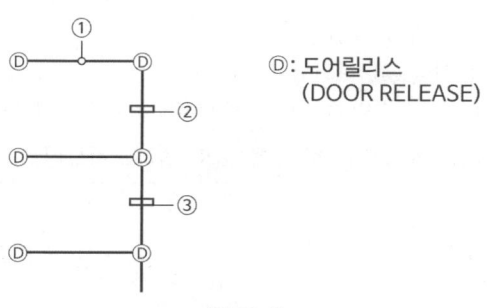

[계통도]

가. 결선도상의 기호 ①~④의 배선 명칭을 쓰시오.
　①　　　　　　　　　　　②
　③　　　　　　　　　　　④

나. 계통도상의 기호 ①~③의 가닥 수와 용도를 쓰시오.
　①
　②
　③

정답

가. ① 기동 1, ② 공통 1, ③ 확인 1, ④ 확인 2
나. ① 3가닥 : 기동 1, 공통 1, 확인 1
　　② 4가닥 : 기동 1, 공통 1, 확인 2
　　③ 7가닥 : 기동 2, 공통 1, 확인 4

핵심이론 자동방화문설비 계통도

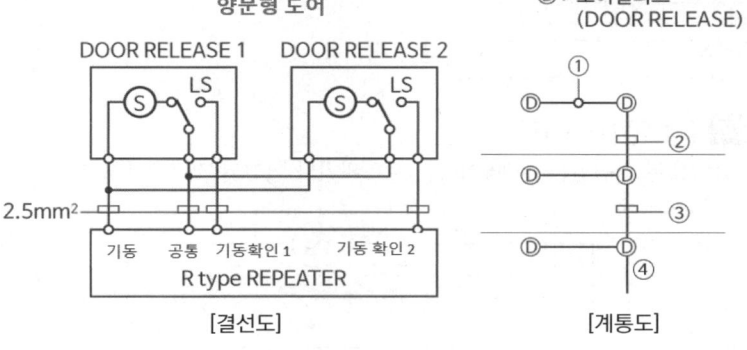

- 3가닥 : 공통 (1), 기동 (1), 확인 (1)
- 4가닥 : 공통 (1), 기동 (1), 확인 (2)

- 7가닥 : 공통 (1), 기동 (2), 확인 (4)
- 10가닥 : 공통 (1), 기동 (3), 확인 (6)

※ 층수가 늘어남에 따라 기동선이 증가하며, 도어릴리스의 개수에 따라 확인선이 증가한다.

R type REPEATER : R형 중계기, S : 솔레노이드밸브, LS : 리미트스위치

12

그림과 같이 1개의 등을 2개소에서 점멸이 가능하도록 하려고 한다. 다음 각 물음에 답하시오.

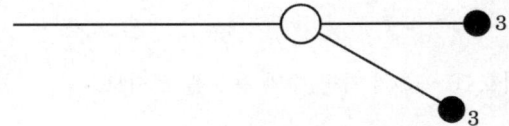

가. ●3의 명칭을 구체적으로 쓰시오.

나. 도면에 배선 가닥 수를 표기하시오.

다. 전선 접속도(실제 배선도)를 그리시오.

정답

가. 3로스위치

나.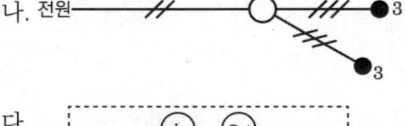

다.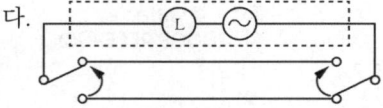

참고 3로스위치 = 점멸기

등에 들어오는 전원선은 2가닥이며, 3로스위치와 연결된 것은 3가닥이다.

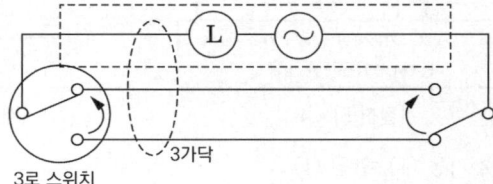

13

누설동축케이블의 용어를 보기에서 찾아 쓰시오.

LCX	-	FR	-	SS	-	20	D	-	14	-	6
(1)		(2)		(3)		(4)	(5)		(6)		결합손실표시

[보기]
① 누설동축케이블   ② 자기지지
③ 내열성   ④ 절연체 외경
⑤ 사용주파수   ⑥ 특성임피던스

정답
(1) 누설동축케이블   (2) 내열성
(3) 자기지지   (4) 절연체 외경
(5) 특성임피던스   (6) 사용주파수

핵심이론 | 누설동축케이블

LCX	-	FR	-	SS	-	20	D	-	14	-	6
누설동축케이블		내열성		자기지지		절연체 외경	특성임피던스		사용주파수		결합손실표시

14

축전지설비에 대한 다음 각 물음에 답하시오.

가. 연축전지의 정격용량이 200 [Ah]이고, 상시부하가 3 [kW], 표준전압 100 [V]인 부동충전방식 충전기의 2차 충전전류값은 몇 [A]이겠는가? (단, 상시부하의 역률은 1로 본다)

○ 계산과정 :
○ 답 :

나. 납축전지를 방전상태로 오랫동안 방치하였을 때 극판의 황산납이 회백색으로 바뀌고 내부저항이 대단히 상승하여 전해액의 온도상승이 증가하고 황산의 비중이 낮으며 가스가 심하게 발생하고 축전지의 용량 감퇴 및 수명이 단축되는 현상은 무엇인가?

다. '나'의 현상이 일어날 때 발생되는 가스는 무엇인가?

중요 ▶ 문제에서 공칭용량이 주어지지 않는 경우가 많기 때문에 연축전지의 공칭용량과 알칼리축전지의 공칭용량은 암기하고 있을 것

정답

가. 계산과정

- $I = \dfrac{축전지\ 정격용량\ [Ah]}{축전지\ 공칭용량\ [h]} + \dfrac{상시부하\ [VA]}{표준전압\ [V]} = \dfrac{200}{10} + \dfrac{3 \times 10^3}{100} = 50\ [A]$

답 | 50 [A]

✓ 해설
- 연축전지 공칭용량 10 [Ah]
- 역률이 1인 경우 [W] = [VA]이기 때문에 3 [kW] = 3 × 10³ [VA]

나. 설페이션현상

다. 수소가스(H_2)

핵심이론 축전지설비

□ 2차 충전전류 구하는 식

$$2차\ 충전전류\ [A] = \dfrac{축전지\ 정격용량\ [Ah]}{축전지\ 공칭용량\ [h]} + \dfrac{상시부하\ [VA]}{표준전압\ [V]}$$

□ 축전지 종류별 특성

구분	연축전지	알칼리축전지
기전력 [V]	2.05 ~ 2.08	1.32
공칭전압 [V]	2.0	1.2
공칭용량 [Ah]	10	5
방전종지전압 [V]	1.6	0.96
충전시간	길다.	짧다.
기계적 강도	약하다.	강하다.
수명 [년]	5 ~ 15	15 ~ 20
종류	페이스트식, 클래드식	소결식, 포켓식

15

배점 5

P형 수신기와 감지기와의 배선회로에서 릴레이저항은 500 [Ω], 감시전류 1.17 [mA]이며 회로전압이 DC 24 [V]일 때 동작전류를 구하시오. (단, 배선저항은 무시한다)

○ 계산과정 :

○ 답 :

정답

☑ 계산과정

- $I_{동작} = \dfrac{회로전압}{릴레이저항 + 배선저항} = \dfrac{24}{500} = 0.048 \,[A] = 48 \,[mA]$

답 | 48 [mA]

문제에서 배선저항을 무시하라고 했기 때문에 '배선저항 = 0'을 대입한다.

핵심이론 감시전류 및 동작전류공식

- $I_{감시} = \dfrac{회로전압}{종단저항 + 릴레이저항 + 배선저항}$
- $I_{동작} = \dfrac{회로전압}{릴레이저항 + 배선저항}$

16

배점 5

P형 수신기의 1경계구역에 대한 결선도를 답안지에 작성하시오.

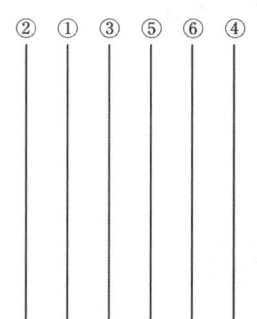

① 벨 및 표시등 공통
② 지구벨
③ 표시등
④ 발신기
⑤ 신호공통
⑥ 신호선

Ⓑ : 벨   ◐ : 표시등   Ⓟ : P-1 발신기   ⌒ : 감지기   Ⓢ Ω : 종단저항

중요
- 경종표시등공통선을 하나로 하였으므로 묶어서 ①에 같이 들어간다.
- 분기점 '•'은 안 그리면 오답이다.

정답

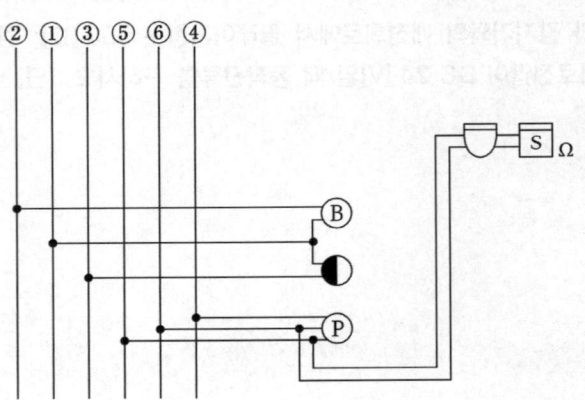

핵심이론 결선도

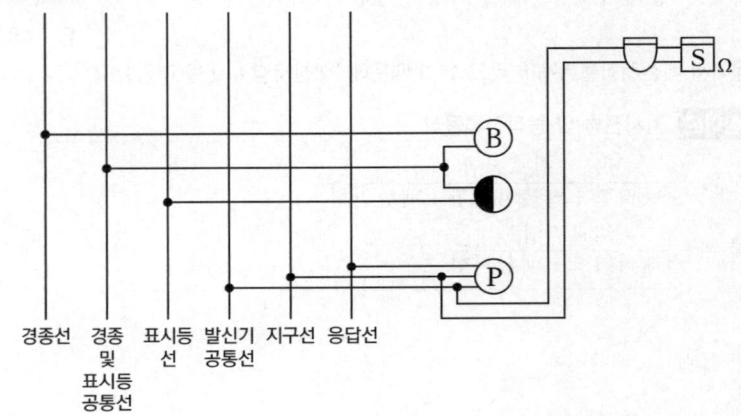

- 지구선(= 회로선, 신호선, 감지기선, 발신기 지구선, 수동발신기 지구선)
- 지구공통선(= 공통선, 회로공통선, 신호공통선, 감지기공통선, 수동발신기 공통선)
- 응답선(= 발신기선, 발신기응답선, 수동발신기 응답선, 확인선)
- 경종 및 표시등공통선(= 경종표시등 공통선, 벨표시등 공통선)

17

배점 3

다음의 접지공사에 대한 정의를 적으시오.

가. 계통접지 :

나. 보호접지 :

다. 피뢰시스템접지 :

정답

가. 계통접지 : 전력계통의 이상현상에 대비하여 대지와 계통을 접지
나. 보호접지 : 감전보호를 목적으로 기기의 한 점 이상을 접지
다. 피뢰시스템접지 : 뇌격전류를 안전하게 대지로 방류하기 위한 접지

핵심이론 │ 접지공사의 종류

적용 대상	접지방식	접지선 굵기
(특)고압설비	• 계통접지 : TN, TT, IT 계통 • 보호접지 : 등전위본딩 등 • 피뢰시스템접지	상도체 단면적 S(mm²)에 따라 선정 • S ≤ 16 : S • 16 < S ≤ 35 : 16 • S > 35 : S/2 또는 차단시간 5초 이하의 경우 • $S = \sqrt{I^2 t}/k$
600 [V] 이하 설비		
400 [V] 이하 설비		
변압기	변압기 중성점 접지	

- 계통접지 : 전력계통의 이상현상에 대비하여 대지와 계통을 접지
- 보호접지 : 감전보호를 목적으로 기기의 한 점 이상을 접지
- 피뢰시스템접지 : 뇌격전류를 안전하게 대지로 방류하기 위한 접지

18

다음 주어진 부분 및 단자를 사용하여 P형 수동발신기의 내부회로를 완성하고 ① ~ ③ 단자에 대한 용도 및 기능을 설명하시오.

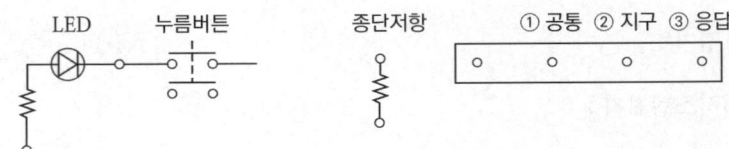

가. 공통 :

나. 지구 :

다. 응답 :

정답

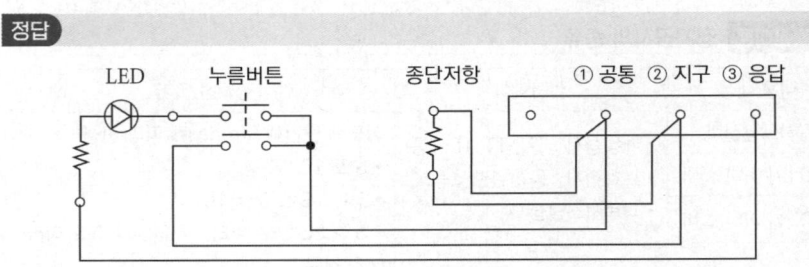

가. 공통 : 지구·응답 단자를 공유하는 단자

나. 지구 : 화재신호를 수신기에 알리기 위한 단자

다. 응답 : 발신기의 신호가 수신기에 전달되었는가를 확인하여 주기 위한 단자

핵심이론 | P형 수동발신기 구성요소 기능

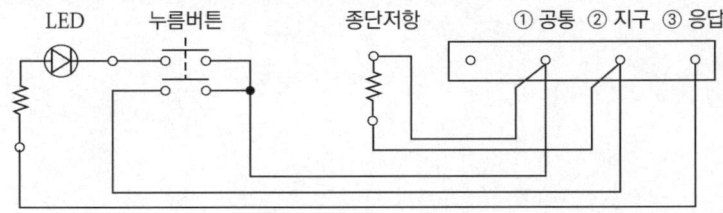

- LED : 발신기의 신호가 수신기에 전달되었는가를 확인하여주는 램프
- 누름버튼(푸시버튼) : 수신기에 화재신호를 발신
- 종단저항 : 단선의 유무 확인
- 공통단자 : 응답 단자를 공유하는 단자
- 지구단자 : 화재신호를 수신기에 알리기 위한 단자
- 응답단자 : 발신기의 신호가 수신기에 전달되었는가를 확인하여 주기 위한 단자

01

다음은 중계기의 설치기준 대한 내용이다. ( ) 안에 알맞은 내용을 쓰시오.

가. 수신기에서 직접 감지기회로의 (㉠)을 행하지 아니하는 것에 있어서는 수신기와 감지기 사이에 설치할 것

나. 조작 및 점검에 편리하고 화재 및 침수 등의 재해로 인한 피해를 받을 우려가 없는 장소에 설치할 것

다. 수신기에 따라 감시되지 아니하는 배선을 통하여 전력을 공급받는 것에 있어서는 전원 입력 측의 배선에 (㉡)를 설치하고 해당 전원의 정전이 즉시 수신기에 표시되는 것으로 하며, (㉢) 및 (㉣)의 시험을 할 수 있도록 할 것

정답

㉠ 도통시험, ㉡ 과전류차단기, ㉢ 상용전원, ㉣ 예비전원

핵심이론 중계기

□ 중계기의 설치기준
- 수신기에서 직접 감지기회로의 도통시험을 행하지 아니하는 것에 있어서는 수신기와 감지기 사이에 설치할 것
- 조작 및 점검에 편리하고 화재 및 침수 등의 재해로 인한 피해를 받을 우려가 없는 장소에 설치할 것
- 수신기에 따라 감시되지 아니하는 배선을 통하여 전력을 공급받는 것에 있어서는 전원입력 측의 배선에 과전류 차단기를 설치하고 해당 전원의 정전이 즉시 수신기에 표시되는 것으로 하며, 상용전원 및 예비전원의 시험을 할 수 있도록 할 것

□ 중계기의 종류
- 집합형 중계기
  ① 설치 : 2~3개 층마다
  ② 전원 : 별도의 외부전원 필요함(비상전원 내장)
  ③ 대용량
- 분산형 중계기
  ① 설치 : 각 층마다
  ② 전원 : 별도의 전원 필요 없음(수신기로부터 비상전원 공급)
  ③ 소용량

□ 중계기 형식승인 및 제품검사의 기술기준
• 반복시험 : 작동을 2000회 반복 시 구조 및 기능에 이상이 없어야 함
• 절연저항시험
① 절연된 충전부와 외함 간 : 20 [MΩ] 이상일 것
② 절연된 선로 간 : 20 [MΩ] 이상일 것

02 [배점 8]

논리식 $Y = (A \cdot B \cdot C) + (A \cdot \overline{B} \cdot \overline{C})$를 릴레이회로(유접점회로)와 논리회로(무접점회로)로 바꾸어 그리고 진리표를 완성하시오.

A	B	C	Y
0	0	0	
0	0	1	
0	1	0	
1	0	0	
0	1	1	
1	0	1	
1	1	0	
1	1	1	

정답

가. 릴레이회로(유접점회로)　　나. 논리회로(무접점회로)

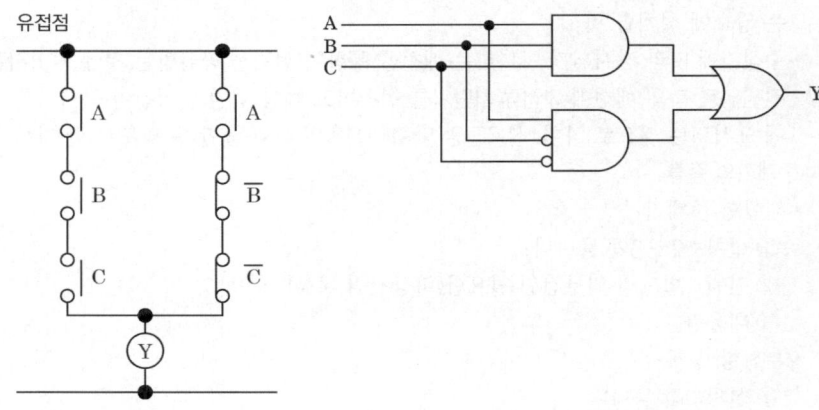

- 곱셈은 직렬로 연결하며, 덧셈은 병렬로 연결한다.
- NOT(부정)은 b접점으로 연결한다.

다. 진리표

A	B	C	Y
0	0	0	0
0	0	1	0
0	1	0	0
1	0	0	1
0	1	1	0
1	0	1	0
1	1	0	0
1	1	1	1

핵심이론 논리회로

게이트	논리회로	논리식	시퀀스회로	진리표
AND	A,B → X	$X = A \cdot B = AB$	(직렬)	A B X / 0 0 0 / 0 1 0 / 1 0 0 / 1 1 1
OR	A,B → X	$X = A + B$	(병렬)	A B X / 0 0 0 / 0 1 1 / 1 0 1 / 1 1 1
NOT	A → X	$X = \overline{A}$	(b접점)	A X / 0 1 / 1 0

03

그림은 배선용 차단기의 심벌이다. 각 기호가 의미하는 바를 쓰시오.

득점 ___ 배점 5

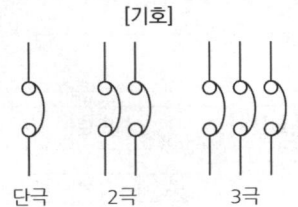

3P ← (①)
225AF ← (②)
150A ← (③)

정답

① 극수, ② 프레임 크기, ③ 정격전류

핵심이론 배선용 차단기(Molded-Case Circuit Breaker : MCCB(= MCB = NFB))

[기호] 단극, 2극, 3극

[그림기호]
3 P : 극수
225 AF : 프레임 크기
150 A : 정격전류

□ 목적
　과전류, 단락전류 차단(재사용 가능)
□ 특징
　• 소형이고 경량이다.
　• 기기의 신뢰도가 크다.
　• 과전류에 대한 차단성능이 우수하다.
　• 동작 시 수동으로 복귀가 간단하다.
　• 퓨즈가 필요치 않다.
　• 기기의 수명이 길다.

04

배점 3

40 [W] 중형피난구유도등이 AC 220 [V] 전원에 연결되어 있다. 전원에 연결된 유도등은 10개이며 유도등의 역률은 60 [%]이다. 공급전류 [A]를 계산하시오. (단, 유도등의 배터리 충전전류는 무시하며, 전원 공급방식은 단상 2선식이다)

정답

☑ 계산과정

$$I = \frac{P}{V\cos\theta} = \frac{40 \times 10}{220 \times 0.6} ≒ 3.03 \text{ [A]}$$

답 | 3.03 [A]

핵심이론

단상 2선식 공식
$P = VI\cos\theta$
 40 [W] 유도등이 10개이기 때문에 전력[P = 40 × 10]을 대입한다.

05

배점 6

옥내소화전설비의 비상전원에 대한 다음 각 물음에 답하시오.

가. 옥내소화전설비에 비상전원을 설치해야 하는 경우이다. ( ) 안에 알맞은 내용을 쓰시오.

1) 층수가 7층으로서 연면적이 (㉠) [m²] 이상인 것

2) '1)'에 해당하지 않는 경우로서 (㉡) 의 바닥면적의 합계가 (㉢) [m²] 이상인 것

나. 다음은 옥내소화전 비상전원의 설치기준 대한 내용이다. ( ) 안에 알맞은 내용을 쓰시오.

1) 점검에 편리하고 화재 및 침수 등의 재해로 인한 피해를 받을 우려가 없는 곳에 설치할 것

2) 옥내소화전설비를 유효하게 (㉠)분 이상 작동할 수 있어야 할 것

3) 상용전원으로부터 전력의 공급이 중단된 때에는 (㉡)으로 비상전원으로부터 전력을 공급받을 수 있도록 할 것

4) 비상전원(내연기관의 기동 및 제어용 축전기를 제외한다)의 설치장소는 다른 장소와 (㉢)할 것 이 경우 그 장소에는 비상전원의 공급에 필요한 기구나 설비 외의 것(열병합발전설비에 필요한 기구나 설비는 제외한다)을 두어서는 아니 된다.

5) 비상전원을 실내에 설치하는 때에는 그 실내에 (㉣)을 설치할 것

정답

가. ㉠ 2000, ㉡ 지하층, ㉢ 3000
나. ㉠ 20, ㉡ 자동, ㉢ 방화구획, ㉣ 비상조명등

핵심이론 옥내소화전설비 비상전원 설치

□ 옥내소화전설비 비상전원 설치장소
 ① 층수가 7층 이상으로서 연면적이 2000 [m²] 이상인 것
 ② '①'에 해당하지 아니하는 특정소방대상물로서 지하층의 바닥면적의 합계가 3000 [m²] 이상인 것

□ 옥내소화전설비 비상전원 설치기준
 ① 점검에 편리하고, 화재 및 침수 등의 재해로 인한 피해를 받을 우려가 없는 곳에 설치할 것
 ② 옥내소화전설비를 유효하게 20분 이상 작동할 수 있어야 할 것
 ③ 상용전원으로부터 전력의 공급이 중단된 때에는 자동으로 비상전원으로부터 전력을 공급받을 수 있도록 할 것
 ④ 비상전원의 설치장소는 다른 장소와 방화구획할 것 이 경우 그 장소에는 비상전원의 공급에 필요한 기구나 설비 외의 것(열병합발전설비에 필요한 기구나 설비는 제외한다)을 두어서는 아니 된다.
 ⑤ 비상전원을 실내에 설치하는 때에는 그 실내에 비상조명등을 설치할 것

06 득점 / 배점 6

예비전원설비에 대한 설명이다. 다음 각 물음에 답하시오.

가. 부동충전방식에 대한 회로(개략도)를 간단히 그리시오.

나. 축전지의 과방전 또는 방치상태에서 기능회복을 위하여 실시하는 충전방식은 무엇인지 쓰시오.

다. 연축전지의 정격용량은 250 [Ah]이고, 상시 부하가 8 [kW]이며 표준전압이 100 [V]인 부동충전방식의 충전기 2차 충전전류는 몇 [A]인지 구하시오. (단, 축전지의 방전율은 10 시간율로 한다)

  ○ 계산과정:
  ○ 답:

정답

가.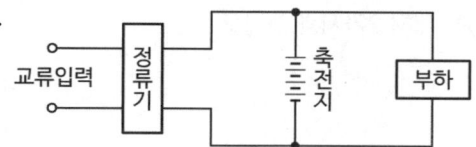

나. 회복충전방식

다. 계산과정

$$I = \frac{축전지\ 정격용량\ [Ah]}{축전지\ 공칭용량\ [h]} + \frac{상시부하\ [VA]}{표준전압\ [V]} = \frac{250}{10} + \frac{8 \times 10^3}{100} = 105$$

답 | 105 [A]

핵심이론 축전지 설비

□ 충전방식

구분	특징
보통충전방식	필요할 때마다 표준시간율로 충전하는 방식
급속충전방식	단시간에 보통 충전전류의 2~3배의 전류로 충전하는 방식
세류충전방식	축전지의 방전을 보충하기 위해 부하를 OFF한 상태에서 미소전류로 항상 충전하는 방식
균등충전방식	• 각 축전지의 전위차를 보정하기 위해 1~3개월마다 1회 충전하는 방식 • 균등충전전압 : 2.4~2.5 [V]
부동충전방식	• 축전지의 자기방전을 보충함과 동시에 상용부하에 대한 전력 공급은 충전기가 부담하도록 하되 충전기가 부담하기 어려운 일시적인 대전류 부하는 축전지로 부담하는 방식 • 축전지와 부하를 충전기에 병렬로 접속하여 사용하는 방식 • 예비전원 설비 중 가장 많이 사용되는 방식
회복충전방식	축전지의 과방전, 가벼운 설페이션현상 또는 방치상태 등에서 기능회복을 위해 실시하는 방식

□ 2차 충전전류 구하는 식

$$2차\ 충전전류\ [A] = \frac{축전지\ 정격용량\ [Ah]}{축전지\ 공칭용량\ [h]} + \frac{상시부하\ [VA]}{표준전압\ [V]}$$

□ 축전지 종류별 특성

구분	연축전지	알칼리축전지
기전력 [V]	2.05~2.08	1.32
공칭전압 [V]	2.0	1.2
공칭용량 [Ah]	10	5

※ 문제에서 축전지의 공칭용량은 주어지지 않는 경우가 많으므로 암기할 것
※ 방전율은 공칭용량에 대입한다.

07

통로유도등의 설치 제외 장소(경우)에 대해 2가지를 쓰시오.

①

②

정답

① 구부러지지 아니한 복도 또는 통로로서 길이가 30 [m] 미만인 복도 또는 통로
② 복도 또는 통로로서 보행거리가 20 [m] 미만이고, 그 복도 또는 통로와 연결된 출입구 또는 그 부속실의 출입구에 피난구유도등이 설치된 복도 또는 통로

핵심이론 유도등 설치 제외 장소

□ 피난구유도등 설치 제외
① 바닥면적이 1000 [m²] 미만인 층으로서 옥내로부터 직접 지상으로 통하는 출입구(외부의 식별이 용이한 경우에 한한다)
② 대각선 길이가 15 [m] 이내인 구획된 실의 출입구
③ 거실 각 부분으로부터 하나의 출입구에 이르는 보행거리가 20 [m] 이하이고, 비상조명등과 유도표지가 설치된 거실의 출입구
④ 출입구가 3 이상 있는 거실로서 그 거실 각 부분으로부터 하나의 출입구에 이르는 보행거리가 30 [m] 이하인 경우에는 주된 출입구 2개소 외의 출입구(유도표지가 부착된 출입구를 말한다)(다만 공연장·집회장·관람장·전시장·판매시설 및 영업시설·숙박시설·노유자시설·의료시설의 경우에는 그러하지 아니하다)

□ 통로유도등 설치 제외
① 구부러지지 아니한 복도 또는 통로로서 길이가 30 [m] 미만인 복도 또는 통로
② '①'에 해당하지 아니하는 복도 또는 통로로서 보행거리가 20 [m] 미만이고, 그 복도 또는 통로와 연결된 출입구 또는 그 부속실의 출입구에 피난구유도등이 설치된 복도 또는 통로

□ 객석유도등 설치 제외
① 주간에만 사용하는 장소로서 채광이 충분한 객석
② 거실 등의 각 부분으로부터 하나의 거실출입구에 이르는 보행거리가 20 [m] 이하인 객석의 통로로서 그 통로에 통로유도등이 설치된 객석

08

배점 3

길이 18 [m]의 통로에 객석유도등을 설치하려고 한다. 이때 필요한 객석유도등의 수량은 최소 몇 개인지 구하시오.

◯ 계산과정 :

◯ 답 :

정답

☑ 계산과정

- 설치개수 = $\dfrac{18}{4} - 1 = 3.5$ → 절상해서 4개

답 | 4개

핵심이론 객석유도등 설치개수 산정식 (절상)

설치개수 = $\dfrac{\text{객석통로의 직선부분의 길이 }[m]}{4} - 1$

09

배점 8

주요구조부를 내화구조로 한 특정소방대상물에 자동화재탐지설비용 공기관식 차동식 분포형 감지기를 설치하려고 한다. 다음 각 물음에 답하시오.

가. 공기관의 노출부분은 감지구역마다 몇 [m] 이상으로 하여야 하는가?

나. 하나의 검출부분에 접속하는 공기관의 길이는 몇 [m] 이하로 하여야 하는가?

다. 공기관과 감지구역의 각 변과의 수평거리는 몇 [m] 이하이어야 하는가?

라. 공기관 상호 간의 거리는 몇 [m] 이하이어야 하는가?

마. 검출부는 몇 도 이상 경사되지 아니하도록 설치해야 하는가?

정답

가. 20 [m] 이상
나. 100 [m] 이하
다. 1.5 [m] 이하
라. 9 [m] 이하
마. 5° 이상

핵심이론 공기관식 차동식 분포형 감지기 설치기준

□ 공기관식
- 작동원리 : 감열실 내 온도 상승(급격한 온도 상승) → 공기관 내부 공기 팽창 → 다이어프램 밀어 올려 접점 붙음
- 구조 : 수열부 – 공기관, 검출부 – 리크구멍(비화재보방지), 다이어프램, 접점, 시험장치

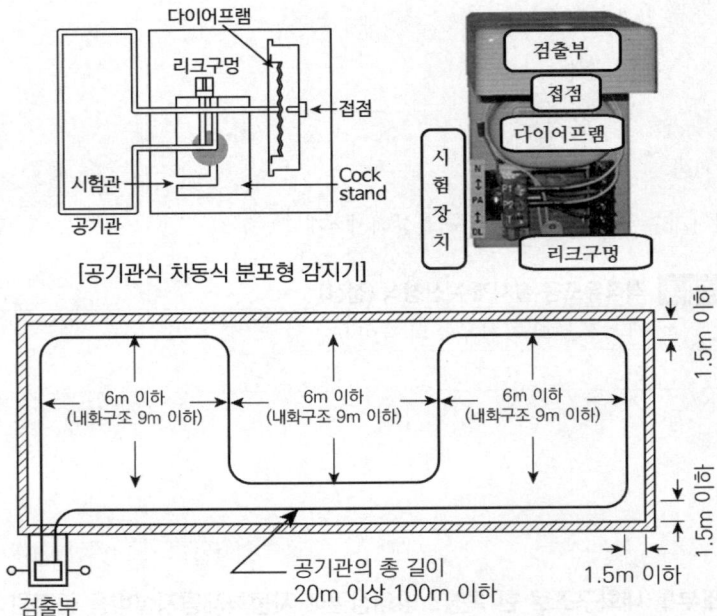

[공기관식 차동식 분포형 감지기]

- 공기관의 노출부분은 감지구역마다 20 [m] 이상이 되도록 할 것
- 공기관과 감지구역의 수평거리는 1.5 [m] 이하가 되도록 할 것
- 공기관 상호 간의 거리는 6 [m] (내화구조 9 [m]) 이하가 되도록 할 것
- 공기관은 도중에서 분기하지 않도록 할 것
- 하나의 검출부에 접속하는 공기관 길이는 100 [m] 이하로 할 것
- 검출부는 바닥에서 0.8 [m] 이상 ~ 1.5 [m] 이하에 위치하며, 5° 이상 경사되지 않도록 할 것

10

배점: 6

지하 4층, 지상 11층의 건물에 비상콘센트를 설치하려고 한다. 다음 각 물음에 답하시오. (단, 지하 각 층의 바닥면적은 300 [m²]이며, 각 층의 출입구는 1개소이고, 계단에서 가장 먼 부분까지의 수평거리는 20 [m]이다. 콘센트는 1구로 한다)

가. 비상콘센트의 설치대상에 관한 기준이다. ( ) 안에 알맞은 내용을 적으시오.

> 지하층의 층수가 (㉠) 이상이고, 지하층의 바닥면적의 합계가 (㉡) [m²] 이상인 것은 지하층의 모든 층

나. 이 건물에 설치하여야 하는 비상콘센트의 설치개수를 구하시오.

정답

가. ㉠ 3개
   ㉡ 1000

나. 5개

✓ 해설

- 층수가 11층 이상인 특정소방대상물로서 1층 이상의 층 : 11층
- 지하층의 층수가 3층 이상이고, 지하층의 바닥면적의 합계가 1000 [m²] 이상인 것은 지하층의 모든 층 : 지하 4층, 지하 3층, 지하 2층, 지하 1층

핵심이론 비상콘센트설비 설치대상

소방대상물	설치대상
층수가 11층 이상인 특정소방대상물	11층 이상의 층
지하층의 층수가 3층 이상이고 지하층의 바닥면적의 합계가 1000 [m²] 이상인 것	지하층의 모든 층
터널	길이 500 [m] 이상
위험물 저장 및 처리시설 중 가스시설 또는 지하구는 제외	

중요 ▶ 비상콘센트설비 설치 목적
화재 시 소방대의 조명용 또는 소방활동상 필요한 장비의 전원설비로 사용하기 위함

11

다음은 자동화재탐지설비의 경계구역 설정기준에 관한 내용이다. (   ) 안에 알맞은 내용을 쓰시오.

가. 하나의 경계구역의 면적은 (㉠) [m²] 이하로 하고, 한 변의 길이는 (㉡) [m] 이하로 할 것. 다만 해당 특정소방대상물의 주된 출입구에서 그 내부 전차가 보이는 것에 있어서는 한 변의 길이가 (㉢) [m]의 범위 내에서 (㉣) [m²] 이하로 할 수 있다.

나. 스프링클러설비·물분무등소화설비 또는 (㉤)의 화재감지장치로서 화재감지기를 설치한 경우의 경계구역은 해당 소화설비의 방사구역 또는 (㉥)과 동일하게 설정할 수 있다.

정답

가. ㉠ 600, ㉡ 50, ㉢ 50, ㉣ 1000

나. ㉤ 제연설비, ㉥ 제연구역

핵심이론 | 자동화재탐지설비 경계구역 설정기준

□ 수평적 경계구역
- 하나의 경계구역이 2개 이상의 건축물에 미치지 않도록 할 것
- 하나의 경계구역이 2개 이상의 층에 미치지 않도록 할 것
  단, 500 [m²] 이하의 범위 안에서 2개의 층을 하나의 경계구역 할 수 있음
- 하나의 경계구역 면적 600 [m²] 이하로 하고 한 변의 길이 50 [m] 이하로 할 것
  단, 주된 출입구에서 그 내부 전체가 보이는 것은 한 변의 길이 50 [m] 범위 내에서 1000 [m²] 이하로 할 수 있음
- 도로터널 : 100 [m] 이하로 할 것(도로터널의 화재안전기술기준 NFTC 603)
- 지하구 : 700 [m] 이하로 할 것(지하구의 화재안전성능기준 NFPC 605 제13조(기존 지하구에 대한 특례) 법 제13조에 따라 기존 지하구에 설치하는 소방시설 등에 대해 강화된 기준을 적용하는 경우에는 다음의 설치·관리 관련 특례를 적용한다.
  → 특고압 케이블이 포설된 송·배전 전용의 지하구(공동구를 제외한다)에는 온도 확인 기능 없이 최대 700 [m]의 경계구역을 설정하여 발화지점(1 [m] 단위)을 확인할 수 있는 감지기를 설치할 수 있다.

□ 수직적 경계구역
- 계단·경사로 : 별도의 경계구역으로 하며 경계구역 높이 45 [m] 이하로 할 것
- 엘리베이터 승강로(권상기실이 있는 경우에는 권상기실)·린넨슈트·파이프 피트 및 덕트등 : 별도의 경계구역
- 지하층의 계단 및 경사로(지하층의 층수가 1일 경우 제외) : 별도의 경계구역

□ 기타
  • 외기에 면하여 상시 개방된 부분(차고·주차장·창고 등) : 외기에 면하는 각 부분으로부터 5 [m] 미만의 범위 안에 있는 부분은 경계구역 면적에 산입하지 않음
  • 스프링클러설비·물분무등소화설비 또는 제연설비의 화재감지장치로서 화재감지기를 설치한 경우의 경계구역은 해당 소화설비의 방사구역 또는 제연구역과 동일하게 설정할 수 있음

12

득점 [   ] 배점 6

다음은 Y - △ 기동회로의 미완성 도면이다. 주어진 조건을 이용하여 다음 각 물음에 답하시오.

조건

(1) Ⓐ : 전류계
(2) M₋₁ : 전자접촉기(Y)
(3) ㉮ : 표시등
(4) M₋₂ : 전자접촉기(△)
(5) Ⓣ : 스타델타 타이머

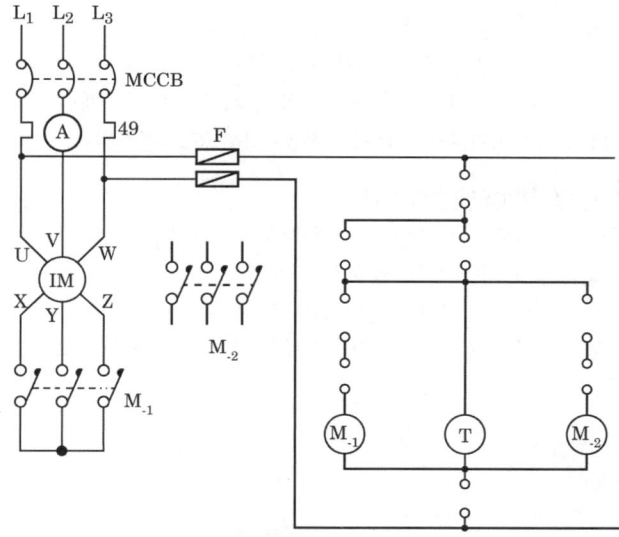

가. Y - △ 운전이 가능하도록 주회로 부분을 미완성 도면에 완성하시오.

나. Y - △ 운전이 가능하도록 보조회로(제어회로) 부분을 미완성 도면에 완성하시오.

다. MCCB를 투입하면 표시등이 점등되도록 미완성 도면에 회로를 구성하시오.

정답

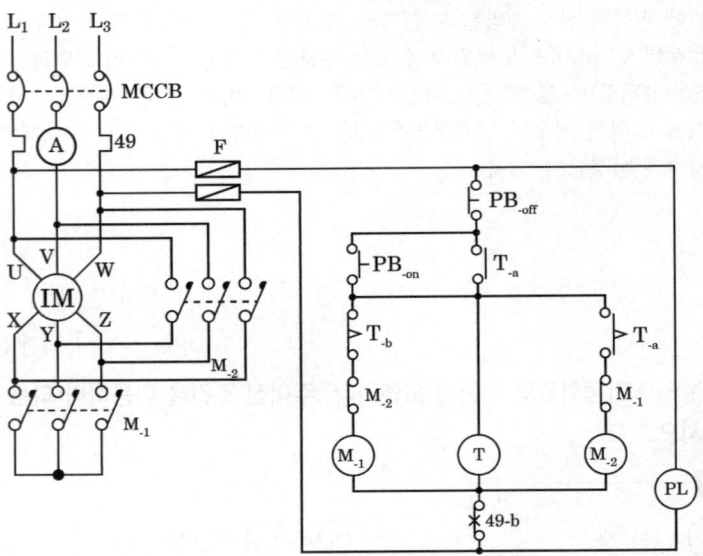

☑ **해설 : 동작설명**
- 배선용 차단기 MCCB를 투입하면 전원이 공급되어 표시등 PL램프가 점등됨
- 기동용 푸시버튼스위치 PB_{-on}을 누르면 타이머 T가 작동하고 계전기접점 T_{-a}가 폐로되어 M_{-1}이 여자되고 M_{-1} 주접점 닫혀서 3상 유도전동기 IM이 Y결선으로 기동됨
- 타이머 T의 설정시간 후에 한시동작접점 T_{-b} 개로되어 M_{-1} 소자, T_{-a} 폐로되어 M_{-2} 여자됨. M_{-2} 주접점 닫혀서 3상 유도전동기 IM이 △결선으로 기동됨
- 정지용 푸시버튼스위치 PB_{-off}을 누르면 또는 과부하로 열동계전기 49_{-b}가 개로되면 M_{-1}, M_{-2}, T가 소자되어 3상 유도전동기 IM 운전 정지됨

📌 **핵심이론** Y - △제어방식(스타 - 델타)

- Y - △방식 ⇒ △ = 3Y ⇒ Y = 1/3△ (기동전류를 줄이기 위해 채택하는 방식)
- 3상 주접점을 모두 교체(U V W ⇒ X Y Z)
  (U ⇒ Z, V ⇒ X, W ⇒ Y) 또는 (U ⇒ Y, V ⇒ Z, W ⇒ X)
- Y - △제어방식을 사용하는 이유 : 기동전류를 줄이기 위해(1/3으로 줄어들음)

한시동작 접점 (타이머)			입력신호를 받고 일정 시간 후에 회로는 개폐하는 접점 (동작 시 시간 지연이 있다)
한시복귀접점 (타이머)			

13

배점 4

차동식 스포트형 감지기는 여러 환경에 따라 감지기의 동작특성이 달라진다. 리크구멍이 축소되었을 경우와 리크구멍이 확장되었을 경우에 나타나는 작동 특성현상에 대하여 쓰시오.

정답

- 리크구멍이 축소되었을 경우 : 감지기 동작이 빨라진다.
- 리크구멍이 확장되었을 경우 : 감지기 동작이 늦어진다.

☑ 해설 : 리크구멍 목적

일반적인 온도 상승으로 인한 접점작동으로 인한 비화재보방지를 위해 사용

핵심이론 차동식 스포트형 감지기

- 동작원리 : 화재 발생 시 감열부의 공기가 팽창하여 다이어프램을 밀어 올려 접점을 붙게 함으로써 수신기에 신호를 보낸다.

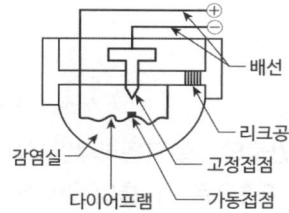

① 감열실 : 열을 유효하게 받음
② 다이어프램 : 공기팽창에 의해 접점이 잘 밀려 올라가도록 함
③ 고정접점 : 가동접점과 접촉되어 화재신호를 발신함
④ 리크구멍(리크공) : 감지기의 비화재보를 방지함

14

배점 5

유량 2400 [lpm], 양정 90 [m]인 스프링클러설비용 펌프 전동기의 용량을 계산하시오. (단, 효율 : 70 [%], 전달계수 : 1.1)

O 계산과정 :

O 답 :

정답

✓ **계산과정**

$$P = \frac{9.8\,K \times Q[m^3/\min] \times H}{\eta \times 60} = \frac{9.8 \times 1.1 \times 2.4 \times 90}{0.7 \times 60} = 55.44\,[kW]$$

답 | 55.44 [kW]

✓ **해설**

단위환산 1 [Lpm] = 10^{-3} [m³/min]

※ [LPM]은 분당 리터 단위

[kW]는 초당 단위이기 때문에 60을 나눠서 $\frac{2.4}{60}$ [m³/sec]를 대입해준다.

핵심이론 전동기용량을 구하는 식

$$P = \frac{9.8\,KQH}{\eta\, t} = \frac{9.8\,K \times Q[m^3/\min] \times H}{\eta \times 60}\,[kW]$$

P : 전동기용량 [kW], K : 여유계수, Q : 유량 [m³]
H : 전양정 [m], η : 효율, t : 시간 [s]

15 [배점 9]

다음의 도면은 어느 사무실 건물의 1층 자동화재탐지설비의 미완성 평면도를 나타낸 것이다. 이 건물은 지상 3층으로 각 층의 평면은 1층과 동일하며 연면적은 1500 [m²] 이다. 평면도 및 주어진 조건을 이용하여 각 물음에 답하시오. (단, 경종과 표시등 공통선을 하나로 하였으며, 하나의 층의 지구음향장치 배선이 단락이 되어도 다른 층의 화재통보에 지장이 없도록 각 층 배선상에 유효한 조치를 했음)

조건

(1) 계통도 작성 시 각 층 수동발신기는 1개씩 설치하는 것으로 한다.
(2) 계단실의 감지기는 설치를 제외한다.
(3) 간선의 사용전선은 HFIX 2.5 [mm²]이며, 공통선은 발신기 공통 1선, 경종·표시등 공통 1선을 각각 사용한다.
(4) 계통도 작성 시 전선수는 최소로 한다.
(5) 전선관공사는 후강전선관으로 콘크리트 내 매입 시공한다.
(6) 각 실은 이중천장이 없는 구조이며, 천장에 감지기를 바로 취부한다.
(7) 각 실의 바닥에서 천장까지 층고는 2.8 [m]이다.
(8) 후강전선관의 굵기표는 다음과 같다.
(9) 도면의 한 변의 길이는 50 [m]를 초과하지 않는다.

도체단면적 [mm²]	전선본수									
	1	2	3	4	5	6	7	8	9	10
	전선관의 최소 굵기 [mm]									
2.5	16	16	16	16	22	22	22	28	28	28
4	16	16	16	22	22	22	28	28	28	28
6	16	16	22	22	22	28	28	28	36	36
10	16	22	22	22	28	36	36	36	36	36

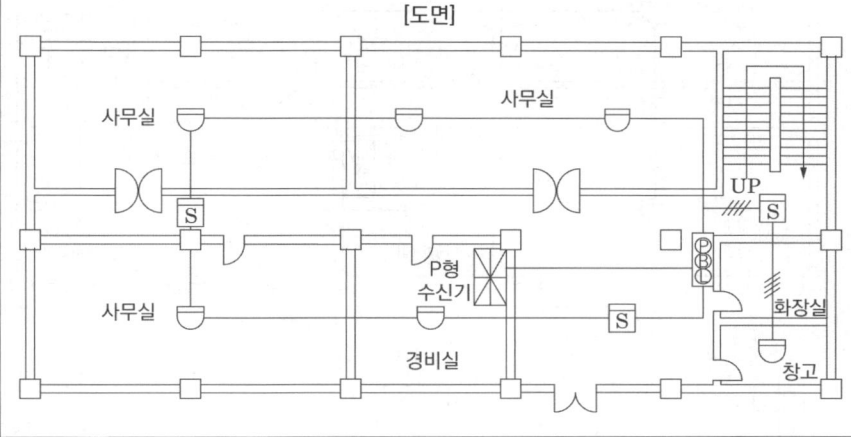

[도면]

가. 도면의 P형 수신기는 최소 몇 회로용을 사용하여야 하는지 쓰시오.

나. 수신기에서 발신기세트까지의 배선 가닥 수는 몇 가닥이며, 여기에 사용되는 후강전선관은 몇 [mm]를 사용하는지 쓰시오.

  1) 배선 가닥 수 :

  2) 후강전선관 굵기 :

다. 주어진 평면도에 배관 및 배선을 하여 자동화재탐지설비의 도면을 완성하시오. (단, 배선 가닥 수도 표기하시오)

라. 본 설비에 대한 간선계통도를 그리시오. (단, 계통도에 배선 가닥 수도 표기하시오)

정답

가. 5회로용

나. 1) 배선 가닥 수 : 8가닥

   2) 후강전선관 굵기 : 28 [mm]

☑ 해설
- 일제경보방식 : 8 가닥(지구선 3, 공통선 1, 응답선1, 경종선 1, 표시등선 1, 경종·표시등 공통선 1)

다.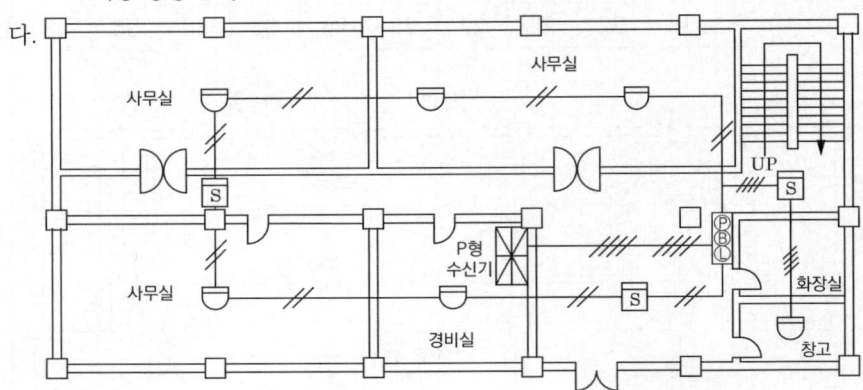

라.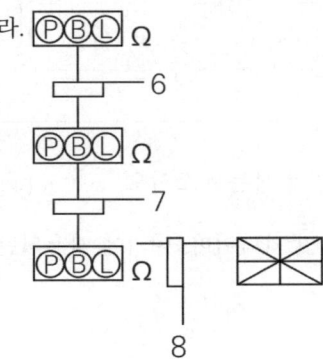

☑ 해설

가닥 수	전선의 사용용도					
	지구선	공통선	응답선	경종선	표시등선	경종·표시등 공통선
6	1	1	1	1	1	1
7	2	1	1	1	1	1
8	3	1	1	1	1	1

- 자동화재탐지설비는 송배선방식으로 감지기를 배선한다. 이때 루프는 2가닥, 나머지는 4가닥이며, 문제 내의 도면은 발신기세트함과 감지기가 함께 루프 형태로 배선이 되어 있기 때문에 해당 루프부분은 2가닥이다.
- 조건 (2)에 계단실의 감지기는 설치를 제외한다고 하였기 때문에 수직적 경계구역은 산정하지 않는다.
- 하나의 층의 지구음향장치 배선이 단락이 되어도 다른 층의 화재통보에 지장이 없도록 각 층 배선상에 유효한 조치를 했으므로 경종선은 1가닥을 사용한다.
- 라. 문제에서 '감지기까지 그려넣으시오'라는 언급이 있으면 아래와 같이 그린다.

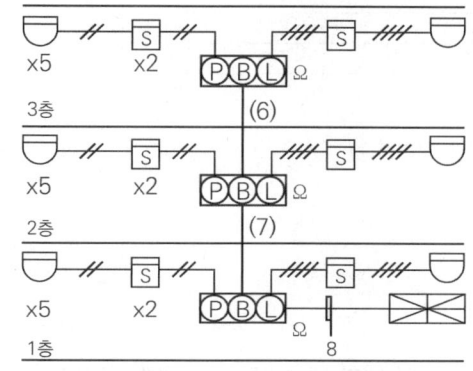

- 문제에서 "연지감지기를 매입인 것으로 사용할 경우 그림기호를 그리시오"라고 출제가 되면 연기감지기 매입인 경우의 기호인 [S] 를 그린다.

16

득점 ___ 배점 6

다음은 자동화재탐지설비의 P형 1급 수신기의 미완성 결선도이다. 결선도를 완성하시오. (단, 발신기에 설치된 단자는 왼쪽으로부터 응답, 지구, 공통이며, 경종과 표시등 공통선을 같이 한다)

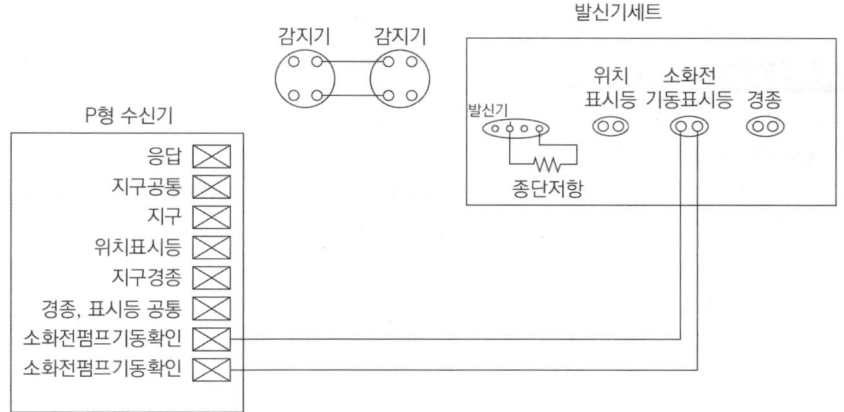

정답

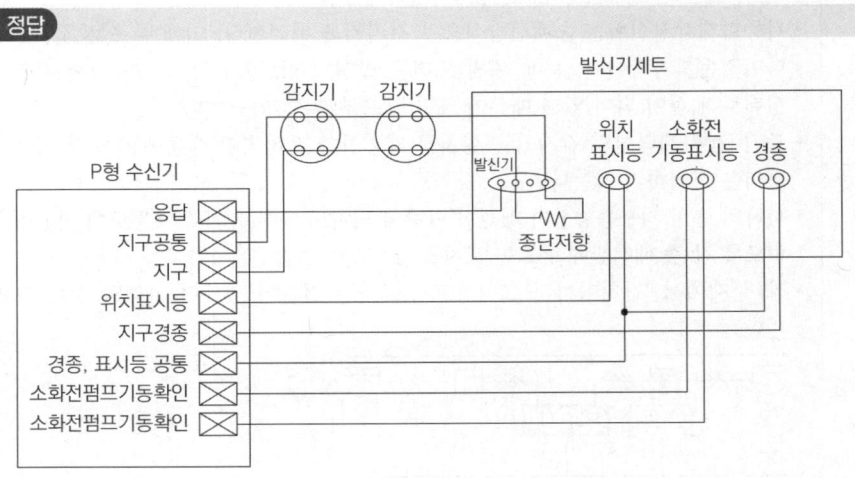

※ 전선의 분기 시에는 반드시 점(·)을 찍어줄 것

17

배점 4

다음은 자동화재속보설비의 절연저항에 대한 내용이다. ( )에 알맞은 내용을 쓰시오.

> 자동화재속보설비의 절연된 (㉠)와 외함 간의 절연저항은 직류 500 [V]의 절연저항계로 측정한 값은 (㉡) [MΩ] 이상이어야 하고, 교류입력 측과 외함 간에는 (㉢) [MΩ] 이상이어야 한다. 그리고 절연된 선로 간의 절연저항은 직류 500 [V]의 절연저항계로 측정한 값이 (㉣) [MΩ] 이상이어야 한다.

정답

㉠ 충전부, ㉡ 5, ㉢ 20, ㉣ 20

핵심이론 자동화재속보설비

□ 예비전원

상온(常溫) 충방전시험

- 알칼리계 2차 축전지는 방전종지전압상태의 축전지를 상온에서 정격충전전압 및 1/20 [C]의 전류로 48시간 충전한 후 1 [C]의 전류로 방전하는 경우 48분 이상 지속 방전되어야 한다. 이 경우 축전지는 부풀어 오르거나 누액 발생 등 이상이 생기지 않아야 한다.

- 리튬계 2차 축전지는 방전종지전압상태의 축전지를 상온에서 정격충전전압 및 1/5 [C]의 정전류로 6시간 충전한 후 1 [C]의 전류로 방전하는 경우 55분 이상 지속적으로 방전되어야 한다. 이 경우 축전지는 부풀어 오르거나 누액 발생 등 이상이 생기지 않아야 한다.
- 무보수 밀폐형 연축전지는 방전종지전압 생태의 축전지를 상온에서 정격충전전압 및 0.1 [C]의 전류로 48시간 충전한 후 1 [C]의 전류로 방전시키는 경우 45분 이상 지속 방전되어야 한다. 이 경우 축전지는 부풀어 오르거나 누액 발생 등 이상이 생기지 않아야 한다.

□ 주위온도 충방전시험
- 알칼리계 2차 축전지는 방전종지전압상태의 축전지를 주위온도 섭씨 (-10 ± 2)도 및 섭씨 (50 ± 2)도의 조건에서 1/20 [C]의 전류로 48시간 충전한 다음 1 [C]으로 방전하는 충방전을 3회 반복하는 경우 방전종지전압이 되는 시간이 25분 이상이어야 하며, 외관이 부풀어 오르거나 누액 등이 생기지 않아야 한다.
- 리튬계 2차 축전지는 방전종지전압상태의 축전지를 주위온도 섭씨 (-10 ± 2)도 및 섭씨 (50 ± 2)도의 조건에서 정격충전전압 및 1/5 [C]의 정전류로 6시간 충전한 다음 1 [C]의 전류로 방전하는 충·방전을 3회 반복하는 경우 방전종지전압이 되는 시간이 40분 이상이어야 하며, 외관이 부풀어 오르거나 누액 등이 생기지 않아야 한다.
- 무보수 밀폐형 연축전지는 방전종지전압상태에서 0.1 [C]로 48시간 충전한 다음 1시간 방치하여 0.05 [C]으로 방전시킬 때 정격용량의 95 [%] 용량을 지속하는 시간이 30분 이상이어야 하며, 외관이 부풀어 오르거나 누액 등이 생기지 않아야 한다.

□ 안전장치시험
예비전원은 1/5 [C] 이상 1 [C] 이하의 전류로 역충전하는 경우 5시간 이내에 안전장치가 작동하여야 하며, 외관이 부풀어 오르거나 누액 등이 생기지 아니하여야 한다.

□ 전원전압변동시의 기능
속보기는 전원에 정격전압의 80 [%] 및 120 [%]의 전압을 인가하는 경우 정상적인 기능을 발휘하여야 한다.

□ 주위온도시험
속보기는 섭씨 (-10 ± 2)도 및 섭씨 (50 ± 2)도에서 각각 12시간 이상 방치한 후 1시간 이상 실온에서 방치한 다음 기능시험을 실시하는 경우 기능에 이상이 없어야 한다.

□ 반복시험
속보기는 정격전압에서 1000회의 화재작동을 반복 실시하는 경우 그 구조 또는 기능에 이상이 생기지 않아야 한다.

□ 절연저항시험
- 절연된 충전부와 외함 간의 절연저항은 직류 500 [V]의 절연저항계로 측정한 값이 5 [MΩ](교류입력 측과 외함 간에는 20 [MΩ]) 이상이어야 한다.
- 절연된 선로 간의 절연저항은 직류 500 [V]의 절연저항계로 측정한 값이 20 [MΩ] 이상이어야 한다.

□ 절연내력시험
시험부의 절연내력은 60 [Hz]의 정현파에 가까운 실효전압 500 [V](정격전압이 60 [V]를 초과하고 150 [V] 이하인 것은 1000 [V], 정격전압이 150 [V]를 초과하는 것은 그 정격전압에 2를 곱하여 1000을 더한 값)이 교류전압을 가하는 시험에서 1분간 견디는 것이어야 하며, 기능에 이상이 생기지 않아야 한다.

18

| 득점 | | 배점 | 4 |

전동기가 주파수 50 [Hz]에서 극수 4일 때 회전속도가 1440 [rpm]이다. 주파수를 60 [Hz]로 하면 회전속도는 몇 [rpm]이 되는지 구하시오. (단, 슬립은 일정하다)

○ 계산과정 :

○ 답 :

정답

☑ 계산과정

- $N = \dfrac{120f}{P}(1-S)$

  $1440 = \dfrac{120 \times 50}{4}(1-S)$

- $S = 1 - \dfrac{1440 \times 4}{120 \times 50} = 0.04$

- $\therefore N = \dfrac{120 \times 60}{4} \times (1 - 0.04) = 1728$ [rpm]

답 | 1728 [rpm]

핵심이론 회전속도 구하는 식

$N = \dfrac{120f}{P}(1-S)$ [rpm]

N : 회전속도 [rpm], f : 주파수 [Hz], P : 극수, S : 슬립

2020년 4회

2020.10.10

01

그림은 습식 스프링클러설비의 전기적 계통도이다. 그림을 보고 답란의 A ~ D까지의 배선 수와 각 배선의 용도를 쓰시오.

조건
(1) 각 유수검지장치에는 밸브개폐감시용 스위치는 부착되어 있지 않은 것으로 한다.
(2) 사용전선은 HFIX 전선이다.
(3) 배선 수는 운전조작상 필요한 최소전선수를 쓰도록 한다.

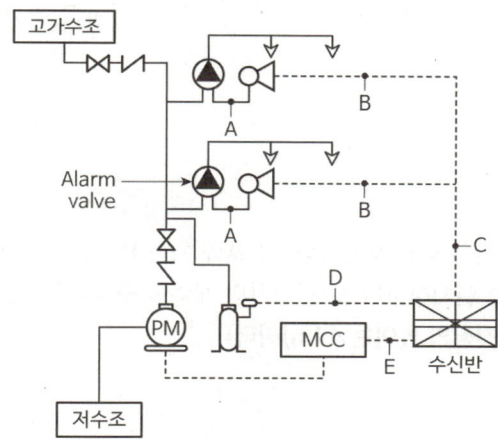

구분	구간	배선 수	배선굵기	배선의 용도
Ⓐ	알람밸브 ↔ 사이렌		2.5 [mm²] 이상	
Ⓑ	사이렌 ↔ 수신반		2.5 [mm²] 이상	
Ⓒ	2개 구역일 경우		2.5 [mm²] 이상	
Ⓓ	수신반 ↔ 압력탱크		2.5 [mm²] 이상	
Ⓔ	MCC ↔ 수신반	5	2.5 [mm²] 이상	공통, ON, OFF, 기동표시, 전원감시

정답

구분	구간	전선수	전선굵기	배선의 용도
Ⓐ	알람밸브 ↔ 사이렌	2	2.5 [mm²] 이상	공통, PS
Ⓑ	사이렌 ↔ 수신반	3	2.5 [mm²] 이상	공통, PS, 사이렌
Ⓒ	2개 구역일 경우	5	2.5 [mm²] 이상	공통, PS (2), 사이렌 (2)
Ⓓ	수신반 ↔ 압력탱크	2	2.5 [mm²] 이상	공통, PS
Ⓔ	MCC ↔ 수신반	5	2.5 [mm²] 이상	공통, ON, OFF, 기동표시, 전원감시

✓ 해설
- 압력스위치 = 밸브개방 확인 = PS(Pressure Switch)
- 탬퍼스위치 = 밸브주의 = 밸브개폐감시용 스위치 = TS(Tamper Switch)

- 습식 스프링클러설비는 PS, TS가 부착이 되어 있는데 문제의 [조건]상으로 밸브개폐감시용 스위치 TS는 부착되지 않은 것으로 본다고 하였기 때문에 TS는 제외하고 가닥 수를 산정한다.
- 최소전선수를 사용한다고 하였으므로, PS와 사이렌 공통선은 같이 사용한다.
- 준비작동식 스프링클러설비에는 PS, TS, SV가 부착이 되어 있다.

02

배점 5

바닥면적이 700 [m²]인 어느 특정소방대상물에 차동식 스포트형 감지기 2종을 설치하려고 한다. 이때 설치하여야 할 감지기의 개수를 구하시오. (단, 특정소방대상물은 내화구조이고 천장의 높이는 4 [m]이다)

○ 계산과정:

○ 답:

정답

✓ 계산과정

$$\frac{700\,[m^2]}{35\,[m^2]} = 20개$$

답 | 20개

핵심이론 감지기 설치면적

□ 열감지기 (단위 : [m²])

부착높이 및 특정소방대상물의 구분		감지기의 종류						
		차동식 스포트형		보상식 스포트형		정온식 스포트형		
		1종	2종	1종	2종	특종	1종	2종
4 [m] 미만	내화구조	90	70	90	70	70	60	20
	기타구조	50	40	50	40	40	30	15
4 [m] 이상 8 [m] 미만	내화구조	45	35	45	35	35	30	
	기타구조	30	25	30	25	25	15	

□ 연기감지기 (단위 : [m²])

부착높이	감지기의 종류	
	1종 및 2종	3종
4 [m] 미만	150	50
4 [m] 이상 20 [m] 미만	75	-

※ 감지기는 복도 및 통로에 있어서는 보행거리 30 [m](3종에 있어서는 20 [m])마다, 계단 및 경사로에 있어서는 수직거리 15 [m](3종에 있어서는 10 [m])마다 1개 이상으로 할 것

03

득점 [ ] 배점 7

플로트스위치에 의한 펌프모터의 레벨제어에 관한 미완성 도면을 조건을 보고 완성하시오.

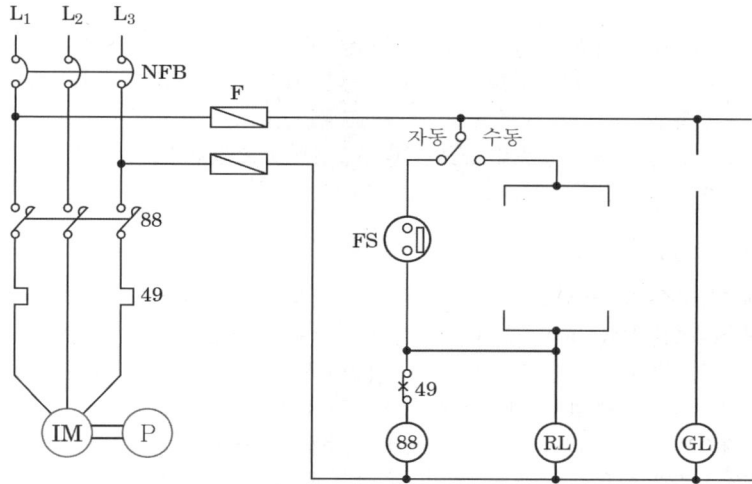

> **조건**
> 전원투입 시 GL이 점등한다.
> 수동으로 PB-on스위치를 누르면 88코일이 여자되어 전동기가 동작한다. 이때 RL이 점등되며 88-a 접점에 의해 자기유지된다. 동시에 88-b접점이 동작하여 GL은 소등된다.
> PB-off스위치를 누르면 원상복귀한다.
> 선택스위치를 자동으로 두었을 때 저수위일 때 리미트스위치(플로트스위치)가 검출된다.

정답

✓ 해설

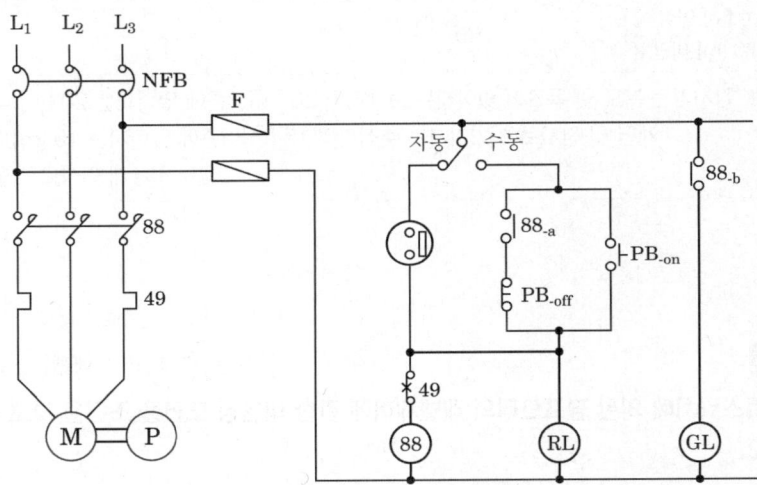

- PB-on스위치와 88-a접점은 병렬로 연결한다(자기유지 되도록).
- PB-off스위치와 88-a접점은 직렬로 연결한다(수동으로 PB-off스위치 작동 시 원상복구).
- 만수위에 검출되면 플로트스위치를 b접점으로 그려주고, 저수위일 때 검출되면 플로트스위치를 a접점으로 그려준다.

1) 플로트제어방식 접점 기능
  - 배선용 차단기 : 주전원 개폐하며 과전류가 흐를 때 회로를 자동적으로 차단
  - 열동계전기히터(Thermal Relay) : 과전류 검출하면 열동계전기 접점을 개폐시킴
  - 플로트스위치 b접점(리미트스위치) : 자동운전 시 수조의 수위가 고수위가 될 때 개로되어 전동기 정지, 저수위 될 때 폐로되어 전동기 운전
  - 전자접촉기 보조 a접점(88) : 전자접촉기 작동 시 폐로되어 자기유지시킴
  - 전자접촉기 보조 b접점(88) : 전자접촉기 작동 시 개로되어 자기유지시킴
  - 기동용 푸시버튼스위치 : 전동기를 수동으로 기동

- 정지용 푸시버튼스위치 : 전동기를 수동으로 정지
- 전자접촉기 코일 : 전자석의 흡입력을 이용하여 접점 개폐

2) 플로트제어방식 작성
- 기동버튼 : 병렬연결 및 자기유지
- 정지버튼 : 직렬연결
- 분기 시 "•"를 찍는다.
- 전원투입 ⇒ 정지등 GL
- 수동(PBS-ON) ⇒ 기동등 RL
- 수동(PBS-OFF) ⇒ 정지등 GL
- 자동 ⇒ 플로트스위치 모터 동작
- 연동
  88 코일 : 88-a 표기, 88-b 표기
  49(열동형 계전기히터)

핵심이론 시퀀스 제어 기본회로

□ 시퀀스회로 심벌

심벌	명칭
 ⌒	배선용 차단기
 ▱	포장퓨즈
 아	수동조작 자동복귀접점
 이	보조스위치 접점(계전기접점)
 ⋊	수동복귀접점
 ⋎	한시동작접점(타이머)
 아	기계적 접점(리밋스위치)
 Ⓜ	3상전동기
 Ⓟ	펌프

□ 자동제어기구 번호
- 49 : 열동계전기
- 88 : 전동장치 운전용 계폐기(보조기용 접촉기)

04

배점 6

높이 20 [m] 이상의 거실에 설치할 수 있는 감지기를 2가지 쓰시오.

①

②

정답

① 불꽃감지기

② 광전식(분리형, 공기흡입형) 중 아날로그방식

핵심이론 감지기의 부착높이별 설치기준

부착높이	감지기의 종류
8 [m] 이상 15 [m] 미만	• 차동식 분포형 • 이온화식 1종 또는 2종 • 광전식(스포트형, 분리형, 공기흡입형) 1종 또는 2종 • 연기복합형 • 불꽃감지기
15 [m] 이상 20 [m] 미만	• 이온화식 1종 • 광전식(스포트형, 분리형, 공기흡입형) 1종 • 연기복합형 • 불꽃감지기
20 [m] 이상	• 불꽃감지기 • 광전식(분리형, 공기흡입형) 중 아날로그방식

※ 부착높이가 높아지면 열감지기는 적응성이 없어진다(열은 올라가다가 식어버리기 때문에).
※ 불꽃감지기는 부착높이에따라 어디든지 적응성이 있다.

05

배점 4

3 [Φ], 380 [V], 60 [Hz], 4 [P], 75 [HP]의 전동기가 있다. 다음 각 물음에 답하시오. (단, 슬립은 5 [%]이다)

가. 동기속도는 몇 [rpm]인가?

○ 계산과정 :

○ 답 :

나. 회전속도는 몇 [rpm]인가?
- 계산과정 :
- 답 :

정답

☑ 계산과정

가. 동기속도 $N_s = \dfrac{120f}{P} = \dfrac{120 \times 60}{4} = 1800$ [rpm] 답 | 1800 [rpm]

나. 회전속도 $N = \dfrac{120f}{P}(1-S) = 1800 \times \left(1 - \dfrac{5}{100}\right) = 1710$ [rpm]

답 | 1710 [rpm]

핵심이론 동기속도

- 동기속도 구하는 식 : $N_s = \dfrac{120f}{P}$ [rpm]

- 회전속도 구하는 식 : $N = \dfrac{120f}{P}(1-S)$ [rpm]

    N_s : 동기속도 [rpm], N : 회전속도 [rpm], f : 주파수 [Hz], P : 극수, S : 슬립

06

득점 / 배점 6

휴대용 비상조명등을 설치하여야 하는 특정소방대상물에 대한 사항이다. 소방시설 적용기준으로 알맞은 내용을 (   ) 안에 쓰시오.

가. (㉠) 시설 또는 다중이용업소에는 객실 또는 영업장 안의 구획된 실마다 잘 보이는 곳

나. 수용인원 (㉡)명 이상의 영화상영관, 판매시설 중 (㉢), 철도 및 도시철도 시설 중 지하역사, (㉣)

정답

가. ㉠ 숙박

나. ㉡ 100

㉢ 대규모점포

㉣ 지하상가

핵심이론 · 휴대용 비상조명등 설치대상

설치대상	설치조건
• 숙박시설	전부 해당
• 영화상영관 • 대규모점포 • 지하역사 • 지하상가	수용인원 100명 이상
• 다중이용업소	영업장 안의 구획된 실마다 설치

- 설치장소
  ① 숙박시설 또는 다중이용업소에는 객실·영업장 안의 구획된 실마다 잘 보이는 곳에 1개 이상 설치(외부 설치 시 출입문 손잡이로부터 1 [m] 이내)
  ② 대규모점포와 영화상영관에는 보행거리 50 m 이내마다 3개 이상 설치
  ③ 지하상가 및 지하역사에는 보행거리 25 [m] 이내마다 3개 이상 설치
- 설치높이 : 바닥부터 0.8 [m] 이상 1.5 [m] 이하
- 어둠 속 위치를 확인 가능
- 사용 시 자동으로 점등되는 구조
- 외함 난연 성능 필요
- 건전지를 사용 시 방전방지조치를 하여야 하고, 충전식 배터리의 경우 상시 충전되도록 할 것
- 건전지 및 충전식 배터리의 용량 : 20분 이상

07 [배점 6]

다음은 자동화재탐지설비의 화재안전기준에서의 배선 관련 사항이다. 각 물음에 답하시오.

가. 감지기회로 및 부속회로의 전로와 대지 사이 및 배선 상호 간의 절연저항은 1경계구역마다 직류 250 [V]의 절연저항측정기를 사용하여 측정하였을 때 절연저항이 몇 [Ω] 이상이 되도록 하여야 하는가?

나. 자동화재탐지설비의 GP형 수신기의 감지기회로의 배선에 있어서 하나의 공통선에 접속할 수 있는 경계구역은 몇 개 이하이어야 하는지 쓰시오.

다. 종단저항의 설치기준 2가지를 쓰시오.
  ①
  ②

정답

가. 0.1 [MΩ] 이상

나. 7개 이하

다. ① 점검 및 관리가 쉬운 장소에 설치할 것
② 전용함 설치 시 바닥으로부터 1.5 [m] 이내의 높이에 설치할 것

> 중요 ▶ 종단저항의 설치기준에는 바닥으로부터의 높이 몇 [m] 이상이라는 기준이 없음

08

배점 4

공기관식 감지기 시험방법에 대한 설명 중 ㉠와 ㉡에 알맞은 내용을 답란에 쓰시오.

가. 검출부의 시험공 또는 공기관의 한쪽 끝에 (㉠)를 접속하고 시험콕 등을 유통시험 위치에 맞춘 후 다른 끝에 (㉡)를 접속시킨다.

나. (㉡)으로 공기를 주입하고 (㉠) 수위를 100 [mm]로 유지시킨다.

다. 시험콕 등에 의해 송기구를 개방하여 수위가 1/2(50 [mm])이 될 때까지의 시간을 측정한다.

정답

㉠ 마노미터, ㉡ 테스트 펌프(공기주입시험기)

핵심이론 차동식 분포형 공기관식 감지기

▫ 화재작동시험
- 감지기의 작동공기압에 상당하는 공기량을 송입하여 접점이 작동하기(붙을 때)까지 걸리는 시간 측정할 것
- 검출부에 명시된 시간 내 접점이 작동하면 정상

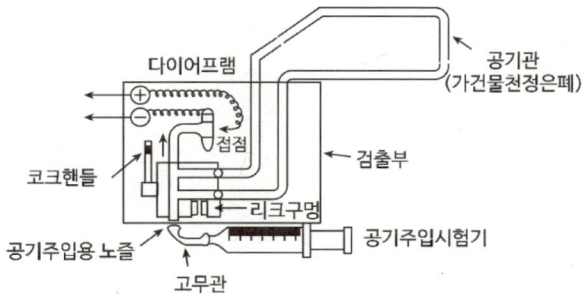

▫ 작동계속시험
- 화재작동시험에서 접점이 작동하여 정지할(떨어질) 때까지 걸리는 시간 측정할 것
- 검출부에 명시된 범위 이내일 때 정상

□ 유통시험
- 공기관 내 공기를 유입시켜 공기관의 누설, 찌그러짐, 막힘, 공기관의 길이 확인하기 위한 시험
- 검출부의 시험공 또는 공기관의 한쪽 끝을 마노미터로 접속하고, 공기주입시험기(테스트펌프)를 접속하고, 공기를 마노미터 수위 100 [mm]까지 상승 후 50 [mm]가 될 때까지 시간 측정할 것
- 공기관 길이에 따라 정해진 시간 이내 정상

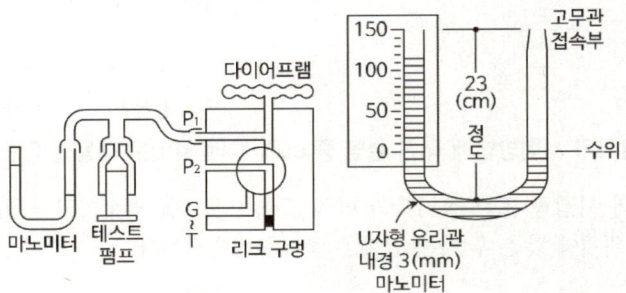

- 유통시험에 필요한 기구 3가지 : 마노미터, 공기주입시험기, 초시계
□ 접점수고(압력)시험 : 접점수고치가 적정 간격을 유지하고 있는지 여부를 확인
- 비정상적인 경우 : 감지기 작동 안함
- 낮은 경우 : 비화재보(화재감지 너무 빠름)
- 높은 경우 : 지연동작(화재감지 너무 느림)

09 [배점 4]

P형 1급 수신기와 감지기와의 배선회로에서 종단저항은 10 [kΩ], 배선저항은 20 [Ω], 릴레이저항은 10 [Ω]이며, 회로전압이 DC 24 [V]일 때 다음 각 물음에 답하시오.

가. 감시전류
- 계산과정 :
- 답 :

나. 동작전류
- 계산과정 :
- 답 :

> 정답

✓ 계산과정

가. 감시전류 $I = \dfrac{회로전압}{릴레이저항+배선저항+종단저항} = \dfrac{24}{10+20+(10\times 10^3)}$
$= 0.002392 [A] ≒ 2.39 [mA]$

답 | 2.39 [mA]

나. 동작전류 $I = \dfrac{회로전압}{릴레이저항+배선저항} = \dfrac{24}{10+20} = 0.8 [A] = 800 [mA]$

답 | 800 [mA]

> 핵심이론 감시전류 및 동작전류 계산식

□ 감시전류

$I = \dfrac{회로전압}{릴레이저항+배선저항+종단저항} [A]$

□ 동작전류

$I = \dfrac{회로전압}{릴레이저항+배선저항} [A]$

10

배점 4

구부러지지 않은 복도의 길이가 31 [m]일 때 설치하여야 하는 복도통로유도표지의 최소 설치개수를 구하시오.

○ 계산과정 :

○ 답 :

> 정답

✓ 계산과정

$\dfrac{31}{15} - 1 = 1.066$ → 절상해서 2개

답 | 2개

> 핵심이론 유도표지의 설치기준

□ 유도표지 설치기준

유도표지는 계단에 설치하는 것을 제외하고, 각 층마다 복도 및 통로의 각 부분으로부터 하나의 유도표지까지 보행거리가 15 [m] 이하가 되는 곳과 구부러진 모퉁이의 벽에 설치

□ 최소 설치개수 구하는 식 (소수점 절상)

구분	공식
객석유도등	$\dfrac{객석통로의\ 직선부분의\ 길이\ [m]}{4} - 1$
유도표지	$\dfrac{구부러진\ 곳이\ 없는\ 부분의\ 보행거리\ [m]}{15} - 1$
복도통로유도등, 거실통로유도등	$\dfrac{구부러진\ 곳이\ 없는\ 부분의\ 보행거리\ [m]}{20} - 1$

11 [배점 6]

다음은 통로유도등에 관한 사항이다. 각 물음에 답하시오.

가. 복도통로유도등은 구부러진 모퉁이 및 보행거리 몇 [m]마다 설치하여야 하는가?

나. 복도통로유도등은 바닥으로부터 높이 몇 [m] 이하의 위치에 설치하여야 하는가?

다. 거실통로유도등은 바닥으로부터 높이 몇 [m] 이상의 위치에 설치하여야 하는가? (단, 기둥에 설치하는 것은 제외한다)

정답

가. 20 [m], 나. 1 [m] 이하, 다. 1.5 [m] 이상

핵심이론 통로유도등 설치기준

구분	복도통로유도등	거실통로유도등	계단통로유도등
설치 장소	복도	거실의 통로	계단
설치 방법	① 출입구에 피난구유도등 있는 복도 : 맞은편 복도에 입체형 또는 바닥 ② 구부러진 모퉁이 ③ ①의 통로유도등 기점으로 보행거리 20 [m]마다	구부러진 모퉁이 및 보행거리 20 [m]마다	각 층의 경사로참 또는 계단참마다(층고가 높아서 참이 2개 이상 있는 경우 2개의 참마다 설치)
설치 높이	바닥으로부터 높이 1 [m] 이하	바닥으로부터 높이 1.5 [m] 이상(단, 기둥에 설치 시 : 바닥으로부터 1.5 [m] 이하)	바닥으로부터 높이 1 [m] 이하

- 출입구에 피난구유도등 : 직접 지상으로 통하는 출입구·계단실 또는 그 부속실 출입구
- 복도통로유도등 바닥에 설치 시
  ① 지하층/무창층 용도 도소매시장·여객자동차터미널·지하역사 또는 지하상가인 경우 복도·통로의 바닥 설치 가능
  ② 바닥에 설치하는 통로유도등은 하중에 따라 파괴되지 아니하는 강도의 것으로 할 것

12

득점 ___ 배점 5

지상 30 [m] 되는 곳에 100 [m³] 의 저수조가 있다. 이 저수조에 양수하기 위하여 30 [kW]의 전동기를 사용한다면 몇 분 후에 저수조에 물이 가득 차는지 구하시오. (단, 펌프 효율은 70 [%]이고, 여유계수는 1.2이다)

O 계산과정 :

O 답 :

정답

☑ 계산과정

- $P = \dfrac{9.8KQH}{\eta\, t} = \dfrac{9.8\,K \times Q[m^3/\min] \times H}{\eta \times 60}$

∴ $t = \dfrac{9.8 \times K \times Q \times H}{\eta \times P} = \dfrac{9.8 \times 1.2 \times 100 \times 30}{0.7 \times 30} = 1680\,[s] = \dfrac{1680}{60} = 28\,[\min]$

답 | 28 [min]

핵심이론 전동기용량을 구하는 식

$P = \dfrac{9.8KQH}{\eta\, t} = \dfrac{9.8\,K \times Q[m^3/\min] \times H}{\eta \times 60}$ [kW]

P : 전동기용량 [kW], K : 여유계수, Q : 유량 [m³]
H : 전양정 [m], η : 효율, t : 시간 [s]

13

비상용 전원설비의 축전지설비를 하려고 한다. 사용되는 부하의 방전전류 – 시간 특성곡선이 그림과 같을 때 다음 각 물음에 답하시오. (단, 축전지의 용량환산시간 계수 K는 주어진 표에 의하여 계산한다)

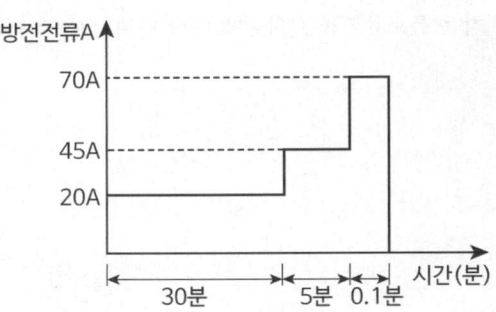

[용량환산시간계수 K(온도 5 [℃]에서)]

형식	최저허용전압 [V/셀]	0.1분	1분	5분	10분	20분	30분	60분	120분
AH	1.10	0.30	0.46	0.56	0.66	0.87	1.04	1.56	2.60
	1.06	0.24	0.33	0.45	0.53	0.70	0.85	1.40	2.45
	1.00	0.20	0.27	0.37	0.45	0.60	0.77	1.30	2.30

가. 보수율이란 무엇이며, 일반적으로 그 값은 얼마를 적용하는가?

나. 단위 전지의 방전 종지전압(최저사용전압)은 1.06 [V]일 때 축전지용량은 몇 [Ah]가 필요한가?
  ○ 계산과정:
  ○ 답:

다. 연축전지와 알칼리축전지의 공칭전압은 각각 몇 [V]인가?

정답

가. 축전지의 경년변화에 따른 용량변화를 고려한 계수, 80 [%]

나. 계산과정

$$C = \frac{1}{L}KI$$

$$= \frac{1}{0.8}[(0.85 \times 20) + (0.45 \times 45) + (0.24 \times 70)] \fallingdotseq 67.56 \text{ [Ah]}$$

답 | 67.56 [Ah]

※ 보수율이 주어지지 않았을 때는 0.8을 대입한다.
※ 방전전류가 증가할 때는 축전지용량을 다 더해주면 된다.

✔ 해설

- K_1 : 최저허용전압 1.06 에서 30분 시간계수 (0.85)
- K_2 : 최저허용전압 1.06 에서 5분 시간계수 (0.45)
- K_3 : 최저허용전압 1.06 에서 0.1분 시간계수 (0.24)
- I_1, I_2, I_3 : 20 [A], 45 [A], 70 [A]
- $KI = K_1 I_1 + K_2 I_2 + K_3 I_3$

다. 연축전지 : 2 [V]
　알칼리축전지 : 1.2 [V]

핵심이론 축전지설비

□ 축전지용량 구하는 식

$$C = \frac{1}{L}KI \text{ [Ah]}$$

$$= \frac{1}{L}KI \text{ [A·h]} = \frac{1}{L}[K_1 I_1 + K_2(I_2 - I_1) + K_3(I_3 - I_2) + \ldots + K_n(I_n - I_{n-1})]$$

C : 축전지용량 [Ah], L : 보수율(용량저하율)
K : 용량환산시간 [h], I : 방전전류 [A]

□ 축전지 종류별 특성

구분	연축전지	알칼리축전지
기전력 [V]	2.05 ~ 2.08	1.32
공칭전압 [V]	2.0	1.2
공칭용량 [Ah]	10	5

14

지상 15층, 지하 5층, 연면적 7000 [m²] 인 특정소방대상물에 자동화재탐지설비의 음향장치를 설치하였다. 다음의 경우 경보를 발하여야 할 층은?

가. 지상 11층에서 발화한 경우

나. 지상 1층에서 발화한 경우

다. 지하 1층에서 발화한 경우

정답

가. 지상 11층, 지상 12층, 지상 13층, 지상 14층, 지상 15층

나. 지하 5층, 지하 4층, 지하 3층, 지하 2층, 지하 1층, 지상 1층, 지상 2층, 지상 3층, 지상 4층, 지상 5층

다. 지하 1층, 지상 1층, 지하 5층, 지하 4층, 지하 3층, 지하 2층

핵심이론 경보방식

□ 우선경보방식

발화층	11층 이상인 특정소방대상물 (공동주택일 경우 16층 이상)
2층 이상	발화층, 직상 4개 층
1층	발화층, 직상 4개 층, 지하층
지하층	발화층, 직상층, 기타 지하층

□ 일제경보방식
소규모 소방대상물에서 화재 시 전 층에 동시 경보

15

다음 그림과 같은 자동화재탐지설비의 평면도 ①~⑤의 전선 가닥 수를 주어진 표의 빈칸에 쓰시오. (단, 경종과 표시등 공통선을 하나로 하였다)

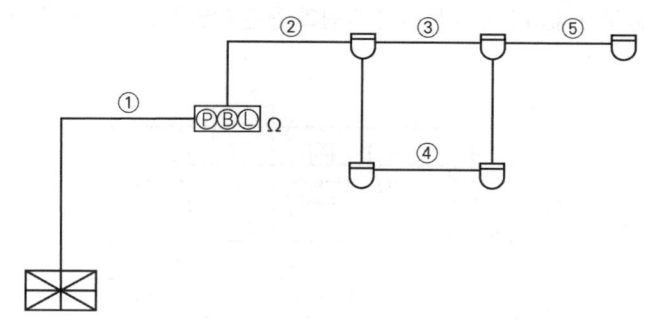

기호	①	②	③	④	⑤
가닥 수					

정답

기호	①	②	③	④	⑤
가닥 수	6	4	2	2	4

☑ 해설

① 지구선 1, 공통선 1, 응답선 1, 경종선 1, 표시등선 1, 경종 및 표시등 공통선 1
②, ⑤ 지구선 2, 공통선 2
③, ④ 지구선 1, 공통선 1

> 자동화재탐지설비에서 감지기 배선은 송배선방식을 채택한다. 이때, 루프는 2가닥, 나머지는 4가닥이며 발신기에서 수신기까지 기본 가닥 수는 지구선, 공통선, 응답선, 경종선, 표시등선, 경종 표시등 공통선 총 6가닥이다.

16

3개의 입력 A, B, C 중 어느 것이든 먼저 들어간 입력이 우선 동작하고, 출력 X_A, X_B, X_C를 발생시킨다. 그 다음에 들어가는 신호는 먼저 들어간 신호에 의해서 Lock되어 출력이 없다고 할 때, 다음 그림과 같은 타임차트를 보고 각 물음에 답하시오.

[배점 8]

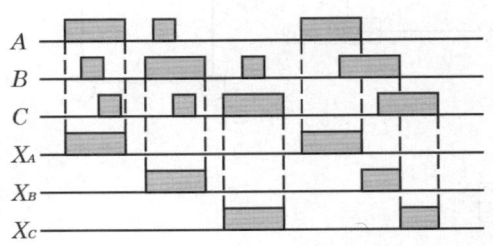

가. 타임차트를 이용하여 출력 X_A, X_B, X_C에 대한 논리식을 쓰시오.

나. 타임차트과 같은 동작이 이루어지도록 유접점회로 및 무접점회로를 그리시오.

정답

가.
- $X_A = A \cdot \overline{X_B} \cdot \overline{X_C}$
- $X_B = B \cdot \overline{X_A} \cdot \overline{X_C}$
- $X_C = C \cdot \overline{X_A} \cdot \overline{X_B}$

나.

- $|$: 계전기접점(relay릴레이)으로서 전자력에 의해 개폐되는 접점
- $\vdash$: 수동조작 자동복귀접점으로서 푸시버튼스위치이며 손으로 직접 눌러서 회로를 작동시키는 역할

중요 ▶ 해당 문제와 같이 "푸시버튼스위치를 이용하여"라는 말이 들어가 있지 않다면 ┠와 │ 어느 것으로 그려주어도 되지만, 2020년도 3회차 02번 문제와 같이 "릴레이회로"라고 명시가 되어 있다면 A, B, C 접점을 │로 그려줄 것

핵심이론 논리회로

명칭	논리식	논리회로(무접점회로)	유접점회로
AND회로	$X = A \times B$ $X = A \cdot B$	A, B → AND → X	A, B 직렬, X
OR회로	$X = A + B$	A, B → OR → X	A, B 병렬, X
NOT회로	$X = \overline{A}$	A → NOT → X	A, X

□ 인터록회로
- 상호 관련이 있는 기기의 동작을 서로 구속하는 회로기기의 보호와 조작자의 안전이 목적인 회로
- 병렬회로에 상호 b접점(Normal Close)을 두어 R_1과 R_2의 동시투입방지

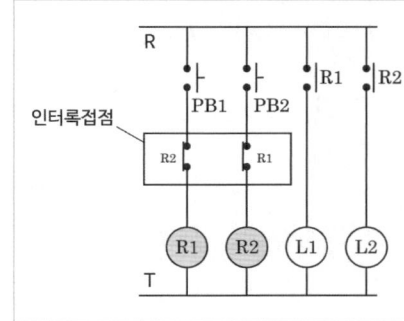

① PB_1이 ON되면 릴레이 R_1이 여자되고 R_1의 a접점이 폐로되고 또한 램프 L_1이 점등된다.
② 이때 PB_2를 ON시켜도 릴레이 R_2와 램프 L_2는 R_1의 b접점이 단전되기 때문에 작동할 수 없음
※ 하나의 릴레이가 동작하면 다른 릴레이는 동작이 금지됨

17

다음 그림은 3상 교류회로에 설치된 누전경보기의 결선도이다. 정상상태와 누전 발생 시 a점, b점 및 c점에서 키르히호프의 제1법칙을 적용하여 선전류 I_1, I_2, I_3 및 선전류의 벡터합 계산과 관련된 각 물음에 답하시오.

득점 / 배점 8

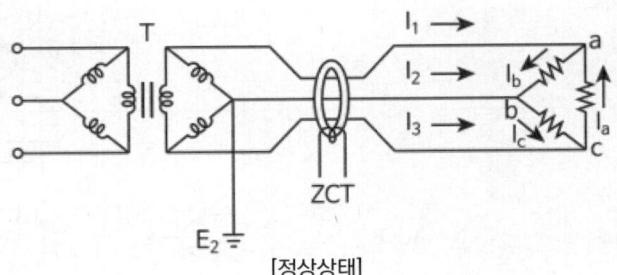

[정상상태]

가. 정상상태 시 선전류 a점 : I_1 = (　), b점 : I_2 = (　), c점 : I_3 = (　)

나. 정상상태 시 선전류의 벡터합 $I_1 + I_2 + I_3$ = (　)

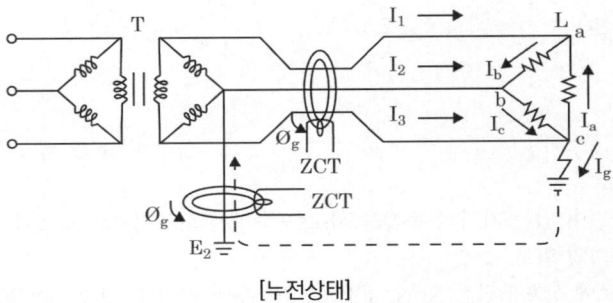

[누전상태]

다. 누전 시 선전류 a점 : I_1 = (　), b점 : I_2 = (　), c점 : I_3 = (　)

라. 누전 시 선전류의 벡터합 $I_1 + I_2 + I_3$ = (　)

정답

가. a점 : $I_1 = (I_b - I_a)$, b점 : $I_2 = (I_c - I_b)$, c점 : $I_3 = (I_a - I_c)$

나. $I_1 + I_2 + I_3 = (I_b - I_a) + (I_c - I_b) + (I_a - I_c) = 0$

다. a점 : $I_1 = (I_b - I_a)$, b점 : $I_2 = (I_c - I_b)$, c점 : $I_3 = (I_a - I_c + I_g)$

라. $I_1 + I_2 + I_3 = (I_b - I_a) + (I_c - I_b) + (I_a - I_c + I_g) = I_g$

18

비상콘센트의 플러그접속기는 어떤 접지공사를 해야 하는지 쓰시오.

배점 3

정답

보호접지

핵심이론 접지공사의 종류

적용 대상	접지방식	접지선 굵기
(특)고압설비 600 [V] 이하 설비 400 [V] 이하 설비	• 계통접지 : TN, TT, IT 계통 • 보호접지 : 등전위본딩 등 • 피뢰시스템접지	상도체 단면적 S(mm²)에 따라 선정 • S ≤ 16 : S • 16 < S ≤ 35 : 16 • S > 35 : S/2 또는 차단시간 5초 이하의 경우 • $S = \sqrt{I^2 t}/k$
변압기	변압기 중성점 접지	

- 계통접지 : 전력계통의 이상현상에 대비하여 대지와 계통을 접지
- 보호접지 : 감전보호를 목적으로 기기의 한 점 이상을 접지
- 피뢰시스템접지 : 뇌격전류를 안전하게 대지로 방류하기 위한 접지

중요 KEC가 개정되면서 "제3종 접지공사"가 삭제되었다. 따라서 보호접지를 해준다. 정확하게는 "접지형 2극 플러그접속기를 사용하여 보호접지"이지만, "보호접지"라고만 적어도 된다.

2020년 5회

01 배점 6

비상콘센트설비에 대한 다음 각 물음에 답하시오.

가. 하나의 전용회로에 설치하는 비상콘센트가 7개가 있다. 이 경우 전선의 용량은 비상콘센트 몇 개의 공급용량을 합한 용량 이상의 것으로 하여야 하는지 쓰시오. (단, 각 비상콘센트의 공급용량은 최소로 한다)

나. 비상콘센트설비의 전원부와 외함 사이의 절연저항을 500 [V] 절연저항계로 측정하였더니 30 [MΩ]이었다. 이 설비에 대한 절연저항의 적합성 여부를 구분하고 그 이유를 설명하시오.

정답

가. 3개

나. 적합, 20 [MΩ] 이상이므로

핵심이론 비상콘센트설비 전원회로기준

- 전원회로는 단상교류 220 [V]인 것으로서, 공급용량은 1.5 [kVA] 이상인 것으로 할 것
- 전원회로는 각 층에 있어서 2 이상이 되도록 설치할 것
 (단, 설치하여야 할 층의 비상콘센트가 1개일 때에는 하나의 회로로 할 수 있다)
- 전원회로는 주배전반에서 전용회로로 할 것
- 전원으로부터 각 층의 비상콘센트에 분기되는 경우에는 분기배선용 차단기를 보호함 안에 설치할 것
- 콘센트마다 배선용 차단기를 설치하여야 하며, 충전부는 노출되지 않도록 할 것
- 개폐기에는 '비상콘센트'라고 표시한 표지를 할 것
- 비상콘센트용 풀박스 등은 방청도장을 한 것으로서, 두께 1.6 [mm] 이상의 철판으로 할 것
- 하나의 전용회로에 설치하는 비상콘센트는 10개 이하로 하며, 이 경우 전선의 용량은 각 비상콘센트(비상콘센트가 3개 이상인 경우에는 3개)의 공급용량을 합한 용량 이상의 것으로 할 것

02

배점 4

지하층 또는 무창층으로서 용도가 도매시장·소매시장·여객자동차터미널·지하역사 또는 지하상가인 경우 유도등의 비상전원은 어느 것으로 하며 그 용량은 해당 유도등을 유효하게 몇 분 이상 작동시킬 수 있어야 하는가?

○ 답
- 비상전원 :
- 용량 :

정답
- 비상전원 : 축전지설비
- 용량 : 60분 이상

핵심이론 비상전원 종류 및 용량

설비	비상전원				용량
	자가발전	축전지	전기저장장치	비상전원수전설비	
• 스프링클러설비 (미분무소화설비)	○	○	○	(차고, 주차장으로 바닥면 1000 [m²] 미만인 경우)	• 20분 : 30층 미만 • 40분 : 30 ~ 49층 • 60분 : 50층 이상
• 간이스프링클러설비	○			○	• 10분 • 20분 : 근생, 복합건축물, 생활형 숙박시설
• 옥내소화전설비 • 연결송수관설비 • 특별피난계단의 계단실·부속실 제연설비	○	○	○		• 20분 : 30층 미만 • 40분 : 30 ~ 49층 • 60분 : 50층 이상
• 제연설비 • CO_2설비 • 분말소화설비 • 할론소화설비 • 할로겐화합물 및 불활성기체소화설비 • 화재조기진압용 스프링클러설비 • 포소화설비	○	○	○	(호스릴포소화설비 또는 포소화전만을 설치한 차고·주차장, 포헤드설비 또는 고정포방출설비가 설치된 부분의 바닥면 합계 1000 [m²] 미만인 경우)	• 20분 이상

설비	비상전원				용량
	자가발전	축전지	전기저장장치	비상전원수전설비	
• 비상방송설비 • 자동화재탐지설비 • 비상경보설비		○	○		• 10분 이상 • 30분 이상(비방, 자탐 30층 이상)
• 유도등		○			• 20분 이상 • 60분 이상(지하층 제외 11층 이상, 지하층·무창층으로 도·소매시장, 여객자동차터미널, 지하역사, 지하상가)
• 비상조명등	○	○	○		
• 무선통신보조설비		○			• 30분 이상
• 비상콘센트설비	○	○	○	○	• 20분 이상

03

배점 6

지상 31 [m] 되는 곳에 수조가 있다. 이 수조에 분당 12 [m³]의 물을 양수하는 펌프용 전동기를 설치하여 3상전력을 공급하려고 한다. 펌프 효율이 65 [%]이고, 펌프 측 동력에 10 [%]의 여유를 둔다고 할 때 다음 각 물음에 답하시오. (단, 펌프용 3상 농형 유도전동기의 역률은 100 [%]로 가정한다)

가. 펌프용 전동기의 용량은 몇 [kW]인가?

　○ 계산과정 :

　○ 답 :

나. 3상전력을 공급하고자 단상 변압기 2대를 V결선하여 이용하고자 한다. 단상 변압기 1대의 용량은 몇 [kVA]인가?

　○ 계산과정 :

　○ 답 :

정답

✓ 계산과정

가. $P = \dfrac{9.8\,K \times Q[m^3/\text{min}] \times H}{\eta\, t} = \dfrac{9.8 \times 1.1 \times 12 \times 31}{0.65 \times 60} = 102.824$
≒ 102.82 [kW]

답 | 102.82 [kW]

나. $P_v = \dfrac{P}{\sqrt{3}\cos\theta} = \dfrac{102.82}{\sqrt{3} \times 1} = 59.363$ ≒ 59.36 [kVA]

답 | 59.36 [kVA]

✓ 해설
- $\cos\theta$: 역률 100 [%] = 1

핵심이론 전동기용량 계산식

▫ 전동기용량을 구하는 식
$P = \dfrac{9.8\,KQH}{\eta\, t} = \dfrac{9.8\,K \times Q[m^3/\text{min}] \times H}{\eta \times 60}$ [kW]

　　P : 전동기용량 [kW], K : 여유계수, Q : 유량 [m³]
　　H : 전양정 [m], η : 효율, t : 시간 [s]

▫ V 결선 시 전동기용량을 구하는 식
$P = P_v \sqrt{3}\cos\theta$ [kW]

　P : 전동기용량 [kW], P_v : V 결선 시 단상변압기 1대의 용량 [kVA], $\cos\theta$: 역률

- 10 [%]의 여유를 둔다고 하였으므로, K여유계수에 1.1을 대입한다.
- 분당 12 [m³]의 물을 양수하므로, 60으로 나누어서 '초당' 기준으로 대입한다.

04

배점 4

제어반으로부터 전선관 거리가 90 [m] 떨어진 위치에 할로겐화합물소화설비의 일제 개방변이 있고 바로 옆에 기동용 솔레노이드밸브가 있다. 제어반 출력단자에서의 전압강하는 없다고 가정했을 때 이 솔레노이드가 기동할 때의 단자전압은 얼마가 되겠는가? (단, 제어회로전압은 26 [V] 이며, 솔레노이드의 정격전류는 2.0 [A] 이고, 배선의 [m]당 전기저항의 값은 0.008 [Ω]이다)

○ 계산과정 :

○ 답 :

정답

☑ 계산과정

단자전압 $= V_r = V_s - 2IR = 26 - \{2 \times 2 \times (0.72)\} = 23.12\,[V]$

답 | 23.12 [V]

☑ 해설

- $1\,[m] : 0.008\,[\Omega] = 90\,[m] : R\,[\Omega]$이기 때문에 $R = \dfrac{0.008 \times 90}{1} = 0.72\,[\Omega]$
- 단자전압 $V_r = V_s - 2IR$

핵심이론 전압강하공식

□ 전압강하
- 단상 2선식 $e = V_s - V_r = 2IR\,[V]$
- 3상 3선식 $e = V_s - V_r = \sqrt{3}\,IR\,[V]$

e : 전압강하 [V], V_s : 정격전압 [V], V_r : 단자전압 [V]

□ 전압강하(조건에 저항 없을 때)

전기방식	전압강하
단상 2선식	$e = \dfrac{35.6LI}{1000A}$
3상 3선식	$e = \dfrac{30.8LI}{1000A}$
단상 3선식, 3상 4선식	$e = \dfrac{17.8LI}{1000A}$

여기서 L : 선로길이 [m], I : 전부하전류 [A]
e : 한 선의 전압강하 [V], A : 전선의 단면적 [mm^2]

05

득점 □ 배점 4

감지기에서 수신기로 신호전달방식을 P형과 R형 수신기로 비교하여 답하시오.

○ 답
- P형 :
- R형 :

> **정답**

- P형 : 개별전송방식
- R형 : 다중전송방식

핵심이론 P형 수신기와 R형 수신기 비교

구분	P형 수신기	R형 수신기
설명	감지기 또는 발신기로부터 발하여지는 신호를 직접 공통신호로서 수신하여 화재의 발생을 해당 특정소방대상물의 관계인에게 경보하여주는 것	감지기 또는 발신기로부터 발하여지는 신호를 직접 또는 중계기를 통하여 고유신호로서 수신하여 화재의 발생을 해당 특정소방대상물의 관계인에게 경보하여주는 것
신호전달방식	개별전송방식(1 : 1접점방식)	다중전송방식
신호 종류	공통신호	고유신호
장점	• 기능이 단순하므로 가격 저렴	• 선로수가 적어 배관배선공사가 간단함 • 유지관리가 쉬움
단점	• 선로수가 많아 배관배선공사가 복잡함 • 유지관리가 어려움	• 효율적인 감지 및 제어를 위해 여러 기능이 추가되어 있어 가격이 비쌈

06

득점 / 배점 3

길이 50 [m]의 통로에 객석유도등을 설치하려고 한다. 이때 필요한 객석유도등의 수량은 최소 몇 개인가?

○ 계산과정 :

○ 답 :

> **정답**

☑ 계산과정

$\frac{50}{4} - 1 = 11.5 \rightarrow$ 절상하여 12개

답 | 12개

핵심이론 최소 설치개수 구하는 식

(소수점 절상)

구분	공식
객석유도등	$\dfrac{\text{객석통로의 직선부분의 길이 [m]}}{4} - 1$
유도표지	$\dfrac{\text{구부러진 곳이 없는 부분의 보행거리 [m]}}{15} - 1$
복도통로유도등, 거실통로유도등	$\dfrac{\text{구부러진 곳이 없는 부분의 보행거리 [m]}}{20} - 1$

※ 객석유도등은 복도, 통로, 벽에 설치한다.

07 배점 4

굴곡장소가 많거나 금속관공사를 유연하게 하는 시공방법으로, 전동기의 동력선을 보호해주고 옥내배선을 연결할 경우 사용하는 공사방법을 쓰시오.

정답

가요전선관공사

☑ 해설 : 가요전선관
- 시공장소 : 굴곡장소가 많거나 금속관공사 시공이 어려운 경우 전동기와 옥내배선을 연결할 경우 등
- 종류 : 1종, 2종

08 배점 4

청각장애인용 시각경보장치의 설치기준에 대한 다음 (   ) 안을 완성하시오.

가. 공연장·집회장·관람장 또는 이와 유사한 장소에 설치하는 경우에는 시선이 집중되는 (㉠) 부분 등에 설치할 것

나. 바닥으로부터 (㉡) [m] 이상 (㉢) [m] 이하의 높이에 설치할 것. 다만 천장 높이가 2 [m] 이하는 천장에서 (㉣) [m] 이내의 장소에 설치하여야 한다.

정답

㉠ 무대부, ㉡ 2, ㉢ 2.5, ㉣ 0.15

핵심이론 시각경보장치의 설치기준

- 복도·통로·청각장애인용 객실 및 공용으로 사용하는 거실에 설치하며, 각 부분에서 유효하게 경보를 발할 수 있는 위치에 설치할 것
- 공연장·집회장·관람장 또는 이와 유사한 장소에 설치하는 경우에는 시선이 집중되는 무대부 부분 등에 설치할 것
- 바닥으로부터 2 [m] 이상 ~ 2.5 [m] 이하의 높이에 설치할 것. 단, 천장높이가 2 [m] 이하는 천장에서 0.15 [m] 이내의 장소에 설치(보기에 작동전원을 공급할 수 있도록 형식승인을 얻은 수신기를 설치한 경우는 제외)

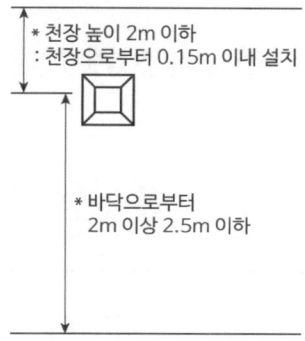

- 광원은 전용의 축전지설비 또는 전기저장장치에 의하여 점등되도록 할 것(단, 시각경보기에 작동전원을 공급할 수 있도록 형식승인을 얻은 수신기를 설치한 경우는 제외)

09 [배점 8]

공기관식 차동식 분포형 감지기의 설치도면이다. 다음 각 물음에 답하시오. (단, 주요구조부를 내화구조로 한 소방대상물인 경우이다)

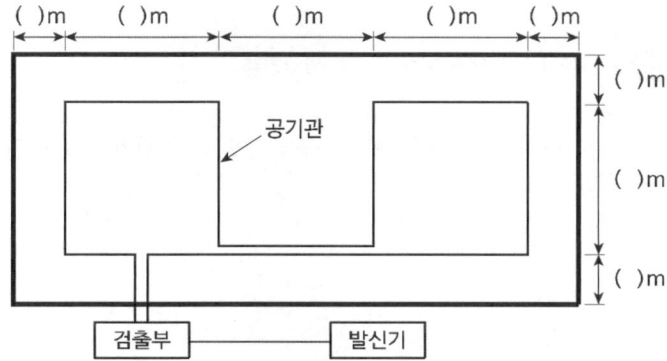

가. 내화구조일 경우의 공기관 상호 간의 거리와 감지구역의 각 변과의 거리는 몇 [m] 이하가 되도록 하여야 하는지 도면의 (   ) 안에 쓰시오.

나. 공기관의 노출부분의 길이는 몇 [m] 이상이 되어야 하는지 쓰시오.

다. 종단저항을 발신기에 설치할 경우 차동식 분포형 감지기의 검출기와 발신기 간에 연결해야 하는 전선의 가닥 수를 도면에 표기하시오.

라. 검출부의 설치높이를 쓰시오.

마. 검출부분에 접속하는 공기관의 길이는 몇 [m] 이하로 하여야 하는지 쓰시오.

바. 공기관의 재질을 쓰시오.

사. 검출부의 경사도는 몇 도 이하이어야 하는지 쓰시오.

정답

가, 다.

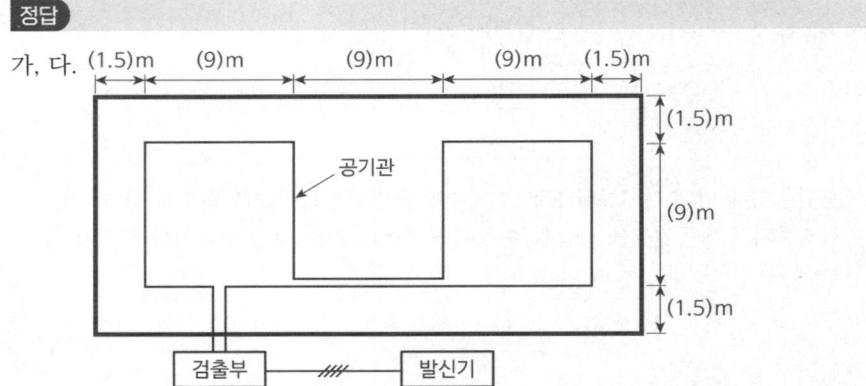

나. 20 [m]

라. 바닥에서 0.8 [m] 이상 ~ 1.5 [m] 이하

마. 100 [m]

바. (중공)동관

사. 5도

핵심이론 공기관식 차동식 분포형 감지기 설치기준

□ 공기관식
- 작동원리 : 감열실 내 온도 상승(급격한 온도 상승) → 공기관 내부 공기 팽창 → 다이어프램 밀어 올려 접점 붙음
- 구조 : 수열부 – 공기관, 검출부 – 리크구멍(비화재보방지), 다이어프램, 접점, 시험장치

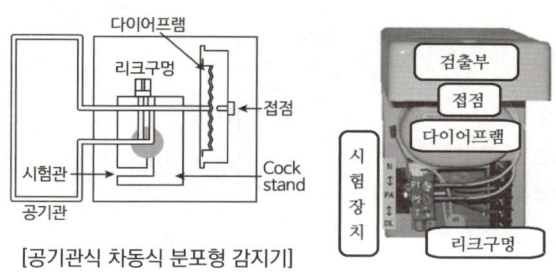

[공기관식 차동식 분포형 감지기]

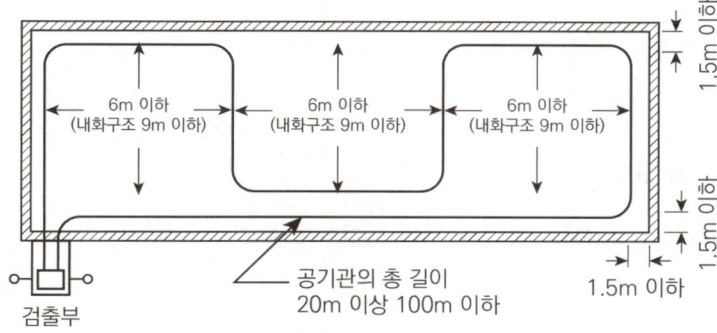

- 공기관의 노출부분은 감지구역마다 20 [m] 이상이 되도록 할 것
- 공기관과 감지구역의 수평거리는 1.5 [m] 이하가 되도록 할 것
- 공기관 상호 간의 거리는 6 [m](내화구조 9 [m]) 이하가 되도록 할 것
- 공기관은 도중에서 분기하지 않도록 할 것
- 하나의 검출부에 접속하는 공기관 길이는 100 [m] 이하로 할 것
- 검출부는 바닥에서 0.8 [m] 이상 ~ 1.5 [m] 이하에 위치하며, 5° 이상 경사되지 않도록 할 것

10

자동화재탐지설비의 P형 수신기에 연결되는 발신기와 감지기의 미완성 결선도를 [조건]을 참조하여 완성하시오.

조건

(1) 발신기에 설치된 단자는 왼쪽부터 응답, 지구, 공통이다.
(2) 종단저항은 발신기에 설치되어 있다.

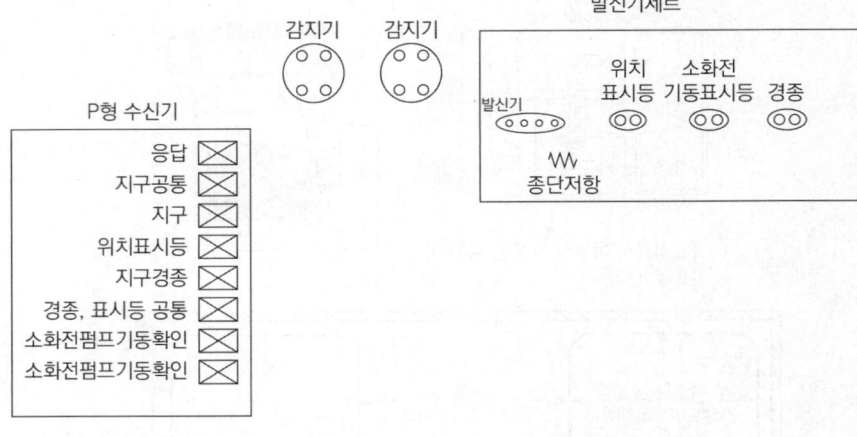

가. 결선도를 완성하시오.

나. 종단저항이 설치되는 기기 및 단자 명칭을 쓰시오.
  1) 기기 명칭
  2) 단자 명칭

다. 발신기에 설치하는 표시등의 색깔은?

라. 발신기표시등은 그 불빛의 부착 면으로부터 어느 범위에서 식별할 수 있어야 하는가?

정답

가.

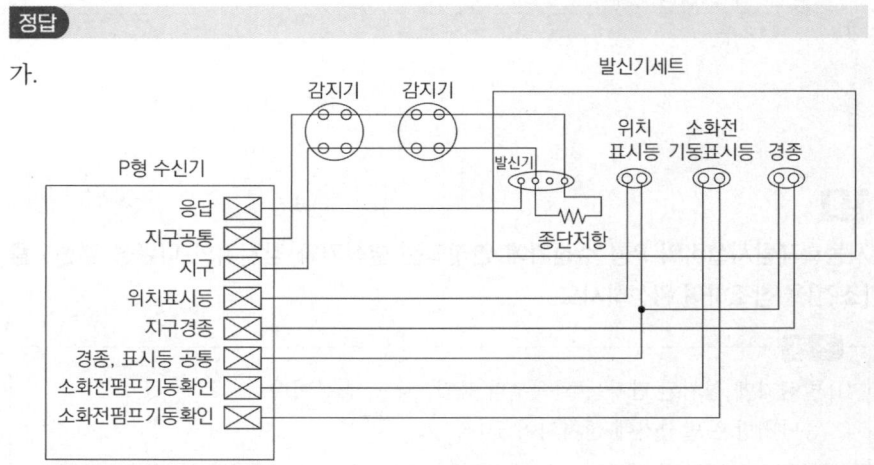

나. 1) 기기 명칭 : 발신기
    2) 단자 명칭 : 지구, 지구공통

다. 적색

라. 15° 이상의 범위 안에서 부착지점으로부터 10 [m] 이내의 곳

핵심이론 표시등과 발신기표시등 비교

구분	표시등	발신기표시등
종류	• 옥내소화전 표시등 • 옥외소화전 표시등 • 연결송수관설비 표시등	• 자동화재탐지설비 발신기표시등 • 스프링클러설비 화재감지기회로 발신기표시등 • 미분무소화설비 화재감지기회로 발신기표시등 • 포소화설비 화재감지기회로 발신기표시등 • 비상경보설비 화재감지기회로 발신기표시등
식별 범위	부착면과 15° 이하의 각도로도 발산되어야 하며 주위의 밝기가 0 [lx]인 장소에서 측정하여 10 [m] 떨어진 위치에서 켜진 등이 확실히 식별될 것	부착면으로부터 15° 이상의 범위만큼 발산되며, 10 [m] 거리에서 식별될 것

※ 소방에서는 가스누설경보기를 제외한 모든 표시등은 적색이다.

11

배점 6

광전식 분리형 감지기의 설치기준을 화재안전기준에 적합하게 3가지를 쓰시오.

①
②
③

정답

① 감지기의 수광면은 햇빛을 직접 받지 않도록 설치할 것
② 광축은 나란한 벽으로부터 0.6 [m] 이상 이격하여 설치할 것
③ 감지기의 송광부 및 수광부는 뒷벽으로부터 1 [m] 이내 위치에 설치할 것

핵심이론 광전식 감지기

□ 광전식
주위의 공기가 일정한 농도의 연기를 포함하게 되는 경우에 작동하는 것으로서 일국소의 연기에 의하여 광전 소자에 접하는 광량의 변화로 작동하는 것

□ 스포트형
화재 시(연기 발생 시) 수광량의 증가에 의해서 작동하는 것(광량 변화 + 일국소)

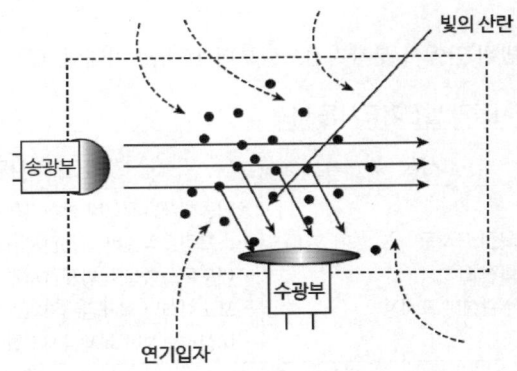

□ 분리형
화재 시(연기발생 시) 수광량의 감소에 의해서 작동하는 것(발광부, 수광부 분리)

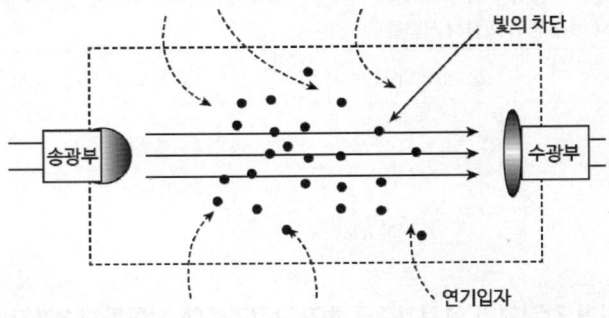

□ 광전식 분리형 감지기 설치기준
- 감지기의 수광면은 직접 햇빛을 받지 않도록 설치할 것
- 광축은 나란한 벽으로부터 0.6 [m] 이상 이격하여 설치할 것
- 감지기의 송광부 및 수광부는 뒷벽으로부터 1 [m] 이내 위치에 설치할 것
- 광축의 높이는 천장 등 높이의 80 [%] 이상일 것
- 광축의 길이는 공칭감시거리 범위 이내일 것
- 그 밖의 설치기준은 형식승인 내용에 따르며 형식승인 사항 아닌 것은 제조사 시방에 따름

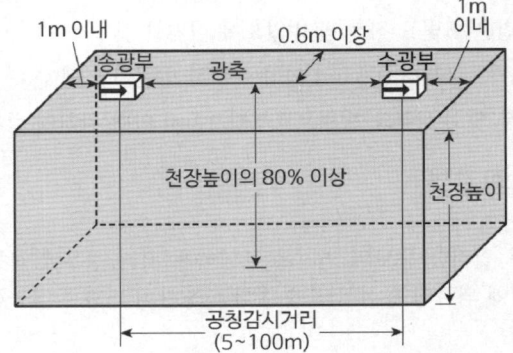

12

지하층·무창층 등으로서 환기가 잘되지 아니하거나 감지기의 부착면과 실내바닥과의 거리가 2.3 [m] 이하인 곳으로서 일시적으로 발생한 열·연기 또는 먼지 등으로 인하여 화재신호를 발신할 우려가 있는 장소에 설치가능한 감지기 5가지를 쓰시오.

①   ②   ③
④   ⑤

정답

① 불꽃감지기, ② 정온식 감지선형 감지기, ③ 분포형 감지기, ④ 복합형 감지기,
⑤ 광전식 분리형 감지기

핵심이론 비화재보 우려 장소에 설치할 수 있는 감지기(축적형 수신기와 같이 사용할 수 없는 감지기)

- 불꽃감지기
- 정온식 감지선형 감지기
- 분포형 감지기
- 복합형 감지기
- 광전식 분리형 감지기
- 아날로그방식 감지기
- 다신호방식 감지기
- 축적형 감지기

※ 스포트형은 안 됨

암기 ▶ 불정분복 광아다축

13

저항이 100 [Ω]인 경동선의 온도가 20 [℃]이고, 이 온도에서 저항온도계수가 0.00393이다. 경동선의 온도가 100 [℃]로 상승할 때 저항값 [Ω]은 얼마인가?

○ 계산과정 :

○ 답 :

정답

✓ 계산과정

$$R_2 = R_1[1+\alpha_t(t_2-t_1)][\Omega]$$
$$= 100[1+0.00393(100-20)] = 131.44\ [\Omega]$$

답 | 131.44 [Ω]

★ 핵심이론 저항의 온도계수(α) : 온도변화에 의한 저항의 변화를 비율로 나타낸 것

$$R_2 = R_1[1+\alpha_t(t_2-t_1)][\Omega]$$

α_t : t_1에서의 온도계수, R_1, R_2 : t_1, t_2일 때 도체의 저항 [Ω]

t_1, t_2 : 상승 전, 후의 온도 [℃]

14

배점 10

다음 표는 어느 건물의 자동화재탐지설비 공사에 소요되는 자재물량이다. 주어진 품셈을 이용하여 내선전공의 노임요율과 공량의 빈칸은 채우고 인건비를 산출하시오.

조건
(1) 공구손료는 인건비의 3 [%], 내선전공의 M/D는 100,000원을 적용한다.
(2) 콘크리트박스는 매입을 원칙으로 하며, 박스커버의 내선전공은 적용하지 않는다.
(3) 빈칸에 숫자를 적을 필요가 없는 부분은 공란으로 남겨 둔다.

가. 내선전공의 노임요율 및 공량

품명	규격	단위	수량	노임요율	공량
수신기	P형 5회로	[EA]	1		
발신기	P형	[EA]	5		
경종	DC – 24 [V]	[EA]	5		
표시등	DC – 24 [V]	[EA]	5		
차동식 감지기	스포트형	[EA]	60		
전선관(후강)	steel 16호	[m]	70		
전선관(후강)	steel 22호	[m]	100		
전선관(후강)	steel 28호	[m]	400		
전선	1.5 [mm²]	[m]	10000		
전선	2.5 [mm²]	[m]	15000		
콘크리트박스	4각	[EA]	5		
콘크리트박스	8각	[EA]	55		

품명	규격	단위	수량	노임요율	공량
박스커버	4각	[EA]	5		
박스커버	8각	[EA]	55		
계					

나. 인건비

품명	단위	공량	단가 [원]	금액 [원]
내선전공	인			
공구손료	식			
계				

[표 1] 전선관배관 ([m]당)

합성수지 전선관		금속(후강)전선관		금속가요전선관	
관의 호칭	내선전공	관의 호칭	내선전공	관의 호칭	내선전공
14	0.04	–	–	–	–
16	0.05	16	0.08	16	0.044
22	0.06	22	0.11	22	0.059
28	0.08	28	0.14	28	0.072
36	0.10	36	0.20	36	0.087
42	0.13	42	0.25	42	0.104
54	0.19	54	0.34	54	0.136
70	0.28	70	0.44	70	0.136

[표 2] 박스(Box) 신설 (개당)

총별	내선전공
8각 Concrete Box	0.12
4각 Concrete Box	0.12
8각 Outlet Box	0.2
중형 4각 Outlet Box	0.2
대형 4각 Outlet Box	0.2
1개용 Switch Box	0.2
2 ~ 3개용 Switch Box	0.2
4 ~ 5개용 Switch Box	0.25
노출형 Box(콘크리트 노출기준)	0.29
플로어 박스	0.2

[표 3] 옥내배선 ([m]당, 직종 : 내선전공)

규격	관 내 배선	규격	관 내 배선
6 [mm²] 이하	0.010	120 [mm²] 이하	0.077
16 [mm²] 이하	0.023	150 [mm²] 이하	0.088
38 [mm²] 이하	0.031	200 [mm²] 이하	0.107
50 [mm²] 이하	0.043	250 [mm²] 이하	0.130
60 [mm²] 이하	0.052	300 [mm²] 이하	0.148
70 [mm²] 이하	0.061	325 [mm²] 이하	0.160
100 [mm²] 이하	0.064	400 [mm²] 이하	0.197

[표 4] 자동화재경보장치 설치

공종	단위	내선전공	비고
Spot형 감지기 (차동식, 정온식, 보상식) 노출형	개	0.13	(1) 천장높이 4 [m]기준 1 [m] 증가 시마다 5 [%] 가산 (2) 매입형 또는 특수구조인 경우 조건에 따라 선정
시험기(공기관 포함)	개	0.15	(1) 상동 (2) 상동
분포형의 공기관	[m]	0.03	(1) 상동 (2) 상동
검출기	개	0.30	
공기관식의 Booster	개	0.10	
발신기 P형	개	0.30	
회로시험기	개	0.10	
수신기 P형(기본공수) (회선 수 공수 산출 가산)	대	6.0	[회선 수에 대한 산정] 매 1회선에 대해서 | 형식 \ 직종 | 내선전공 | | P형 | 0.3 | | R형 | 0.2 |
부수신기(기본공수)	대	3.0	※ R형은 수신반 인입감시 회선수 기준 [참고] 산정 예 : P형의 10회분 기본 공수는 6인, 회선당 할증수는 10 × 0.3 = 3 ∴ 6 + 3 = 9인
소화전 기동 릴레이	대	1.5	
경종	개	0.15	

공종	단위	내선전공	비고
표시등	개	0.20	
표지판	개	0.15	

정답

가. 내선전공의 노임요율 및 공량

품명	규격	단위	수량	노임요율	공량
수신기	P형 5회로	[EA]	1	100,000원	6 + (5 × 0.3) = 7.5
발신기	P형	[EA]	5	100,000원	5 × 0.3 = 1.5
경종	DC - 24 [V]	[EA]	5	100,000원	5 × 0.15 = 0.75
표시등	DC - 24 [V]	[EA]	5	100,000원	5 × 0.2 = 1
차동식 감지기	스포트형	[EA]	60	100,000원	60 × 0.13 = 7.8
전선관(후강)	steel 16호	[m]	70	100,000원	70 × 0.08 = 5.6
전선관(후강)	steel 22호	[m]	100	100,000원	100 × 0.11 = 11
전선관(후강)	steel 28호	[m]	400	100,000원	400 × 0.14 = 56
전선	1.5 [mm^2]	[m]	10000	100,000원	10000 × 0.01 = 100
전선	2.5 [mm^2]	[m]	15000	100,000원	15000 × 0.01 = 150
콘크리트박스	4각	[EA]	5	100,000원	5 × 0.12 = 0.6
콘크리트박스	8각	[EA]	55	100,000원	55 × 0.12 = 6.6
박스커버	4각	[EA]	5		
박스커버	8각	[EA]	55		
계					348.35

표에 p형 발신기 수량이 5개이므로 경계구역이 5개이다. 따라서 5회로용 수신기를 사용하되, 5개의 회로선을 모두 사용하기 위해 수신기 공량산출 시 5를 곱한다.

※ 내선전공 = 공량이며, 사람 수이다. 예를 들어, 차동식 스포트형 감지기의 내선전공이 0.13인 것은, 차동식 스포트형 감지기 하나를 설치하는 데 필요한 인원수가 0.13명이라는 의미이다.

나. 인건비

품명	단위	공량	단가 [원]	금액 [원]
내선전공	인	348.35	100,000	34,835,000
공구손료	식	3 [%]	34,835,000	1,045,050
계				35,880,050

15

배점 5

다음은 3상유도전동기의 전전압 기동방식회로의 미완성 도면이다. 이 도면을 주어진 조건과 부품들을 사용해서 완성하시오. (단, 조작회로는 220 [V]로 구성하며, 푸시버튼스위치는 ON용 1개, OFF용 1개를 사용한다)

> **조건**
> (1) 전자접촉기 MC 및 그 보조접점을 사용한다.
> (2) 정지표시등 GL은 전원표시등으로 사용하며, 전동기 운전 시에는 소등되도록 한다.
> (3) 운전표시등 RL은 운전시의 표시등으로 사용한다.
> (4) 퓨즈의 심벌은  으로 표현한다.
> (5) 부저는 열동계전기가 동작된 다음에 리셋버튼을 누를 때까지 계속 울리도록 C접점을 사용해서 그리도록 한다.

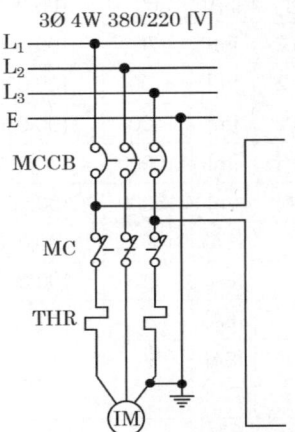

정답

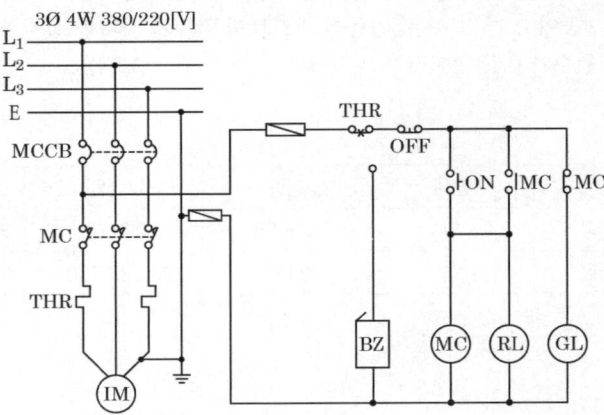

- PB-ON스위치를 누르면, MC가 여자되며 관련 접점이 작동한다.
- RL도 같이 점등되며 PB-ON스위치에서 손을 떼더라도 MC-a접점이 자기유지되며 MC가 계속 여자되고 RL이 계속 점등된다(MC 관련 접점인 MC-b접점은 떨어져서 GL은 소등된다).
- 부저는 회로에 과전류가 흘러서 열동계전기가 작동할 때 울린다(C접점으로 그려줌).

✓ 해설 : 전·전압기동제어방식(직입기동) 작성
- 기동버튼 : 병렬연결 및 자기유지
- 정지버튼 : 직렬연결
- 분기 시 "•"를 찍는다.
- MC 코일 : MC-a로 표기
- 모터정지 : 정지등 GL → b접점
- 모터기동 : 기동등 RL → a접점

핵심이론 시퀀스회로 심벌

심벌	명칭
	배선용 차단기
	포장퓨즈
	수동조작 자동복귀접점
	보조스위치 접점(계전기접점)
	수동복귀접점
	c 접점(전환접점, a b 공통 가동접점)

16

다음은 브리지 정류회로(전파정류회로)의 미완성 도면이다. 다음 각 물음에 답하시오.

득점 / 배점 4

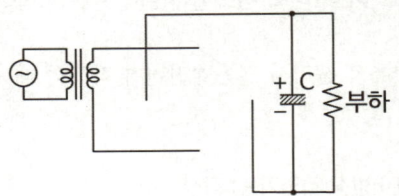

가. 정류다이오드 4개를 사용하여 회로를 완성하시오.

나. 회로상 C의 역할을 쓰시오.

정답

가.
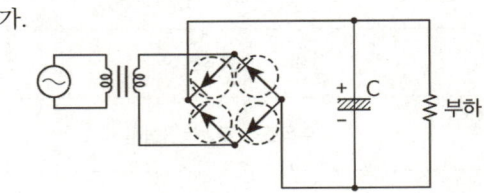

나. 직류전압 일정하게 유지

핵심이론 저항 및 전기기초

□ 브리지 정류회로
- 교류의 (+), (−)의 전 주기를 정류하는 전파 정류방식으로 4개의 다이오드를 사용한 회로

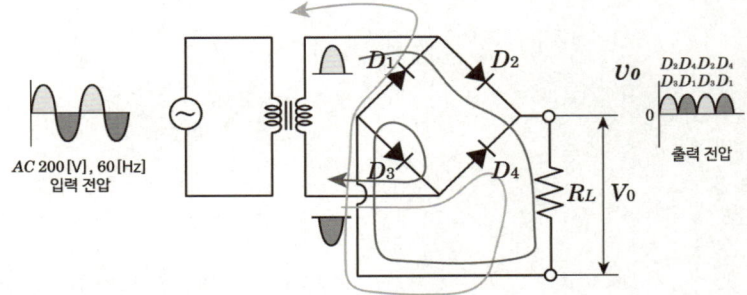

□ 콘덴서
- 정류기(다이오드)에서 변환된 직류전압을 평활하게 하기 위하여 정류회로의 뒤편 출력단(부하 측)에 설치

※ 브리지 정류회로이므로 다이오드를 4개 이용하며, 다이오드 방향을 고려해서 넣어주어야 한다.

17

그림과 같은 유접점 시퀀스회로에 대해 다음 각 물음에 답하시오.

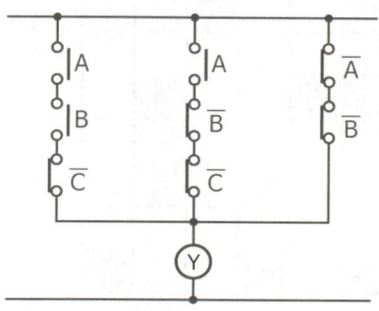

가. 그림의 시퀀스도를 가장 간략화한 논리식으로 표현하시오.

나. '가'에서 가장 간략화한 논리식을 무접점 논리회로로 그리시오.

다. 위 회로를 보고 타임차트를 완성하시오.

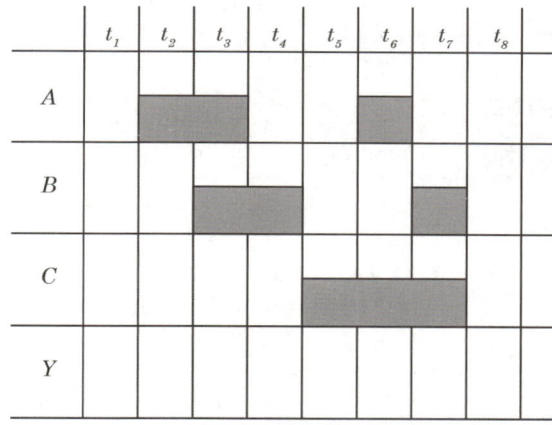

정답

가. $Z = A \cdot B \cdot \overline{C} + A \cdot \overline{B} \cdot \overline{C} + \overline{A} \cdot \overline{B}$
  $= A\overline{C} \cdot (B + \overline{B}) + \overline{A} \cdot \overline{B} = A \cdot \overline{C} + \overline{A} \cdot \overline{B}$

나.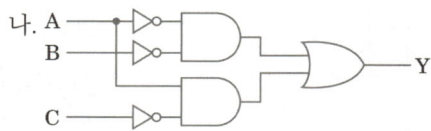

다.

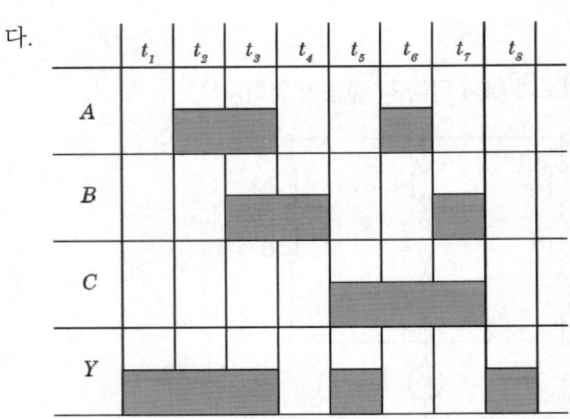

(A, B, C)가 각각 아래와 같을 때를 $Y = A \cdot \overline{C} + \overline{A} \cdot \overline{B}$에 대입해서 Y출력이 1이 나오는 경우 타임차트에 표시

- (0, 0, 0)일 때 $Y = 0 \times 1 + 1 \times 1 = 1$
- (1, 0, 0)일 때 $Y = 1 \times 1 + 0 \times 1 = 1$
- (1, 1, 0)일 때 $Y = 1 \times 1 + 0 \times 0 = 1$
- (0, 1, 0)일 때 $Y = 0 \times 1 + 1 \times 0 = 0$
- (0, 0, 1)일 때 $Y = 0 \times 0 + 1 \times 1 = 1$
- (1, 0, 1)일 때 $Y = 1 \times 0 + 0 \times 1 = 0$
- (0, 1, 1)일 때 $Y = 0 \times 0 + 1 \times 0 = 0$
- (0, 0, 0)일 때 $Y = 0 \times 1 + 1 \times 1 = 1$

핵심이론 논리회로

게이트	논리회로	논리식	시퀀스회로	진리표		
				A	B	X
AND	A, B → X	X = A · B = AB		0	0	0
				0	1	0
				1	0	0
				1	1	1
				A	B	X
OR	A, B → X	X = A + B		0	0	0
				0	1	1
				1	0	1
				1	1	1
				A		X
NOT	A → X	X = $\overline{A}$		0		1
				1		0

18

배점 5

자동화재탐지설비의 음향장치 설치기준에대한 사항이다. 층수가 11층(공동주택의 경우 16층) 이상의 특정소방대상물 또는 그 부분에 있어서 화재 발생으로 인하여 경보가 발하여야 하는 층을 빈칸에 표시하시오. (단, 경보표시는 ●를 사용한다)

5층					
4층					
3층					
2층	화재 발생●				
1층		화재 발생●			
지하 1층			화재 발생●		
지하 2층				화재 발생●	
지하 3층					화재 발생●

정답

5층	●	●			
4층	●	●			
3층	●	●			
2층	화재 발생●	●			
1층		화재 발생●	●		
지하 1층		●	화재 발생●	●	●
지하 2층		●	●	화재 발생●	화재 발생●
지하 3층		●	●	●	●

핵심이론 경보방식

- 일제경보방식 : 화재 시 전 층에 경보하는 방식(소규모)
- 우선경보방식 : 층수가 11층(공동주택의 경우에는 16층)의 특정소방대상물은 다음과 같은 경보를 발할 수 있어야 한다.
  ① 2층 이상의 층에서 발화한 때에는 발화층 및 그 직상 4개 층에 경보
  ② 1층에서 발화한 때에는 발화층. 그 직상 4개 층 및 지하층에 경보
  ③ 지하층에서 발화한 때에는 발화층. 그 직상층 및 기타 지하층 경보

격차를 뛰어넘어 압도적인 격차를 만들다

2019

1회	2019.04.14
2회	2019.06.29
4회	2019.11.09

2019년 1회 (2019.04.14)

01 배점 4

옥내소화전설비에 설치하는 비상전원의 종류를 3가지 쓰시오.

① ② ③

정답

① 자가발전설비, ② 축전지설비, ③ 전기저장장치

핵심이론 비상전원 종류 및 용량

설비	비상전원				용량
	자가발전	축전지	전기저장장치	비상전원수전설비	
• 제연설비 • CO_2설비 • 분말소화설비 • 할론소화설비 • 할로겐화합물 및 불활성기체소화설비 • 화재조기진압용 스프링클러설비 • 포소화설비	○	○	○	(호스릴포소화설비 또는 포소화전만을 설치한 차고·주차장, 포헤드설비 또는 고정포방출설비가 설치된 부분의 바닥면 합계 1000[m^2] 미만인 경우)	• 20분 이상
• 비상방송설비 • 자동화재탐지설비 • 비상경보설비		○	○		• 10분 이상 • 30분 이상(비방, 자탐 30층 이상)
• 유도등		○			• 20분 이상 • 60분 이상 (지하층 제외 11층 이상, 지하층·무창층으로 도·소매시장, 여객자동차터미널, 지하역사, 지하상가)
• 비상조명등	○	○	○		
• 무선통신보조설비		○			• 30분 이상
• 비상콘센트설비	○	○	○	○	• 20분 이상

02

청각장애인용 시각경보장치의 설치기준을 4가지 쓰시오.

① ②
③ ④

정답

① 복도·통로·청각장애인용 객실 및 공용으로 사용하는 거실에 설치하며, 각 부분에서 유효하게 경보를 발할 수 있는 위치에 설치할 것
② 공연장·집회장·관람장 또는 이와 유사한 장소에 설치하는 경우에는 시선이 집중되는 무대부 부분 등에 설치할 것
③ 바닥으로부터 2 [m] 이상 ~ 2.5 [m] 이하의 높이에 설치할 것. 단, 천장높이가 2 [m] 이하는 천장에서 0.15 [m] 이내의 장소에 설치
④ 광원은 전용의 축전지설비 또는 전기저장장치에 의하여 점등되도록 할 것
(단, 시각경보기에 작동전원을 공급할 수 있도록 형식승인을 얻은 수신기를 설치한 경우는 제외)

핵심이론 | 시각경보장치의 설치기준

- 복도·통로·청각장애인용 객실 및 공용으로 사용하는 거실에 설치하며, 각 부분에서 유효하게 경보를 발할 수 있는 위치에 설치할 것
- 공연장·집회장·관람장 또는 이와 유사한 장소에 설치하는 경우에는 시선이 집중되는 무대부 부분 등에 설치할 것
- 바닥으로부터 2 [m] 이상 ~ 2.5 [m] 이하의 높이에 설치할 것. 단, 천장높이가 2 [m] 이하는 천장에서 0.15 [m] 이내의 장소에 설치

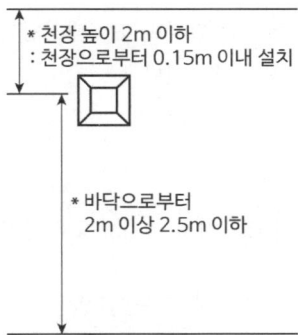

- 광원은 전용의 축전지설비 또는 전기저장장치에 의하여 점등되도록 할 것(단, 시각경보기에 작동전원을 공급할 수 있도록 형식승인을 얻은 수신기를 설치한 경우는 제외)

03

전실제연설비에 대한 도면이다. 조건을 참조하여 각 물음에 답하시오.

배점 8

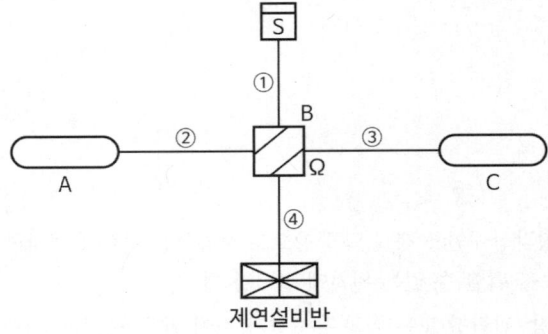

조건
(1) 기동방식은 모터기동방식이다.
(2) 복구는 자동복구방식을 적용한다.
(3) 자동기동과 수동기동에 대한 확인은 동시에 확인된다.
(4) 감지기공통선은 전원 ⊖를 사용하는 것으로 한다.

가. 도면에서 A, B, C의 명칭을 쓰시오.

나. 각 번호에 따른 배선 가닥 수를 쓰시오.

다. 기동장치의 조작부 설치높이는 바닥으로부터 얼마인가?

정답

가. A : 급기댐퍼(또는 배기댐퍼), B : 단자반, C : 배기댐퍼(또는 급기댐퍼)

나. ① 4가닥, ② 4가닥, ③ 4가닥, ④ 6가닥

다. 바닥으로부터 0.8 [m] 이상, 1.5 [m] 이하

☑ **해설**

- A와 C는 각각 급기인지 배기인지 명시되어져 있지 않기 때문에 무엇으로 적어도 정답임
- 자동복구방식을 적용했기 때문에 복구선이 없음
- 감지기공통선은 전원⊖를 사용하기 때문에 추가하지 않음

구분	가닥 수	용도
①	4가닥	지구 2, 공통 2
②	4가닥	전원 ⊕ · ⊖, 급기기동 1, 급기확인 1
③	4가닥	전원 ⊕ · ⊖, 배기기동 1, 배기확인 1
④	6가닥	전원 ⊕ · ⊖, 기동 1, 급기확인 1, 배기확인 1, 감지기 1

- 자동복구 (모터방식) - 복구선 없음 ⇨ 기본방식
- 수동복구 - 복구선 있음
- 수동조작반 ↔ 수신반(제연설비반) 가닥 수 : 7가닥
  전원 ⊕ · ⊖, 기동 1, 수동기동확인 1, 급기확인 1, 배기확인 1, 감지기 1

04

배점 8

비상콘센트설비에 대한 다음 각 물음에 답하시오.

가. 비상콘센트를 설치하는 목적을 쓰시오.

나. 지상 11층인 건물에 비상콘센트를 설치하고자 한다. 가닥 수는 몇 가닥인가? (단, 접지선은 1가닥으로 한다)

다. 단상용 콘센트에 2 [kW]용 송풍기를 연결하여 운전하면 몇 [A]의 전류가 흐르는가? (단, 역률은 70 [%]이다)
   ○ 계산과정 :
   ○ 답 :

정답

가. 화재 시 소방대의 조명용 또는 소방활동상 필요한 장비의 전원설비로 사용하기 위하여

나. 3가닥

다. 계산과정
- $P = VI\cos\theta$

$$\therefore I = \frac{P}{V\cos\theta} = \frac{2 \times 10^3}{220 \times 0.7} = 12.987 \fallingdotseq 12.99 \, [A]$$

답 | 12.99 [A]

> **핵심이론** 비상콘센트설비
>
> □ 단상 2선식 공식
> $P = VI\cos\theta$
>
> P : 단상전력 [W], V : 전압 [V], I : 전류 [A], $\cos\theta$: 역률
>
> □ 비상콘센트설비 설치대상
>
> | 소방대상물 | 설치대상 |
> |---|---|
> | 층수가 11층 이상인 특정소방대상물 | 11층 이상의 층 |
> | 지하층의 층수가 3층 이상이고, 지하층의 바닥면적의 합계가 1000 [m²] 이상인 것 | 지하층의 모든 층 |
> | 터널 | 길이 500 [m] 이상 |
> | 위험물 저장 및 처리시설 중 가스시설 또는 지하구는 제외 | |

05   배점 9

다음은 자동화재탐지설비의 용어에 대한 정의이다. (   ) 안에 알맞은 용어를 쓰시오.

가. (㉠)이란 감지기 또는 P형 발신기로부터 발하여지는 신호를 직접 또는 중계기를 통하여 공통신호로서 수신하여 화재의 발생을 해당 특정소방대상물의 관계자에게 경보하여주는 것을 말한다.

나. (㉡)란 감지기 또는 P형 발신기로부터 발하여지는 신호를 직접 또는 중계기를 통하여 고유신호로서 수신하여 화재의 발생을 해당 특정소방대상물의 관계자에게 경보하여주는 것을 말한다.

다. (㉢)란 감지기·발신기 또는 전기적 접점 등의 작동에 따른 신호를 받아 이를 수신기의 제어반에 전송하는 장치를 말한다.

라. (㉣)란 화재를 초기에 탐지하여 소방대상물의 관계자, 거주자에게 경보를 알리는 경보설비이다. 시각적인 점멸자극으로 화재가 일어났음을 유효하게 통보함으로 청각장애인 또는 소음이 큰 시설에서 화재를 인지할 수 있게 한다.

마. (㉤)란 감지기 또는 P형 발신기로부터 발하여지는 신호를 직접 또는 중계기를 통하여 공통신호로서 수신하여 화재의 발생을 해당 특정소방대상물의 관계자에게 경보하여 주고 제어기능을 수행하는 것을 말한다.

바. (ㅂ)란 감지기 또는 P형 발신기로부터 발하여지는 신호를 직접 또는 중계기를 통하여 고유신호로서 수신하여 화재의 발생을 해당 특정소방대상물의 관계자에게 경보하여 주고 제어기능을 수행하는 것을 말한다.

사. (ㅅ)란 화재발생신호를 수신기에 수동으로 발신하는 장치를 말한다.

아. (ㅇ)란 화재 시 발생하는 열, 연기, 불꽃 또는 연소생성물을 자동적으로 감지하여 수신기에 발신하는 장치를 말한다.

자. (ㅈ)란 특정소방대상물 중 화재신호를 발신하고 그 신호를 수신 및 유효하게 제어할 수 있는 구역

정답

㉠ P형 수신기, ㉡ R형 수신기, ㉢ 중계기, ㉣ 시각경보장치, ㉤ P형 복합형 수신기
㉥ R형 복합형 수신기, ㉦ 발신기, ㉧ 감지기, ㉨ 경계구역

06

득점 | 배점 5

다음은 비상콘센트 보호함에 대한 설치기준이다. ( ) 안에 알맞은 답을 쓰시오.

가. 보호함에는 쉽게 개폐할 수 있는 (㉠)을 설치할 것

나. 보호함 (㉡)에 "비상콘센트"라고 표시한 표지를 할 것

다. 보호함 상부에 (㉢)색의 (㉣)을 설치할 것. 다만 비상콘센트의 보호함을 옥내소화전함 등과 접속하여 설치하는 경우에는 (㉤) 등의 표시등과 겸용할 수 있다.

정답

㉠ 문, ㉡ 표면, ㉢ 적, ㉣ 표시등, ㉤ 옥내소화전함

✱ 핵심이론 비상콘센트설비

□ 설치기준
- 바닥으로부터 높이 0.8 [m] 이상 1.5 [m] 이하의 위치에 설치할 것
- 비상콘센트의 배치
  바닥면적이 1000 [m²] 미만인 층은 계단의 출입구(계단의 부속실을 포함하며 계단이 2 이상 있는 경우에는 그중 1개의 계단을 말한다)로부터 5 [m] 이내에, 바닥면적 1000 [m²] 이상인 층은 각 계단의 출입구 또는 계단부속실의 출입구(계단의 부속실을 포함하며 계단이 3 이상 있는 층의 경우에는 그중 2개의 계단을 말한다)로부터 5 [m] 이내에 설치하되, 그 비상콘센트로부터 그 층의 각 부분까지의 거리가 다음의 기준을 초과하는 경우에는 그 기준 이하가 되도록 비상콘센트를 추가하여 설치할 것
    ① 지하상가 또는 지하층의 바닥면적의 합계가 3000 [m²] 이상인 것은 수평거리 25 [m]
    ② ①에 해당하지 아니하는 것은 수평거리 50 [m]

□ 비상콘센트설비의 전원부와 외함 사이의 절연저항 및 절연내력기준
- 절연저항 : 500 [V] 절연저항계로 측정할 때 20 [MΩ] 이상일 것
- 절연내력 : 절연내력은 전원부와 외함 사이에 정격전압이 150 [V] 이하인 경우에는 1000 [V]의 실효전압을, 정격전압이 150 [V] 초과인 경우에는 그 정격전압에 2를 곱하여 1000을 더한 실효전압을 가하는 시험에서 1분 이상 견디는 것으로 할 것

□ 보호함 설치기준
- 보호함에는 쉽게 개폐할 수 있는 문을 설치할 것
- 보호함 표면에 "비상콘센트"라고 표시한 표지를 할 것
- 보호함 상부에 적색의 표시등을 설치할 것. 다만 비상콘센트의 보호함을 옥내소화전함 등과 접속하여 설치하는 경우에는 옥내소화전함 등의 표시등과 겸용할 수 있다.

07 배점 5

비상방송설비의 확성기(Speaker)회로에 음량조정기를 설치하고자 한다. 미완성 결선도를 완성하시오.

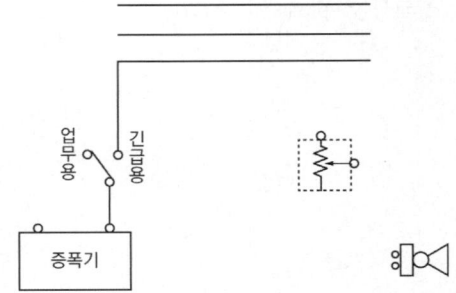

정답

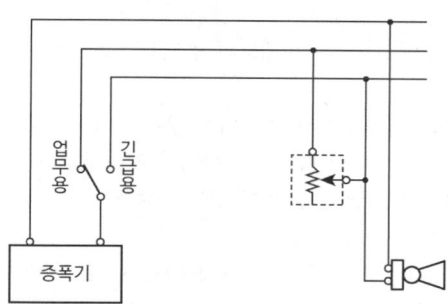

★ 핵심이론 비상방송설비 결선도

• 음량조정기를 설치하는 경우 음량조정기의 배선은 3선식으로 할 것

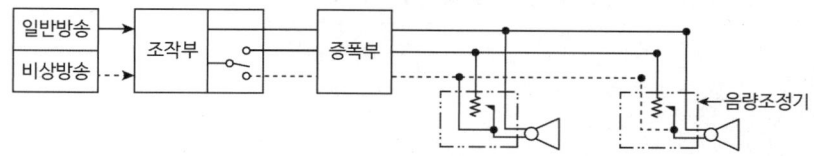

업무용, 일반용은 음량조정기(가변저항)을 거치지만, 비상방송용은 가변저항을 거치지 않는다(실외 3 [W] 이상, 실내 1 [W] 이상으로 음성입력이 정해져 있음).

08

득점 　　　　 배점 4

다음은 자동화재탐지설비의 감지기 설치기준이다. 알맞은 답을 쓰시오.

가. 감지기를 공기유입구로부터 몇 [m] 떨어져서 설치하여야 하는가?

나. 정온식 스포트형 감지기는 정온점이 감지기 주위의 평상시 최고온도보다 몇 [℃] 이상 높은 것으로 설치하여야 하는가?

다. 스포트형 감지기 경사는?

라. 식당 등 불을 사용하는 설비의 불꽃이 노출되는 장소에 적응하는 감지기는?

정답

가. 1.5 [m] 이상
나. 20 [℃] 이상
다. 45° 미만
라. 정온식 스포트형 감지기

핵심이론 감지기

□ 감지기 공통 설치기준
- 감지기(차동식 분포형 제외)는 실내로의 공기유입구로부터 1.5 [m] 이상 떨어진 위치에 설치할 것
- 감지기는 천장 또는 반자의 옥내에 면하는 부분에 설치할 것
- 스포트형 감지기는 45° 이상 경사되지 아니하도록 부착할 것
- 보상식 스포트형 감지기는 정온점이 감지기 주위의 평상시 최고온도보다 20 [℃] 이상 높은 것으로 설치할 것
- 차동식 스포트형·보상식 스포트형 및 정온식 스포트형 감지기는 그 부착 높이 및 특정소방대상물에 따라 표에 따른 바닥면적마다 1개 이상을 설치할 것

□ 정온식 감지기(스포트형, 감지선형)
- 주방, 보일러실 등 다량의 화기를 단속적으로 취급하는 장소에 설치한다.
- 공칭작동온도가 최고 주위온도보다 20 [℃] 이상 높은 것으로 설치한다.

09 득점 ___ 배점 7

접지공사에서 접지봉과 접지선을 연결하는 방법 3가지를 쓰고, 이 중 내구성이 가장 좋은 방법은 무엇인지 쓰시오.

가. 연결방법 :

나. 내구성이 가장 좋은 방법 :

정답

가. 용융접속, 납땜접속, 전극 접지용 슬리브를 이용한 압착 접속

나. 용융접속

☑
- 용융접속 : 부분적으로 녹이기 위해 충분한 열을 가하여 접합시키는 방법
- 납땜접속 : 납을 써서 전선을 이어 붙이는 것

10

P형 수신기의 시험 중 시험스위치를 누르면 수신기의 스위치 주의표시등이 점등한다. 다음과 같이 시험스위치를 누른 경우 점등 여부를 쓰시오.

구분	도통시험스위치를 누른 경우	예비전원시험스위치를 누른 경우
점등 여부		

정답

구분	도통시험스위치를 누른 경우	예비전원시험스위치를 누른 경우
점등 여부	점등된다.	점등되지 않는다.

핵심이론 P형 수신기의 스위치주의등

□ P형 수신기의 스위치주의등이 점멸되는 경우
- 지구경종스위치 ON
- 주경종스위치 ON
- 자동복구스위치 ON
- 도통시험스위치 ON
- 동작시험스위치 ON

□ P형 수신기의 스위치주의등이 점멸하지 않는 경우
- 복구스위치 ON
- 예비전원스위치 ON

11

비상콘센트설비의 전원회로에 대한 다음 각 물음에 답하시오.

가. 전원회로는 단상교류 몇 [V]인가?

나. 공급용량은 몇 [kVA] 이상인가?

정답

가. 220 [V]

나. 1.5 [kVA]

핵심이론 | 비상콘센트설비의 전원회로

- 전원회로 : 단상교류는 220 [V], 공급용량은 1.5 [kVA] 이상
- 전원회로는 각 층에 2 이상이 되도록 설치. 다만 설치하여야 할 층의 비상콘센트가 1개인 때에는 하나의 회로로 할 수 있다.
- 전원회로는 주배전반에서 전용회로로 할 것. 다만 다른 설비의 회로의 사고에 따른 영향을 받지 아니하도록 되어 있는 것은 그러하지 아니하다.
- 전원으로부터 각 층의 비상콘센트에 분기되는 경우에는 분기배선용 차단기를 보호함 안에 설치할 것
- 콘센트마다 배선용 차단기(KS C 8321)를 설치하여야 하며, 충전부가 노출되지 아니하도록 할 것
- 개폐기에는 "비상콘센트"라고 표시한 표지를 할 것
- 비상콘센트용의 풀박스 등은 방청도장을 한 것으로서, 두께 1.6 [mm] 이상의 철판으로 할 것
- 하나의 전용회로에 설치하는 비상콘센트는 10개 이하로 할 것. 이 경우 전선용량은 각 비상콘센트(비상콘센트가 3개 이상인 경우에는 3개)의 공급용량을 합한 용량 이상의 것으로 하여야 한다.

12

20 [W] 중형피난구유도등 10개가 AC 220 [V] 전원에 연결되어 점등 되었을 때 소요되는 전류는 몇 [A]인가? (단, 유도등의 역률은 50 [%]이고, 배터리 충전전류는 무시한다)

정답

☑ 계산과정

- $P = VI\cos\theta$

$$\therefore I = \frac{20 \times 10개}{220 \times 0.5} = 1.82 \text{ [A]}$$

답 | 1.82 [A]

핵심이론 | 단상 2선식 공식

$P = VI\cos\theta$

P : 단상전력 [W], V : 전압 [V], I : 전류 [A], $\cos\theta$: 역률

13

비상콘센트설비의 상용전원 및 비상전원에 대한 다음 각 물음에 답하시오

가. 상용전원회로의 배선은 저압수전인 경우 어디의 직후에서 분기하여 전용배선으로 하여야 하는가?

나. 비상전원은 비상콘센트설비를 유효하게 몇 분 이상 작동할 수 있어야 하는가?

다. 비상전원을 실내에 설치한 때에는 그 실내에 무엇을 설치하여야 하는가?

정답

가. 인입개폐기

나. 20

다. 비상조명등

핵심이론 비상콘센트설비

- 상용전원회로의 배선
  - 저압수전 : 인입개폐기 직후

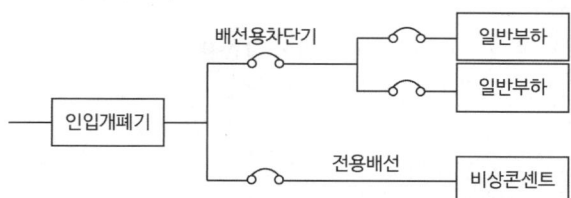

  - 고압수전 또는 특고압수전 : 전력용 변압기 2차 측의 주차단기 1차 측 또는 2차 측에서 분기하여 전용배선으로 할 것

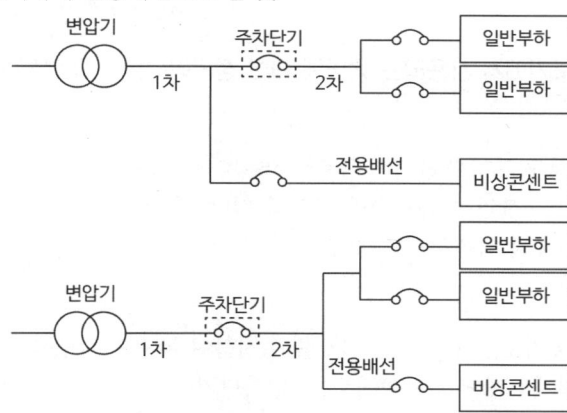

□ 비상콘센트의 설치기준
- 바닥으로부터 높이 0.8 [m] 이상 1.5 [m] 이하의 위치에 설치
- 비상콘센트의 배치

  바닥면적이 1000 [m²] 미만인 층은 계단의 출입구(계단의 부속실을 포함하며 계단이 2 이상 있는 경우에는 그중 1개의 계단을 말한다)로부터 5 [m] 이내에, 바닥면적 1000 [m²] 이상인 층은 각 계단의 출입구 또는 계단부속실의 출입구(계단의 부속실을 포함하며 계단이 3 이상 있는 층의 경우에는 그중 2개의 계단을 말한다)로부터 5 [m] 이내에 설치하되, 그 비상콘센트로부터 그 층의 각 부분까지의 거리가 다음의 기준을 초과하는 경우에는 그 기준 이하가 되도록 비상콘센트를 추가하여 설치할 것
- 비상콘센트 설치 수평거리
  ① 지하상가 또는 지하층 바닥면적 합계가 3000 [m²] 이상인 것 : 수평거리 25 [m]
  ② 그 외 : 수평거리 50 [m]

□ 전원부와 외함 사이의 절연저항 및 절연내력기준
- 절연저항 : 500 [V] 절연저항계로 측정할 때 20 [MΩ] 이상일 것
- 절연내력 : 절연내력은 전원부와 외함 사이에 정격전압이 150 [V] 이하인 경우에는 1000 [V]의 실효전압을, 정격전압이 150 [V] 초과인 경우에는 그 정격전압에 2를 곱하여 1000을 더한 실효전압을 가하는 시험에서 1분 이상 견디는 것으로 할 것
  ① 정격전압 150 [V] 이하 : 1000 [V]의 실효전압
  ② 정격전압이 150 [V] 초과 : (정격전압 × 2) + 1000 [V] = 실효전압
  ③ 실효전압시험에서 1분 이상 견디는 것으로 할 것

14 배점 3

다음은 누전경보기에서 사용되는 용어에 대한 정의이다. (   ) 안에 알맞은 용어를 쓰시오.

가. (㉠)란 내화구조가 아닌 건축물로서 벽, 바닥 또는 천장의 전부나 일부를 불연재료 또는 준불연재료가 아닌 재료에 철망을 넣어 만든 건물의 전기설비로부터 누설전류를 탐지하여 경보를 발하며 변류기와 수신부로 구성된 것을 말한다.

나. (㉡)란 변류기로부터 검출된 신호를 수신하여 누전의 발생을 해당 특정 소방대상물의 관계인에게 경보하여주는 것(차단기구를 갖는 것을 포함한다)을 말한다.

다. (㉢)란 경계전로의 누설전류를 자동적으로 검출하여 이를 누전경보기의 수신부에 송신하는 것을 말한다.

정답

㉠ 누전경보기, ㉡ 수신부, ㉢ 변류기

핵심이론 누전경보기 용어의 정의

- "누전경보기"란 내화구조가 아닌 건축물로서 벽, 바닥 또는 천장의 전부나 일부를 불연재료 또는 준불연재료가 아닌 재료에 철망을 넣어 만든 건물의 전기설비로부터 누설전류를 탐지하여 경보를 발하는 기기로서, 변류기와 수신부로 구성된 것을 말한다.
- "수신부"란 변류기로부터 검출된 신호를 수신하여 누전의 발생을 해당 특정소방대상물의 관계인에게 경보하여주는 것(차단기구를 갖는 것을 포함한다)을 말한다.
- "변류기"란 경계전로의 누설전류를 자동적으로 검출하여 이를 누전경보기의 수신부에 송신하는 것을 말한다.
- "경계전로"란 누전경보기가 누설전류를 검출하는 대상 전선로를 말한다.
- "과전류차단기"란 「전기설비기술기준의 판단기준」 제38조와 제39조에 따른 것을 말한다.
- "분전반"이란 배전반으로부터 전력을 공급받아 부하에 전력을 공급해주는 것을 말한다.
- "인입선"이란 「전기설비기술기준」 제3조 제1항 제9호에 따른 것으로서, 배전선로에서 갈라져서 직접 수용장소의 인입구에 이르는 부분의 전선을 말한다.
- "정격전류"란 전기기기의 정격출력상태에서 흐르는 전류를 말한다.

15

다음은 소방시설공사 중 표준품셈에 명시되어 있지 않은 공구손료, 잡재료비 등을 계산하고자 할 때에는 별도 계상하여야 한다. 다음 각 물음에 답하시오.

가. 공구손료는 직접노무비(노임할증, 제수당, 상여금 및 퇴직급여 충당금 등은 제외)의 몇 [%]까지 계상하는가?

나. 잡재료비 및 소모재료는 설계내역에 표시하여 계상하되 주재료비의 최대 몇 [%]까지 계상하는가?

정답

가. 3 [%]
나. 5 [%]

> **핵심이론** 소방시설공사의 견적

▫ 공구손료
- 공구손료는 일반공구 및 시험용 계측기구류의 손료로서 공사 중 상시 일반적으로 사용하는 것을 말함
- 인력품(노임할증과 작업시간 증가에 의하지 않은 품할증 제외)의 3 [%]까지 계상
- 특수공구(철골공사, 석공사 등) 및 검사용 특수계측기류의 손료는 별도 계상

▫ 잡재료 및 소모재료
- 소량이나 작은 금액의 재료
- 잡재료 : 볼트류, 너트류, 플러그류, 작은나사, 목나사, 단자류(8 [mm^2] 이하), 못, 슬리브(Sleeve), 스테이플(Staple), 새들(Saddle), 보수재료 등
- 소모재료 : 땜납, 페이스트(Paste), 테이프류, 가솔린, 오일, 절연 니스, 방청 도료, 용접봉, 왁스, 아세틸렌가스, 산소가스 등
- 주재료비와 직접재료비(전선, 케이블 및 배관자재비)의 2 ~ 5 [%]까지 계상

16 [배점 5]

예비전원으로 사용되는 축전지설비에 대한 다음 각 물음에 답하시오.

가. 연축전지의 정격용량이 100 [Ah]이고, 상시부하가 15 [kW], 표준전압 100 [V]인 부동충전방식 충전기의 2차 충전전류값은 몇 [A]이겠는가? (단, 상시부하의 역률은 1로 본다)

  ○ 계산과정 :

  ○ 답 :

나. 축전지의 수명이 있고, 또한 그 말기에 있어서도 부하를 만족하는 용량을 결정하기 위한 계수로서 보통 0.8로 하는 것을 무엇이라 하는가?

다. 축전지의 과방전 및 방치상태, 가벼운 설페이션현상 등이 생겼을 때 기능회복을 위하여 실시하는 충전방식은 무엇인가?

정답

가. 계산과정

$$2차\ 충전전류\ [A] = \frac{축전지\ 정격용량\ [Ah]}{축전지\ 공칭용량\ [h]} + \frac{상시부하\ [VA]}{표준전압\ [V]}$$

$$= \frac{100}{10} + \frac{15 \times 10^3}{100} = 160 [A]$$

답 | 160 [A]

나. 용량저하율(보수율)

다. 회복충전방식

📌 핵심이론 축전지 설비

□ 2차 충전전류 구하는 식

$$2\text{차 충전전류 [A]} = \frac{\text{축전지 정격용량 [Ah]}}{\text{축전지 공칭용량 [h]}} + \frac{\text{상시부하 [VA]}}{\text{표준전압 [V]}}$$

□ 축전지 종류별 특성

구분	연축전지	알칼리축전지
기전력 [V]	2.05 ~ 2.08	1.32
공칭전압 [V]	2.0	1.2
공칭용량 [Ah]	10	5
방전종지전압 [V]	1.6	0.96
충전시간	길다.	짧다.
기계적 강도	약하다.	강하다.
수명 [년]	5 ~ 15	15 ~ 20
종류	페이스트식, 클래드식	소결식, 포켓식

※ 문제에서 공칭용량이 주어지지 않는 경우가 많기 때문에 연축전지의 공칭용량과 알칼리축전지의 공칭용량은 암기하고 있을 것

□ 축전지용량 구하는 식

$$C = \frac{1}{L}KI \text{ [Ah]}$$

C : 축전지용량 [Ah], L : 보수율(용량저하율)
K : 용량환산시간 [h], I : 방전전류 [A]

□ 충전방식

구분	특징
보통충전방식	필요할 때마다 표준시간율로 충전하는 방식
급속충전방식	단시간에 보통 충전전류의 2 ~ 3배의 전류로 충전하는 방식
세류충전방식	축전지의 방전을 보충하기 위해 부하를 OFF 한 상태에서 미소전류로 항상 충전하는 방식
균등충전방식	각 축전지의 전위차를 보정하기 위해 1 ~ 3개월마다 1회 충전하는 방식
부동충전방식	• 축전지의 자기방전을 보충함과 동시에 상용부하에 대한 전력 공급은 충전기가 부담하도록 하되 충전기가 부담하기 어려운 일시적인 대전류 부하는 축전지로 부담하는 방식 • 축전지와 부하를 충전기에 병렬로 접속하여 사용하는 방식 • 예비전원 설비 중 가장 많이 사용되는 방식 교류입력 — 정류기 — 축전지 — 부하
회복충전방식	축전지의 과방전, 가벼운 설페이션현상 또는 방치상태 등에서 기능회복을 위해 실시하는 방식

17

다음 주어진 도면은 유도전동기 기동정지회로의 미완성 도면이다. 다음 각 물음에 답하시오.

배점 6

가. 다음과 같이 주어진 기구를 이용하여 미완성 도면을 완성하시오. (단, 기구의 개수 및 접점을 최소로 할 것)

조건

전자접촉기 : MC
정지용 표시등 : RL
누름버튼스위치 ON용 PBS-ON : PBS-ON
누름버튼스위치 OFF용 PBS-OFF : PBS-OFF
기동용 표시등 : GL
열동계전기 : THR

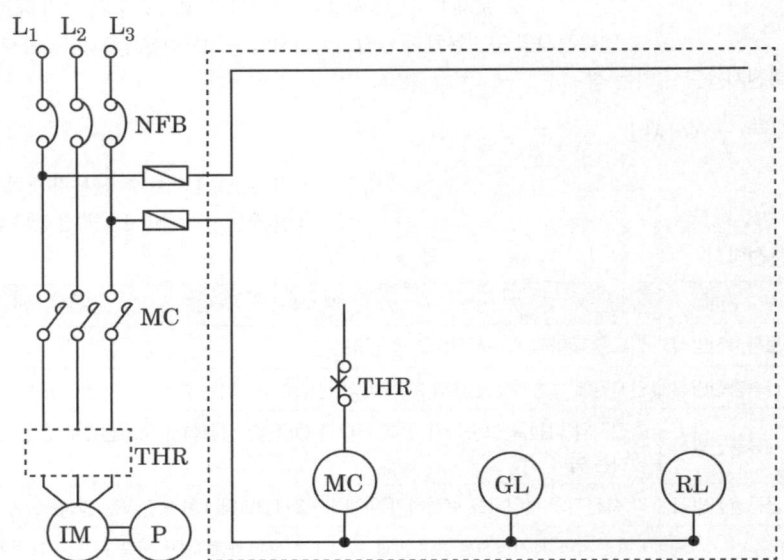

나. 주회로에 대한 □□□의 내부를 완성하고, 이것은 어떤 경우에 작동하는지 그 경우를 2가지만 쓰시오.

다. 열동계전기(THR)가 동작한 후 열동계전기 동작 조건을 모두 제거하였다면 어떻게 조작하여야 다시 운전을 할 수 있겠는가?

정답

가. 완성도면

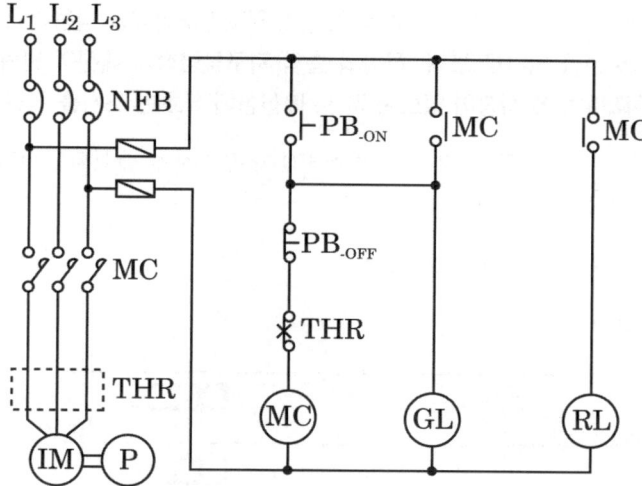

☑ 해설
- PB-ON 스위치를 누르면 MC가 여자되고 GL이 점등된다.
- PB-ON 스위치에서 손을 떼더라도 MC 관련 접점인 MC-a가 자기유지되어서 MC는 지속적으로 여자되며 GL 또한 지속적으로 점등된다(MC 관련 접점인 MC-b는 동작해서 떨어져서 RL은 소등된다).
- PB-OFF 스위치를 누르면 회로가 원상복구된다.
- 기동버튼 : 병렬연결 및 자기유지
- 정지버튼 : 직렬연결
- 분기 시 "•"를 찍는다.
- MC 코일 : MC-a로 표기
- 모터정지 : 정지등 RL → b접점
- 모터기동 : 기동등 GL → a접점

나.

☑ 해설

※ THR이 작동하는 경우
① 전동기에 과전류가 흐를 때
② 전류조정 다이얼이 정격전류보다 낮게 설정된 경우
③ 리셋버튼을 수동으로 눌러서 복귀한 뒤 기동용 푸시버튼스위치를 ON조작

다. 리셋버튼을 수동으로 눌러서 복귀한 뒤 기동용 푸시버튼스위치를 ON조작

18

도면은 지하 3층, 지상 7층인 사무실 건물에 자동화재탐지설비 P형을 시설한 계통도이다. 도면을 보고 각 물음에 답하시오. (단, 일제경보방식을 적용하고 경종과 표시등선의 공통선을 하나로 보며, 하나의 층의 지구음향장치 배선이 단락이 되어도 다른 층의 화재통보에 지장이 없도록 각 층 배선상에 유효한 조치를 하였음)

가. 시스템을 안정적으로 운영하기 위하여 ① ~ ⑨까지에 배선되는 배선 가닥 수는 최소 몇 본이 필요한가?

나. ⑩에 종단저항이 몇 개가 필요한가?

다. ⑪은 무엇인가?

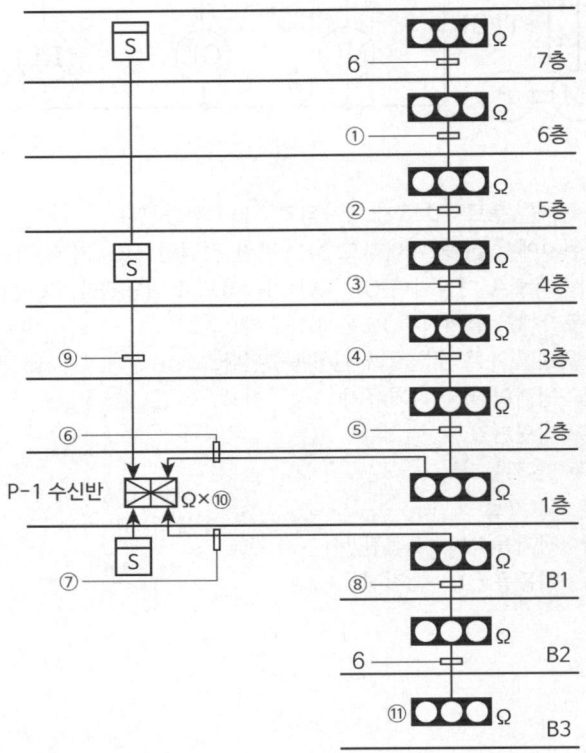

정답

가. ① 7가닥, ② 8가닥, ③ 9가닥, ④ 10가닥, ⑤ 11가닥, ⑥ 12가닥, ⑦ 8가닥,
　　⑧ 7가닥, ⑨ 4가닥

나. 2개

다. 발신기세트함

✓ **해설**

용도연결간수 \ 기호	①	②	③	④	⑤	⑥	⑦	⑧	⑨
지구선	2선	3선	4선	5선	6선	7선	3선	2선	2선
지구 공통선	1선	1선	1선	1선	1선	1선	1선	1선	2선
응답선	1선	1선	1선	1선	1선	1선	1선	1선	
경종선	1선	1선	1선	1선	1선	1선	1선	1선	
표시등선	1선	1선	1선	1선	1선	1선	1선	1선	
경종 및 표시등공통선	1선	1선	1선	1선	1선	1선	1선	1선	
합계	7선	8선	9선	10선	11선	12선	8선	7선	4선

• 지구선(= 회로선, 신호선, 감지기선, 수동발신기 지구선)
• 지구공통선(= 공통선, 회로공통선, 신호공통선, 감지기공통선, 수동발신기 공통선)
• 응답선(= 발신기선, 발신기응답선, 수동발신기 응답선, 확인선)
• 경종 및 표시등공통선(= 공동표시등 공통선, 벨표시등 공통선)

• ⑩에 종단저항이 2개인 이유는 지상층 계단감지기 종단저항 1개와, 지하층 계단감지기 종단저항 1개이기 때문이다.
• 11층 이상인 특정소방대상물이 아니기 때문에 일제경보방식을 적용하며, 하나의 층의 지구음향장치 배선이 단락이 되어도 다른 층의 화재통보에 지장이 없도록 각 층 배선상에 유효한 조치를 하였으므로 경종선은 1가닥을 사용한다.
• 지구선수가 7가닥을 초과하면 지구공통선 1가닥이 추가된다.
• 발신기세트함의 종단저항의 개수가 지구선수이다.

2019년 2회

2019.06.29

01

피난구유도등의 2선식 배선방식과 3선식 배선방식의 미완성 결선도를 완성하고, 2선식 배선과 3선식 배선의 차이점을 2가지만 쓰시오.

가. 미완성 결선도

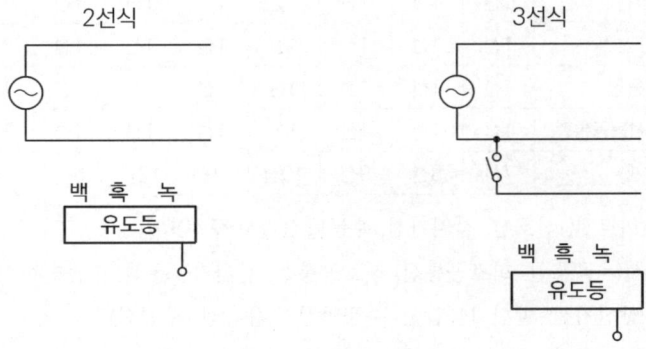

나. 배선방식의 차이점

구분	2선식	3선식
점등상태		
충전상태		

정답

가.

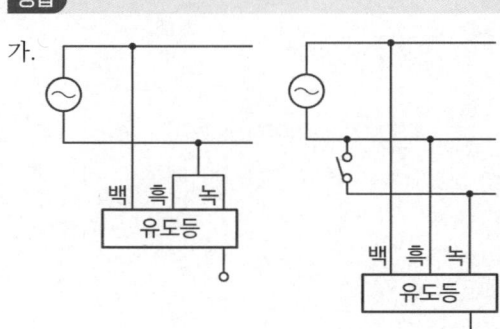

나.

구분	2선식	3선식
점등상태	상시 점등	평상시는 소등상태(비상시에만 점등)
충전상태	점등상태에서만 충전 가능	소등상태에서도 충전 가능

핵심이론 유도등 2선식과 3선식

구분	2선식	3선식
배선	(백, 흑, 녹 / 유도등)	(백, 흑, 녹 / 유도등)
점등상태	상시 점등	평상시는 소등상태 비상시에만 점등
충전상태	점등상태에서만 충전가능	소등상태에서도 충전가능

02 [배점 4]

자동화재탐지설비의 중계기는 설치방식에 따라 집합형과 분산형으로 구분한다. 아래 표는 집합형과 분산형에 대한 비교표이다. 빈칸에 알맞은 답을 쓰시오.

구분	집합형	분산형
입력전원		
전원 공급		수신기의 비상전원을 이용하고 중계기에 비상전원 없음
회로수용 능력		소용량(5회로 미만)

정답

구분	집합형	분산형
입력전원	교류 110/220 [V]	직류 24 [V]
전원 공급	외부전원 이용, 비상전원 내장	수신기의 비상전원을 이용하고 중계기에 비상전원 없음
회로수용 능력	대용량(30 ~ 40회로)	소용량(5회로 미만)

핵심이론 중계기

- 반복시험 : 작동을 2000회 반복 시 구조 및 기능에 이상이 없어야 함
- 절연저항시험
   ① 절연된 충전부와 외함 간 : 20 [MΩ] 이상일 것
   ② 절연된 선로 간 : 20 [MΩ] 이상일 것

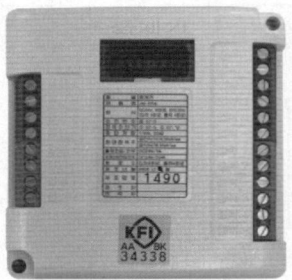

[분산형 중계기 사진]

03 배점 7

다음 그림과 같은 유접점회로를 보고 각 물음에 답하시오.

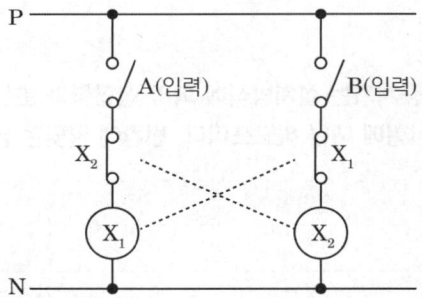

가. 회로에 대한 논리회로를 그리시오.

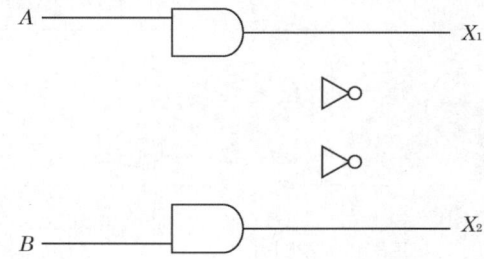

나. 회로에 대한 동작상황을 타임차트로 완성하시오.

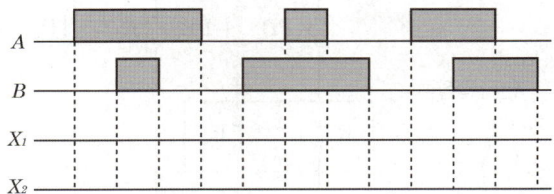

다. 회로에서 접점 X_1과 X_2의 관계를 무엇이라 하는가?

 정답

가.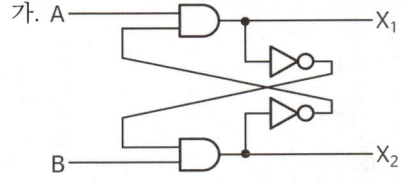

나.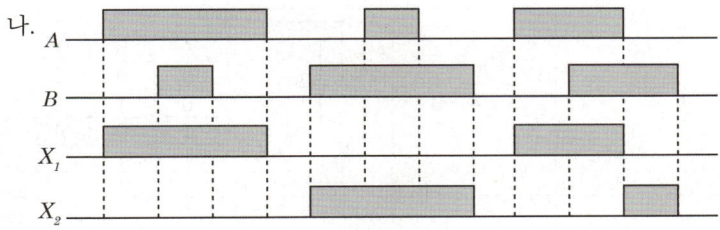

다. 인터록

☑ 해설 : 인터록회로
- 상호 관련이 있는 기기의 동작을 서로 구속하는 회로기기의 보호와 조작자의 안전이 목적인 회로
- 병렬회로에 상호 b접점(Normal Close)을 두어 R_1과 R_2의 동시투입방지
  ① PB_1이 ON되면 릴레이 R_1이 여자되고, R_1의 a 접점이 폐로되고, 또한 램프 L_1이 점등된다.
  ② 이때 PB_2를 ON시켜도 릴레이 R_2와 램프 L_2는 R_1의 b접점이 단전되기 때문에 작동할 수 없음
  ※ 하나의 릴레이가 동작하면 다른 릴레이는 동작이 금지됨

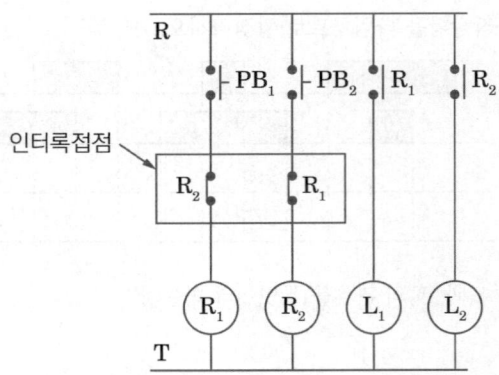

핵심이론 논리회로

게이트	논리회로	논리식	시퀀스회로	진리표
AND	A, B → X	X = A · B = AB	A, B 직렬, X_a	A B X / 0 0 0 / 0 1 0 / 1 0 0 / 1 1 1
OR	A, B → X	X = A + B	A, B 병렬, X_a	A B X / 0 0 0 / 0 1 1 / 1 0 1 / 1 1 1
NOT	A → X	X = $\overline{A}$	A, X_b	A X / 0 1 / 1 0

04 [배점 8]

매분 15 [m³]의 물을 지상으로부터 높이 18 [m]인 물탱크에 양수하려고 한다. 조건을 참조하여 다음 각 물음에 답하시오.

조건
(1) 펌프의 효율은 60 [%]이다.
(2) 펌프와 전동기의 합성역률은 80 [%]이다.
(3) 펌프의 축동력은 15 [%]의 여유를 둔다고 한다.

가. 필요한 전동기의 용량은 몇 [kW]인가?

　○ 계산과정 :

　○ 답 :

나. 부하용량은 몇 [kVA]인가?

　○ 계산과정 :

　○ 답 :

다. 전력 공급은 단상변압기 2대를 사용하여 V결선하여 공급한다면 변압기 1대의 용량은 몇 [kVA]인가?

　○ 계산과정 :

　○ 답 :

정답

☑ 계산과정

가. $P = \dfrac{9.8 K \times Q[m^3/\min] \times H}{\eta \times 60} = \dfrac{9.8 \times 1.15 \times 18 \times 15}{0.6 \times 60} = 84.528$ [kW]

답 | 84.53 [kW]

나. $P_a = \dfrac{P}{\cos\theta}[kVA] = \dfrac{84.528}{0.8} = 105.66 [kVA]$

답 | 105.66 [kVA]

다. $P_V = \dfrac{P_a}{\sqrt{3}}[kVA] = \dfrac{105.66}{\sqrt{3}} = 61.025$ [kVA]

답 | 61.03 [kVA]

- [kW]는 초당단위이므로 매분 15 [m³]을 60으로 나누어서 대입
- $P = P_a \cos\theta$ 　∴ $P_a = \dfrac{P}{\cos\theta}$

핵심이론 전동기용량 계산식

□ 전동기용량을 구하는 식

$P = \dfrac{9.8KQH}{\eta\, t} = \dfrac{9.8 K \times Q[m^3/\min] \times H}{\eta \times 60}$ [kW]

　　P : 전동기용량 [kW], K : 여유계수, Q : 유량 [m³]
　　H : 전양정 [m], η : 효율, t : 시간 [s]

□ 부하용량

$P = P_a \cos\theta = VI\cos\theta$ [kW]

　　P : 유효전력 [kW], Pa : 피상전력(부하용량) [kVA], $\cos\theta$: 역률

□ V 결선 시 변압기 1대의 용량

$P_V = \dfrac{P}{\sqrt{3}\cos\theta}[kVA]$

　　P : 전동기용량 [kW], P_v : V 결선 시 단상변압기 1대의 용량 [kVA], $\cos\theta$: 역률

05

화재안전기준 중 자동화재탐지설비에 설치하는 불꽃감지기의 설치기준을 3가지만 쓰시오.

배점 6

①

②

③

정답

① 감지기는 공칭감시거리와 공칭시야각을 기준으로 감시구역이 모두 포용될 수 있도록 설치할 것
② 감지기는 화재감지를 유효하게 할 수 있는 모서리 또는 벽 등에 설치할 것
③ 감지기를 천장에 설치하는 경우에는 바닥을 향하여 설치할 것
④ 수분이 많이 발생할 우려가 있는 장소에는 방수형으로 설치할 것

핵심이론 | 불꽃 감지기 설치기준

- 자외선식(UV) : 불꽃에서 방사되는 자외선의 변화가 일정량 이상이 되면 작동하는 감지기로서 일국소의 자외선에 의하여 수광 소자의 수광량 변화를 검출하여 작동하는 감지기
- 적외선식(IR) : 불꽃에서 방사되는 적외선의 변화가 일정량 이상이 되면 작동하는 것으로 일국소의 적외선에 의하여 수광 소자의 수광량의 변화에 의하여 작동하는 감지기
- 복합형 : 자외선과 적외선의 불꽃감지기 성능에 모두 갖춘 것으로 두 가지 성능이 동시에 작동하거나 두 개의 화재신호를 각각 발신함
  ① 공칭감시거리 및 공칭시야각은 형식승인 내용에 따를 것
  ② 감지기는 공칭감시거리와 공칭시야각을 기준으로 감시구역이 모두 포용될 수 있도록 설치할 것
  ③ 감지기는 화재감지를 유효하게 감지할 수 있는 모서리 또는 벽 등에 설치할 것
  ④ 감지기를 천장에 설치하는 경우에는 감지기는 바닥을 향하여 설치할 것
  ⑤ 수분이 많이 발생할 우려가 있는 장소에는 방수형으로 설치할 것
  ⑥ 그 밖의 설치기준은 형식승인 내용에 따르며 형식승인 사항이 아닌 것은 제조사의 시방에 따라 설치할 것

[불꽃감지기]

06

배점 8

지상 11층인 내화구조의 업무시설에 비상방송설비를 설치하려고 한다. 다음 각 물음에 답하시오.

가. 확성기의 음성입력은 실외인 경우 몇 [W] 이상으로 하는가?

나. 기동장치에 따른 화재신고를 수신한 후 필요한 음량으로 화재 발생 상황 및 피난에 유효한 방송이 자동으로 개시될 때까지의 소요시간은 얼마 이하로 하여야 하는가?

다. 화재 시 적용되어야 하는 경보방식의 종류를 쓰고 발화 층에 따른 경보대상 층을 3가지로 구분하여 쓰시오.

1) 경보방식 :

2) 발화층에 대한 경보층의 구체적인 경우 :

발화층	경보를 발하는 층
2층 이상	
1층	
지하층	

정답

가. 3 [W] 이상

나. 10초

다. 1) 우선경보방식

2)
발화층	경보를 발하는 층
2층 이상	발화층, 직상 4개의 층
1층	발화층, 직상 4개의 층, 지하층
지하층	발화층, 직상층 기타의 지하층

핵심이론 비상방송설비

□ 비상방송설비의 설치기준
- 확성기의 음성입력은 3 [W](실내는 1 [W]) 이상일 것
- 확성기는 각 층마다 설치하되, 각 부분으로부터의 수평거리는 25 [m] 이하일 것
- 음량조정기의 배선은 3선식으로 할 것
- 조작부의 조작스위치는 바닥으로부터 0.8 [m] 이상 1.5 [m] 이하의 높이에 설치할 것
- 다른 전기회로에 의하여 유도장애가 생기지 아니하도록 할 것

- 기동장치에 의한 화재신호를 수신한 후 필요한 음량으로 방송이 개시될 때까지의 소요시간은 10초 이하로 할 것
- 11층 이상인 특정소방대상물(공동주택일 경우 16층 이상)은 발화층 및 직상 4개의 층 경보(우선경보방식)

□ 우선경보방식

발화층	11층 이상인 특정소방대상물 (공동주택일 경우 16층 이상)
2층 이상	발화층, 직상 4개의 층
1층	발화층, 직상 4개의 층, 모든 지하층
지하층	발화층, 직상층, 기타 모든 지하층

07   득점   배점 7

다음 그림은 습식 스프링클러설비의 전기적 계통도이다. 조건을 참조하여 A ~ E까지의 배선 수와 배선의 용도를 빈칸의 ① ~ ⑦에 쓰시오.

[조건]
(1) 각 유수검지장치에는 밸브개폐감시용 스위치는 부착되어 있지 않은 것으로 한다.
(2) 사용전선은 HFIX 전선이다.
(3) 배선 수는 운전조작상 필요한 최소 전선수를 쓰도록 한다.

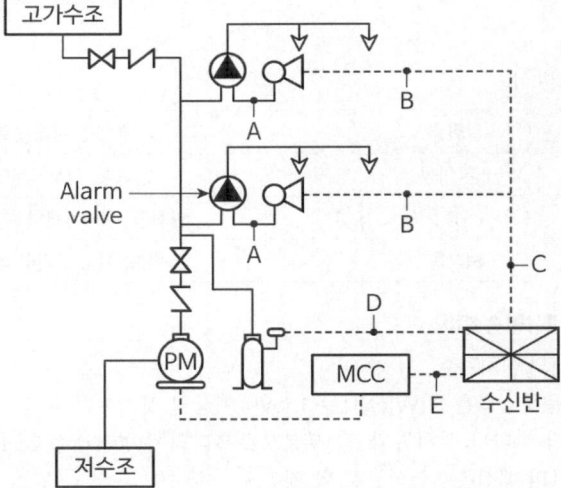

기호	구분	배선 수	배선의 용도
A	유수검지장치 ↔ 사이렌		
B	사이렌 ↔ 수신반		
C	2개 구역일 경우		
D	압력탱크 ↔ 수신반		
E	MCC ↔ 수신반	5	공통, ON, OFF, 기동표시, 전원감시

정답

기호	구분	배선 수	배선의 용도
A	유수검지장치 ↔ 사이렌	2	공통, 유수검지스위치
B	사이렌 ↔ 수신반	3	공통, 유수검지스위치, 사이렌
C	2개 구역일 경우	5	공통, 유수검지스위치(2), 사이렌(2)
D	압력탱크 ↔ 수신반	2	공통, 압력스위치
E	MCC ↔ 수신반	5	공통, ON, OFF, 기동표시, 전원감시

- 압력스위치 = 밸브개방 확인 = PS(Pressure Switch) = 유수검지스위치
- 탬퍼스위치 = 밸브주의 = 밸브개폐감시용 스위치 = TS(Tamper Switch)
- 습식 스프링클러설비는 PS, TS가 부착이 되어 있는데 문제의 [조건]상으로 밸브개폐감시용 스위치 <u>TS는 부착되지 않은 것으로 본다고 하였기 때문에 TS는 제외하고 가닥 수를 산정한다.</u>
- 최소전선수를 사용한다고 하였으므로, PS와 사이렌 공통선은 같이 사용한다.
- 준비작동식 스프링클러설비에는 PS, TS, SV가 부착이 되어 있다.

08 [배점 6]

화재안전기준 중 비상조명등의 설치기준을 3가지만 쓰시오.

①
②
③

정답

① 특정소방대상물의 각 거실과 그로부터 지상에 이르는 복도·계단 및 그 밖의 통로에 설치할 것
② 조도는 비상조명등이 설치된 장소의 각 부분의 바닥에서 1 [lx] 이상이 되도록 할 것
③ 예비전원을 내장하는 비상조명등에는 평상시 점등 여부를 확인할 수 있는 점검스위치를 설치하고 당해 조명등을 유효하게 작동시킬 수 있는 용량의 축전지와 예비전원 충전장치를 내장할 것

핵심이론 | 비상조명등 설치기준

- 특정소방대상물의 각 거실과 그로부터 지상에 이르는 복도·계단 및 그 밖의 통로에 설치할 것
- 조도는 비상조명등이 설치된 장소의 각 부분의 바닥에서 1 [lx] 이상일 것
- 예비전원을 내장하는 비상조명등에는 평상시 점등 여부를 확인할 수 있는 점검스위치를 설치하고 해당 조명등을 유효하게 작동시킬 수 있는 용량의 축전지와 예비전원 충전장치를 내장
- 예비전원을 내장하지 아니하는 비상조명등의 비상전원은 자가발전설비, 축전지설비 또는 전기저장장치를 다음 기준에 따라 설치하여야 함
  ① 점검편리, 화재 및 침수 등의 재해 피해 우려 없는 곳
  ② 상용전원 중단 시 자동으로 비상전원 공급 받을 수 있을 것
  ③ 비상전원 설치장소는 방화구획하며 그 실내에 비상조명등 설치
- 비상전원은 비상조명등을 20분 이상 유효하게 작동시킬 수 있는 용량으로 할 것. 단, 다음 특정소방대상물의 경우는 그 부분에서 피난층에 이르는 부분의 비상조명등을 60분 이상 유효하게 작동시킬 수 있는 용량으로 할 것
  ① 지하층을 제외한 층수가 11층 이상의 층
  ② 지하층 또는 무창층으로서 용도가 도매시장·소매시장·여객자동차터미널·지하역사 또는 지하상가

09

이산화탄소소화설비의 제어반에서 수동으로 기동스위치를 조작하였으나 기동용 가스용기가 개방되지 않았다. 기동용 가스용기가 개방되지 않은 원인 중 전기적인 원인을 4가지만 쓰시오. (단, 제어반의 모든 기능은 정상상태라고 간주한다)

① ② ③ ④

정답

① 제어반에 공급되는 전원 차단
② 기동스위치 접점불량
③ 기동용 시한계전기(타이머) 불량
④ 제어반에서 기동용 솔레노이드에 연결된 배선의 단선
⑤ 기동용 솔레노이드 코일단선

10

다음 보기에서 설명하는 현상은 어떤 현상인지 쓰시오.

- 전자제품 등에 묻어 있는 습기, 수분, 먼지, 기타 오염물질이 부착된 표면을 따라서 전류가 흘러 주변절연 물질을 탄화시키는 것
- 오랜 시간 탄화가 계속 되면 결국 이 부분에 지락, 단락으로 진전되어 발화하게 된다.
- 콘센트나 테이블탭에 전원플러그를 장기간 꽂아두면 콘센트와 플러그 사이에 먼지가 쌓이게 되고 습기, 먼지 등이 부착한 곳에서 전기적인 열 스트레스와 플러그의 양극 간에 불꽃방전이 반복하여 발생하여, 시간이 흐를수록 플러그 양극 간 절연상태가 나빠지고 전기저항에 의해 열이 발생하면서 마침내 발화하게 되는 현상

정답

트래킹(Tracking)현상

보충 ▶ 예방법
- 콘센트 등 전기설비는 평소에 먼지를 제거할 것
- 습한 장소에서는 사용을 자제할 것

11

저압옥내배선의 금속관공사에 있어서 금속관과 박스 그 밖의 부속품은 다음 각 호에 의하여 시설하여야 한다. (   ) 안에 알맞은 내용을 쓰시오.

가. 금속관을 구부릴 때 금속관의 단면이 심하게 변형되지 아니하도록 구부려야 하며, 그 안 측의 (㉠)은 관 안지름의 (㉡)배 이상이 되어야 한다.

나. 아웃렛박스(Outlet Box) 사이 또는 전선인입구가 있는 기구 사이의 금속관은 (㉢)개소를 초과하는 직각 또는 직각에 가까운 굴곡 개소를 만들어서는 아니 된다. 굴곡 개소가 많은 경우 또는 관의 길이가 (㉣) [m]를 넘는 경우에는 (㉤)를 설치하는 것이 바람직하다.

정답

㉠ 반지름, ㉡ 6, ㉢ 3, ㉣ 30, ㉤ 풀박스

핵심이론 금속관공사

□ 금속관공사의 시설
- 금속관을 구부릴 때 금속관의 단면이 심하게 변형되지 아니하도록 구부려야 하며, 그 안 측의 반지름은 관 안지름의 6배 이상이 되어야 한다.
- 아웃렛박스(Outlet Box) 사이 또는 전선인입구가 있는 기구 사이의 금속관은 3개소를 초과하는 직각 또는 직각에 가까운 굴곡 개소를 만들어서는 아니 된다. 굴곡 개소가 많은 경우 또는 관의 길이가 30 [m]를 넘는 경우에는 풀박스를 설치하는 것이 바람직하다.

□ 풀박스(Pull Box)
- 배관이 긴 곳 또는 굴곡부분이 많은 곳에서 시공이 용이하도록 전선을 끌어들이기 위해 배선 도중에 사용하는 박스

12

옥내소화전설비의 소화펌프로 사용되는 3상 유도전동기의 기동방식을 2가지만 쓰시오.

①

②

정답

① Y - △기동, ② 리액터기동

핵심이론 | 3상 유도전동기 기동방식

전전압기동법, 기동보상기법, Y - △기동(와이델타기동법), 리액터기동법

기동방식		용량	내용
전전압기동	직입 기동	5 [kW] 이하	전동기에 별도의 기동 장치를 사용하지 않고 직접 정격전압을 인가하는 방식. 소용량
감전압기동	Y - △ 기동	5 ~ 15 [kW]	기동 시 고정자 권선을 Y로 접속하여 기동하고 △로 변경하여 운전하는 방식
	기동 보상기	15 [kW] 이상	3상 단권변압기를 이용하여 기동전류를 감소시키는 기동방식
	리액터 기동		전동기 1차 측에 직렬로 리액터를 설치하여 그 리액턴스의 값을 조정하여 전동기 인가전압 제어

13

특정소방대상물에 감지기를 설치하고자 한다. 아래 조건을 참조하여 감지기의 소요 개수를 산출하시오.

[조건]
(1) 감지기설치대상 바닥면적은 500 [m²]이며, 내화구조이다.
(2) 감지기의 종류는 차동식 스포트형 2종이다.
(3) 설치높이는 바닥으로부터 3.75 [m]이다.

○ 계산과정 :

○ 답 :

정답

☑ 계산과정

$\dfrac{500}{70}$ = 7.14 → 절상하여 8개

답 | 8개

> **핵심이론** 감지기 설치면적

□ 열감기기 (단위 : [m²])

부착높이 및 특정소방대상물의 구분		감지기의 종류						
		차동식 스포트형		보상식 스포트형		정온식 스포트형		
		1종	2종	1종	2종	특종	1종	2종
4 [m] 미만	내화구조	90	70	90	70	70	60	20
	기타구조	50	40	50	40	40	30	15
4 [m] 이상 8 [m] 미만	내화구조	45	35	45	35	35	30	
	기타구조	30	25	30	25	25	15	

□ 연기감지기 (단위 : [m²])

부착높이	감지기의 종류	
	1종 및 2종	3종
4 [m] 미만	150	50
4 [m] 이상 20 [m] 미만	75	-

※ 감지기는 복도 및 통로에 있어서는 보행거리 30 [m](3종에 있어서는 20 [m])마다, 계단 및 경사로에 있어서는 수직거리 15 [m](3종에 있어서는 10 [m])마다 1개 이상으로 할 것

14

득점 / 배점 5

다음은 자동화재탐지설비의 화재안전기준 중 광전식 분리형 감지기의 설치기준이다. ( ) 안에 알맞은 답을 쓰시오.

가. 감지기의 (㉠)은 햇빛을 직접 받지 않도록 설치할 것

나. 광축(송광면과 수광면의 중심을 연결한 선)은 나란한 벽으로부터 (㉡) 이상 이격하여 설치할 것

다. 감지기의 송광부와 수광부는 설치된 (㉢)으로부터 1 [m] 이내 위치에 설치할 것

라. 광축의 높이는 천장 등(천장의 실내에 면한 부분 또는 상층의 바닥하부면을 말한다) 높이의 (㉣) 이상일 것

마. 감지기의 광축의 길이는 (㉤) 범위 이내일 것

정답

㉠ 수광면, ㉡ 0.6 [m], ㉢ 뒷벽, ㉣ 80 [%], ㉤ 공칭감시거리

핵심이론 광전식 감지기

□ 광전식
주위의 공기가 일정한 농도의 연기를 포함하게 되는 경우에 작동하는 것으로서 일국소의 연기에 의하여 광전 소자에 접하는 광량의 변화로 작동하는 것

□ 스포트형
화재 시(연기 발생 시) 수광량의 증가에 의해서 작동하는 것(광량 변화 + 일국소)

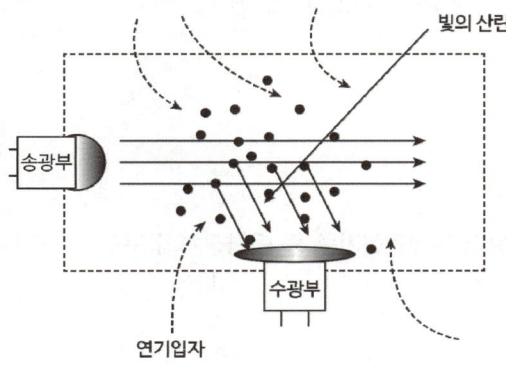

15

풍량이 5 [m³/s]이고, 풍압이 35 [mmHg]인 제연설비용 팬을 설치한 경우 이 팬을 운전하는 전동기의 소요용량은 몇 [kW]인지 계산하시오. (단, 효율은 70 [%]이고, 여유계수는 1.2이다)

○ 계산과정 :

○ 답 :

정답

✓ 계산과정

• $760[mmHg] : 10332[mmAq] = 35[mmHg] : x$

  $\therefore x = \dfrac{10332 \times 35}{760} = 475.815[mmAq]$

• $P = \dfrac{KQ[m^3/s] \times P_T}{102 \times \eta} = \dfrac{1.2 \times 5 \times 475.815}{102 \times 0.7} = 39.984 ≒ 39.98[kW]$

답 | 39.98 [kW]

> **핵심이론** 전동기용량 계산

□ 제연설비(배연설비)용량 구하는 식

$$P = \frac{KQP_T}{102 \times 60\,\eta} = \frac{KQ[m^3/s] \times P_T}{102 \times \eta}\;[\text{kW}]$$

P : 송풍기용량 [kW], K : 여유계수, Q : 풍량 [m³/min]
PT : 전양정 [mmAq], η : 효율

□ 단위환산
대기압 : 1 [atm] = 101325 [Pa] = 10.332 [mAq] = 10332 [mmAq]
= 760 [mmHg]

16 [배점 4]

자동화재탐지설비의 화재안전기준 중 음향장치의 구조 및 성능기준을 2가지만 쓰시오.

①

②

> **정답**

① 정격전압의 80 [%] 전압에서 음향을 발할 수 있도록 하여야 한다.
② 음향장치의 음량은 부착된 음향장치의 중심으로부터 1 [m] 떨어진 위치에서 90 [dB] 이상이 되는 것으로 하여야 한다.

> **핵심이론** 자동화재탐지설비 음향장치 구조 및 성능

□ 주음향장치
 수신기의 내부 또는 그 직근에 설치할 것
□ 지구음향장치
 특정소방대상물의 층마다 설치, 해당 특정소방대상물의 각 부분으로부터 하나의 음향장치까지의 수평거리가 25 [m] 이하가 되도록 하고, 해당 층의 각 부분에 유효하게 경보를 발할 수 있도록 설치(기둥 또는 벽이 설치되지 아니한 대형공간의 경우 지구음향장치는 설치 대상 장소의 가장 가까운 장소의 벽 또는 기둥 등에 설치)
□ 음향장치 구조 및 성능
 • 정격전압의 80 [%] 전압에서 음향을 발할 수 있는 것으로 할 것
 • 음량은 부착된 음향장치의 중심으로부터 1 [m] 떨어진 위치에서 90 [dB] 이상이 되는 것으로 할 것
 • 감지기 및 발신기의 작동과 연동하여 작동할 수 있는 것으로 할 것

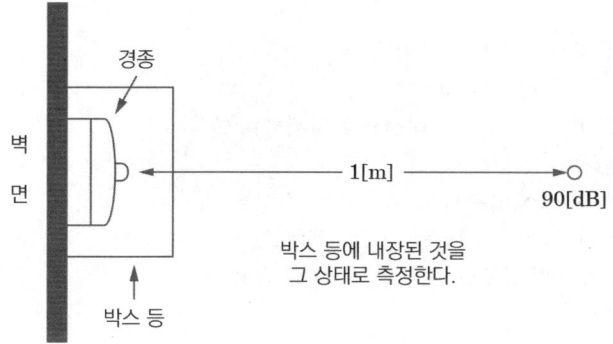

박스 등에 내장된 것을
그 상태로 측정한다.

□ 경보방식
- 일제경보방식 : 화재 시 전 층에 경보하는 방식(소규모)
- 우선경보방식 : 층수가 11층(공동주택의 경우에는 16층)의 특정소방대상물은 다음과 같은 경보를 발할 수 있어야 한다.
  ① 2층 이상의 층에서 발화한 때에는 발화층 및 그 직상 4개 층에 경보
  ② 1층에서 발화한 때에는 발화층. 그 직상 4개 층 및 지하층에 경보
  ③ 지하층에서 발화한 때에는 발화층. 그 직상층 및 기타 지하층 경보

17

득점 ___ 배점 3

다음 보기에서 설명하는 기기의 명칭은 무엇인가?

[보기]
① 상용전원이 정전되는 경우 비상전원으로 자동 절환되는 전기장치
② 상용전원이 복구되는 경우 상용전원으로 자동 절환되는 전기장치

정답

자동절환개폐기(ATS, Automatic Transfer Switch) = 자동절환스위치

자동절환스위치
수용가에서 정전이나 화재 시 자동으로 비상용 발전전원으로 변환해주는 전기장치로, 공장 또는 병원에서 정전이 되는 경우 문제가 발생할 수 있는 곳에서 갑작스런 정전에 영향을 받지 않도록 정전 시 자동으로 비상용 발전전원으로 바꿔주는 전기장치이다. 비상발전기의 운전 중 주전원이 다시 살아나는 경우 비상발전 전원에서 정상전원으로 복원시켜주는 기능도 함께 하고 있다.

특징
- 저압 측에 시설
- 부하의 소호능력을 갖추고 있음
- 인출형과 비인출형 또는 무정전으로 절체하는 방식

ATS를 사용하는 비상부하
- 비상부하 – 기계실 급수펌프, 배수펌프, 정화조, 승강기
- 소방부하 – 소방펌프, 제연휀, 비상콘센트
- 비상 및 소방 – 비상조명, 방재실, MDF실

18 | 배점 10

다음의 제어동작에 적합하도록 시퀀스제어도를 완성하시오.

가. MCCB를 투입하면 표시램프 GL이 점등되도록 한다.

나. 전동기 운전용 누름버튼스위치 PBS_{-on}을 누르면 전자접촉기 MC가 여자되어 전동기가 기동되며, 동시에 전자접촉기 보조 a접점인 MC_{-a}접점에 의하여 전동기 운전등인 RL이 점등된다.

다. 이때 전자접촉기 보조접점 MC_{-b}에 의하여 GL이 소등된다.

라. 또한 타이머 T가 여자되어 타이머 설정시간 후에 전자접촉기 MC가 소자되어 전동기가 정지되어 모든 상태는 누름버튼스위치를 누르기 전의 상태로 복귀한다.

마. 전동기가 정상운전 중이라도 정지용 누름버튼스위치 PBS_{-off}를 누르면 PBS_{-on}을 누르기 전의 상태로 된다.

바. 전동기에 과전류가 흐르면 열동계전기 접점인 THR에 의하여 전동기는 정지하고 모든 접점은 최초의 상태로 복귀한다. 이때 경고등 YL이 점등된다.

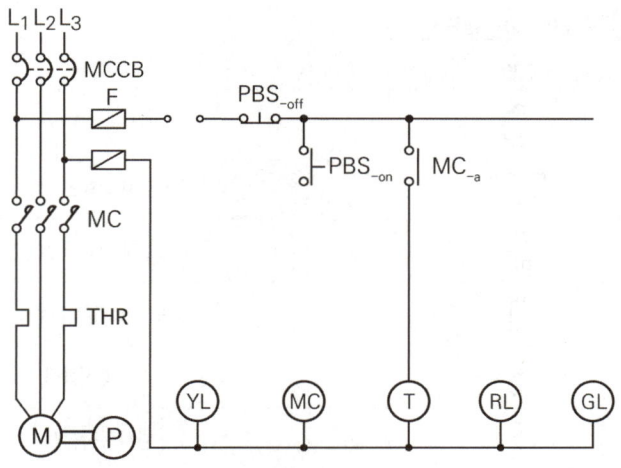

정답

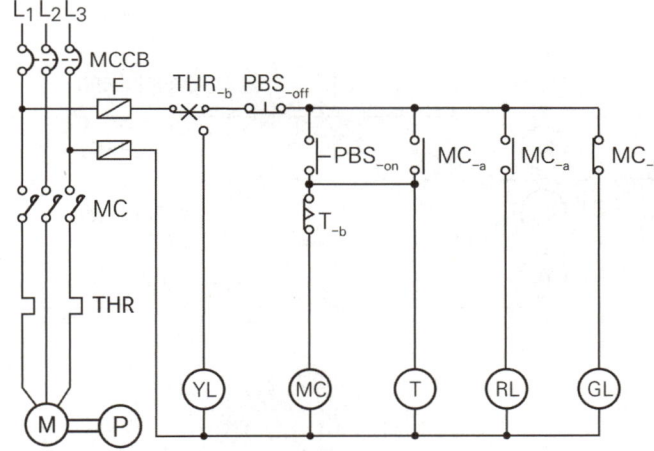

- MCCB를 투입하면 표시램프 GL이 점등
- PBS-on을 누르면 전자접촉기 MC가 여자되어 전동기가 기동되며, 동시에 전자접촉기 보조 a접점인 MC-a접점에 의하여 전동기 운전등인 RL이 점등
- 전자접촉기 보조접점 MC-b에 의하여 GL이 소등
- 타이머 T가 여자되어 타이머 설정시간 후 전자접촉기 MC가 소자되어 전동기가 정지되어 모든 상태는 누름버튼스위치를 누르기 전의 상태로 복귀
- 전동기에 과전류가 흐르면 열동계전기 접점인 THR에 의하여 전동기는 정지하고 모든 접점은 최초의 상태로 복귀. 이때 경고등 YL이 점등

📌 핵심이론 | 시퀀스회로 심벌

심벌	명칭
⌒	배선용 차단기
▱	포장퓨즈
𝇇	수동조작 자동복귀접점
ꙮ	보조스위치 접점
⚯	수동복귀접점
⚭	한시동작접점
Ⓜ	3상전동기
Ⓟ	펌프
(MC)	전자개폐기 코일
(T)	타이머 코일
(RL)	기동표시등
(GL)	정지표시등
(YL)	고장표시등

2019년 4회 (2019.11.09)

01   배점 6

소화활동설비인 무선통신보조설비에 설치 장치 중 분배기, 분파기, 혼합기의 용어에 대하여 간단히 쓰시오.

○ 답
- 분배기 :
- 분파기 :
- 혼합기 :

정답
- 분배기 : 신호의 전송로가 분기되는 장소에 설치하는 것으로 임피던스 매칭(Matching)과 신호 균등분배를 위해 사용하는 장치를 말한다.
- 분파기 : 서로 다른 주파수의 합성된 신호를 분리하기 위해서 사용하는 장치를 말한다.
- 혼합기 : 두 개 이상의 입력신호를 원하는 비율로 조합한 출력이 발생하도록 하는 장치를 말한다.

핵심이론   무선통신보조설비 용어의 정의
- 누설동축케이블 : 동축케이블의 외부도체에 가느다란 홈을 만들어서 전파가 외부로 새어나갈 수 있도록 한 케이블을 말한다.
- 분배기 : 신호의 전송로가 분기되는 장소에 설치하는 것으로 임피던스 매칭(Matching)과 신호 균등분배를 위해 사용하는 장치를 말한다.
- 분파기 : 서로 다른 주파수의 합성된 신호를 분리하기 위해서 사용하는 장치를 말한다.
- 혼합기 : 두 개 이상의 입력신호를 원하는 비율로 조합한 출력이 발생하도록 하는 장치를 말한다.
- 증폭기 : 신호 전송 시 신호가 약해져 수신이 불가능해지는 것을 방지하기 위해서 증폭하는 장치를 말한다.
- 무선중계기 : 안테나를 통하여 수신된 무전기신호를 증폭한 후 음영지역에 재방사하여 무전기 상호 간 송수신이 가능하도록 하는 장치
- 옥외안테나 : 감시제어반 등에 설치된 무선중계기의 입력과 출력포트에 연결되어 송수신신호를 원활하게 방사·수신하기 위해 옥외에 설치하는 장치

02

배점 5

다음은 비상조명등의 화재안전기준 중 설치기준이다. (   ) 안에 알맞은 답을 쓰시오.

가. 예비전원을 내장하는 비상조명등에는 평상시 점등 여부를 확인할 수 있는 (㉠)를 설치하고 해당 조명등을 유효하게 작동시킬 수 있는 용량의 (㉡)와 (㉢)를 내장할 것

나. 비상전원은 비상조명등을 (㉣) 이상 유효하게 작동시킬 수 있는 용량으로 할 것. 다만 다음 각 목의 특정소방대상물의 경우에는 그 부분에서 피난층에 이르는 부분의 비상조명등을 (㉤) 이상 유효하게 작동시킬 수 있는 용량으로 하여야 한다.
1) 지하층을 제외한 층수가 11층 이상의 층
2) 지하층 또는 무창층으로서 용도가 도매시장·소매시장·여객자동차터미널·지하역사 또는 지하상가

정답

㉠ 점검스위치, ㉡ 축전지, ㉢ 예비전원 충전장치, ㉣ 20분, ㉤ 60분

핵심이론 | 비상조명등 설치기준

- 특정소방대상물의 각 거실과 그로부터 지상에 이르는 복도·계단 및 그 밖의 통로에 설치할 것
- 조도는 비상조명등이 설치된 장소의 각 부분의 바닥에서 1 [lx] 이상일 것
- 예비전원을 내장하는 비상조명등에는 평상시 점등 여부를 확인할 수 있는 점검스위치를 설치하고 해당 조명등을 유효하게 작동시킬 수 있는 용량의 축전지와 예비전원 충전장치를 내장
- 예비전원을 내장하지 아니하는 비상조명등의 비상전원은 자가발전설비, 축전지설비 또는 전기저장장치를 다음 기준에 따라 설치하여야 함
  ① 점검편리, 화재 및 침수 등의 재해 피해 우려 없는 곳
  ② 상용전원 중단 시 자동으로 비상전원을 공급받을 수 있을 것
  ③ 비상전원 설치장소는 방화구획하며 그 실내에 비상조명등을 설치
- 비상전원은 비상조명등을 20분 이상 유효하게 작동시킬 수 있는 용량으로 할 것. 단, 다음 특정소방대상물의 경우는 그 부분에서 피난층에 이르는 부분의 비상조명등을 60분 이상 유효하게 작동시킬 수 있는 용량으로 할 것
  ① 지하층을 제외한 층수가 11층 이상의 층
  ② 지하층 또는 무창층으로서 용도가 도매시장·소매시장·여객자동차터미널·지하역사 또는 지하상가

03

아래 그림은 차동식 스포트형 감지기의 구조에 관한 것이다. 번호에 따른 명칭과 역할을 간단히 쓰시오.

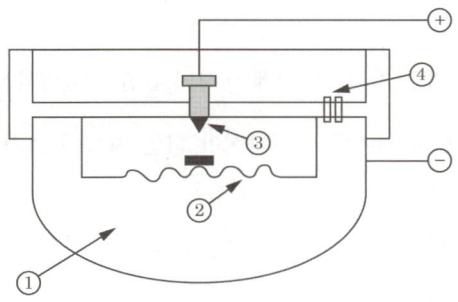

정답

① 감열실 : 열을 유효하게 받음
② 다이어프램 : 공기팽창에 의해 접점이 잘 밀려 올라가도록 함
③ 고정접점 : 가동접점과 접촉되어 화재신호 발신
④ 리크구멍(리크밸브, 리크공) : 감지기의 비화재보를 방지하기 위하여

핵심이론 차동식 스포트형 감지기 구조

- 동작원리 : 화재 발생 시 감열부의 공기가 팽창하여 다이어프램을 밀어 올려 접점을 붙게 함으로써 수신기에 신호를 보낸다.

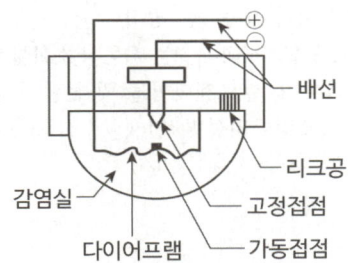

① 감열실 : 열을 유효하게 받음
② 다이어프램 : 공기팽창에 의해 접점이 잘 밀려 올라가도록 함
③ 고정접점 : 가동접점과 접촉되어 화재신호 발신
④ 리크구멍(리크공) : 감지기의 비화재보를 방지하기 위하여

04

득점 ____ 배점 6

다음 각 물음에 답하시오.

가. 자동화재탐지설비의 감지기 배선방식 중 송배선방식에 대하여 간단히 설명하시오.

나. 자동식 소화설비의 교차회로방식에 대하여 간단히 설명하시오.

다. 교차회로방식으로 감지기를 설치하여야 하는 자동식 소화설비를 5가지만 쓰시오.

정답

가. 도통시험을 용이하게 하기 위해 배선의 도중에서 분기하지 않는 방식

나. 하나의 담당구역 내에 2 이상의 감지기회로를 설치하고, 2 이상의 감지기회로가 동시에 감지되는 때에 설비가 작동하는 방식

다. 분말소화설비, 할로겐화합물소화설비, 이산화탄소소화설비, 준비작동식 스프링클러설비, 일제살수식 스프링클러설비

핵심이론 | 자동화재탐지설비의 감지기회로 배선방식

- 자동화재탐지설비의 송배선방식
  도통시험을 용이하게 하기 위해 배선의 도중에서 분기하지 않는 방식
- 자동화재탐지설비의 교차회로방식
  하나의 담당구역 내에 2 이상의 감지기회로를 설치하고 2 이상의 감지기회로가 동시에 감지되는 때에 설비가 작동하는 방식
- 교차회로방식으로 감지기를 설치하여야 하는 자동식 소화설비
  분말소화설비, 할론소화설비, 할로겐화합물 및 불활성기체소화설비, 이산화탄소소화설비, 준비작동식 스프링클러설비, 일제살수식 스프링클러설비

05

득점 ____ 배점 10

다음은 자동화재탐지설비의 화재안전기준 중 공기관식 차동식 분포형 감지기의 설치기준이다. ( ) 안에 알맞은 답을 쓰시오.

가. 공기관의 노출부분은 감지구역마다 (㉠)이 되도록 할 것

나. 공기관과 감지구역의 각 변과의 수평거리는 (㉡) 이하가 되도록 하고, 공기관 상호 간의 거리는 6 [m](주요 구조부를 내화구조로 한 특정소방대상물 또는 그 부분에 있어서는 9 [m]) 이하가 되도록 할 것

다. 공기관은 도중에서 (㉢)할 것

라. 하나의 검출부분에 접속하는 공기관의 길이는 (㉣)로 할 것

마. 검출부는 5° 이상 (㉤) 부착할 것

바. 검출부는 바닥으로부터 0.8 [m] 이상 1.5 [m] 이하의 위치에 설치할 것

정답

㉠ 20 [m] 이상, ㉡ 1.5 [m], ㉢ 분기하지 아니, ㉣ 100 [m] 이하, ㉤ 경사되지 아니하도록

핵심이론 공기관식 차동식 분포형 감지기 설치기준

□ 공기관식
- 작동원리 : 감열실 내 온도 상승(급격한 온도 상승) → 공기관 내부 공기 팽창 → 다이어프램 밀어 올려 접점 붙음
- 구조 : 수열부 - 공기관, 검출부 - 리크구멍(비화재보방지), 다이어프램, 접점, 시험장치

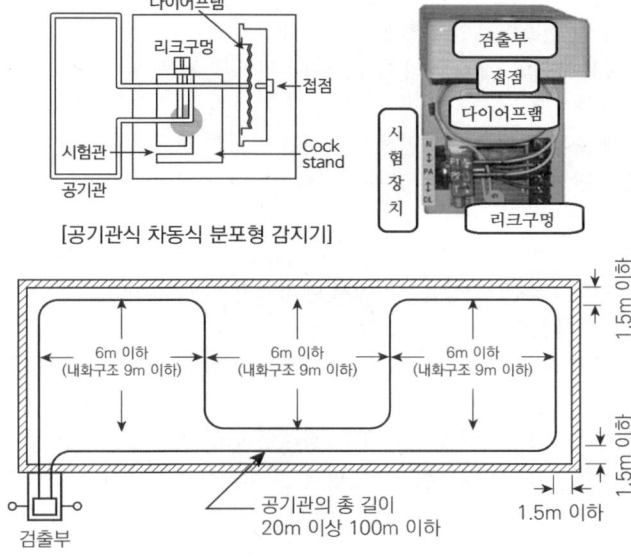

[공기관식 차동식 분포형 감지기]

- 공기관의 노출부분은 감지구역마다 20 [m] 이상이 되도록 할 것
- 공기관과 감지구역의 수평거리는 1.5 [m] 이하가 되도록 할 것
- 공기관 상호 간의 거리는 6 [m](내화구조 9 [m]) 이하가 되도록 할 것
- 공기관은 도중에서 분기하지 않도록 할 것
- 하나의 검출부에 접속하는 공기관 길이는 100 [m] 이하로 할 것
- 검출부는 바닥에서 0.8 [m] 이상 ~ 1.5 [m] 이하에 위치하며, 5° 이상 경사되지 않도록 할 것

06

배점 6

P형 수신기의 시험방법에서 공통선시험에 대한 각 물음에 답하시오.

가. 시험목적

나. 시험방법

> **정답**

가. 시험목적 : 공통선이 담당하고 있는 경계구역의 적정 여부 확인
나. 시험방법
   1) 수신기 내 접속단자의 공통선을 1선 제거한다.
   2) 회로도통시험의 예에 따라 회로 선택스위치를 차례로 회전시킨다.
   3) 시험용 계기의 지시등이 [단선]을 지시한 경계구역의 회선 수를 조사한다.

> **핵심이론** P형 수신기

□ 공통선시험
- 목적 : 공통선이 담당하고 있는 경계구역의 적정 여부 확인
- 시험방법
  ① 수신기 내 접속단자의 공통선 1선 제거
  ② 회로도통시험의 예에 따라 도통시험스위치를 누른 후 회로선택스위치를 차례로 회전
  ③ 전압계 또는 표시등을 확인하여 단선을 지시한 경계구역의 회선 수 확인
- 가부판정 : 단선 표시 되는 회선 수가 7회선 이하이면 정상

□ 수신기시험
- 화재표시작동시험 : 지구표시등, 화재표시등 점등, 음향장치 명동 확인
- 예비전원시험 : 정전 시 상용전원에서 예비전원 자동전환 여부 확인 및 정상상태 복구 시 상용전원으로 자동전환 여부 확인
- 동시작동시험(회로 수가 2회선 이상) : 2회로 이상 동작 시 수신기 기능 정상 여부 확인
- 공통선시험 : 공통선이 담당하고 있는 경계구역의 적정 여부 확인
- 회로도통시험 : 감지기회로의 단선, 단락 및 접속상태의 이상 유무를 파악
- 저전압시험 : 저전압상태(정격전압 80 [%] 이하) 수신기 기능 유지 확인
- 회로저항시험 : 감지기회로 1회선 선로 저항이 수신기 기능에 이상을 주지 않는 것을 확인
- 지구음향장치 작동시험 : 감지기의 작동과 연동하여 당해 지구음향장치가 정상으로 작동하는가 확인하기 위한 시험
- 비상전원시험 : 상용전원이 사고 등으로 정전된 경우 자동적으로 비상전원으로 절환되며, 또한 정전복구 시에 자동적으로 일반 상용전원으로 절환되는지의 여부를 확인

07

다음은 전기설비에 사용되는 기구의 명칭이다. 영문자 약호를 쓰시오.

가. 누전차단기

나. 누전경보기

다. 영상변류기

라. 전자접촉기

정답

가. 누전차단기 : ELB

나. 누전경보기 : ELD

다. 영상변류기 : ZCT

라. 전자접촉기 : MC

핵심이론 자동제어기기 약호

- 누전차단기
  - ELB(Earth Leakage Breaker, Earth Leakage Circuit Breaker)
  - 누설전류 차단
- 누전경보기
  - ELD(Earth Leakage Detector)
  - 누설전류를 검출하여 경보
- 영상변류기
  - ZCT(Zero-phase-sequence Current Transformer)
  - 누설전류 검출
- 전자접촉기
  - MC(Magnetic Contactor)
  - 부하전류의 투입차단
- 전자개폐기
  - MS(Magnetic Switch)
  - 부하전류의 투입차단 및 전동기의 과부하번호

08

득점 ___ 배점 3

저압옥내배선의 금속관공사(배선)에 이용되는 부품의 명칭을 쓰시오.

가. 관이 고정되어 있지 않을 때 금속전선관 상호 간 접속하는 데 사용되는 부품

나. 전선의 절연피복을 보호하기 위하여 금속관 끝에 취부하여 사용되는 부품

다. 금속관과 박스를 서로 접속할 때 사용되는 부품

정답

가. 커플링(관이 고정되어 있지 않을 때)
나. 부싱
다. 로크너트

핵심이론 금속관공사재료

명칭	외형	설명
부싱(Bushing)		전선의 절연피복을 보호하기 위하여 금속관 끝에 취부하여 사용되는 부품
유니온 커플링(Union Coupling)		금속전선관 상호 간을 접속하는 데 사용되는 부품(관이 고정되어 있을 때)
노멀밴드(Normal Bend)		매입배관공사를 할 때 직각으로 굽히는 곳에 사용하는 부품
유니버설엘보(Universal Elbow)		노출배관공사를 할 때 관을 직각으로 굽히는 곳에 사용하는 부품
링리듀서(Ring Reducer)		금속관을 아우트렛 박스에 로크너트만으로 고정하기 어려울 때 보조적으로 사용되는 부품
커플링(Coupling)		금속전선관 상호 간을 접속하는 데 사용되는 부품(관이 고정되어 있지 않을 때)
새들(Saddle)		관을 지지하는 데 사용하는 재료
로크너트(Lock Nut)		금속관과 박스를 접속할 때 사용하는 재료로 최소 2개를 사용한다.

09

배점 3

P형 1급 수신기의 동시작동시험을 하는 목적을 쓰시오.

정답

2회로 이상 동작 시 수신기 기능 정상 여부 확인

핵심이론 P형 수신기

- 동시작동시험(회로 수가 2회선 이상)
  - 목적 : 2회로 이상 동작 시 수신기 기능 정상 여부 확인
  - 시험방법
    ① 수신기스위치 중 "동작시험"스위치를 누름
    ② 회로선택스위치 이용 5회로 동시작동시킴
  - 가부판정 : 회선 동시 작동 시 수신기 기능이 정상적이어야 함
- 수신기시험
  - 화재표시작동시험 : 지구표시등, 화재표시등 점등, 음향장치 명동 확인
  - 예비전원시험 : 정전 시 상용전원에서 예비전원 자동전환 여부 확인 및 정상상태 복구 시 상용전원으로 자동전환 여부 확인
  - 동시작동시험(회로 수가 2회선 이상) : 2회로 이상 동작 시 수신기 기능 정상 여부 확인
  - 공통선시험 : 공통선이 담당하고 있는 경계구역의 적정 여부 확인
  - 회로도통시험 : 감지기회로의 단선, 단락 및 접속상태의 이상 유무를 파악
  - 저전압시험 : 저전압상태(정격전압 80 [%] 이하) 수신기 기능 유지 확인
  - 회로저항시험 : 감지기회로 1회선 선로 저항이 수신기 기능에 이상을 주지 않는 것을 확인
  - 지구음향장치 작동시험 : 감지기의 작동과 연동하여 당해 지구음향장치가 정상으로 작동하는가 확인하기 위한 시험
  - 비상전원시험 : 상용전원이 사고 등으로 정전된 경우 자동적으로 비상전원으로 절환되며, 또한 정전복구 시에 자동적으로 일반 상용전원으로 절환되는지의 여부를 확인

10 [배점 6]

자동화재탐지설비 중 P형 수신기는 감지기 또는 발신기로부터 발하여지는 신호를 직접 또는 중계기를 통하여 공통신호로서 수신하여 개별신호방식으로 화재의 발생을 당해 소방대상물의 관계자에게 경보하여주는 것을 말한다. 다음 각 물음에 답하시오.

가. R형 수신기의 신호전달방식은 무엇인가?

나. R형 수신기의 신호종류는 무엇인가?

다. 감지기의 감지 또는 발신기의 발신개시로부터 수신기의 수신완료까지의 소요시간은 몇 초 이내이어야 하는가?

정답

가. 다중전송방식, 나. 고유신호, 다. 5초 이내

핵심이론 수신기

□ P형 수신기와 R형 수신기 비교

항목	P형	R형
신호전송방식	개별신호방식(1 : 1 접점방식)	다중전송방식
신호형태	공통신호	고유신호
화재표시	적색 램프	액정표시(LCD)
시스템 신뢰성	외부선로 이상으로 수신반 고장 시 전체시스템의 마비됨	외부선로 이상으로 해당 중계기 고장 시 전체시스템에는 영향이 없음
경제성	설비 저렴, 공사비 고가	설비 고가, 공사비 저렴
회로 증설·변경	어려움	쉬움
건물 크기	중·소형	대형
유지관리	어려움	쉬움
수신완료까지 소요시간	5초 이내(축적형 60초 이내)	5초 이내(축적형 60초 이내)

□ R형 수신기의 특징
- 선로수를 적게 할 수 있어 경제적이다(배관, 배선공사 간단함).
- 전압강하가 적어 선로길이를 길게 할 수 있다.
- 추가 중계기를 설치하기 때문에 증설 및 이설이 용이하다.
- 화재 발생지구 등을 선명한 숫자로 표현한다.
- 신호 전달이 명확하다.

11

연기감지기 중 공기흡입형 감지기에 대한 다음 각 물음에 답하시오.

가. 동작원리를 간단히 쓰시오.

나. 공기흡입장치는 공기배관망에 설치된 가장 먼 샘플링지점에서 감지부분까지 몇 초 이내에 연기를 이송할 수 있어야 하는가?

정답

가. 연소초기단계의 열분해 시 생성된 초미립자의 연기를 감지구역 내에 설치된 흡입배관을 통하여 흡입기에 의해 감지헤드로 흡입시켜 미립자를 분석하여 화재신호를 발생한다.

나. 120초 이내

핵심이론 광전식 공기흡입형 감지기(Air Sampling-type Detector : ASD)

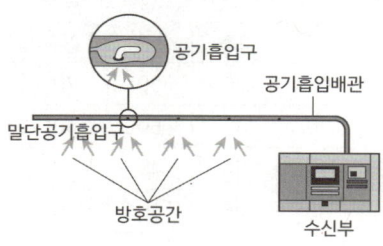

- 정의 : 감지기 내부에 장착된 공기흡입장치로 감지하고자 하는 위치의 공기를 흡입하고 흡입된 공기에 일정한 농도의 연기가 포함된 경우 작동하는 것
- 설치장소 : 전산실 또는 반도체공장 등
- 동작원리
  ① 감지구역 내에 설치된 흡입배관을 통하여 감지헤드로 공기흡입
  ② 연기 미립자를 분석하여 화재신호를 발생한다.
- 연기이송시간(공기배관망에 설치된 가장 먼 지점부터 수신기까지 연기전달시간) : 120초 이내

12

득점 ☐ 배점 4

주요구조부가 내화구조인 특정소방대상물에 자동화재탐지설비를 설치하고자 한다. 바닥면적이 500 [m²]이고, 층고가 4.5 [m]인 경우 차동식 스포트형(1종) 감지기의 소요개수를 계산하시오.

정답

☑ 계산과정

$$\frac{500}{45} = 11.111 \rightarrow 절상하여\ 12개$$

답 | 12개

핵심이론 감지기 설치면적

□ 열감지기 설치면적 (단위 : [m²])

부착높이 및 특정소방대상물의 구분		감지기의 종류						
		차동식 스포트형		보상식 스포트형		정온식 스포트형		
		1종	2종	1종	2종	특종	1종	2종
4 [m] 미만	내화구조	90	70	90	70	70	60	20
	기타구조	50	40	50	40	40	30	15
4 [m] 이상 8 [m] 미만	내화구조	45	35	45	35	35	30	
	기타구조	30	25	30	25	25	15	

□ 연기감지기 설치면적 (단위 : [m²])

부착높이	감지기의 종류	
	1종 및 2종	3종
4 [m] 미만	150	50
4 [m] 이상 20 [m] 미만	75	–

※ 감지기는 복도 및 통로에 있어서는 보행거리 30 [m](3종에 있어서는 20 [m])마다, 계단 및 경사로에 있어서는 수직거리 15 [m](3종에 있어서는 10 [m])마다 1개 이상으로 할 것

13

득점 / 배점 7

다음 도면은 준비작동식 스프링클러설비가 설치된 계통도이다. 도면을 참조하여 빈칸에 알맞은 배선의 가닥 수를 쓰시오. (단, 전원공통선과 감지기공통선은 분리하여 사용하고 프리액션밸브에 설치하는 압력스위치, 탬퍼스위치, 솔레노이드밸브의 공통선은 1가닥을 사용한다)

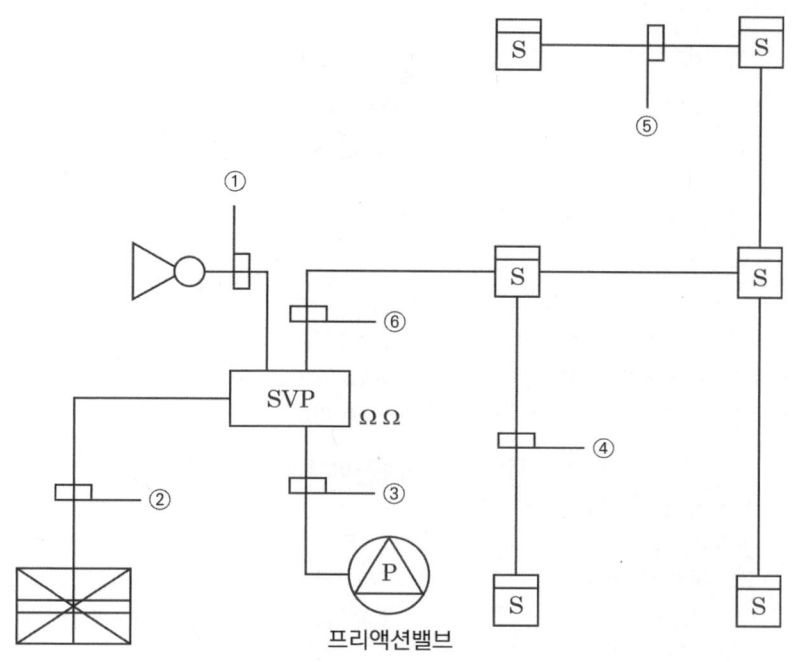

번호	①	②	③	④	⑤	⑥
가닥 수						

정답

번호	①	②	③	④	⑤	⑥
가닥 수	2	9	4	4	4	8

☑ **해설**

기호	가닥 수	배선의 용도
①	2	사이렌 2
②	9	전원 ⊕·⊖, 사이렌, 감지기 A·B, 감지기 공통, 솔레노이드밸브(SV), 압력스위치(PS), 탬퍼스위치(TS)
③	4	솔레노이드밸브(SV) 1, 압력스위치(PS) 1, 탬퍼스위치(TS) 1, 공통선 1
④	4	지구 2, 공통 2
⑤	4	지구 2, 공통 2
⑥	8	지구 4, 공통 4

- 솔레노이드밸브 = 밸브기동 = SV(Solenoid Valve) = SOL
- 압력스위치 = 밸브개방확인 = PS(Pressure Switch)
- 탬퍼스위치 = 밸브주의 = TS(Tamper Switch)

- 준비작동식 스프링클러설비는 교차회로방식으로 감지기를 배선하기 때문에 SVP에 종단저항이 2개이다.
- 교차회로방식이므로 루프와 말단은 4가닥, 나머지는 8가닥이다.
- 프리액션밸브에는 PS, TS, SV가 부착이 되어 있으며 문제에서 PS, TS, SV의 공통선은 1가닥을 사용한다고 하였으므로 '③'의 가닥 수는 4가닥이다.
- 감지기공통선과 전원공통선은 분리하여 사용한다고 문제에서 주어졌기 때문에 '②'에 감지기공통선을 추가하여 9가닥이다.

14

 배점 8

도면은 지하 2층, 지상 6층으로 연면적이 4500 [m²]인 건물에 설치된 자동화재탐지설비의 계통도이다. ① ~ ⑥까지의 배선의 최소 가닥 수를 산출하시오. (단, 일제경보방식을 적용하고 경종과 표시등선의 공통선을 하나로 보며, 하나의 층의 지구음향장치 배선이 단락이 되어도 다른 층의 화재통보에 지장이 없도록 각 층 배선상에 유효한 조치를 하였음)

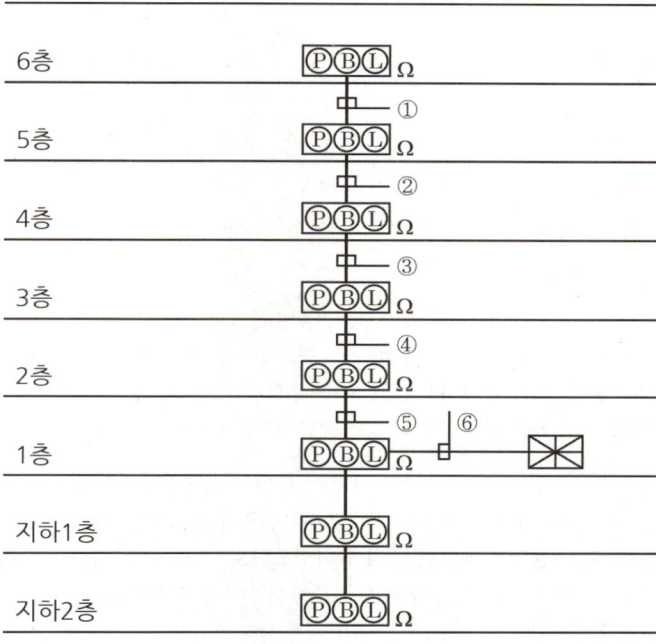

번호	①	②	③	④	⑤	⑥
전선 가닥 수						

정답

번호	①	②	③	④	⑤	⑥
전선 가닥 수	6	7	8	9	10	14

해설

기호 / 용도연결간수	①	②	③	④	⑤	⑥
지구선	1선	2선	3선	4선	5선	8선
지구 공통선	1선	1선	1선	1선	1선	2선
응답선	1선	1선	1선	1선	1선	1선
경종선	1선	1선	1선	1선	1선	1선
표시등선	1선	1선	1선	1선	1선	1선
경종 및 표시등공통선	1선	1선	1선	1선	1선	1선
합계	6선	7선	8선	9선	10선	14선

- 지구선(= 회로선, 신호선, 감지기선, 수동발신기 지구선)
- 지구공통선(= 공통선, 회로공통선, 신호공통선, 감지기공통선, 수동발신기 공통선)
- 응답선(= 발신기선, 발신기응답선, 수동발신기 응답선, 확인선)
- 경종 및 표시등공통선(= 공동표시등 공통선, 벨표시등 공통선)

- 11층 이상인 특정소방대상물이 아니기 때문에 일제경보방식을 적용하며, 하나의 층의 지구음향장치 배선이 단락이 되어도 다른 층의 화재통보에 지장이 없도록 각 층 배선상에 유효한 조치를 하였으므로 경종선은 1가닥을 사용한다.
- 지구선수가 7가닥을 초과하면 지구공통선 1가닥이 추가된다.
- 발신기세트함의 종단저항의 개수가 지구선수이다.

15

옥내소화전설비의 배선기준을 다음의 그림에 표시하시오.

내화배선: ──── , 내열배선: ──·── , 일반배선: ------ , 배관: ────

득점 / 배점 5

정답

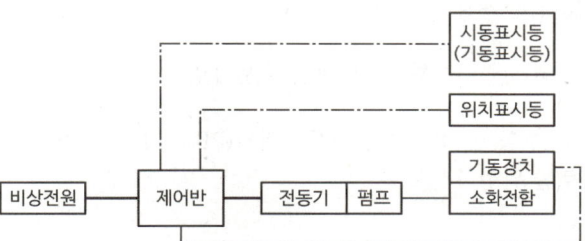

핵심이론 배선공사(내화배선: ────, 내열배선: ──·──, 일반배선: ------, 배관: ────)

□ 옥내소화전설비

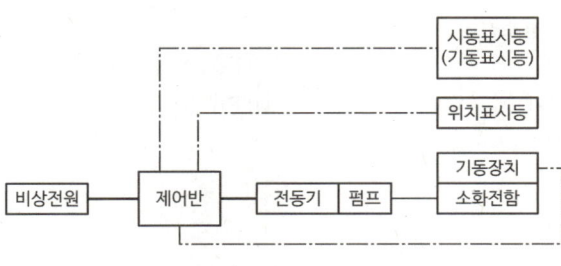

[시동표시등 = 기동표시등]

16

아래 그림은 플로트스위치에 의한 펌프모터의 레벨제어에 대한 미완성도면이다. 도면을 보고 다음 각 물음에 답하시오.

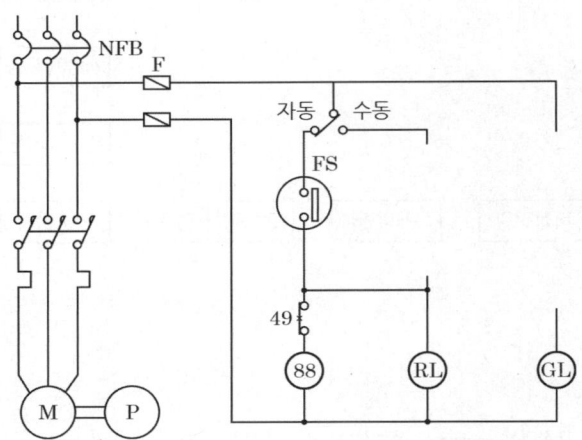

가. 도면에서 NFB의 명칭과 장점을 쓰시오.

나. 도면에서 주회로에 사용된 49의 명칭을 쓰시오.

다. 동작접점이 "수동"인 경우 누름버튼스위치(PB-on, PB-off)와 전자접촉기접점으로 제어회로를 완성하시오.

> **조건**
>
> [동작조건]
> (1) 전원이 인가되면 GL램프가 점등된다.
> (2) 수동인 경우 누름버튼스위치 PB-on을 누르면 GL램프가 소등되고 RL램프가 점등된다.
>
> [기구 및 접점 사용조건]
> (1) 88-a접점 1개　　　　　　(2) 88-b접점 1개
> (3) PB-on접점 1개　　　　　　(4) PB-off접점 1개

☑ 배선용 차단기(Molded-Case Circuit Breaker : MCCB(= MCB = NFB, No Fuse Breaker))

정답

가. 배선용 차단기
　• 장점
　　① 소형이고 경량이다.　　　　② 기기의 신뢰도가 크다.
　　③ 과전류에 대한 차단성능이 우수하다.　　④ 동작 시 수동으로 복귀가 간단하다.
　　⑤ 퓨즈가 필요치 않다.　　⑥ 기기의 수명이 길다.
나. 열동계전기

다.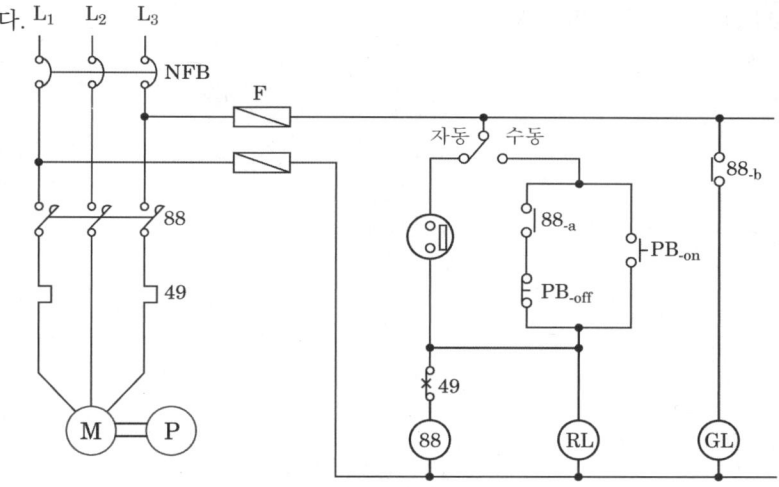

PB-on스위치와 88-a접점은 병렬로 연결한다(자기유지되도록).
PB-off스위치와 88-a접점은 직렬로 연결한다(수동으로 PB-off스위치 작동 시 원상복구).

플로트제어방식 접점 기능
- 배선용 차단기 : 주전원 개폐하며 과전류가 흐를 때 회로를 자동적으로 차단
- 열동계전기히터(Thermal Relay) : 과전류 검출하면 열동계전기 접점을 개폐시킴
- 플로트스위치 b접점(리미트스위치) : 자동운전 시 수조의 수위가 고수위가 될 때 개로되어 전동기 정지, 저수위 될 때 폐로되어 전동기 운전
- 전자접촉기 보조 a접점(88) : 전자접촉기 작동 시 폐로되어 자기유지 시킴
- 전자접촉기 보조 b접점(88) : 전자접촉기 작동 시 개로되어 자기유지 시킴
- 기동용 푸시버튼스위치 : 전동기를 수동으로 기동
- 정지용 푸시버튼스위치 : 전동기를 수동으로 정지
- 전자접촉기 코일 : 전자석의 흡입력을 이용하여 접점 개폐

플로트제어방식 작성
- 기동버튼 : 병렬연결 및 자기유지
- 정지버튼 : 직렬연결
- 분기 시 "•"를 찍는다.
- 전원투입 ⇒ 정지등 GL
- 수동(PBS-ON) ⇒ 기동등 RL
- 수동(PBS-OFF) ⇒ 정지등 GL
- 자동 ⇒ 플로트스위치 모터 동작
- 연동
  ① 88 코일 : 88-a 표기, 88-b 표기
  ② 49(열동형 계전기히터)

핵심이론 시퀀스 제어 기본회로

□ 시퀀스회로 심벌

심벌	명칭
 ⌒	배선용 차단기
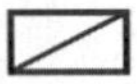 ▱	포장퓨즈
 ⊶	수동조작 자동복귀접점
 ⊷	보조스위치 접점(계전기접점)
 ⊶⊶	수동복귀접점
 ⊷⊷	한시동작접점(타이머)
 ⊶⊷	기계적 접점(리밋스위치)
 Ⓜ	3상전동기
 Ⓟ	펌프

□ 자동제어기구 번호
- 49 : 열동계전기
- 88 : 전동장치 운전용 계폐기(보조기용 접촉기)

17

득점	배점
	6

자동화재탐지설비에 사용되는 감지기의 절연저항을 시험하고자 한다. 다음 각 물음에 답하시오.

가. 측정기기는 무엇인가?

나. 판정(합격)기준을 쓰시오.

다. 측정위치를 쓰시오.

정답

가. 직류DC 500 [V] 절연저항계

나. 50 [MΩ] 이상

다. 절연된 단자 간 및 단자와 외함 간 측정

핵심이론 절연저항시험

절연저항계	절연저항 값	대상
직류 250 [V]	0.1 [MΩ] 이상	1 경계구역의 절연저항
직류 500 [V]	5 [MΩ] 이상	• 누전경보기 • 가스누설경보기 • 자동화재탐지설비 • 비상경보설비 • 수신기 • 유도등(교류입력 측과 외함 간 포함) • 비상조명등(교류입력 측과 외함 간 포함)
	20 [MΩ] 이상	• 경종 • 비상콘센트 • 중계기 • 발신기 • 기기의 절연된 선로 간 • 기기의 충전부와 비충전부 간 • 기기의 교류입력 측과 외함 간(유도등·비상조명등 제외)
	50 [MΩ] 이상	• 가스누설경보기(10회로 이상) • 수신기(10회로 이상) • 감지기(정온식 감지선형 감지기 제외)
	1000 [MΩ] 이상	정온식 감지선형 감지기

감지기의 형식승인 및 제품검사의 기술기준
- 제35조(절연저항시험) 감지기의 절연된 단자 간의 절연저항 및 단자와 외함 간의 절연저항은 직류 500 [V]의 절연저항계(절연저항측정기)로 측정한 값이 50 [MΩ](정온식 감지선형 감지기는 선간에서 1 [m]당 1000 [MΩ]) 이상이어야 한다.
- 제36조(절연내력시험) 감지기의 단자와 외함 간의 절연내력은 60 [Hz]의 정현파에 가까운 실효전압 500 [V](정격전압이 60 [V]를 초과하고 150 [V] 이하인 것은 1000 [V], 정격전압이 150 [V]를 초과하는 것은 그 정격전압에 2를 곱하여 1000 [V]를 더한 값)의 교류전압을 가하는 시험에서 1분간 견디는 것이어야 한다.

18

동력제어반(MCC)에서 옥내소화전설비의 펌프전동기에 전력을 공급하고자 한다. 전동기의 공급전압은 3상 220 [V], 전동기의 용량은 30 [kW], 역률은 60 [%]라고 가정할 때 전동기의 역률은 90 [%]로 개선하고자 하는 경우 필요한 적력용 콘덴서의 용량(kVA)을 구하시오.

정답

☑ 계산과정

$$Q_C = 30\left(\frac{\sqrt{1-0.6^2}}{0.6} - \frac{\sqrt{1-0.9^2}}{0.9}\right) = 25.470 ≒ 25.47 \,[\text{kVA}]$$

답 | 25.47 [kVA]

핵심이론 역률개선용 콘덴서용량 구하는 식

$$Q_c = P\left(\frac{\sqrt{1-\cos\theta_1^2}}{\cos\theta_1} - \frac{\sqrt{1-\cos\theta_2^2}}{\cos\theta_2}\right)$$

Q_C : 콘덴서용량 [kVA], P : 유효전력 [kW]
$\cos\theta_1$: 개선 전 역률, $\cos\theta_2$: 개선 후 역률

모아바 www.moa-ba.com
모아소방전기학원 www.moate.co.kr

격차를 뛰어넘어 압도적인 격차를 만들다

2018

1회	2018.04.15
2회	2018.06.30
4회	2018.11.10

2018년 1회

2018.04.15

01

비상콘센트설비의 설치대상 3가지를 쓰시오.

①
②
③

정답

① 층수가 11층 이상인 특정소방대상물로서 11층 이상의 층
② 지하 3층 이상이고, 지하층의 바닥면적의 합계가 1000 [m²] 이상인 지하 전 층
③ 터널길이 500 [m] 이상

핵심이론 비상콘센트설비

□ 설치대상

소방대상물	설치대상
층수가 11층 이상인 특정소방대상물	11층 이상의 층
지하층의 층수가 3층 이상이고, 지하층의 바닥면적의 합계가 1000 [m²] 이상인 것	지하층의 모든 층
터널	길이 500 [m] 이상
위험물 저장 및 처리시설 중 가스시설 또는 지하구는 제외	

□ 전원회로 설치기준
- 전원회로 : 단상교류는 220 [V], 공급용량은 1.5 [kVA] 이상
- 전원회로는 각 층에 2 이상이 되도록 설치. 다만 설치하여야 할 층의 비상콘센트가 1개인 때에는 하나의 회로로 할 수 있다.
- 전원회로는 주배전반에서 전용회로로 할 것. 다만 다른 설비의 회로의 사고에 따른 영향을 받지 아니하도록 되어 있는 것은 그러하지 아니하다.
- 전원으로부터 각 층의 비상콘센트에 분기되는 경우에는 분기배선용 차단기를 보호함 안에 설치할 것

02

특정소방대상물에 설치된 소방시설 등을 구성하는 전부 또는 일부를 개설, 이전 또는 정비하는 소방시설공사의 착공신고 대상 3가지를 쓰시오. (단, 고장 또는 파손 등으로 인하여 작동시킬 수 없는 소방시설을 긴급히 교체하거나 보수하여야 하는 경우에는 신고하지 않을 수 있다)

①
②
③

정답

① 수신반
② 소화펌프
③ 동력제어반, 감시제어반

중요
- 소방펌프라고 쓰지 말 것
- 동력제어반이라고만 적어도 정답

03

P형 수신기의 예비전원을 시험하는 방법과 양부판단의 기준에 대하여 설명하시오.

가. 시험방법

나. 양부판단의 기준

정답

가. 시험방법
   1) 수신기스위치 중 "예비전원스위치"를 누름
   2) 전압계의 지시치가 지정치의 범위 내에 있는지 확인
   3) 교류전원을 개로하고 자동절환 릴레이의 작동상황 조사
나. 양부판단의 기준 : 예비전원의 전압, 용량, 절환상황 및 복구 작동이 정상일 것

📌 핵심이론 | P형 수신기시험

□ 예비전원시험
- 목적 : 정전 시 상용전원에서 예비전원 자동전환 여부 확인 및 정상상태 복구 시 상용전원으로 자동전환 여부 확인
- 시험방법
  ① 수신기스위치 중 "예비전원스위치"를 누름(예비전원전압 표시 및 예비전원등 점등 확인)
  ② 전압계의 지시치가 지정치의 범위 내에 있는지 확인
  ③ 교류전원을 개로하고 자동절환 릴레이의 작동상황 조사
- 가부판정 : 예비전원의 전압, 용량, 절환상황 및 복구 작동이 정상일 것

□ 수신기시험
- 화재표시작동시험 : 지구표시등, 화재표시등 점등, 음향장치 명동 확인
- 예비전원시험 : 정전 시 상용전원에서 예비전원 자동전환 여부 확인 및 정상상태 복구 시 상용전원으로 자동전환 여부 확인
- 동시작동시험(회로 수가 2회선 이상) : 2회로 이상 동작 시 수신기 기능 정상 여부 확인
- 공통선시험 : 공통선이 담당하고 있는 경계구역의 적정 여부 확인
- 회로도통시험 : 감지기회로의 단선, 단락 및 접속상태의 이상 유무를 파악
- 저전압시험 : 저전압상태(정격전압 80 [%] 이하) 수신기 기능 유지 확인
- 회로저항시험 : 감지기회로 1회선 선로 저항이 수신기 기능에 이상을 주지 않는 것을 확인
- 지구음향장치 작동시험 : 감지기의 작동과 연동하여 당해 지구음향장치가 정상으로 작동하는가 확인하기 위한 시험
- 비상전원시험 : 상용전원이 사고 등으로 정전된 경우 자동적으로 비상전원으로 절환되며, 또한 정전복구 시에 자동적으로 일반 상용전원으로 절환되는지의 여부를 확인

04 [득점 / 배점 10]

그림은 6층 이상의 사무실 건물에 시설하는 배연창설비로서 계통도 및 조건을 참고하여 배선 수와 각 배선의 용도를 다음 표에 작성하시오.

조건
(1) 전동구동장치는 솔레노이드식이다.
(2) 화재감지기가 작동되거나 수동조작함의 스위치를 ON시키면 배연창이 동작되어 수신기에 동작상태를 표시하게 된다.
(3) 화재감지기는 자동화재탐지설비용 감지기를 겸용으로 사용한다.
(4) 경종과 표시등선을 하나로 본다.

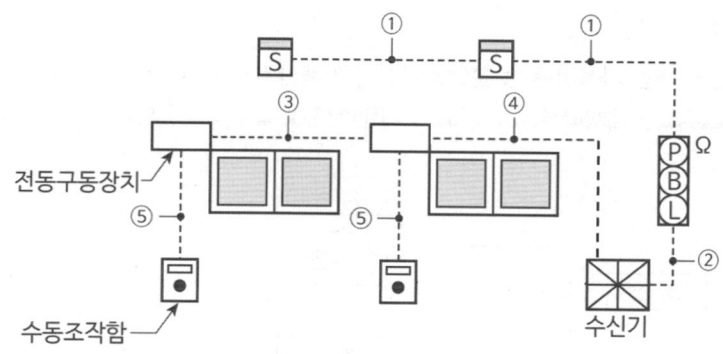

기호	구분	배선 수	배선의 용도
①	감지기 ↔ 감지기		
②	발신기 ↔ 수신기		
③	전동구동장치 ↔ 전동구동장치		
④	전동구동장치 ↔ 수신기		
⑤	전동구동장치 ↔ 수동조작함		

정답

기호	구분	배선 수	배선의 용도
①	감지기 ↔ 감지기	4	지구 2, 공통 2
②	발신기 ↔ 수신기	6	응답 1, 지구 1, 경종표시등공통 1, 경종 1, 표시등 1, 지구공통 1
③	전동구동장치 ↔ 전동구동장치	3	기동 1, 기동확인 1, 공통 1
④	전동구동장치 ↔ 수신기	5	기동 2, 기동확인 2, 공통 1
⑤	전동구동장치 ↔ 수동조작함	3	기동 1, 기동확인 1, 공통 1

✓ 해설 : 배연창 솔레노이드식 가닥 수

가. 수동조작함
① 기동(배연창 기동), 기동확인(배연창 기동확인), 공통
② 배연창 설치구역 2zone : 기동 추가, 기동확인 추가

나. 전동구동장치
① 기동(배연창 기동), 기동확인(배연창 기동확인), 공통
② 배연창 설치구역 2zone : 기동 추가, 기동확인 추가

중요 ▶ 자동화재탐지설비에서는 감지기배선을 송배선식을 사용하기 때문에 루프는 2가닥, 나머지는 4가닥이므로 '①'의 가닥 수는 4가닥이다.

05

비상전원의 배선 사용기준 중 분말소화설비의 배선기준을 그림에 직접 표시하시오.
(단, ───── : 내화배선, ─ · ─ : 내열배선, ■■■■ : 일반배선으로 표시한다)

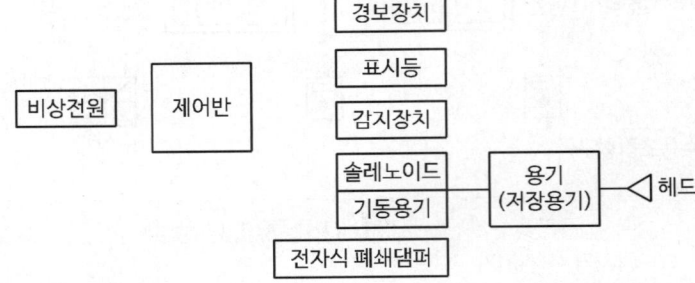

정답

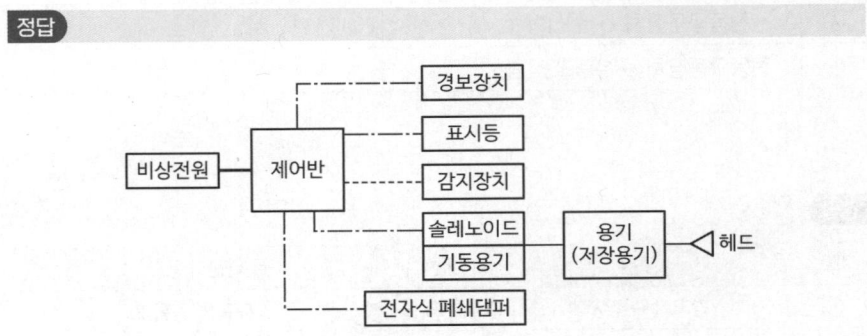

핵심이론 이산화탄소소화설비 · 할로겐화합물소화설비 · 분말소화설비배선공사

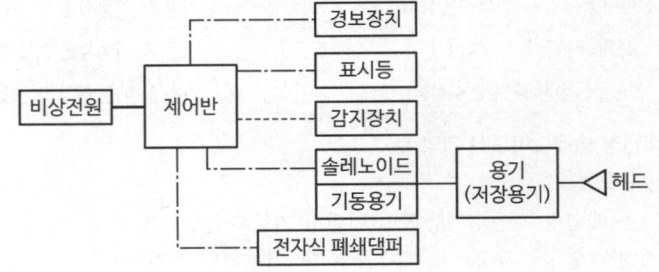

(내화배선 : ─────, 내열배선 : ─ · ─, 일반배선 : ■■■■, 배관 : ─────)

06

그림과 같은 건축물의 평면도에 객석유도등을 설치하고자 한다. 다음 각 물음에 답하시오.

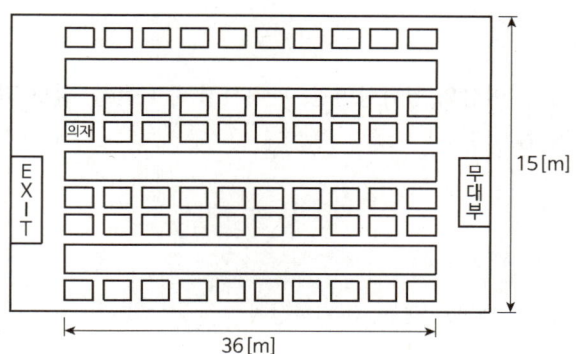

가. 설치하여야 할 객석유도등의 수량을 산출하시오.
  ○ 계산과정 :   ○ 답 :

나. 강당의 중앙 및 좌우 통로에 객석유도등을 설치하시오. (단, 유도등 표시는 ● 로 표기할 것)

정답

가. 계산과정 : $\frac{36}{4} - 1 = 8$개, $8 \times$ 통로 3개 $= 24$개

답 | 24개

나.

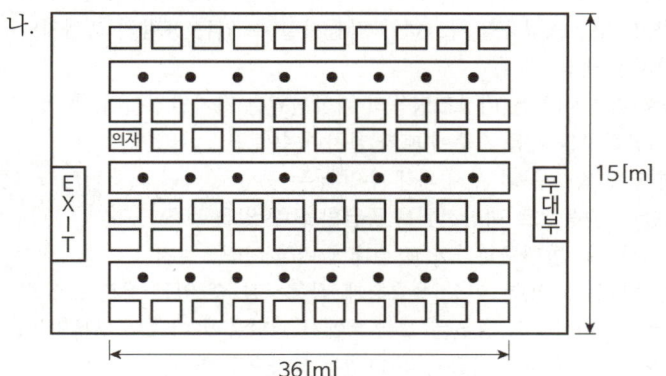

※ 객석유도등은 통로 양쪽 맨 끝부분에는 설치하지 않음

핵심이론 객석유도등 설치개수 산정식(절상)

$$설치개수 = \frac{객석통로의\ 직선부분의\ 길이\ [m]}{4} - 1$$

07 배점 6

휴대용 비상조명등을 설치하여야 하는 특정소방대상물이다. (   ) 안에 알맞은 답을 쓰시오.

가. (㉠)시설

나. 수용인원 (㉡) 이상의 영화상영관, 판매시설 중 (㉢), 철도 및 도시철도 시설 중 지하역사, (㉣)

정답

㉠ 숙박, ㉡ 100명, ㉢ 대규모 점포, ㉣ 지하상가

핵심이론 휴대용 비상조명등 설치대상

소방대상물	설치대상
숙박시설	-
수용인원 100명 이상의 영화상영관, 판매시설 중 대규모 점포, 철도 및 도시철도 시설 중 지하역사, 지하상가	-

참고 비상조명등 및 휴대용 비상조명등의 설치기준

□ 비상조명등 설치기준
- 특정소방대상물의 각 거실과 그로부터 지상에 이르는 복도·계단 및 그 밖의 통로에 설치할 것
- 조도는 비상조명등이 설치된 장소의 각 부분의 바닥에서 1 [lx] 이상일 것
- 예비전원을 내장하는 비상조명등에는 평상시 점등 여부를 확인할 수 있는 점검스위치를 설치하고 해당 조명등을 유효하게 작동시킬 수 있는 용량의 축전지와 예비전원 충전장치를 내장
- 예비전원을 내장하지 아니하는 비상조명등의 비상전원은 자가발전설비, 축전지설비 또는 전기저장장치를 다음 기준에 따라 설치하여야 함
    ① 점검편리, 화재 및 침수 등의 재해 피해 우려 없는 곳
    ② 상용전원 중단 시 자동으로 비상전원을 공급받을 수 있을 것
    ③ 비상전원 설치장소는 방화구획하며 그 실내에 비상조명등 설치
- 비상전원은 비상조명등을 20분 이상 유효하게 작동시킬 수 있는 용량으로 할 것. 단, 다음 특정소방대상물의 경우는 그 부분에서 피난층에 이르는 부분의 비상조명등을 60분 이상 유효하게 작동시킬 수 있는 용량으로 할 것
    ① 지하층을 제외한 층수가 11층 이상의 층
    ② 지하층 또는 무창층으로서 용도가 도매시장·소매시장·여객자동차터미널·지하역사 또는 지하상가

□ 휴대용 비상조명등 설치기준
• 설치장소
  ① 숙박시설 또는 다중이용업소에는 객실·영업장안의 구획된 실마다 잘 보이는 곳에 1개 이상 설치(외부 설치 시 출입문 손잡이로부터 1 [m] 이내)
  ② 대규모점포와 영화상영관에는 보행거리 50 [m] 이내마다 3개 이상 설치
  ③ 지하상가 및 지하역사에는 보행거리 25 [m] 이내마다 3개 이상 설치
• 설치높이 : 바닥부터 0.8 [m] 이상 1.5 [m] 이하
• 어둠속 위치를 확인 가능
• 사용 시 자동으로 점등되는 구조
• 외함 난연 성능 필요
• 건전지를 사용 시 방전방지조치를 하여야 하고, 충전식 배터리의 경우 상시 충전되도록 할 것
• 건전지 및 충전식 배터리의 용량 : 20분 이상

08

득점 / 배점 12

자동화재탐지설비의 계통도와 주어진 조건을 이용하여 다음 각 물음에 답하시오. (경종과 표시등 공통선을 하나로 하였으며, 하나의 층의 지구음향장치 배선이 단락되어도 다른 층의 화재통보에 지장이 없도록 각 층의 지구음향장치에 단락보호장치를 각각 설치하였음)

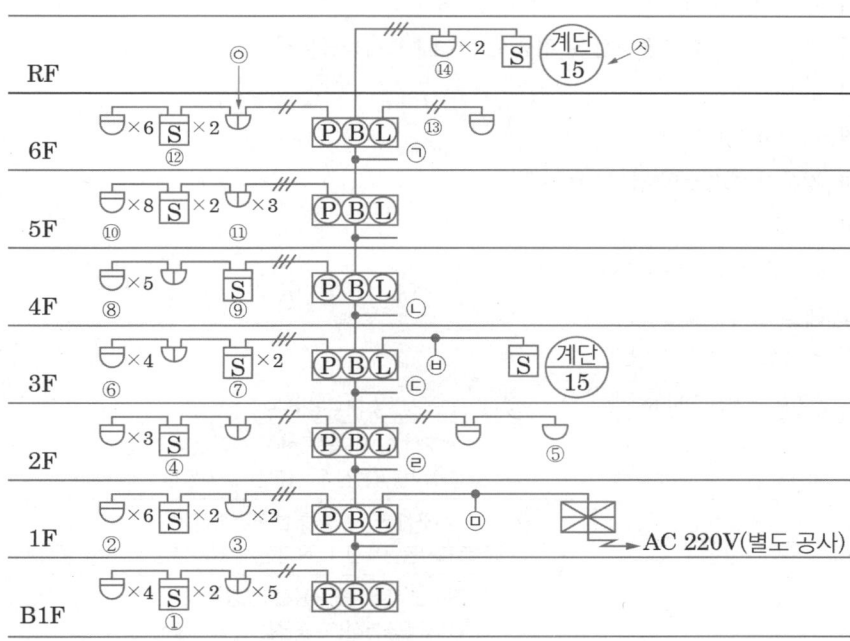

조건
(1) 발신기세트에는 경종, 표시등, 발신기 등을 수용한다.
(2) 종단저항은 감지기 말단에 설치한 것으로 한다.

가. ㉠ ~ ㉣ 개소에 해당되는 곳의 전선 가닥 수를 쓰시오.
　㉠　　　　　　　　　　㉡
　㉢　　　　　　　　　　㉣

나. ㉤ 개소의 전선 가닥 수에 대한 상세내역을 쓰시오.

다. ㉥ 개소의 전선 가닥 수는 몇 가닥인가?

라. 과 같은 그림기호의 의미를 상세히 기술하시오.

마. ㉧의 감지기는 어떤 종류의 감지기인지 그 명칭을 쓰시오.

　　　⌀ :

바. 본 도면의 설비에 대한 전체 회로 수는 모두 몇 회로인가?

정답

가. ㉠ 9가닥, ㉡ 14가닥, ㉢ 16가닥, ㉣ 18가닥
나. 회로선 15, 회로공통선 3, 경종선 1, 경종표시등공통선 1, 응답선 1, 표시등선 1
다. 4가닥
라. 경계구역 번호가 15인 계단
마. 정온식 스포트형 감지기(방수형)
바. 15회로
※ 전체 회로 수는 경계구역 수이다.

✓ **해설**
- 전선 가닥 수 및 용도

기호	배선 가닥 수	배선의 용도
㉠	9가닥	지구선 4, 지구공통선 1, 경종선 1, 경종표시등공통선 1, 응답선 1, 시등선 1
㉡	14가닥	지구선 8, 지구공통선 2, 경종선 1, 경종표시등공통선 1, 응답선 1, 표시등선 1
㉢	16가닥	지구선 10, 지구공통선 2, 경종선 1, 경종표시등공통선 1, 응답선 1, 표시등선 1

기호	배선 가닥 수	배선의 용도
㉣	18가닥	지구선 12, 지구공통선 2, 경종선 1, 경종표시등공통선 1, 응답선 1, 표시등선 1
㉤	22가닥	지구선 15, 지구공통선 3, 경종선 1, 경종표시등공통선 1, 응답선 1, 표시등선 1
㉥	4가닥	지구선 2, 지구공통선 2(종단저항이 감지기 말단에 설치되어 있지만, [계단15]가 2곳에 있고 [경계구역14]번 앞의 가닥 수가 3가닥이므로 [㉥]은 4가닥이 된다)

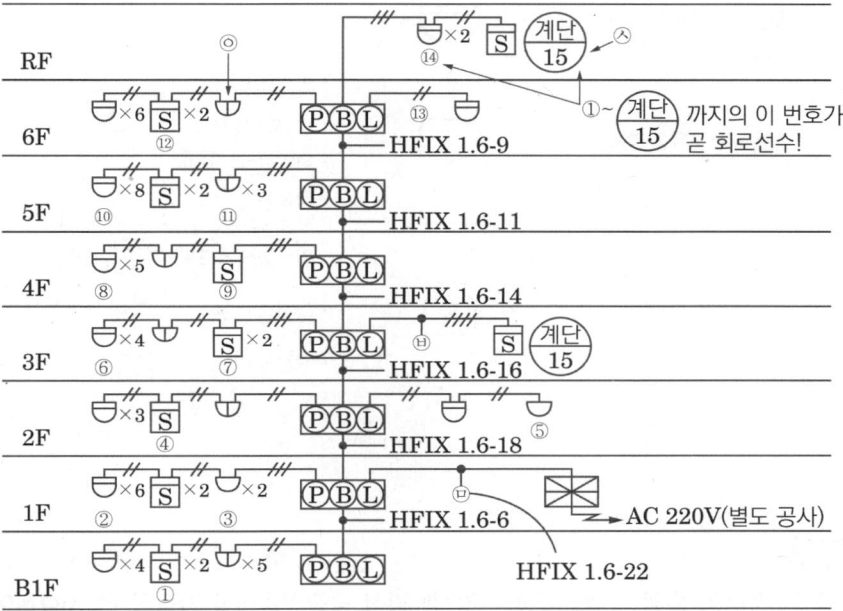

참고

- 하나의 층의 지구음향장치 배선이 단락되어도 다른 층의 화재통보에 지장이 없도록 각 층의 지구음향장치에 단락보호장치를 각각 설치하였기 때문에 경종선은 1가닥이다.
- 지구선수가 7가닥을 초과할 때마다 공통선 1가닥이 추가된다.
- 종단저항은 감지기 말단에 설치한 것으로 보기 때문에 각각의 층의 감지기 배선에서 발신기세트함으로 되돌아오지 않으므로 가닥 수가 2가닥씩인 것이다.
- 이때 '㉥'은 3층의 연기감지기와 RF 계단의 연기감지기와 배선하기 위해 다시 돌아와서 RF층으로 올라가므로 4가닥이다.

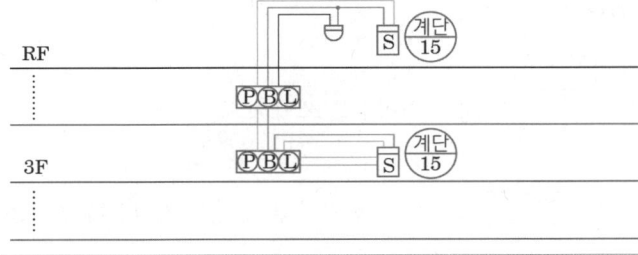

• 옥내배선기호

명칭	그림기호	적용
경계구역 경계선	——·——	–
경계구역 번호	○	• ① 경계구역 번호가 1 • (계/7) 경계구역 번호가 7인 계단
차동식 스포트형 감지기	⌒	–
보상식 스포트형 감지기	⌒	–
정온식 스포트형 감지기	⌒	• 방수형 ⌒ • 내산형 ⌒ • 내알칼리형 ⌒ • 방폭형 ⌒EX
연기감지기	S	• 이온화식 스포트형 SI • 광전식 스포트형 SP • 광전식 아날로그식 SA

09 배점 11

다음은 하나의 층에 옥내소화전 수압개폐방식 공장건물내부 자동화재탐지설비이다. 그림을 보고 물음에 답하시오. (단, 경종과 표시등 공통선을 하나로 하였음)

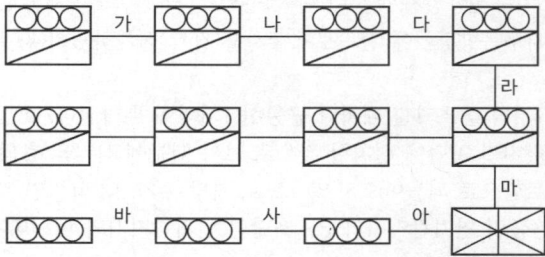

가. 가 ~ 아 가닥 수를 쓰시오.

나. [▨] 와 [○○○] 의 차이점을 쓰시오.

다. [▨] 와 [○○○] 의 각각 전면에 붙어 있는 기기장치 명칭을 쓰시오.

정답

가. 가 : 8, 나 : 9, 다 : 10, 라 : 11, 마 : 16, 바 : 6, 사 : 7, 아 : 8

나. 발신기세트와 일체인 옥내소화전(발신기세트 옥내소화전 내장형), 발신기세트

다. 1) 발신기, 경종, 위치표시등, 소화전 기동표시등
   2) 발신기, 경종, 위치표시등

☑ 해설 : 전선용도 및 가닥 수

기호 용도연결간수	가	나	다	라	마	바	사	아
발신기 지구선	1선	2선	3선	4선	8선	1선	2선	3선
발신기 공통선	1선	1선	1선	1선	2선	1선	1선	1선
발신기 응답선	1선	1선	1선	1선	1선	1선	1선	1선
경종 및 표시등공통선	1선	1선	1선	1선	1선	1선	1선	1선
경종선	1선	1선	1선	1선	1선	1선	1선	1선
표시등선	1선	1선	1선	1선	1선	1선	1선	1선
기동표시등공통	1선	1선	1선	1선	1선	-	-	-
기동표시등	1선	1선	1선	1선	1선	-	-	-
합계	8선	9선	10선	11선	16선	6선	7선	8선

• 지구선(= 회로선, 신호선, 감지기선, 발신기 지구선, 수동발신기 지구선)
• 지구공통선(= 공통선, 회로공통선, 신호공통선, 감지기공통선, 수동발신기 공통선)
• 응답선(= 발신기선, 발신기응답선, 수동발신기 응답선, 확인선)
• 경종 및 표시등공통선(= 공동표시등 공통선, 벨표시등 공통선)
• 기동표시등(= 기동확인표시등)

• 옥내소화전함과 겸용인 것은 기동확인표시등 2가닥이 추가된다.
• 지구선수가 7가닥을 초과하면 공통선 1가닥이 추가된다.

10   배점 7

다음은 자동방화문설비의 자동방화문의 미완성된 도면이다. 조건을 참조하여 다음 각 물음에 답하시오.

조건
(1) 전선의 가닥 수는 최소한으로 한다.
(2) 방화문 감지기회로는 본 문제에서 제외한다.
(3) 자동방화문설비는 층별로 동일하다.

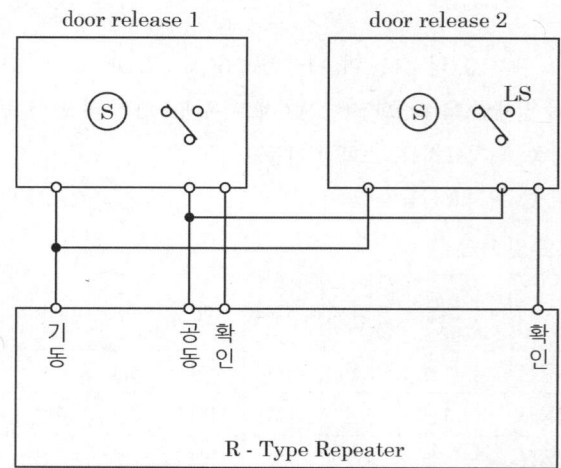

가. 자동방화문의 설치목적은 무엇인가?

나. 미완성된 도면의 배선을 결선하시오.

정답

가. 화재 발생 시 불의 확산방지 및 대피로 확보

나.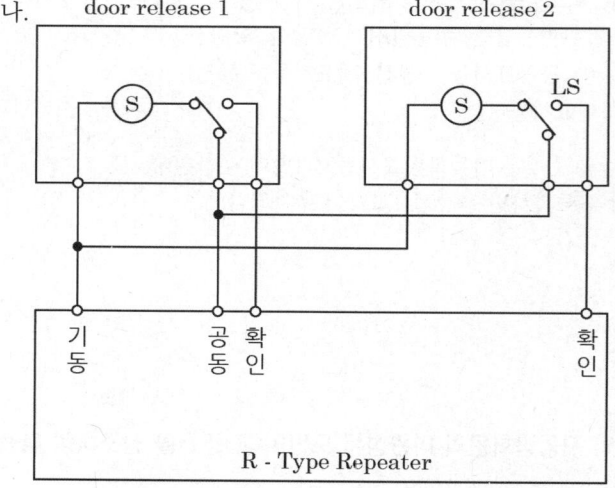

핵심이론 자동 방화문 설비

□ 자동방화문
- 설치목적 : 화재 발생 시 불의 확산방지 및 대피로 확보
- Door Release 역할 : 화재 발생 시 감지기 또는 기동스위치에 의해 방화문 폐쇄

□ 자동방화문설비 계통도

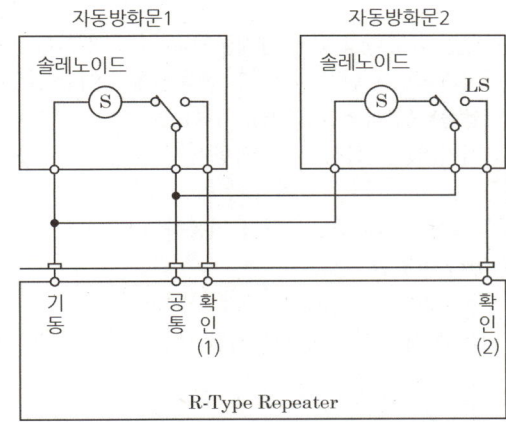

R type REPEATER : R형 중계기, S : 솔레노이드밸브, LS : 리미트스위치

---

11 배점 4

자동화재탐지설비의 공통선시험에 대하여 다음 물음에 답하시오.

가. 시험목적 :

나. 시험방법 :

다. 가부판정의 기준 :

정답

가. 시험목적 : 공통선이 담당하고 있는 경계구역의 적정 여부 확인

나. 시험방법
1) 수신기 내 접속단자의 공통선을 1선 제거
2) 회로도통시험의 예에 따라 회로선택스위치를 차례로 회전
3) 전압계 또는 표시등을 확인하여 단선을 지시한 경계구역의 회선 수 확인

다. 가부판정의 기준 : 단선 표시 되는 회선 수가 7회선 이하이면 정상

핵심이론 │ 수신기시험

- 화재표시작동시험 : 지구표시등, 화재표시등 점등, 음향장치 명동 확인
- 예비전원시험 : 정전 시 상용전원에서 예비전원 자동전환 여부 확인 및 정상상태 복구 시 상용전원으로 자동전환 여부 확인
- 동시작동시험(회로 수가 2회선 이상) : 2회로 이상 동작 시 수신기 기능 정상 여부 확인
- 공통선시험 : 공통선이 담당하고 있는 경계구역의 적정 여부 확인
- 회로도통시험 : 감지기회로의 단선, 단락 및 접속상태의 이상 유무를 파악
- 저전압시험 : 저전압상태(정격전압 80 [%] 이하) 수신기 기능 유지 확인
- 회로저항시험 : 감지기회로 1회선 선로 저항이 수신기 기능에 이상을 주지 않는 것을 확인
- 지구음향장치 작동시험 : 감지기의 작동과 연동하여 당해 지구음향장치가 정상으로 작동하는가 확인하기 위한 시험
- 비상전원시험 : 상용전원이 사고 등으로 정전된 경우 자동적으로 비상전원으로 절환되며, 또한 정전복구 시에 자동적으로 일반 상용전원으로 절환되는지의 여부를 확인

12

미완성 배선 도면을 보고 다음 각 물음이 답하시오. (단, 경종과 표시등 공통선을 하나로 하였음)

  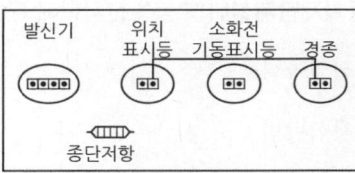

가. 각 기기장치를 수신기의 단자에 알맞게 연결하시오. (단, 발신기에 설치된 단자는 왼쪽으로부터 응답, 지구, 공통이다)

나. 종단저항을 연결해야 하는 기기의 명칭과 단자의 명칭을 쓰시오.

다. 소화전 기동표시등의 색깔을 쓰시오.

라. 발신기의 위치표시등에 대하여 다음 각 항목의 물음에 답하시오.
  1) 불빛의 식별범위
  2) 표시등의 색깔

정답

가.

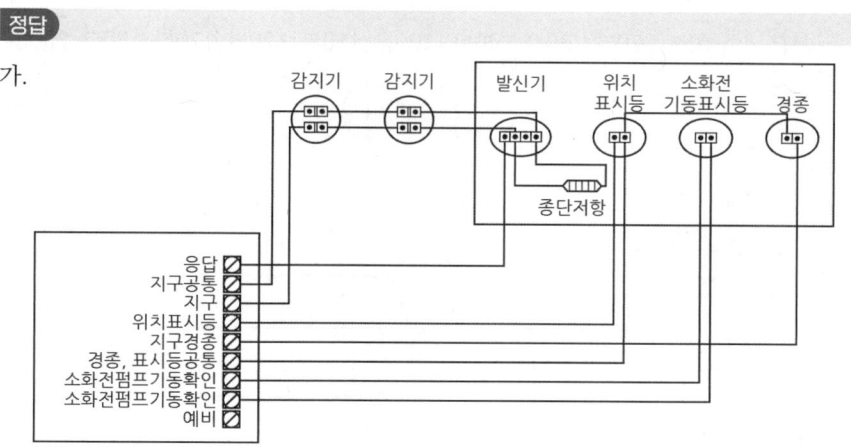

※ 소화전펌프기동확인 단자는 +와 −가 따로 명시되어 있지 않기 때문에 서로 위치가 바뀌어도 된다.

나. 기기의 명칭 : 발신기, 단자의 명칭 : 지구, 지구공통

다. 적색

라. 1) 부착 면으로부터 15° 이상의 범위 안에서 부착지점으로부터 10 [m] 이내
  2) 적색

핵심이론 표시등과 발신기표시등 비교

구분	표시등	발신기표시등
종류	• 옥내소화전 표시등 • 옥외소화전 표시등 • 연결송수관설비 표시등	• 자동화재탐지설비 발신기표시등 • 스프링클러설비 화재감지기회로 발신기표시등 • 미분무소화설비 화재감지기회로 발신기표시등 • 포소화설비 화재감지기회로 발신기표시등 • 비상경보설비 화재감지기회로 발신기표시등
식별 범위	부착면과 15° 이하의 각도로도 발산되어야 하며 주위의 밝기가 0 [lx]인 장소에서 측정하여 10 [m] 떨어진 위치에서 켜진 등이 확실히 식별될 것	부착면으로부터 15° 이상의 범위만큼 발산되며, 10 [m] 거리에서 식별될 것

2018년 1회 **533**

13

아래의 그림과 같이 방전전류가 시간에 따라 감소하는 경향의 축전지용량 [Ah]을 계산하시오. 단, 용량환산시간계수 [K]는 아래의 표와 같으며 용량저하율(보수율)은 0.8을 적용하는 것으로 한다.

[시간에 따른 용량환산시간계수]

시간	10분	20분	30분	60분	100분	110분	120분	170분	180분	200분
용량환산 시간계수 [K]	1.3	1.45	1.78	2.55	3.45	3.65	3.85	4.85	5.05	5.30

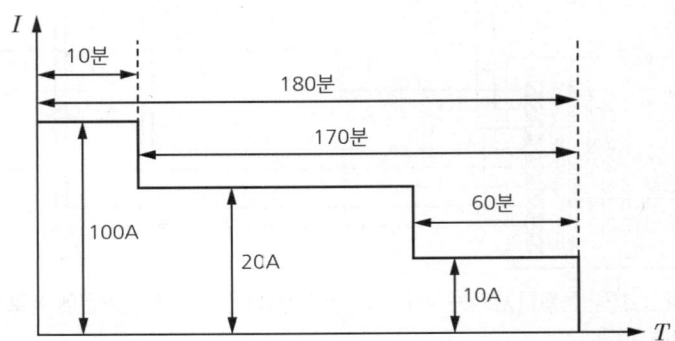

○ 계산과정 :

○ 답 :

정답

☑ 계산과정

$$C_1 = \frac{1}{L} K_1 I_1 = \frac{1}{0.8} \times 1.30 \times 100 = 162.5 \, [Ah]$$

$$C_2 = \frac{1}{L}[K_1 I_1 + K_2(I_2 - I_1)] = \frac{1}{0.8}[3.85 \times 100 + 3.65 \times (20-100)] = 116.25 \, [Ah]$$

$$C_3 = \frac{1}{L}[K_1 I_1 + K_2(I_2 - I_1) + K_3(I_3 - I_2)]$$

$$= \frac{1}{0.8}[5.05 \times 100 + 4.85 \times (20-100) + 2.55 \times (10-20)] = 114.375 \, [Ah]$$

답 | 162.5 [Ah]

※ 방전전류가 증가할 때는 축전지용량을 다 더해주면 되지만, 방전전류가 위의 문제처럼 감소할 때는 C_1, C_2, C_3 셋 중의 최댓값인 162.5 [Ah] 이상의 축전지를 선정한다.

> **핵심이론** 축전지용량 구하는 식

$$C = \frac{1}{L}KI \, [Ah]$$

$$= \frac{1}{L}KI \, [A \cdot h] = \frac{1}{L}[K_1 I_1 + K_2(I_2 - I_1) + K_3(I_3 - I_2) + \ldots + K_n(I_n - I_{n-1})]$$

C : 축전지용량 [Ah], L : 보수율(용량저하율)
K : 용량환산시간 [h], I : 방전전류 [A]

14

득점 ___ 배점 7

수위실에서 600 [m] 떨어진 지하 1층, 지상 5층에 연면적 5000 [m²]의 공장에 자동화재탐지설비를 설치하였다. 경종, 표시등이 각 층에 2회로(전체 12회로)일 때 다음 물음에 답하시오. (단, 표시등 30 [mA/개], 경종 50 [mA/개]를 소모하고, 전선은 2.5 [mm²]를 사용한다)

가. 표시등 및 경종의 최대 소요전류와 총 소요전류는 각각 몇 [A]인가?

구분	계산과정
표시등	
경종	
총 소요전류	

나. 2.5 [mm²]의 전선을 사용하여 경종이 작동하였다고 가정하였을 때 최말단에서의 전압강하는 최대 몇 [V]인지 계산하시오.
  ○ 계산과정 :
  ○ 답 :

다. 직상 4개의층 우선경보방식의 기준을 설명하시오.

라. 경종작동 여부를 답하시오.
  ○ 계산과정 :
  ○ 답 :

마. 경종 및 표시등에 사용되는 전선의 종류를 쓰시오.

정답

가.

구분	계산과정	
표시등	• 계산 : 30 × 12 = 360 [mA] = 0.36 [A]	답 | 0.36 [A]
경종	• 계산 : 50 × 12 = 600 [mA] = 0.6 [A]	답 | 0.6 [A]
총 소요전류	• 계산 : 0.36 + 0.6 = 0.96 [A]	답 | 0.96 [A]

- 일제경보방식이므로 화재 시 동작되는 경종은 총 6개의 층 × 2개 = 12개이다.
- 표시등은 상시 점등이므로 6개의 층 × 2개 = 12개이다.

나. 계산과정 : $e = \dfrac{35.6LI}{1000A} = \dfrac{35.6 \times 600 \times 0.96}{1000 \times 2.5} = 8.202 ≒ 8.2$ [V]   답 \| 8.2 [V]

다. 층수가 11층(공동주택의 경우에는 16층) 이상의 특정소방대상물

라. 계산과정 : V = 24 - 8.2 = 15.8 [V]

답 \| 정격전압 80 [%] 미만(19.2 [V])이므로 작동불가

- 최말단인 지상5층에 설치된 경종의 전압은 출력전압 24 [V]에서 전압강하 8.2 [V]를 뺀 15.8 [V]이다. 이때, [자동화재탐지설비 음향장치 구조 및 성능]에서 "정격전압의 80 [%] 전압에서 음향을 발할 수 있는 것으로 할 것"에 위배되므로 작동이 불가하다.
- 정격전압의 80 [%] = 24 × 0.8 = 19.2

마. 450/750 [V] 저독성 난연 가교 폴리올레핀 절연전선

핵심이론 축전지용량 구하는 식

□ 전압강하
- 단상 2선식 $e = V_s - V_r = 2IR$ [V]
- 3상 3선식 $e = V_s - V_r = \sqrt{3}IR$ [V]

e : 전압강하 [V], V_s : 정격전압 [V], V_r : 단자전압 [V]

□ 전압강하(조건에 저항이 없을 때)

전기방식	전압강하
단상 2선식	$e = \dfrac{35.6LI}{1000A}$
3상 3선식	$e = \dfrac{30.8LI}{1000A}$
3상 3선식	$e = \dfrac{30.8LI}{1000A}$
단상 3선식, 3상 4선식	$e = \dfrac{17.8LI}{1000A}$

여기서 L : 선로길이 [m], I : 전부하전류 [A]
e : 한 선의 전압강하 [V], A : 전선의 단면적 [mm^2]

□ 전선의 약호 명칭

약호	명칭
DV	인입용 비닐절연전선
OW	옥외용 비닐절연전선
RB	고무절연전선
IV	600 [V] 비닐절연전선
HIV	600 [V] 2종 비닐절연전선
HFIX	450/750 [V] 저독성 난연가교 폴리올레핀 절연전선
CV	가교폴리에탈렌 절연비닐 외장케이블
E	접지선
GV	접지용 비닐절연전선

15

자동화재탐지설비의 음향장치 설치기준에 대한 사항이다. 층수가 11층(공동주택의 경우 16층) 이상의 특정소방대상물 또는 그 부분에 있어서 화재 발생으로 인하여 경보가 발하여야 하는 층을 빈칸에 표시하시오. (단, 경보표시는 ●를 사용한다)

5층					
4층					
3층	●				
2층	화재 발생 ●	●			
1층		화재 발생 ●	●		
지하 1층		●	화재 발생 ●	●	●
지하 2층		●	●	화재 발생 ●	●
지하 3층		●	●	●	화재 발생 ●

정답

층					
5층	●	●			
4층	●	●			
3층	●	●			
2층	화재 발생 ●	●			
1층		화재 발생 ●	●		
지하 1층		●	화재 발생 ●	●	●
지하 2층		●	●	화재 발생 ●	●
지하 3층		●	●	●	화재 발생 ●

핵심이론 자동화재탐지설비의 경보방식

- 일제경보방식 : 화재 시 전 층에 경보하는 방식(소규모)
- 우선경보방식 : 층수가 11층(공동주택의 경우에는 16층)의 특정소방대상물은 다음과 같은 경보를 발할 수 있어야 한다.
    ① 2층 이상의 층에서 발화한 때에는 발화층 및 그 직상 4개 층에 경보
    ② 1층에서 발화한 때에는 발화층. 그 직상 4개 층 및 지하층에 경보
    ③ 지하층에서 발화한 때에는 발화층. 그 직상층 및 기타 지하층 경보

2018년 2회

2018.06.30

01 | 배점 3

감지기회로의 도통시험을 위한 종단저항 설치기준 3가지를 쓰시오.

①
②
③

정답

① 점검 및 관리가 쉬운 장소에 설치할 것
② 전용함 설치 시 바닥으로부터 1.5 [m] 이내의 높이에 설치할 것
③ 감지기회로의 끝부분에 설치하며, 종단감지기에 설치할 경우에는 구별이 쉽도록 해당 감지기의 기판 및 감지기 외부 등에 별도의 표시를 할 것

핵심이론 감지기회로 도통시험을 위한 종단저항 설치기준

- 점검 및 관리가 쉬운 장소에 설치할 것
- 전용함 설치 시 바닥으로부터 1.5 [m] 이내의 높이에 설치할 것
- 감지기회로의 끝부분에 설치하며, 종단감지기에 설치할 경우에는 구별이 쉽도록 해당 감지기의 기판 및 감지기 외부 등에 별도의 표시를 할 것

※ 종단저항의 설치기준에는 바닥으로부터 몇 [m] 이상이라는 기준이 없다.

02

배점 5

광전식 분리형 감지기이다. 그림을 참조하여 물음에 답하시오.

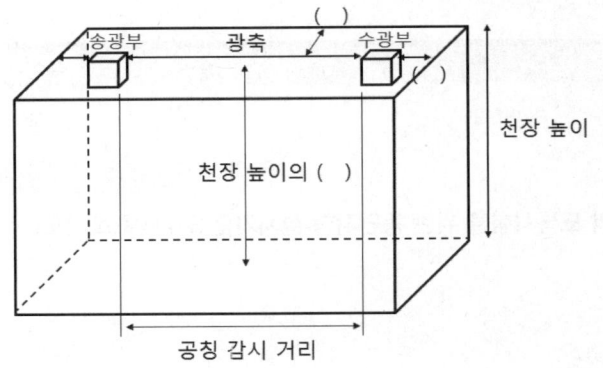

가. 송광부는 뒷벽으로부터 몇 [m] 이내에 설치하는가?

나. 나란한 벽으로부터 몇 [m] 이상에 설치하는가?

다. 수광부는 뒷벽으로부터 몇 [m] 이내에 설치하는가?

라. 광축의 높이는 천장등 높이 몇 [%] 이상에 설치하는가?

마. 광축의 길이는 어떤 범위 이내에 설치하는가?

정답

가. 1, 나. 0.6, 다. 1, 라. 80, 마. 공칭감시거리

핵심이론 광전식 감지기

□ 광전식 : 주위의 공기가 일정한 농도의 연기를 포함하게 되는 경우에 작동하는 것으로서 일국소의 연기에 의하여 광전 소자에 접하는 광량의 변화로 작동하는 것
  • 스포트형
    화재 시(연기 발생 시) 수광량의 증가에 의해서 작동하는 것(광량 변화 + 일국소)

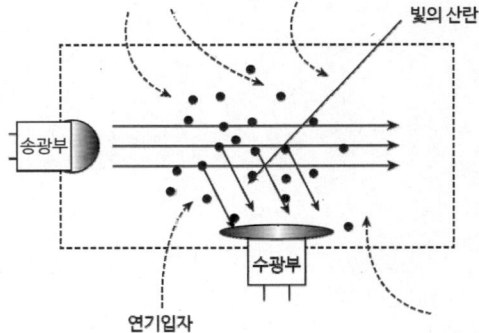

- 분리형
  화재 시(연기발생 시) 수광량의 감소에 의해서 작동하는 것(발광부, 수광부 분리)

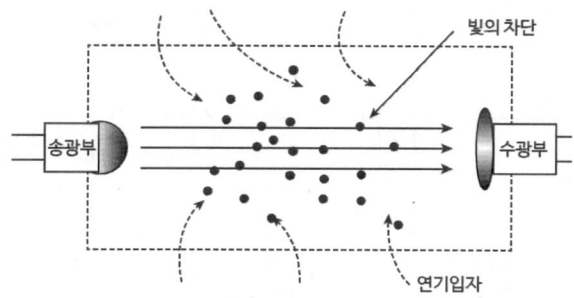

- 광전식 분리형 감지기 설치기준
  ① 감지기의 수광면은 직접 햇빛을 받지 않도록 설치할 것
  ② 광축은 나란한 벽으로부터 0.6 [m] 이상 이격하여 설치할 것
  ③ 감지기의 송광부 및 수광부는 뒷벽으로부터 1 [m] 이내 위치에 설치할 것
  ④ 광축의 높이는 천장 등 높이의 80 [%] 이상일 것
  ⑤ 광축의 길이는 공칭감시거리 범위 이내일 것
  ⑥ 그 밖의 설치기준은 형식승인 내용에 따르며 형식승인 사항 아닌 것은 제조사 시방에 따름

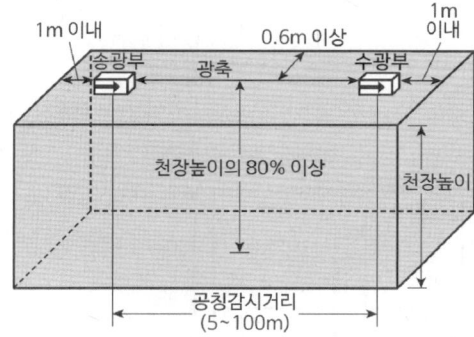

03

그림과 같이 사무실 용도로 사용되고 있는 건축물의 복도에 통로유도등을 설치하고자 한다. 다음 각 물음에 답하시오.

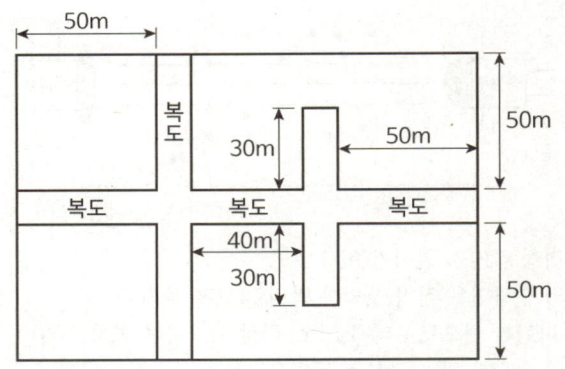

가. 통로유도등을 설치하여야 할 곳을 작은 점(・)으로 표시하시오.
나. 통로유도등은 총 몇 개가 소요되는가?
　○ 계산과정 :　　　　　　　　　○ 답 :

정답

가.

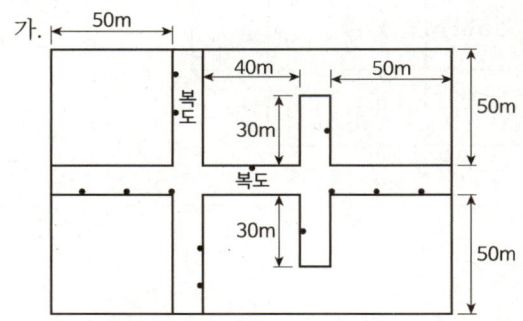

[중요] ▶ 모퉁이부분이 사거리 두 개가 있는데 이때 사거리 모든 모퉁이마다 통로유도등을 설치하는 것이 아닌, <u>사거리의 꺾인 4부분 중 한 곳에만 설치한다.</u>

나. 계산과정

1) 50 [m] 부분 : $\dfrac{50}{20} - 1 = 1.5$ → 절상해서 2개
　50 [m] 부분 4개 있으므로 2 × 4 = 8개

2) 40 [m] 부분 : $\dfrac{40}{20} - 1 = 1$개

3) 30 [m] 부분 : $\dfrac{30}{20} - 1 = 0.5$ → 절상해서 1개
　30 [m] 부분 2개 있으므로 1 × 2 = 2개

4) 구부러진 모퉁이에 2개를 추가로 설치
　∴ 8 + 1 + 2 + 2 = 13개

답 | 13개

> **핵심이론** 통로유도등(복도통로유도등, 거실통로유도등) 설치개수 산정식(절상)
>
> $$설치개수 = \frac{구부러진곳없는부분의 보행거리 [m]}{20} - 1$$

04

배점 6

비상전원으로 이용되는 축전지설비에 대한 다음 각 물음에 답하시오.

가. 비상용 조명부하가 40 [W] 120등, 60 [W] 50등이 있다. 방전시간은 30분이며, 연축전기 HS형 54셀, 허용 최저전압 90 [V], 최저축전지온도 5 [℃]일 때 축전지용량을 구하시오. (단, 전압은 100 [V]이고 연축전지의 용량환산시간 K는 표와 같으며, 보수율은 0.8이라고 한다)

※ 연축전지의 용량환산시간 K
(상단은 900 ~ 2000 [Ah], 하단은 900 [Ah] 이하)

형식	온도	10분			30분		
		1.6 [V]	1.7 [V]	1.8 [V]	1.6 [V]	1.7 [V]	1.8 [V]
CS	25	0.9 0.8	1.15 1.06	1.60 1.42	1.41 1.34	1.60 1.55	2.0 1.88
	5	1.15 1.1	1.35 1.25	2.00 1.80	1.75 1.75	1.85 1.80	2.45 2.35
	-5	1.35 1.25	1.6 1.5	2.65 2.25	2.05 2.05	2.20 2.20	3.1 3.0
HS	25	0.58	0.7	0.93	1.03	1.14	1.38
	5	0.62	0.74	1.05	1.11	1.22	1.54
	-5	0.68	0.82	1.15	1.20	1.35	1.68

○ 계산과정 :

○ 답 :

나. 자기방전량만을 항상 충전하는 부동충전방식을 무엇이라 하는가?

다. 연축전지와 알칼리축전지의 공칭전압은 몇 [V/셀]인가?

  1) 연축전지

  2) 알칼리축전지

정답

가. 계산과정

1) 공칭전압 = $\dfrac{허용최저전압(V)}{셀수} = \dfrac{90}{54} ≒ 1.7\ [V/셀]$

2) 표에서 형식 : HS, 온도 5℃, 30분, 1.7 [V]에서 용량환산시간 $K = 1.22$

3) $I = \dfrac{P}{V} = \dfrac{(40 \times 120) + (60 \times 50)}{100} = 78\ [A]$

축전지용량 $C = \dfrac{I}{L}KI = \dfrac{1}{0.8} \times 1.22 \times 78 = 118.95\ [Ah]$

답 | 118.95 [Ah]

나. 세류충전방식

다. 1) 연축전지 : 2.0 [V/셀]
　　 2) 알칼리축전지 : 1.2 [V/셀]

핵심이론 축전지 설비

□ 축전지용량 구하는 식

$C = \dfrac{1}{L}KI\ [Ah]$

　　　C : 축전지용량 [Ah], L : 보수율(용량저하율)
　　　K : 용량환산시간 [h], I : 방전전류 [A]

□ 축전지 공칭전압 구하는 식

공칭전압 [V/셀] = $\dfrac{허용최저전압(V)}{셀수}$

□ 충전방식

구분	특징
보통충전방식	필요할 때마다 표준시간율로 충전하는 방식
급속충전방식	단시간에 보통 충전전류의 2 ~ 3배의 전류로 충전하는 방식
세류충전방식	축전지의 방전을 보충하기 위해 부하를 OFF한 상태에서 미소전류로 항상 충전하는 방식
균등충전방식	• 각 축전지의 전위차를 보정하기 위해 1 ~ 3개월마다 1회 충전하는 방식 • 균등충전전압 : 2.4 ~ 2.5 [V]
부동충전방식	• 축전지의 자기방전을 보충함과 동시에 상용부하에 대한 전력 공급은 충전기가 부담하도록 하되 충전기가 부담하기 어려운 일시적인 대전류 부하는 축전지로 부담하는 방식 • 축전지와 부하를 충전기에 병렬로 접속하여 사용하는 방식 • 예비전원 설비 중 가장 많이 사용되는 방식
회복충전방식	축전지의 과방전, 가벼운 설페이션현상 또는 방치상태 등에서 기능회복을 위해 실시하는 방식

TIP ▶ 설페이션현상 : 배터리를 방전상태로 방치해두면 극판 표면에 유백색의 결정이 생긴다. 이 결정은 부도체의 황산납이며, 이와 같은 현상을 설페이션현상이라고 한다.

□ 2차 충전전류 구하는 식

$$2차\ 충전전류\ [A] = \frac{축전지\ 정격용량\ [Ah]}{축전지\ 공칭용량\ [h]} + \frac{상시부하\ [VA]}{표준전압\ [V]}$$

□ 축전지 종류별 특성

구분	연축전지	알칼리축전지
기전력 [V]	2.05 ~ 2.08	1.32
공칭전압 [V]	2.0	1.2
공칭용량 [Ah]	10	5

※ 연축전지와 알칼리축전지의 공칭용량값은 암기해둘 것

05

득점 　　　　 배점 8

P형 1급 5회로 수신기와 수동발신기, 경종, 표시등 사이를 결선하시오. (단, 방호대상물은 2500 [m²]인 지하 2층, 지상 3층 건물이며, 한 층의 지구음향장치 배선이 단락이 되어도 다른 층의 화재경보에 지장이 없도록 각 층의 지구음향장치 배선에 유효한 조치를 하였음. 또한 경종 표시등 공통선을 하나로 한다)

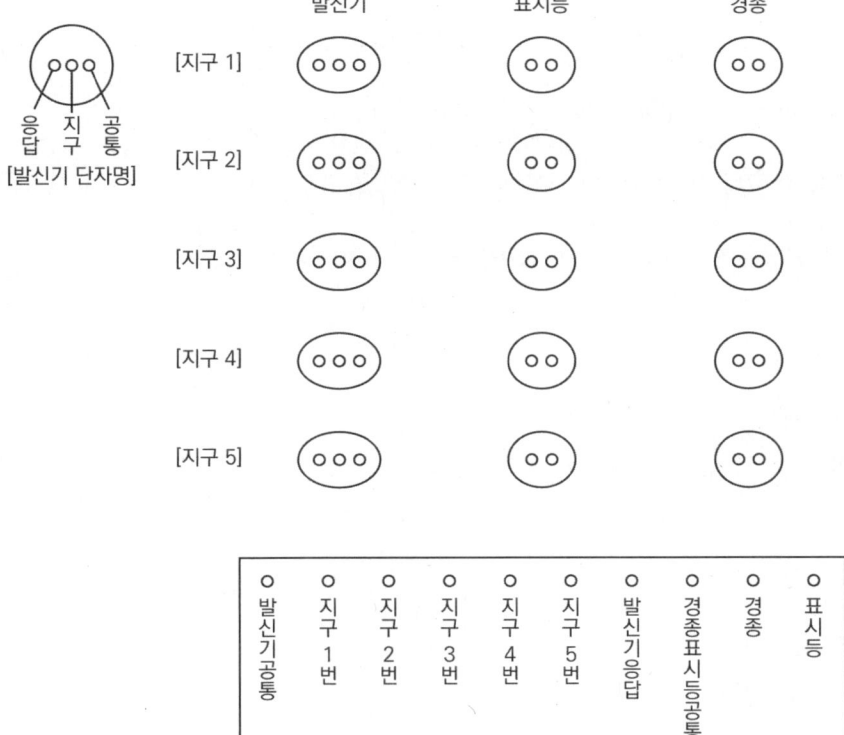

정답

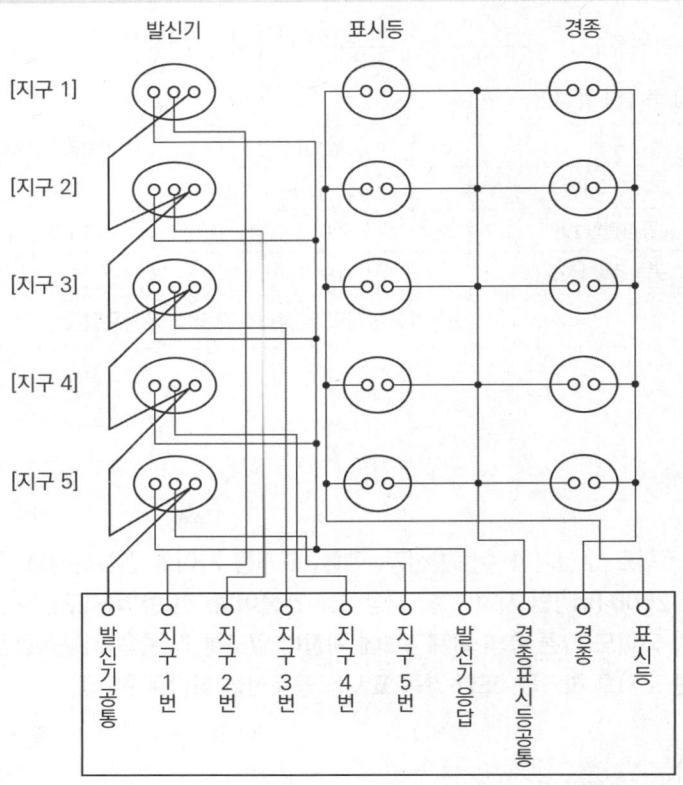

- 11층 이상인 특정소방대상물이 아니므로 일제경보방식이다.
- 한 층의 지구음향장치 배선이 단락이 되어도 다른 층의 화재경보에 지장이 없도록 각 층의 지구음향장치 배선에 유효한 조치를 하였기 때문에 경종선은 하나로 한다.
- 분기되는 점에는 반드시 '•'표시를 한다.

06

주차장에 준비작동식 스프링클러설비를 설치하고, 차동식 스포트형 감지기 2종을 설치하여 소화설비와 연동하는 감지기를 공사하고자 한다. 미완성 평면도를 참고하여 다음 각 물음에 답하시오. (단, 층고는 3.5 [m]이며 내화구조이다)

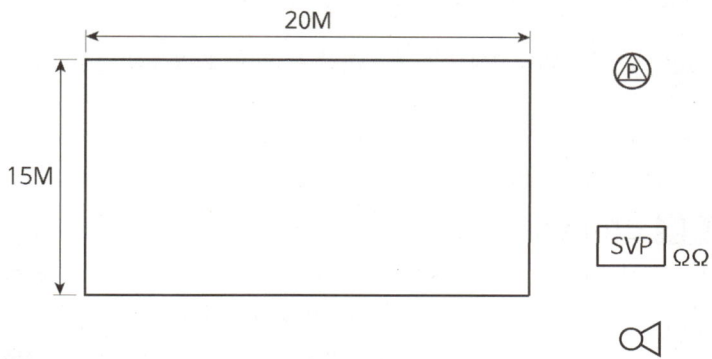

가. 본 설비에 필요한 감지기 수량을 산정하시오.
- 계산과정 :
- 답 :

나. 각 설비 및 감지기간 배선도를 평면도에 작성하고, 배선에 필요한 가닥 수를 표시하시오. (단, SVP와 프리액션밸브 간의 공통선은 겸용으로 사용하지 않는다)

정답

가. 계산과정
- $\dfrac{20 \times 15}{70} = 4.28$ → 절상해서 5개, 교차회로이므로 5 × 2 = 10개

답 | 10개

☑ 해설 : 차동식 스포트형 2종(층고 4 [m] 미만, 내화구조) = 70 [m²]마다 설치한다.

나.

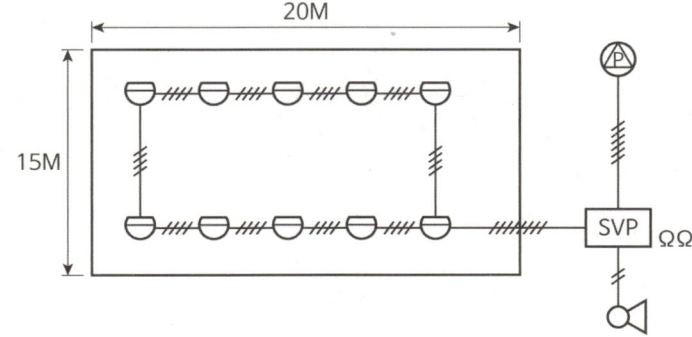

- 준비작동식 스프링클러설비는 교차회로방식이므로 SVP에 종단저항 2개를 그린다.
- 교차회로방식이기 때문에 루프와 말단은 4가닥, 나머지는 8가닥이다.
- 프리액션밸브의 공통선을 겸용으로 사용하지 않았기 때문에 SV, PS, TS의 공통선이 각각 추가된다.

☑ 해설 : SVP와 프리액션밸브간 전선 가닥 수 및 용도(공통선 겸용으로 사용하지 않음)
6가닥 - 솔레노이드밸브(SV) 1, 공통선 1, 압력스위치(PS) 1, 공통선 1, 탬퍼스위치(TS) 1, 공통선 1

핵심이론 감지기 설치기준

□ 열감지기 설치면적 (단위 : [m²])

부착높이 및 특정소방대상물의 구분		감지기의 종류						
		차동식 스포트형		보상식 스포트형		정온식 스포트형		
		1종	2종	1종	2종	특종	1종	2종
4 [m] 미만	내화구조	90	70	90	70	70	60	20
	기타구조	50	40	50	40	40	30	15
4 [m] 이상 8 [m] 미만	내화구조	45	35	45	35	35	30	
	기타구조	30	25	30	25	25	15	

□ 자동화재탐지설비의 교차회로방식
하나의 담당구역 내에 2 이상의 감지기회로를 설치하고 2 이상의 감지기회로가 동시에 감지되는 때에 설비가 작동하는 방식

□ 교차회로방식으로 감지기를 설치하여야 하는 자동식 소화설비
분말소화설비, 할론소화설비, 할로겐화합물 및 불활성기체소화설비, 이산화탄소소화설비, 준비작동식 스프링클러설비, 일제살수식 스프링클러설비

07

어떤 건물에 대한 소방설비의 배선도면을 보고 다음 각 물음에 답하시오 (단, 배선공사는 후강전선관을 사용한다고 한다)

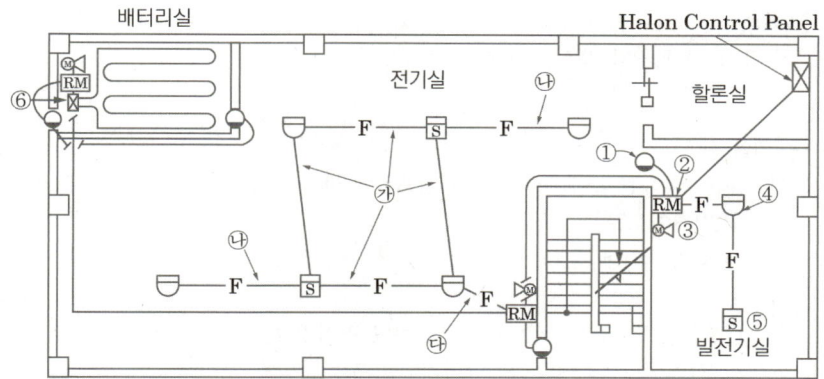

가. 도면에 표시된 그림기호 ① ~ ⑥의 명칭은 무엇인가?

①

②

③

④

⑤

⑥

나. 도면에서 ㉮ ~ ㉰의 배선 가닥 수는 몇 본인가?

㉮

㉯

㉰

다. 도면에서 물량을 산출할 때 박스는 어떤 박스를 몇 개 사용하여야 하는지 각각 구분하여 답하시오.

라. 부싱은 몇 개가 소요되겠는가?

정답

가. ① 방출표시등
　② 수동조작함
　③ 모터사이렌
　④ 차동식 스포트형 감지기

⑤ 연기감지기
⑥ 차동식 분포형 감지기의 검출부

나. ㉮ 4본
㉯ 4본
㉰ 8본

다. 4각 박스 : 4개, 8각 박스 : 12개

라. 40개

☑ 해설
1) 부싱 : 금속관 끝에 취부하므로 금속관 1 개소에 2개 사용, 총 금속관의 개수가 20개이므로,
20 × 2 = 40개
2) 박스
① 4각 박스 : 3방출(4방출) 이상, 한쪽 면이 2방출
② 8각 박스 : 4각 박스 외 나머지
3) 박스 제외 : 수신기함, 발신기함, 옥내소화전함, T/B, SVP, RM 등

핵심이론 도시기호 / 자동식 소화설비 / 금속관공사재료

□ 소방용 기계·기구 도시기호

명칭	도시기호	명칭	도시기호
표시등 (방출표시등)	◐	차동식 스포트형 감지기	⎵
가스계소화설비의 수동조작함	RM	보상식 스포트형 감지기	⎵
사이렌	◁○	연기감지기	S
모터사이렌	◁M	차동식 분포형 감지기의 검출기	⋈
전자사이렌	◁S	제어반	⊠

□ 교차회로방식으로 감지기를 설치하여야 하는 자동식 소화설비
분말소화설비, 할론소화설비, 할로겐화합물 및 불활성기체소화설비, 이산화탄소소화설비, 준비작동식 스프링클러설비, 일제살수식 스프링클러설비

□ 금속관공사재료

명칭	외형	설명
부싱(Bushing)	(그림)	전선의 절연피복을 보호하기 위하여 금속관 끝에 취부하여 사용되는 부품

08

사무실(1구역)과 공장(2구역)으로 구분되어 있는 건물에 자동화재탐지설비의 발신기세트와 옥내소화전이 부설된 것과 습식 스프링클러설비를 설치하고, 수신기는 경비실에 설치하였다. 경보방식은 동별 구분 경보방식을 채택하며, 옥내소화전의 가압송수 장치는 기동용 수압개폐방식을 사용한다. (단, 경종과 표시등 공통선은 하나로 한다)

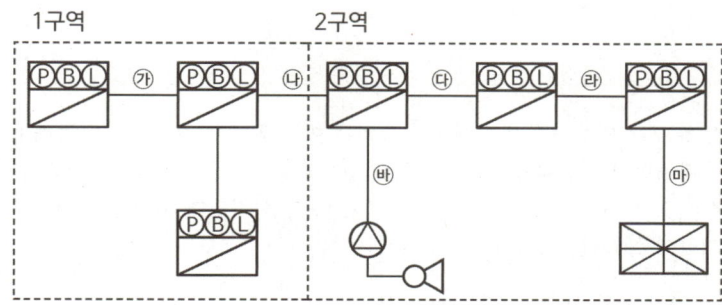

가. 다음 빈칸을 완성하시오.

구분	회로선	회로공통선	경종선	경종표시등공통선	표시등선	응답선	기동확인표시등	탬퍼스위치	압력스위치	사이렌	공통	합계
㉮	1	1	1	1	1	1	2					8
㉯	3	1	1	1	1	1	2					10
㉰	4	1	2	1	1	1	2					
㉱	5	1	2	1	1	1	2					
㉲	6	1	2	1	1	1	2					
㉳												

나. 폐쇄형 습식 스프링클러의 유수검지장치용 음향장치는 어떤 경우에 울리게 되는가?

다. 경보장치는 수평거리 몇 [m]인가?

정답

가.

구분	회로선	회로공통선	경종선	경종표시등공통선	표시등선	응답선	기동확인표시등	탬퍼스위치	압력스위치	사이렌	공통	합계
㉮	1	1	1	1	1	1	2					8
㉯	3	1	1	1	1	1	2					10
㉰	4	1	2	1	1	1	2	1	1	1	1	16
㉱	5	1	2	1	1	1	2	1	1	1	1	17
㉲	6	1	2	1	1	1	2	1	1	1	1	18
㉳								1	1	1	1	4

- 동별 구분 명동방식이기 때문에 동이 늘어남에 따라 경종선을 추가해준다.
- 옥내소화전함과 겸용하였기 때문에 기동확인표시등 2가닥을 추가한다.
- 습식 스프링클러설비에 있어서는 TS, PS가 설치되며 여기에 사이렌까지 함께하여 공통선은 1가닥으로 쓴다.

나. 압력스위치 작동 시 또는 헤드 개방 시

다. 25 [m] 이하

핵심이론 — 자동화재탐지설비 음향장치 구조 및 성능

- 주음향장치 : 수신기의 내부 또는 그 직근에 설치할 것
- 지구음향장치 : 특정소방대상물의 층마다 설치, 해당 특정소방대상물의 각 부분으로부터 하나의 음향장치까지의 수평거리가 25 [m] 이하가 되도록 하고, 해당 층의 각 부분에 유효하게 경보를 발할 수 있도록 설치(기둥 또는 벽이 설치되지 아니한 대형공간의 경우 지구음향장치는 설치 대상 장소의 가장 가까운 장소의 벽 또는 기둥 등에 설치)
- 음향장치 구조 및 성능
  ① 정격전압의 80 [%] 전압에서 음향을 발할 수 있는 것으로 할 것
  ② 음량은 부착된 음향장치의 중심으로부터 1 [m] 떨어진 위치에서 90 [dB] 이상이 되는 것으로 할 것
  ③ 감지기 및 발신기의 작동과 연동하여 작동할 수 있는 것으로 할 것

09

다음은 이산화탄소소화설비의 간선계통이다. 각 물음에 답하시오. (단, 감지기공통선과 전원공통선은 각각 분리해서 사용하는 조건이다)

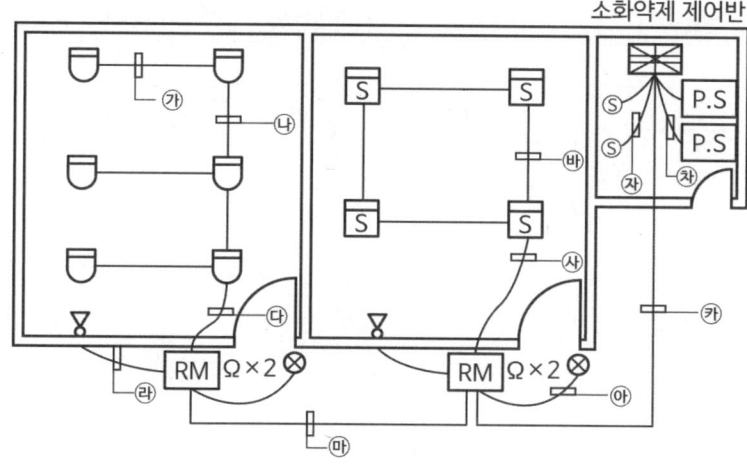

가. ㉮ ~ ㉯까지의 배선 가닥 수를 쓰시오.

㉮	㉯	㉰	㉱	㉲	㉳	㉴	㉵	㉶	㉷	㉸

나. ㉲의 배선별 용도를 쓰시오. (단, 해당 배선 가닥 수까지만 기록)

번호	배선의 용도	번호	배선의 용도
1		6	
2		7	
3		8	
4		9	
5		10	

다. ㉸의 배선 중 ㉲의 배선과 병렬로 접속하지 않고 추가해야 하는 배선의 용도는?

번호	배선의 용도
1	
2	
3	
4	
5	

정답

가.

㉮	㉯	㉰	㉱	㉲	㉳	㉴	㉵	㉶	㉷	㉸
4	8	8	2	9	4	8	2	2	2	14

나.

번호	배선의 용도	번호	배선의 용도
1	전원 ⊕ 1가닥	6	감지기 B 1가닥
2	전원 ⊖ 1가닥	7	기동스위치 1가닥
3	방출지연스위치 1가닥	8	사이렌 1가닥
4	감지기공통 1가닥	9	방출표시등 1가닥
5	감지기 A 1가닥	10	

다.

번호	배선의 용도
1	감지기 A
2	감지기 B
3	기동스위치
4	사이렌
5	방출표시등

✓ 해설

- 전선 가닥 수 및 용도 : '가', '나'

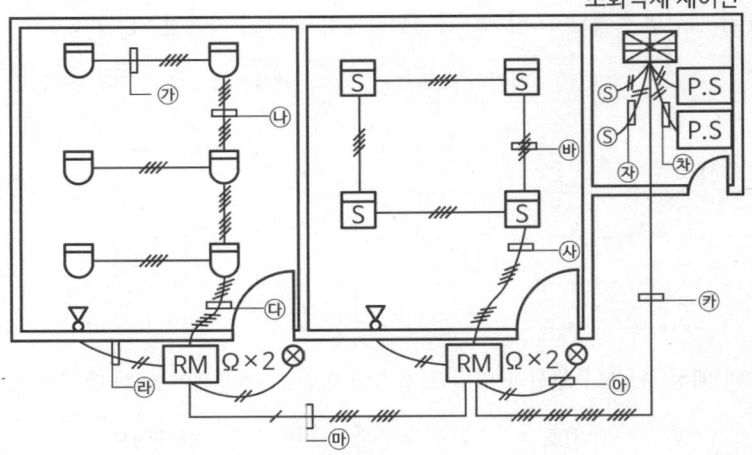

- 가스계소화설비에 있어서는 교차회로방식을 사용하며, RM에 종단저항 2개를 그린다.
- 교차회로방식이기 때문에 루프와 말단은 4가닥, 나머지는 8가닥이다.
- 감지기공통선과 전원공통선은 따로 한다고 문제에서 명시해주었기 때문에 감지기공통선을 추가한다.
- <u>ZONE이 늘어남에 따라 감지기 A·B, 기동스위치, 사이렌, 방출표시등이 증가한다.</u>

기호	가닥 수	용도
㉮, ㉯	4	지구선 2, 공통선 2
㉯, ㉰, ㉱	8	지구선 4, 공통선 4
㉱	2	사이렌 2
㉲	9	전원 ⊕·⊖, 방출지연스위치, 감지기공통, 감지기 A·B, 기동스위치, 사이렌, 방출표시등
㉳	2	방출표시등 2
㉴	2	솔레노이드밸브 기동 2
㉵	2	압력스위치 2
㉶	14	전원 ⊕·⊖, 방출지연스위치, 감지기공통, (감지기 A·B, 기동스위치, 사이렌, 방출표시등) × 2

10

P형 수신기 점검 시 다음 시험의 양부판정기준을 쓰시오.

가. 공통선시험 양부판정기준

나. 회로저항시험 양부판정기준

다. 지구음향장치 작동시험 양부판정기준

정답

가. 공통선이 담당하고 있는 경계구역 수가 7개 이하일 것

나. 하나의 감지기회로의 전로저항 합성치가 50 [Ω] 이하

다. 지구음향장치가 작동하고 음량이 정상일 것, 음량은 음향장치의 중심에서 1 [m] 떨어진 위치에서 90 [dB] 이상일 것

> **핵심이론** 수신기

□ 공통선시험
- 목적 : 공통선이 담당하고 있는 경계구역의 적정 여부 확인
- 시험방법
  ① 수신기 내 접속단자의 공통선 1선 제거
  ② 회로도통시험의 예에 따라 도통시험스위치를 누른 후 회로선택스위치를 차례로 회전
  ③ 전압계 또는 표시등을 확인하여 단선을 지시한 경계구역의 회선 수 확인
- 가부판정 : 단선 표시 되는 회선 수가 <u>7회선 이하이면 정상</u>

□ 회로저항시험
- 목적 : 감지기회로 1회선 선로 저항이 수신기 기능에 이상 주지 않는 것을 확인
- 시험방법
  ① 저항계 사용해 감지기회로 공통선과 표시선 사이의 전로를 측정
  ② 회로 말단 단락 시켜 도통상태에서 선로 저항 측정
- 가부판정 : 하나의 감지기회로의 전로저항의 합성치가 <u>50 [Ω] 이하</u>

□ 지구음향장치 작동시험
- 목적 : 감지기의 작동과 연동하여 당해 지구음향장치가 정상으로 작동하는가를 확인하기 위한 시험
- 시험방법 : 임의의 감지기 또는 발신기를 작동시킴
- 가부판정
  ① 지구음향장치가 작동하고 음량이 정상일 것
  ② 음량은 음향장치의 중심에서 1 [m] 떨어진 위치에서 <u>90 [dB] 이상일 것</u>

11 [배점 4]

비상콘센트설비의 설치기준에 관한 다음 빈칸을 완성하시오.

가. 전원회로는 각 층에 있어서 (㉠) 되도록 설치할 것. 다만 설치하여야 할 층의 비상콘센트가 1개인 때에는 하나의 회로로 할 수 있다.

나. 전원회로는 (㉡)에서 전용회로로 할 것. 다만 다른 설비의 회로의 사고에 따른 영향을 받지 아니하도록 되어 있는 것에 있어서는 그러하지 아니하다.

다. 콘센트마다 (㉢)를 설치하여야 하며, (㉣)가 노출되지 아니하도록 할 것

라. 하나의 전용회로에 설치하는 비상콘센트는 (㉤) 이하로 할 것

정답

㉠ 2 이상, ㉡ 주배전반, ㉢ 배선용 차단기, ㉣ 충전부, ㉤ 10개

핵심이론 | 비상콘센트 설비의 화재안전성능기준(NFPC 504)

□ 비상콘센트설비의 전원회로 설치기준
- 전원회로
  ① 각 층에 2 이상 설치, 비상콘센트 1개만 설치 시는 전원회로 1개만 설치 가능
  ② 단상교류 220 [V], 공급용량 1.5 [kVA] 이상
- 전원회로 주배전반에서 전용회로로 할 것
- 하나 전용회로 설치 비상콘센트는 10개 이하(전선의 용량은 최대 3개)
- 전원으로부터 각 층의 비상콘센트에 분기되는 경우에는 분기배선용 차단기를 보호함 안에 설치
- 콘센트마다 배선용 차단기를 설치하여야 하며, 충전부가 노출되지 아니하도록 할 것
- 개폐기 "비상콘센트"라고 표시한 표지를 할 것
- 비상콘센트용의 풀박스 등은 방청도장을 한 것으로서, 두께 1.6 [mm] 이상의 철판으로 할 것

□ 비상콘센트설비의 전원회로 기타기준
- 비상콘센트 플러그접속기는 접지형 2극 플러그접속기를 사용해야 함
- 비상콘센트 플러그접속기의 칼받이의 접지극에는 접지공사를 해야 함

12
배점 5

그림은 준비작동식 스프링클러설비에 관한 배선연결계통도이다. 다음 각 물음에 답하시오.

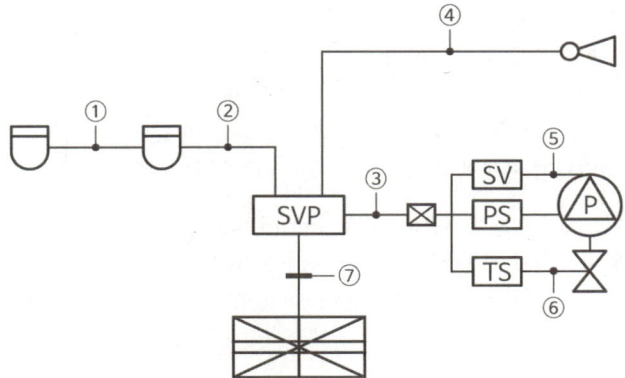

가. ①~⑦까지의 가닥 수는?

기호	①	②	③	④	⑤	⑥	⑦
가닥 수							

나. ④의 음향장치는 어떤 경우에 작동하는지 쓰시오.

정답

가.

기호	①	②	③	④	⑤	⑥	⑦
가닥 수	4	8	4	2	2	2	8

나. 감지기 A·B회로 중 1개 회로 이상 작동한 경우

✓ 해설

- 전선 가닥 수 및 용도

기호	가닥 수	배선의 용도
①	4	지구선 2, 공통선 2
②	8	지구선 4, 공통선 4
③	4	솔레노이드밸브(SV) 1, 압력스위치(PS) 1, 탬퍼스위치(TS) 1, 공통선 1
④	2	사이렌 2
⑤	2	솔레노이드밸브 2
⑥	2	탬퍼스위치 2
⑦	8	전원 ⊕·⊖, 사이렌, 감지기 A·B, 솔레노이드밸브(SV), 압력스위치(PS), 탬퍼스위치(TS)

- 준비작동식 스프링클러설비는 교차회로방식으로 감지기를 배선한다.
- 루프와 말단은 4가닥, 나머지는 8가닥이다.
- 프리액션밸브에는 PS, TS, SV가 있기 때문에 각각 PS 2가닥, TS 2가닥, SV 2가닥이지만 함께 쓸 수 있는 가닥인 '공통선'은 같이 묶어서 슈퍼비조리판넬로 들어가기 때문에 ③의 가닥 수는 SV, PS, TS, 공통선1 총 4가닥이다.

- 솔레노이드밸브 = 밸브기동 = SV(Solenoid Valve)
- 압력스위치 = 밸브개방확인 = PS(Pressure Switch)
- 탬퍼스위치 = 밸브주의 = TS(Tamper Switch)

13

피난구유도등의 설치 제외 장소에 대하여 그 기준을 3가지만 쓰시오.

가. 바닥면적이 (㉠) [m²] 미만인 층으로서 옥내로부터 직접 지상으로 통하는 출입구(외부의 식별이 용이한 경우에 한한다)

나. 대각선 길이가 15 [m] 이내인 구획된 실의 출입구

다. 거실 각 부분으로부터 하나의 출입구에 이르는 보행거리가 (㉡) [m] 이하이고, 비상조명등과 유도표지가 설치된 거실의 출입구

라. 출입구가 3 이상 있는 거실로서 그 거실 각 부분으로부터 하나의 출입구에 이르는 보행거리가 (㉢) [m] 이하인 경우에는 주된 출입구 2개소 외의 출입구(유도표지가 부착된 출입구를 말한다) 다만 공연장·집회장·관람장·전시장·판매시설 및 영업시설·숙박시설·노유자시설·의료시설의 경우에는 그러하지 아니하다.

정답

㉠ 1000, ㉡ 20, ㉢ 30

핵심이론   유도등 설치 제외 장소

□ 피난구유도등 설치 제외
  ① 바닥면적이 1000 [m²] 미만인 층으로서 옥내로부터 직접 지상으로 통하는 출입구(외부의 식별이 용이한 경우에 한한다)
  ② 대각선 길이가 15 [m] 이내인 구획된 실의 출입구
  ③ 거실 각 부분으로부터 하나의 출입구에 이르는 보행거리가 20 [m] 이하이고, 비상조명등과 유도표지가 설치된 거실의 출입구
  ④ 출입구가 3 이상 있는 거실로서 그 거실 각 부분으로부터 하나의 출입구에 이르는 보행거리가 30 [m] 이하인 경우에는 주된 출입구 2개소 외의 출입구(유도표지가 부착된 출입구를 말한다)(다만 공연장·집회장·관람장·전시장·판매시설 및 영업시설·숙박시설·노유자시설·의료시설의 경우에는 그러하지 아니하다)

□ 통로유도등 설치 제외
  ① 구부러지지 아니한 복도 또는 통로로서 길이가 30 [m] 미만인 복도 또는 통로
  ② '①'에 해당하지 아니하는 복도 또는 통로로서 보행거리가 20 [m] 미만이고, 그 복도 또는 통로와 연결된 출입구 또는 그 부속실의 출입구에 피난구유도등이 설치된 복도 또는 통로

□ 객석유도등 설치 제외
　① 주간에만 사용하는 장소로서 채광이 충분한 객석
　② 거실 등의 각 부분으로부터 하나의 거실출입구에 이르는 보행거리가 20 [m] 이하인 객석의 통로로서 그 통로에 통로유도등이 설치된 객석

14

|득점|배점 5|

동력제어반(MCC)에서 옥내소화전설비의 펌프전동기에 전력을 공급하고자 한다. 전동기의 공급전압은 3상 220 [V], 전동기의 용량은 30 [kW], 역률은 60 [%]라고 가정할 때 전동기의 역률은 90 [%]로 개선하고자 하는 경우 필요한 전력용 콘덴서의 용량[kVA]을 구하시오.

정답

☑ 계산과정

$$Q_C = 30\left(\frac{\sqrt{1-0.6^2}}{0.6} - \frac{\sqrt{1-0.9^2}}{0.9}\right) = 25.470 ≒ 25.47 \text{ [kVA]}$$

답 | 25.47 [kVA]

핵심이론 | 역률개선용 콘덴서용량 구하는 식

$$Q_c = P\left(\frac{\sqrt{1-\cos\theta_1^2}}{\cos\theta_1} - \frac{\sqrt{1-\cos\theta_2^2}}{\cos\theta_2}\right)$$

Q_C : 콘덴서용량 [kVA], P : 유효전력 [kW]
$\cos\theta_1$: 개선 전 역률, $\cos\theta_2$: 개선 후 역률

15

다음 주어진 부분 및 단자를 사용하여 P형 수동발신기의 내부회로를 완성하고 ① ~ ③ 단자에 대한 용도 및 기능을 설명하시오.

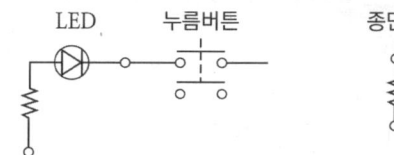

① 공통 :

② 지구 :

③ 응답 :

정답

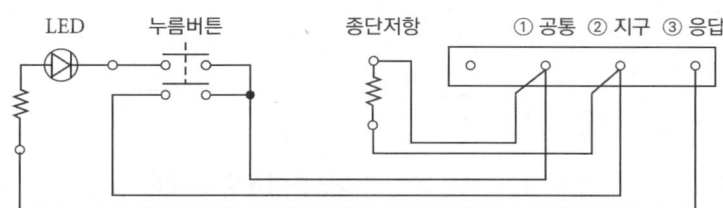

① 공통 : 지구·응답 단자를 공유하는 단자

② 지구 : 화재신호를 수신기에 알리기 위한 단자

③ 응답 : 발신기의 신호가 수신기에 전달되었는가를 확인하여 주기 위한 단자

핵심이론 P형 수동발신기 구성요소 기능

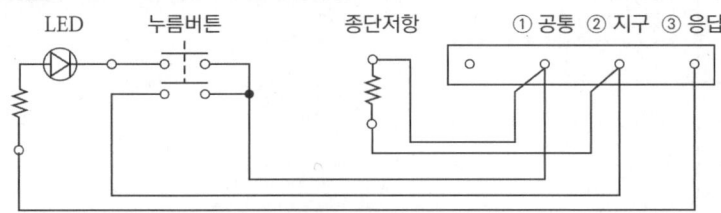

- LED : 발신기의 신호가 수신기에 전달되었는가를 확인하여주는 램프
- 누름버튼(푸시버튼) : 수신기에 화재신호를 발신
- 종단저항 : 단선의 유무 확인
- 공통단자 : 응답 단자를 공유하는 단자
- 지구단자 : 화재신호를 수신기에 알리기 위한 단자
- 응답단자 : 발신기의 신호가 수신기에 전달되었는가를 확인하여 주기 위한 단자

2018년 4회

01 배점 13

다음 옥내소화전함의 계통도를 보고 물음에 답하시오. (단, 경종공통선과 표시등공통선을 구분하지 않는다)

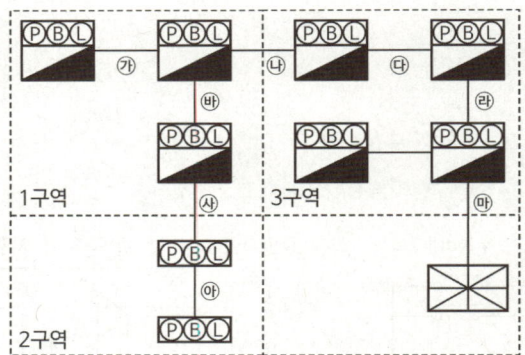

가. 다음 표의 빈칸을 완성하시오. (단, 구역구분명동방식이며, 가닥 수가 필요 없는 곳은 공란으로 둘 것)

구분	회로선	회로 공통선	경종선	경종 표시등 공통선	표시 등선	응답선	기동 확인 표시등	합계
㉮								
㉯								
㉰								
㉱								
㉲								
㉳								
㉴								
㉵								

나. 수신기가 수위실 등 상시 사람이 근무하는 장소에 설치 못하였다. 어디에 설치해야 하는가?

다. 수신기에 설치된 장소에 무엇을 비치하여야 하는가?

라. 회로 수는 몇 회로인가? (단, 회로 산정 시 10 [%] 여유를 준다)

정답

가.

구분	회로선	회로공통선	경종선	경종표시등공통선	표시등선	응답선	기동확인표시등	합계
㉮	1	1	1	1	1	1	2	8
㉯	5	1	2	1	1	1	2	13
㉰	6	1	3	1	1	1	2	15
㉱	7	1	3	1	1	1	2	16
㉲	9	2	3	1	1	1	2	19
㉳	3	1	2	1	1	1	2	11
㉴	2	1	1	1	1	1		7
㉵	1	1	1	1	1	1		6

나. 관계인이 쉽게 접근할 수 있고, 관리가 용이한 장소에 설치할 수 있다.

다. 경계구역일람도

라. 9회로 × 1.1(10 [%] 할증) = 9.9 → 10회로

- 구역구분명동방식이므로 구역이 늘어갈 때마다 경종선을 추가한다.
- 옥내소화전함과 겸용일 때에는 기동확인표시등 2가닥을 추가한다.
- 회로선수가 7가닥을 초과하면 공통선 1가닥을 추가한다.
- 경종공통선과 표시등공통선을 구분하지 않기 때문에 경종표시등공통선을 같이 한다.

핵심이론 | 수신기 설치기준

- 경비실 등 상시 사람이 근무하는 장소에 설치할 것(단, 상시근무 장소 없는 경우 관계인 접근·관리 용이 장소 설치 가능)
- 수신기가 설치된 장소에는 경계구역 일람도를 비치할 것(단, 모든 수신기와 연결되어 각 상황을 감시·제어할 수 있는 주수신기를 설치하는 경우에는 기타 부 수신기는 제외)
- 수신기의 음향기구는 그 음량 및 음색이 다른 기기의 소음 등과 명확히 구별될 수 있는 것으로 할 것
- 수신기는 감지기·중계기·발신기가 작동하는 경계구역을 표시할 수 있는 것으로 할 것
- 화재·가스 전기등에 대한 종합방재반 설치 시 해당 조작반에 수신기의 작동과 연동하여 감지기·중계기·발신기가 작동하는 경계구역을 표시할 수 있는 것으로 할 것
- 하나의 경계구역은 하나의 표시등 또는 하나의 문자로 표시할 것
- 수신기의 조작스위치는 바닥으로부터의 높이가 0.8 [m] 이상 1.5 [m] 이하인 장소에 설치할 것
- 하나의 특정소방대상물에 2 이상의 수신기를 설치하는 경우에는 수신기를 상호간 연동하여 화재 발생 상황을 각 수신기마다 확인할 수 있도록 할 것
- 화재로 인하여 하나의 층의 지구음향장치 배선이 단락되어도 다른 층의 화재통보에 지장이 없도록 각 층 배선상에 유효한 조치를 할 것

02

무선통신보조설비의 분배기 설치기준 3가지를 쓰시오.

배점 6

①

②

③

정답

① 먼지, 습기 및 부식 등에 이상이 없을 것
② 임피던스는 50 [Ω]의 것으로 할 것
③ 점검이 편리하고 화재 등의 피해의 우려가 없는 장소에 설치할 것

핵심이론 무선통신보조설비

□ 분배기·분파기·혼합기 설치기준
- 먼지·습기 및 부식 등에 따라 기능에 이상을 가져오지 아니하도록 할 것
- 임피던스는 50 [Ω]의 것으로 할 것
- 점검에 편리하고 화재 등의 재해로 인한 피해의 우려가 없는 장소에 설치할 것

□ 무선통신보조설비 용어의 정의
- 누설동축케이블 : 동축케이블의 외부도체에 가느다란 홈을 만들어서 전파가 외부로 새어나갈 수 있도록 한 케이블을 말한다.
- 분배기 : 신호의 전송로가 분기되는 장소에 설치하는 것으로 임피던스 매칭(Matching)과 신호 균등분배를 위해 사용하는 장치를 말한다.
- 분파기 : 서로 다른 주파수의 합성된 신호를 분리하기 위해서 사용하는 장치를 말한다.
- 혼합기 : 두 개 이상의 입력신호를 원하는 비율로 조합한 출력이 발생하도록 하는 장치를 말한다.
- 증폭기 : 신호 전송 시 신호가 약해져 수신이 불가능해지는 것을 방지하기 위해서 증폭하는 장치를 말한다.
- 무선중계기 : 안테나를 통하여 수신된 무전기신호를 증폭한 후 음영지역에 재방사하여 무전기 상호 간 송수신이 가능하도록 하는 장치
- 옥외안테나 : 감시제어반 등에 설치된 무선중계기의 입력과 출력포트에 연결되어 송수신신호를 원활하게 방사·수신하기 위해 옥외에 설치하는 장치

03

3선식 배선에 의하여 상시 충전되는 유도등의 전기회로에 점멸기를 설치하는 경우에는 어느 때에 점등되도록 하여야 하는지 그 기준을 5가지 쓰시오.

①
②
③
④
⑤

정답

① 자동화재탐지설비의 감지기 또는 발신기가 작동되는 때
② 비상경보설비의 발신기가 작동되는 때
③ 상용전원이 정전되거나 전원선이 단선되는 때
④ 방재업무를 통제하는 곳 또는 전기실의 배전반에서 수동으로 점등하는 때
⑤ 자동소화설비가 작동되는 때

핵심이론 유도등

□ **3선식 유도등 점등조건**(3선식 배선회로에 점멸기 설치 경우 다음 경우에 점등되어야 함)
- 자동화재탐지설비의 감지기 또는 발신기가 작동되는 때
- 비상경보설비의 발신기가 작동되는 때
- 상용전원이 정전되거나 전원선이 단선되는 때
- 방재업무 통제하는 곳 또는 전기실 배전반에서 수동점등 때
- 자동소화설비가 작동되는 때

□ 유도등의 결선방법 및 특징
- 유도등 2선식과 3선식

구분	2선식	3선식
배선	(회로도: 백·흑·녹, 유도등)	(회로도: 백·흑·녹, 유도등)
점등상태	상시 점등	평상시는 소등상태, 비상시에만 점등
충전상태	점등상태에서만 충전 가능	소등상태에서도 충전 가능

• 유도등 2선식과 3선식 특징

2선식	3선식
• 평상시는 상시 점등 • 전선소모 적음 • 전력소모 많음 • 원격스위치 불필요	• 평상시는 소등상태, 비상시에만 점등 • 전선소모 많음 • 전력소모 적음 • 원격스위치 필요

04

득점 □ 배점 8

주어진 동작설명에 적합하도록 미완성된 시퀀스회로를 완성하시오. (단, 각 접점 및 스위치의 명칭을 기입하시오)

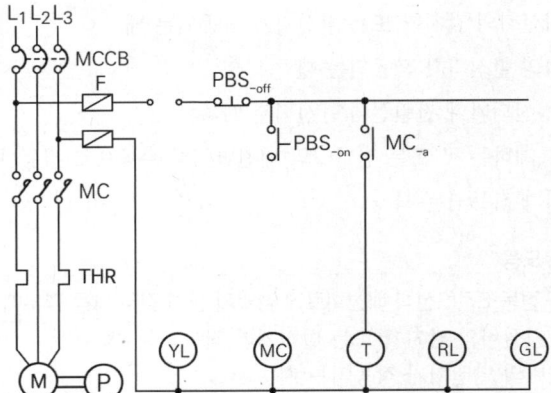

▶ 동작설명

1) MCCB를 투입하면 표시램프 GL이 점등되도록 한다.
2) 전동기 운전용 누름버튼스위치 PBS-on을 누르면 전자접촉기 MC가 여자되어 전동기가 기동되며, 동시에 전자접촉기 보조 a접점인 MC-a 접점에 의하여 전동기 운전등인 RL이 점등된다.
3) 이때 전자접촉기 보조접점 MC-b에 의하여 GL이 소등된다.
4) 또한 타이머 T가 여자되어 타이머 설정시간 후에 전자접촉기 MC가 소자되어 전동기가 정지되어 모든 상태는 누름버튼스위치를 누르기 전의 상태로 복귀한다.
5) 전동기가 정상운전 중이라도 정지용 누름버튼스위치 PBS-off를 누르면 PBS-on을 누르기 전의 상태로 된다.
6) 전동기에 과전류가 흐르면 열동계전기 접점인 THR에 의하여 전동기는 정지하고 모든 접점은 최초의 상태로 복귀한다. 이때 경고등 YL이 점등된다.

정답

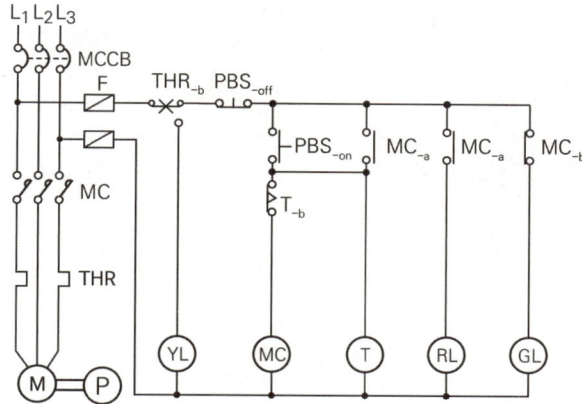

- MCCB를 투입하면 표시램프 GL이 점등
- PBS-on을 누르면 전자접촉기 MC가 여자되어 전동기가 기동되며, 동시에 전자접촉기 보조 a접점인 MC-a접점에 의하여 전동기 운전등인 RL이 점등
- 전자접촉기 보조접점 MC-b에 의하여 GL이 소등
- 타이머 T가 여자되어 타이머 설정시간 후 전자접촉기 MC가 소자되어 전동기가 정지되어 모든 상태는 누름버튼스위치를 누르기 전의 상태로 복귀
- 전동기에 과전류가 흐르면 열동계전기 접점인 THR에 의하여 전동기는 정지하고 모든 접점은 최초의 상태로 복귀. 이때 경고등 YL이 점등

핵심이론 | 시퀀스회로 심벌

심벌	명칭
⌒	배선용 차단기
▱	포장퓨즈
야	수동조작 자동복귀접점
이	보조스위치 접점
⌇	수동복귀접점
⌇	한시동작접점
M	3상전동기
P	펌프
MC	전자개폐기 코일

심벌	명칭
T	타이머 코일
RL	기동표시등
GL	정지표시등
YL	고장표시등

05

배점 6

누전경보기에 관한 다음 각 물음에 답하시오.

가. 누전경보기는 경계전로의 정격전류 값에 따라 1급과 2급으로 구분된다. 경계전로의 기준값이 되는 전류값 [A]을 쓰시오.

나. 전원은 분전반으로부터 전용으로 하고 각 극에 개폐기 및 20 [A] 이하의 무엇을 설치하는가?

다. 영상변류기의 기능은 무엇인가?

정답

가. 60 [A]

나. 배선용 차단기

다. 누설전류검출

핵심이론 누전경보기

□ 경계전로 정격전류에 따른 구분

정격전류	60 [A] 초과	60 [A] 이하
경보기 종류	1급	1급 또는 2급

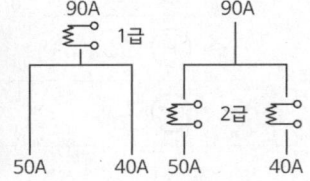

□ 누전경보기 전원
  • 전원은 분전반으로부터 전용회로로 하고, 각 극에 개폐기 및 15 [A] 이하의 과전류차단기(배선용 차단기에 있어서는 20 [A] 이하의 것으로 각 극을 개폐할 수 있는 것)를 설치할 것
  • 전원을 분기할 때에는 다른 차단기에 따라 전원이 차단되지 아니하도록 할 것
  • 전원의 개폐기에는 누전경보기용임을 표시한 표지를 할 것
□ 변류기(영상변류기, ZCT)
  • 경계전로의 누설전류 자동 검출하여 이를 누전경보기의 수신부에 송신

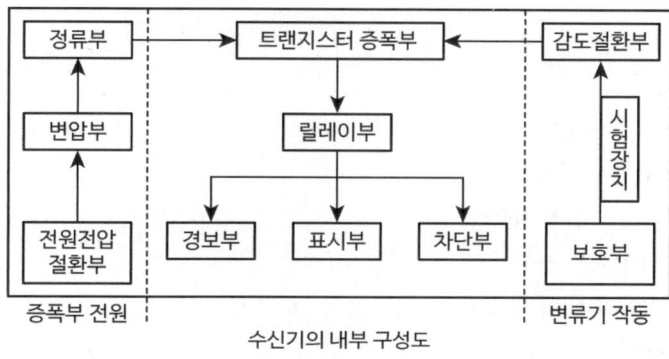

중요 ▶ KEC에서는 16 [A] 이하의 과전류차단기로 개정되었지만, 아직까지 누전경보기의 화재안전기술기준(NFTC 205)에는 15 [A] 이하라고 명시되어져 있기 때문에 15 [A] 이하로 암기할 것

06

득점 / 배점 8

화재에 의한 열, 연기 또는 불꽃(화염) 이외의 요인에 의해 자동화재탐지설비가 작동하여 화재 경보를 발하는 것을 '비화재보'라 한다. 즉, 자동화재탐지설비가 정상적으로 작동하였다고 하더라도 화재가 아닌 경우의 경보를 '비화재보'라 하며, 비화재보의 종류는 다음과 같이 구분할 수 있다.

[조건]
(1) 설비의 자체결함이나 오조작 등에 의한 경우(False Alarm)
  • 설비 자체의 기능상 결함
  • 설비의 유지관리 불량
  • 실수나 고의적인 행위가 있을 때
(2) 주위 상황이 대부분 순간적으로 화재와 같은 상태(실제 화재와 유사한 환경이나 상황)로 되었다가 정상상태로 복귀하는 경우(일과성 비화재보 : Nuisance Alarm)

위 설명 중 (2)항의 일과성 비화재보(Nuisance Alarm)로 볼 수 있는 Nuisance Alarm에 대한 방지대책을 4가지만 쓰시오.

①

②

③

④

정답

① 설치장소별 적응성이 있는 감지기 설치
② 축적형 감지기 설치
③ 연기감지기의 설치 최소화
④ 다신호식 감지기 사용
⑤ 경년변화에 따른 유지보수

핵심이론 비화재보 우려 장소에 설치할 수 있는 감지기(축적형 수신기와 같이 사용할 수 없는 감지기)

- 불꽃감지기
- 정온식 감지선형 감지기
- 분포형 감지기
- 복합형 감지기
- 광전식 분리형 감지기
- 아날로그방식 감지기
- 다신호방식 감지기
- 축적형 감지기

07

P형 수신기와 감지기와의 배선회로에서 종단저항은 11 [kΩ], 릴레이저항은 550 [Ω], 배선회로의 저항은 45 [Ω]이며, 회로전압이 DC24 [V]일 때 다음 각 물음에 답하시오.

가. 감시상태일 때 감시전류는 몇 [mA]인가?
- 계산과정 :
- 답 :

나. 감지기 작동 시 전류는 몇 [mA]인가? (단, 배선 저항은 무시한다)
- 계산과정 :
- 답 :

정답

✓ 계산과정

가. $I_{감시} = \dfrac{회로전압}{종단저항 + 릴레이저항 + 배선저항}$

$= \dfrac{24}{(11 \times 10^3) + 550 + 45} \times 10^3 = 2.068 ≒ 2.07 \,[\text{mA}]$

답 | 2.07 [mA]

나. $I_{동작} = \dfrac{회로전압}{릴레이저항 + 배선저항} = \dfrac{24}{550} \times 10^3 = 43.636 ≒ 43.64 \,[\text{mA}]$

답 | 43.64 [mA]

※ 배선 저항을 무시한다고 하였으므로 배선저항 = 0을 대입한다.

핵심이론 감시전류 및 동작전류공식

- $I_{감시} = \dfrac{회로전압}{종단저항 + 릴레이저항 + 배선저항}$
- $I_{동작} = \dfrac{회로전압}{릴레이저항 + 배선저항}$

- 감시상태일 때는 종단저항을 거치기 때문에 종단저항을 고려해주어야 하지만 동작상태일 때는 화재가 발생한 상태이며, 단락이 되었기 때문에 종단저항을 고려하지 않는다.
- 해당 공식에는 [kΩ]단위가 아닌 [Ω]단위를 대입한다.

08

도면은 Y-△기동회로의 미완성 회로이다. 이 회로를 보고 다음 각 물음에 답하시오.

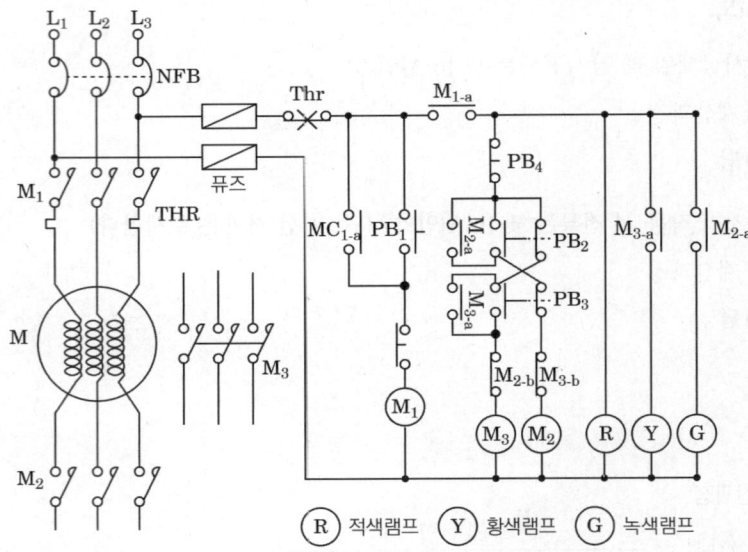

가. 주회로 부분의 미완성된 Y-△회로를 완성하시오.

나. 누름버튼스위치 PB_1을 누르면 어느 램프가 점등되는가?

다. 전자개폐기 M_1이 동작되고 있는 상태에서 PB_2를 눌렀을 때 어느 램프가 점등되는가?

라. 전자개폐기 M_1이 동작되고 있는 상태에서 PB_3를 눌렀을 때 어느 램프가 점등되는가?

마. 제어회로의 Thr은 무엇을 나타내는가?

바. NFB의 우리말(원어에 대한 우리말) 명칭은 무엇인가?

정답

가.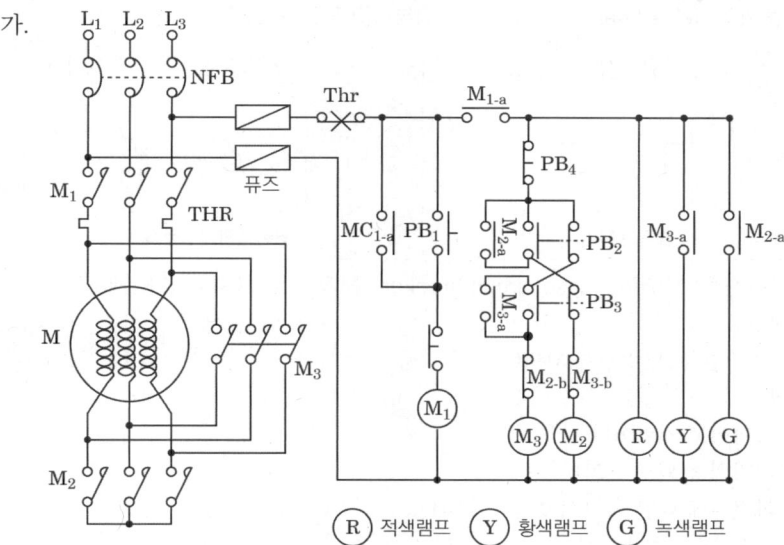

나. Ⓡ

다. Ⓖ

라. Ⓨ

마. 열동계전기 b접점

바. 노 퓨즈 브레이커(배선용 차단기)

☑ 해설 '가' : Y - △제어방식(스타 - 델타)
- Y - △방식 ⇒ △ = 3Y ⇒ Y = 1/3△(기동전류를 줄이기 위해 채택하는 방식)
- 3상 주접점을 모두 교체(U V W ⇒ X Y Z)
  (U ⇒ Z, V ⇒ X, W ⇒ Y)
  (U ⇒ Y, V ⇒ Z, W ⇒ X)

> - PB_1을 누르면 M_1이 여자되어 관련 접점인 M_{1-a}접점이 붙어서 R램프가 점등된다.
> - M_1이 동작되고 있는 상태에서 PB_2스위치를 누르면 M_2가 여자되어 관련 접점인 M_{2-a}접점이 붙어서 G램프가 점등된다.
> - M_1이 동작되고 있는 상태에서 PB_3스위치를 누르면 M_3가 여자되어 관련 접점인 M_{3-a}접점이 붙어서 Y램프가 점등된다.
> - M_2와 M_3는 동시동작을 막기 위해 서로 b접점으로써 인터록을 걸어준다.

핵심이론 | 열동형 계전기와 배선용 차단기

□ 열동형 계전기(Thermal Relay : THR) : 과부하(과전류) 보호용 계전기

주회로 THR	제어회로 THR
 열동계전기	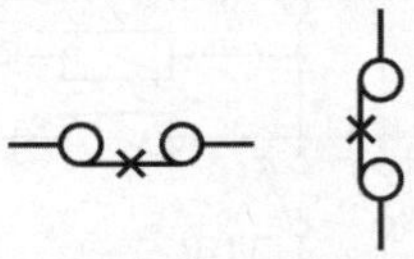 열동계전기 b접점

□ 배선용 차단기(Molded-case circuit breaker : MCCB(= MCB = NFB, No Fuse Breaker))
- 목적 : 과전류, 단락전류 차단(재사용 가능)
- 특징
  ① 소형이고 경량이다.
  ② 기기의 신뢰도가 크다.
  ③ 과전류에 대한 차단성능이 우수하다.
  ④ 동작 시 수동으로 복귀가 간단하다.
  ⑤ 퓨즈가 필요치 않다.
  ⑥ 기기의 수명이 길다.

09   배점 4

유도등 및 유도표지의 화재안전기준 중 복도통로유도등의 설치기준을 4가지만 쓰시오.

①

②

③

④

정답

① 복도에 설치할 것
② 구부러진 모퉁이 및 보행거리 20 [m]마다 설치할 것
③ 바닥으로부터 높이 1 [m] 이하의 위치에 설치할 것
④ 바닥에 설치하는 통로 유도등은 하중에 따라 파괴되지 아니하는 강도의 것으로 할 것

핵심이론 통로유도등 설치기준

□ 복도통로유도등 설치기준
- 복도에 설치할 것
- 옥내로부터 직접 지상으로 통하는 출입구 및 그 부속실의 출입구와 직통계단·직통계단의 계단실 및 그 부속실의 출입구에 설치된 피난구유도등 맞은편 복도에 입체형으로 설치하거나 바닥에 설치할 것
- 구부러진 모퉁이 및 옥내로부터 직접 지상으로 통하는 출입구 및 그 부속실과 직통계단실 및 그 부속실에 설치된 피난구유도등를 기점으로 보행거리 20 [m]마다 설치할 것
- 바닥으로부터 높이 1 [m] 이하의 위치에 설치할 것(다만 지하층 또는 무창층의 용도가 도매시장·소매시장·여객자동차터미널·지하역사 또는 지하상가인 경우에는 복도·통로 중앙부분의 바닥에 설치)
- 바닥에 설치하는 통로유도등은 하중에 따라 파괴되지 아니하는 강도의 것으로 할 것

□ 통로유도등의 설치기준

구분	복도통로유도등	거실통로유도등	계단통로유도등
설치장소	복도	거실의 통로	계단
설치방법	① 출입구에 피난구유도등 있는 복도 : 맞은편 복도에 입체형 또는 바닥 ② 구부러진 모퉁이 ③ ①의 통로유도등 기점으로 보행거리 20 [m] 마다	구부러진 모퉁이 및 보행거리 20 [m]마다	각 층의 경사로참 또는 계단참마다
설치높이	바닥으로부터 높이 1 [m] 이하	바닥으로부터 높이 1.5 [m] 이상(단, 기둥에 설치 시 : 바닥으로부터 1.5 [m] 이하)	바닥으로부터 높이 1 [m] 이하

- 출입구에 피난구유도등 : 직접 지상으로 통하는 출입구·계단실 또는 그 부속실 출입구
- 복도통로유도등 바닥에 설치 시
  ① 지하층/무창층 용도 도소매시장·여객자동차터미널·지하역사 또는 지하상가인 경우 복도·통로의 바닥 설치 가능
  ② 바닥에 설치하는 통로유도등은 하중에 따라 파괴되지 아니하는 강도의 것으로 할 것

□ 유도등의 표시면 색상
- 피난구유도등 : 녹색바탕에 백색문자
- 통로유도등 : 백색바탕에 녹색문자

10

> 아날로그식 분리형 광전식 감지기에 대한 다음 ( ) 안에 알맞은 답을 쓰시오.

공칭감시거리는 (㉠) [m] 이상, (㉡) [m] 이하로 하여 (㉢) [m] 간격으로 한다.

정답

㉠ 5, ㉡ 100, ㉢ 5

핵심이론 아날로그식 분리형 광전식 감지기 공칭감시거리(감지기의 형식승인 및 제품검사의 기술기준)

□ 제19조(광전식 감지기의 공칭축적시간의 구분, 공칭감시거리, 화재정보신호 및 감도시험)
- 작동시험
  1 [m]당 감광율 1.5K인 농도의 연기를 포함하는 풍속이 V [cm/s]의 기류에 투입하는 경우 비축적형인 것은 T초 이내에서 작동하고, 축적형은 T초 이내에서 감지한 후 공칭축적시간 ±5 범위에서 화재신호를 발신하여야 한다.
- 부작동시험
  1 [m]당 감광율 0.5 [K]인 농도의 연기를 포함하는 풍속 V [cm/s]의 기류에 투입하는 경우 t분 이내에는 작동하지 않아야 한다.

※ 분리형의 경우 공칭감시거리는 5 [m] 이상 100 [m] 이하로 하며 5 [m] 간격으로 한다.

11

> 지상 20 [m] 되는 곳에 500 [m³]의 저수조가 있다. 이 저수조에 양수하기 위하여 15 [kW]의 전동기를 사용한다면 몇 분 후에 저수조에 물이 가득 차겠는가? (단, 펌프효율은 70 [%]이고, 여유계수는 1.2이다)

O 계산과정 :

O 답 :

정답

✓ 계산과정

$$P = \frac{9.8KQH}{\eta t} = \frac{9.8K \times Q[m^3/\min] \times H}{\eta \times 60}$$

$$\therefore t = \frac{9.8 \times K \times Q \times H}{\eta \times P \times 60} = \frac{9.8 \times 1.2 \times 500 \times 20}{0.7 \times 15 \times 60} = 186.666 \ [\min]$$

답 | 186.67분

핵심이론 전동기용량을 구하는 식

$$P = \frac{9.8KQH}{\eta t} = \frac{9.8K \times Q[m^3/\min] \times H}{\eta \times 60} [kW]$$

P : 전동기용량 [kW], K : 여유계수, Q : 유량 [m³]
H : 전양정 [m], η : 효율, t : 시간 [s]

12

| 득점 | 배점 6 |

소방시설에서 사용할 수 있는 비상전원의 종류 중 3가지만 쓰시오.

①　　　　　　　②　　　　　　　③

정답

① 축전지설비, ② 전기저장장치, ③ 자가발전설비, ④ 비상전원수전설비

핵심이론 비상전원

□ 비상전원 종류
 • 자가발전설비
 • 축전지설비
 • 전기저장장치
 • 비상전원수전설비

□ 비상전원 종류 및 용량

설비	비상전원				용량
	자가발전	축전지	전기저장장치	비상전원수전설비	
• 스프링클러설비 (미분무소화설비)	○	○	○	(차고, 주차장으로 바닥면 1000 [m²] 미만인 경우)	• 20분 : 30층 미만 • 40분 : 30 ~ 49층 • 60분 : 50층 이상
• 간이스프링클러설비	○			○	• 10분 • 20분 : 근생, 복합건축물, 생활형 숙박시설
• 옥내소화전설비 • 연결송수관설비 • 특별피난계단의 계단실·부속실 제연설비	○	○	○		• 20분 : 30층 미만 • 40분 : 30 ~ 49층 • 60분 : 50층 이상

설비	비상전원				용량
	자가발전	축전지	전기저장장치	비상전원수전설비	
• 제연설비 • CO_2설비 • 분말소화설비 • 할론소화설비 • 할로겐화합물 및 불활성기체소화설비 • 화재조기진압용 스프링클러설비 • 포소화설비	○	○	○	(호스릴포소화설비 또는 포소화전만을 설치한 차고·주차장, 포헤드설비 또는 고정포방출설비가 설치된 부분의 바닥면 합계 1000 [m²] 미만인 경우)	• 20분 이상
• 비상방송설비 • 자동화재탐지설비 • 비상경보설비		○	○		• 10분 이상 • 30분 이상(비방, 자탐 30층 이상)
• 유도등		○			• 20분 이상 • 60분 이상(지하층 제외 11층 이상, 지하층·무창층으로 도·소매시장, 여객자동차터미널, 지하역사, 지하상가)
• 비상조명등	○	○	○		
• 무선통신보조설비		○			• 30분 이상
• 비상콘센트설비	○	○	○	○	• 20분 이상

13

득점 / 배점 6

비상방송설비의 설치기준이다. ( ) 안에 적당한 용어 또는 수치를 입력하시오.

가. 확성기의 음성입력은 (㉠) [W](실내는 (㉡) [W]) 이상이어야 한다.

나. 확성기는 각 층마다 설치하되, 각 부분으로부터의 수평거리는 (㉢) [m] 이하일 것

다. 음량조정기를 설치한 경우 음량조정기의 배선은 (㉣)으로 할 것

라. 조작부의 조작스위치는 바닥으로부터 (㉤) [m] 이상 (㉥) [m] 이하의 높이에 설치할 것

정답

㉠ 3, ㉡ 1, ㉢ 25, ㉣ 3선식, ㉤ 0.8, ㉥ 1.5

핵심이론 비상방송설비의 설치기준

□ 비상방송설비
- 확성기의 음성입력은 3 [W](실내는 1 [W]) 이상일 것
- 확성기는 각 층마다 설치하되, 각 부분으로부터의 수평거리는 25 [m] 이하일 것
- 음량조정기의 배선은 3선식으로 할 것
- 조작부의 조작스위치는 바닥으로부터 0.8 [m] 이상 ~ 1.5 [m] 이하의 높이에 설치할 것
- 다른 전기회로에 의하여 유도장애가 생기지 아니하도록 할 것
- 기동장치에 의한 화재신호를 수신한 후 필요한 음량으로 방송이 개시될 때까지의 소요시간은 10초 이하로 할 것
- 11층 이상인 특정소방대상물(공동주택일 경우 16층 이상)은 발화층 및 직상 4개의 층 경보(우선경보방식)

□ 우선경보방식

발화층	11층 이상인 특정소방대상물(공동주택일 경우 16층 이상)
2층 이상	발화층, 직상 4개의 층
1층	발화층, 직상 4개의 층, 모든 지하층
지하층	발화층, 직상층, 기타 모든 지하층

□ 음향장치 구조 및 성능
- 정격전압의 80 [%] 전압에서 음향을 발할 수 있는 것을 할 것
- 자동화재탐지설비의 작동과 연동하여 작동할 수 있는 것으로 할 것

14 [배점 4]

제1종 연기감지기의 설치기준에 대하여 다음 (   ) 안의 빈칸을 채우시오.

가. 계단 및 경사로에 있어서는 수직거리 (㉠) [m]마다 1개 이상으로 할 것

나. 복도 및 통로에 있어서는 보행거리 (㉡) [m]마다 1개 이상으로 할 것

다. 감지기는 벽 또는 보로부터 (㉢) [m] 이상 떨어진 곳에 설치할 것

라. 천장 또는 반자 부근에 (㉣)가 있는 경우에는 그 부근에 설치할 것

정답

㉠ 15, ㉡ 30, ㉢ 0.6, ㉣ 배기구

핵심이론 | 연기감지기 설치기준

□ 연기감지기 설치 (단위 : [m²])

부착높이	감지기의 종류	
	1종 및 2종	3종
4 [m] 미만	150	50
4 [m] 이상 20 [m] 미만	75	-

※ 감지기는 복도 및 통로에 있어서는 보행거리 30 [m](3종에 있어서는 20 [m])마다, 계단 및 경사로에 있어서는 수직거리 15 [m](3종에 있어서는 10 [m])마다 1개 이상으로 할 것

- 천장 또는 반자가 낮은 실내 또는 좁은 실내에 있어서는 출입구의 가까운 부분에 설치할 것
- 천장 또는 반자부근에 배기구가 있는 경우에는 그 부근에 설치할 것
- 감지기는 벽 또는 보로부터 0.6 [m] 이상 떨어진 곳에 설치할 것

15

득점 □ 배점 4

길이 20 [m]의 통로에 객석유도등을 설치하려고 한다. 이때 필요한 객석유도등의 수량은 최소 몇 개인가?

정답

✓ 계산과정

$$\frac{객석통로의\ 직선부분의\ 길이\ [m]}{4} - 1 = \frac{20}{4} - 1 = 4개$$

답 | 4개

핵심이론 | 설치개수 산정식 (절상)

구분	공식
객석유도등	$\frac{객석통로의\ 직선부분의\ 길이\ [m]}{4} - 1$
유도표지	$\frac{구부러진\ 곳이\ 없는\ 부분의\ 보행거리\ [m]}{15} - 1$
복도통로유도등, 거실통로유도등	$\frac{구부러진\ 곳이\ 없는\ 부분의\ 보행거리\ [m]}{20} - 1$

격차를 뛰어넘어 압도적인 격차를 만들다

2017

1회	2017.04.16
2회	2017.06.25
4회	2017.11.11

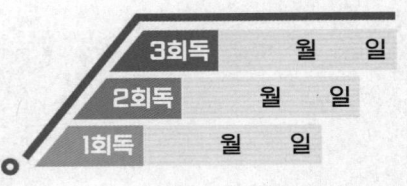

01

배점 9

그림은 배연창설비로서 계통도 및 조건을 참고하여 다음 각 물음에 답하시오.

조건
(1) 전동구동장치는 MOTOR방식이다.
(2) 사용전선은 HFIX전선을 사용한다.
(3) 화재감지기가 작동되거나 수동조작함의 스위치를 ON시키면 배연창이 동작되어 수신기에 동작상태를 표시하게 된다.
(4) 화재감지기는 자동화재탐지설비용 감지기를 겸용으로 사용한다.

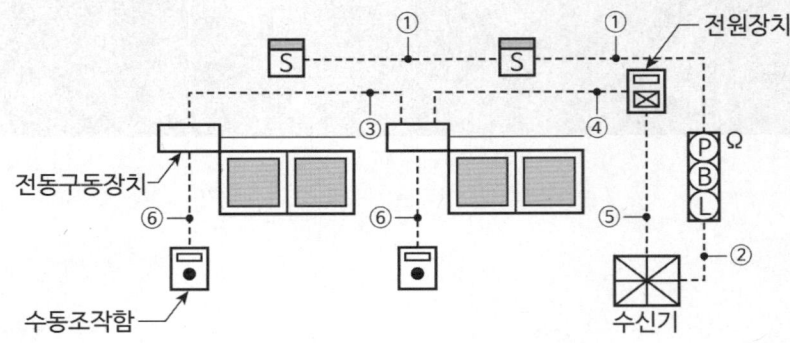

[후강전선관의 굵기 선정표]

도체 단면적 [mm²]	전선 본수									
	1	2	3	4	5	6	7	8	9	10
	전선관의 최소 굵기 [mm]									
2.5	16	16	16	16	22	22	22	28	28	28
4	16	16	16	22	22	22	28	28	28	28
6	16	16	22	22	22	28	28	28	36	36
10	16	22	22	28	28	36	36	36	36	36
16	16	22	28	28	36	36	36	42	42	42
25	22	28	28	36	36	42	54	54	54	54
35	22	28	36	42	54	54	54	70	70	70

도체 단면적 [mm²]	전선 본수									
	1	2	3	4	5	6	7	8	9	10
	전선관의 최소 굵기 [mm]									
50	22	36	54	54	70	70	70	82	82	82
70	28	42	54	54	70	70	70	82	82	82
95	28	54	54	70	70	82	82	92	92	104
120	36	54	54	70	70	82	82	92		
150	36	70	70	82	92	92	104	104		
185	36	70	82	82	92	104				
240	42	82	92	92	104					

가. 이 설비는 일반적으로 몇 층 이상의 건물에 시설하여야 하는가?

나. 배선 수와 각 배선의 용도를 답안지표에 작성하시오.

기호	후강전선관의 굵기, 전선의 종류, 배선의 수	구간	용도
①	16C(HFIX 1.5-4)	감지기 ↔ 감지기	지구 2, 공통 2
②		발신기 ↔ 수신기	
③	22C(HFIX 2.5-5)	전동구동장치 ↔ 전동구동장치	전원 ⊕·⊖, 기동 1, 복구 1, 동작 확인 1
④		전동구동장치 ↔ 전원장치	
⑤		전원장치 ↔ 수신기	
⑥		전동구동장치 ↔ 수동조작함	

정답

가. 6층 이상

나.

기호	후강전선관의 굵기, 전선의 종류, 배선의 수	구간	용도
①	16C(HFIX 1.5-4)	감지기 ↔ 감지기	지구 2, 공통 2
②	22C(HFIX 2.5-6)	발신기 ↔ 수신기	지구선 1, 지구공통선 1, 경종선 1, 경종표시등공통선 1, 표시등선 1, 응답선 1
③	22C(HFIX 2.5-5)	전동구동장치 ↔ 전동구동장치	전원 ⊕·⊖, 기동 1, 복구 1, 동작확인 1

기호	후강전선관의 굵기, 전선의 종류, 배선의 수	구간	용도
④	22C(HFIX 2.5-6)	전동구동장치 ↔ 전원장치	전원 ⊕·⊖, 기동 1, 복구 1, 동작확인 2
⑤	28C(HFIX 2.5-8)	전원장치 ↔ 수신기	전원 ⊕·⊖, 기동 1, 복구 1, 동작확인 2, 교류 전원 2(교류전원 별도 공급시 제외)
⑥	22C(HFIX 2.5-5)	전동구동장치 ↔ 수동조작함	전원 ⊕·⊖, 기동 1, 복구 1, 정지 1

- 감지기와 감지기 사이, 감지기와 발신기 사이 등 감지기와 연결된 배선을 지선이라고 하며, 이때 지선은 굵기가 1.5 [mm^2]이다. 그 외는 간선이라고 하며, 굵기는 2.5 [mm^2]이다.
- 16 [C] = 16 [mm]

[지선]
- 1 ~ 4가닥 : 16C
- 5 ~ 8가닥 : 22C

✓ 해설 : 배연창 모터방식 가닥 수

- 수동조작함
  ① 전원 ⊕·⊖, 기동(모든 배연창 기동), 복구(배연창 복구), 정지(배연창 정지)
- 전동구동장치
  ① 전원 ⊕·⊖, 기동, 복구, 동작확인(배연창 기동 확인)
  ② 배연창 설치구역 2zone : 동작확인 추가
- 전원장치
  ① 교류 전원 2

- 전동구동장치는 MOTOR방식을 사용하기 때문에 전원 +, -선이 추가된다.
- 자동화재탐지설비 감지기 송배선방식에서 루프는 2가닥, 나머지는 4가닥이다.

02

다음은 자동화재탐지설비의 평면도이다. 도면을 보고 다음 각 물음에 답하시오.
(단, 모든 배관은 슬래브 내 매입배관이고, 이중천장이 없는 구조이며, 경종과 표시등 공통선을 하나로 한다)

득점 / 배점 5

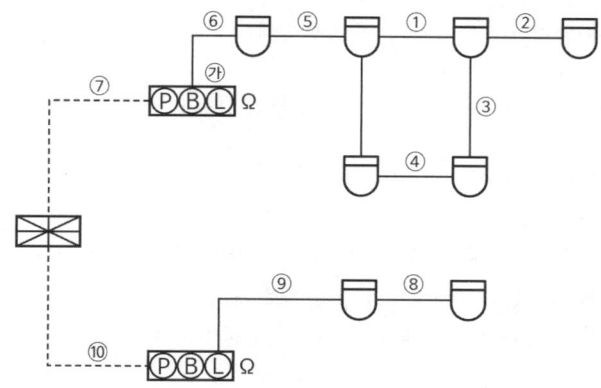

가. 도면의 각 배선(점선 및 실선)에 전선 가닥 수를 표기하시오.

기호	①	②	③	④	⑤	⑥	⑦	⑧	⑨	⑩
가닥 수										

나. 수동발신기(P형)세트 ㉮와 이에 접속된 감지기 사이의 전선관 관경은 최소 몇 [mm]인지 쓰시오.

다. 수신발신기(P형)세트 ㉮에 내장된 것 4가지를 쓰시오.
  1)
  2)
  3)
  4)

정답

가.

기호	①	②	③	④	⑤	⑥	⑦	⑧	⑨	⑩
가닥 수	2	4	2	2	4	4	6	4	4	6

나. 16 [mm]

> - 감지기와 감지기 사이, 감지기와 발신기 사이 등 감지기와 연결된 배선을 지선이라고 하며, 이때 지선은 굵기가 1.5 [mm²]이다. 그 외는 간선이라고 하며, 굵기는 2.5 [mm²]이다.
> - 16 [C] = 16 [mm]
> - 자동화재탐지설비의 감지기 배선은 송배선식으로 하며, 루프는 2가닥, 나머지는 4가닥이다.
> - 발신기와 수신기 사이의 기본 가닥 수는 6가닥이다.
>
> [지선]
> - 1 ~ 4가닥 : 16 [C]
> - 5 ~ 8가닥 : 22 [C]
>
> ※ 다만 문제에서 감지기와 감지기 사이, 감지기와 발신기 사이 등 감지기와 연결된 배선(지선)의 굵기를 2.5 [mm²]로 준 경우도 있으니(2024년 3회차 과년도 참조) 그때는 문제에서 명시한 대로 풀어준다.

다. 1) 발신기
    2) 경종
    3) 표시등
    4) 종단저항

☑ 해설
전선 가닥 수 및 용도(일제경보방식)

기호	가닥 수	배선내역
①	2	지구선 1, 공통선 1
②	4	지구선 2, 공통선 2
③	2	지구선 1, 공통선 1
④	2	지구선 1, 공통선 1
⑤	4	지구선 2, 공통선 2
⑥	4	지구선 2, 공통선 2
⑦	6	지구선 1, 지구공통선 1, 경종 1, 경종표시등공통선 1, 표시등선 1, 응답선 1
⑧	4	지구선 2, 공통선 2
⑨	4	지구선 2, 공통선 2
⑩	6	지구선 1, 지구공통선 1, 경종 1, 경종표시등공통선 1, 표시등선 1, 응답선 1

03

그림은 준비작동식 스프링클러설비에 관한 배선연결계통도이다. 다음 각 물음에 답하시오.

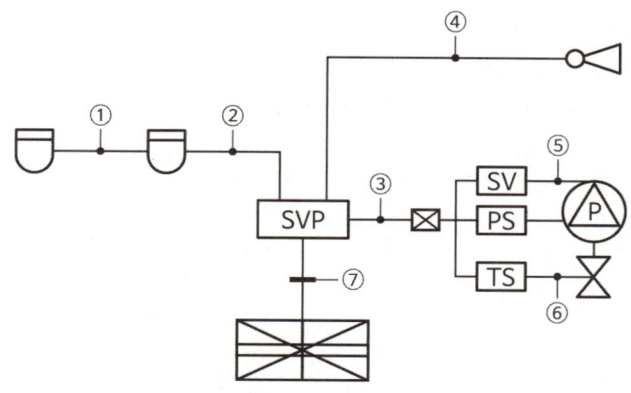

가. ① ~ ⑦까지의 가닥 수는?

기호	①	②	③	④	⑤	⑥	⑦
가닥 수							

나. ④의 음향장치는 어떤 경우에 작동하는지 쓰시오.

다. 준비작동밸브의 2차 측 주밸브를 잠근 상태에서 유수검지장치의 전기적 작동방법 2가지를 쓰시오.

1)

2)

라. 감지기의 회로방식을 감지기 A·B회로로 구분하여 결선하는 이유는 무엇이며, 이와 같은 회로방식을 무슨 회로방식이라고 하는가?

1) 이유 :

2) 회로방식 :

마. '라'와 같은 회로방식을 적용하지 않고 하나의 회로로 구성하여도 무방한 감지기의 종류 3가지를 쓰시오.

1)

2)

3)

정답

가.

기호	①	②	③	④	⑤	⑥	⑦
가닥 수	4	8	4	2	2	2	8

나. 감지기 A회로 작동 후

다. 1) 슈퍼비조리판넬의 기동스위치를 수동으로 누른다.
　　2) A·B회로 감지기를 동시에 작동시킨다.

라. 1) 이유 : 설비의 오동작방지
　　2) 회로방식 : 교차회로방식

마. 1) 분포형 감지기
　　2) 복합형 감지기
　　3) 불꽃감지기

☑ 해설 : 전선 가닥 수 및 용도(일제경보방식)

기호	가닥 수	배선의 용도
①	4	지구선 2, 공통선 2
②	8	지구선 4, 공통선 4
③	4	솔레노이드밸브(SV) 1, 압력스위치(PS) 1, 탬퍼스위치(TS) 1, 공통선 1
④	2	사이렌 2
⑤	2	솔레노이드밸브 2
⑥	2	탬퍼스위치 2
⑦	8	전원 ⊕·⊖, 사이렌, 감지기 A·B, 솔레노이드밸브(SV), 압력스위치(PS), 탬퍼스위치(TS)

- 준비작동식 스프링클러설비는 교차회로방식으로 감지기를 배선한다.
- 루프와 말단은 4가닥, 나머지는 8가닥이다.
- 프리액션밸브에는 PS, TS, SV가 있기 때문에 각각 PS 2가닥, TS 2가닥, SV 2가닥이지만 조인트박스에서 함께 쓸 수 있는 가닥인 '공통선'은 같이 묶어서 슈퍼비조리판넬로 들어가기 때문에 ③의 가닥 수는 SV, PS, TS, 공통선1 총 4가닥이다.

- 솔레노이드밸브 = 밸브기동 = SV(Solenoid Valve)
- 압력스위치 = 밸브개방 확인 = PS(Pressure Switch)
- 탬퍼스위치 = 밸브주의 = TS(Tamper Switch)

04

배점 8

축전지설비 기능점검 시 필요한 점검기구 4가지를 쓰시오.

①
②
③
④

정답

① 비중계
② 스포이트
③ 절연저항계
④ 전류전압측정계

- 비중계 : 물체의 비중을 측정하는 기구
- 스포이트 : 한쪽 끝에는 고무주머니가 달려 있고 다른 쪽 끝은 가늘게 되어 있는 유리관으로 된 화학실험도구
- 절연저항계 : 주어진 온도와 전압 아래에서 절연재료의 저항을 측정하는 장치
- 전류전압측정계 : 전류와 전압을 측정하는 장치

05

배점 4

어느 건물의 자동화재탐지설비의 수신기를 보니 스위치주의등이 점멸하고 있었다. 어떤 경우에 점멸하는지 그 원인을 2가지만 쓰시오.

○ 답
  ①
  ②

정답

① 지구경종 정지스위치 누름
② 주경종 정지스위치 누름

> **핵심이론** P형 수신기의 스위치주의등
>
> □ P형 수신기의 스위치주의등 점멸되는 경우
>   • 지구경종(정지)스위치 ON
>   • 주경종(정지)스위치 ON
>   • 자동복구스위치 ON
>   • 도통시험스위치 ON
>   • 동작시험스위치 ON
> □ P형 수신기의 스위치주의등이 점멸하지 않는 경우
>   • 복구스위치 ON
>   • 예비전원스위치 ON

06

| 득점 | 배점 | 12 |

도면은 준비작동식 스프링클러설비에 사용되는 Super Visory Panel에서 수신기까지의 내부결선도이다. 다음 각 물음에 답하시오.

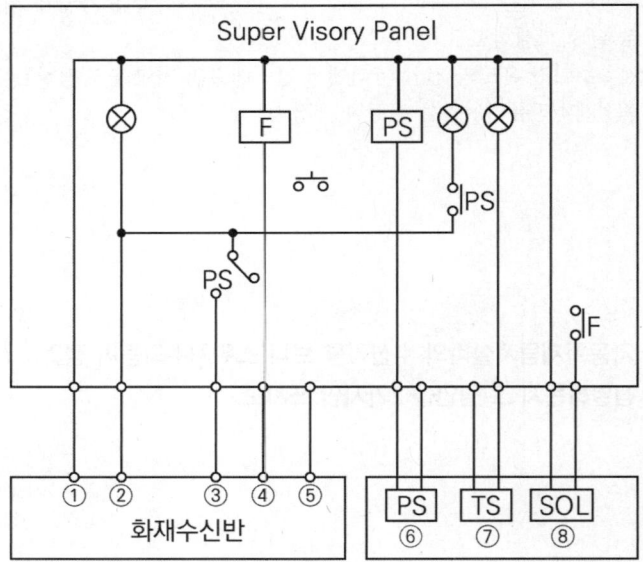

가. ① ~ ⑤ 단자의 단자명은 무엇인지 쓰시오.

①	②	③	④	⑤

나. ⑥ ~ ⑧에 표기된 심벌은 각각 무엇인지 쓰시오.
　⑥　　　　　　　　⑦　　　　　　　　⑧

다. 미완성 도면을 완성하시오.

정답

가.

①	②	③	④	⑤
전원 ⊖	전원 ⊕	밸브개방확인	밸브기동	밸브주의

① +선과 모두 연결되어 있는 ① 단자는 전원-이다.
② 전원표시등과 연결되어 있는 ② 단자는 전원+이다.

- 푸쉬버튼스위치를 누르면 화재릴레이(F)가 동작하여 솔레노이드밸브(SOL)가 동작한다.
- 솔레노이드밸브(SOL)에 의해 준비작동식 밸브가 기동되어 압력스위치가 작동하여 릴레이(PS)가 동작하여 밸브개방확인등을 점등시키고 밸브개방확인 신호를 보낸다.
- 평상시 개폐표시형 밸브(게이트밸브)가 닫혀 있으면 탬퍼스위치(TS)가 폐로되어 밸브주의등이 점등된다.

나. ⑥ 압력스위치
　⑦ 탬퍼스위치
　⑧ 솔레노이드밸브

- 솔레노이드밸브 = 밸브기동 = SV(Solenoid Valve) = SOL
- 압력스위치 = 밸브개방확인 = PS(Pressure Switch)
- 탬퍼스위치 = 밸브주의 = TS(Tamper Switch)

다.

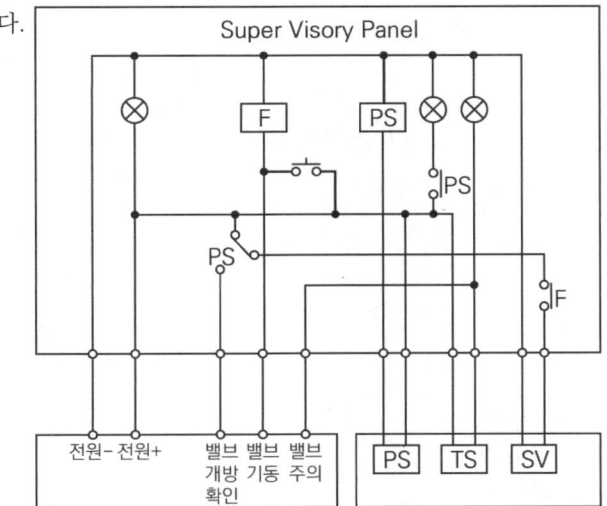

07

다음은 자동방화문설비의 자동방화문에서 R type REPEATER까지의 결선도 및 계통도에 대한 것이다. 주어진 조건을 참조하여 각 물음에 답하시오.

득점 / 배점 6

조건
(1) 전선의 가닥 수는 최소한으로 한다.
(2) 방화문 감지기회로는 본 문제에서 제외한다.
(3) 자동방화문설비는 층별로 구획되어 설치되어 있다.

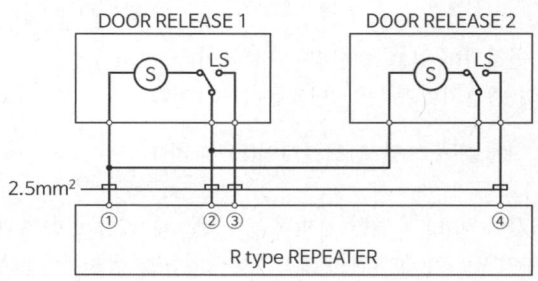

[결선도]

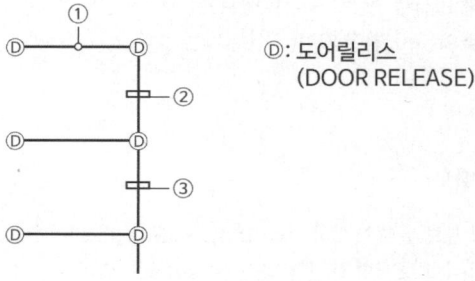

ⓓ : 도어릴리스 (DOOR RELEASE)

[계통도]

가. 결선도상의 기호 ① ~ ④의 배선 명칭을 쓰시오.
   ①   ②   ③   ④

나. 계통도상의 기호 ① ~ ③의 가닥 수와 용도를 쓰시오.
   ①   ②   ③

정답

가. ① 기동 1, ② 공통 1, ③ 확인 1, ④ 확인 2

나. ① 3가닥 : 공통 1, 기동 1, 확인 1
   ② 4가닥 : 공통 1, 기동 1, 확인 2
   ③ 7가닥 : 공통 1, 기동 2, 확인 4

핵심이론 자동방화문설비 계통도

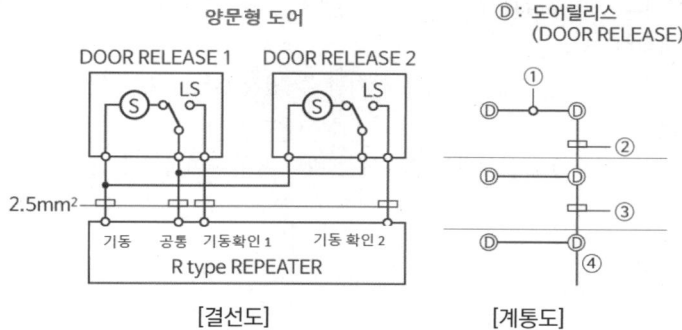

[결선도]   [계통도]

- 3가닥 : 공통 (1), 기동 (1), 확인 (1)
- 4가닥 : 공통 (1), 기동 (1), 확인 (2)
- 7가닥 : 공통 (1), 기동 (2), 확인 (4)
- 10가닥 : 공통 (1), 기동 (3), 확인 (6)

R type REPEATER : R형 중계기, S : 솔레노이드밸브, LS : 리미트스위치

※ 층수가 늘어남에 따라 기동선이 증가하며, 도어릴리스의 개수에 따라 확인선이 증가한다.

08   배점 8

다음은 자동화재탐지설비의 구성요소인 감지기의 개략적인 회로이다. 회로를 참고하여 다음 물음에 답하시오.

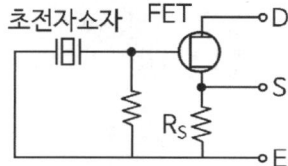

가. 이와 같은 기본회로를 갖는 감지기의 구체적인 명칭을 쓰시오.

나. 초전자 소자는 상황화글리신(TGS), 세라믹의 티탄산납, 폴리플루오르화비닐(PVF_2)이 사용되고 있다. 이들 소자에서 발생되는 초전효과 또는 파이로(Pyro)효과는 무엇인지 쓰시오.

다. 상기 회로의 감지기는 어떤 화재성상에 민감한 응답특성을 가지고 있는지 쓰시오.

라. 이와 같은 기본회로를 갖는 감지기의 설치기준으로 (　) 안을 채우시오.

- 감지기는 (㉠)와(과) (㉡)을(를) 기준으로 감시구역이 모두 포용될 수 있도록 설치할 것
- 감지기는 화재감지를 유효하게 감지할 수 있는 (㉢) 또는 (㉣) 등에 설치할 것
- 감지기는 (㉤)에 설치하는 경우에는 바닥을 향하여 설치할 것

정답

가. 불꽃감지기(광기전력 효과형)
나. 초전자 소자에 빛을 가하면 기전력이 발생되는 현상
다. 불꽃 발생 화재
라. ㉠ 공칭감시거리, ㉡ 공칭시야각, ㉢ 모서리, ㉣ 벽, ㉤ 천장

핵심이론 | 불꽃 감지기

- 자외선식(UV) : 불꽃에서 방사되는 자외선의 변화가 일정량 이상이 되면 작동하는 감지기로서 일국소의 자외선에 의하여 수광 소자의 수광량 변화를 검출하여 작동하는 감지기
- 적외선식(IR) : 불꽃에서 방사되는 적외선의 변화가 일정량 이상이 되면 작동하는 것으로 일국소의 적외선에 의하여 수광 소자의 수광량의 변화에 의하여 작동하는 감지기
- 복합형 : 자외선과 적외선의 불꽃감지기 성능에 모두 갖춘 것으로 두 가지 성능이 동시에 작동하거나 두 개의 화재신호를 각각 발신함
- 설치기준
  ① 공칭감시거리 및 공칭시야각은 형식승인 내용에 따른다.
  ② 감지기는 공칭감시거리와 공칭시야각을 기준으로 감시구역이 모두 포용될 수 있도록 설치할 것
  ③ 감지기는 화재감지를 유효하게 감지할 수 있는 모서리 또는 벽 등에 설치할 것
  ④ 감지기를 천장에 설치하는 경우에는 감지기는 바닥을 향하여 설치할 것
  ⑤ 수분이 많이 발생할 우려가 있는 장소에는 방수형으로 설치할 것
  ⑥ 그 밖의 설치기준은 형식승인 내용에 따르며, 형식승인 사항이 아닌 것은 제조사의 시방에 따라 설치할 것

[불꽃감지기]

09

감지기가 그림과 같이 배치되어 있을 때 연결의 예에 따라 실제배선도를 완성하시오.

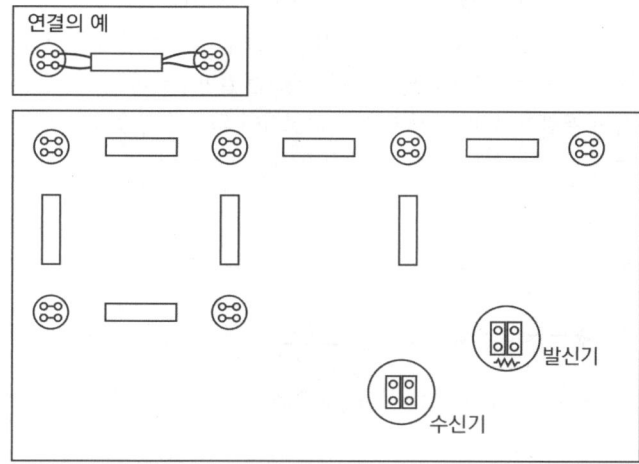

정답

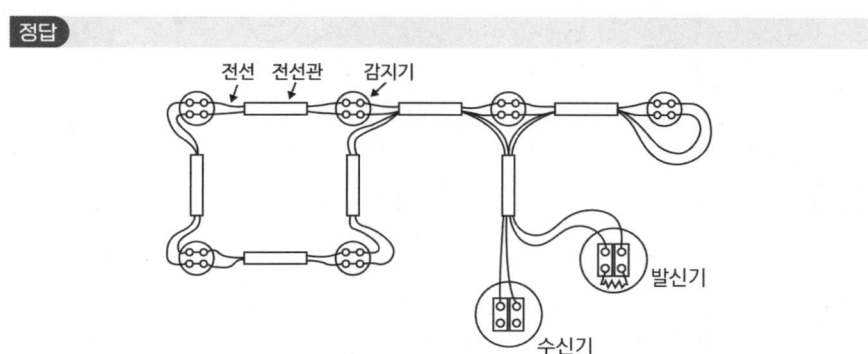

중요 ▶ 자동화재탐지설비의 감지기 배선은 송배선식으로 한다. 이때, 루프는 2가닥 나머지는 4가닥이다.

10

비상방송을 할 때 자동화재탐지설비의 지구음향장치의 작동을 정지시킬 수 있는 미완성 결선도를 범례 및 조건을 참고하여 완성하시오.

범례

- ┷ : 작동스위치
- ┻ : 정지스위치
- ⊟ : 감지기
- ⚬╱⚬ : 절환스위치
- Ⓧ : 계전기
- Ⓑ : 경종

> **조건**
> (1) 작동스위치를 누르거나 화재에 의하여 감지기가 작동되면 계전기 X_1이 여자되어 자기유지되며 X_{1-a}접점에 의하여 경종이 작동된다.
> (2) 정지스위치를 누르면 계전기 X_1이 소자되고 경종이 작동을 정지한다.
> (3) 작동스위치 또는 감지기에 의하여 경종 작동 중 절환스위치를 비상방송설비 쪽으로 이동하면 계전기 X_2가 여자되고 X_{2-b}접점에 의하여 경종이 작동을 정지한다.

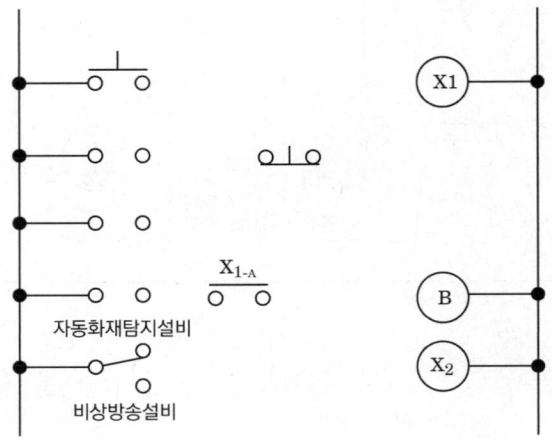

정답

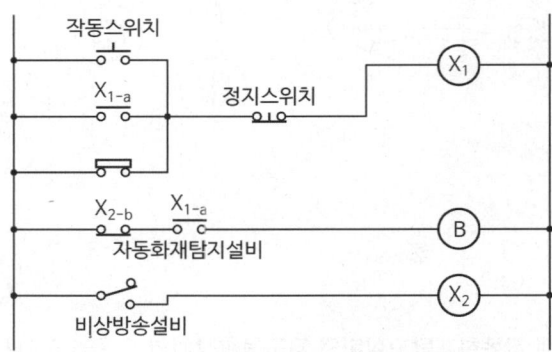

[옳은 도면]

- PB_{ON}스위치를 누르거나 감지기가 작동하면 X_1이 여자되며 관련 접점인 X_{1-a}접점이 동작하여 X_1이 자기유지됨과 동시에 경종이 울린다.
- 경종이 작동하던 중 절환스위치를 비상방송설비로 절환하면 X_2가 여자되고 관련 접점인 X_{2-b}접점이 동작하여 경종이 꺼진다.
- 정지스위치를 누르면 해당 동작은 원상복구된다.

11

소방용 케이블과 다른 용도의 케이블을 배선전용실에 함께 배선할 때 다음 (   ) 안을 완성하시오.

가. 소방용 케이블을 내화성능을 갖는 배선전용실 등의 내부에 소방용이 아닌 케이블과 함께 노출하여 배선할 때 소방용 케이블과 다른 용도의 케이블 간의 피복과 피복 간의 이격거리는 (   ) 이상이어야 한다.

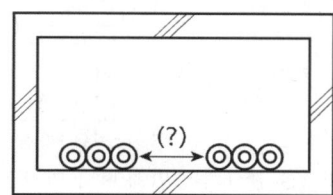

나. 부득이하여 "가."와 같이 이격시킬 수 없어 불연성 격벽을 설치한 경우에 격벽의 높이는 (   ) 이상이어야 한다.

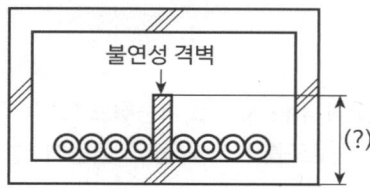

정답

가. 15 [cm]

나. 가장 굵은 케이블 지름의 1.5배

핵심이론 소방배선 공사방법

- 내화배선 : 금속관·2종 금속제 가요전선관 또는 합성수지관에 수납하여 내화구조로 된 벽 또는 바닥 등에 벽 또는 바닥의 표면으로부터 25 [mm] 이상의 깊이로 매설
- 내열배선 : 금속관·금속제 가요전선관·금속덕트 또는 케이블 공사방법
- 다만 다음 각 기준에 적합하게 설치하는 경우에는 그러하지 아니하다.
  ① 배선을 내화성능을 갖는 배선전용실 또는 배선용 샤프트·피트·덕트 등에 설치하는 경우
  ② 배선전용실 또는 배선용 샤프트·피트·덕트 등에 다른 설비의 배선이 있는 경우에는 이로부터 15 cm 이상 떨어지게 하거나 소화설비의 배선과 이웃하는 다른 설비의 배선 사이에 배선지름(배선의 지름이 다른 경우에는 가장 큰 것을 기준으로 한다)의 1.5배 이상의 높이의 불연성 격벽을 설치하는 경우

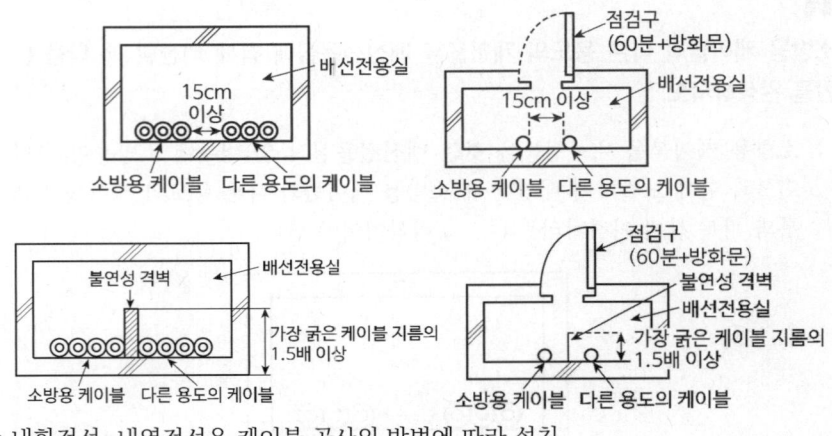

• 내화전선·내열전선은 케이블 공사의 방법에 따라 설치

12
[득점   배점 9]

도면은 타이머를 이용하여 기동 시 Y로 기동하고 t초 후 자동적으로 △로 운전되는 Y-△기동회로이다. 이 회로도를 보고 다음 각 물음에 답하시오.

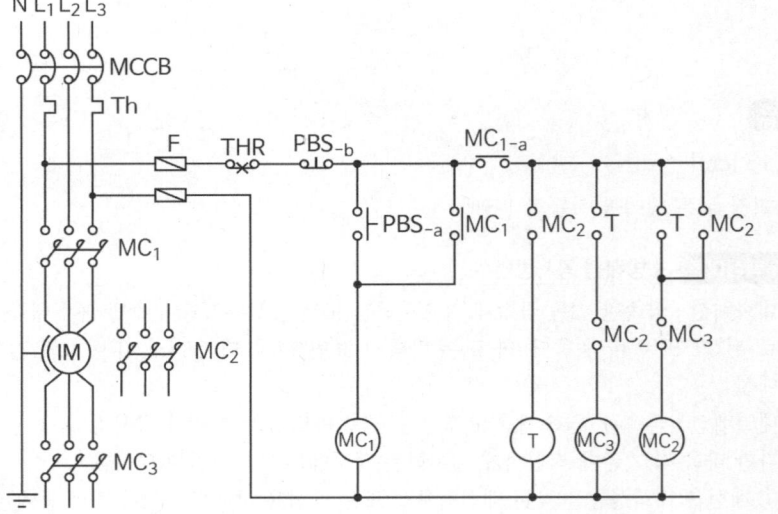

가. 타이머를 이용한 Y-△ 미완성 기동회로를 완성하시오.

나. 유도전동기의 권선을 Y결선으로 하여 기동하고 기동 후 △결선으로 바꾸어 운전하는 이유를 쓰시오.

다. 상기 회로도에 의한 유도전동기의 Y-△기동회로의 동작설명이다. ( ) 안에 알맞은 기호 또는 문자를 쓰시오.

1) PB_{-0}를 누르면 (㉠)과 (㉡)가 여자되어 주접점 M_1이 닫히면서 전동기가 Y기동된다. PB_{-0}에서 손을 떼어도 계속 Y가 기동된다. 동시에 타이머코일도 여자된다.

2) 타이머의 설정 시간 t가 지나면 (㉢) 접점이 열려 (㉣)가 소자되어 Y기동이 정지되고, (㉤)가 붙어 (㉥)가 여자되면서 △운전으로 전환된다.

3) (㉦)와 (㉧)는 인터록이 유지되어 안전운전이 된다.

4) 정지용 PB_{-S}를 누르거나 전동기에 과부하가 걸려 (㉨)이 작동하면 운전 중인 전동기는 정지한다.

정답

가.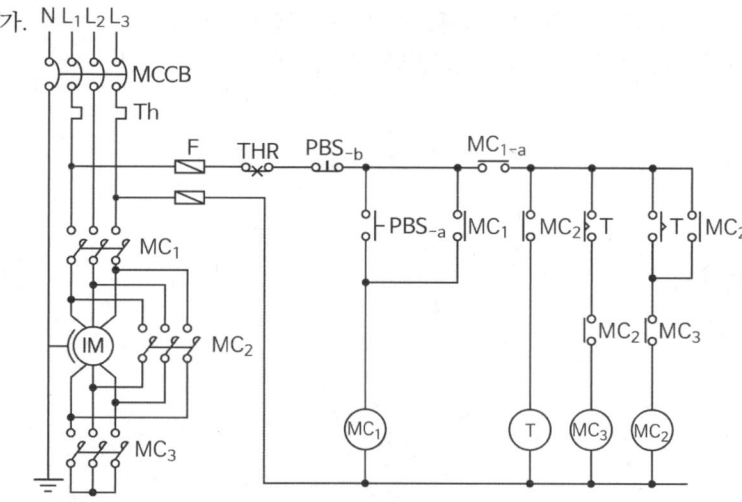

나. 기동전류를 작게 하기 위하여

다. ㉠ MC1　　　㉡ MC3
　　㉢ T_-b　　　㉣ MC3
　　㉤ T_-a　　　㉥ MC2
　　㉦ MC_{2-b}　㉧ MC_{3-b}
　　㉨ THR

✅ 해설 : Y-△제어방식(스타-델타)
- Y-△방식 ⇒ △ = 3Y ⇒ Y = 1/3△ (기동전류를 줄이기 위해 채택하는 방식)
- 3상 주접점을 모두 교체(U V W ⇒ X Y Z)
  (U ⇒ Z, V ⇒ X, W ⇒ Y)
  (U ⇒ Y, V ⇒ Z, W ⇒ X)

- PBS-ON스위치를 누르면 MC_1이 여자되어 관련 접점인 MC_{1-a}가 동작해서 자기유지됨과 동시에 MC_3 또한 여자되어 전동기가 Y기동한다.
- 타이머코일도 여자되며 설정시간 t초가 지나면 타이머 관련 접점이 동작한다.
- T_{-b}접점은 설정시간이 지나면 열려서 MC_3가 소자되며 Y기동이 정지되고 T_{-a}접점은 설정시간이 지나면 동작하여 MC_2가 여자되며 △운전으로 전환된다. 이때 MC_2와 MC_3는 서로 인터록을 걸어두어서 동시동작을 막는다.
- PBS-OFF스위치를 누르면 원상복구된다.

13

배점 4

비상용 자가발전설비를 설치하려고 한다. 기동용량은 500 [kVA], 허용전압강하는 15 [%]까지 허용하며, 과도리액턴스는 20 [%]일 때 발전기 정격용량은 몇 [kVA] 이상의 것을 선정하여야 하며, 발전기용 차단기의 용량은 몇 [MVA] 이상인가? (단, 차단용량의 여유율은 25 [%]로 계산한다)

가. 발전기 정격용량
- 계산과정 :
- 답 :

나. 차단기의 용량
- 계산과정 :
- 답 :

정답

✅ 계산과정

가. 발전기 정격용량 $= (\dfrac{1}{\text{허용전압강하}} - 1) \times \text{기동용량} \times \text{과도리액턴스}$

$= (\dfrac{1}{0.15} - 1) \times 0.2 \times 500 = 566.666\ [kVA]$

≒ 566.67 [kVA]

답 | 566.67 [kVA]

나. 발전기용 차단기용량 = $\dfrac{발전기출력}{과도리액턴스} \times 1.25$

$= \dfrac{566.67}{0.2} \times 1.25 ≒ 3541 [\text{kVA}] = 3.541 [\text{MVA}]$

$≒ 3.54 [\text{MVA}]$

답 | 3.54 [MVA]

> 보충 ▶ 발전기 정격용량은 [kVA]로 출제되며, 발전기용 차단기의 용량은 [MVA]로 출제된다.

핵심이론 자가발전설비

□ 발전기 정격용량(발전기용량)의 산정공식

발전기용량[KVA] = $\left(\dfrac{1}{허용전압강하} - 1\right) \times 기동용량 \times 과도리액턴스$

□ 발전기용 차단기의 용량공식

발전기용 차단기용량[KVA] = $\dfrac{발전기출력}{과도리액턴스} \times 1.25$

1.25 : 여유율

14

배점 5

스프링클러설비의 감시제어반에서 도통시험 및 작동시험을 할 수 있어야 하는 회로 5가지를 쓰시오.

①
②
③
④
⑤

정답

① 기동용 수압개폐장치의 압력스위치회로
② 수조 또는 물올림탱크의 저수위감지회로
③ 유수검지장치 또는 일제개방밸브의 압력스위치회로
④ 일제개방밸브를 사용하는 설비의 화재감지기회로
⑤ 급수배관에 설치되어 있는 개폐밸브의 폐쇄상태 확인회로

> **핵심이론** 감시제어반의 각 확인회로마다 도통시험 및 작동시험
> - 기동용 수압개폐장치의 압력스위치회로
> - 수조 또는 물올림탱크의 저수위감지회로
> - 유수검지장치 또는 일제개방밸브의 압력스위치회로
> - 일제개방밸브를 사용하는 설비의 화재감지기회로
> - 급수배관에 설치되어 있는 개폐밸브의 폐쇄상태 확인회로
> - 그 밖의 이와 비슷한 회로

15 [득점 / 배점 6]

피난설비인 비상조명등에 대한 점검을 실시하고자 한다. 이때 필요한 점검장비의 명칭을 3가지만 쓰시오.

①
②
③

정답
① 조도계
② 절연저항계
③ 전류전압측정계

✅ **해설** : 소방시설별 점검장비
- 자동화재탐지설비 : 열감지기시험기, 연기감지기시험기, 공기주입시험기, 감지기시험기연결폴대, 음량계
- 누전경보기 : 누전계
- 무선통신보조설비 : 무선기
- 제연설비 : 풍속풍압계, 폐쇄력측정기, 차압계
- 통로유도등, 비상조명등 : 조도계

보충 ▶ 공통으로 절연저항계와 전류전압측정계가 필요하다.

2017년 2회

2017.06.25

01
배점 8

가스누설경보기에 관한 다음 각 물음에 답하시오.

가. 수신 개시로부터 가스누설표시까지의 소요시간은 몇 초 이내이며, 지구등은 등이 켜질 때 어떤 색으로 표시되어야 하는지 쓰시오.

  1) 소요시간 :

  2) 색깔 :

나. 예비전원으로 사용하는 축전지의 종류를 쓰시오.

다. 예비전원의 용량에 대하여 간단히 쓰시오.

  1) 1회선용 :

  2) 2회로 이상 :

라. 경보기와 절연된 충전부와 외함 간 및 절연된 선로 간의 절연저항은 DC 500[V] 절연저항계로 측정한 값이 각각 몇 [MΩ] 이상이어야 하는지 쓰시오.

  1) 절연된 충전부와 외함 간 :

  2) 절연된 선로 간 :

정답

가. 1) 60초 이내

　 2) 황색

나. 알칼리계 2차 축전지, 리튬계 2차 축전지 또는 무보수밀폐형 연축전지

다. 1) 1회선용 : 감시상태를 20분간 계속한 후 유효하게 작동되어 10분간 경보할 수 있는 용량

　 2) 2회로 이상 : 연결된 모든 회로에 대하여 감시상태를 10분간 계속한 후 2회선을 유효하게 작동시키고 10분간 경보할 수 있는 용량

라. 1) 절연된 충전부와 외함 간 : 5 [MΩ] 이상

　 2) 절연된 선로 간 : 20 [MΩ] 이상

☑ 해설
- 예비전원용량(가스누설경보기의 형식승인 및 제품검사의 기술기준)
  ① 1회선용 : 감시상태를 20분간 계속한 후 유효하게 작동되어 10분간 경보
  ② 2회로 이상 : 연결된 모든 회로에 대하여 감시상태를 10분간 계속한 후 2회선을 유효하게 작동시키고 10분간 경보

📌 **핵심이론** 가스누설경보기

□ 소요시간

기 기	시 간
P·R형 수신기	5초 이내(축적형 60초 이내)
중계기	5초 이내
비상방송설비	10초 이내
가스누설경보기	60초 이내

□ 점등색

가스누설경보기(누설등, 지구등)	화재등
황색	적색

□ 예비전원
- 가스누설경보기, 비상방송설비, 자동화재속보설비 : 알칼리계 2차 축전기, 리튬계 2차 축전지, 무보수밀폐형 연축전지
- 유도등 : 알칼리계 2차 축전기, 리튬계 2차 축전지, 콘덴서

□ 용량
- 1회선용(단독형 포함)의 경우는 감시상태를 20분간 계속한 후 유효하게 작동되어 10분간 경보할 수 있는 용량
- 2회로 이상인 경보기의 경우는 연결된 모든 회로에 대하여 감시상태를 10분간 계속한 후 2회선을 유효하게 작동시키고 10분간 경보할 수 있는 용량

02

옥내소화전설비의 감시 및 동력제어반의 연결계통도를 참고하여 다음 각 물음에 답하시오.

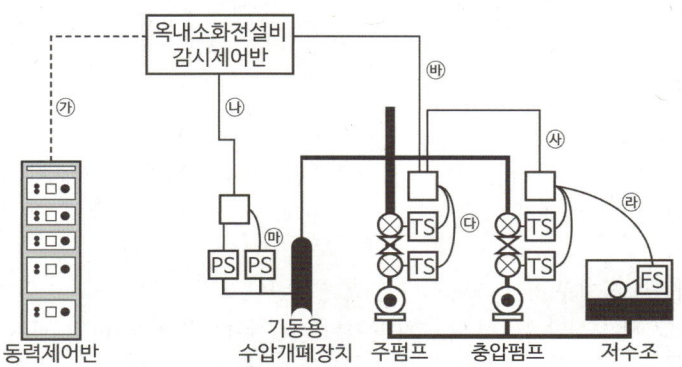

가. ㉮ ~ ㉰의 최소배선 가닥 수를 쓰시오.

㉮	㉯	㉰	㉱

나. 옥내소화전설비에는 제어반을 설치하되, 감시제어반과 동력제어반으로 구분하여 설치하여야 한다. 감시제어반의 기능은 다음의 기준에 적합하여야 한다. (   ) 안을 채우시오.

1) 각 펌프의 작동 여부를 확인할 수 있는 (㉠) 및 (㉡) 기능이 있어야 할 것
2) 각 펌프를 자동 및 수동으로 작동시키거나 작동을 중단시킬 수 있어야 할 것
3) 비상전원을 설치한 경우에는 상용전원 및 비상전원 공급 여부를 확인할 수 있을 것
4) 수조 또는 물올림탱크가 (㉢)로 될 때 표시등 및 음향으로 경보할 것
5) 기동용 수압개폐장치의 압력스위치회로, 수조 또는 물올림탱크의 감시회로마다 (㉣)시험 및 (㉤)시험을 할 수 있어야 할 것

정답

가.

㉮	㉯	㉰	㉱
5	3	2	2

나. ㉠ 표시등, ㉡ 음향경보, ㉢ 저수위, ㉣ 도통, ㉤ 작동

☑ 해설 : 전선 가닥 수 및 용도

기호	내역	배선의 용도
㉮	HFIX 2.5-5	기동 1, 정지 1, 공통 1, 전원표시등 1, 기동표시등 1
㉯	HFIX 2.5-3	압력스위치 2, 공통 1
㉰	HFIX 2.5-2	탬퍼스위치 2
㉱	HFIX 2.5-2	플로트스위치 2
㉲	HFIX 2.5-2	압력스위치 2
㉳	HFIX 2.5-6	탬퍼스위치 4, 플로트스위치 1, 공통 1
㉴	HFIX 2.5-4	탬퍼스위치 2, 플로트스위치 1, 공통 1

- 기동과 정지를 각각 ON, OFF로 적어도 된다.
- MCC와 수신반까지는 항상 기본 가닥 수 5가닥이다(공통, ON, OFF, 전원감시등, 기동표시등). 이때, 전원감시등을 전원표시등으로 적어도 된다.
- <u>최소 배선 가닥 수를 구하라고 했기 때문에 '㉯', '㉳', '㉴'의 공통은 1가닥</u>을 사용한다.

★ 핵심이론 | 옥내소화전설비 감시제어반의 기능

- 각 펌프의 작동 여부를 확인할 수 있는 표시등 및 음향경보 기능이 있어야 할 것
- 각 펌프를 자동 및 수동으로 작동시키거나 작동을 중단시킬 수 있어야 할 것
- 비상전원을 설치한 경우에는 상용전원 및 비상전원 공급 여부를 확인할 수 있을 것
- 수조 또는 물올림탱크가 저수위로 될 때 표시등 및 음향으로 경보할 것
- 기동용 수압개폐장치의 압력스위치회로, 수조 또는 물올림탱크의 감시회로마다 도통시험 및 작동시험을 할 수 있어야 할 것
- 예비전원이 확보되고 예비전원의 적합 여부를 시험할 수 있어야 할 것

03

득점 ___ 배점 9

그림은 자동화재탐지설비로서 내화구조인 지하 1층 지상 8층인 건물의 지상 1층 평면도이다. 다음 각 물음에 답하시오. (단, 건물의 층고는 3 [m]이며, 한 층의 면적과 길이기준은 수평적 경계구역기준인 600 [m²]와 50 [m]를 초과하지 않는다. 경종과 표시등 공통선을 하나로 하였으며, 하나의 층의 지구 음향장치 배선이 단락이 되어도 다른 층의 경보에 지장이 없도록 각 층의 지구음향장치 배선에 유효한 조치를 하였다)

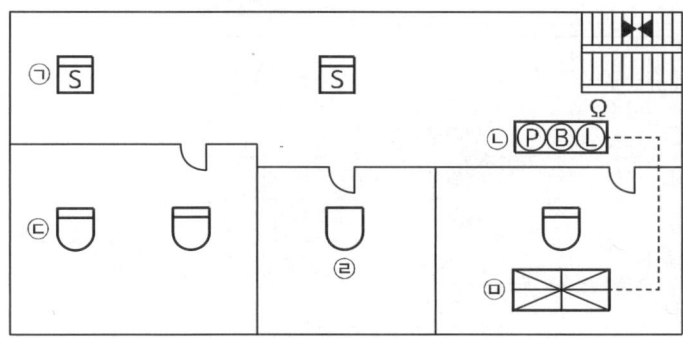

가. 위의 도면상에 표시된 감지기를 루프식 배선방식을 사용하여 발신기에 연결하고 배선 가닥 수를 표시하시오.

나. ㉠ ~ ㉤에 표시되는 그림기호에 맞는 명칭과 형별의 빈칸을 완성하시오.

항목	명칭	형별
㉠		
㉡	발신기	P형
㉢		
㉣		
㉤	수신기	P형

다. 발신기와 수신기 사이의 배관길이가 20 [m]일 경우 전선은 몇 [m]가 필요한지 소요량을 산출하시오. (단, 전선의 할증률은 10 [%]로 계산한다)

○ 계산과정 :

○ 답 :

> 정답

가.

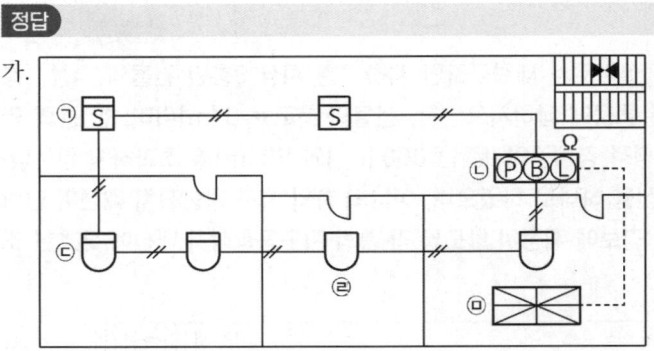

나.

항목	명칭	형별
㉠	연기감지기	스포트형
㉡	발신기	P형
㉢	차동식 감지기	스포트형
㉣	정온식 감지기	스포트형
㉤	수신기	P형

다. 계산과정

$20 \times 16 \times 1.1 = 352 \, [m]$

답 | 352 [m]

※ 배관길이 20 [m]에 전선이 16가닥이 들어가며 할증률을 10 [%]라고 하였으므로 1.1을 곱한다.

☑ 해설 : 계통도 및 전선 가닥 수 및 용도(일제경보방식)

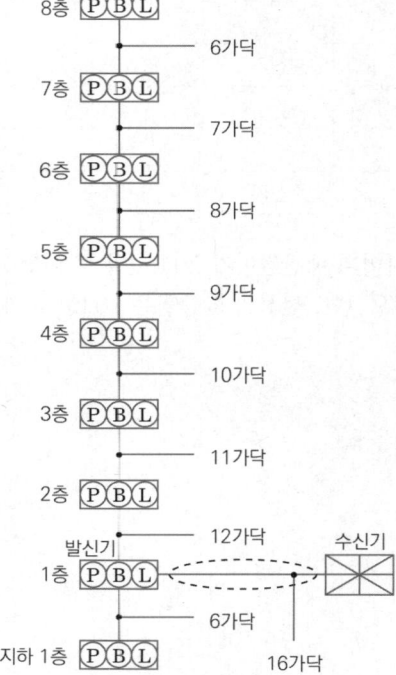

가닥 수	배선 내역
6가닥	지구선 1, 지구공통선 1, 경종선 1, 경종표시등공통선 1, 표시등선 1, 응답선 1
7가닥	지구선 2, 지구공통선 1, 경종선 1, 경종표시등공통선 1, 표시등선 1, 응답선 1
8가닥	지구선 3, 지구공통선 1, 경종선 1, 경종표시등공통선 1, 표시등선 1, 응답선 1
9가닥	지구선 4, 지구공통선 1, 경종선 1, 경종표시등공통선 1, 표시등선 1, 응답선 1
10가닥	지구선 5, 지구공통선 1, 경종선 1, 경종표시등공통선 1, 표시등선 1, 응답선 1
11가닥	지구선 6, 지구공통선 1, 경종선 1, 경종표시등공통선 1, 표시등선 1, 응답선 1
12가닥	지구선 7, 지구공통선 1, 경종선 1, 경종표시등공통선 1, 표시등선 1, 응답선 1
16가닥	지구선 10, 지구공통선 2, 경종선 1, 경종표시등공통선 1, 표시등선 1, 응답선 1

- 발신기세트함과 같이 감지기 배선을 루프로 하였으며, 해당 루프부분은 2가닥이다.
- 11층 이상인 특정소방대상물이 아니기 때문에 일제경보방식을 사용하며, 하나의 층의 지구 음향장치 배선이 단락이 되어도 다른 층의 경보에 지장이 없도록 각 층의 지구음향장치 배선에 단락보호장치를 설치하였기 때문에 경종선은 1가닥을 이용한다.
- 발신기세트함에서 수신기까지의 배선 가닥 수는 각 층마다 수평적 경계구역 1개씩(9가닥)에다가, 수직적 경계구역을 1가닥 추가해서 지구선수는 총 10가닥이다. 지구선수가 7가닥을 초과했기 때문에 지구공통선 또한 1가닥이 추가되었으며, 경종선, 경종표시등공통선, 표시등선, 응답선까지 합하여 총 16가닥이다.

    ※ 한 층의 층고가 3 m이며, 총 9층이기 때문에 수직적 경계구역 산정에 있어서
    $\frac{9 \times 3}{45} = 0.6$ → 절상해서 1개의 수직적 경계구역이다.

04

배점 6

청각장애인용 시각경보장치의 설치기준에 대한 다음 (   ) 안을 완성하시오.

가. 복도·통로·청각장애인용 객실 및 공용으로 사용하는 (㉠)에 설치하며, 각 부분에서 유효하게 경보를 발할 수 있는 위치에 설치할 것

나. 공연장·집회장·관람장 또는 이와 유사한 장소에 설치하는 경우에는 시선이 집중되는 (㉡) 부분 등에 설치할 것

다. 바닥으로부터 (㉢) [m] 이상 (㉣) [m] 이하의 높이에 설치할 것 다만 천장 높이가 2 [m] 이하는 (㉤)에서 (㉥) [m] 이내의 장소에 설치하여야 한다.

정답

㉠ 거실, ㉡ 무대부, ㉢ 2, ㉣ 2.5, ㉤ 천장, ㉥ 0.15

핵심이론 | 시각경보장치의 설치기준

- 복도·통로·청각장애인용 객실 및 공용으로 사용하는 거실에 설치하며, 각 부분에서 유효하게 경보를 발할 수 있는 위치에 설치할 것
- 공연장·집회장·관람장 또는 이와 유사한 장소에 설치하는 경우에는 시선이 집중되는 무대부 부분 등에 설치할 것
- 바닥으로부터 2 [m] 이상 ~ 2.5 [m] 이하의 높이에 설치할 것(단, 천장높이가 2 [m] 이하는 천장에서 0.15 [m] 이내의 장소에 설치)

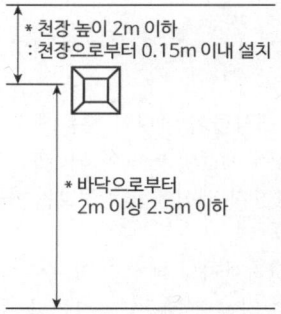

- 광원은 전용의 축전지설비 또는 전기저장장치에 의하여 점등되도록 할 것(단, 시각경보기에 작동전원을 공급할 수 있도록 형식승인을 얻은 수신기를 설치한 경우는 제외)

05

배점 5

옥내소화전설비의 비상전원으로 자가발전설비 또는 축전지설비를 설치할 때 비상전원 설치기준 5가지를 쓰시오.

①

②

③

④

⑤

정답

① 점검에 편리하고 화재 및 침수 등의 재해로 인한 피해를 받을 우려가 없는 곳에 설치
② 옥내소화전설비를 유효하게 20분 이상 작동할 수 있을 것
③ 상용전원으로부터 전력의 공급이 중단된 때에는 자동으로 비상전원으로부터 전력을 공급받을 수 있을 것
④ 비상전원의 설치장소는 다른 장소와 방화구획하여야 하며, 그 장소에는 비상전원의 공급에 필요한 기구나 설비 외의 것을 두지 말 것(단, 열병합발전설비에 필요한 기구나 설비 제외)
⑤ 비상전원을 실내에 설치하는 때에는 그 실내에 비상조명등 설치

핵심이론 옥내소화전설비 비상전원 설치기준

- 점검에 편리하고 화재 및 침수 등의 재해로 인한 피해를 받을 우려가 없는 곳에 설치할 것
- 옥내소화전설비를 유효하게 20분 이상 작동할 수 있어야 할 것
- 상용전원으로부터 전력의 공급이 중단된 때에는 자동으로 비상전원으로부터 전력을 공급받을 수 있도록 할 것
- 비상전원의 설치장소는 다른 장소와 방화구획 할 것 이 경우 그 장소에는 비상전원의 공급에 필요한 기구나 설비 외의 것(열병합발전설비에 필요한 기구나 설비는 제외한다)을 두어서는 아니 된다.
- 비상전원을 실내에 설치하는 때에는 그 실내에 비상조명등을 설치할 것

06

득점 / 배점 10

다음은 지상 1층 ~ 11층 건축물의 우선경보방식의 비상방송설비의 계통도를 나타내고 있다. 각 층 사이의 ① ~ ⑤까지의 배선 수와 각 배선의 용도를 쓰시오. (단, 긴급용 방송과 업무용 방송을 겸용으로 하는 설비이다)

정답

구분	배선 수	배선의 용도
①		
②		
③		
④		
⑤		

정답

구분	배선 수	배선의 용도
①	23	업무 1, 긴급 11, 공통 11
②	21	업무 1, 긴급 10, 공통 10
③	19	업무 1, 긴급 9, 공통 9
④	17	업무 1, 긴급 8, 공통 8
⑤	15	업무 1, 긴급 7, 공통 7

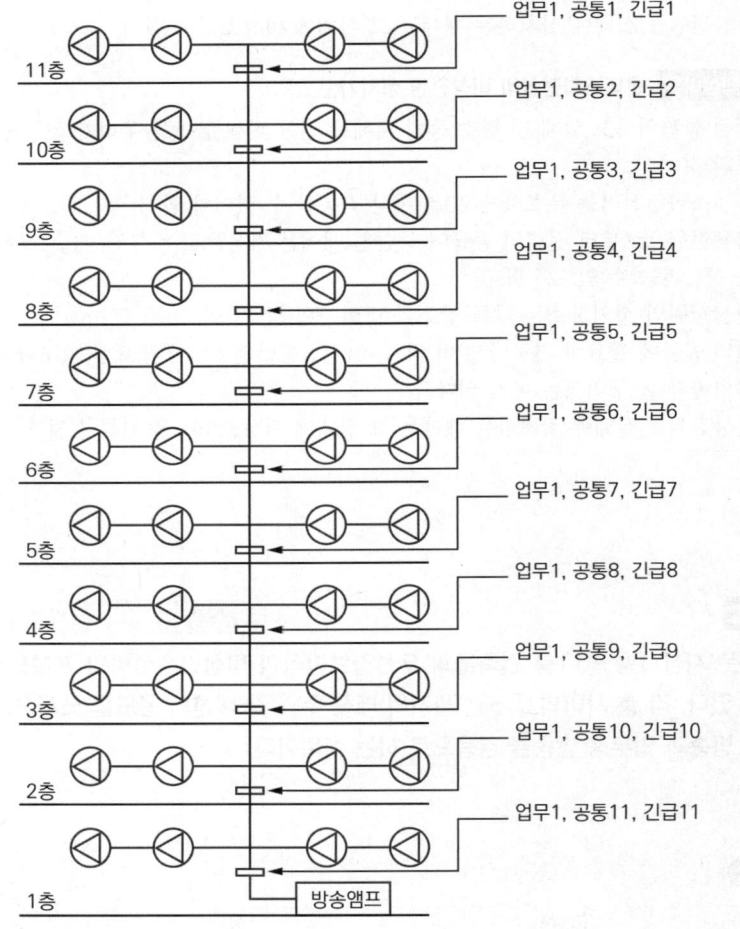

비상방송설비의 화재안전기술기준(NFTC 202)의 2.2 배선 2.2.1.1
- 화재로 인하여 하나의 층의 확성기 또는 배선이 단락 또는 단선되어도 다른 층의 화재 통보에 지장이 없도록 할 것
- '단선'이 되어도 다른 층의 화재 통보에 지장이 없도록 해주어야 하기 때문에 긴급(비상방송용+선) 한 가닥이 추가될 때마다 공통선(-선) 또한 한 가닥씩 추가해 준다.
- 업무용 배선은 일반용으로써 한 가닥으로 모든 층을 사용한다.
- 긴급용 배선은 화재가 발생했을 때, 비상방송용으로써 각 층마다 추가한다.

※ 자동화재탐지설비 및 시각경보장치의 화재안전기술기준(NFTC 203)의 2.2 수신기 2.2.3.9
- 화재로 인하여 하나의 층의 지구음향장치 또는 배선이 단락되어도 다른 층의 화재통보에 지장이 없도록 각 층 배선상에 유효한 조치를 할 것
- '단선'이라는 말이 없이 '단락'에 관한 문구만 있기 때문에 각 층의 배선상에 유효한 조치를 하고 경종선과 공통선을 추가하지 않는 것이다.   ※ 잘 구분할 것!

07

득점 / 배점 4

소방용 케이블과 다른 용도의 케이블을 배선전용실에 함께 배선할 때 알맞은 내용을 ( ) 안에 쓰시오.

가. 소방용 케이블을 내화성능을 갖는 배선전용실 등의 내부에 소방용이 아닌 케이블과 함께 노출하여 배선할 때 소방용 케이블과 다른 용도의 케이블 간의 피복과 피복 간의 이격거리는 (㉠) 이상이어야 한다.

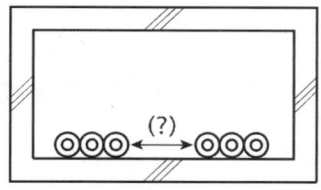

나. 부득이하여 "가."와 같이 이격시킬 수 없어 불연성 격벽을 설치한 경우에 격벽의 높이는 (㉡) 이상이어야 한다.

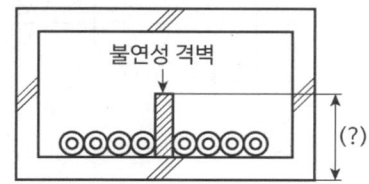

정답

㉠ 15 [cm]

㉡ 가장 굵은 케이블 지름의 1.5배

핵심이론 | 소방배선방법

- 소방용 케이블을 내화성능을 갖는 배선전용실 등의 내부에 소방용이 아닌 케이블과 함께 노출하여 배선할 때 소방용 케이블과 다른 용도의 케이블 간의 피복과 피복 간의 이격거리는 15 [cm] 이상이어야 한다.

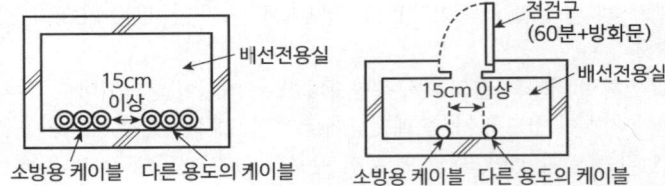

- 불연성 격벽을 설치한 경우에 격벽의 높이는 가장 굵은 케이블 지름의 1.5배 이상이어야 한다.

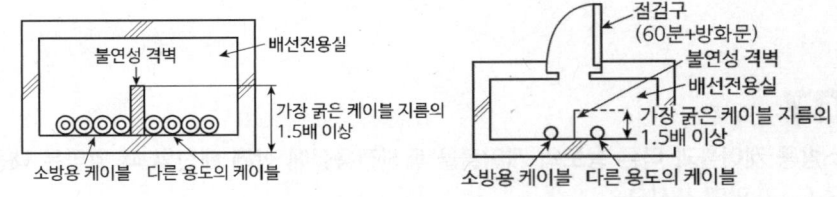

08 배점 8

차동식 스포트형 감지기의 구조에 관한 다음 그림에서 주어진 번호의 명칭 및 역할을 간단히 설명하시오.

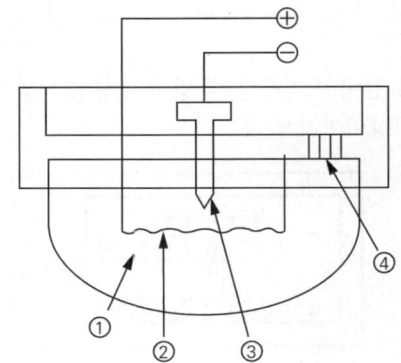

정답

① 감열실 : 열을 유효하게 받음
② 다이어프램 : 공기팽창에 의해 접점이 잘 밀려올라가도록 함
③ 고정접점 : 접점과 접촉되어 화재신호 발신
④ 리크공(구멍) : 감지기의 비화재보를 방지하기 위하여

핵심이론 | 차동식 스포트형 감지기 구조

- 동작원리 : 화재 발생 시 감열부의 공기가 팽창하여 다이어프램을 밀어 올려 접점을 붙게 함으로써 수신기에 신호를 보낸다.

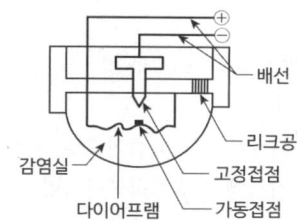

① 감열실 : 열을 유효하게 받음
② 다이어프램 : 공기팽창에 의해 접점이 잘 밀려올라가도록 함
③ 고정접점 : 가동접점과 접촉되어 화재신호 발신
④ 리크구멍(리크공) : 감지기의 비화재보를 방지하기 위하여

---

09 | 배점 6 |

다음은 통로유도등에 관한 사항이다. 다음 각 물음에 답하시오.

가. 기호 ㉠ ~ ㉢에 알맞은 내용을 쓰시오.

구분	복도통로유도등	거실통로유도등	계단통로유도등
설치장소	복도	(㉠)	계단
설치방법	구부러진 모퉁이 및 보행거리 20 [m]마다	(㉡)	각 층의 경사로참 또는 계단참마다
설치높이	(㉢)	바닥으로부터 높이 1.5 [m] 이상	바닥으로부터 높이 1 [m] 이하

나. 벽면에 설치하는 통로유도등과 바닥에 매설하는 통로유도등의 조도의 측정방법과 조도기준에 대하여 각각 쓰시오.

   1) 벽면설치 통로유도등 :

   2) 바닥매설 통로유도등 :

다. 통로유도등 표시면의 바탕색은 무엇인지 쓰시오.

정답

가. ㉠ 거실의 통로
   ㉡ 구부러진 모퉁이 및 보행거리 20 [m]마다
   ㉢ 바닥으로부터 높이 1 [m] 이하

나. 1) 벽면설치 통로유도등 : 통로유도등의 중앙으로부터 바로 밑의 바닥으로부터 수평으로 0.5 [m] 떨어진 지점에서 측정하여 1 [lx] 이상
   2) 바닥매설 통로유도등 : 통로유도등의 직상부 1 [m]의 높이에서 측정하여 법선조도가 1 [lx] 이상

다. 백색

핵심이론 유도등

□ 통로유도등 설치기준

구분	복도통로유도등	거실통로유도등	계단통로유도등
설치 장소	복도	거실의 통로	계단
설치 방법	① 출입구에 피난구유도등 있는 복도 : 맞은편 복도에 입체형 또는 바닥 ② 구부러진 모퉁이 ③ ①의 통로유도등 기점으로 보행거리 20 [m]마다	구부러진 모퉁이 및 보행거리 20 [m]마다	각 층의 경사로참 또는 계단참마다
설치 높이	바닥으로부터 높이 1 [m] 이하	바닥으로부터 높이 1.5 [m] 이상	바닥으로부터 높이 1 [m] 이하

- 출입구에 피난구유도등 : 직접 지상으로 통하는 출입구·계단실 또는 그 부속실 출입구
- 복도통로유도등 바닥에 설치 시
   ① 지하층/무창층 용도 도소매시장·여객자동차터미널·지하역사 또는 지하상가인 경우 : 복도·통로의 바닥 설치 가능
   ② 바닥에 설치하는 통로유도등은 하중에 따라 파괴되지 아니하는 강도의 것으로 할 것

□ 최소 설치개수 구하는 식 (소수점 절상)

구분	공식
객석유도등	$\dfrac{\text{객석통로의 직선부분의 길이 [m]}}{4} - 1$
유도표지	$\dfrac{\text{구부러진 곳이 없는 부분의 보행거리 [m]}}{15} - 1$
복도통로유도등, 거실통로유도등	$\dfrac{\text{구부러진 곳이 없는 부분의 보행거리 [m]}}{20} - 1$

□ 유도등의 조도 측정

구분	복도통로유도등	
측정방법	벽면 : 바닥으로부터 높이 1 [m]에 설치	바닥
측정위치	유도등의 중앙으로부터 0.5 [m] 떨어진 위치의 바닥면 조도와 유도등의 전면 중앙으로부터 0.5 [m] 떨어진 위치	유도등의 바로 윗부분 1 [m]의 높이
조도기준	조도 1 [lx] 이상	법선조도 1 [lx] 이상
그림	(벽면, 측정지점, 바닥면, 0.5m, 0.5m, 1m)	(표시면, 벽면, 바닥면, 15°, 30°, 30°, 15°, 0.5m, ● : 측정지점)

□ 유도등의 표시면 색상
 • 피난구유도등 : 녹색바탕에 백색문자
 • 통로유도등 : 백색바탕에 녹색문자

10

다음은 자동화재탐지설비의 부대전기설비 계통도의 일부분이다. 조건을 보고 ① ~ ⑦까지의 최소가닥 수를 산정하시오. (단, 경종과 표시등 공통선을 하나로 하였으며, 하나의 층의 지구음향장치 배선이 단락이 되어도 다른 층의 화재통보에 지장이 없도록 각 층 배선상에 유효한 조치를 했음)

배점 6

조건
(1) 건물의 규모는 지하 3층, 지상 5층이며, 연면적은 4000 [m²]이다.
(2) 가닥 수는 최소로 하고 공통선은 회로공통선과 경종표시등공통선을 분리한다.
(3) 옥내소화전설비는 기동용 수압개폐장치를 이용한 자동기동방식으로 한다.
(4) 옥내소화전설비에 해당하는 가닥 수도 포함하여 산정한다.

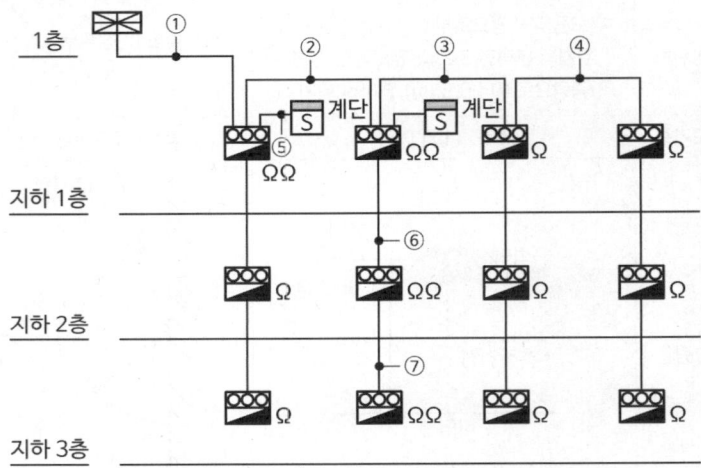

정답

① 25가닥, ② 20가닥, ③ 13가닥, ④ 10가닥, ⑤ 4가닥, ⑥ 11가닥, ⑦ 9가닥

☑ 해설
• 계통도 및 전선 용도 및 가닥 수 참고(일제경보방식)

기호	가닥 수	배선내역
①	HFIX 2.5-25	지구선 16, 지구공통선 3, 경종선 1, 경종표시등공통선 1, 응답선 1, 표시등선 1, 기동확인 2
②	HFIX 2.5-20	지구선 12, 지구공통선 2, 경종선 1, 경종표시등공통선 1, 응답선 1, 표시등선 1, 기동확인 2
③	HFIX 2.5-13	지구선 6, 지구공통선 1, 경종선 1, 경종표시등공통선 1, 응답선 1, 표시등선 1, 기동확인 2

기호	가닥 수	배선내역
④	HFIX 2.5-10	지구선 3, 지구공통선 1, 경종선 1, 경종표시등공통선 1, 응답선 1, 표시등선 1, 기동확인 2
⑤	HFIX 1.5-4	지구, 공통 각 2가닥
⑥	HFIX 2.5-11	지구선 4, 지구공통선 1, 경종선 1, 경종표시등공통선 1, 응답선 1, 표시등선 1, 기동확인 2
⑦	HFIX 2.5-9	지구선 2, 지구공통선 1, 경종선 1, 경종표시등공통선 1, 응답선 1, 표시등선 1, 기동확인 표시등 2

- 옥내소화전함과 겸용하였기 때문에 기동확인표시등 2가닥이 추가된다.
- 지상11층 이상인 특정소방대상물이 아니므로 일제경보방식이며, 하나의 층의 지구음향장치 배선이 단락이 되어도 다른 층의 화재통보에 지장이 없도록 각 층 배선상에 유효한 조치를 했기 때문에 경종선은 추가되지 않는다.
- 종단저항의 수가 지구선수이다.
- 지구선수가 7가닥을 초과할 때마다 공통선이 1가닥이 추가된다.

11

득점 ___ 배점 6

다음은 소방시설용 비상전원수전설비로서 고압 또는 특고압으로 수전하는 도면이다. 다음 각 물음에 답하시오.

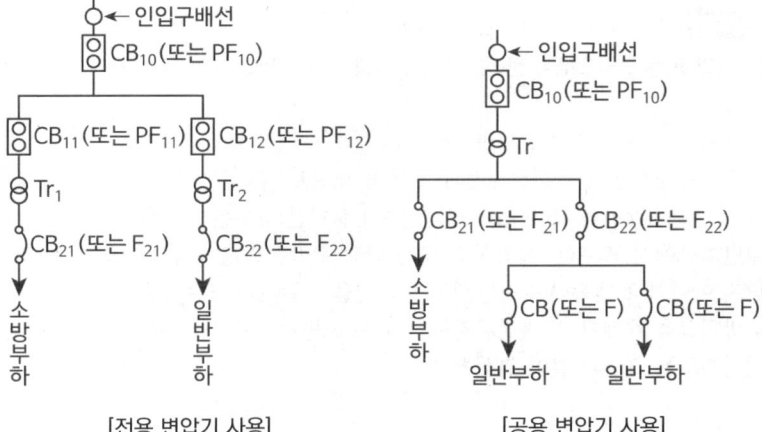

[전용 변압기 사용]   [공용 변압기 사용]

가. 다음 약호의 명칭을 쓰시오.

약호	명칭
CB	
PF	
F	
Tr	

나. 일반회로의 과부하 또는 단락사고 시에 CB_{10}(또는 PF_{10})이 어떤 기기보다 먼저 차단되어서는 안 되는지 쓰시오.

다. CB_{11}(또는 PF_{11})은 어느 것과 동등 이상의 차단용량이어야 하는지 쓰시오.

정답

가.

약호	명칭
CB	전력차단기
PF	전력퓨즈(고압 또는 특고압용)
F	퓨즈(저압용)
Tr	전력용 변압기

나. CB_{12}(또는 PF_{12}) 및 CB_{22}(또는 F_{22})

다. CB_{12}(또는 PF_{12})

핵심이론 | 소방시설용 비상전원수전설비

□ 특별고압 또는 고압으로 수전하는 방화구획형, 옥외개방형 또는 큐비클(Cubicle)형의 설치기준
- 전용의 방화구획 내에 설치할 것
- 소방회로배선은 일반회로배선과 불연성 벽으로 구획할 것. 다만 소방회로배선과 일반회로배선을 15 [cm] 이상 떨어져 설치한 경우는 그러하지 아니한다.
- 일반회로에서 과부하, 지락사고 또는 단락사고가 발생한 경우에도 이에 영향을 받지 아니하고 계속하여 소방회로에 전원을 공급시켜 줄 수 있어야 할 것
- 소방회로용 개폐기 및 과전류차단기에는 "소방시설용"이라 표시할 것
- 전기회로는 그림과 같이 결선할 것

12

다음과 같은 장소에 차동식 스포트형 감지기 2종을 설치하는 경우와 광전식 스포트형 2종을 설치하는 경우 최소 감지기 소요개수를 산정하시오. (단, 주요구조부는 내화구조, 감지기의 설치높이는 3 [m]이다)

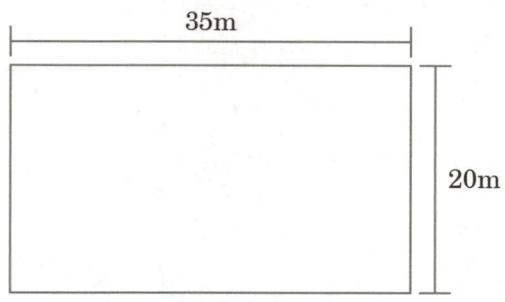

가. 차동식 스포트형 감지기(2종) 소요개수
   ○ 계산과정 :
   ○ 답 :

나. 광전식 스포트형 감지기(2종) 소요개수
   ○ 계산과정 :
   ○ 답 :

정답

가. 계산과정 : $\frac{350}{70}$ = 5개, $\frac{350}{70}$ = 5개

답 | 10개

나. 계산과정 : $\frac{300}{150}$ = 2개, $\frac{400}{150}$ = 2.6 → 절상해서 3개

답 | 5개

경계구역 면적기준인 600 [m²]를 초과하지 않도록 해당 실의 면적을 먼저 나누어 준 후 감지기 소요개수를 산정한다. 이때, 광전식 스포트형 감지기 소요개수산정에 있어서는 해당 실의 면적을 350으로 각각 나누어서 계산하면 6개가 필요하지만, 300과 400으로 나누어서 계산한다면 최소 개수인 5개가 필요하기 때문에 300과 400으로 나누어서 계산한다.

핵심이론 감지기 설치면적

□ 열감지기 설치면적 (단위 : [m²])

부착높이 및 특정소방대상물의 구분		감지기의 종류						
		차동식 스포트형		보상식 스포트형		정온식 스포트형		
		1종	2종	1종	2종	특종	1종	2종
4 [m] 미만	내화구조	90	70	90	70	70	60	20
	기타구조	50	40	50	40	40	30	15
4 [m] 이상 8 [m] 미만	내화구조	45	35	45	35	35	30	
	기타구조	30	25	30	25	25	15	

□ 연기감지기 설치면적 (단위 : [m²])

부착높이	감지기의 종류	
	1종 및 2종	3종
4 [m] 미만	150	50
4~20 [m] 미만	75	-

13
득점 **배점 8**

수신기로부터 배선거리 100 [m]의 위치에 모터사이렌이 접속되어 있다. 사이렌이 명동될 때 사이렌의 단자전압을 구하시오. (단, 수신기는 정전압출력이라고 하고 전선은 2.5 [mm²] HFIX전선이며, 사이렌의 정격전력은 48 [W]라고 가정한다. 전압변동에 의한 부하전류의 변동은 무시한다. 2.5 [mm²] 동선의 전기저항은 8.75 [Ω/km]라고 한다)

○ 계산과정 :

○ 답 :

정답

☑ 계산과정
- $I = \dfrac{P}{V} = \dfrac{48}{24} = 2\,[A]$
- $e(전압강하) = 2IR = 2 \times 2 \times 0.875 = 3.5\,[V]$
  ($8.75\,[\Omega/km] \times 0.1\,[km] = 0.875\,[\Omega]$)
- $V_r = 24 - 3.5 = 20.5\,[V]$

답 | 20.5 [V]

※ 동선의 전기저항이 8.75 [Ω/km]이라는 것은, 1 [km]일 때 저항이 8.75 [Ω]라는 뜻으로, 배선거리 100 [m]일 때 전기저항을 구해서 대입한다.

핵심이론 전압강하

- 단상 2선식 $e = V_s - V_r = 2IR$ [V]
- 3상 3선식 $e = V_s - V_r = \sqrt{3}IR$ [V]

e : 전압강하 [V], V_s : 정격전압 [V], V_r : 단자전압 [V]

14

논리식 Z = (A + B + C) · (A · B · C + D)를 릴레이회로(유접점회로)와 논리회로(무접점회로)로 바꾸어 그리시오.

정답

릴레이회로(유접점회로)	논리회로(무접점회로)

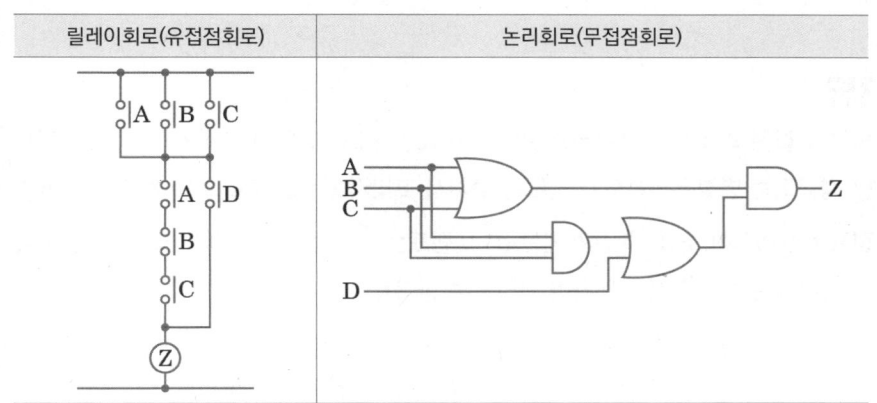

중요
- 덧셈은 병렬로 연결하며, 곱셈은 직렬로 연결한다.
- 회로를 그릴 때, 분기점에는 반드시 '•'표시를 해주어야 한다('•' 표시를 안 하면 틀린 답).

☑ 해설 : 시퀀스회로와 논리회로의 관계

회로	시퀀스회로	논리식	논리회로
직렬회로	(A, B 직렬, Z)	$Z = A \cdot B$ $Z = AB$	AND
병렬회로	(A, B 병렬, Z)	$Z = A+B$	OR
a접점	(A, Z)	$Z = A$	(buffer/OR)
b접점	(A b접점, Z)	$Z = \overline{A}$	(NOT/NAND/NOR)

15   배점 6

도면과 같은 회로를 누름버튼스위치 PB_1 또는 PB_2 중 먼저 ON 조작된 측의 램프만 점등되는 병렬우선회로가 되도록 고쳐서 그리시오. (단, PB_1측의 계전기는 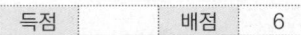, 램프는 L_1이며, PB_2 측 계전기는 R_2, 램프는 L_2이다. 또한 추가되는 접점이 있을 경우에는 최소수만 사용하여 그리도록 한다)

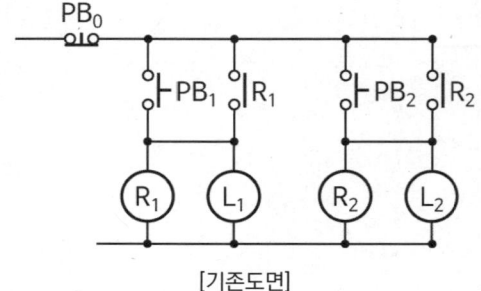

[기존도면]

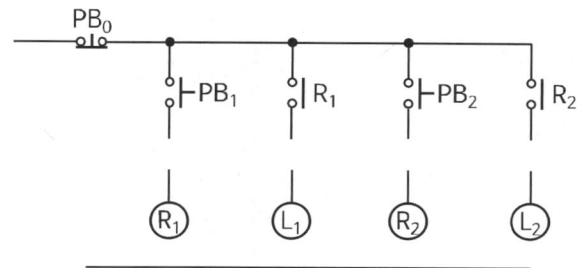

[병렬 우선회로]

정답

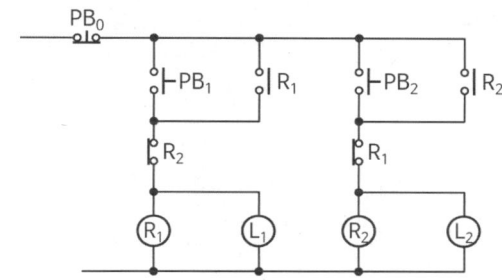

- PB_{-1} 스위치를 동작시키면 R_1이 여자되며 관련 접점인 R_{1-a}접점과 R_{1-b}접점이 작동한다(L_1 또한 점등). 따라서 PB_{-1} 스위치에서 손을 떼더라도 R_{1-a}접점이 자기유지되어서 R_1은 계속 동작됨과 동시에 L_1은 점등상태를 유지한다. 이때, R_{1-b}접점은 떨어져서 R_2가 동시에 동작되는 것을 방지한다.
- PB_0 스위치를 누르면 원상복구된다.
- PB_{-2} 스위치를 동작시키면 R_2이 여자되며 관련 접점인 R_{2-a}접점과 R_{2-b}접점이 작동한다(L_2 또한 점등). 따라서 PB_{-2} 스위치에서 손을 떼더라도 R_{2-a}접점이 자기유지되어서 R_2은 계속 동작됨과 동시에 L_2는 점등상태를 유지한다. 이때, R_{2-b}접점은 떨어져서 R_1가 동시에 동작되는 것을 방지한다.

✓ 해설 : 인터록회로
- 상호 관련이 있는 기기의 동작을 서로 구속하는 회로기기의 보호와 조작자의 안전이 목적인 회로
- 병렬회로에 상호 b접점(Normal Close)을 두어 R_1과 R_2의 동시투입방지
  (1) PB_1이 ON되면 릴레이 R_1이 여자되고, R_1의 a 접점이 폐로되고 또한 램프 L_1이 점등된다.
  (2) 이때 PB_2를 ON시켜도 릴레이 R_2와 램프 L_2는 R_1의 b접점이 단전되기 때문에 작동할 수 없음
  ※ 하나의 릴레이가 동작하면 다른 릴레이는 동작이 금지됨

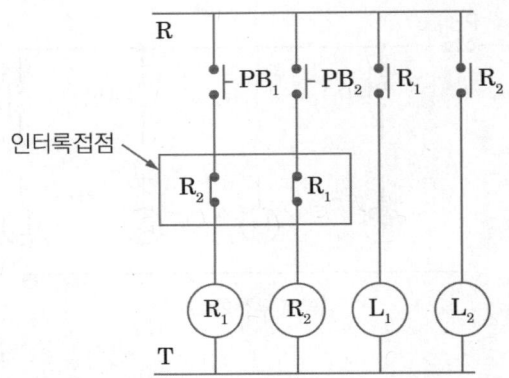

📌 핵심이론 논리회로

게이트	논리회로	논리식	시퀀스회로	진리표		
AND	$A,B \rightarrow X$	$X = A \cdot B$ $= AB$		A	B	X
				0	0	0
				0	1	0
				1	0	0
				1	1	1
OR	$A,B \rightarrow X$	$X = A + B$		A	B	X
				0	0	0
				0	1	1
				1	0	1
				1	1	1
NOT	$A \rightarrow X$	$X = \overline{A}$		A	X	
				0	1	
				1	0	

2017년 4회

2017.11.11

01 [배점 5]

비상전원의 배선 사용기준 중 분말소화설비의 배선기준을 그림에 직접 표시하시오. (단, ────── : 내화배선, ─ · ─ : 내열배선, ▬▬▬▬ : 일반배선으로 표시한다)

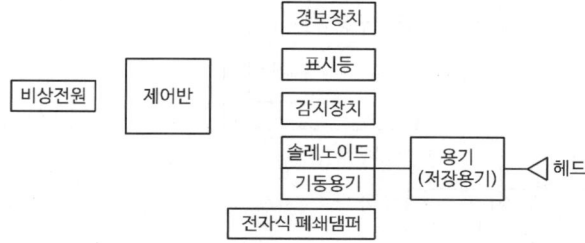

정답

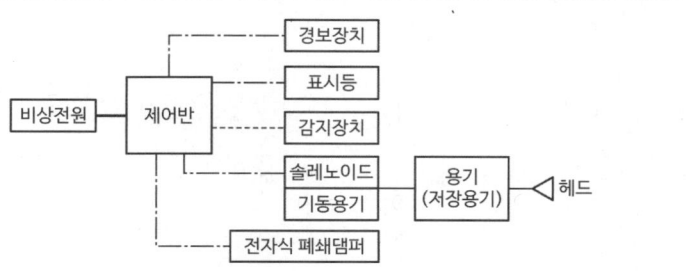

★ **핵심이론** 이산화탄소소화설비 · 할로겐화합물소화설비 · 분말소화설비배선공사

(내화배선 : ──────, 내열배선 : ─ · ─, 일반배선 : ▬▬▬▬, 배관 : ────)

02

배점 8

도면은 할론(Halon)소화설비의 수동조작함에서 할론제어반까지의 결선도 및 계통도(3zone)이다. 주어진 도면과 조건을 이용하여 다음 각 물음에 답하시오.

> **조건**
> (1) 전선의 가닥 수는 최소 가닥 수로 한다.
> (2) 복구스위치 및 도어스위치는 없는 것으로 한다.

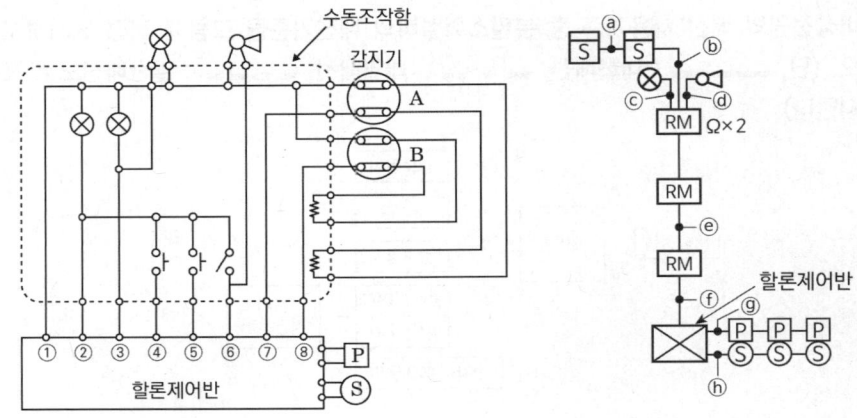

가. ①~⑧의 전선 명칭을 쓰시오.

기호	①	②	③	④	⑤	⑥	⑦	⑧
명칭								

나. ⓐ~ⓗ의 전선 가닥 수를 쓰시오.

기호	ⓐ	ⓑ	ⓒ	ⓓ	ⓔ	ⓕ	ⓖ	ⓗ
가닥 수								

> **정답**

가.

기호	①	②	③	④	⑤	⑥	⑦	⑧
명칭	전원 ⊖	전원 ⊕	방출표시등	방출지연스위치	기동	사이렌	감지기 A	감지기 B

나.

기호	ⓐ	ⓑ	ⓒ	ⓓ	ⓔ	ⓕ	ⓖ	ⓗ
가닥 수	4	8	2	2	13	18	4	4

✓ 해설
- 완성된 제어반

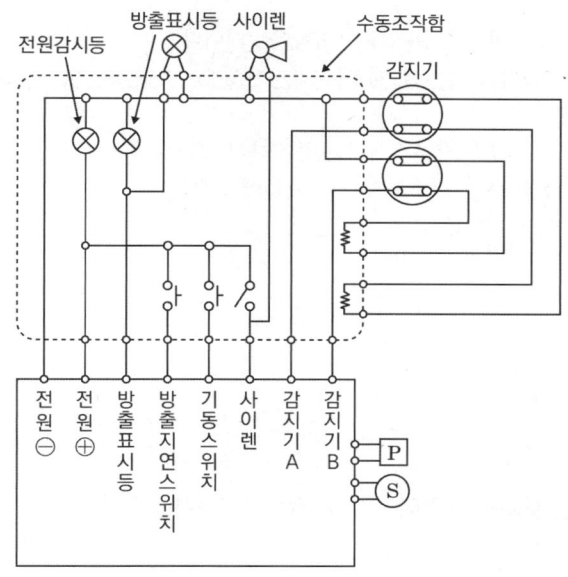

- 전선 가닥 수 및 용도

기호	내역	용도
ⓐ	16C(HFIX 1.5-4)	지구 2, 공통 2
ⓑ	22C(HFIX 1.5-8)	지구 4, 공통 4
ⓒ	16C(HFIX 2.5-2)	방출표시등 2
ⓓ	16C(HFIX 2.5-2)	사이렌 2
ⓔ	36C(HFIX 2.5-13)	전원 ⊕·⊖, 방출지연스위치 1, (감지기 A 1, 감지기 B 1, 기동스위치 1, 사이렌 1, 방출표시등 1) × 2
ⓕ	36C(HFIX 2.5-18)	전원 ⊕·⊖, 방출지연스위치 1, (감지기 A 1, 감지기 B 1, 기동스위치 1, 사이렌 1, 방출표시등 1) × 3
ⓖ	16C(HFIX 2.5-4)	압력스위치 3, 공통 1
ⓗ	16C(HFIX 2.5-4)	솔레노이드밸브 3, 공통 1

- 솔레노이드밸브 = 밸브기동 = SV(Solenoid Valve) = SOL
- 압력스위치 = 밸브개방 확인 = PS(Pressure Switch)
- 방출지연스위치 = 약제지연스위치 = abort s/w
- 방출표시등 = 방출확인등

- 가스계소화설비는 교차회로방식으로써, 루프와 말단은 4가닥 나머지는 8가닥이다.
- 교차회로방식이기 때문에 종단저항은 2개이다.
- <u>ZONE이 하나가 늘어날 때마다 감지기A, B, 기동스위치, 사이렌, 방출표시등이 증가한다.</u>
- 전원+, -선과 방출지연스위치는 증가하지 않는다.
- 전선의 가닥 수가 최소가닥이기 때문에 g배선과 h배선에서 공통을 하나로 같이 쓴다.

03 　　　　　　　　　　　　　　　　　　　　　득점 　 배점 6

작동표시장치를 설치하지 않아도 되는 감지기 3가지를 쓰시오.

①
②
③

정답

① 방폭구조의 감지기
② 차동식 분포형 감지기
③ 정온식 감지선형 감지기

> 📌 **핵심이론**
> **작동표시장치를 설치하지 않아도 되는 감지기**
> - 방폭구조의 감지기
> - 수신기에 작동한 내용이 표시되는 감지기(무선식 감지기는 제외)
> - 차동식 분포형 감지기
> - 정온식 감지선형 감지기

04

객석유도등을 설치하지 않아도 되는 경우를 2가지 쓰시오.

①

②

정답

① 채광이 충분한 객석(주간에만 사용)

② 통로유도등이 설치된 객석(거실 각 부분에서 거실 출입구까지의 보행거리 20 [m] 이하)

핵심이론 유도등 설치 제외 장소

- 피난구유도등 설치 제외
  ① 바닥면적이 1000 [m²] 미만인 층으로서 옥내로부터 직접 지상으로 통하는 출입구(외부의 식별이 용이한 경우에 한한다)
  ② 대각선 길이가 15 [m] 이내인 구획된 실의 출입구
  ③ 거실 각 부분으로부터 하나의 출입구에 이르는 보행거리가 20 [m] 이하이고, 비상조명등과 유도표지가 설치된 거실의 출입구
  ④ 출입구가 3 이상 있는 거실로서 그 거실 각 부분으로부터 하나의 출입구에 이르는 보행거리가 30 [m] 이하인 경우에는 주된 출입구 2개소 외의 출입구(유도표지가 부착된 출입구를 말한다)(다만 공연장·집회장·관람장·전시장·판매시설 및 영업시설·숙박시설·노유자시설·의료시설의 경우에는 그러하지 아니하다)
- 통로유도등 설치 제외
  ① 구부러지지 아니한 복도 또는 통로로서 길이가 30 [m] 미만인 복도 또는 통로
  ② '①'에 해당하지 아니하는 복도 또는 통로로서 보행거리가 20 [m] 미만이고, 그 복도 또는 통로와 연결된 출입구 또는 그 부속실의 출입구에 피난구유도등이 설치된 복도 또는 통로
- 객석유도등 설치 제외
  ① 주간에만 사용하는 장소로서 채광이 충분한 객석
  ② 거실 등의 각 부분으로부터 하나의 거실출입구에 이르는 보행거리가 20 [m] 이하인 객석의 통로로서 그 통로에 통로유도등이 설치된 객석

05

시각경보기를 설치하여야 하는 특정소방대상물을 3가지 쓰시오.

① ② ③

정답

① 근린생활시설, ② 문화 및 집회시설, ③ 종교시설

✅ 해설 : 시각경보기를 설치하여야 하는 특정 소방대상물

(1) 근린생활시설 (2) 문화 및 집회시설
(3) 종교시설 (4) 판매시설
(5) 운수시설 (6) 운동시설
(7) 위락시설 (8) 물류터미널
(9) 의료시설 (10) 노유자시설
(11) 업무시설 (12) 숙박시설
(13) 발전시설 및 장례식장 (14) 도서관
(15) 방송국 (16) 지하상가

핵심이론 시각경보장치 설치기준

- 복도·통로·청각장애인용 객실 및 공용으로 사용하는 거실에 설치하며, 각 부분에서 유효하게 경보를 발할 수 있는 위치에 설치할 것
- 공연장·집회장·관람장 또는 이와 유사한 장소에 설치하는 경우에는 시선이 집중되는 무대부 부분 등에 설치할 것
- 바닥으로부터 2 [m] 이상 ~ 2.5 [m] 이하의 높이에 설치할 것(단, 천장높이가 2 [m] 이하는 천장에서 0.15 [m] 이내의 장소에 설치)

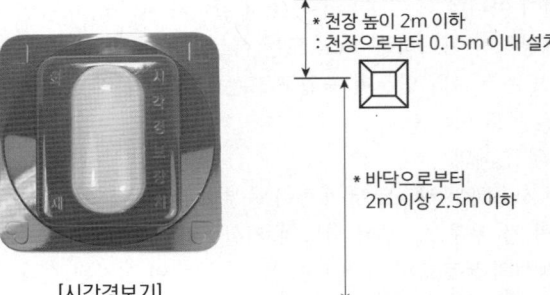

[시각경보기]

- 광원은 전용의 축전지설비 또는 전기저장장치에 의하여 점등되도록 할 것(단, 시각경보기에 작동전원을 공급할 수 있도록 형식승인을 얻은 수신기를 설치한 경우는 제외)

06

배점 8

다음은 기동용 수압개폐장치를 사용하는 옥내소화전함과 습식 스프링클러설비가 설치된 지상 6층의 호텔계통도이다. 다음 각 물음에 답하시오. (단, 경종과 표시등 공통선을 하나로 하였으며, 하나의 층의 지구음향장치 배선이 단락이 되어도 다른 층의 화재통보에 지장이 없도록 각 층 배선상에 유효한 조치를 하였음)

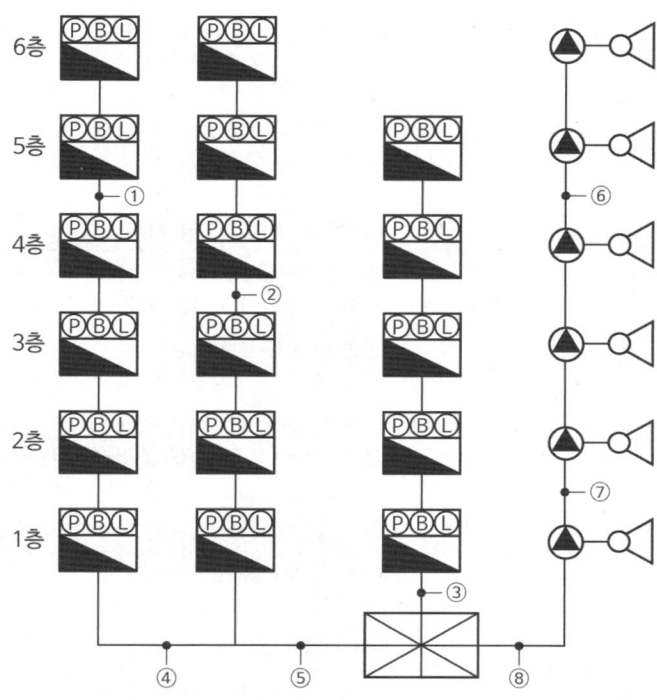

가. 기호 ① ~ ⑧의 가닥 수를 쓰시오.

기호	①	②	③	④	⑤	⑥	⑦	⑧
가닥 수								

나. 경계구역이 7경계구역을 넘을 경우 추가되는 배선의 명칭을 쓰시오.

다. 기호 ⑤에 들어가는 회로선은 몇 가닥인지 쓰시오.

라. 기호 ④에 들어가는 경종선은 몇 가닥인지 쓰시오.

마. 기호 ⑤에 들어가는 경종선은 몇 가닥인지 쓰시오.

정답

가.

기호	①	②	③	④	⑤	⑥	⑦	⑧
가닥 수	9	10	12	13	20	7	16	19

나. 지구공통선

다. 12가닥

라. 1가닥

마. 1가닥

해설

- 전선 가닥 수 및 용도

기호	가닥 수	전선의 사용용도(가닥 수)
①	9	지구선 2, 지구공통선 1, 경종선 1, 경종표시등공통선 1, 응답선 1, 표시등선 1, 기동확인표시등 2
②	10	지구선 3, 지구공통선 1, 경종선 1, 경종표시등공통선 1, 응답선 1, 표시등선 1, 기동확인표시등 2
③	12	지구선 5, 지구공통선 1, 경종선 1, 경종표시등공통선 1, 응답선 1, 표시등선 1, 기동확인표시등 2
④	13	지구선 6, 지구공통선 1, 경종선 1, 경종표시등공통선 1, 응답선 1, 표시등선 1, 기동확인표시등 2
⑤	20	지구선 12, 지구공통선 2, 경종선 1, 경종표시등공통선 1, 응답선 1, 표시등선 1, 기동확인표시등 2
⑥	7	압력스위치 2, 탬퍼스위치 2, 사이렌 2, 공통 1
⑦	16	압력스위치 5, 탬퍼스위치 5, 사이렌 5, 공통 1
⑧	19	압력스위치 6, 탬퍼스위치 6, 사이렌 6, 공통 1

- 습식 스프링클러설비에는 PS, TS가 부착되어 있다.
- 기본적으로 배선 가닥 수는 최소가닥 수를 기준으로 하기 때문에 ⑥, ⑦, ⑧의 공통(-)은 한 가닥으로 사용한다.
- 지구선수가 7가닥을 초과할 때 공통선 1가닥을 추가한다.
- 옥내소화전함과 겸용하기 때문에 기동확인표시등 2가닥을 추가한다.
- 11층 이상의 특정소방대상물이 아니기 때문에 일제경보방식을 적용하며, 하나의 층의 지구음향장치 배선이 단락이 되어도 다른 층의 화재통보에 지장이 없도록 각 층 배선상에 유효한 조치를 하였으므로 경종선은 추가하지 않는다.

07 배점 10

도면은 누전경보기의 설치회로도이다. 이 회로를 보고 다음 물음에 답하시오. (단, 도면의 잘못된 부분은 모두 정상회로로 수정한 것으로 가정하고 답할 것)

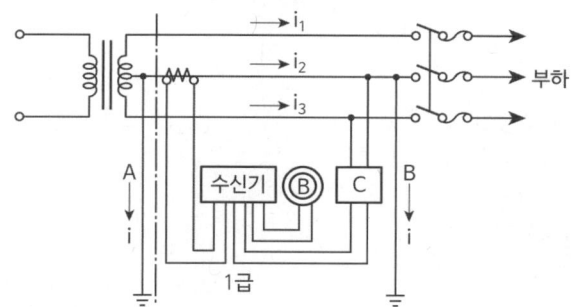

가. 회로에서 잘못된 부분을 3가지만 지적하여 올바른 방법을 설명하시오.

[잘못된 부분]

①
②
③

[올바른 방법]

①
②
③

나. [A]의 접지선에 접지하여야 할 접지의 종류를 쓰시오.

다. 회로에서 C 에 사용하는 과전류차단기의 용량은 몇 [A] 이하이어야 하는가?

라. 회로의 음향장치는 정격전압의 몇 [%] 전압에서 음향을 발할 수 있어야 하는가?

마. 회로에서 변류기의 절연저항을 측정하였을 경우 절연저항값은 몇 [MΩ] 이상이어야 하는가? (단, 1차 권선 또는 2차 권선과 외부금속부와의 사이로 차단기의 개폐부에 DC 500 [V] 절연저항계를 사용한다)

바. 누전경보기의 공칭작동전류치는 몇 [mA] 이하이어야 하는가?

정답

가. [잘못된 부분]
① 영상변류기가 1선만 관통
② 접지선이 각각 영상변류기의 전원 측(A)과 부하 측(B)에 설치
③ 차단기 2차 측 중성선에 퓨즈 설치

[올바른 방법]
① 3선을 모두 영상변류기에 관통
② 영상변류기의 전원 측(A)만 설치
③ 동선으로 직결

☑ 해설 : 올바른 회로

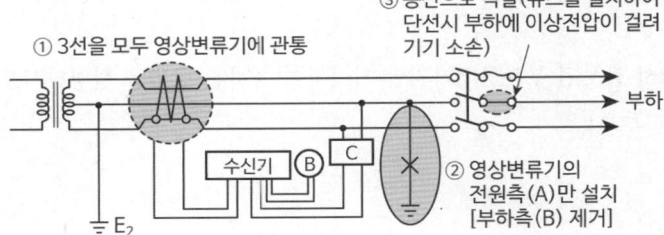

나. 제2종 접지공사
다. 15 [A] 이하
라. 80 [%]
마. 5 [MΩ] 이상
바. 200 [mA] 이하

핵심이론 누전경보기

□ 누전경보기 전원
- 전원은 분전반으로부터 전용회로로 하고, 각 극에 개폐기 및 15 [A] 이하의 과전류차단기(배선용 차단기에 있어서는 20 [A] 이하의 것으로 각 극을 개폐할 수 있는 것)를 설치할 것
- 전원을 분기할 때에는 다른 차단기에 따라 전원이 차단되지 아니하도록 할 것
- 전원의 개폐기에는 누전경보기용임을 표시한 표지를 할 것
- 계통접지 : 전력계통의 이상현상에 대비하여 대지와 계통을 접지
- 보호접지 : 감전보호를 목적으로 기기의 한 점 이상을 접지
- 피뢰시스템접지 : 뇌격전류를 안전하게 대지로 방류하기 위한 접지

□ 음향장치
- 사용전압 80 %에서 음향을 발생할 것

□ 기타 기술기준
- 공칭작동전류치 : 공칭작동전류치 200 [mA] 이하일 것
- 감도조정장치(감도절환부) : 최대 1 [A](조정범위 0.2, 0.5, 1 [A] 구분)

□ 절연저항시험
- 측정장치 : DC 500 [V]의 절연저항계
- 절연저항시험 : 5 [MΩ] 이상
- 측정위치
  ① 절연된 1차권선과 2차권선 간의 절연저항
  ② 절연된 1차권선과 외부금속부 간의 절연저항
  ③ 절연된 2차권선과 외부금속부 간의 절연저항

08 배점 6

자동화재탐지설비의 수신기에서 공통선시험을 하는 목적과 시험방법을 설명하시오.

가. 목적 :

나. 시험방법 :

정답

가. 목적
   공통선이 담당하고 있는 경계구역의 적정 여부 확인

나. 시험방법
   1) 수신기 내 접속단자의 공통선 1선 제거
   2) 회로도통시험의 예에 따라 도통시험스위치를 누른 후 회로선택스위치를 차례로 회전
   3) 전압계 또는 표시등을 확인하여 단선을 지시한 경계구역의 회선 수 확인

핵심이론 수신기시험

□ 공통선시험
- 목적 : 공통선이 담당하고 있는 경계구역의 적정 여부 확인
- 시험방법
  ① 수신기 내 접속단자의 공통선 1선 제거
  ② 회로도통시험의 예에 따라 도통시험스위치를 누른 후 회로선택스위치를 차례로 회전
  ③ 전압계 또는 표시등을 확인하여 단선을 지시한 경계구역의 회선 수 확인
- 가부판정 : 단선 표시 되는 회선 수가 7회선 이하이면 정상

□ 수신기시험
- 화재표시작동시험 : 지구표시등, 화재표시등 점등, 음향장치 명동 확인
- 예비전원시험 : 정전 시 상용전원에서 예비전원 자동전환 여부 확인 및 정상상태 복구 시 상용전원으로 자동전환 여부 확인

- 동시작동시험(회로 수가 2회선 이상) : 2회로 이상 동작 시 수신기 기능 정상 여부 확인
- 공통선시험 : 공통선이 담당하고 있는 경계구역의 적정 여부 확인
- 회로도통시험 : 감지기회로의 단선, 단락 및 접속상태의 이상 유무를 파악
- 저전압시험 : 저전압상태(정격전압 80 [%] 이하) 수신기 기능 유지 확인
- 회로저항시험 : 감지기회로 1회선 선로 저항이 수신기 기능에 이상을 주지 않는 것을 확인
- 지구음향장치 작동시험 : 감지기의 작동과 연동하여 당해 지구음향장치가 정상으로 작동하는가 확인하기 위한 시험
- 비상전원시험 : 상용전원이 사고 등으로 정전된 경우 자동적으로 비상전원으로 절환되며, 또한 정전복구 시에 자동적으로 일반 상용전원으로 절환되는지의 여부를 확인

09 [배점 4]

다음 표는 소화설비별로 사용할 수 있는 비상전원의 종류를 나타낸 것이다. 각 소화설비별로 설치하여야 하는 비상전원을 찾아 빈칸에 O표 하시오.

설비명	자가발전설비	축전지설비	비상전원 수전설비
옥내소화전설비, 물분무소화설비, 이산화탄소소화설비, 할로겐화합물소화설비, 비상조명등, 제연설비, 연결송수관설비			
스프링클러설비(차고, 주차장으로 바닥면적 1000 [m²] 미만인 경우), 포소화설비(호스릴포소화설비 또는 포소화전만을 설치한 차고·주차장, 포헤드설비 또는 고정포방출설비가 설치된 부분의 바닥면적 합계 1000 [m²] 미만인 경우)			
자동화재탐지설비, 비상경보설비, 비상방송설비			
비상콘센트설비			

정답

설비명	자가발전설비	축전지설비	비상전원 수전설비
옥내소화전설비, 물분무소화설비, 이산화탄소소화설비, 할로겐화합물소화설비, 비상조명등, 제연설비, 연결송수관설비	○	○	
스프링클러설비스프링클러설비(차고, 주차장으로 바닥면적 1000 [m^2] 미만인 경우), 포소화설비(호스릴포소화설비 또는 포소화전만을 설치한 차고·주차장, 포헤드설비 또는 고정포방출설비가 설치된 부분의 바닥면적 합계 1000 [m^2] 미만인 경우)	○	○	○
자동화재탐지설비, 비상경보설비, 비상방송설비		○	
비상콘센트설비	○	○	○

핵심이론 비상전원 종류

설비명	자가발전설비	축전지설비	전기저장장치	비상전원 수전설비
옥내소화전설비, 물분무소화설비, 이산화탄소소화설비, 할로겐화합물소화설비, 비상조명등, 제연설비, 연결송수관설비	○	○	○	
스프링클러설비스프링클러설비(차고, 주차장으로 바닥면적 1000 [m^2] 미만인 경우), 포소화설비(호스릴포소화설비 또는 포소화전만을 설치한 차고·주차장, 포헤드설비 또는 고정포방출설비가 설치된 부분의 바닥면적 합계 1000 [m^2] 미만인 경우)	○	○	○	○
자동화재탐지설비, 비상경보설비, 비상방송설비		○	○	
비상콘센트설비	○	○	○	○

10

그림은 6층 이상의 사무실 건물에 시설하는 배연창설비로서 계통도 및 조건을 참고하여 배선 수와 각 배선의 용도를 다음 표에 작성하시오. (단, 경종과 표시등선을 같이한다)

조건
(1) 전동구동장치는 솔레노이드식이다.
(2) 화재감지기가 작동되거나 수동조작함의 스위치를 ON시키면 배연창이 동작되어 수신기에 동작상태를 표시하게 된다.
(3) 화재감지기는 자동화재탐지설비용 감지기를 겸용으로 사용한다.

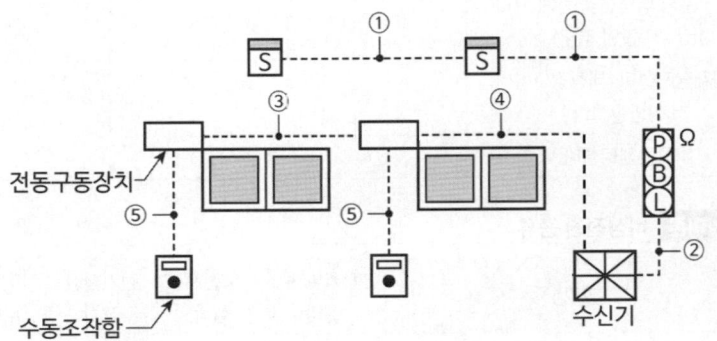

기호	구분	배선 수	배선의 용도
①	감지기 ↔ 감지기		
②	발신기 ↔ 수신기		
③	전동구동장치 ↔ 전동구동장치		
④	전동구동장치 ↔ 수신기		
⑤	전동구동장치 ↔ 수동조작함		

정답

기호	구분	배선 수	배선의 용도
①	감지기 ↔ 감지기	4	지구 2, 공통 2
②	발신기 ↔ 수신기	6	응답 1, 지구 1, 경종표시등공통 1, 경종 1, 표시등 1, 지구공통 1
③	전동구동장치 ↔ 전동구동장치	3	기동 1, 기동확인 1, 공통 1
④	전동구동장치 ↔ 수신기	5	기동 2, 기동확인 2, 공통 1
⑤	전동구동장치 ↔ 수동조작함	3	기동 1, 기동확인 1, 공통 1

☑ 해설 : 배연창 솔레노이드식 가닥 수
- 수동조작함
  ① 기동(배연창 기동), 기동확인(배연창 기동 확인), 공통
  ② 배연창 설치구역 2zone : 기동 추가, 기동 확인 추가
- 전동구동장치
  ① 기동(배연창 기동), 기동확인(배연창 기동 확인), 공통
  ② 배연창 설치구역 2zone : 기동 추가, 기동 확인 추가

자동화재탐지설비에서는 감지기배선을 송배선식을 사용하기 때문에 루프는 2가닥, 나머지는 4가닥이므로 '①'의 가닥 수는 4가닥이다.

11

| 득점 | | 배점 | 7 |

비상콘센트설비에 대한 다음 각 물음에 답하시오.

가. 전원회로 및 공급용량에 대한 ( ) 안을 완성하시오.

> 전원회로는 (㉠)교류 (㉡) [V]인 것으로서, 그 공급용량은 (㉢) [kVA] 이상인 것으로 할 것

나. 전원부와 외함 사이의 절연저항 값과 절연내력의 방법에 대해 쓰시오.

  1) 절연저항 값 :
  2) 절연내력의 방법(150 [V] 이상) :

정답

가. ㉠ 단상, ㉡ 220, ㉢ 1.5

나. 1) 절연저항값 : 직류 500 [V] 절연저항계로 측정하여 20 [MΩ] 이상

　　2) 절연내력의 방법(150 [V] 이상) : 정격전압에 2를 곱하여 1000을 더한 실효전압을 가하여 1분 이상 견딜 것

핵심이론 | 비상콘센트 설비의 화재안전기술기준

□ 비상콘센트설비 설치대상

소방대상물	설치대상
층수가 11층 이상인 특정소방대상물	11층 이상의 층
지하층의 층수가 3층 이상이고, 지하층의 바닥면적의 합계가 1000 [m^2] 이상인 것	지하층의 모든 층
터널	길이 500 [m] 이상
위험물 저장 및 처리시설 중 가스시설 또는 지하구는 제외	

□ 비상콘센트설비의 전원회로 설치기준
- 전원회로
  ① 각 층에 2 이상 설치, 비상콘센트 1개만 설치 시는 전원회로 1개만 설치 가능
  ② 단상교류 220 [V], 공급용량 1.5 [kVA] 이상

□ 전원부와 외함 사이의 절연저항 및 절연내력기준
- 절연저항 : 500 [V] 절연저항계로 측정할 때 20 [MΩ] 이상일 것
- 절연내력
  ① 정격전압 150 [V] 이하 : 1000 [V]의 실효전압
  ② 정격전압이 150 [V] 이상 : (정격전압 × 2) + 1000 [V] = 실효전압
  　㉠ 정격전압 220 [V]인 경우 : (220 × 2) + 1000 = 1440 [V]
  ③ 실효전압시험에서 1분 이상 견디는 것으로 할 것

12

그림과 같이 구획된 철근콘크리트 건물의 공장이 있다. 설치높이가 5 [m]인 곳에 자동화재탐지설비의 차동식 스포트형 1종 감지기를 설치하고자 한다. 다음 각 물음에 답하시오.

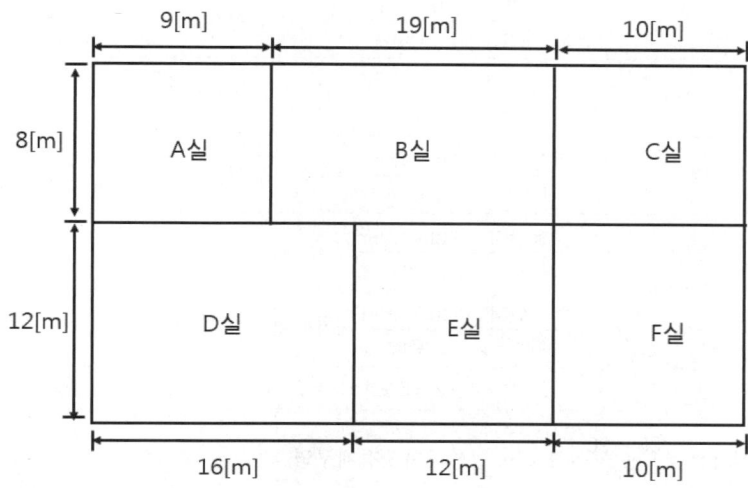

가. 다음 표를 완성하여 감지기 개수를 산정하시오.

구분	계산과정	설치수량(개)
A실		
B실		
C실		
D실		
E실		
F실		
합계		

나. 이 건물의 경계구역을 산정하시오.

○ 계산과정 :

○ 답 :

정답

가.

구분	계산과정	설치수량(개)
A실	$\dfrac{적용면적}{45m^2} = \dfrac{(9 \times 8)m^2}{45m^2} = 1.6 \to 2개(절상)$	2개
B실	$\dfrac{적용면적}{45m^2} = \dfrac{(19 \times 8)m^2}{45m^2} = 3.3 \to 4개(절상)$	4개
C실	$\dfrac{적용면적}{45m^2} = \dfrac{(10 \times 8)m^2}{45m^2} = 1.7 \to 2개(절상)$	2개
D실	$\dfrac{적용면적}{45m^2} = \dfrac{(16 \times 12)m^2}{45m^2} = 4.2 \to 5개(절상)$	5개
E실	$\dfrac{적용면적}{45m^2} = \dfrac{(12 \times 12)m^2}{45m^2} = 3.2 \to 4개(절상)$	4개
F실	$\dfrac{적용면적}{45m^2} = \dfrac{(10 \times 12)m^2}{45m^2} = 2.6 \to 3개(절상)$	3개
합계	2 + 4 + 2 + 5 + 4 + 3 = 20개	20개

나. 계산과정 : $\dfrac{38 \times 20}{600} = 1.2 \to$ 절상하여 2경계구역

답 | 2경계구역

※ 건물의 가로길이 : 9 + 19 + 10 = 38 [m], 건물의 세로길이 : 8 + 12 = 20 [m]

✓ **해설**

경계구역 = $\dfrac{전용면적}{600m^2}$

= $\dfrac{가로길이 \times 세로길이}{600m^2} = \dfrac{(9+19+10)m \times (8+12)m}{600m^2} = \dfrac{(38 \times 20)m^2}{600m^2}$

= 1.2

→ 절상하여 2개

핵심이론 감지기 설치면적 및 자동화재탐지설비 경계구역 설정기준

□ 열감지기 설치면적 (단위 : [m²])

부착높이 및 특정소방대상물의 구분		감지기의 종류						
		차동식 스포트형		보상식 스포트형		정온식 스포트형		
		1종	2종	1종	2종	특종	1종	2종
4 [m] 미만	내화구조	90	70	90	70	70	60	20
	기타구조	50	40	50	40	40	30	15
4 [m] 이상 8 [m] 미만	내화구조	45	35	45	35	35	30	
	기타구조	30	25	30	25	25	15	

□ 자동화재탐지설비 경계구역 설정기준(수평적 경계구역)
- 하나의 경계구역이 2개 이상의 건축물에 미치지 않도록 할 것
- 하나의 경계구역이 2개 이상의 층에 미치지 않도록 할 것. 다만 500 [m²] 이하의 범위 안에서는 2개의 층을 하나의 경계구역으로 할 수 있다.
- 하나의 경계구역의 면적은 600 [m²] 이하로 하고 한 변의 길이는 50 [m] 이하로 할 것. 다만 해당 특정소방대상물의 주된 출입구에서 그 내부 전체가 보이는 것에 있어서는 한 변의 길이가 50 m 의 범위 내에서 1000 [m²] 이하로 할 수 있다.
  ※ 경계구역산정에 있어서는 길이기준과 면적기준 둘 다 만족해야 한다.

13

배점 10

도면은 어느 사무실 건물의 1층 자동화재탐지설비의 미완성 평면도를 나타낸 것이다. 이 건물은 지상 3층으로 각 층의 평면은 1층과 동일하며 연면적은 1500 [m²]이다. 평면도 및 주어진 조건을 이용하여 다음 각 물음에 답하시오. (단, 경종과 표시등 공통선을 하나로 하였으며, 하나의 층의 지구음향장치 배선이 단락이 되어도 다른 층의 화재통보에 지장이 없도록 각 층 배선상에 유효한 조치를 했음)

조건
(1) 계통도 작성 시 각 층 수동발신기세트는 1개씩 설치하는 것으로 한다.
(2) 계단실의 감지기는 설치를 제외한다.
(3) 간선의 사용전선은 2.5 [mm²]이며, 공통선은 발신기공통 1선, 경종표시등공통 1선을 각각 사용한다.
(4) 계통도 작성 시 전선수는 최소로 한다.
(5) 전선관공사는 후강전선관으로 콘크리트 내 매입 시공한다.
(6) 각 실은 이중천장이 없는 구조이며, 천장에 감지기를 바로 취부한다.
(7) 각 실의 바닥에서 천장까지 높이는 2.8 [m]이다.
(8) 후강전선관의 굵기표는 다음과 같다.
(9) 도면의 한 변의 길이는 50 [m]를 초과하지 않는다.

도체 단면적 [mm²]	전선 본수									
	1	2	3	4	5	6	7	8	9	10
	전선관의 최소 굵기[mm]									
2.5	16	16	16	16	22	22	22	28	28	28
4	16	16	16	22	22	22	28	28	28	28
6	16	16	22	22	22	28	28	28	36	36
10	16	22	22	28	28	36	36	36	36	36

[평면도]

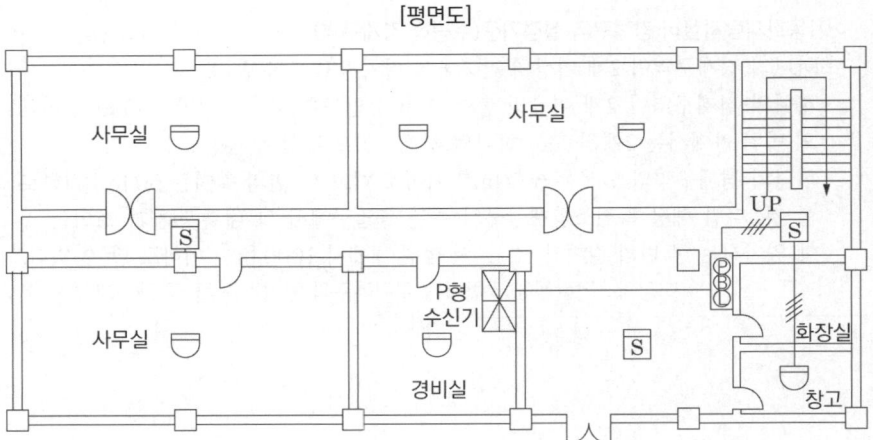

가. 도면의 P형 수신기는 최소 몇 회로용을 사용하여야 하는지 쓰시오.

나. 수신기에서 발신기세트까지의 배선 가닥 수는 몇 가닥이며, 여기에 사용되는 후강전선관은 몇 [mm]를 사용하는지 쓰시오.

　1) 배선 가닥 수 :

　2) 후강전선관 굵기 :

다. 연지감지기를 매입인 것으로 사용할 경우 그림기호를 그리시오.

라. 주어진 평면도에 배관 및 배선을 하여 자동화재탐지설비의 도면을 완성하시오. (단, 배선 가닥 수도 표기하시오)

마. 본 설비에 대한 간선계통도를 그리시오. (단, 계통도에 배선 가닥 수도 표기하시오)

정답

가. 5회로용

나. 1) 배선 가닥 수 : 8가닥
　　2) 후강전선관 굵기 : 28 [mm]

　✔ 해설
　　• 일제경보방식 : 8 가닥(지구선 3, 공통선 1, 응답선1, 경종선 1, 표시등선 1, 경종·표시등 공통선 1)

다. ⌐S⌐

라.

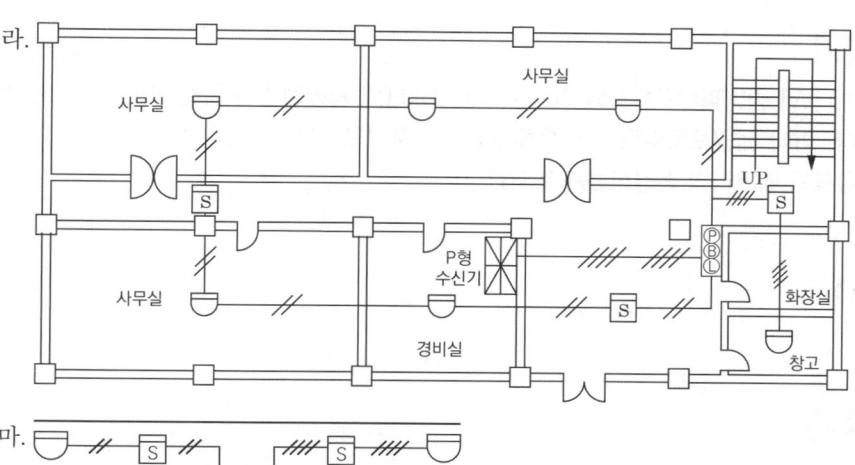

마.

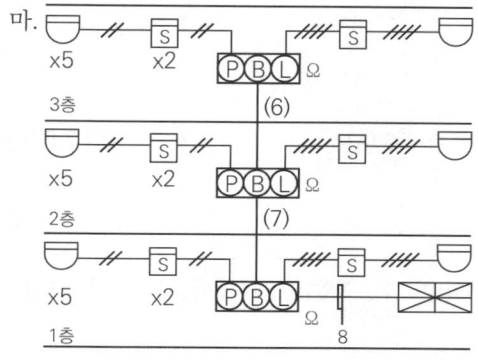

☑ 해설

가닥 수	전선의 사용용도					
	지구선	공통선	응답선	경종선	표시등선	경종·표시등 공통선
6	1	1	1	1	1	1
7	2	1	1	1	1	1
8	3	1	1	1	1	1

- 자동화재탐지설비는 송배선방식으로 감지기를 배선한다. 이때 루프는 2가닥, 나머지는 4가닥이며, 문제 내의 도면은 발신기세트함과 감지기가 함께 루프형태로 배선이 되어 있기 때문에 해당 루프부분은 2가닥이다.
- 조건 (2)에 계단실의 감지기는 설치를 제외한다고 하였기 때문에 수직적 경계구역은 산정하지 않는다.
- 하나의 층의 지구음향장치 배선이 단락이 되어도 다른 층의 화재통보에 지장이 없도록 각 층 배선상에 유효한 조치를 했으므로 경종선은 1가닥을 사용한다.

14

배점 4

20 [W] 중형피난구유도등 30개가 AC 220 [V] 사용전원에 연결되어 점등되고 있다. 이때 전원으로부터 공급전류 [A]를 구하시오. (단, 유도등의 역률은 0.7이며, 유도등 배터리의 충전전류는 무시한다)

O 계산과정 :

O 답 :

정답

☑ 계산과정
- $P = VI\cos\theta$

$\therefore I = \dfrac{P}{V\cos\theta} = \dfrac{20 \times 30개}{220 \times 0.7} = 3.896 \fallingdotseq 3.9\ [A]$

답 | 3.9 [A]

핵심이론 단상 2선식 공식

$P = VI\cos\theta$

P : 단상전력[W], V : 전압[V], I : 전류[A], $\cos\theta$: 역률

15

배점 5

자동화재탐지설비 P형 수신기의 화재표시작동시험 후 화재가 발생하지 않았는데도 화재표시등과 지구표시등이 점등되어 복구스위치를 눌렀으나 복구되지 않는 경우 3가지를 쓰시오. (단, 복구스위치를 누르면 OFF, 떼면 즉시 ON이 되는 경우이다)

①

②

③

정답

① 복구스위치 배선 불량

② 릴레이 자체 불량

③ 릴레이 배선 불량

모아바 www.moa-ba.com
모아소방전기학원 www.moate.co.kr

격차를 뛰어넘어 압도적인 격차를 만들다

2016

1회	2016.04.17
2회	2016.06.26
4회	2016.11.12

2016년 1회 (2016.04.17)

01 배점 5

비상콘센트의 비상전원으로 자가발전설비나 비상전원수전설비를 설치하지 않아도 되는 경우 2가지를 쓰시오.

①
②

정답

① 둘 이상의 변전소에서 전력을 동시 공급받는 경우
② 하나의 변전소에서 전력 공급이 중단될 때 자동으로 타 변전소에서 전력 공급이 가능한 상용전원 설치

핵심이론 비상콘센트의 비상전원 종류
(1) 자가발전설비, 비상전원수전설비, 전기저장장치
(2) 비상전원을 설치하지 아니할 수 있는 경우
 • 둘 이상의 변전소에서 전력을 동시 공급받는 경우
 • 하나의 변전소에서 전력 공급이 중단될 때 자동으로 타 변전소에서 전력 공급이 가능한 상용전원 설치

02

득점 / 배점 6

단독경보형 감지기의 설치기준 중 ( ) 안에 알맞은 내용을 쓰시오.

가. 각 실마다 설치하되, 바닥 면적이 (①) [m²]를 초과하는 경우에는 (②) [m²]마다 1개 이상 설치하여야 한다.

나. 이웃하는 실내의 바닥 면적이 각각 (③) [m²] 미만이고, 벽체의 상부의 전부 또는 일부가 개방되어 이웃하는 실내와 공기가 상호 유통되는 경우에는 이를 (④)개의 실로 본다.

다. 상용전원을 주전원으로 사용 시 (⑤)는 제품검사에 합격한 것을 사용한다.

정답

① 150
② 150
③ 30
④ 1
⑤ 2차 전지

핵심이론 단독경보형 감지기의 설치기준

- 각 실(이웃하는 실내의 바닥 면적이 각각 30 [m²] 미만이고, 벽체의 상부의 전부 또는 일부가 개방되어 이웃하는 실내와 공기가 상호 유통되는 경우에는 이를 1개의 실로 본다)마다 설치하되, 바닥면적 150 [m²]를 초과하는 경우에는 150 [m²] 마다 1개 이상 설치할 것
- 최상층의 계단실의 천장(외기가 상통하는 계단실의 경우 제외)에 설치할 것
- 건전지를 주전원으로 사용하는 단독경보형 감지기는 정상적인 작동상태를 유지할 수 있도록 건전지를 교환할 것
- 상용전원을 주전원으로 사용하는 단독경보형 감지기의 2차 전지는 제품검사에 합격한 것을 사용할 것

03
배점 8

P형 5회로 수신기와 수동발신기, 경종, 표시등 사이를 결선하시오. (단, 연면적 2,500 [m²]인 지하 1층, 지상 3층의 건물이며, 경종과 표시등 공통선을 하나로 한다)

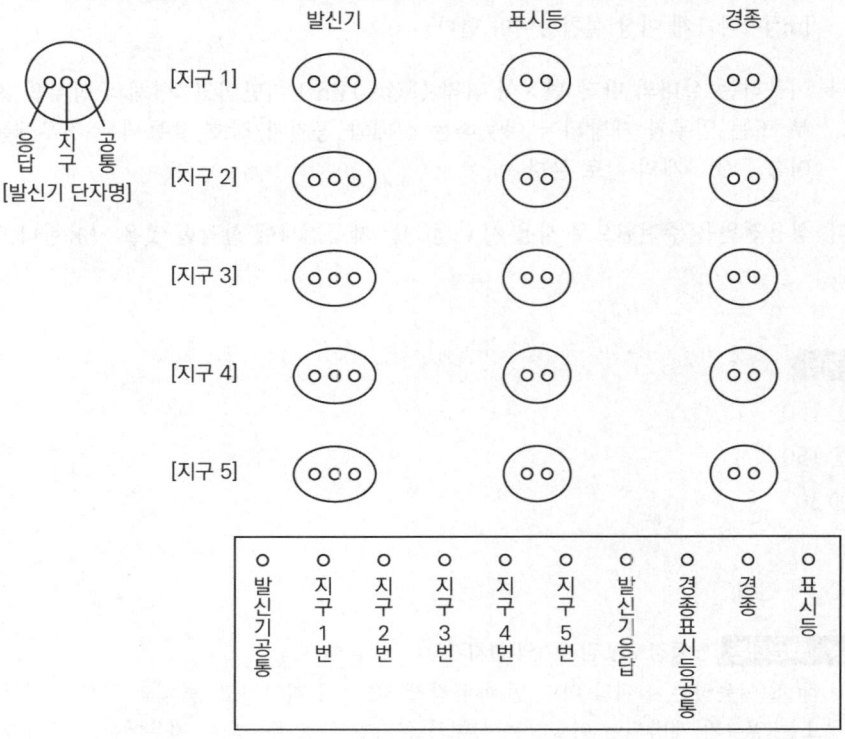

정답

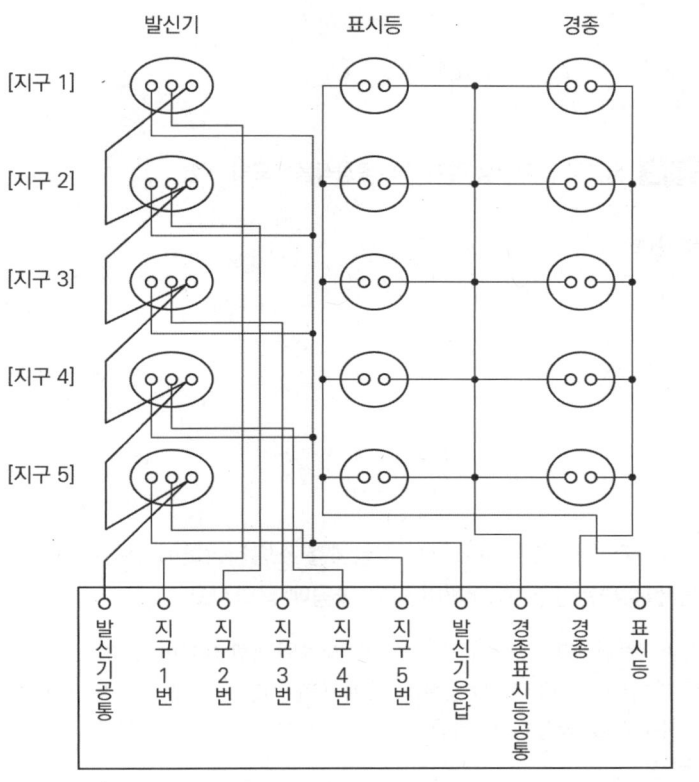

04

배점 5

정온식 감지선형 감지기는 외피에 공칭작동온도를 색상으로 나타내고 있다. 색상별 공칭작동온도를 쓰시오.

- 백색 :
- 청색 :
- 적색 :

정답

- 백색 : 80 [℃] 미만
- 청색 : 80 [℃] 이상 ~120 [℃] 미만
- 적색 : 120 [℃] 이상

🎯 핵심이론 정온식 감지선형 감지기의 공칭작동온도의 색상

공칭작동온도	80도 미만	80도 이상 120도 미만	120도 이상
색상	백색	청색	적색

05

배점 7

각 층의 높이가 4 [m]인 지하 2층, 지상 4층 소방대상물에 자동화재탐지설비의 경계구역을 설정하는 경우에 대하여 다음 물음에 답하시오.

가. 층별 바닥 면적이 그림과 같을 경우 자동화재탐지설비 경계구역은 최소 몇 개로 구분하여야 하는지 산출식과 경계구역수를 빈칸에 쓰시오. (단, 경계구역은 면적기준만을 적용하며 계단, 경사로 및 피트 등의 수직경계구역의 면적을 제외한다)

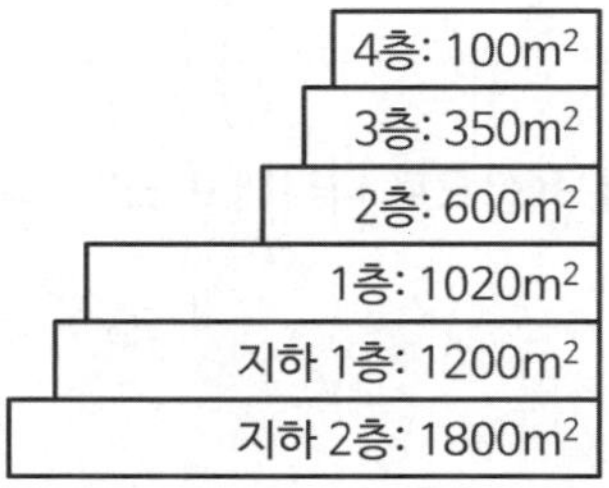

4층: 100m²
3층: 350m²
2층: 600m²
1층: 1020m²
지하 1층: 1200m²
지하 2층: 1800m²

층	산출식	경계구역수
4층		
3층		
2층		
1층		
지하 1층		
지하 2층		
경계구역의 합계		

나. 본 소방대상물에 계단과 엘리베이터가 각각 1개씩 설치되어 있는 경우 P형 수신기는 몇 회로용을 설치해야 하는지 구하시오.

O 계산과정 :

O 답 :

정답

가.

층	산출식	경계구역 수
4층	$\dfrac{100+350}{500}=0.9$	1경계구역
3층		
2층	$\dfrac{600}{600}=1$	1경계구역
1층	$\dfrac{1020}{600}=1.7$	2경계구역
지하 1층	$\dfrac{1200}{600}=2$	2경계구역
지하 2층	$\dfrac{1800}{600}=3$	3경계구역
경계구역의 합계		9경계구역

☑ 해설

- 경계구역 $=\dfrac{\text{전용면적}}{600\text{m}^2}$

나. 계산과정

① 수평적 경계구역 : 9경계구역

② 계단 : 지상층 $\dfrac{16}{45}=0.35$ → 절상해서 1경계구역

　　　　지하층 $\dfrac{8}{45}=0.17$ → 절상해서 1경계구역

③ 엘리베이터 : 1경계구역

∴ 9 + 1 + 1 + 1 = 12 경계구역

답 | 15회로용

핵심이론 감지기 설치면적 및 자동화재탐지설비 경계구역 설정기준

□ 열감지기 설치면적　　　　　　　　　　　　　　　(단위 : [m²])

부착높이 및 특정소방대상물의 구분		감지기의 종류						
		차동식 스포트형		보상식 스포트형		정온식 스포트형		
		1종	2종	1종	2종	특종	1종	2종
4 [m] 미만	내화구조	90	70	90	70	70	60	20
	기타구조	50	40	50	40	40	30	15
4 [m] 이상 8 [m] 미만	내화구조	45	35	45	35	35	30	
	기타구조	30	25	30	25	25	15	

□ 자동화재탐지설비 경계구역 설정기준
- 하나의 경계구역이 2개 이상의 건축물에 미치지 않도록 할 것
- 하나의 경계구역이 2개 이상의 층에 미치지 않도록 할 것 다만 500 [m²] 이하의 범위 안에서는 2개의 층을 하나의 경계구역으로 할 수 있다.
- 하나의 경계구역의 면적은 600 [m²] 이하로 하고 한 변의 길이는 50 [m] 이하로 할 것 다만 해당 특정소방대상물의 주된 출입구에서 그 내부 전체가 보이는 것에 있어서는 한 변의 길이가 50 [m]의 범위 내에서 1000 [m²] 이하로 할 수 있다.
- 계단·경사로·엘리베이터 승강로·린넨슈트·파이프 피트 및 덕트 기타 이와 유사한 부분에 대하여는 별도로 경계구역을 설정하되, 하나의 경계구역은 높이 45 [m] 이하로 하고, 지하층의 계단 및 경사로는 별도로 하나의 경계구역으로 하여야 한다.
- 외기에 면하여 상시 개방된 부분이 있는 차고·주차장·창고 등에 있어서는 외기에 면하는 각 부분으로부터 5 [m] 미만의 범위 안에 있는 부분은 경계구역의 면적에 산입하지 않는다.
- 스프링클러설비·물분무등소화설비 또는 제연설비의 화재감지장치로서 화재감지기를 설치한 경우의 경계구역은 해당 소화설비의 방사구역 또는 제연구역과 동일하게 설정할 수 있다.

06   배점 9

건물 내부에 가압송수장치를 기동용 수압개폐장치로 사용하는 옥내소화전함과 P형 발신기세트를 다음과 같이 설치하였다. 다음 각 물음에 답하시오. (단, 경종과 표시등 공통선을 하나로 하였으며, 하나의 층의 지구음향장치 배선이 단락이 되어도 다른 층의 화재통보에 지장이 없도록 각 층 배선상에 유효한 조치를 하였음)

가. ㉮ ~ ㉯의 전선 가닥 수를 쓰시오.

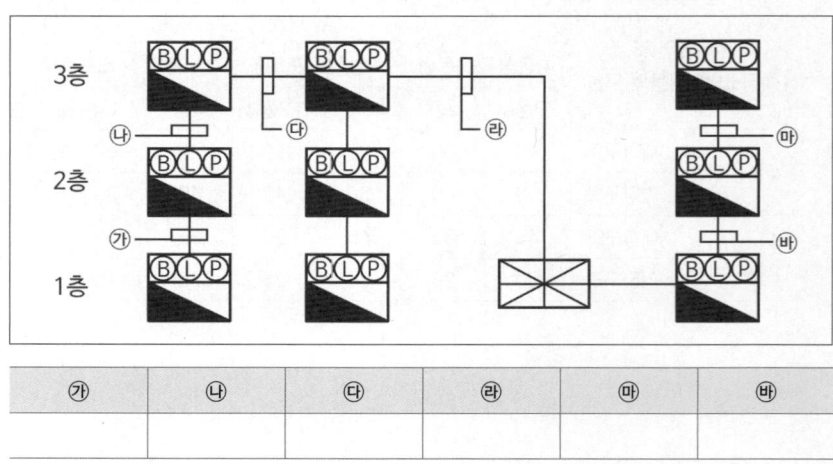

㉮	㉯	㉰	㉱	㉲	㉳

나. 감지기회로의 종단저항의 설치목적을 쓰시오.

다. 감지기회로의 전로저항은 몇 [Ω] 이하이어야 하는지 쓰시오.

라. 수신기의 각 회로별 종단에 설치되는 감지기에 접속되는 배선의 전압은 감지기 정격전압의 몇 [%] 이상이어야 하는지 쓰시오.

정답

가.

㉮	㉯	㉰	㉱	㉲	㉳
8	9	10	13	8	9

나. 도통시험을 용이하게 하기 위하여

다. 50 [Ω] 이하

라. 80 [%]

✓ 해설 : 전선 가닥 수 및 용도(일제경보방식)

기호	가닥 수	배선내역
㉮	HFIX 2.5-8	지구선 1, 지구공통선 1, 경종선 1, 경종표시등공통선 1, 응답선 1, 표시등선 1, 기동확인 2
㉯	HFIX 2.5-9	지구선 2, 지구공통선 1, 경종선 1, 경종표시등공통선 1, 응답선 1, 표시등선 1, 기동확인 2
㉰	HFIX 2.5-10	지구선 3, 지구공통선 1, 경종선 1, 경종표시등공통선 1, 응답선 1, 표시등선 1, 기동확인 2
㉱	HFIX 2.5-13	지구선 6, 지구공통선 1, 경종선 1, 경종표시등공통선 1, 응답선 1, 표시등선 1, 기동확인 2
㉲	HFIX 1.5-8	지구선 1, 지구공통선 1, 경종선 1, 경종표시등공통선 1, 응답선 1, 표시등선 1, 기동확인 2
㉳	HFIX 2.5-9	지구선 2, 지구공통선 1, 경종선 1, 경종표시등공통선 1, 응답선 1, 표시등선 1, 기동확인 2

핵심이론 자동화재탐지설비의 전로저항 및 허용전압강하

- 감지기회로의 전로저항은 50 [Ω] 이하가 되도록 하여야 함
- 수신기의 각 회로별 종단에 설치되는 감지기에 접속되는 배선의 전압은 감지기 정격전압의 80 [%] 이상이어야 할 것

07

지상 15층, 지하 5층 연면적 7000 [m²]의 특정소방대상물에 자동화재탐지설비의 음향장치를 설치하고자 한다. 다음 각 물음에 답하시오.

가. 11층에서 발화한 경우 경보를 발하여야 하는 층

나. 1층 발화한 경우 경보를 발하여야 하는 층

다. 지하 1층에서 발화한 경우 경보를 발하여야 하는 층

정답

가. 11층 발화 : 11층, 12층, 13층, 14층, 15층

나. 1층 발화 : 지하 5층, 지하 4층, 지하 3층, 지하 2층, 지하 1층, 1층, 2층, 3층, 4층, 5층

다. 지하 1층 발화 : 지하 5층, 지하 4층, 지하 3층, 지하 2층, 지하 1층, 1층

08

자동화재탐지설비의 평면도를 보고 다음 각 물음에 답하시오. (단, 경종과 표시등 공통선을 같이 하였음)

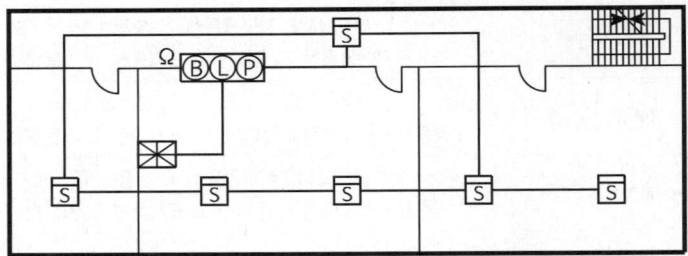

가. 각 기기장치 사이를 연결하는 배선의 가닥 수를 평면도상에 표기하시오.

나. 다음의 도표상에 명시한 자재를 시공하는 데 필요한 노무비를 주어진 품셈표를 적용하여 산출하시오. (단, 노무비는 수량, 공량, 노임단가의 빈칸을 채우고 산출하며, 층고는 3.5 [m]이고, 내선전공의 노임단가는 105,000원을 적용한다)

품명	규격	단위	수량	공량	노임단가(원)	노무비(원)
감지기	연기감지기	개				
발신기	P형	개				
표시등	DC 24 [V]	개				
경종	DC 24 [V]	개				
전선관	16C	[m]	76	0.08		
전선	HFIX-1.5 [mm^2]	[m]	208	0.01		
전선관	28C	[m]	7	0.14		
전선	HFIX-2.5 [mm^2]	[m]	77	0.01		
P형 수신기	5회로	대				
-	-	-	-	-	소계	

[품셈표]

공종	단위	내선전공	비고
연기감지기	개	0.13	(1) 천장높이 4 [m]기준 1 [m] 증가 시마다 5 [%] 가산 (2) 매입형 또는 특수구조인 경우 조건에 따라 선정
시험기 (공기관 포함)	개	0.15	(1) 상동 (2) 상동
분포형의 공기관	[m]	0.025	(1) 상동 (2) 상동
검출기	개	0.30	
공기관식의 Booster	개	0.10	
발신기 P형	개	0.30	1급(방수형)
회로시험기	개	0.10	

공종	단위	내선전공	비고		
수신기 P형(기본공수) (회선수 공수 산출 가산요)	대	6.0	[회선수에 대한 산정] 매 1회선에 대해서		
			형식 \ 직종		내선전공
			P형		0.3
			R형		0.2
부수신기 (기본공수)	대	3.0	※ R형은 수신반 인입 감시 회선수 기준 [참고] 산정 예 : P형의 10회분 기본공수는 6인, 회선당 할증수는 $10 \times 0.3 = 3$ ∴ $6 + 3 = 9$인		
소화전 기동 릴레이	대	1.5			
경종	개	0.15			
표시등	개	0.20			
표지판	개	0.15			

정답

가.

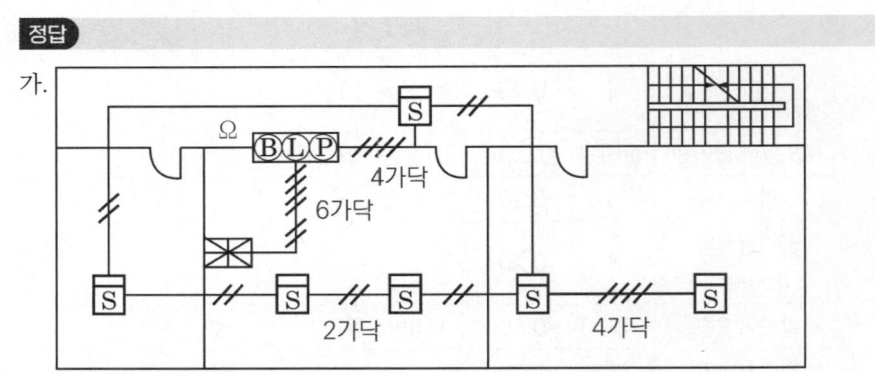

나.

품명	규격	단위	수량	공량	노임단가(원)	노무비(원)
감지기	연기감지기	개	6	0.13	105,000	6 × 0.13 × 105,000 = 81,900
발신기	P형	개	1	0.3	105,000	1 × 0.3 × 105,000 = 31,500
표시등	DC 24 [V]	개	1	0.2	105,000	1 × 0.2 × 105,000 = 21,000
경종	DC 24 [V]	개	2	0.15	105,000	2 × 0.15 × 105,000 = 31,500
전선관	16 [C]	[m]	76	0.08	105,000	76 × 0.08 × 105,000 = 638,400
전선	HFIX 1.5 [mm^2]	[m]	208	0.01	105,000	208 × 0.01 × 105,000 = 218,400
전선관	28 [C]	[m]	7	0.14	105,000	7 × 0.14 × 105,000 = 102,900
전선	HFIX 2.5 [mm^2]	[m]	77	0.01	105,000	77 × 0.01 × 105,000 = 80,850
P형 수신기	5회로	대	1	6.0	105,000	(6 + 1 × 0.3) × 105,000 = 661,500
-	-	-	-	-	소계	1,867,950

✓ 해설 : 노무비 산정 (수량 × 내선 전공 공량 × 노임단가 = 노무비)

① 감지기 : 수량(평면도 참고) 6개. 내선전공 공량 0.13, 노임단가 105,000원
    6 × 0.13 × 105,000 = 81,900원
② 발신기 : 발신기 P형 1개, 내선전공 공량 0.3, 노임단가는 105,000원
    1 × 0.3 × 105,000 = 31,500원
③ 표시등 : 표시등 1개, 내선전공 공량 0.2, 노임단가는 105,000원이므로
    1 × 0.2 × 105,000 = 21,000원
④ 경종 : 주경종 1개, 총 2개, 내선전공 공량 0.15, 노임단가는 105,000원이므로
    2 × 0.15 × 105,000 = 31,500원
⑤ P형 수신기 : 수신기 1대, 1회로 이므로 수신기 회선당 할증 0.3을 적용
    [6 + (1 × 0.3)] × 105,000 = 661,500원
⑥ 노무비의 총합
    81,900 + 31,500 + 21,000 + 31,500 + 638,400 + 218,400 + 102,900
    + 80,850 + 661,500 = 1,867,950원

09

공장의 건축평면도에 자동화재탐지설비를 설계하고자 한다. 주어진 조건을 이용하여 다음 각 물음에 답하시오. (단, 경종과 표시등 공통선을 하나로 한다)

조건
① 바닥으로부터 천장의 높이는 10 [m]이다.
② 하나의 경계구역은 600 [m²] 이내로 한다.
③ 방재실에 사용되는 감지기는 공장 내의 감지기와 연결한다.
④ 벽의 철판의 양측 사이에 보온재를 채운다.
⑤ 각 수동발신기세트에 연결되는 공장 내의 감지기는 같은 수로 한다.
⑥ 감지기는 연기감지기를 사용하고 심벌은 ☐ 로 표시하며, 전선 가닥 수 표기는 다음 예와 같이 표시한다. 예 ────////
⑦ 감지기 설치도면을 작성할 때 축적은 무시하고 작성한다.

[평면도]

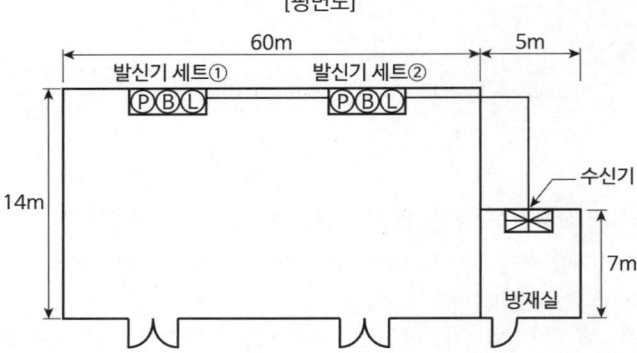

가. 본 소방대상물에는 연기감지기를 제외하고 어떤 감지기들을 사용할 수 있는지 그 사용 가능한 감지기를 종류별로 2가지만 쓰시오.
 ①
 ②

나. 본 건축평면도에 설치하여야 할 연기감지기의 개수를 산정하시오.
 ① 공장 :
 ② 방재실 :

다. 주어진 건축평면도에 감지기를 그려 넣고 감지기와 감지기 간, 감지기와 발신기 간, 발신기세트 ①과 발신기세트 ② 사이, 발신기세트 ②와 수신기 사이의 전선가닥 수를 명시하시오.

정답

가. ① 차동식 분포형 감지기, ② 불꽃 감지기

나. 계산과정

1) 공장

$$\frac{420}{75} = 5.6 \rightarrow 절상하여\ 6개,\ \frac{420}{75} = 5.6 \rightarrow 절상하여\ 6개,\ 6 + 6 = 12개$$

답 | 12개

2) 방재실

$$\frac{35}{75} = 0.46 \rightarrow 절상하여\ 1개$$

답 | 1개

✓ **해설**

1) 공장 : $\frac{420\,m^2}{75\,m^2} = 5.6 \rightarrow 절상하여\ 6개,\ \frac{420\,m^2}{75\,m^2} = 5.6 \rightarrow 절상하여\ 6개$

∴ 6 + 6 = 12개

2) 방재실 : $\frac{35\,m^2}{75\,m^2} = 0.46 \rightarrow 절상하여\ 1개$

다.

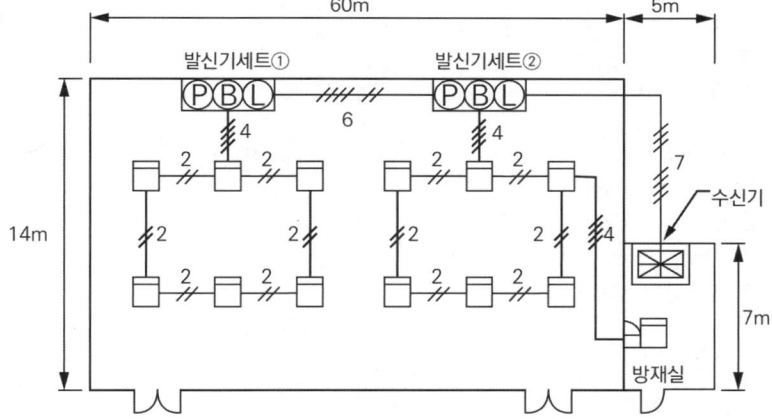

- 자동화재탐지설비는 송배선방식으로써 루프는 2가닥, 나머지는 4가닥이다.
- 자동화재탐지설비 기본 가닥 수는 6가닥이므로 발신기세트와 발신기세트는 6가닥이다(지구, 공통, 응답, 경종, 표시등, 경종표시등공통선).
- 발신기세트를 2개 끌고 수신기로 들어가는 부분은 지구가 2가닥이므로(발신기세트가 2개) 7가닥이다(지구2, 공통, 응답, 경종, 표시등, 경종표시등공통선).
- 자동화재탐지설비의 경계구역은 면적 600 [m²] 이하이며, 길이는 50 [m] 이하이다. 따라서 공장에 있어서 가로 길이가 60 [m]이기 때문에 절반으로 나눈 후 면적을 산정한다.

> **중요** ▶ 알고 있는 연기감지기 도시기호와 다르더라도 주어진 조건대로 표시할 것

✓ **해설**
- 공장의 바닥면적 = 60 × 14 = 840 [m²]
- 방재실의 바닥면적 = 5 × 7 = 35 [m²]

∴ 경계구역은 공장 + 방재실 = $\dfrac{875\,m^2}{600\,m^2}$ = 1.4 → 2경계구역(절상)

핵심이론 감지기 적응성 및 설치면적

□ 설치장소별 감지기 적응성

설치장소		적응열감지기					적응연기감지기				불꽃감지기	비고
환경상태	적응장소	차동식 스포트형	차동식 분포형	보상식 스포트형	정온식	열아날로그식	이온화식 스포트형	광전식 스포트형	이온아날로그식 스포트형	광전아날로그식 스포트형	광전식 분리형	광전아날로그식 분리형		
넓은 공간으로 천장이 높아 열 및 연기가 확산하는 장소 [조건1 참고]	체육관, 항공기격납고, 높은 천장의 창고·공장, 관람석 상부 등 감지기 부착 높이가 8 [m] 이상의 장소	○									○	○	○	-

□ 연기감지기 설치면적   (단위 : [m²])

부착높이	감지기의 종류	
	1종 및 2종	3종
4 [m] 미만	150	50
4 ~ 20 [m] 미만	75	-

10

P형 수신기와 감지기와의 배선회로에서 종단저항은 10 [kΩ], 릴레이저항은 750 [Ω], 배선회로의 저항은 50 [Ω]이며, 회로전압이 DC 24 [V]일 때 다음 각 물음에 답하시오.

가. 평상시 감시전류[mA]를 구하시오.
- 계산과정 :
- 답 :

나. 감지기가 동작할 때(화재 시)의 전류 [mA]를 구하시오.
- 계산과정 :
- 답 :

정답

✓ 계산과정

가. $I = \dfrac{24}{10 \times 10^3 + 750 + 50} = 2.222 \times 10^{-3} [\text{A}] = 2.222 \,[\text{mA}] \fallingdotseq 2.22 \,[\text{mA}]$

답 | 2.22 [mA]

나. $I = \dfrac{24}{750 + 50} = 0.03 \,[\text{A}] = 30 \,[\text{mA}]$

답 | 30 [mA]

핵심이론 감시전류 및 동작전류공식

- $I_{감시} = \dfrac{회로전압}{종단저항 + 릴레이저항 + 배선저항}$
- $I_{동작} = \dfrac{회로전압}{릴레이저항 + 배선저항}$

11

다음 그림은 스프링클러설비의 블록다이어그램이다. 각 구성요소 간 배선을 내화배선, 내열배선, 일반배선으로 구분하여 블록다이어그램을 완성하시오. (단, 내화배선 : ■■■, 내열배선 : ☐, 일반배선 : ▊▊▊▊)

배점 5

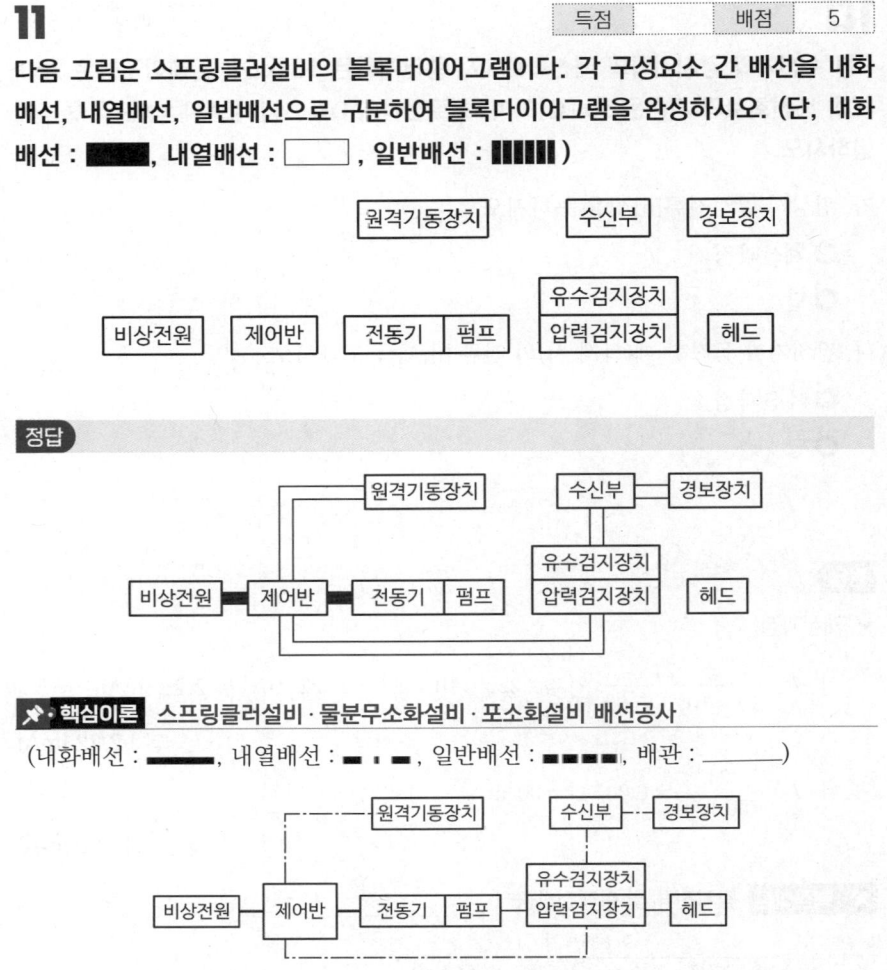

12

배점 5

전실제연설비의 계통도이다. 다음 표의 구분에 따른 사용전선의 배선수와 소요명세 내역을 쓰시오. (단, 모든 댐퍼는 모터구동방식, 배선은 운전조작 상 최소 전선 수, 별도의 복구선은 없는 것으로 한다)

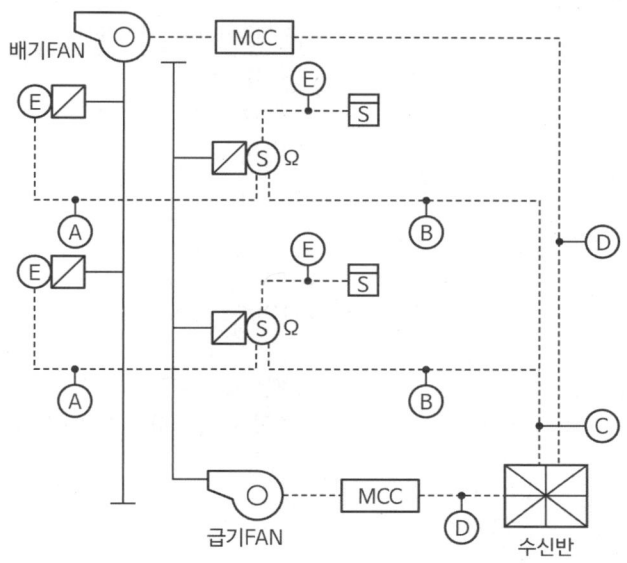

기호	구분	배선수	소요명세내역
Ⓐ	배기댐퍼 ↔ 급기댐퍼		
Ⓑ	급기댐퍼 ↔ 수신반		
Ⓒ	2 ZONE일 경우		
Ⓓ	MCC ↔ 수신반		

정답

기호	구분	배선수	소요명세내역
Ⓐ	배기댐퍼 ↔ 급기댐퍼	4	전원 ⊕·⊖, 배기기동, 배기기동 확인
Ⓑ	급기댐퍼 ↔ 수신반	7	전원 ⊕·⊖, 기동, 감지기, 배기기동 확인, 급기기동 확인, 수동기동 확인
Ⓒ	2 ZONE일 경우	12	전원 ⊕·⊖, (기동, 감지기, 배기기동 확인, 급기기동 확인, 수동기동 확인)×2
Ⓓ	MCC ↔ 수신반	5	ON(기동), OFF(정지), 공통, 전원감시, 기동표시

☑ 해설 : 전실제연설비 가닥 수(특별피난계단의 계단실 및 부속실 제연설비)

구분	가닥 수	용도
감지기(종단저항 함체에 있는 경우)	4가닥	지구 2, 공통 2
급기댐퍼	4가닥	전원 ⊕·⊖, 급기기동 1, 급기 확인 1
배기댐퍼	4가닥	전원 ⊕·⊖, 배기기동 1, 배기 확인 1
수동조작반↔수신반	7가닥	전원 ⊕·⊖, 기동 1, 수동기동 확인1, 급기 확인 1, 배기 확인 1, 감지기 1
2 ZONE, 수동조작반↔수신반	12가닥	전원 ⊕·⊖, 기동 2, 수동기동 확인2, 급기확인 2, 배기 확인 2, 감지기 2
MCC ↔ 수신반	5가닥	ON(기동), OFF(정지), 공통, 전원감시, 기동표시

• 자동복구(모터방식) – 복구선 없음 ⇨ 기본방식
• 수동복구 – 복구선 있음
  ① 급기댐퍼 5가닥 (전원 ⊕·⊖, 급기기동 1, 급기확인 1, 복구스위치 1)
  ② 배기댐퍼 5가닥 (전원 ⊕·⊖, 배기기동 1, 배기확인 1, 복구스위치 1)

13   득점   배점 6

감지기회로의 배선에 대한 다음 각 물음에 답하시오.

가. 송배선식에 대하여 설명하시오.

나. 송배선식의 적용설비 2가지만 쓰시오.

다. 교차회로의 방식에 대하여 설명하시오.

라. 교차회로방식의 적용설비 5가지만 쓰시오.

정답

가. 도통시험을 용이하게 하기 위해 배선의 도중에서 분기하지 않는 방식
나. ① 자동화재탐지설비, ② 제연설비
다. 하나의 담당구역 내에 2 이상의 감지기회로를 설치하고 2 이상의 감지기회로가 동시에 감지되는 때에 설비가 작동하는 방식
라. ① 분말소화설비   ② 할로겐화합물소화설비
    ③ 이산화탄소소화설비   ④ 준비작동식 스프링클러설비
    ⑤ 일제살수식 스프링클러설비

> **핵심이론** 자동화재탐지설비의 감지기회로 배선방식
>
> □ 자동화재탐지설비의 송배선방식
>   도통시험을 용이하게 하기 위해 배선의 도중에서 분기하지 않는 방식
> □ 자동화재탐지설비의 교차회로방식
>   하나의 담당구역 내에 2 이상의 감지기회로를 설치하고 2 이상의 감지기회로가 동시에 감지되는 때에 설비가 작동하는 방식
> □ 교차회로방식으로 감지기를 설치하여야 하는 자동식 소화설비
>   분말소화설비, 할론소화설비, 할로겐화합물 및 불활성기체소화설비, 이산화탄소 소화설비, 준비작동식 스프링클러설비, 일제살수식 스프링클러설비

14

그림과 같은 유접점 시퀀스회로에 대해 다음 각 물음에 답하시오.

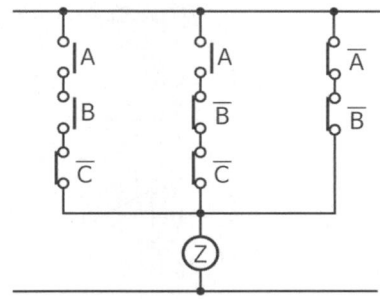

가. 그림의 시퀀스도를 가장 간략화한 논리식으로 표현하시오. (단, 최초의 논리식을 쓰고 이것을 간략화하는 과정을 기술하시오)

가. 나.에서 가장 간략화한 논리식을 무접점 논리회로로 그리시오.

정답

가. $Z = AB\overline{C} + A\overline{B}\overline{C} + \overline{A}\overline{B} = A\overline{C}(B + \overline{B}) + \overline{A}\overline{B} = A\overline{C} + \overline{A}\overline{B}$

나.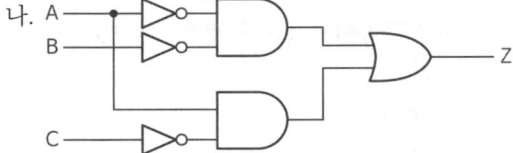

핵심이론 | 논리회로

□ 드 모르간의 정리

논리식	논리식
$\overline{A+B} = \overline{A} \cdot \overline{B}$	$\overline{A \cdot B} = \overline{A} + \overline{B}$

□ 논리회로

명칭	논리식	논리회로	유접점회로
AND회로	$X = A \times B$ $X = A \cdot B$		
OR회로	$X = A + B$		
NOT회로	$X = \overline{A}$		

15

득점 배점 6

예비전원설비로 이용되는 축전지에 대한 다음 각 물음에 답하시오.

가. 자기방전량만을 항상 충전하는 부동충전방식의 명칭을 쓰시오.

나. 비상용 조명부하 200 [V]용, 50 [W] 80등, 30 [W] 70등이 있다. 방전시간은 30분이고, 축전지는 HS형 110 [cell]이며, 허용최저전압은 190 [V], 최저축전지온도가 5 [℃]일 때 축전지용량[Ah]을 구하시오. (단, 경년용량저하율은 0.8, 용량환산시간은 1.2 [h]이다)

○ 계산과정 : ○ 답 :

다. 연축전지와 알칼리축전지의 공칭전압 [V]을 쓰시오.
 ① 연축전지 : ② 알칼리축전지 :

정답

가. 세류충전방식

나. 계산과정 : ① $I = \dfrac{50 \times 80 + 30 \times 70}{200} = 30.5$ [A]

② $C = \dfrac{1}{0.8} \times 1.2 \times 30.5 = 45.75$ [Ah]

답 | 45.75 [Ah]

다. ① 연축전지 : 2 [V], ② 알칼리축전지 : 1.2 [V]

핵심이론 축전지

□ 충전방식

구분	특징
보통충전방식	필요할 때마다 표준시간율로 충전하는 방식
급속충전방식	단시간에 보통 충전전류의 2 ~ 3배의 전류로 충전하는 방식
세류충전방식	축전지의 방전을 보충하기 위해 부하를 OFF한 상태에서 미소전류로 항상 충전하는 방식
균등충전방식	각 축전지의 전위차를 보정하기 위해 1 ~ 3개월마다 1회 충전하는 방식
부동충전방식	• 축전지의 자기방전을 보충함과 동시에 상용부하에 대한 전력 공급은 충전기가 부담하도록 하되 충전기가 부담하기 어려운 일시적인 대전류 부하는 축전지로 부담하는 방식 • 축전지와 부하를 충전기에 병렬로 접속하여 사용하는 방식 • 예비전원 설비 중 가장 많이 사용되는 방식
회복충전방식	축전지의 과방전, 가벼운 설페이션현상 또는 방치상태 등에서 기능회복을 위해 실시하는 방식

□ 축전지용량 구하는 식

$$C = \dfrac{1}{L} KT \text{ [Ah]}$$

C : 축전지용량[Ah], L : 보수율(용량저하율)
K : 용량환산시간[h], I : 방전전류[A]

□ 축전지 종류별 특성

구분	연축전지	알칼리축전지
기전력[V]	2.05 ~ 2.08	1.32
공칭전압[V]	2.0	1.2
공칭용량[Ah]	10	5
방전종지전압[V]	1.6	0.96
충전시간	길다.	짧다.
기계적 강도	약하다.	강하다.
수명[년]	5 ~ 15	15 ~ 20
종류	페이스트식, 클래드식	소결식, 포켓식

16

자동화재탐지설비용 감지기를 설치하지 않은 장소에 대해 5가지를 쓰시오. (단, 화재안전기준 각 호의 내용을 1가지로 본다)

배점 5

①
②
③
④
⑤

정답

① 부식성 가스 체류장소
② 목욕실·욕조나 샤워시설이 있는 화장실, 기타 이와 유사한 장소
③ 천장 또는 반자의 높이가 20 [m] 이상인 장소(단, 감지기의 부착높이에 따라 적응성이 있는 장소 제외)
④ 고온도 및 저온도로서 감지기의 기능이 정지되기 쉽거나 감지기의 유지관리가 어려운 장소
⑤ 헛간 등 외부와 기류가 통하는 장소로서 감지기에 의하여 화재 발생을 유효하게 감지할 수 없는 장소

핵심이론 감지기 설치 제외

- 천장 또는 반자의 높이가 20 [m]이상인 장소(단, 감지기의 부착높이에 따라 적응성이 있는 장소 제외)
- 헛간 등 외부와 기류가 통하는 장소로서 감지기에 따라 화재 발생을 유효하게 감지할 수 없는 장소
- 부식성 가스가 체류하고 있는 장소
- 고온도 및 저온도로서 감지기의 기능이 정지되기 쉽거나 감지기의 유지관리가 어려운 장소
- 목욕실·욕조나 샤워시설이 있는 화장실·기타 이와 유사한 장소
- 파이프덕트 등 그 밖의 이와 비슷한 것으로서 2개 층마다 방화구획된 것이나 수평단면적이 5[m²] 이하인 것
- 먼지·가루 또는 수증기가 다량으로 체류하는 장소 또는 주방 등 평시에 연기가 발생하는 장소(연기감지기에 한한다)
- 프레스공장·주조공장 등 화재 발생의 위험이 적은 장소로서 감지기의 유지관리가 어려운 장소

2016년 2회

2016.06.26

01 [배점 9]

하나의 단지 내에 다수동이 존재하는 경우 자동화재탐지설비의 효율적 관리와 감시를 위해 통신망을 구성하여 중앙집중관리시스템을 구성하고자 한다. 통신망의 위상(Topology)에 따른 망의 개요와 장단점을 각각 3가지만 쓰시오.

망의 종류 / 구분	STAR형	RING형
망의 개요		
장점	① ② ③	① ② ③
단점	① ② ③	① ② ③

정답

망의 종류 / 구분	STAR형	RING형
망의 개요	중앙의 허브를 중심으로 모든 컴퓨터나 단말기가 1 : 1방식으로 연결된 구조	인접해 있는 장치들끼리 연결된 구조
장점	① 확장 용이 ② 유지·보수 용이 ③ 한 호스트의 고장이 전체 네트워크에 영향을 미치지 않음	① 설치와 재구성이 쉬움 ② 장애 발생 호스트를 쉽게 찾음 ③ STAR형보다 케이블링에 드는 비용이 적음
단점	① 설치 시 케이블링에 비용이 많이 듦 ② 통신량이 많은 경우 전송지연 발생 ③ 중앙전송제어장치 고장 시 네트워크 동작 불능	① 링을 제어하기 위한 절차 복잡 ② 링에 결함 발생 시 전체 네트워크 사용 불능 ③ 호스트 추가 시 링을 절단하고 호스트 추가

02

상가 매장에 설치되어 있는 제연설비의 전기적인 계통도이다. Ⓐ ~ Ⓔ까지의 배선수와 각 배선의 용도를 쓰시오. (단, 모든 댐퍼는 기동, 별도의 복구선 없음, 배선수는 운전조작상 필요한 최소전선 수를 쓰도록 한다)

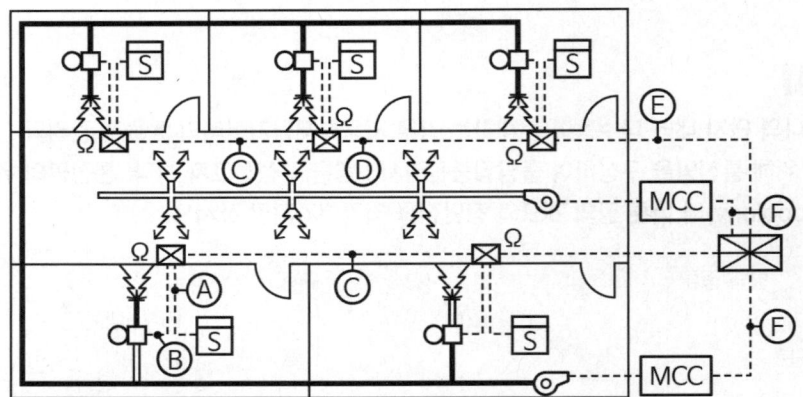

기호	구분	배선수	배선굵기	배선의 용도
Ⓐ	감지기 ↔ 수동조작함		1.5 [mm²]	
Ⓑ	댐퍼 ↔ 수동조작함		2.5 [mm²]	
Ⓒ	수동조작함 ↔ 수동조작함		2.5 [mm²]	
Ⓓ	수동조작함 ↔ 수동조작함		2.5 [mm²]	
Ⓔ	수동조작함 ↔ 수신반		2.5 [mm²]	
Ⓕ	MCC ↔ 수신반	5	2.5 [mm²]	기동, 정지, 공통, 전원감시등, 기동표시등

정답

기호	구분	배선수	배선굵기	소요명세내역
Ⓐ	감지기 ↔ 수동조작함	4	1.5 [mm²]	지구 2, 공통 2
Ⓑ	댐퍼 ↔ 수동조작함	4	2.5 [mm²]	전원 ⊕·⊖, 배기기동, 배기기동 확인
Ⓒ	수동조작함 ↔ 수동조작함	5	2.5 [mm²]	전원 ⊕·⊖, 배기기동, 배기기동 확인, 감지기
Ⓓ	수동조작함 ↔ 수동조작함	8	2.5 [mm²]	전원 ⊕·⊖, (배기기동, 배기기동 확인, 감지기) × 2
Ⓔ	수동조작함 ↔ 수신반	11	2.5 [mm²]	전원 ⊕·⊖, (배기기동, 배기기동 확인, 감지기) × 3
Ⓕ	MCC ↔ 수신반	5	2.5 [mm²]	ON(기동), OFF(정지), 공통, 전원감시등, 기동표시등

참고

- 복구선 추가 조건이 있다면 Ⓑ ~ Ⓔ 가닥 수에 복구선 1가닥씩 추가
- 공조설비(중앙)와 같이하므로 급기기동은 추가하지 않는다.

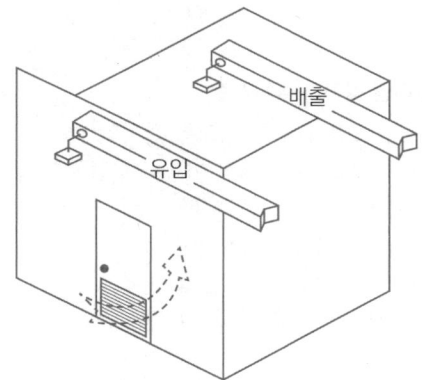

[거실 배기, 통로 급기제연(지하상가 등 밀폐형)]

03

광전식 분리형 감지기의 설치기준 중 ( ) 안에 알맞은 것을 쓰시오.

가. 감지기의 (①)은 햇빛을 직접 받지 않도록 설치할 것·광축은 나란한 벽으로부터 (②) 이상 이격하여 설치할 것

나. 감지기의 송광부와 수광부는 설치된 (③)으로부터 이내 위치에 설치할 것

다. 광축의 높이는 천장 등 높이의 (④) 이상일 것

라. 감지기의 광축의 길이는 (⑤) 범위 이내일 것

①	②	③	④	⑤

정답

①	②	③	④	⑤
수광면	0.6 [m]	뒷벽	80 [%]	공칭감시거리

핵심이론 | 광전식 분리형 감지기 설치기준

- 감지기의 수광면은 직접 햇빛을 받지 않도록 설치할 것
- 광축은 나란한 벽으로부터 0.6 [m] 이상 이격하여 설치할 것
- 감지기의 송광부 및 수광부는 뒷벽으로부터 1 [m] 이내 위치에 설치할 것
- 광축의 높이는 천장 등 높이의 80 [%] 이상일 것
- 광축의 길이는 공칭감시거리 범위 이내일 것
- 그 밖의 설치기준은 형식승인 내용에 따르며 형식승인사항 아닌 것은 제조사 시방에 따름

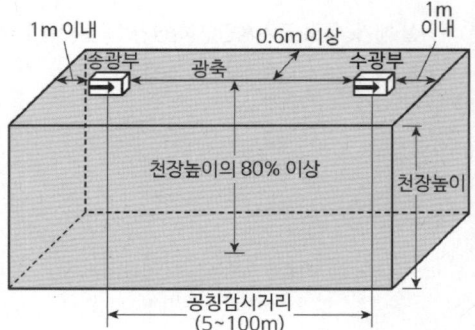

04

득점 ___ 배점 5

초고층빌딩이나 대단지 아파트 등에 사용되는 R형 수신기용 신호선으로 사용하는 쉴드선에 대하여 다음 각 물음에 답하시오.

가. 신호선을 쉴드선으로 사용하는 이유를 쓰시오.

나. 신호선을 서로 꼬아서 사용하는 이유를 쓰시오.

다. 쉴드선을 접지하는 이유를 쓰시오.

정답

가. 전자파의 방해방지

나. 자계를 서로 상쇄시키기 위해

다. 유도전파를 대지로 흘려보내기 위해(유도되는 전류를 대지로 방출)

핵심이론 쉴드선(Shield Wire)

구분	설명
사용처	아날로그식 감지기, 다신호식 감지기, R형 수신기용 감지기
사용목적	전자파 방해방지
종류	• 저독성 난연 폴리올레핀 차폐전선(HF-STP) • 난연성 비닐절연 비닐시스 케이블(FR-CVV-SB) • 내열성 비닐절연, 내열성 비닐시스 제어용 케이블(H-CVV-SB)
광케이블의 경우	전자파 방해를 받지 않고 내열성능이 있는 경우 사용 가능
Twisted pair	신호선 2가닥을 서로 꼬아서 자계를 서로 상쇄시키도록 함

05

다음은 내화구조인 지하 1층, 지상 5층인 건물의 지상 1층 평면도이다. 각 층의 층고는 4.3 [m]이고, 천장과 반자 사이의 높이는 0.5 [m]이다. 각 실에는 반자가 설치되어 있으며, 계단감지기는 3층과 5층에 설치되어 있다. 다음 각 물음에 답하시오. (단, 경종과 표시등 공통선을 하나로 하였으며, 한 층의 지구음향장치 배선이 단락이 되더라도 다른 층의 경보에 지장이 없도록 각 층의 지구음향장치 배선에 유효한 조치를 설치하였음)

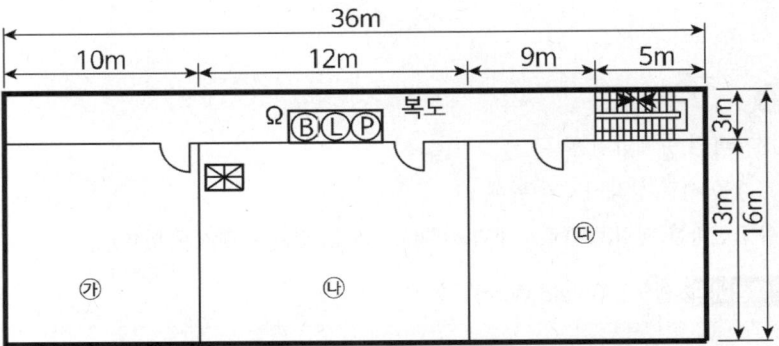

가. 다음의 빈칸에 해당 개소에 설치하여야 하는 감지기의 수량을 산출식과 함께 쓰시오.

개소	적용 감지기 종류	산출식	수량(개)
㉮실	차동식 스포트형 2종		
㉯실	연기감지기 2종		
㉰실	정온식 스포트형 1종		
복도	연기감지기 2종		

나. 가.에서 구한 감지기수량을 위 평면도상에 각 감지기의 도시기호를 이용하여 그려 넣고 각 기기 간을 배선하되 배선수를 명시하시오. (배선수 명시 ⑩ ─//─)

정답

가.

개소	적용 감지기 종류	산출식	수량(개)
㉮실	차동식 스포트형 2종	$\dfrac{10\times13}{70}=1.86$ → 절상해서 2	2개
㉯실	연기감지기 2종	$\dfrac{13\times12}{150}=1.04$ → 절상해서 2	2개
㉰실	정온식 스포트형 1종	$\dfrac{13\times(9+5)}{60}=3.03$ → 절상해서 4	4개
복도	연기감지기 2종	$\dfrac{(10+12+9)}{30}=1.03$ → 절상해서 2	2개

나.

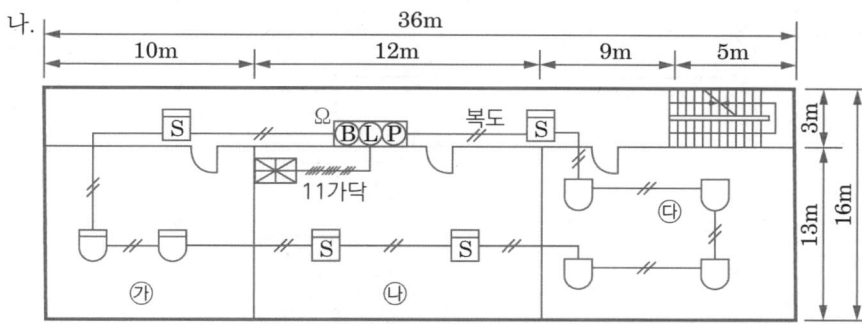

핵심이론 감지기 설치기준

□ 열감지기 설치면적 (단위 : [m²])

부착높이 및 특정소방대상물의 구분		감지기의 종류						
		차동식 스포트형		보상식 스포트형		정온식 스포트형		
		1종	2종	1종	2종	특종	1종	2종
4 [m] 미만	내화구조	90	70	90	70	70	60	20
	기타구조	50	40	50	40	40	30	15
4 [m] 이상 8 [m] 미만	내화구조	45	35	45	35	35	30	
	기타구조	30	25	30	25	25	15	

□ 연기감지기 설치면적 (단위 : [m²])

부착높이	감지기의 종류	
	1종 및 2종	3종
4 [m] 미만	150	50
4~20 [m] 미만	75	-

□ 복도에 설치하는 연기감지기

보행거리 20 [m] 이하	보행거리 30 [m] 이하
3종 연기감지기	1·2종 연기감지기

06

배점 12

도면은 지하 3층, 지상 7층인 사무실 건물에 자동화재탐지설비 P형을 시설한 계통도이다. 도면을 보고 각 물음에 답하시오. (단, 일제경보방식을 적용하고 경종과 표시등선의 공통선을 하나로 보며, 하나의 층의 지구음향장치 배선이 단락이 되어도 다른 층의 화재통보에 지장이 없도록 각 층 배선상에 유효한 조치를 하였음)

가. 시스템을 안정적으로 운영하기 위하여 ① ~ ⑨까지에 배선되는 배선 가닥 수는 최소 몇 본이 필요한가?

나. ⑩에 종단저항이 몇 개가 필요한가?

다. ⑪은 무엇인가?

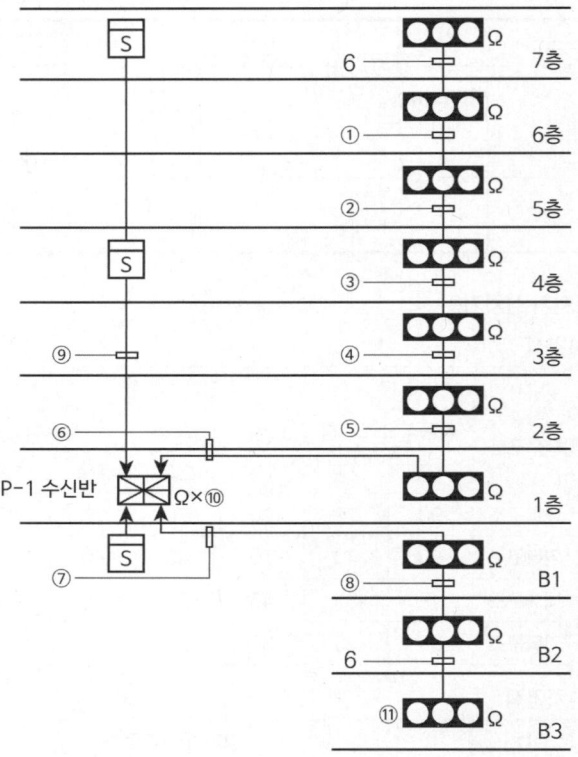

정답

가. ① 7가닥, ② 8가닥, ③ 9가닥, ④ 10가닥, ⑤ 11가닥, ⑥ 12가닥, ⑦ 8가닥, ⑧ 7가닥, ⑨ 4가닥

나. 2개

다. 발신기세트함

✅ 해설

기호 용도연결간수	①	②	③	④	⑤	⑥	⑦	⑧	⑨
지구선	2선	3선	4선	5선	6선	7선	3선	2선	2선
지구 공통선	1선	1선	1선	1선	1선	1선	1선	1선	2선
응답선	1선	1선	1선	1선	1선	1선	1선	1선	
경종선	1선	1선	1선	1선	1선	1선	1선		
표시등선	1선	1선	1선	1선	1선	1선	1선		
경종 및 표시등공통선	1선	1선	1선	1선	1선	1선	1선		
합계	7선	8선	9선	10선	11선	12선	8선	7선	4선

- 지구선(= 회로선, 신호선, 감지기선, 수동발신기 지구선)
- 지구공통선(= 공통선, 회로공통선, 신호공통선, 감지기공통선, 수동발신기 공통선)
- 응답선(= 발신기선, 발신기응답선, 수동발신기 응답선, 확인선)
- 경종 및 표시등공통선(= 공동표시등 공통선, 벨표시등 공통선)

- ⑩에 종단저항이 2개인 이유는 지상층 계단감지기 종단저항 1개와, 지하층 계단 감지기 종단저항 1개이기 때문이다.
- 11층 이상인 특정소방대상물이 아니기 때문에 일제경보방식을 적용하며, 하나의 층의 지구음향장치 배선이 단락이 되어도 다른 층의 화재통보에 지장이 없도록 각 층 배선상에 유효한 조치를 하였으므로 경종선은 1가닥을 사용한다.
- 지구선수가 7가닥을 초과하면 지구공통선 1가닥이 추가된다.
- 발신기세트함의 종단저항의 개수가 지구선수이다.

07 득점 [ ] 배점 5

자동화재탐지설비의 수신기에 대한 비상전원 축전지의 용량을 산출하고자 한다. 주어진 조건을 이용하여 다음 각 물음에 답하시오.

조건
① 경년 용량저하율은 0.8이다.
② 감시시간에 대한 용량환산시간계수는 1.8이다.
③ 작동시간에 대한 용량환산시간계수는 0.5이다.
④ 감시전류는 0.1 [A]이다.
⑤ 2회선 작동전류 및 다른 회선 감시 시의 전류는 0.7 [A]이다.

가. 60분간 감시 후 2회선이 10분간 작동하는 경우의 축전지의 용량 [Ah]을 구하시오.
  ○ 계산과정 :
  ○ 답 :

나. 1분간 2회선 작동함과 동시에 다른 회선을 감시하는 경우 및 10분간 2회선 작동함과 동시에 다른 회선을 감시하는 경우의 용량 [Ah]을 구하시오.
  ○ 계산과정 :
  ○ 답 :

정답

☑ 계산과정

가. $\dfrac{1}{L} \times [K_1 I_1 \times K_2(I_2 - I_1)] = \dfrac{1}{0.8} \times [1.8 \times 0.1 + 0.5 \times (0.7 - 0.1)] = 0.6\,\text{Ah}$

답 | 0.6 [Ah]

나. $\dfrac{1}{L} \times K_2 I_2 = \dfrac{1}{0.8} \times 0.5 \times 0.7 = 0.437 ≒ 0.44\,\text{Ah}$

답 | 0.44 [Ah]

핵심이론 축전지용량 구하는 식

$$C = \dfrac{1}{L} KI \,[\text{Ah}]$$

$$= \dfrac{1}{L} KI\,[\text{A} \cdot \text{h}] = \dfrac{1}{L}[K_1 I_1 + K_2(I_2 - I_1) + K_3(I_3 - I_2) + \ldots + K_n(I_n - I_{n-1})]$$

C : 축전지용량[Ah], L : 보수율(용량저하율)
K : 용량환산시간[h], I : 방전전류[A]

08

배점 5

다음의 기계기구와 운전조건을 이용하여 옥상의 소방용 고가수조에 물을 올릴 때 사용되는 양수펌프에 대한 수동 및 자동운전을 할 수 있도록 주회로와 제어회로를 완성하시오. (단, 회로작성에 필요한 접점 수는 최소수만 사용하며, 접점기호와 약호를 기입하시오)

조건

〈기계기구〉
- 운전용 누름버튼스위치(PB-on) 1개
- 정지용 누름버튼스위치(OB-off) 1개
- 배선용 차단기(MCCB) 1개
- 자동수동 전환스위치(S/S) 1개
- 전자접촉기(MC) 1개
- 열동계전기(THR) 1개
- 플로트스위치(FS) 1개
- 퓨즈(제어회로용) 2개
- 3상 유도전동기 1대

〈운전조건〉
- 자동운전과 수동운전이 가능하도록 하여야 한다.
- 자동운전은 리미트스위치(만수위 검출)에 의하여 이루어지도록 한다.
- 수동운전인 경우에는 다음과 같이 동작되도록 한다.
  - 운전용 누름버튼스위치에 의하여 전자접촉기가 여자되어 전동기가 운전되도록 한다.
  - 정지용 누름버튼스위치에 의하여 전자접촉기가 소자되어 전동기가 정지되도록 한다.
  - 전동기운전 중 과부하 또는 과열이 발생되면 열동계전기가 동작되어 전동기가 정지되도록 한다(단, 자동운전 시에서도 열동계전기가 동작하면 전동기가 정지하도록 한다).

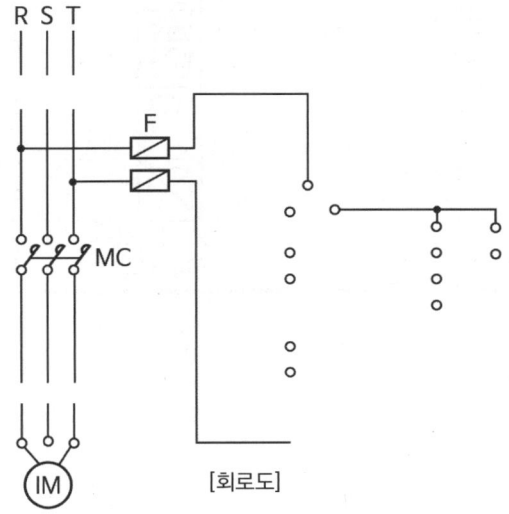

[회로도]

정답

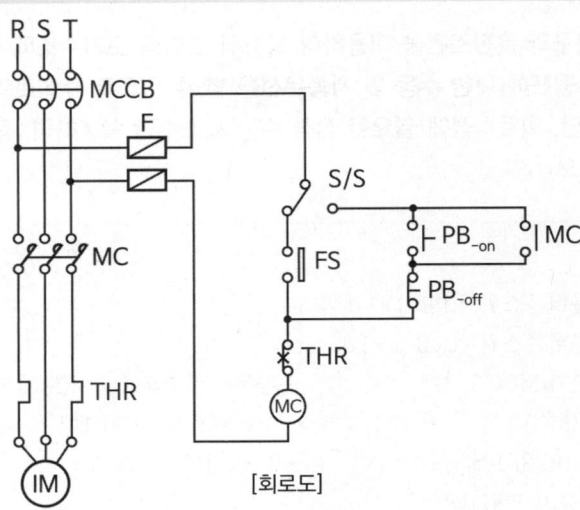

[회로도]

09

배점 7

다음 그림과 같이 지하 1층에서 지상 5층까지 각 층의 평면이 동일하고, 각 층의 높이가 4 [m]인 학원건물에 자동화재탐지설비를 설치한 경우이다. 다음 물음에 답하시오.

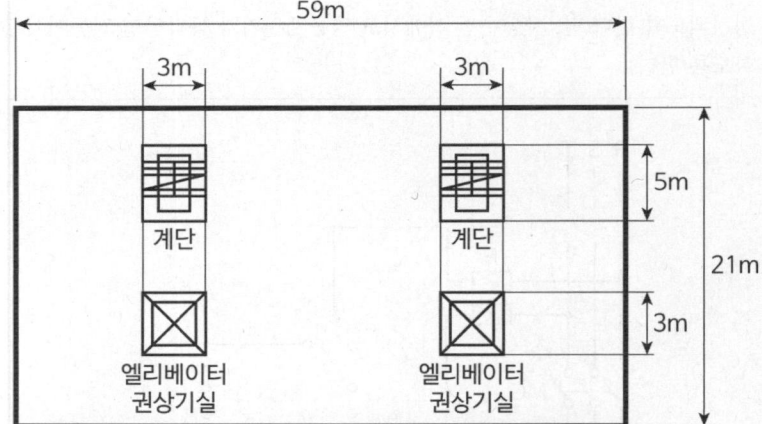

가. 하나의 층에 대한 자동화재탐지설비의 수평 경계구역수를 구하시오.
- 계산과정 :
- 답 :

나. 본 소방대상물 자동화재탐지설비의 수직 및 수평 경계구역수를 구하시오.
① 수평경계구역
- 계산과정 :
- 답 :
② 수직경계구역
- 계산과정 :
- 답 :

다. 본 건물에 설치해야 하는 수신기의 형별을 쓰시오.

라. 계단감지기는 각각 몇 층에 설치해야 하는지 쓰시오.

마. 엘리베이터 권상기실 상부에 설치해야 하는 감지기의 종류를 쓰시오.

정답

가. 계산과정

$$\frac{[(59 \times 21) - (3 \times 5 \times 2) - (3 \times 3 \times 2)]}{600} = 1.985개$$

(※ 계단 및 엘리베이터 면적 제외)

답 | 2경계구역

나. 계산과정
① 수평경계구역
2개 × 6층 = 12경계구역(1층당 2경계구역)

답 | 12경계구역

② 수직경계구역
- $\dfrac{4 \times 6}{45} = 0.53 \rightarrow 1$(계단 경계구역)
- $2 + (1 \times 2) = 4$경계구역(엘레베이터 + 계단 각 2개 설치)

답 | 4경계구역

다. P형 수신기

라. 지상 2층, 지상 5층

마. 연기감지기 2종

☑ 해설 (4)(5) : 특정한 조건이 없으면 연기감지기 2종 설치

```
          계단 엘리베이터              엘리베이터 계단
  5층      Ⓢ  Ⓢ                        Ⓢ  Ⓢ
  4층
  3층
  2층          Ⓢ                       Ⓢ
  1층
  지하 1층
              [연기감지기(2종)]
```

★ 핵심이론 자동화재탐지설비

□ 자동화재탐지설비 경계구역 설정기준
 (1) 수평적 경계구역
  • 하나의 경계구역이 2개 이상의 건축물에 미치지 않도록 할 것
  • 하나의 경계구역이 2개 이상의 층에 미치지 않도록 할 것
   단, 500 [m²] 이하의 범위 안에서 2개의 층을 하나의 경계구역할 수 있음
  • 하나의 경계구역 면적 600 [m²] 이하로 하고 한 변의 길이 50 [m] 이하로 할 것. 단, 주된 출입구에서 그 내부 전체가 보이는 것은 한 변의 길이 50 [m] 범위 내에서 1000 [m²] 이하로 할 수 있음
  • 도로터널 : 100 [m] 이하로 할 것(도로터널의 화재안전기준 NFTC 603)
 (2) 수직적 경계구역
  • 계단 · 경사로 : 별도의 경계구역으로 하며 경계구역 높이 45 [m] 이하로 할 것
  • 엘리베이터 승강로(권상기실이 있는 경우에는 권상기실) · 린넨슈트 · 파이프 피트 및 덕트등 : 별도의 경계구역
  • 지하층의 계단 및 경사로(지하층의 층수가 1일 경우 제외) : 별도의 경계구역
 (3) 기타
  • 외기에 면하여 상시 개방된 부분(차고 · 주차장 · 창고 등) : 외기에 면하는 각 부분으로부터 5 [m] 미만의 범위 안에 있는 부분은 경계구역 면적에 산입하지 않음
  • 스프링클러설비 · 물분무등소화설비 또는 제연설비의 화재감지장치로서 화재 감지기를 설치한 경우의 경계구역은 해당 소화설비의 방사구역 또는 제연구역과 동일하게 설정할 수 있음

□ 연기감지기 설치기준
 • 복도 · 통로 : 보행거리 30 [m](3종 20 [m])마다
 • 계단 · 경사로 : 수직거리 15 [m](3종 10 [m])마다
 • 천장 또는 반자 낮은 실내 또는 좁은 실내에 있어서는 출입구 가까운 부분에 설치
 • 천장 또는 반자 부근에 배기구 있는 부근에 설치
 • 벽 또는 보로부터 0.6 [m] 이상 떨어진 곳에 설치

10

저압옥내배선의 금속관공사에 있어서 금속관과 박스 그 밖의 부속품은 다음에 의하여 시설하여야 한다. 다음의 (①) ~ (⑤) 안에 알맞은 내용을 쓰시오.

- 금속관을 구부릴 때 금속관의 단면이 심하게 변형되지 아니하도록 구부려야 하며, 그 안측의 (①)은 관 안지름의 (②)배 이상이 되어야 한다.
- 아웃렛박스(Outlet Box) 사이 또는 전선인입구가 있는 기구 사이의 금속관은 (③)개소를 초과하는 직각 또는 직각에 가까운 굴곡 개소를 만들어서는 아니 된다. 굴곡 개소가 많은 경우 또는 관의 길이가 (④) [m]를 넘는 경우에는 (⑤)를 설치하는 것이 바람직하다.

정답

① 반지름
② 6
③ 3
④ 30
⑤ 풀박스

핵심이론 금속관공사

□ 금속관공사의 시설(내규 2225-8)
- 금속관을 구부릴 때 금속관의 단면이 심하게 변형되지 아니하도록 구부려야 하며, 그 안측의 반지름은 관 안지름의 6배 이상이 되어야 한다.
- 아웃렛박스(Outlet Box) 사이 또는 전선인입구가 있는 기구 사이의 금속관은 3개소를 초과하는 직각 또는 직각에 가까운 굴곡 개소를 만들어서는 아니 된다. 굴곡 개소가 많은 경우 또는 관의 길이가 30[m]를 넘는 경우에는 풀박스를 설치하는 것이 바람직하다.

□ 풀박스(Pull Box)
- 배관이 긴 곳 또는 굴곡부분이 많은 곳에서 시공이 용이하도록 전선을 끌어들이기 위해 배선 도중에 사용하는 박스

11

배점 5

유도전동기 부하에 사용할 비상용 자가발전설비를 선정하려고 한다. 다음 각 물음에 답하시오. (단, 기동용량 700 [kVA], 기동 시 전압강하 20 [%]까지 허용, 과도리액턴스 25 [%]이다)

가. 발전기용량은 몇 [kVA] 이상을 선정해야 하는지 구하시오.
- 계산과정 :
- 답 :

나. 발전기용 차단기의 차단용량 [kVA]을 구하시오. (단, 차단용량의 여유율은 25 [%]이다)
- 계산과정 :
- 답 :

정답

☑ 계산과정

가. $(\frac{1}{0.2}-1) \times 0.25 \times 700 = 700\,[\text{kVA}]$ 답 | 700 [kVA]

나. $\frac{700}{0.25} \times 1.25 = 3{,}500\,[\text{kVA}]$ 답 | 3,500 [kVA]

핵심이론 발전기

□ 발전기 정격용량(발전기용량)의 산정공식

발전기용량[kVA] = $(\frac{1}{허용\cdot전압강하}-1) \times 기동용량 \times 과도리액턴스$

□ 발전기용 차단기의 용량공식

발전기용 차단기용량[kVA] = $\frac{발전기출력}{과도리액턴스} \times 1.25$

1.25 : 여유율

12

배점 4

22 [W] 중형피난구유도등 24개가 AC 220 [V] 사용전원에 연결되어 점등되고 있다. 이때 전원으로부터 공급전류 [A]를 구하시오. (단, 유도등의 역률은 0.8이며, 유도등 배터리의 충전전류는 무시한다)

○ 계산과정 :

○ 답 :

정답

☑ 계산과정

- $I = \dfrac{P}{V\cos\theta} = \dfrac{22 \times 24}{220 \times 0.8} = 3\,[A]$

답 | 3 [A]

핵심이론 단상 2선식 공식

- $P = VI\cos\theta$

  P : 단상전력[W], V : 전압[V], I : 전류[A], $\cos\theta$: 역률

13

배점 5

청각장애인용 시각경보장치의 설치기준을 3가지만 쓰시오. (단, 화재안전기준 각 호의 내용을 1가지로 본다)

①

②

③

정답

① 복도·통로·청각장애인용 객실 및 공용으로 사용하는 거실에 설치하며, 각 부분에서 유효하게 경보를 발할 수 있는 위치에 설치

② 공연장·집회장·관람장 또는 이와 유사한 장소에 설치하는 경우에는 시선이 집중되는 무대부 부분 등에 설치

③ 바닥으로부터 2 ~ 2.5 [m] 이하의 높이에 설치(단, 천장높이가 2 [m] 이하는 천장에서 0.15 [m] 이내의 장소에 설치)

> **핵심이론** 시각경보장치의 설치기준

(1) 복도·통로·청각장애인용 객실 및 공용으로 사용하는 거실에 설치하며, 각 부분에서 유효하게 경보를 발할 수 있는 위치에 설치할 것
(2) 공연장·집회장·관람장 또는 이와 유사한 장소에 설치하는 경우에는 시선이 집중되는 무대부 부분 등에 설치할 것
(3) 바닥으로부터 2 ~ 2.5 [m] 이하의 높이에 설치할 것(단, 천장높이가 2 [m] 이하는 천장에서 0.15 [m] 이내의 장소에 설치)

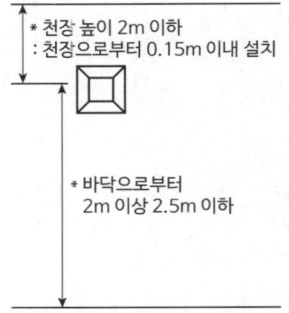

(4) 광원은 전용의 축전지설비 또는 전기저장장치에 의하여 점등되도록 할 것(단, 시각경보기에 작동전원을 공급할 수 있도록 형식승인을 얻은 수신기를 설치한 경우는 제외)

14 〔득점　배점 8〕

자동화재탐지설비와 스프링클러설비 프리액션밸브의 간선계통도이다. 다음 각 물음에 답하시오. (단, 경종과 표시등 공통선을 하나로 한다)

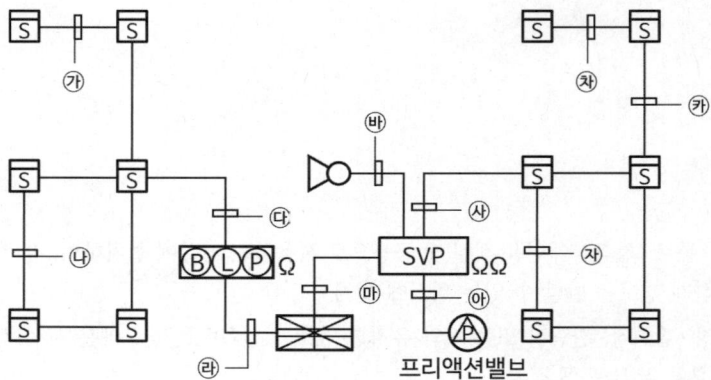

가. ㉮ ~ ㉺까지의 배선 가닥 수를 쓰시오. (단, 프리액션밸브용 감지기공통선과 전원공통선은 분리해서 사용하고 압력스위치, 탬퍼스위치 및 솔레노이드밸브용 공통선은 1가닥을 사용하는 조건이다)

답 란	㉮	㉯	㉰	㉱	㉲	㉳	㉴	㉵	㉶	㉷	㉸

나. ㉲의 배선별 용도를 쓰시오. (단, 해당 가닥 수까지만 기록)

정답

가.

답 란	㉮	㉯	㉰	㉱	㉲	㉳	㉴	㉵	㉶	㉷	㉸
	4	2	4	6	9	2	8	4	4	4	8

나. 전원 ⊕ · ⊖, 사이렌, 솔레노이드밸브(SV), 압력스위치(PS), 탬퍼스위치(TS), 감지기 A · B, 감지기공통

☑ 해설 : 전선 가닥 수 및 용도

기호	가닥 수	배선내역
㉮	4가닥	지구선 2, 공통선 2
㉯	2가닥	지구선 1, 공통선 1
㉰	4가닥	지구선 2, 공통선 2
㉱	6가닥	지구선 1, 지구공통선 1, 경종선 1, 경종표시등공통선 1, 응답선 1, 표시등선 1
㉲	9가닥	전원 ⊕ · ⊖, 사이렌, 솔레노이드밸브, 압력스위치, 탬퍼스위치, 감지기 A · B, 감지기공통
㉳	2가닥	사이렌 2
㉴	8가닥	지구선 4, 공통선 4
㉵	4가닥	솔레노이드밸브 1, 압력스위치 1, 탬퍼스위치 1, 공통선 1
㉶	4가닥	지구선 2, 공통선 2
㉷	4가닥	지구선 2, 공통선 2
㉸	8가닥	지구선 4, 공통선 4

- 솔레노이드밸브 = 밸브기동 = SV(Solenoid Valve) = SOL
- 압력스위치 = 밸브개방 확인 = PS(Pressure Switch)
- 탬퍼스위치 = 밸브주의 = TS(Tamper Switch)

15

감지기의 부착높이 및 특정소방대상물의 구분에 따른 설치면적기준이다. 다음 표의 ① ~ ⑧에 해당되는 면적을 쓰시오.

배점 8

부착 높이 및 특정소방대상물의 구분		감지기의 종류						
		차동식 스포트형		보상식 스포트형		정온식 스포트형		
		1종	2종	1종	2종	특종	1종	2종
4 [m] 미만	주요구조부를 내화구조로 한 특정소방대상물 또는 그 부분	①	70	90	70	70	60	⑦
	기타 구조의 특정소방대상물 또는 그 부분	②	③	②	③	40	30	⑧
4 [m] 이상 8 [m] 미만	주요구조부를 내화구조로 한 특정소방대상물 또는 그 부분	45	35	45	④	④	⑤	-
	기타 구조의 특정소방대상물 또는 그 부분	30	25	30	25	25	⑥	-

답란	①	②	③	④	⑤	⑥	⑦	⑧

정답

답란	①	②	③	④	⑤	⑥	⑦	⑧
	90	50	40	35	30	15	20	15

핵심이론 열감지기 설치면적

(단위 : [m²])

부착높이 및 특정소방대상물의 구분		감지기의 종류						
		차동식 스포트형		보상식 스포트형		정온식 스포트형		
		1종	2종	1종	2종	특종	1종	2종
4 [m] 미만	내화구조	90	70	90	70	70	60	20
	기타구조	50	40	50	40	40	30	15
4 [m] 이상 8 [m] 미만	내화구조	45	35	45	35	35	30	
	기타구조	30	25	30	25	25	15	

2016년 4회

2016.11.12

01
배점 5

1층 경비실에 있는 수신기를 지하 1층의 방재센터로 이설하고자 할 때 수신기의 전원선은 배선전용실인 EPS실을 이용하여 시공하고자 한다. 이때 다음 물음에 답하시오.

가. 수신기의 전원을 수납하는 배선의 종류와 전선관의 종류에 대해서 쓰시오.
   ① 배선의 종류 :
   ② 전선관의 종류 :

나. 배선전용실을 이용하여 전원선을 시공하고자 할 경우 관련된 3가지 기준을 쓰시오.
   ①
   ②
   ③

정답

가. ① 배선의 종류 : 내화배선
   ② 전선관의 종류 : 금속관(또는 2종 금속제 가요전선관, 합성 수지관)

나. ① 배선을 내화성능을 갖는 것으로 할 것
   ② 다른 설비의 배선과 15 [cm] 이상 떨어질 것
   ③ 다른 설비의 배선 사이의 배선지름(배선의 지름이 다른 경우에는 가장 큰 것)의 1.5배 이상 높이의 불연성 격벽 설치

핵심이론 | 배선

□ 자동화재탐지설비 배선
   (1) 전원회로 배선 : 내화배선
   (2) 그 밖 배선(감지기 상호 간 또는 감지기회로 배선 제외) : 내화 또는 내열배선
   (3) 감지기 상호 간 또는 감지기회로 배선
       ㄱ. 아날로그식 감지기
       ㄴ. 다신호식 감지기
       ㄷ. R형 수신기용 감지기

□ 내화배선 공사방법

금속관·2종 금속제 가요전선관 또는 합성 수지관에 수납하여 내화구조로 된 벽 또는 바닥 등에 벽 또는 바닥의 표면으로부터 25 [mm] 이상의 깊이로 매설하여야 한다. 다만 다음 각 목의 기준에 적합하게 설치하는 경우에는 그러하지 아니하다.

(1) 배선을 내화성능을 갖는 배선전용실 또는 배선용 샤프트·피트·덕트 등에 설치하는 경우
(2) 배선전용실 또는 배선용 샤프트·피트·덕트 등에 다른 설비의 배선이 있는 경우에는 이로 부터 15 [cm] 이상 떨어지게 하거나 소화설비의 배선과 이웃하는 다른 설비의 배선 사이에 배선지름(배선의 지름이 다른 경우에는 가장 큰 것을 기준으로 한다)의 1.5배 이상의 높이의 불연성 격벽을 설치하는 경우

02 (배점 10)

다음 표는 어느 건물의 자동화재탐지설비 공사에 소요되는 자재물량이다. 주어진 품셈을 이용하여 내선전공의 노임요율과 공량의 빈칸을 채우고 인건비를 산출하시오.

조건
① 공구손료는 인건비의 3 [%], 내선전공의 M/D는 100,000원을 적용한다.
② 콘크리트박스는 매입을 원칙으로 하며, 박스커버의 내선전공은 적용하지 않는다.
③ 빈칸에 숫자를 적을 필요가 없는 부분은 공란으로 남겨 둔다.

[표 1] 전선관배관

합성수지전선관		금속(후강)전선관		금속가요전선관	
관의 호칭	내선전공	관의 호칭	내선전공	관의 호칭	내선전공
14	0.04	–	–	–	–
16	0.05	16	0.08	16	0.044
22	0.06	22	0.11	22	0.059
28	0.08	28	0.14	28	0.072
36	0.10	36	0.20	36	0.087
42	0.13	42	0.25	42	0.104
54	0.19	54	0.34	54	0.136
70	0.28	70	0.44	70	0.136

[표 2] 박스(Box) 신설

종 별	내선전공
8각 Concrete Box	0.12
4각 Concrete Box	0.12
8각 Outlet Box	0.2
중형 4각 Outlet Box	0.2
대형 4각 Outlet Box	0.2
1개용 Switch Box	0.2
2~3개용 Switch Box	0.2
4~5개용 Switch Box	0.25
노출형 Box (콘크리트 노출기준)	0.29
플로어 박스	0.2

[표 3] 옥내배선

규격	관 내 배선	규격	관 내 배선
6 [mm²] 이하	0.010	120 [mm²] 이하	0.077
16 [mm²] 이하	0.023	150 [mm²] 이하	0.088
38 [mm²] 이하	0.031	200 [mm²] 이하	0.107
50 [mm²] 이하	0.043	250 [mm²] 이하	0.130
60 [mm²] 이하	0.052	300 [mm²] 이하	0.148
70 [mm²] 이하	0.061	325 [mm²] 이하	0.160
100 [mm²] 이하	0.064	400 [mm²] 이하	0.197

공종	단위	내선전공	비고
Spot형 감지기 (차동식, 정온식, 보상식) 노출형	개	0.13	(1) 천장높이 4 [m]기준 1 [m] 증가 시마다 5 [%] 가산 (2) 매입형 또는 특수구조인 경우 조건에 따라 선정
시험기(공기관 포함)	개	0.15	(1) 상동 (2) 상동
분포형의 공기관	[m]	0.03	(1) 상동 (2) 상동
검출기	개	0.30	
공기관식의 Booster	개	0.10	
발신기 P형	개	0.30	
회로시험기	개	0.10	
수신기 P형(기본공수) (회선수 공수 산출 가산요)	대	6.0	[회선수에 대한 산정] 매 1회선에 대해서 | 형식 \ 직종 | 내선전공 | |---|---| | P형 | 0.3 | | R형 | 0.2 | ※ R형은 수신반 인입감시 회선수 기준
부수신기(기본공수)	대	3.0	[참고] 산정 예 : P형의 10회분 기본공수는 6인, 회선당 할증수는 10 × 0.3 = 3 ∴ 6 + 3 = 9인
소화전 기동 릴레이	대	1.5	
경종	개	0.15	
표시등	개	0.20	
표지판	개	0.15	

(1) 내선전공의 노임요율 및 공량

품명	규격	단위	수량	노임요율	공량
수신기	P형 5회로	[EA]	1		
발신기	P형	[EA]	5		
경종	DC-24V	[EA]	5		
표시등	DC-24V	[EA]	5		
차동식 감지기	스포트형	[EA]	60		
전선관(후강)	steel 16호	[m]	70		
전선관(후강)	steel 22호	[m]	100		
전선관(후강)	steel 28호	[m]	400		
전선	1.5 [mm^2]	[m]	10000		
전선	2.5 [mm^2]	[m]	15000		
콘크리트박스	4각	[EA]	5		
콘크리트박스	8각	[EA]	55		
박스커버	4각	[EA]	5		
박스커버	8각	[EA]	55		
계					

(2) 인건비

품명	단위	공량	단가[원]	금액[원]
내선전공	인			
공구손료	식			
계				

정답

(1) 내선전공의 노임요율 및 공량

품명	규격	단위	수량	노임요율	공량
수신기	P형 5회로	[EA]	1	100,000원	6 + (5 × 0.3) = 7.5
발신기	P형	[EA]	5	100,000원	5 × 0.3 = 1.5
경종	DC-24V	[EA]	5	100,000원	5 × 0.15 = 0.75
표시등	DC-24V	[EA]	5	100,000원	5 × 0.2 = 1
차동식 감지기	스포트형	[EA]	60	100,000원	60 × 0.13 = 7.8
전선관(후강)	steel 16호	[m]	70	100,000원	70 × 0.08 = 5.6
전선관(후강)	steel 22호	[m]	100	100,000원	100 × 0.11 = 11
전선관(후강)	steel 28호	[m]	400	100,000원	400 × 0.14 = 56
전선	1.5 [mm^2]	[m]	10000	100,000원	10000 × 0.01 = 100
전선	2.5 [mm^2]	[m]	15000	100,000원	15000 × 0.01 = 150
콘크리트박스	4각	[EA]	5	100,000원	5 × 0.12 = 0.6
콘크리트박스	8각	[EA]	55	100,000원	55 × 0.12 = 6.6
박스커버	4각	[EA]	5		
박스커버	8각	[EA]	55		
계					348.35

(2) 인건비

품명	단위	공량	단가[원]	금액[원]
내선전공	인	348.35	100,000	34,835,000
공구손료	식	3 [%]	34,835,000	1,045,050
계				35,880,050

03

다음 도면을 보고 각 물음에 답하시오. (단, 경종과 표시등 공통선을 같이 한다)

배점 6

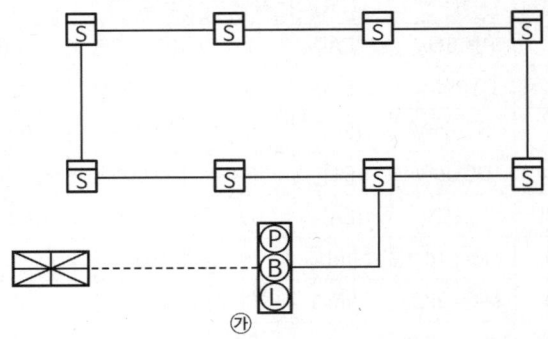

가. ㉮는 수동으로 화재신호를 발신하는 P형 발신기세트이다. 발신기세트와 수신기 간의 배선길이가 15 [m]인 경우 전선은 총 몇 [m]가 필요한지 산출하시오. (단, 층고, 할증 및 여유율 등은 고려하지 않는다)

　○ 계산과정 :

　○ 답 :

나. 상기 건물에 설치된 감지기가 2종인 경우 8개의 감지기가 최대로 감지할 수 있는 감지구역의 바닥 면적[m²] 합계를 구하시오. (단, 천장높이는 5 [m]인 경우이다)

　○ 계산과정 :

　○ 답 :

다. 감지기와 감지기 간, 감지기와 P형 발신기세트 간의 길이가 각각 10 [m]인 경우 전선관 및 전선물량을 산출과정과 함께 쓰시오. (단, 층고, 할증 및 여유율 등은 고려하지 않는다)

품명	규격	산출과정	물량[m]
전선관	16 [C]		
전선	2.5 [mm²]		

정답

가. 계산과정

15 × 6가닥 = 90 [m] **답 | 90 [m]**

나. 계산과정

75 × 8 = 600 [m²] **답 | 600 [m²]**

다.

품명	규격	산출과정	물량[m]
전선관	16 [C]	10 × 9 = 90 [m]	90 [m]
전선	2.5 [mm²]	10 × 8 × 2 + 10 × 4 = 200 [m]	200 [m]

✓ 해설 : 평면도

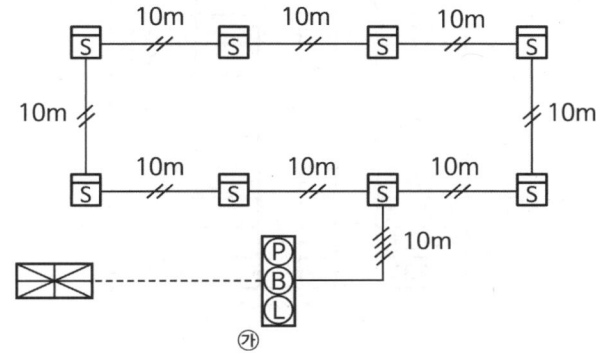

구분	산출내역	수신기와 발신기세트 사이의 물량을 제외한 길이[m]
전선관	감지기와 감지기 사이의 거리 10 [m] × 8 = 80 [m] 감지기와 발신기세트 사이의 거리 10 [m] × 1 = 10 [m]	90 [m]
전선	감지기와 감지기 사이의 거리 10 [m] × 8 × 2가닥 = 160 [m] 감지기와 발신기세트 사이의 거리 10 [m] × 1 × 4가닥 = 40 [m]	200 [m]

핵심이론 연기감지기 설치면적

(단위 : [m²])

부착높이	감지기의 종류	
	1종 및 2종	3종
4 [m] 미만	150	50
4 ~ 20 [m] 미만	75	–

04

지하 3층 및 지상 14층이고, 각 층의 높이가 3.3 [m]인 다음과 같은 소방대상물에 수직경계구역을 설정할 경우 다음 각 물음에 답하시오.

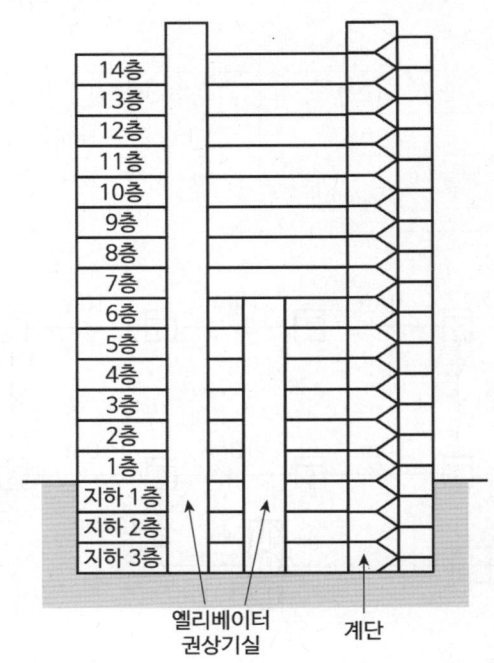

가. 상기의 건축단면도상에 표시된 엘리베이터 권상기실과 계단실에 감지기를 설치해야 하는 위치를 찾아 연기감지기의 그림기호를 이용하여 도면에 그려 넣으시오.

나. 본 소방대상물에 자동화재탐지설비의 수직경계구역은 총 몇 개의 회로로 구분해야 하는지 쓰시오.

• 엘리베이터 권상기실 (　)회로 + 계단(　)회로 = 합계(　)회로

다. 연기가 멀리 이동해서 감지기에 도달하는 장소에 설치하는 연기감지기의 종류를 1가지 쓰시오.

정답

가.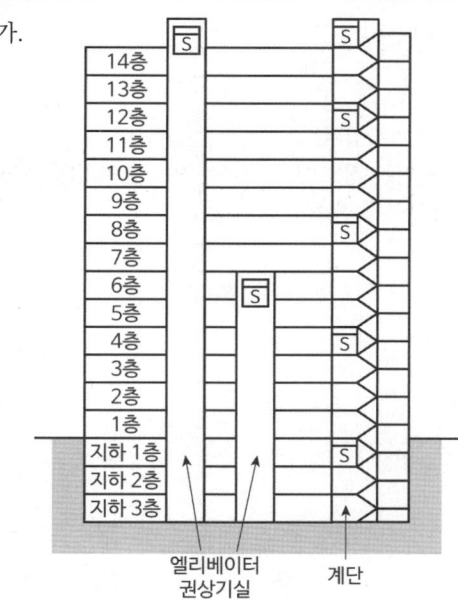

나. 엘리베이터 권상기실 (2)회로 + 계단 (3)회로 = 합계 (5)회로

☑ 해설 (1), (2) : 특정한 조건이 없으면 연기감지기 2종 설치

① 연기감지기 설치개수

구분	감지기 개수
엘리베이터	2개
지상층	수직거리 : 3.3 [m] × 14층 = 46.2 [m] 개수 : $\dfrac{수직거리}{15\,\text{m}} = \dfrac{46.2\,\text{m}}{15\,\text{m}} = 3.08 \rightarrow$ 4개(절상)
지하층	수직거리 : 3.3 [m] × 3층 = 9.9 [m] 개수 : $\dfrac{수직거리}{15\,\text{m}} = \dfrac{9.9\,\text{m}}{15\,\text{m}} = 0.66 \rightarrow$ 1개(절상)
합계	7개

② 경계구역 수

구분	경계구역
엘리베이터	2개
지상층	수직거리 : 3.3 [m] × 14층 = 46.2 [m] 경계구역 : $\dfrac{수직거리}{45\,\text{m}} = \dfrac{46.2\,\text{m}}{45\,\text{m}} = 1.02 \rightarrow$ 2회로 (절상)
지하층	수직거리 : 3.3 [m] × 3층 = 9.9 [m] 경계구역 : $\dfrac{수직거리}{45\,\text{m}} = \dfrac{9.9\,\text{m}}{45\,\text{m}} = 0.22 \rightarrow$ 1회로 (절상)
합계	5 경계구역

다. 광전식 분리형 감지기

✓ 해설
1) 연기감지기 종류
   - 이온화식 스포트형 감지기
   - 광전식 감지기(스포트형, 분리형, 공기흡입형)
2) 연기가 멀리 이동해서 감지기에 도달하는 장소에 설치하는 연기감지기(넓은 공간으로 천장이 높아 열 및 연기가 확산하는 장소)
   - 광전식 분리형 감지기
   - 광전식 스포트형 감지기
   - 광전아날로그식 스포트형 감지기
   - 광전아날로그식 분리형 감지기

05

그림은 10개의 접점을 가진 스위칭회로이다. 이 회로의 접점수를 최소화하여 스위칭회로를 그리시오. (단, 주어진 스위칭회로의 논리식을 최소화하는 과정을 모두 기술하고, 최소화된 스위칭회로를 그리도록 한다)

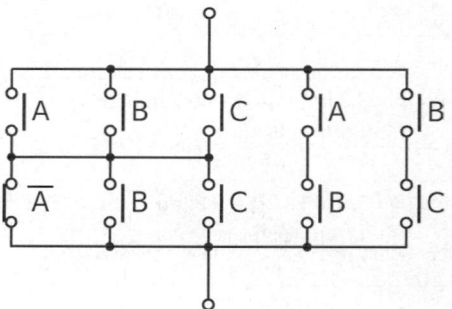

가. 논리식 :

나. 최소화한 스위칭회로 :

정답

가. 논리식 : $(A+B+C) \cdot (\overline{A}+B+C) + AB + BC$
$= A\overline{A} + AB + AC + B\overline{A} + BB + BC + C\overline{A} + CB + CC + AB + BC$
$= O + AB + AC + B\overline{A} + B + BC + C\overline{A} + CB + C + AB + BC$
$= B \cdot (1 + A + \overline{A} + C + A + C) + C \cdot (1 + A + \overline{A} + B)$
$= B \cdot 1 + C \cdot 1 = B + C$

나. 최소화한 스위칭회로

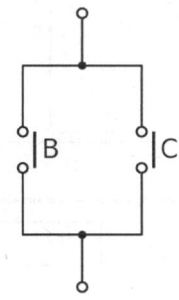

핵심이론 논리회로

명칭	논리식	논리회로	유접점회로
AND 회로	$X = A \times B$ $X = A \cdot B$		
OR 회로	$X = A + B$		
NOT 회로	$X = \overline{A}$		

06

공기관식 차동식 분포형 감지기의 설치도면이다. 다음 각 물음에 답하시오. (단, 주요구조부를 내화 구조로 한 소방대상물인 경우이다)

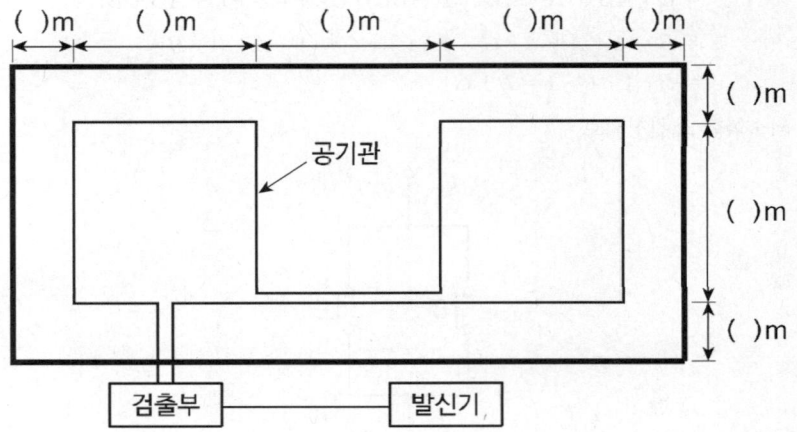

가. 내화구조일 경우의 공기관 상호 간의 거리와 감지구역의 각 변과의 거리는 몇 [m] 이하가 되도록 하여야 하는지 도면의 (   ) 안에 쓰시오.

나. 공기관의 노출부분의 길이는 몇 [m] 이상이 되어야 하는지 쓰시오.

다. 종단저항을 발신기에 설치할 경우 차동식 분포형 감지기의 검출기와 발신기 간에 연결해야 하는 전선의 가닥 수를 도면에 표기하시오.

라. 검출부의 설치높이를 쓰시오.

마. 검출부분에 접속하는 공기관의 길이는 몇 [m] 이하로 하여야 하는지 쓰시오.

바. 공기관의 재질을 쓰시오.

사. 검출부의 경사도는 몇 도 이상 경사되지 않도록 하는지 쓰시오.

정답

가, 다.

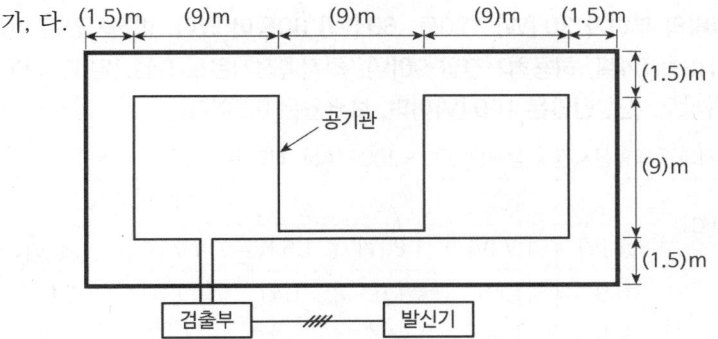

나. 20 [m]

라. 바닥에서 0.8 ~ 1.5 [m] 이하

마. 100 [m]

바. 중공동관

사. 5도

핵심이론 공기관식 차동식 분포형 감지기 설치기준

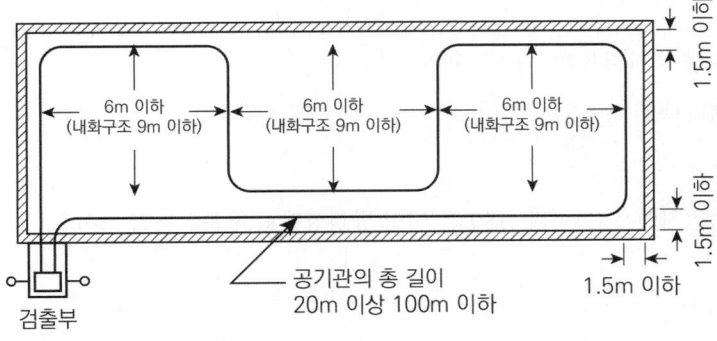

- 공기관의 노출부분은 감지구역마다 20 [m] 이상이 되도록 할 것
- 공기관과 감지구역의 수평거리는 1.5 [m] 이하가 되도록 할 것
- 공기관 상호 간의 거리는 6 [m] (내화구조 9 [m]) 이하가 되도록 할 것
- 공기관은 도중에서 분기하지 않도록 할 것
- 하나의 검출부에 접속하는 공기관 길이는 100 [m] 이하로 할 것
- 검출부는 바닥에서 0.8 ~ 1.5 [m] 이하에 위치하며, 5° 이상 경사되지 않도록 할 것

07

비상용 조명설비의 부하가 30 [W] 120등, 60 [W] 60등이 있다. 방전시간은 30분, 연축전지 HS형 54셀, 허용최저전압 90[V], 최저축전지온도 5 [℃]일 때 다음 각 물음에 답하시오. (단, 전압은 100 [V]이며, 보수율은 0.8이다)

득점 | 배점 6

[연축전지의 용량환산시간 K(상단은 900 ~ 2000 [Ah], 하단은 900 [Ah] 이하)]

형식	온도 [℃]	10분			30분		
		1.6 [V]	1.7 [V]	1.8 [V]	1.6 [V]	1.7 [V]	1.8 [V]
CS	25	0.9	1.15	1.6	1.41	1.6	2.0
		0.8	1.06	1.42	1.34	1.55	1.88
	5	1.15	1.35	2.0	1.75	1.85	2.45
		1.1	1.25	1.8	1.75	1.8	2.35
	−5	1.35	1.6	2.65	2.05	2.2	3.1
		1.25	1.5	2.65	2.05	2.2	3.0
HS	25	0.58	0.7	0.93	1.03	1.14	1.38
	5	0.62	0.74	1.05	1.11	1.22	1.54
	−5	0.68	0.82	1.15	1.2	1.35	1.68

가. 필요한 축전지용량 [Ah]을 구하시오.
  ○ 계산과정 :
  ○ 답 :

나. 연축전지에서 CS형과 HS형은 어떤 방전상태로 구분되는지 쓰시오.
  ① CS형 :
  ② HS형 :

정답

가. 계산과정

- 공칭전압[V/셀] = $\dfrac{허용최저전압(V)}{셀수} = \dfrac{90}{54} = 1.666 ≒ 1.7$ [V/셀]
- $I = \dfrac{P}{V} = \dfrac{30 \times 120 + 60 \times 60}{100} = 72$ [A]
- $C = \dfrac{1}{L}KI$ [Ah] $= \dfrac{1}{0.8} \times 1.22 \times 72 = 109.8$ [Ah]

답 | 109.8 [Ah]

나. ① CS형 : 부하에 따라 방전전류 일정
　② HS형 : 부하에 따라 방전전류 급격한 변화

핵심이론 축전지

□ 축전지 공칭전압 구하는 식

$$공칭전압[V/셀] = \frac{허용최저전압(V)}{셀수}$$

□ 축전지용량 구하는 식

$$C = \frac{1}{L}KI \text{ [Ah]}$$

C : 축전지용량[Ah], L : 보수율(용량저하율)
K : 용량환산시간[h], I : 방전전류[A]

□ 축전지 종류별 특성

구분	연축전지	알칼리축전지
기전력 [V]	2.05 ~ 2.08	1.32
공칭전압 [V]	2.0	1.2
공칭용량 [Ah]	10	5
방전종지전압 [V]	1.6	0.96
충전시간	길다.	짧다.
기계적 강도	약하다.	강하다.
수명 [년]	5 ~ 15	15 ~ 20
종류	페이스트식(HS형), 클래드식(CS형)	소결식(AH, AHH형), 포켓식(AL, AM, AMH, AH형)

08

배점 8

다음 그림은 3상 교류회로에 설치된 누전경보기의 결선도이다. 정상상태와 누전 발생 시 a점, b점 및 c점에서 키르히호프의 제1법칙을 적용하여 선전류 I_1, I_2, I_3 및 선전류의 벡터합 계산과 관련된 각 물음에 답하시오.

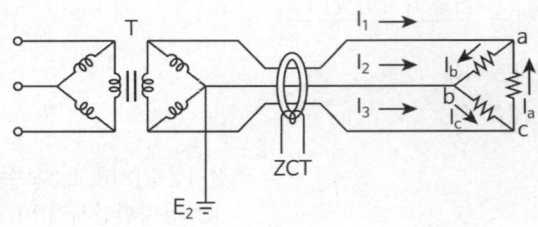

[정상상태]

가. 정상상태 시 선전류

　　a점 : I_1 = (　　), b점 : I_2 = (　　), c점 : I_3 = (　　)

나. 정상상태 시 선전류의 벡터합

　　$I_1 + I_2 + I_3$ = (　　)

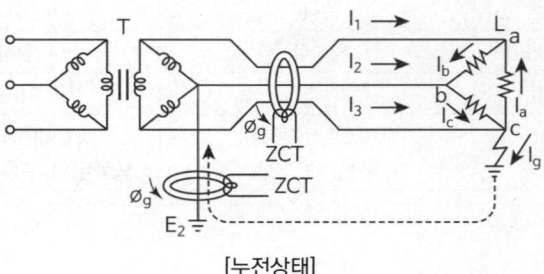

[누전상태]

다. 누전 시 선전류

　　a점 : I_1 = (　　), b점 : I_2 = (　　), c점 : I_3 = (　　)

라. 누전 시 선전류의 벡터합

　　$I_1 + I_2 + I_3$ = (　　)

정답

가. a점 : $I_1 = (I_b - I_a)$, b점 : $I_2 = (I_c - I_b)$, c점 : $I_3 = (I_a - I_c)$

나. $I_1 + I_2 + I_3 = (I_b - I_a + I_c - I_b + I_a - I_c)$

다. a점 : $I_1 = (I_b - I_a)$, b점 : $I_2 = (I_c - I_b)$, c점 : $I_3 = (I_a - I_c + I_g)$

라. $I_1 + I_2 + I_3 = (I_b - I_a + I_c - I_b + I_a - I_c + I_g = I_g)$

09

다음 회로에서 램프 L의 작동을 주어진 타임차트에 표시하시오. (단, PB : 누름버튼스위치, LS : 리미트스위치, X : 릴레이)

가.
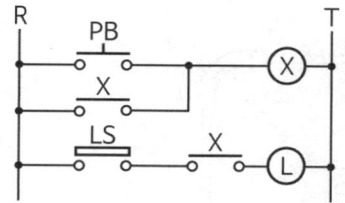

나.
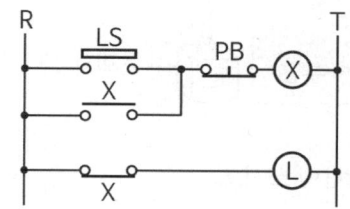

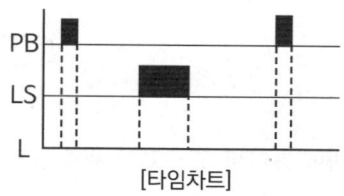

[타임차트]

정답

가.
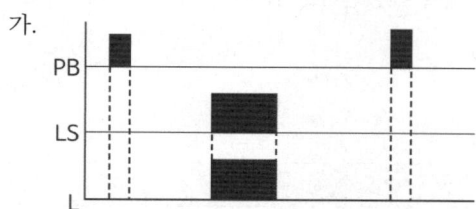

나.
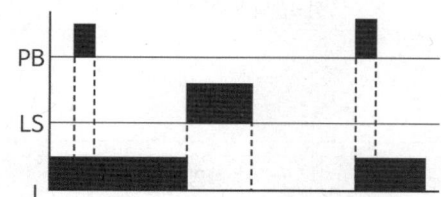

10

금속관공사로서 노출배관을 나타낸 그림이다. 이 그림을 보고 다음 각 물음에 답하시오.

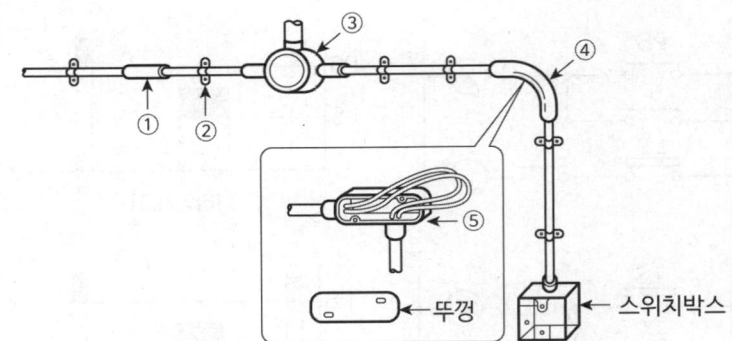

가. 그림에 표시된 ① ~ ④의 자재 명칭을 답란에 쓰시오.

①	②	③	④

나. 그림에서 ④ 대신에 ⑤에 그려진 자재를 활용한다고 할 때 ⑤의 명칭을 쓰시오.

정답

가.

①	②	③	④
커플링	새들	환형 3방출 정크션박스	노멀밴드

나. 유니버설엘보

핵심이론 금속관공사재료

명칭	외형	설명
부싱 (Bushing)		전선의 절연피복을 보호하기 위하여 금속관 끝에 취부하여 사용되는 부품
유니온커플링 (Union Coupling)		금속전선관 상호 간을 접속하는 데 사용되는 부품(관이 고정되어 있을 때)
노멀벤드 (Normal Bend)		매입배관공사를 할 때 직각으로 굽히는 곳에 사용하는 부품

명칭	외형	설명
유니버셜엘보 (Universal Elbow)		노출배관공사를 할 때 관을 직각으로 굽히는 곳에 사용하는 부품
링리듀서 (Ring Reducer)		금속관을 아우트렛 박스에 로크 너트만으로 고정하기 어려울 때 보조적으로 사용되는 부품
커플링 (Coupling)		금속전선관 상호 간을 접속하는 데 사용되는 부품(관이 고정되어 있지 않을 때)
새들(Saddle)		관을 지지하는 데 사용하는 재료
로크너트 (Lock Nut)		금속관과 박스를 접속할 때 사용하는 재료로 최소 2개를 사용한다.
리머 (Reamer)		금속관 말단의 모를 다듬기 위한 기구
파이프커터 (Pipe Cutter)		금속관을 절단하는 기구
환형 3방출 정크션박스		배관을 분기할 때 사용하는 박스
파이프벤더 (Pipe Bender)		금속관(후강전선관, 박강전선관)을 구부릴 때 사용하는 공구

11

공기관식 차동식 분포형 감지기의 3정수시험 중 접점수고(간격)시험 시 수고치가 다음에 해당하는 경우에 각각 나타나는 현상을 쓰시오.

가. 비정상적인 경우 :

나. 낮은 경우 :

다. 높은 경우 :

정답

가. 감지기 작동 안함

나. 비화재보(화재감지 너무 빠름)

다. 지연동작(화재감지 너무 느림)

핵심이론 공기관식 차동식 분포형 감지기 접점수고(압력)시험

- 접점수고치가 적정 간격을 유지하고 있는 여부를 확인
  (1) 비정상적인 경우 : 감지기 작동 안함
  (2) 낮은 경우 : 비화재보(화재감지 너무 빠름)
  (3) 높은 경우 : 지연동작(화재감지 너무 느림)

12

배점 9

지하 1층, 지상 5층인 건물에 자동화재탐지설비를 설치하고자 한다. 조건을 참고하여 다음 각 물음에 답하시오.

조건
(1) 그림은 어느 한 층의 평면도이며 모든 층이 이와 동일한 구조이다.
(2) 계단실은 건물 내 1개소에 설치되어 있으며, 지하 1층에서 지상 5층까지 연결되어 있다.
(3) 층고는 4 [m]이다.

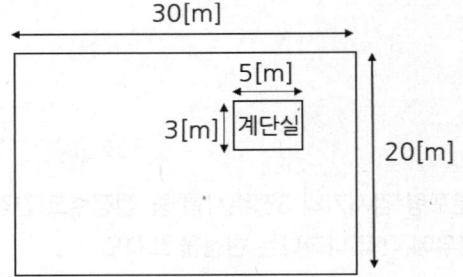

가. 한 층에 대한 수평적 경계구역을 구하시오.

○ 계산과정 :

○ 답 :

나. 건물 전체의 수직적 경계구역을 구하시오.

○ 계산과정 :

○ 답 :

다. 사용 가능한 발신기의 종류는?

라. 계단에 설치하는 감지기의 종류는?

정답

가. 계산과정 : $\dfrac{(30 \times 20) - (5 \times 3)}{600} = 0.97$ → 절상해서 1개　　　답 | 1개

나. 계산과정 : $\dfrac{4 \times 6}{45} = 0.53$ → 절상해서 1개　　　답 | 1개

다. P형 발신기

라. 연기감지기

13

득점 ／ 배점 5

다음 그림은 옥내소화전설비의 블록선도이다. 각 구성요소 간에 내화, 내열, 일반 배선으로 배선하시오. (단, 내화배선 : ━━━, 내열배선 : ━ㆍ━, 일반배선 : ━ ━ ━ ━)

정답

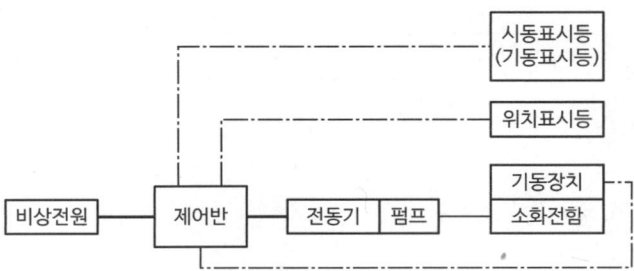

핵심이론 배선공사(내화배선 : _____, 내열배선 : _._._, 일반배선 : _ _ _ _, 배관 : _____)

(1) 옥내소화전설비

내화배선: ——, 내열배선: —·—, 일반배선: ------, 배관: ——

```
                         ┌─────────┐
                    ┌────│시동표시등│
                    │    │(기동표시등)│
                    │    └─────────┘
                    │    ┌─────────┐
                    │ ┌──│ 위치표시등│
                    │ │  └─────────┘
┌──────┐  ┌─────┐  ┌─────┐  ┌─────┐  ┌─────┐
│비상전원│──│제어반│──│전동기│──│ 펌프│──│기동장치│
└──────┘  └─────┘  └─────┘  └─────┘  │소화전함│
                                      └─────┘
```

• 시동표시등 = 기동표시등

(2) 옥외소화전설비

```
                         ┌─────────┐
                    ┌────│시동표시등│
                    │    │(기동표시등)│
                    │    └─────────┘
┌────┐  ┌─────┐  ┌─────┐  ┌─────┐  ┌─────┐
│ 전원│──│제어반│──│전동기│──│ 펌프│──│기동장치│
└────┘  └─────┘  └─────┘  └─────┘  │소화전함│
                                    └─────┘
```

• 시동표시등 = 기동표시등

14

| 득점 | | 배점 | 4 |

보상식과 열복합형 감지기를 상호 비교하는 다음 항목을 채우시오.

구분	보상식 감지기	열복합형 감지기
1. 동작방식		
2. 신호출력		
3. 목적		
4. 적응성		

정답

구분	보상식 감지기	열복합형 감지기
1. 동작방식	OR방식	AND방식
2. 신호출력	차동식과 정온식 중 1가지만 작동 시 화재신호	차동식 정온식 2가지 전부 작동 시 화재신호
3. 목적	실보방지	비화재보방지
4. 적응성	심부화재의 우려 장소	지하층·무창층으로서 환기가 잘 되지 않는 장소

15

득점 | 배점 4

공기관식 감지기 시험방법에 대한 설명 중 ㉮ 와 ㉯에 알맞은 내용을 답란에 쓰시오.

가. 검출부의 시험공 또는 공기관의 한쪽 끝에 (㉮)을(를) 시험콕 등을 유동시험 위치에 맞춘 후 다른 끝에 (㉯)을(를) 접속시킨다.

나. (㉯)(으)로 공기를 주입하고 (㉮) 수위를 눈금의 0점으로부터 100 [mm] 상승시켜 수위를 정지시킨다.

다. 시험콕 등에 의해 송기구를 개방하여 상승수위의 1/2까지 내려가는 시간(유통시간)을 측정한다.

㉮	㉯

정답

㉮	㉯
마노미터	테스트펌프

핵심이론 공기관식 차동식 분포형 감지기(차동식 분포형 공기관식 감지기) 유통시험

(1) 공기관 내 공기를 유입시켜 공기관의 누설, 찌그러짐, 막힘, 공기관의 길이 확인하기 위한 시험
(2) 시험방법
  • 검출부의 시험공 또는 공기관의 한쪽 끝에 마노미터를 시험콕 등을 유동시험 위치에 맞춘 후 다른 끝에 테스트펌프를 접속시킨다.

- 테스트펌프로 공기를 주입하고 마노미터 수위를 눈금의 0점으로부터 100 [mm] 상승시켜 수위를 정지시킨다.
- 시험콕 등에 의해 송기구를 개방하여 상승수위의 1/2(50 [mm])까지 내려가는 시간(유통시간)을 측정한다.

(3) 판정 : 공기관 길이에 따라 정해진 시간 이내 정상
(4) 유통시험 필요 기구 3가지 : 마노미터, 테스트펌프(= 공기주입시험기), 초시계

16

연기감지기를 설치할 수 없는 경우 차동식 분포형 감지기 1·2종 모두 적응성이 있는 환경상태 5가지를 쓰시오.

①
②
③
④
⑤

정답

① 먼지 또는 미분 등이 다량으로 체류하는 장소
② 부식성 가스가 발생할 우려가 있는 장소
③ 배기가스가 다량으로 체류하는 장소
④ 연기가 다량으로 유입할 우려가 있는 장소
⑤ 물방울이 발생하는 장소

모아바 www.moa-ba.com
모아소방전기학원 www.moate.co.kr

격차를 뛰어넘어 압도적인 격차를 만들다

모아's Pick! plus N제⁺

15개년 소방설비기사부터 산업기사까지의 이전 기출문제를 폭넓게 분석, 가장 중요하고 핵심적인 문제들만 주제별로 Pick!
최신 출제경향에 맞게 변경한 신유형 문제인 "plus N제"를 풀어보고 기출 유형을 폭넓게 경험함으로써 수험생들이 마지막 한 문제까지 놓치지 않도록 구성하였습니다.

plus N제

CHAPTER 01	가닥 수
CHAPTER 02	시퀀스
CHAPTER 03	기타
CHAPTER 04	소방시설 도시기호

CHAPTER 01 가닥 수

01

다음은 준비동작식 스프링클러설비의 계통도이다. 그림을 보고 표의 가닥 수 및 용도를 쓰시오. (단, 전원공통선과 감지기공통선은 같이 사용하며, 프리액션밸브에 설치하는 압력스위치, 탬퍼스위치, 솔레노이드밸브의 공통선은 1가닥을 사용한다)

[2015년 1회(기사)]

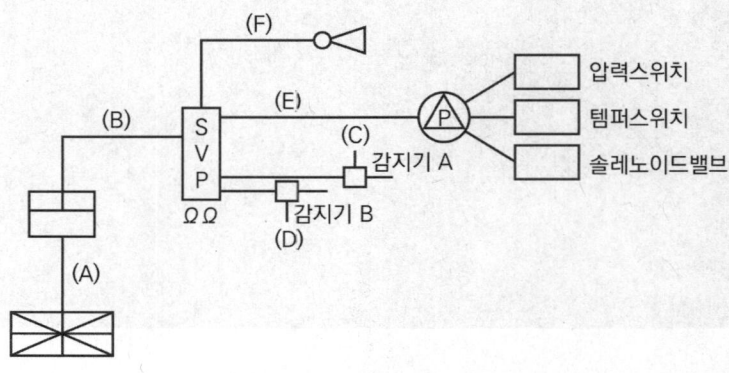

기호	가닥 수	용도
A		
B	8	
C		
D		
E		
F		

정답

기호	가닥 수	용도
A	4	전원 ⊕·⊖, 중계기 신호선 2
B	8	전원 ⊕·⊖, 사이렌, 감지기 A·B, 솔레노이드밸브 1, 압력스위치 1, 탬퍼스위치 1
C	4	지구선 2, 공통선 2
D	4	지구선 2, 공통선 2
E	4	솔레노이드밸브 1, 압력스위치 1, 탬퍼스위치 1, 공통선 1
F	2	사이렌 2

- 준비작동식 스프링클러설비에 있어서는 감지기 배선을 교차회로방식으로 하기 때문에 종단저항이 두 개이다.
- 전원공통선과 감지기공통선을 같이 사용하기 때문에 B는 8가닥이다(문제에서 따로 사용한다고 하였으면 감지기공통선 1가닥을 추가해서 9가닥이다).
- 프리액션밸브에 설치하는 압력스위치, 탬퍼스위치, 솔레노이드밸브의 공통선을 1가닥을 사용하였다고 하였으므로 E는 4가닥이다.

☑ 해설 : 전선 가닥 수 및 용도
  1) SVP : 8가닥[전원 ⊕·⊖, SV, PS, TS, 사이렌, 감지기 A·B]
  2) 솔레노이드밸브 = 밸브기동 = SV(Solenoid Valve) = SOL
  3) 압력스위치 = 밸브개방확인 = PS(Pressure Switch)
  4) 탬퍼스위치 = 밸브주의 = 밸브개폐감시용 스위치 = TS(Tamper Switch)

02

도면은 준비작동식 스프링클러설비의 평면도이다. 도면을 보고 다음 각 물음에 답하시오. (2015년 1회(기사))

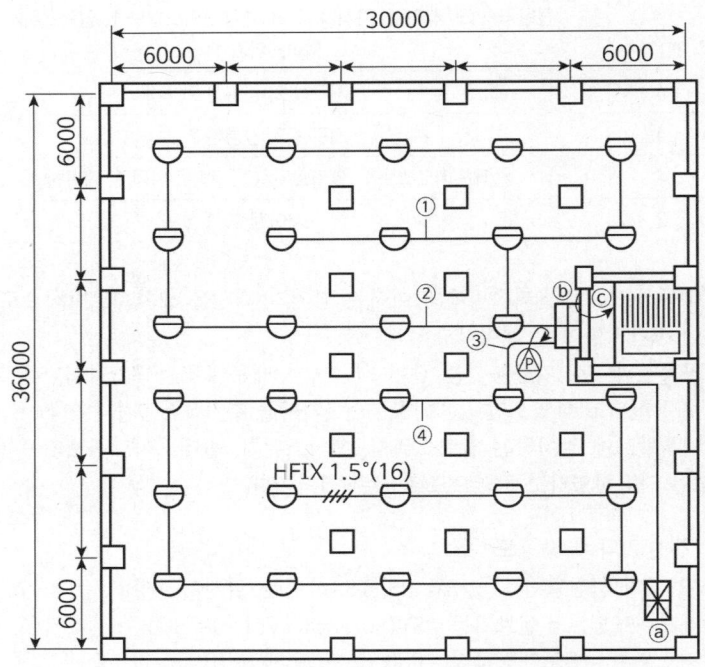

가. 기호 ① ~ ④까지 최소가닥 수를 쓰시오.

①   ②

③   ④

나. 기호 ⓐ ~ ⓒ의 명칭을 쓰시오.

ⓐ

ⓑ

ⓒ

다. 3층 건물일 경우 간선계통도를 그리시오. (단, 전원공통선과 감지기공통선은 같이 사용하며, 프리액션밸브에 설치하는 압력스위치, 탬퍼스위치, 솔레노이드밸브의 공통선은 1가닥을 사용한다)

정답

가. ① 8가닥, ② 4가닥, ③ 8가닥, ④ 4가닥

> 준비작동식 스프링클러설비에 있어서는 감지기 배선을 교차회로방식으로 하기 때문에 루프와 말단은 4가닥, 나머지는 8가닥이다.

나. ⓐ 수신반(감시제어반)
ⓑ 슈퍼비조리 판넬
ⓒ 전선관 상승

다.

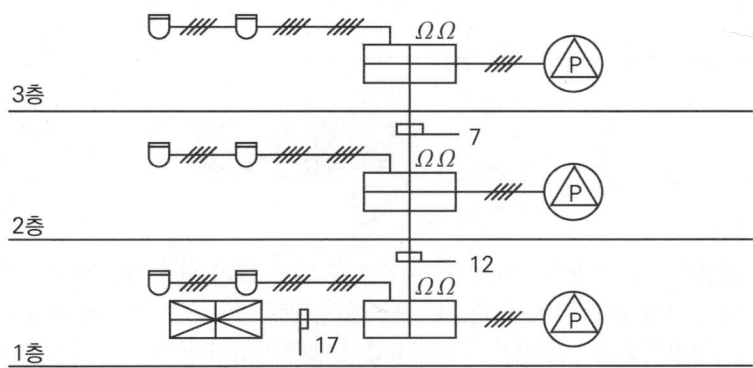

- 평면도상에 사이렌이 없으므로 가닥 수 산정 시 사이렌선을 제외한다.
- 교차회로방식이므로 루프와 말단은 4가닥, 나머지는 8가닥이다.
- 교차회로방식이므로 종단저항은 2개를 그려준다.
- 프리액션밸브에 설치하는 압력스위치, 탬퍼스위치, 솔레노이드밸브의 공통선은 1가닥을 사용하므로 프리액션밸브에서 SVP로 들어가는 가닥은 4가닥이다.
- 도면상에 사이렌이 없으며, SVP와 SVP 사이의 기본 가닥 수는 7가닥이다 (전원 ⊕·⊖, 솔레노이드밸브, 압력스위치, 탬퍼스위치, 감지기 A·B).
- ZONE이 늘어날 때마다 5가닥이 추가되므로 7가닥 - 12가닥 - 17가닥이다.

03

자동화재탐지설비의 평면도이다. 이 도면을 보고 다음 각 물음에 답하시오.

2015년 4회(산업기사)

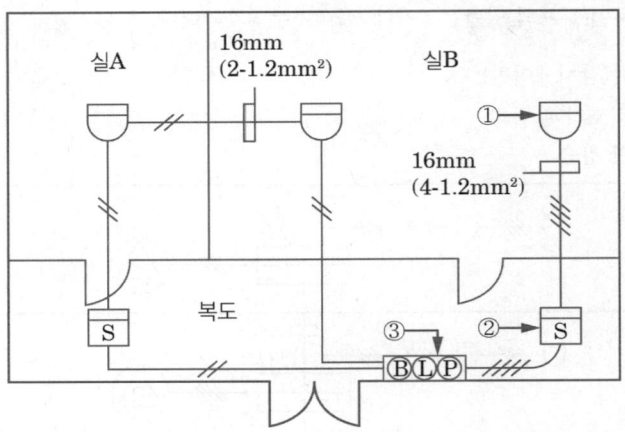

가. 후강전선관으로 배관공사를 할 경우 주어진 다음 표의 배관 부속자재에 대한 수량을 구하시오. (단, 반자가 없는 구조이며, 감지기는 8각 박스에 직접 취부한다고 가정하고 수동발신기세트와 수신기 간의 배선과 관계되는 재료는 고려하지 않도록 한다)

품명	규격	단위	수량
로크너트	16 [mm]	개	
부싱	16 [mm]	개	
8각 박스	8각 2인치	개	

나. ①과 ②의 감지기의 종류를 쓰시오.

①

②

다. ③에는 어떤 것들이 내장되어 있는지 그 내장품을 모두 쓰시오.

정답

가.

품명	규격	단위	수량
로크너트	16 [mm]	개	24
부싱	16 [mm]	개	12
8각 박스	8각 2인치	개	5

- 부싱은 전선의 절연피복을 보호하기 위해 금속관 끝에 취부하여 사용되는 부품으로써 관의 개수에 2배를 한다.
- 로크너트는 금속관과 박스를 접속할 때 사용하는 재료로 부싱의 개수에 2배를 한다.
- 박스 - 4각 박스 : 3방출(4방출) 이상, 한쪽 면이 2방출
       - 8각 박스 : 4각 박스 외의 것
- 박스 제외 : 수신기함, 발신기함, 옥내소화전함, T/B, SVP, RM 등

나. ① 차동식 스포트형 감지기
    ② 연기감지기
다. 발신기, 경종, 표시등

✔ 해설
  가. 1) 부싱 : 금속관 끝에 취부하므로 금속관 1개소에 2개 사용, 6 × 2 = 12 [개]
      2) 로크너트 : 금속관과 박스를 접속할 때 사용하는 재료로 최소 2개 사용
         부싱 취급 개소에 2개 사용, 12 × 2 = 24 [개]

핵심이론 도시기호 / 자동식 소화설비 / 금속관공사재료

□ 소방용 기계·기구 도시기호

명칭	도시기호	명칭	도시기호
표시등 (방출표시등)	◐	차동식 스포트형 감지기	▽
가스계소화설비의 수동조작함	RM	보상식 스포트형 감지기	▽
사이렌	◁	연기감지기	S
모터사이렌	Ⓜ◁	차동식 분포형 감지기의 검출기	⋈
전자사이렌	Ⓢ◁	제어반	⊠

□ 금속관공사재료

명칭	외형	설명
부싱 (Bushing)		전선의 절연피복을 보호하기 위하여 금속관 끝에 취부하여 사용되는 부품
로크너트 (Lock Nut)		금속관과 박스를 접속할 때 사용하는 재료로 최소 2개를 사용한다.

04

다음 그림은 R형 수신기중 각종 표시회로의 일부분을 보여주고 있다. 세그먼트 다이오드로 1 ~ 8까지 숫자를 표현하려고 한다. 그림에 알맞게 다이오드를 추가하여 회로도를 완성하시오. (단, 그림의 1 ~ 8은 경계구역을 의미한다) 〔2013년 4회(기사)〕

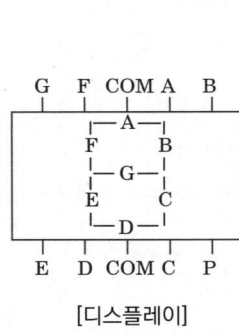

[디스플레이]

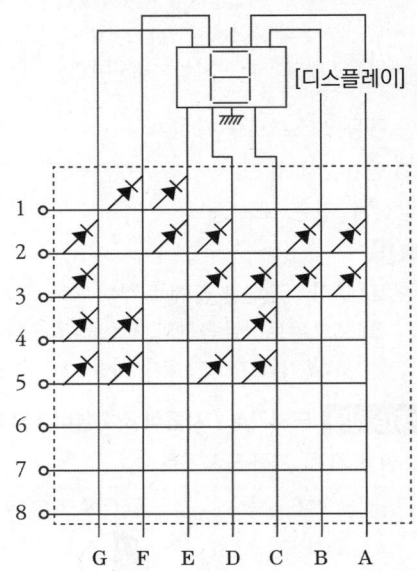

정답

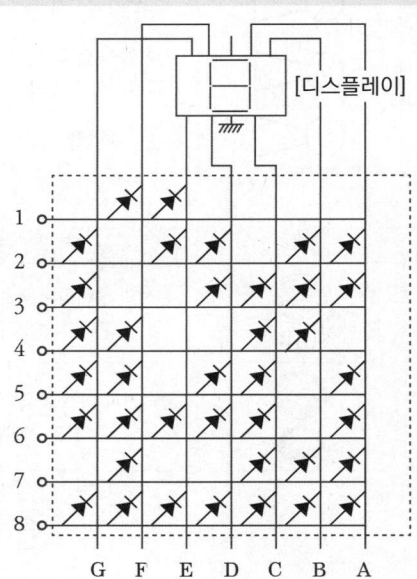

✓ 해설

숫자	1	2	3	4	5	6	7	8
세그먼트	1	2	3	4	5	6	7	8
구성기호	E,F	A,B,D,E,G	A,B,C,D,G	B,C,F,G	A,C,D,F,G	A,C,D,E,F,G	A,B,C,F	A,B,C,D,E,F,G
다이오드 개수	2	5	5	4	5	6	4	7

05

그림은 준비작동식 스프링클러설비의 전기적 계통도이다. [조건]을 참조하여 Ⓐ ~ Ⓖ까지에 대한 다음 표의 빈칸에 알맞은 배선 수와 배선의 용도를 작성하시오.

2018년 1회(산업기사)

조건
(1) 사용전선은 HFIX 전선이다.
(2) 배선 수는 운전조작상 필요한 최소전선수를 쓰도록 한다.
(3) 각 유수검지장치에는 밸브개폐감시용 스위치가 부착되어 있다.
(4) 전원공통선과 감지기공통선은 같이 사용한다.
(5) 프리액션밸브에 설치하는 압력스위치, 탬퍼스위치, 솔레노이드밸브의 공통선은 1가닥을 사용한다.

기호	구분	배선 수	배선굵기	배선의 용도
Ⓐ	감지기 ↔ 감지기		1.5 [mm²]	
Ⓑ	감지기 ↔ SVP		1.5 [mm²]	
Ⓒ	사이렌 ↔ SVP		2.5 [mm²]	
Ⓓ	Preaction Valve ↔ SVP		2.5 [mm²]	
Ⓔ	SVP ↔ SVP		2.5 [mm²]	
Ⓕ	2 Zone일 경우		2.5 [mm²]	
Ⓖ	3 Zone일 경우		2.5 [mm²]	

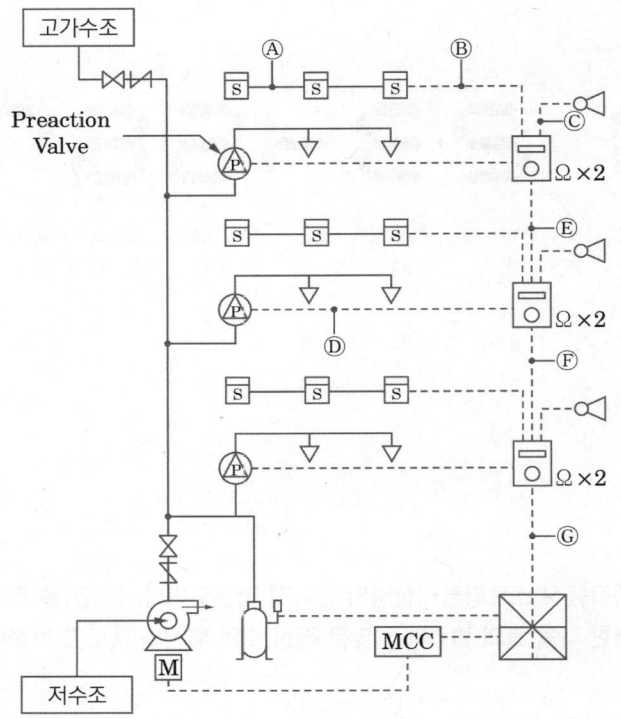

정답

기호	구분	배선 수	배선굵기	배선의 용도
Ⓐ	감지기 ↔ 감지기	4	1.5 [mm²]	지구 2, 공통 2
Ⓑ	감지기 ↔ SVP	8	1.5 [mm²]	지구 4, 공통 4
Ⓒ	사이렌 ↔ SVP	2	2.5 [mm²]	사이렌 2
Ⓓ	Preaction Valve ↔ SVP	4	2.5 [mm²]	밸브기동, 밸브개방확인, 밸브주의, 공통
Ⓔ	SVP ↔ SVP	8	2.5 [mm²]	전원 ⊕·⊖, 감지기 A·B, 밸브기동, 밸브개방확인, 밸브주의, 사이렌
Ⓕ	2 Zone일 경우	14	2.5 [mm²]	전원 ⊕·⊖, (감지기 A·B, 밸브기동, 밸브개방확인, 밸브주의, 사이렌) × 2
Ⓖ	3 Zone일 경우	20	2.5 [mm²]	전원 ⊕·⊖, (감지기 A·B, 밸브기동, 밸브개방확인, 밸브주의, 사이렌) × 3

- 감지기와 감지기 사이, 감지기와 발신기 사이 등 감지기와 연결된 배선을 지선이라고 하며, 이때 지선은 굵기가 1.5 [mm²]이다.
- 그 외는 간선이라고 하며, 굵기는 2.5 [mm²]이다.

- 지구선(= 지구, 회로, 회로선)
- 공통선(= 공통, 회로공통선, 신호공통선, 감지기공통선)
- 솔레노이드밸브 = 밸브기동 = SV(Solenoid Valve) = SOL
- 압력스위치 = 밸브개방확인 = PS(Pressure Switch)
- 탬퍼스위치 = 밸브주의 = TS(Tamper Switch)

06
도면은 자동화재탐지설비의 평면도 및 간선계통도이다. 이 도면을 보고 각 물음에 답하시오. 2016년 1회(산업기사)

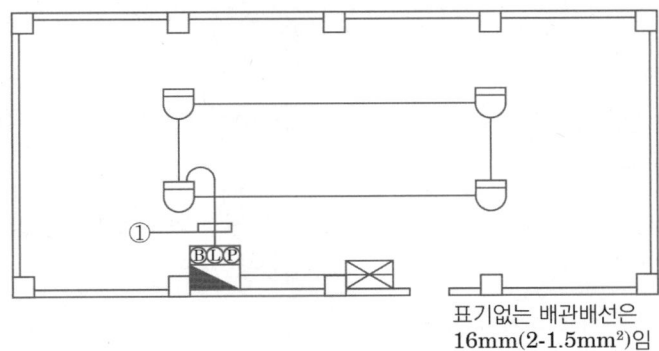

표기없는 배관배선은 16mm(2-1.5mm²)임

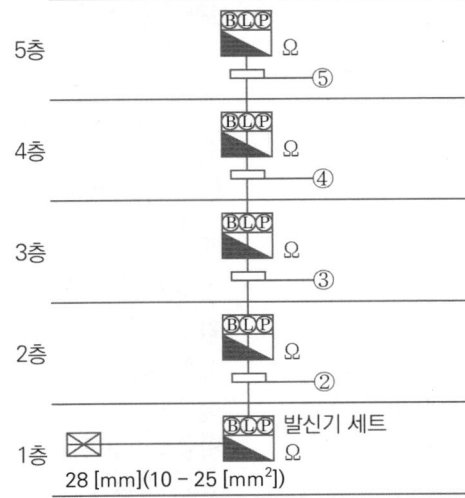

[간선계통도]

조건

(1) 본 건물은 콘크리트 슬라브 구조로서 지상 5층 건물이며, 전 층이 기준층이다.
(2) 각 층고는 3 [m]로서, 이중천장의 높이는 천장면에서 0.5 [m]에 설치된다.
(3) 모든 배관은 후강전선관이며, 천장 및 벽체 매입으로 한다.
(4) 후강전선관의 굵기, 전선 가닥 수, 전선굵기는 예시와 같이 표기한다.
(예) 22 [mm](5 - 1.5 [mm^2])
(5) 후강전선관와 굵기 선정은 다음에 따라서 한다.

도체 단면적 [mm^2]	전선 본수									
	1	2	3	4	5	6	7	8	9	10
	전선관의 최소 굵기 [mm]									
2.5	16	16	16	16	22	22	22	28	28	28
4	16	16	16	22	22	22	28	28	28	28
6	16	16	22	22	22	28	28	28	36	36

가. 도면과 같은 설비를 하는 데 필요한 자재를 10가지만 쓰시오. (단, 규격, 수량 등은 필요 없음)

나. 평면도의 ①에 해당되는 후강전선관의 굵기, 전선 가닥 수, 전선 굵기는 어떻게 되는가?

다. 사용될 수신기의 규격은 어떤 형의 몇 회로 수신기를 사용하여야 하는가?

라. 간선계통도상의 ② ~ ⑤까지의 후강전선관의 굵기, 전선 가닥 수, 전선 굵기를 표기하시오.

② ③
④ ⑤

정답

가. 1) 수신기 2) 발신기
3) 경종 4) 표시등
5) 차동식 스포트형 감지기 6) 종단저항
7) 옥내소화전함 8) 후강전선관
9) 부싱 10) 로크너트

나. 16 [mm](4 - 1.5 [mm^2])

> - 감지기와 감지기 사이, 감지기와 발신기 사이 등 감지기와 연결된 배선을 지선이라고 하며, 이때 지선은 굵기가 1.5 [mm^2]이다.
> - 그 외는 간선이라고 하며, 굵기는 2.5 [mm^2]이다.
> - 16 [C] = 16 [mm]
> - 자동화재탐지설비의 감지기 배선은 송배선식으로 하며, 루프는 2가닥, 나머지는 4가닥이다.
> - 발신기와 수신기 사이의 기본 가닥 수는 6가닥이다.
> - 지선
>   ① 1 ~ 4가닥 : 16 [C]
>   ② 5 ~ 8가닥 : 22 [C]

다. P형 5회로 수신기

라. ② 28 [mm](9 - 2.5 [mm^2]) ③ 28 [mm](8 - 2.5 [mm^2])
　④ 22 [mm](7 - 2.5 [mm^2]) ⑤ 22 [mm](6 - 2.5 [mm^2])

✓ 해설 : 전선 가닥 수 및 용도

기호	전선관, 가닥 수, 전선굵기	전선의 사용(가닥 수)
①	16 [mm](4 - 1.5 [mm^2])	지구선 2, 공통선 2
⑤	22 [mm](6 - 2.5 [mm^2])	회로선 1, 회로공통선 1, 경종선 1, 경종표시등공통선 1, 응답선 1, 표시등선 1
④	22 [mm](7 - 2.5 [mm^2])	회로선 2, 회로공통선 1, 경종선 1, 경종표시등공통선 1, 응답선 1, 표시등선 1
③	28 [mm](8 - 2.5 [mm^2])	회로선 3, 회로공통선 1, 경종선 1, 경종표시등공통선 1, 응답선 1, 표시등선 1
②	28 [mm](9 - 2.5 [mm^2])	회로선 4, 회로공통선 1, 경종선 1, 경종표시등공통선 1, 응답선 1, 표시등선 1
1층 ↔ 수신기	28 [mm](10 - 2.5 [mm^2])	회로선 5, 회로공통선 1, 경종선 1, 경종표시등공통선 1, 응답선 1, 표시등선 1

> 주어진 도면에 1층 ↔ 수신기의 전선 가닥 수와 전선관 조건에 28 [mm](10 - 2.5 [mm^2])을 주었으므로 옥내소화전설비 2가닥을 제외함

- 지구선(= 회로선, 신호선, 감지기선, 발신기 지구선, 수동발신기 지구선)
- 지구공통선(= 공통선, 회로공통선, 신호공통선, 감지기공통선, 수동발신기 공통선)
- 응답선(= 발신기선, 발신기응답선, 수동발신기 응답선, 확인선)
- 경종 및 표시등공통선(= 공동표시등 공통선, 벨표시등 공통선)

핵심이론 도시기호 / 자동식 소화설비 / 금속관공사재료

□ 소방용 기계·기구 도시기호

명칭	도시기호	명칭	도시기호
표시등 (방출표시등)	 ◐	차동식 스포트형 감지기	 ∪
가스계소화설비의 수동조작함	RM	보상식 스포트형 감지기	 ⊎
사이렌	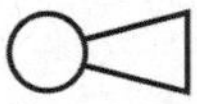 ◁	연기감지기	 S
모터사이렌	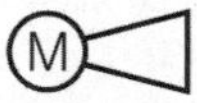 Ⓜ◁	차동식 분포형 감지기의 검출기	 ⋈
전자사이렌	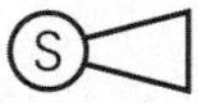 Ⓢ◁	제어반	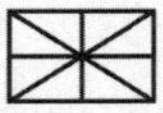 ⊠

□ 금속관공사재료

명칭	외형	설명
부싱 (Bushing)	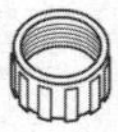	전선의 절연피복을 보호하기 위하여 금속관 끝에 취부하여 사용되는 부품
로크너트 (Lock Nut)	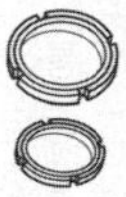	금속관과 박스를 접속할 때 사용하는 재료로 최소 2개를 사용한다.

CHAPTER 02 시퀀스

07

아래 그림은 전동기 시퀀스 제어회로 중 일부 회로의 타임차트이다. 이에 맞는 회로의 명칭을 쓰고, 그림의 스위치 소자를 이용하여 시퀀스 제어회로를 완성하시오.

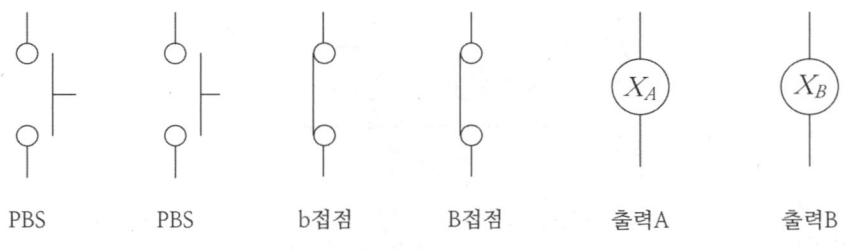

[스위치 소자 및 회로기호]

PBS   PBS   b접점   B접점   출력A   출력B

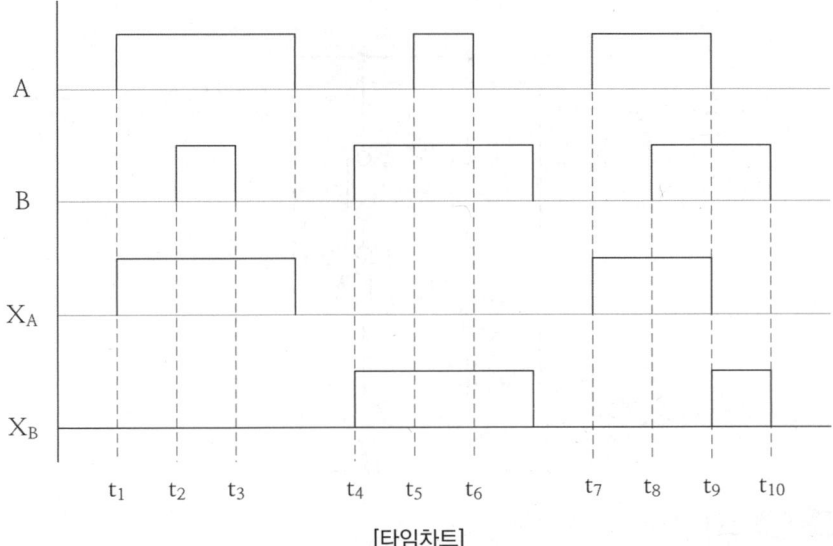

[타임차트]

가. 회로의 명칭 :

나. 회로의 완성 :

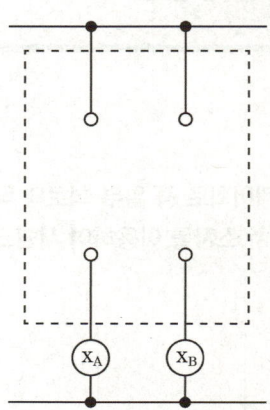

정답

가. 회로의 명칭 : 인터록회로

나. 회로의 완성

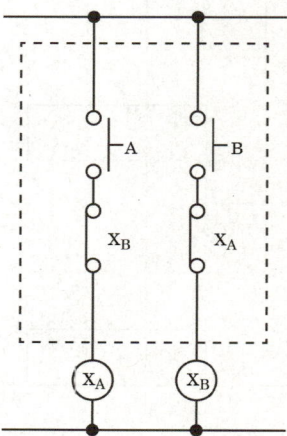

참고 인터록회로

- 상호 관련이 있는 기기의 동작을 서로 구속하는 회로기기의 보호와 조작자의 안전이 목적인 회로
- 병렬회로에 상호 b접점(Normal Close)을 두어 R_1과 R_2의 동시투입방지
  ① PB_1이 ON되면 릴레이 R_1이 여자되고 R_1의 a 접점이 폐로되고 또한 램프 L_1이 점등된다.
  ② 이때 PB_2를 ON시켜도 릴레이 R_2와 램프 L_2는 R_1의 b접점이 단전되기 때문에 작동할 수 없음

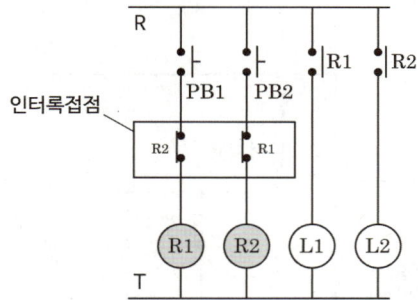

※ 하나의 릴레이가 동작하면 다른 릴레이는 동작이 금지됨

08

그림은 유도전동기의 정·역전 제어회로의 미완성도면이다. 도면을 이용하여 다음 각 물음에 답하시오. (2014년 1회(기사))

가. 미완성 접점부분을 모두 완성하여 정·역전회전이 가능하도록 회로를 완성하시오.

나. 정·역전회전이 가능하도록 주회로의 주 접점 부분을 완성하시오.

다. NFB를 원문영어(또는 영문에 대한 우리말표기)로 표현하시오.

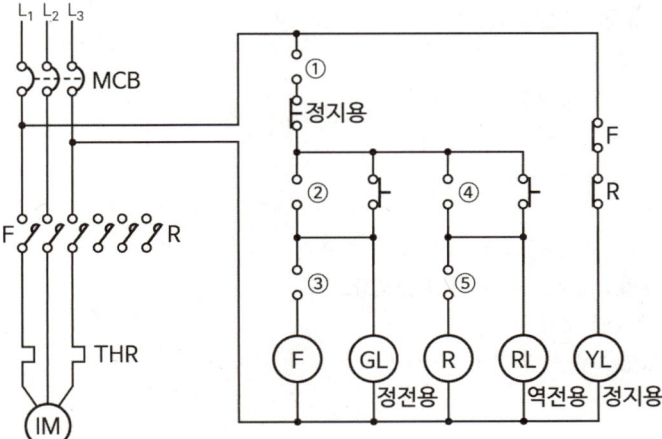

정답

가, 나.

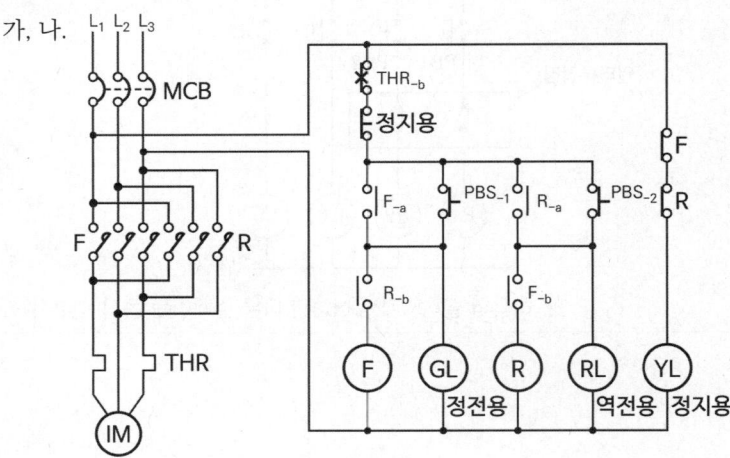

다. No Fuse Breaker 배선용 차단기

- PBS₋₁스위치를 누르면 F가 여자됨과 동시에 관련 접점인 F₋ₐ와 F₋ᵦ가 동작한다. 또한 GL이 점등된다. 이때, PBS₋₁에서 손을 떼더라도 F₋ₐ는 자기유지 되어 F가 계속 동작하며, GL이 점등도 유지된다.
- PBS₋₂스위치를 누르면 R이 여자됨과 동시에 관련 접점인 R₋ₐ와 R₋ᵦ가 동작한다. 또한 RL이 점등된다. 이때, PBS₋₂에서 손을 떼더라도 R₋ₐ는 자기유지 되어 R이 계속 동작하며 RL의 점등도 유지된다.
- F와 R을 b접점으로써 인터록을 걸어주어서 서로 동시에 동작하지 않도록 한다.
- 정지인 상태에서는 YL이 점등된다.

핵심이론 정·역전제어방식

□ KEY POINT
- 기동버튼 : 병렬연결 및 자기유지
- 정지버튼 : 직렬연결
- 분기 시 "•"를 찍는다.
- 연동
  ① F 코일 : F-MC(a) 표기, F-MC(b) 표기
  ② R 코일 : R-MC(a) 표기, R-MC(b) 표기
- 3상중 2상만 교체 표기
- 상대편(병렬우선) 인터록 접점 구성

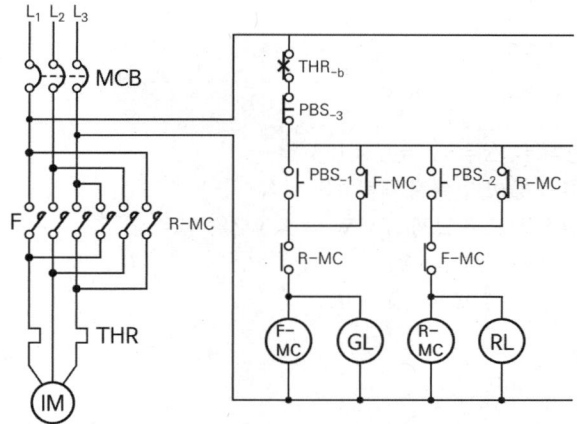

09

그림은 Y - △기동에 대한 시퀀스 다이어그램이다. 그림을 보고 다음 각 물음에 답하시오. [2020년 2회(산업기사)]

가. 19^{-1}과 19^{-2}는 전자접촉기이다. 이것의 용도는 무엇인가?

   1) 19^{-1} :   2) 19^{-2} :

나. 그림에서 49는 어떤 계전기의 제어약호인가?

다. MCCB는 무엇인가?

라. 그림에서 88 은 어떤 용도의 전자접촉기인가?

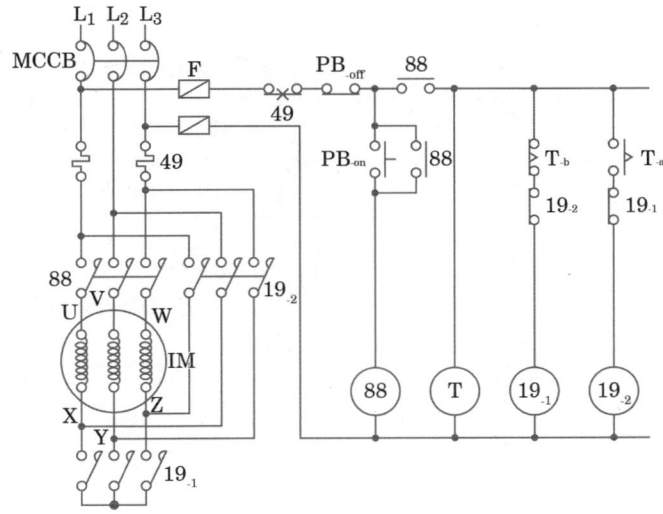

정답

가. 1) 19^{-1} : Y 기동용
   2) 19^{-2} : △ 운전용

- Y - △방식 ⇒ △ = 3Y ⇒ Y = 1/3△
- 기동전류를 줄이기 위해 채택하는 방식)
- 3상 주접점을 모두 교체(U V W ⇒ X Y Z)
  (U ⇒ Z, V ⇒ X, W ⇒ Y)
  (U ⇒ Y, V ⇒ Z, W ⇒ X)

나. 열동계전기

다. 배선용 차단기

라. 주전원 개폐용

핵심이론 시퀀스

□ 자동제어기구 번호
- 49 : 열동계전기(= 열동형 계전기)
- 88 : 전동장치 운전용 개폐기(보조기용 접촉기)

□ 배선용 차단기(Molded-case Circuit Breaker : MCCB(= MCB = NFB, No Fuse Breaker))
- 목적 : 과전류, 단락전류 차단(재사용 가능)
- 특징
  ① 소형이고 경량이다.   ② 기기의 신뢰도가 크다.
  ③ 과전류에 대한 차단성능이 우수하다.   ④ 동작 시 수동으로 복귀가 간단하다.
  ⑤ 퓨즈가 필요치 않다.   ⑥ 기기의 수명이 길다.

심벌	명칭
∽	배선용 차단기
▭	포장퓨즈
수동조작 심벌	수동조작 자동복귀접점
보조스위치 심벌	보조스위치 접점(계전기접점)
수동복귀 심벌	수동복귀접점
한시동작 심벌	한시동작접점(타이머)
기계적 심벌	기계적 접점(리밋스위치)
Ⓜ	3상전동기
Ⓟ	펌프

10

그림과 같은 시퀀스회로를 보고 다음 각 물음에 답하시오. 2017년 4회(산업기사)

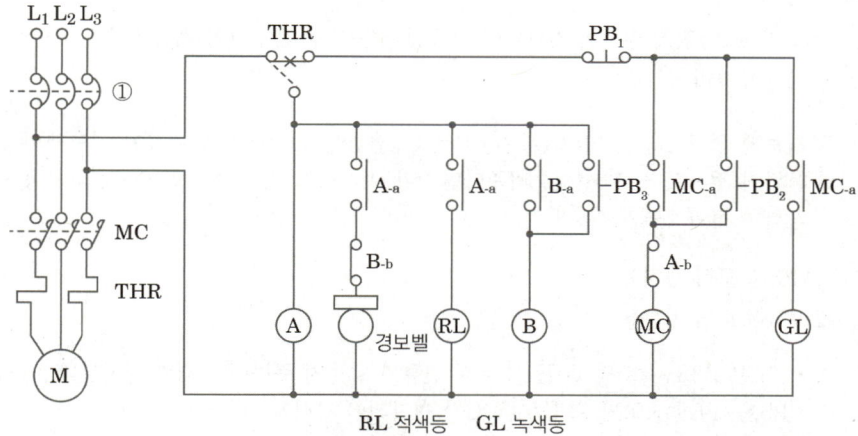

가. 도면의 ①부분에 표시될 제어약호는?

나. 도면의 주회로에 표기된 THR의 명칭은 무엇인가?

다. 계전기 Ⓐ가 여자되었을 때 회로의 동작상황을 상세히 설명하시오.

라. 경보벨이 명동되고 있다고 할 때 이 울림을 정지시키려면 어떻게 하여야 하는가?

마. 도면에서 PB_1과 PB_2의 용도는 무엇인가?

바. 어떤 원인에 의하여 THR의 보조 b접점이 떨어져서 계전기 Ⓐ쪽에 붙었다고 할 때 접점이 떨어질 제반장애를 없앤 다음 이 접점을 원위치 시키려면 어떻게 하여야 하는가?

사. 문제의 도면 내용 중 동작에 불필요한 부분이 있으면 쓰고 없으면 "없음"이라고 쓰시오.

정답

가. MCCB

나. 열동계전기

다. 계전기 A_{-a}접점에 의하여 경보벨이 명동됨과 동시에 RL램프가 점등된다.

라. PB_3를 누른다.

> 경보벨 위에 B_{-b}접점이 있다. 따라서 B_{-b}접점이 동작하여 떨어지면 경보벨의 울림이 정지된다. PB_3를 눌러준다면 B가 여자되어 관련 접점인 B_{-b}접점이 동작하여 떨어지면서 경보벨이 정지된다.

마. 1) PB_1 : 모터 정지용
　2) PB_2 : 모터 기동용

> - PB_1은 PBS_{-OFF}로써, 누를 시 뒤로 전류가 흐르지 못하여 모터가 정지된다.
> - PB_2는 PBS_{-ON}로써, 누를 시 MC가 여자되어 모터가 기동된다.

바. 수동으로 복귀시킨다.

사. A_{-b} 접점

> 회로에 과부하가 걸렸을 때 THR이 동작하여 A에 붙는다. 이와 동시에 관련 접점인 A_{-a}가 동작하여 자기유지 되며 경보가 울리고 RL(적색램프)가 점등된다. 이때, 보조회로 오른쪽 MC 위에 A_{-b}접점이 있는데, 이 또한 동작하여 떨어진다. THR이 작동하였기 때문에 그 뒤로 전류가 흐를 수 없지만 MC 위의 A_{-b}접점이 동작함으로써 한 번 더 회로를 끊어주어 MC가 여자되지 않도록 만들어 준 것이다. 하지만 A_{-b}접점은 굳이 불필요한 부분이므로 A_{-b}접점이 정답이다.

중요▶ 여기서 문제가 "불필요한 부분"이 아닌, "틀린 부분"으로 출제되었다면 "없음"으로 적으면 된다.

핵심이론 시퀀스

□ 배선용 차단기(Molded-case Circuit Breaker : MCCB(= MCB = NFB, No Fuse Breaker))
  - 목적 : 과전류, 단락전류 차단(재사용 가능)
  - 특징
    ① 소형이고 경량이다.
    ② 기기의 신뢰도가 크다.
    ③ 과전류에 대한 차단성능이 우수하다.
    ④ 동작 시 수동으로 복귀가 간단하다.
    ⑤ 퓨즈가 필요치 않다.
    ⑥ 기기의 수명이 길다.

□ 열동형 계전기(Thermal Relay : THR) : 과부하(과전류) 보호용 계전기

주회로 THR	제어회로 THR
(열동계전기 심벌)	(열동계전기 b접점 심벌)
열동계전기	열동계전기 b접점

심벌	명칭
⌇	배선용 차단기
▱	포장퓨즈
⌐	수동조작 자동복귀접점
⌐	보조스위치 접점(계전기접점)
✕	수동복귀접점
⌒	한시동작접점(타이머)
⌐	기계적 접점(리밋스위치)
Ⓜ	3상전동기
Ⓟ	펌프

11

도면은 시퀀스회로이다. 이 회로를 보고 다음 각 물음에 답하시오.

2016년 2회(산업기사)

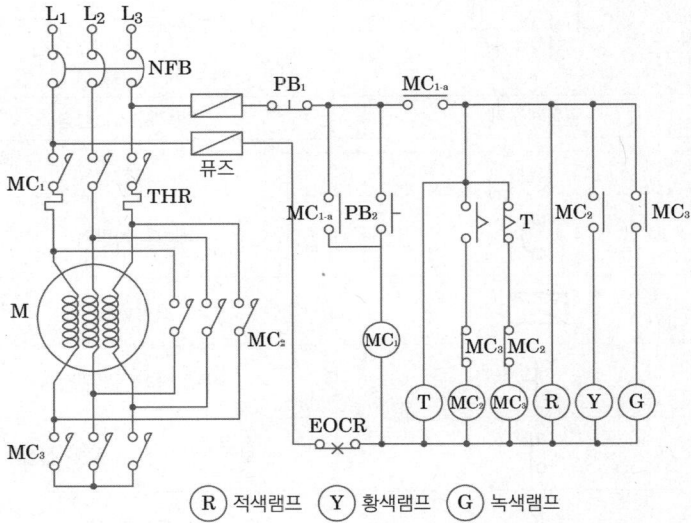

가. 회로의 기동방식을 쓰시오.

나. 회로에서 자기유지접점을 찾으시오.

다. EOCR의 우리말 명칭과 작동조건을 쓰시오.

①

②

라. 다음 각각의 램프가 점등되었을 때 전동기의 작동상태를 쓰시오.

① Ⓡ이 점등되었을 때 :

② Ⓨ가 점등되었을 때 :

③ Ⓖ가 점등되었을 때 :

정답

가. Y - △기동방식

- Y - △방식 ⇒ △ = 3Y ⇒ Y = 1/3△
- 기동전류를 줄이기 위해 채택하는 방식)
- 3상 주접점을 모두 교체(U V W ⇒ X Y Z)
  (U ⇒ Z, V ⇒ X, W ⇒ Y)
  (U ⇒ Y, V ⇒ Z, W ⇒ X)

나.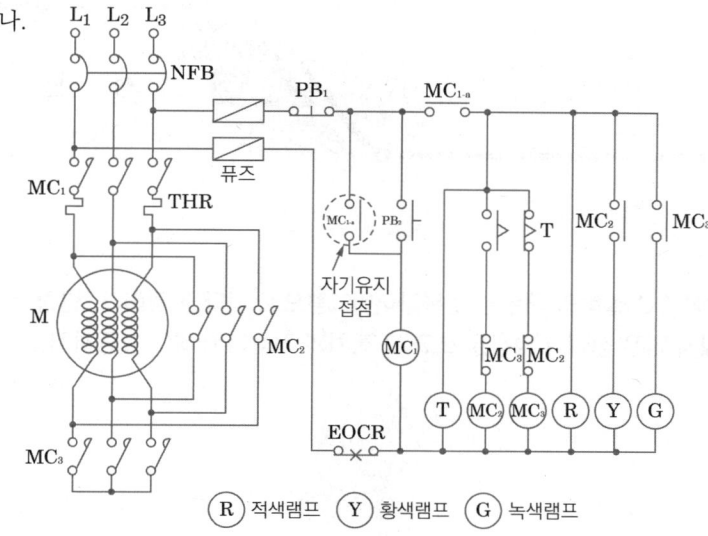

다. ① 명칭 : 전자식 과전류계전기

② 작동조건 : 전동기에 과부하가 걸릴 때

> Electronic Over Current Relay의 약자로 전자식 과전류계전기이다.

라. ① ⓡ이 점등되었을 때 : 정지

② ⓨ이 점등되었을 때 : △결선 운전

③ ⓖ가 점등되었을 때 : Y결선 기동

> - PB_2를 누르면 MC_1이 여자되어 관련 접점이 동작한다. 따라서 R이 점등된다. 뿐만 아니라 T가 여자된다.
> - 타이머는 한시동작 순시복귀접점으로써, T_{-b}접점에 의해 전류가 흘러 MC_3가 기동이 되는데(Y기동) MC_3 관련 접점 또한 동작하여 G가 점등된다.
> - 타이머에 설정해놓은 시간이 지나면 T_{-b}접점은 떨어지고, T_{-a}접점은 붙어서 MC_2가 동작하며 따라서 Y가 점등된다. (△운전)
> - Y와 △는 동시동작되지 않도록 MC_2와 MC_3를 b접점으로 서로 인터록을 걸어주었다.
> - <u>한시동작 순시복귀</u> : 동작시키면 타이머에 설정해놓은 시간만큼 지연 후 동작(한시동작)하고, 복귀시킬때는 바로 복귀(순시동작)하는 접점
> - <u>순시동작 한시복귀</u> : 동작시키면 바로 동작(순시동작)하고, 복귀시키면 타이머에 설정해놓은 시간만큼 지연 후 복귀(한시복귀)하는 접점

CHAPTER 03 기타

12
가스압 기동방식 CO_2설비의 계통을 블록다이어그램으로 나타낸 것이다. 빈칸 ①, ②에 나타나 있지 않은 장치의 명칭을 쓰고 그 장치의 기능에 대하여 설명하시오.

〔2016년 2회(산업기사)〕

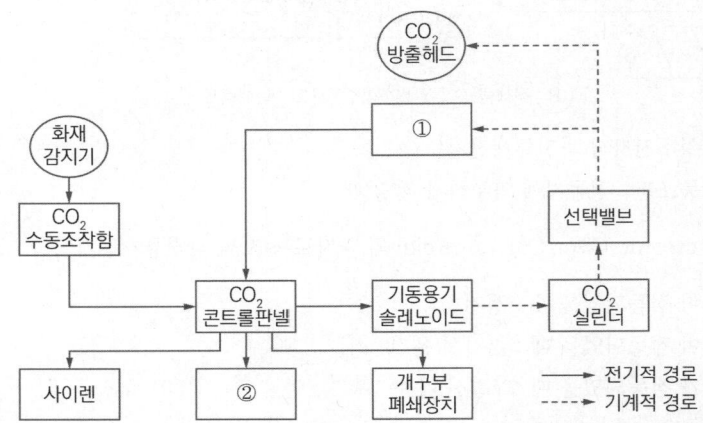

가. 명칭 및 기능

　1) "①" 장치명 :

　2) 기능 :

나. 명칭 및 기능

　1) "②" 장치명 :

　2) 기능 :

정답

가. 명칭 및 기능
　1) 압력스위치
　2) 선택밸브의 개방에 의해 소화약제가 방출되면 이 압력에 의해 콘트롤판넬에 신호를 보냄

나. 명칭 및 기능
　1) 방출표시등
　2) 소화가스의 방출을 알려 실내로의 입실 금지

가스계소화설비 작동순서(CO_2설비, 할론소화설비, 할로겐화합물 및 불활성기체소화설비)
감지기(A·B) 동시작동(또는 수동조작함 기동) → 수신반에 신호(화재등 및 지구등 점등) → 사이렌 경보 → 기동용 솔레노이드밸브 작동 → 소화약제 방출 → 압력스위치 작동 → 수신반에 신호 → 방출표시등 점등

13

작은 구역에 공기관식 차동식 분포형 감지기의 공기관을 설치하다 보니 공기관의 노출부분이 20 [m]에 미치지 못하여 정상적으로 감지기가 작동하지 못하는 경우가 발생하였다. 다음 그림에 감지기가 정상적으로 작동할 수 있도록 공기관을 설치하는 방법을 그리시오. 2016년 4회(산업기사)

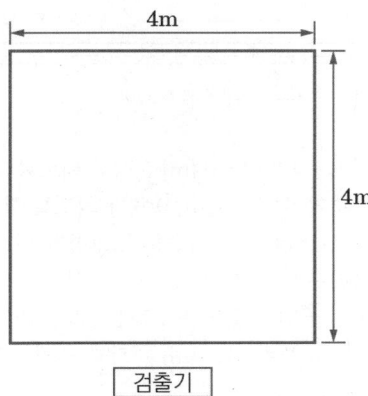

 정답

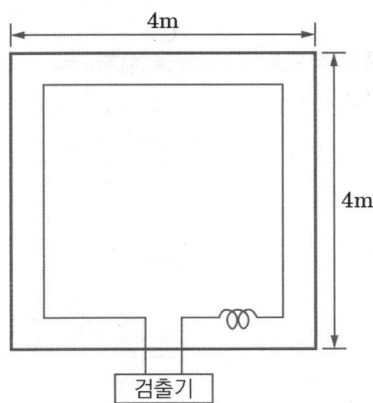

☑ 해설 : 좁은 감지구역 내에 공기관을 설치하는 경우
　공기관을 2회 이상 돌리거나 코일감기방법을 이용하여 공기관의 길이를 최소길이를 20 [m] 이상으로 함

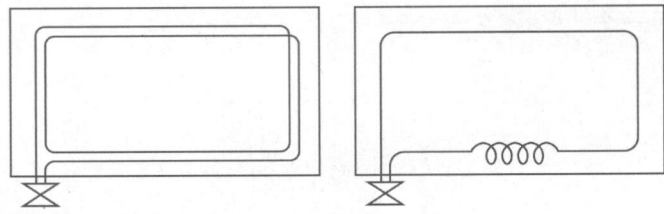

핵심이론 | 공기관식 차동식 분포형 감지기 설치기준

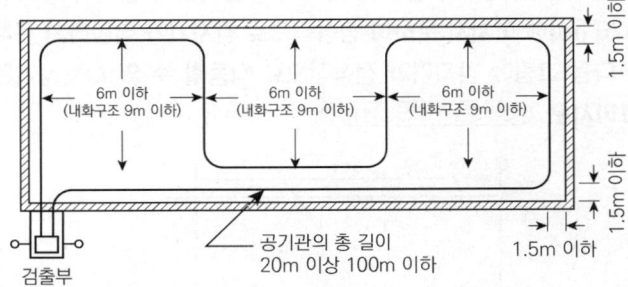

- 공기관의 노출부분은 감지구역마다 20 [m] 이상이 되도록 할 것
- 공기관과 감지구역의 수평거리는 1.5 [m] 이하가 되도록 할 것
- 공기관 상호 간의 거리는 6 [m](내화구조 9 [m]) 이하가 되도록 할 것
- 공기관은 도중에서 분기하지 않도록 할 것
- 하나의 검출부에 접속하는 공기관 길이는 100 [m] 이하로 할 것
- 검출부는 바닥에서 0.8 [m] 이상 ~ 1.5 [m] 이하에 위치하며, 5 [°] 이상 경사되지 않도록 할 것

14
다음 평면도의 복도(빗금친 부분)에 유도등을 설치하려고 한다. 그 위치를 ⊗로 표시하시오. [2015년 2회(산업기사)]

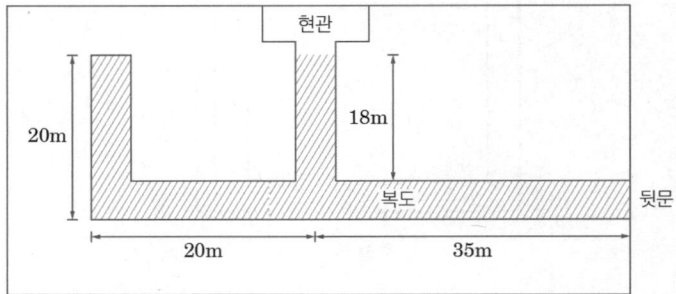

정답

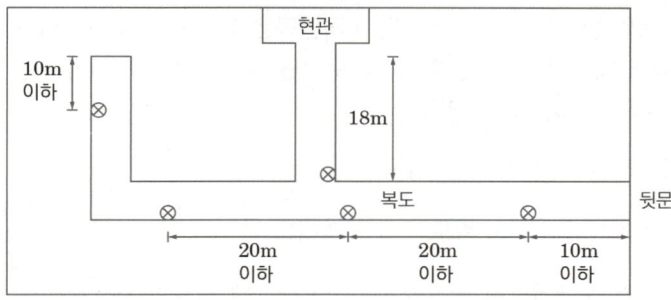

복도 끝부분은 설치개수기준인 20 [m]의 절반 이하여야 한다.

핵심이론 통로유도등

□ 통로유도등(복도통로유도등, 거실통로유도등) 설치개수 산정식(절상)

$$설치개수 = \frac{구부러진 곳 없는 부분의 보행거리[m]}{20} - 1$$

□ 통로유도등 설치기준

구분	복도통로유도등	거실통로유도등	계단통로유도등
설치 장소	복도	거실의 통로	계단
설치 방법	① 출입구에 피난구유도등 있는 복도 : 맞은편 복도에 입체형 또는 바닥 ② 구부러진 모퉁이 ③ ①의 통로유도등 기점으로 보행거리 20 [m]마다	구부러진 모퉁이 및 보행거리 20 [m]마다	각 층의 경사로참 또는 계단참마다
설치 높이	바닥으로부터 높이 1 [m] 이하	바닥으로부터 높이 1.5 [m] 이상(단, 기둥에 설치 시 : 바닥으로부터 1.5 [m] 이하)	바닥으로부터 높이 1 [m] 이하

- 출입구에 피난구유도등 : 직접 지상으로 통하는 출입구·계단실 또는 그 부속실 출입구
- 복도통로유도등 바닥에 설치 시
  ① 지하층/무창층 용도 도소매시장·여객자동차터미널·지하역사 또는 지하상가인 경우 : 복도·통로의 바닥 설치 가능
  ② 바닥에 설치하는 통로유도등은 하중에 따라 파괴되지 아니하는 강도의 것으로 할 것

15

층수가 21층인 판상형 아파트로 층당 바닥면적은 1500 [m²]이며 특별피난계단이 3개 설치되어 있다. 다음 물음에 답하시오. (단, 수평거리에 따른 설치는 무시하며 전선관은 수직으로 설치되어 있다)

가. 비상콘센트함의 개수를 구하시오.

나. 비상콘센트설비의 최소 회로 수를 구하시오.

다. 비상콘센트 사용전압이 단상 220 [V]일 때 1개 회로의 피상허용전류(A)를 계산하시오. (다만 역률은 90 [%]로 한다)

정답

가. 비상콘센트함의 개수

비상콘센트함의 개수 = 11개(11 ~ 21층) × 1개 = 11

∴ 11개

> **비상콘센트함의 설치대상**
> - 층수가 11층 이상인 특정소방대상물의 경우에는 11층 이상의 층
> - 지하층의 층수가 3층 이상이고 지하층의 바닥면적의 합계가 1000 [m²] 이상인 것은 지하층의 모든 층

나. 비상콘센트설비의 최소 회로 수

$$회로 수 = \frac{비상콘센트의 설치개수}{10개/회로} = \frac{11개(11층 \sim 21층)}{10개/회로} = 1.1$$

∴ 절상하여 2개 회로

> **비상콘센트의 회로 설치기준**
> - 전원회로는 각 층에 2 이상이 되도록 설치할 것. 다만 설치해야 할 층의 비상콘센트가 1개인 때에는 하나의 회로로 할 수 있다.
> - 하나의 전용회로에 설치하는 비상콘센트는 10개 이하로 할 것. 이 경우 전선의 용량은 각 비상콘센트(비상콘센트가 3개 이상인 경우에는 3개)의 공급용량을 합한 용량 이상의 것으로 해야 한다.

다. 비상콘센트 사용전압이 단상 220 [V]일 때 1개 회로의 피상허용전류(A)

피상전력 $P = V \times I$

∴ 피상허용전류(A) = $\frac{P}{V} = \frac{(1.5 \times 10^3 \times 3)VA}{220[V]} = 20.454$

∴ 20.45 [A]

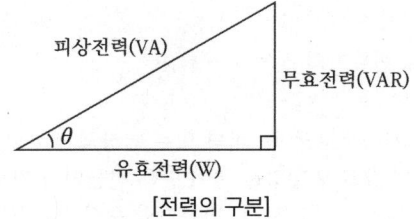
[전력의 구분]

> **참고** 전력의 구분
>
> □ 피상전력(VA)
>   전원에서 공급되는 전력($V \times I$)
>
> □ 유효전력(W)
>   전원에서 부하로 실제 소비되는 전력($V \times I \times \cos\theta$)
>
> □ 무효전력(Var)
>   실제 일을 수행하는데, 소요되지 않는 전력($V \times I \times \sin\theta$)

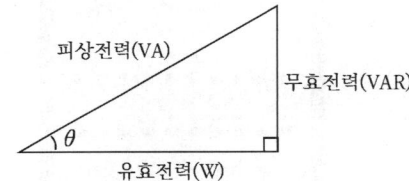

비상콘센트설비의 전원회로는 단상교류 220 [V]인 것으로서, 그 공급용량은 1.5 [kVA] 이상인 것으로 할 것(비상콘센트가 3개 이상인 경우에는 3개) 따라서 P = $1.5 \times 10^3 \times 3$ [VA]

16

누전경보기에 관한 다음 물음에 답하시오.

가. 누전경보기, 수신부, 변류기의 정의를 쓰시오.

나. 누전경보기의 작동원리를 설명하시오.

다. 누전경보기의 전원 설치기준 3가지를 쓰시오.

정답

가. 누전경보기, 수신부, 변류기의 정의
   1) 누전경보기의 정의
      내화구조가 아닌 건축물로서 벽, 바닥 또는 천장의 전부나 일부를 불연재료 또는 준불연재료가 아닌 재료에 철망을 넣어 만든 건물의 전기설비로부터 누설전류를 탐지하여 경보를 발하는 기기로서, 변류기와 수신부로 구성된 것
   2) 수신부의 정의
      변류기로부터 검출된 신호를 수신하여 누전의 발생을 해당 특정소방대상물의 관계인에게 경보하여주는 것(차단기구를 갖는 것을 포함)
   3) 변류기의 정의
      경계전로의 누설전류를 자동적으로 검출하여 이를 누전경보기의 수신부에 송신하는 것

[누전경보기]

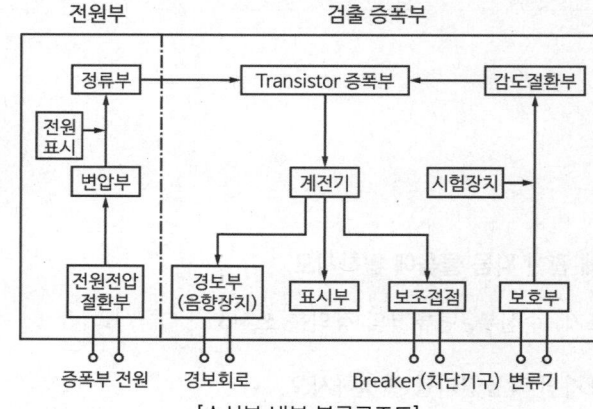

[수신부 내부 블록구조도]

나. 누전경보기의 작동원리(키르히호프의 제1법칙)
   1) 회로 내의 어떤 지점이든 들어온 전류의 합과 나가는 전류의 합은 같다.
   2) 누전경보기의 영상변류기(ZCT)에 의해 각 전선 간에 흐르는 전류의 차가 있을 때 누설전류를 검출하며, 전류의 누설이 없는 평상시에 자속(∅)이 상쇄되어 검출이 없고, 전류의 누설이 있을 때만 자속의 차가 발생하여 검출하는 원리이다.

> **참고**
>
> □ 정상상태 시의 선전류
>   - a점 : $I_1 + I_a = I_b$, $I_1 = I_b - I_a$
>   - b점 : $I_2 + I_b = I_c$, $I_2 = I_c - I_b$
>   - c점 : $I_3 + I_c = I_a$, $I_3 = I_a - I_c$
>
> □ 정상상태 시 선전류의 벡터합
> $I_1 + I_2 + I_3 = 0$ 이 되어, 자속($\varnothing$)은 모두 상쇄한다.

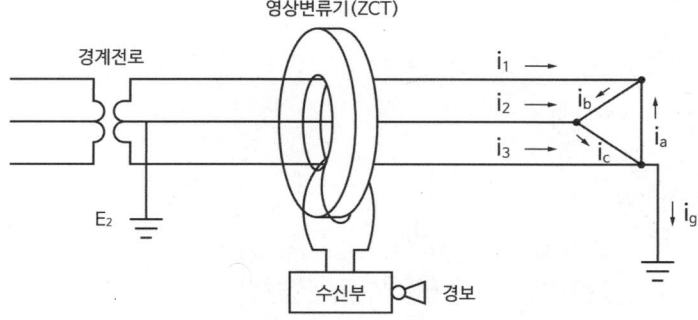

[3상 3선식 배선의 누전경보기]

> □ 누설전류 발생 시
>   - a점 : $I_1 + I_a = I_b$, $I_1 = I_b - I_a$
>   - b점 : $I_2 + I_b = I_c$, $I_2 = I_c - I_b$
>   - c점 : $I_3 + I_c = I_a$, $I_3 = I_a - I_c + I_g$(누설전류)
>   - 누전 시 선전류의 벡터합 : $I_1 + I_2 + I_3 = I_g$ 가 되어, 누설전류(I_g)에 의한 자속($\varnothing_g$)을 검출한다.

다. 누전경보기의 전원 설치기준

1) 전원은 분전반으로부터 전용회로로 하고, 각 극에 개폐기 및 15 [A] 이하의 과전류차단기(배선용 차단기에 있어서는 20 [A] 이하의 것으로 각 극을 개폐할 수 있는 것)를 설치할 것
2) 전원을 분기할 때는 다른 차단기에 따라 전원이 차단되지 않도록 할 것
3) 전원의 개폐기에는 "누전경보기용"이라고 표시한 표지를 할 것

17

다음 그림을 보고 저항의 값을 쓰시오. `2020년 2회(산업기사)`

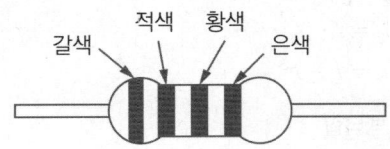

정답

120000 [Ω] ±10 [%]

✓ 해설

가. 컬러 코드표

색	제1색띠 (제1숫자)	제2색띠 (제2숫자)	제3색띠 (제3숫자)	제4색띠 (제4숫자)	제5색띠 (제5숫자)
흑색	0	0	0	10^0	
갈색	1	1	1	10^1	±1 [%]
적색	2	2	2	10^2	±2 [%]
등색	3	3	3	10^3	
황색	4	4	4	10^4	
녹색	5	5	5	10^5	±0.5 [%]
청색	6	6	6	10^6	±0.25 [%]
밤색	7	7	7	10^7	±0.1 [%]
회색	8	8	8		±0.05 [%]
백색	9	9	9		
금색				10^{-1}	±5 [%]
은색				10^{-2}	±10 [%]

나. 4줄 표시

  1) 제1색띠 : 갈색(1), 제2색띠 : 적색(2), 제4색띠 : 황색(10^4), 제5색띠 : 은색
    (±10 [%])

  2) 12×10^4 [Ω] ± 10 [%] = 120000 [Ω] ± 10 [%]

다. 5줄 표시

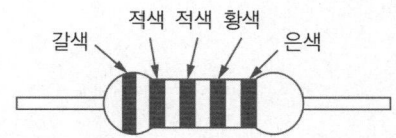

  1) 제1색띠 : 갈색(1), 제2색띠 : 적색(2), 제3색띠 : 적색(2), 제4색띠 : 황색(10^4),
    제5색띠 : 은색(±10 [%])

  2) 1220000 [Ω] ± 10 [%]

18

다음과 같이 총길이가 1200 [m]인 지하구에 자동화재탐지설비를 설치하는 경우 다음 물음에 답하시오. (2020년 5회(산업기사))

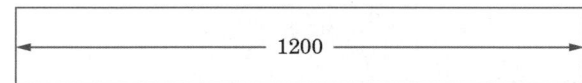

가. 최소경계구역은 몇 개로 구분해야 하는지 계산하시오.

　　○ 계산과정 :

　　○ 답 :

나. 지하구에 설치하는 감지기의 기능 1가지를 쓰시오.

정답

가. 계산과정

$\dfrac{1200}{700} = 1.7 \rightarrow$ 절상하여 2 [개]　　　　답 | 2 [개]

나. 발화지점(1 [m] 단위)과 온도를 확인할 수 있을 것

핵심이론　자동화재탐지설비 경계구역 설정기준

□ 자동화재탐지설비 경계구역 설정기준(수평적 경계구역)
- 하나의 경계구역이 2개 이상의 건축물에 미치지 않도록 할 것
- 하나의 경계구역이 2개 이상의 층에 미치지 않도록 할 것
  다만 500 [m²] 이하의 범위 안에서 2개의 층을 하나의 경계구역으로 할 수 있음
- 하나의 경계구역 면적 600 [m²] 이하로 하고, 한 변의 길이는 50 [m] 이하로 할 것
  다만 해당 특정소방대상물의 주된 출입구에서 그 내부 전체가 보이는 것에 있어서는 한 변의 길이가 50 [m]의 범위 내에서 1000 [m²] 이하로 할 수 있음
- 도로터널 : 100 [m] 이하로 할 것(도로터널의 화재안전기술기준 NFTC 603)
- 지하구 : 700 [m] 이하로 할 것(지하구의 화재안전성능기준 NFPC 605 제13조(기존 지하구에 대한 특례)) 법 제13조에 따라 기존 지하구에 설치하는 소방시설 등에 대해 강화된 기준을 적용하는 경우에는 다음의 설치·관리 관련 특례를 적용한다.
  → 특고압 케이블이 포설된 송·배전 전용의 지하구(공동구를 제외한다)에는 온도 확인 기능 없이 최대 700 [m]의 경계구역을 설정하여 발화지점(1 [m] 단위)을 확인할 수 있는 감지기를 설치할 수 있다.

※ 지하구 : 전력용, 통신용 전선 혹은 가스, 냉난방용 배관 또는 이와 비슷한 것을 집합수용하기 위하여 설치한 지하공작물

19

공기관식 차동식 분포형 감지기의 시험에 관한 그림이다. 다음 각 물음에 답하시오.

2019년 1회(산업기사)

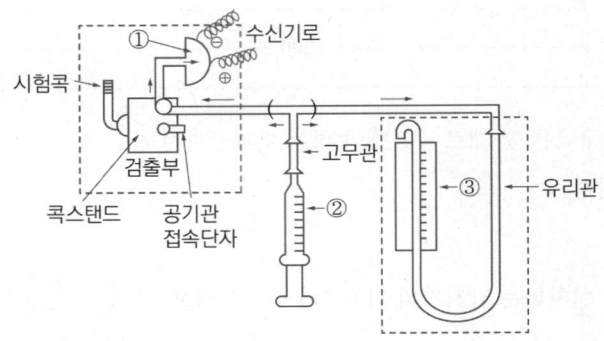

가. 어떤 시험을 하기 위한 것인지 쓰시오

나. 그림에 표시된 ① ~ ③의 명칭을 쓰시오.
  ①
  ②
  ③

다. 이 시험에서의 양부판정기준을 쓰시오.

라. '다'에서 기준치보다 낮을 경우나 높을 경우에 일어나는 현상을 쓰시오.
  1) 낮을 경우 :
  2) 높을 경우 :

정답

가. 접점수고시험

나. ① 다이어프램, ② 테스트펌프, ③ 마노미터

다. 접점수고치가 적정 간격을 유지하고 있는 여부를 확인

라. 1) 낮을 경우 : 비화재보
  2) 높을 경우 : 지연동작

핵심이론 1 차동식 분포형 공기관식 감지기

□ 화재작동시험
- 감지기의 작동공기압에 상당하는 공기량을 송입하여 접점이 작동하기(붙을 때)까지 걸리는 시간 측정할 것
- 검출부에 명시된 시간 내 접점이 작동하면 정상

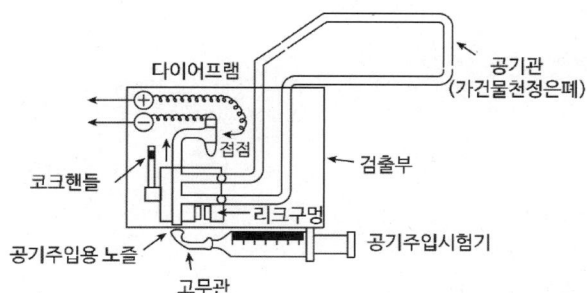

□ 작동계속시험
- 화재작동시험에서 접점이 작동하여 정지할(떨어질) 때까지 걸리는 시간 측정할 것
- 검출부에 명시된 범위 이내일 때 정상

□ 유통시험
- 공기관 내 공기를 유입시켜 공기관의 누설, 찌그러짐, 막힘, 공기관의 길이 확인하기 위한 시험
- 검출부의 시험공 또는 공기관의 한쪽 끝을 마노미터로 접속하고, 공기주입시험기(테스트펌프)를 접속하고, 공기를 마노미터 수위 100 [mm]까지 상승 후 50 [mm]가 될 때까지 시간 측정할 것
- 공기관 길이에 따라 정해진 시간 이내 정상

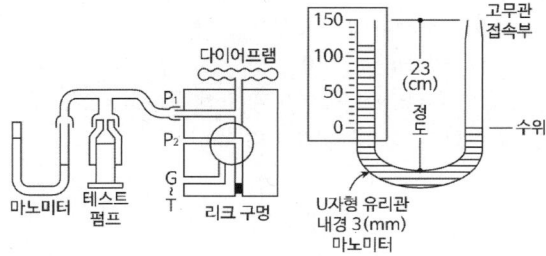

- 유통시험에 필요한 기구 3가지 : 마노미터, 공기주입시험기, 초시계

□ 접점수고(압력)시험 : 접점수고치가 적정 간격을 유지하고 있는지 여부를 확인
- 비정상적인 경우 : 감지기 작동 안함
- 낮은 경우 : 비화재보(화재감지 너무 빠름)
- 높은 경우 : 지연동작(화재감지 너무 느림)

핵심이론 2 공기관식 차동식 분포형 감지기 접점수고(압력)시험

□ 접점수고치가 적정 간격을 유지하고 있는 여부를 확인
- 비정상적인 경우 : 감지기 작동안함
- 낮은 경우 : 비화재보(화재감지 너무 빠름)
- 높은 경우 : 지연동작(화재감지 너무 느림)

20

2.6 [mm] 소선수 19가닥 경동연선의 바깥지름 [mm]은? (2018년 4회(산업기사))

○ 계산과정 :

○ 답 :

정답

✓ 계산과정
- $3n^2 + 3n + 1 = 19$
  소선 층수 n = 2
- $D = (1 + 2 \times 2) \times 2.6 = 13$ [mm]

답 | 13 [mm]

✓ 해설
- 소선의 총개수
  N = 3n(1 + n) + 1
  n : 소선의 층수(가운데 심선을 제외한 층수)
- 연선의 직경
  $D = (1 + 2n) \times d$
  n : 소선의 층수, d : 소선 1가닥의 지름(mm)
- 소선의 총개수 : $3n^2 + 3n + 1 = 19$
  $3n^2 + 3n - 18 = 0$
  $n^2 + n - 6 = 0$
  $(n-2)(n+3) = 0$
  ∴ $n = 2, n = -3$이므로 소선 층수 n = 2가 됨
- 연선의 직경 : $D = (1 + 2 \times 2) \times 2.6 = 13$ [mm]

21 전산실 또는 반도체 공장 등에 적응성이 있는 감지기를 쓰시오.

> **정답**
>
> 광전식 공기흡입형 감지기

> **핵심이론** 장소에 따른 설치 감지기

장소	감지기
• 지하층·무창층 등으로서 환기가 잘 되지 아니하거나, 실내면적이 40 [m²] 미만인 장소 • 감지기의 부착면과 실내바닥과의 사이가 2.3 [m] 이하인 곳	축적방식의 감지기, 복합형 감지기, 불꽃감지기 아날로그방식의 감지기, 광전식 분리형 감지기 다신호방식의 감지기, 정온식 감지선형 감지기 분포형 감지기
• 계단 및 경사로, 복도(30 [m] 미만 제외) • 엘리베이터 승강로(권상기실)·린넨슈트·파이프덕트 등 • 천장 또는 반자의 높이가 15 [m] 이상 20 [m] 미만의 장소 • 다음 특정소방대상물의 취침·숙박·입원 등 용도의 거실 　① 공동주택·오피스텔·숙박시설·노유자시설·수련시설 　② 교육연구시설 중 합숙소 　③ 의료시설, 근린생활시설 중 입원실이 있는 의원·조산원 　④ 교정 및 군사시설 　⑤ 근린생활시설 중 고시원	연기감지기(교차회로방식에 따른 감지기가 설치된 장소 또는 지무환·면사·감이상에 따른 감지기가 설치된 장소는 제외)
주방·보일러실 등으로서 다량의 화기 취급 장소	정온식 감지기
지하구	먼지·습기 등의 영향을 받지 아니하고 발화지점(1 [m] 단위)과 온도를 확인할 수 있는 것
화학공장, 격납고, 제련소 등	광전식 분리형 감지기, 불꽃감지기
전산실, 반도체 공장 등	광전식 공기흡입형 감지기

22

그림은 공장으로 쓰이는 어느 건축물의 외형도이다. 감지기의 높이 산정방법 및 설치높이를 구하시오. 2017년 4회(산업기사)

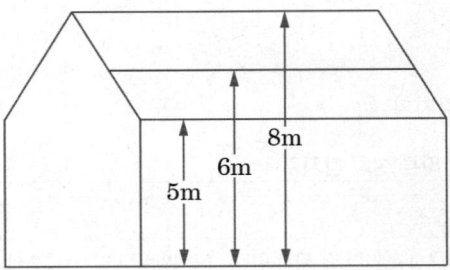

가. 산정방법 :

나. 설치높이 :

정답

가. 산정방법 : $\dfrac{\text{가장 높은곳 [m] + 가장 낮은곳 [m]}}{2}$

나. 설치높이 : $\dfrac{8+5}{2} = 6.5\,[\text{m}]$

CHAPTER 04 소방시설 도시기호

분류	명칭	도시기호	분류	명칭	도시기호
배관	일반배관	────	헤드류	스프링클러헤드폐쇄형 상향식(평면도)	●
	옥내·외소화전	──H──		스프링클러헤드폐쇄형 하향식(평면도)	
	스프링클러	──SP──		스프링클러헤드개방형 상향식(평면도)	
	물분무	──WS──		스프링클러헤드개방형 하향식(평면도)	
	포소화	──F──		스프링클러헤드폐쇄형 상향식(계통도)	
	배수관	──D──		스프링클러헤드폐쇄형 하향식(입면도)	
	전선관 - 입상			스프링클러헤드폐쇄형 상·하향식(입면도)	
	전선관 - 입하			스프링클러헤드 상향형(입면도)	
	전선관 - 통과			스프링클러헤드 하향형(입면도)	
관이음쇠	후렌지			분말·탄산가스· 할로겐헤드	
	유니온			연결살수헤드	
	플러그			물분무헤드(평면도)	
	90°엘보			물분무헤드(입면도)	
	45°엘보			드렌쳐헤드(평면도)	
	티			드렌쳐헤드(입면도)	
	크로스			포헤드(평면도)	
	맹후렌지			포헤드(입면도)	
	캡			감지헤드(평면도)	

분류	명칭	도시기호	분류	명칭	도시기호
헤드류	감지헤드(입면도)		밸브류	릴리프밸브(이산화탄소용)	
	청정소화약제 방출헤드(평면도)			릴리프밸브(일반)	
	청정소화약제 방출헤드(입면도)			동체크밸브	
밸브류	체크밸브			앵글밸브	
	가스체크밸브			FOOT밸브	
	게이트밸브(상시개방)			볼밸브	
	게이트밸브(상시폐쇄)			배수밸브	
	선택밸브			자동배수밸브	
	조작밸브(일반)			여과망	
	조작밸브(전자식)			자동밸브	
	조작밸브(가스식)			감압밸브	
	경보밸브(습식)			공기조절밸브	
	경보밸브(건식)		계기류	압력계	
	프리액션밸브			연성계	
	경보델류지밸브			유량계	
	프리액션밸브 수동조작함	SVP	소화전	옥내소화전함	
	플렉시블조인트			옥내소화전 방수용 기구병설	
	솔레노이드밸브			옥외소화전	H
	모터밸브			포말소화전	F

분류	명칭	도시기호	분류	명칭	도시기호
소화전	송수구		경보설비기기류	차동식 스포트형 감지기	
	방수구			보상식 스포트형 감지기	
스트레이너	Y형			정온식 스포트형 감지기	
	U형			연기감지기	S
저장탱크류	고가수조 (물올림장치)			감지선	⊙
	압력챔버			공기관	───
	포말원액탱크	수직 수평		열전대	▬
				열반도체	∞
레듀셔	편심레듀셔			차동식 분포형 감지기의 검출기	⋈
	원심레듀셔			발신기세트 단독형	P B L
혼합장치류	프레져프로포셔너			발신기세트 옥내소화전내장형	P B L
	라인프로포셔너			경계구역번호	△
	프레져사이드 프로포셔너			비상용 누름버튼	F
	기타	P		비상전화기	ET
펌프류	일반펌프			비상벨	B
	펌프모터(수평)	M		사이렌	
	펌프모토(수직)	M		모터사이렌	M
저장용기류	분말약제 저장용기	P.D		전자사이렌	S
				조작장치	E P
	저장용기			증폭기	AMP

분류	명칭	도시기호	분류	명칭	도시기호
경보설비기기류	기동누름버튼	Ⓔ	경보설비기기류	종단저항	Ω
	이온화식 감지기 (스포트형)	S I		수동식 제어	□
	광전식 연기감지기 (아날로그)	S A		천장용 배풍기	
	광전식 연기감지기 (스포트형)	S P		벽부착용 배풍기	
	감지기간선, HIV1.2 [mm] × 4(22C)	─F╫─	제연설비	배풍기	일반배풍기	
	감지기간선, HIV1.2 [mm] × 8(22C)	─F╫╫─		관로배풍기	
	유도등간선 HIV2.0 [mm] × 3(22C)	─EX─		댐퍼	화재댐퍼	
	경보부저	BZ		연기댐퍼	
	제어반	▨		화재/연기 댐퍼	
	표시반	▤	스위치류	압력스위치	PS
	회로시험기	⊙		탬퍼스위치	T S
	화재경보벨	Ⓑ	방연·방화문	연기감지기(전용)	S
	시각경보기 (스트로브)	▭		열감지기(전용)	
	수신기	▨		자동폐쇄장치	ER
	부수신기	▤		연동제어기	
	중계기	▭		배연창기동 모터	M
	표시등	●		배연창수동조작함	
	피난구유도등	⊗	피뢰침	피뢰부(평면도)	⊙
	통로유도등	→		피뢰부(입면도)	
	표시판	◁		피뢰도선 및 지붕위 도체	─
	보조전원	T R			

분류	명칭	도시기호	분류	명칭	도시기호
제연설비	접지	⏚		비상콘센트	
	접지저항 측정용 단자	⊗		비상분전반	
소화기류	ABC소화기	소	기타	가스계소화설비의 수동조작함	RM
	자동확산 소화기	자		전동기구동	M
	자동식 소화기	◀소▶		엔진구동	E
	이산화탄소 소화기	C		배관행거	⟩---×---⟨
	할로겐화합물 소화기	△		기압계	
기타	안테나			배기구	—↑—
	스피커	▽		바닥은폐선	- - - - -
	연기 방연벽	▨		노출배선	———
	화재방화벽	———		소화가스 패키지	PAC
	화재 및 연기방벽	▨		–	–

2026 초격차 소방설비기사 과년도 10개년 실기 전기

발행일	2026년 1월 1일 개정판 1쇄
지은이	황모아, 오민정
발행인	황모아
발행처	(주)모아교육그룹
주 소	서울특별시 영등포구 영신로 32길 29 세화빌딩 2층
전 화	02-2068-2393(출판, 주문)
등 록	제2015-000006호 (2015.1.16.)
이메일	moagbooks@naver.com
ISBN	979-11-6804-516-3 (13500)

이 책의 가격은 뒤표지에 있습니다.

Copyright ⓒ (주)모아교육그룹 Co., Ltd. All Rights Reserved.
이 책은 저작권법에 의해 보호를 받는 저작물이므로 저자와 출판사의 서면 허락 없이 내용의 전부 또는 일부를 이용하는 것을 금합니다.

" **지금 초격차와 함께하는 당신의 다짐을 적어보세요!** "

나는
_____년 제 _____회
소방설비(산업)기사 자격 시험에
최선을 다해 합격할 것입니다.

_____년 _____월 _____일

2026 초격자 시리즈

👉 **결과로 증명하는, 초압축 전략 교재!**

모아소방전기학원, 모아바(moa-ba.com),
전국 온/오프라인 서점에서 만나보실 수 있습니다.

소방설비기사

필기
- 소방설비기사 · 산업기사 [필기 공통]
- 소방설비기사 · 산업기사 [필기 기계]
- 소방설비기사 과년도 7개년 [필기 기계]
- 소방설비기사 · 산업기사 [필기 전기]
- 소방설비기사 과년도 7개년 [필기 전기]

실기
- 소방설비기사 · 산업기사 [실기 기계]
- 소방설비기사 과년도 10개년 [실기 기계]
- 소방설비기사 · 산업기사 [실기 전기]
- 소방설비기사 과년도 10개년 [실기 전기]

소방설비산업기사

필기
- 소방설비기사 · 산업기사 [필기 공통]
- 소방설비기사 · 산업기사 [필기 기계]
- 소방설비산업기사 과년도 7개년 [필기 기계]
- 소방설비기사 · 산업기사 [필기 전기]
- 소방설비산업기사 과년도 7개년 [필기 전기]

실기
- 소방설비기사 · 산업기사 [실기 기계]
- 소방설비산업기사 과년도 7개년 [실기 기계]
- 소방설비기사 · 산업기사 [실기 전기]
- 소방설비산업기사 과년도 7개년 [실기 전기]

여러분의 합격은

모아의 보람입니다.

MOAG

정오표 안내

틀린 부분을 바로잡는 것은 모아의 책임입니다!
더 정확한 교재를 만들기 위해 항상 노력하겠습니다!

QR로 확인하실 경우

교재 뒤표지에 있는 **QR코드** 스캔

정오표를 확인하실 수 있습니다.

PC로 확인하실 경우

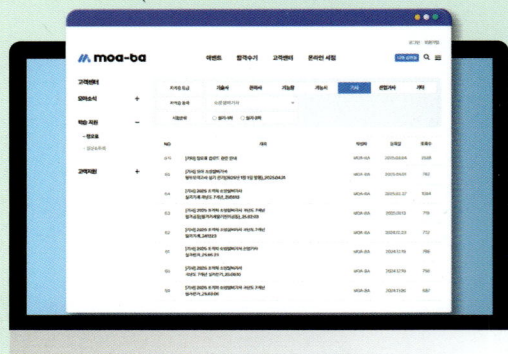

모아바(moa-ba.com) 접속

온라인서점

정오표로 이동

자격증 등급에서 **기사** 선택

자격증 종목에서 **소방설비기사** 선택

정오표를 확인하실 수 있습니다.

*모바일도 동일합니다.